高等职业教育数控技术专业教学改革成果系列教材

CAD/CAM软件应用技术——CAXA制造工程师2011

张国军　许　茏　主编

顾婷婷　副主编

電子工業出版社

Publishing House of Electronics Industry

北京·BEIJING

内 容 简 介

本书根据高等职业教育数控技术专业教学改革成果——专业培养方案和课程标准而编写，采用项目化的编写体例，内容实用、素材丰富。

本书主要内容包括认识CAXA制造工程师2011软件、线架造型、曲面造型、实体特征造型、数控加工基础及通用参数的设置、加工的功能介绍、加工中心/数控铣职业资格等级工零件的造型和加工、典型的数控加工实例。

本书可作为职业院校数控技术机械制造等专业作为教学用书，也可供企业技术人员作为参考书。

图书在版编目（CIP）数据

CAD/CAM软件应用技术：CAXA制造工程师2011 / 张国军，许茏主编. —北京：电子工业出版社，2013.2
高等职业教育数控技术专业教学改革成果系列教材
ISBN 978-7-121-19630-0

Ⅰ. ①C… Ⅱ. ①张… ②许… Ⅲ. ①机械制造工艺－计算机辅助设计－应用软件－高等职业教育－教材 Ⅳ. ①TH162

中国版本图书馆CIP数据核字（2013）第031575号

策划编辑：朱怀永
责任编辑：朱怀永　　特约编辑：王　纲
印　　刷：北京虎彩文化传播有限公司
装　　订：北京虎彩文化传播有限公司
出版发行：电子工业出版社
　　　　　北京市海淀区万寿路173信箱　邮编：100036
开　　本：787×1092　1/16　印张：19.5　字数：499千字
版　　次：2013年2月第1版
印　　次：2021年1月第6次印刷
定　　价：36.00元

凡所购买电子工业出版社的图书，如有缺损问题，请向购买书店调换。若书店售缺，请与本社发行部联系，联系及邮购电话：（010）88254888。

质量投诉请发邮件至zlts@phei.com.cn，盗版侵权举报请发邮件至dbqq@phei.com.cn。
服务热线：（010）88258888。

前　　言

本书是高等职业教育数控技术专业教改项目成果系列教材之一，是根据目前数控技术专业教学重点和难点的内容，为开展数控技术应用专业领域技能型紧缺人才培养，为学生进行数控技能综合训练和获取国家职业技能等级证书及数控工艺员证书的培训而编写的新型教材。

本书以培养学生运用 CAD/CAM 软件从事数控加工技能为目标，将 CAD、CAM、数控加工操作及加工工艺等知识有机的结合，突出了综合性、实用性、先进性。本书共有 8 个项目，分别介绍了 CAXA 制造工程师 2011 的二维图绘制、空间三维线架造型、曲面造型、实体造型及加工功能、综合范例。本书的选用实例具有代表性，尺寸清晰完整，将技能培训和思维开发相结合，为读者提供 CAXA 制造工程师 2011 软件及数控加工技术的全面训练和辅导。

本书的参考教学时数为 130 学时，各项目的推荐学时分配如下表：

序　　号	项目（章节）	建议课时（130）
1	项目一　认识 CAXA 制造工程师 2011 软件	6
2	项目二　线架造型	16
3	项目三　曲面造型	18
4	项目四　实体特征造型	30
5	项目五　数控加工基础及通用参数的设置	4
6	项目六　加工的功能介绍	18
7	项目七　加工中心/数控铣职业资格等级工零件的造型和加工	18
8	项目八　典型的数控加工产品实例	20

本书由江苏联合职业技术学院盐城机电分院张国军、许茏主编，顾婷婷副主编。张国军参与了各项目相关内容的编写并统稿；张家港市中等专业学校赵菊芳编写了项目一、项目五；江苏联合职业技术学院盐城机电分院许茏编写了项目四、项目八，顾婷婷编写了项目二、项目三，周莉编写了项目六、项目七。本书在编写的过程中，参阅了一些相关的书籍，并得到了盐城创业雕刻厂的刘秀龙、盐城友伟加工厂的孙兵工程师的技术指点，在此表示感谢。

本书由江苏联合职业技术学院镇江分院朱和军主审，感谢他对本书提出的宝贵意见。

由于编者水平有限，书中难免存在错漏和不当之处，敬请使用本书的读者指正。

编　　者

2012 年 12 月

目　　录

项目一　认识 CAXA 制造工程师 2011 软件

学习目标

（1）了解 CAXA 制造工程师 2011 的主要功能。

（2）熟悉 CAXA 制造工程师 2011 的用户界面。

任务一　了解 CAXA 制造工程师 2011 软件的主要特点及功能

CAXA 制造工程师是北航海尔软件有限公司研制开发的全中文、面向数控铣床和加工中心的三维 CAD/CAM 软件。CAXA 制造工程师基于微机平台，采用 Windows 菜单和交互方式，全中文界面，便于轻松学习和操作，其主要特点及功能如下。

（1）与其他三维 CAD 协作交流无障碍

- 集成 ACIS 和 Parasolid 双内核。
- 特别支持 DXF/DWG、Pro/E、CATIA、UG 等数据文件，并能对特征进行编辑修改和装配。
- 支持 IGES、STEP、STL、 3DS、VRML 等多种常用中间格式数据的转换。

（2）随心所欲的产品设计能力

- 提供工程模式和创新模式两种设计模式。
- 创新模式将可视化的自由设计与精确化设计结合在一起 。
- 全参数化设计模式（即工程模式），符合大多数 3D 软件的操作习惯和设计思想。

（3）符合主流习惯的专业二维工程图

- 直接嵌入了电子图板 2011 版。
- 可以在同一软件环境下轻松进行 3D 和 2D 设计，不再需要任何独立的二维软件。
- 彻底解决采用传统 3D 设计平台面临的挑战。

（4）打造完美数字样机

专业级的动画仿真功能，帮助用户更全面地了解产品在真实环境下如何运转，最大限度地降低对物理样机的依赖，从而节省构建物理样机及样机试验的资金和时间，缩短产品上市周期。

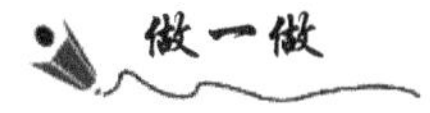

运用网络查阅相关资料，比较不同版本 CAXA 制造工程师的区别，进一步了解 CAXA 制造工程师 2011 软件。

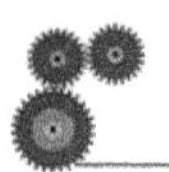

想一想

（1）2011 版的 CAXA 制造工程师与以前的版本比较有哪些改进？
（2）2011 版的 CAXA 制造工程师最显著的特点是什么？

任务二　熟悉用户界面

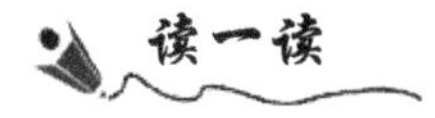

读一读

CAXA 制造工程师 2011 的用户界面如图 1-1 所示。

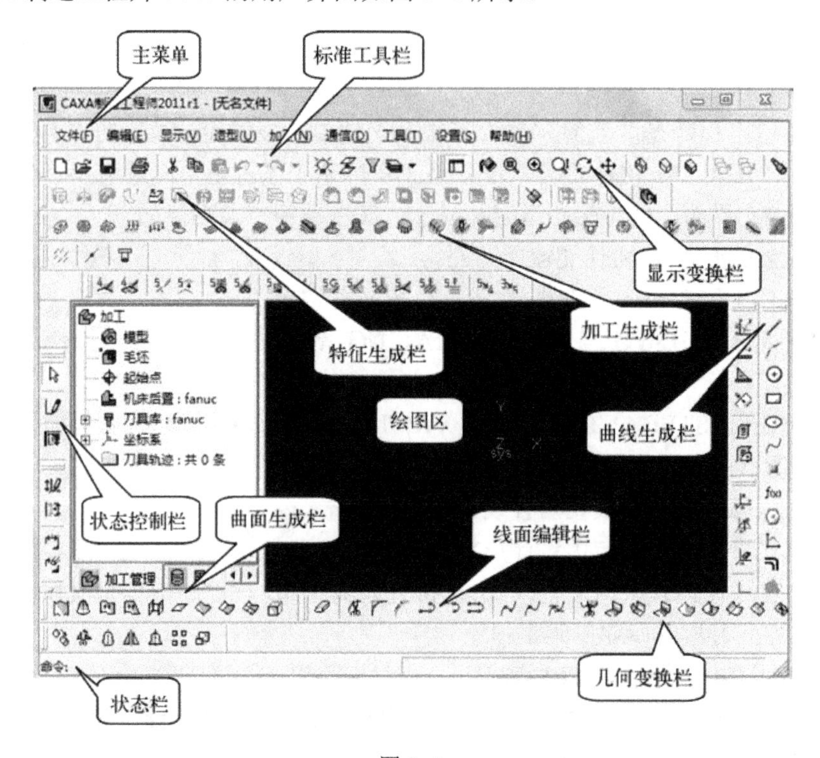

图 1-1

1. 主菜单

最上方的菜单栏为主菜单，包括文件、编辑、显示、造型、加工、通信、工具、设置和帮助 9 个菜单项，如图 1-2 所示。单击菜单中的任一项都会弹出一个下拉菜单，单击下拉菜单中的命令即可执行相应命令或弹出子菜单。

图 1-2

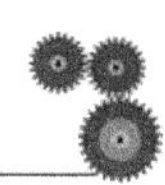

2．工具栏

（1）标准工具栏：包括打开文件、打印文件、保存文件、线面可见、层设置、拾取过滤设置、当前颜色设置等按钮，如图 1-3 所示。

（2）状态控制栏：包括终止当前命令和草图状态开关两个常用的按钮，如图 1-4 所示。

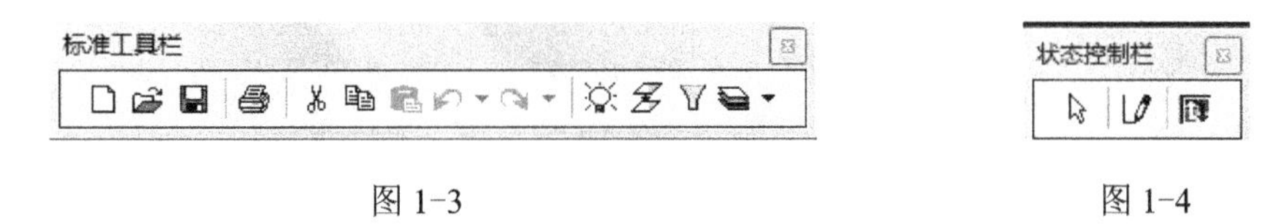

图 1-3　　　　图 1-4

（3）显示变换栏：包括缩放、移动、视向定位等功能，如图 1-5 所示。

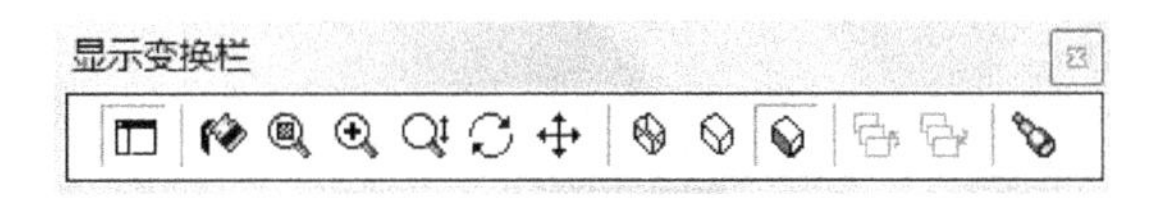

图 1-5

（4）特征生成栏：包括拉伸、导动、过渡、阵列等特征造型工具，如图 1-6 所示。

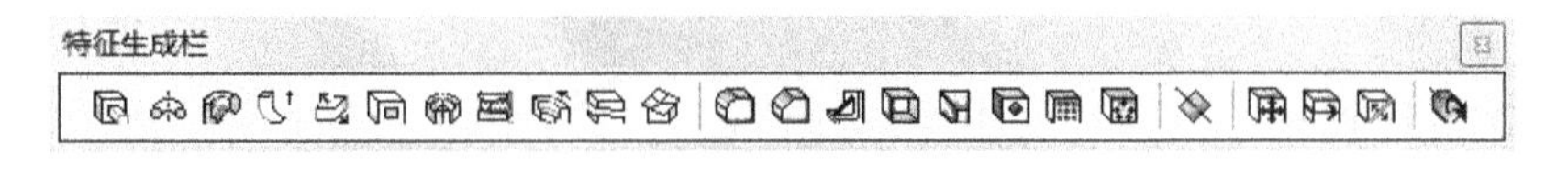

图 1-6

（5）曲线生成栏：包括直线、圆弧、圆、公式曲线等曲线绘制工具，如图 1-7 所示。

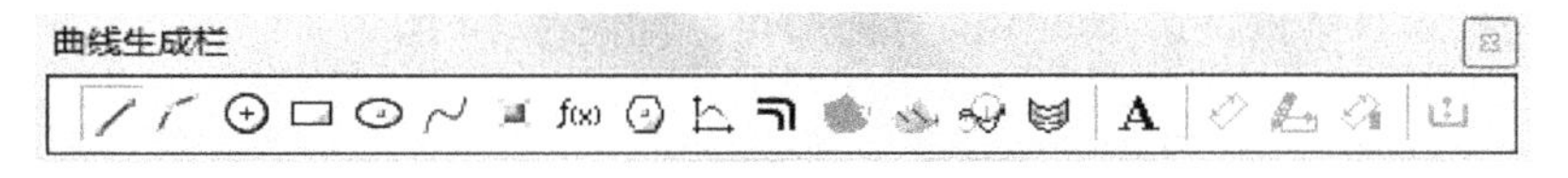

图 1-7

（6）曲面生成栏：包括直纹面、旋转面、扫描面等生成工具，如图 1-8 所示。

（7）几何变换栏：包括平移、镜像、旋转、阵列等工具，如图 1-9 所示。

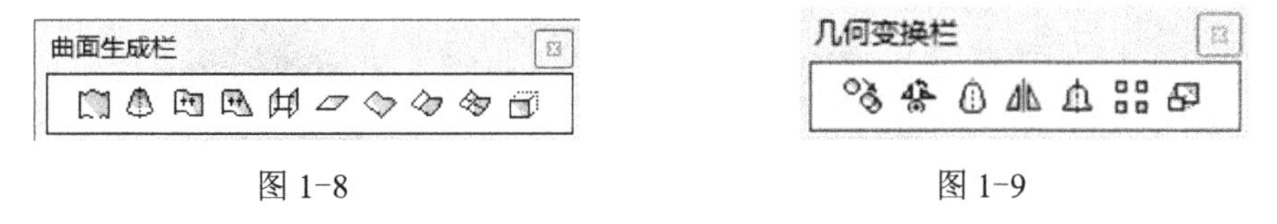

图 1-8　　　　图 1-9

（8）线面编辑栏：包括曲线的裁剪、过渡、拉伸和曲面的裁剪、过渡、缝合等编辑工具，如图 1-10 所示。

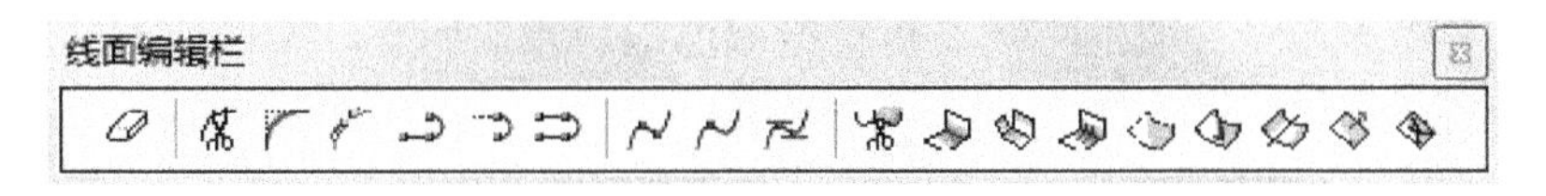

图 1-10

（9）特征树：记录零件生成的操作步骤，用户可以直接在特征树中对零件的特征进行编辑，如图 1-11 所示。

3．绘图区

绘图区设置了一个三维直角坐标系，它的坐标原点为（0.0000，0.0000，0.0000）。用户操作的所有坐标均以此坐标的原点为基准。

4．立即菜单

立即菜单描述了执行某项命令时的各种情况和使用条件。用户根据当前的作图要求，可正确地选择立即菜单中的一项，图 1-12 是绘制直线的立即菜单。单击立即菜单中的下拉按钮便会出现列表，选择其中一项，或直接输入。

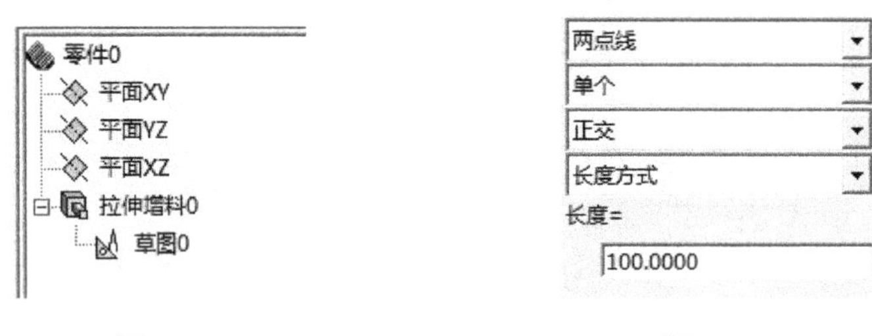

图 1-11　　图 1-12

5．点工具

需要输入特征点时，只要按一下空格键，即在屏幕上弹出点工具菜单，如图 1-13 所示。

6．矢量工具

主要用来选择方向，在曲面生成时经常用到，当系统提示输入“扫描方向”时，按空格键弹出矢量工具菜单，选择其中的方向即可，如图 1-14 所示。

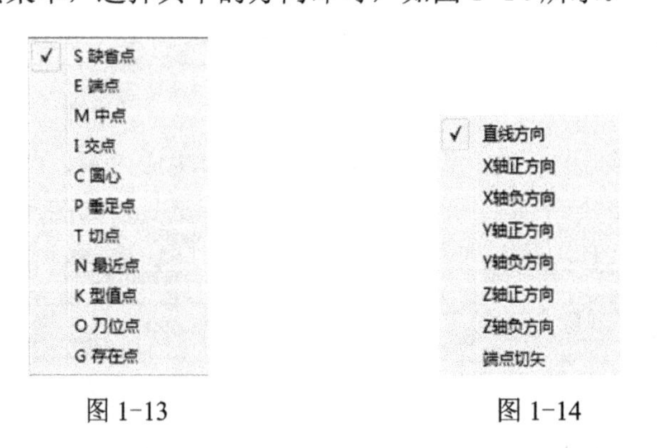

图 1-13　　图 1-14

7．选择集拾取工具

已选中的元素集合，称为选择集。当交互操作处于拾取状态时用户可以通过“选择集拾取工具”菜单来改变拾取的特征，包括拾取添加、拾取所有、拾取取消、取消尾项、取消所有，如图 1-15 所示。

8．快捷菜单

光标处于不同的位置，单击鼠标右键会弹出不同的快捷菜单，如图 1-16 所示，熟练

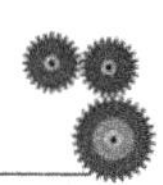

使用快捷菜单可提高绘图速度。

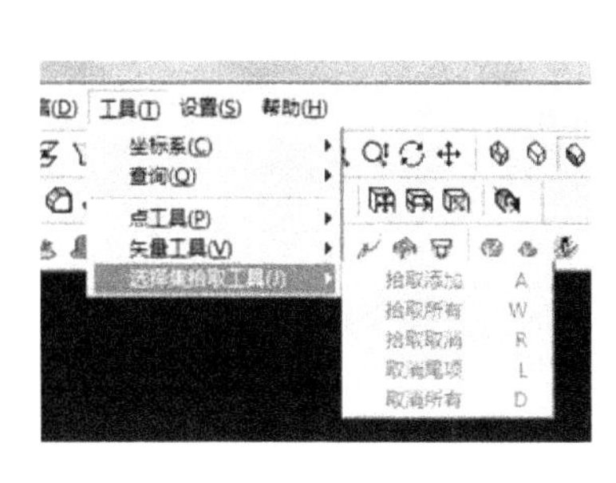

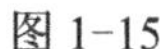

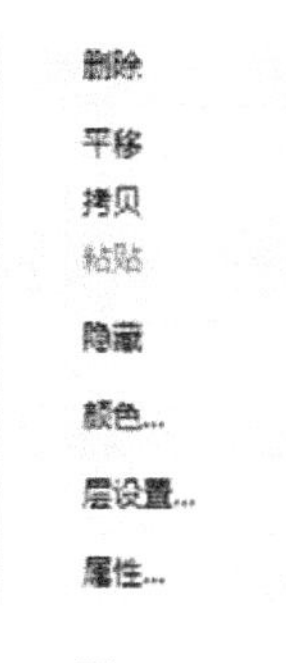

图 1-15　　图 1-16

9. 对话框

某些菜单的选项要求用户以对话的形式予以回答，单击这些菜单时，系统会弹出一个对话框，如图 1-17 所示，用户可根据当前操作做出响应。

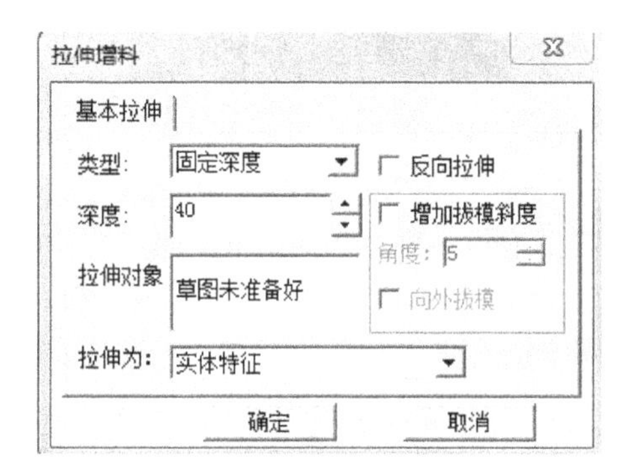

图 1-17

10. 常用键及功能热键

常用键及功能热键的功用见表 1-1。

表 1-1　常用功能键及快捷键

常　用　键	功　　用
F1	打开系统帮助
F2	转换草图状态与非草图状态
F3	显示全部图形
F4	刷新当前屏幕
F5	显示 *XOY* 面
F6	显示 *YOZ* 面
F7	显示 *XOZ* 面
F8	显示轴测图

续表

常　用　键	功　　用
F9	在 XOY、YOZ、XOZ 三个平面之间切换作图平面
鼠标左键	激活菜单、确定位置点、拾取元素
鼠标右键	确认拾取、结束操作、终止命令
鼠标中键	中键滚轮滚动可以放大或缩小模型显示，按住鼠标中键滚轮可以旋转模型

做一做

（1）上机运行 CAXA 制造工程师 2011，熟悉用户界面及界面中的各个环节。

（2）熟记常用键及功能热键的功用。

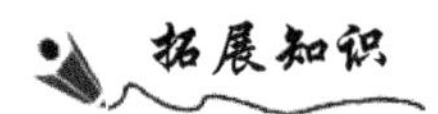

拓展知识

CAXA 制造工程师简介

CAXA 是中国领先的 CAD 和 PLM 软件供应商，拥有完全自主知识产权的系列化的 CAD、CAPP、CAM、DNC、PDM、MPM 等软件产品和解决方案，覆盖了设计、工艺、制造和管理四大领域，产品广泛应用在装备制造、电子电器、汽车及零部件、国防军工、工程建设、教育等各个行业，有超过 2.5 万家企业用户和 2000 所院校用户。截至 2008 年，CAXA 已累计销售正版软件超过 28 万套，拥有 46 个产品著作权和 45 项专利及专利申请，各大出版机构出版 CAXA 教材超过 500 种。

CAXA 制造工程师是具有卓越工艺性的数控编程软件。它高效易学，为数控加工行业提供了从造型、设计到加工代码生成、加工仿真、代码校验等一体化的解决方案，是数控机床真正的“大脑”。

CAXA 制造工程师 2011 产品的主要功能简单介绍如下。

① 实体造型主要有拉伸、旋转、导动、放样、倒角、圆角、打孔、筋板、拔模、分模等特征造型方式。可以将二维的草图轮廓快速生成三维实体模型。提供多种构建基准平面的功能，用户可以根据已知条件构建各种基准面。

② 曲面造型提供多种 NURBS 曲面造型手段：可通过扫描、放样、旋转、导动、等距、边界和网格等多种形式生成复杂曲面，并提供曲面线裁剪和面裁剪、曲面延伸、按照平均切矢或选定曲面切矢的曲面缝合功能、多张曲面之间的拼接功能，另外，软件提供强大的曲面过渡功能，可以实现两面、三面、系列面等曲面过渡方式进行过渡，还可以实现等半径或变半径过渡。

③ 系统支持实体与复杂曲面混合的造型方法，应用于复杂零件设计或模具设计。提供曲面裁剪实体功能、曲面加厚成实体功能、闭合曲面填充生成实体功能。另外，系统还允许将实体的表面生成曲面供用户直接引用；曲面和实体造型方法的完美结合，是制造工程师在 CAD 上的一个突出特点。每一个操作步骤，软件的提示区都有操作提示，无论是

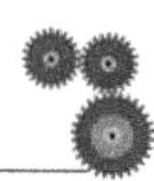

初学者还是具有丰富 CAD 经验的工程师，都可以根据软件的提示迅速掌握诀窍，设计出自己想要的零件模型。如图 1-18 所示为应用 CAXA 制造工程师设计的端盖造型和艺术曲面造型。

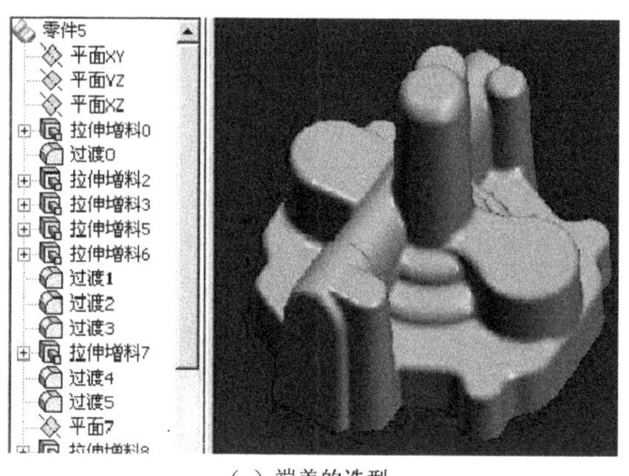

（a）端盖的造型

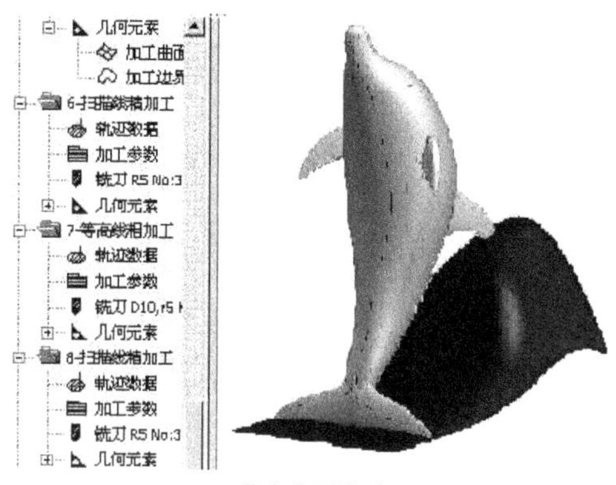

(b) 艺术曲面造型

图 1-18

④ 编程助手是 CAXA 制造工程师软件新增的一个数控铣加工编程模块，它具有方便的代码编辑功能，简单易学，非常适合手工编程使用。同时支持自动导入代码和手工编写的代码，其中包括宏程序代码的轨迹仿真，能够有效验证代码的正确性，编程助手的使用如图 1-19(a)所示。支持多种系统代码的相互后置转换，实现加工程序在不同数控系统上的程序共享；还具有通信传输的功能，通过 RS-232 串行口可以实现数控系统与编程软件间的代码互传。

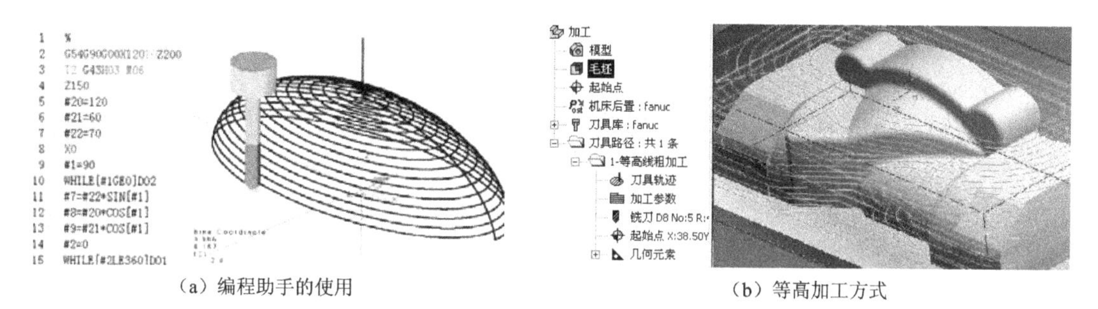

（a）编程助手的使用

（b）等高加工方式

图 1-19

⑤ 加工模块提供了多种粗、半精、精、补加工功能。提供 7 种粗加工方式，即平面区域粗加工（2D）、区域粗加工、等高粗加工（见图 1-19（b））、扫描线、摆线、插铣、导动线（2.5 轴）；提供 14 种精加工方式，即平面轮廓、轮廓导动、曲面轮廓、曲面区域、曲面参数线、轮廓线、投影线、等高线、导动、扫描线、限制线、浅平面、三维偏置、深腔侧壁；提供 3 种补加工方式，即等高线补加工、笔式清根加工、区域补加工；提供 2 种槽加工方式，即曲线式铣槽、扫描式铣槽。

⑥ 四轴加工包括了四轴曲线、四轴平切面加工；五轴加工包括了五轴等参数线、五轴侧铣、五轴曲线、五轴曲面区域、五轴 G01 钻孔、五轴定向、旋转四轴轨迹等加工。

对叶轮、叶片类零件，除以上这些加工方法外，系统还提供专用的叶轮粗加工及叶轮精加工功能，可以实现对叶轮和叶片的整体加工，如图 1-20 所示。

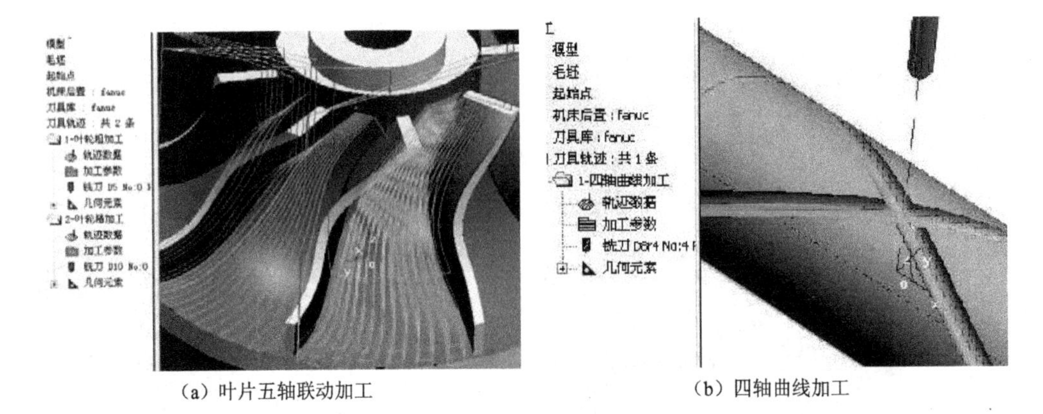

（a）叶片五轴联动加工　　（b）四轴曲线加工

图 1-20

⑦ 提供倒圆角加工功能，根据给定的平面轮廓曲线，生成加工圆角的轨迹和带有宏指令的加工代码。充分利用宏程序功能，使得倒圆角加工程序变得异常简单灵活。

⑧ 可设定斜向切入和螺旋切入等接近和切入方式，拐角处可设定圆角过渡、轮廓与轮廓之间可通过圆弧或 S 字形方式来过渡形成光滑连接、生成光滑刀具轨迹，有效地满足了高速加工对刀具路径形式的要求。

⑨ 经验丰富的编程者可以将加工的步骤、刀具、工艺条件进行记录、保存和重用，大幅提高编程效率和编程的自动化程度；数控编程的初学者可以快速学会编程，共享经验丰富编程者的经验和技巧。随着企业加工工艺知识的积累和规范化，形成企业标准化的加工流程。

⑩ 自动按加工的先后顺序生成加工工艺单，方便编程者和机床操作者之间的交流，减少加工中错误的产生。

⑪ 提供丰富的工艺控制参数，可方便地控制加工过程，使编程人员的经验得到充分的体现。丰富的刀具轨迹编辑功能可以控制切削方向以及轨迹形状的任意细节，大大提高了机床的进给速度。

⑫ 提供了轨迹仿真功能以检验数控代码的正确性，可以通过实体真实感仿真模拟加工过程，显示加工余量；自动检查刀具切削刃、刀柄等在加工过程中是否存在干涉现象。

⑬ 后置处理器无须生成中间文件就可直接输出 G 代码指令，系统不仅可以提供常见的数控系统后置处理格式，用户还可以自定义专用数控系统的后置处理格式。

项目二 线架造型

线架造型是指用空间点和空间曲线来描述零件轮廓的造型方法。线架造型是曲面造型和实体造型的基础，是三维造型技术的关键。在 CAXA 制造工程师 2011 软件中，提供了直线、圆弧、圆、矩形、椭圆、样条、点、公式曲线、多边形、二次曲线、等距线、曲线投影、相关线、样条和文字等主要的绘图功能。线架造型实际上就是先绘制曲线，再对曲线进行编辑和修改以及进行空间几何变换，从而完成造型。

学习目标：

（1）熟悉线架造型中各种命令的使用范围。

（2）掌握线架造型中各种命令的绘图方法。

（3）会正确合理地选择各种线架造型的方法。

（4）能熟练使用线架造型中各种命令来解决实际绘图操作中的问题。

任务一 支架空间线架的造型

图 2-1 所示为支架平面及其空间立体图形。

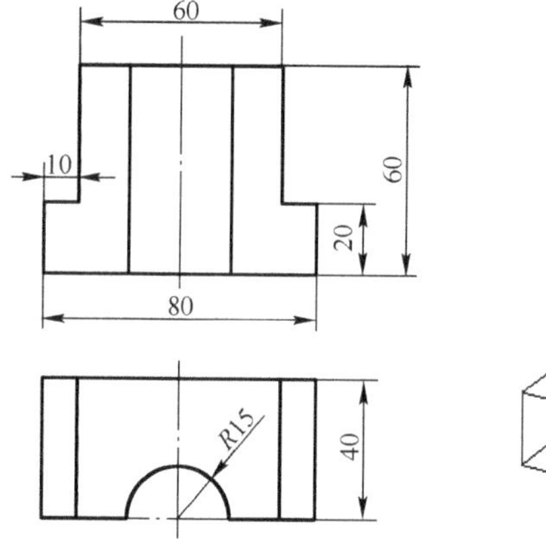

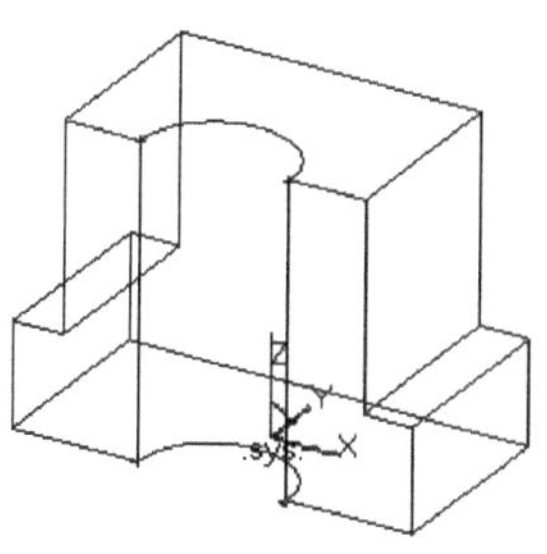

图 2-1

绘制支架的空间线架的基本步骤如图 2-2 所示。

（1）通过“直线”命令中的［两点线］方式，输入点坐标完成支架底座的线架。

（2）仍用［两点线］方式，输入点坐标，完成支架上部的线架。

（3）通过“圆弧”、“直线”、“曲线”命令完成支架上的圆弧部分。

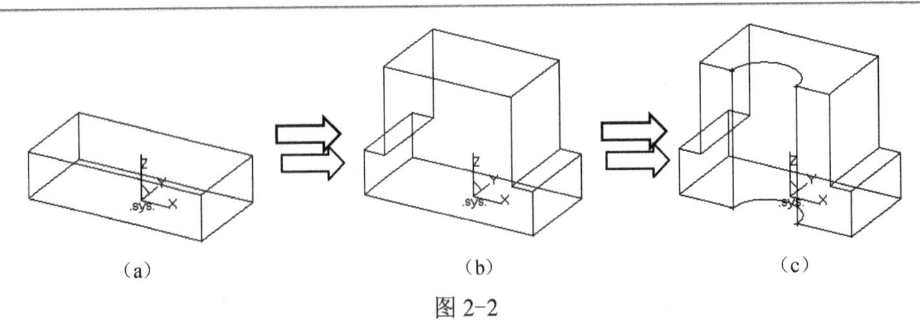

图 2-2

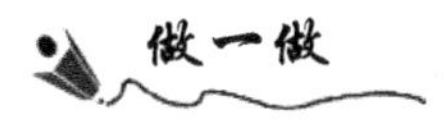

按下述操作过程完成支架的空间线架造型。

1. 绘制 a 线架

（1）单击曲线生成栏中的“矩形”□图标，选择“中心_长_宽”的方式作图，绘制 80×40（注：单位为 mm，本书如无特别说明，长度的单位均为 mm）的矩形，在特征树下方的文本框中输入长、宽之后需分别按回车键确认，选择原点作为中心，单击右键确认，矩形绘制完成，如图 2-3 所示。

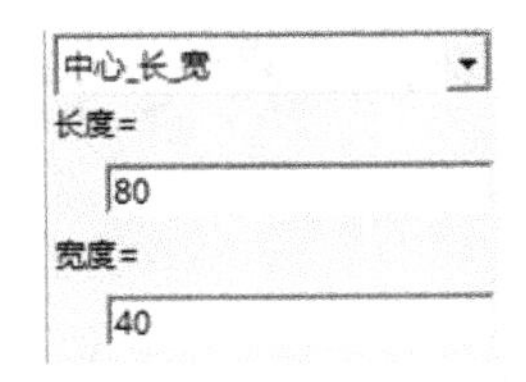

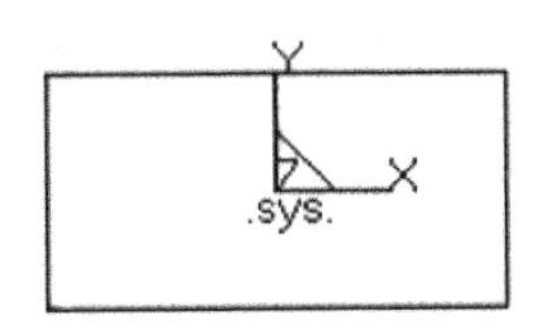

图 2-3

提示：每次在文本框中输入了相应的数字之后必须按回车键，表示确认。

（2）按 F8 键，显示矩形的轴测图，如图 2-4 所示。

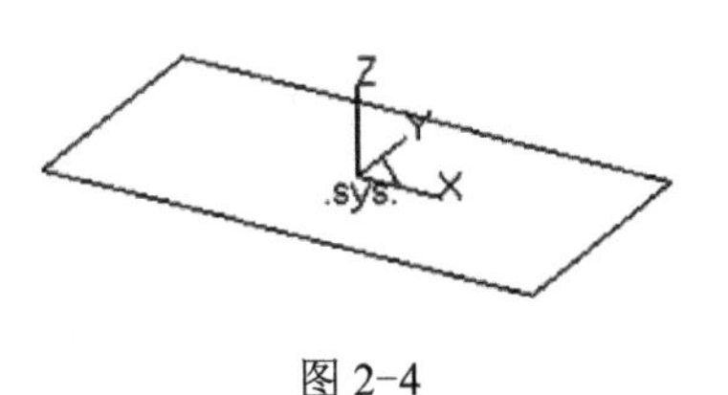

图 2-4

（3）再单击“矩形”□图标，选择“中心_长_宽”的方式作图，绘制 80×40 的矩形，按回车键，输入矩形中心点坐标（0，0，20），再按回车键确认，如图 2-5 所示。

0，0，20

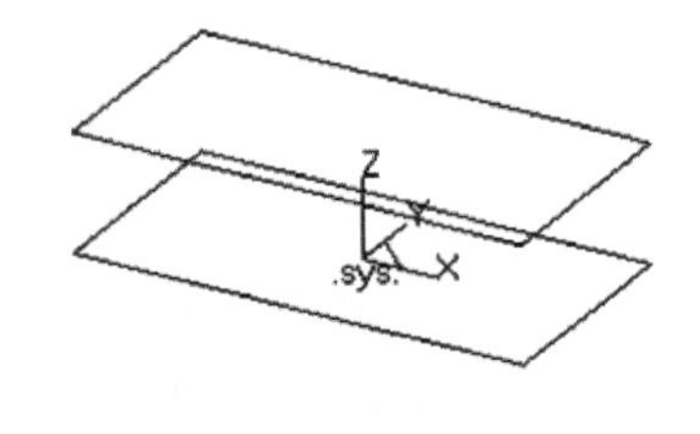

图 2-5

提示：在输入点坐标时，应该在英文输入法状态下输入[0]，也就是标点符号应半角

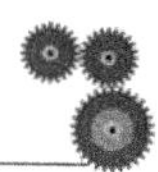

输入，否则会导致错误。

（4）按 F9 键，将坐标切换到 *YOZ* 平面，如图 2-6 所示。

（5）单击曲线生成栏中的“直线”图标，选择“两点线”、“单个”、“正交”、“点方式”，单击矩形角的对应点，完成矩形线框 a，如图 2-7 所示。

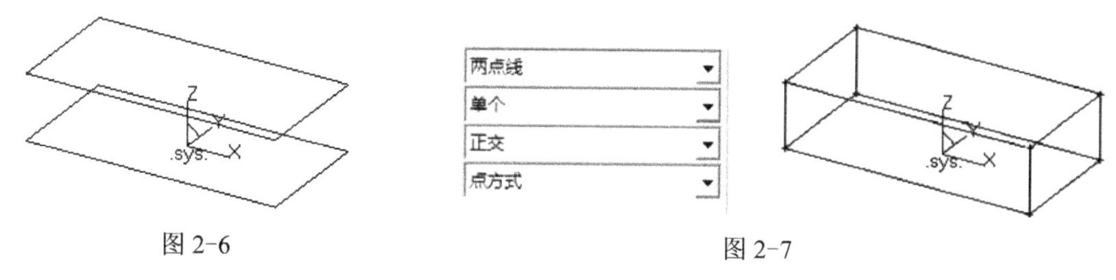

图 2-6　　　　图 2-7

2. 绘制 b 线架

（1）按 F9 键将平面转换至 *XOY* 平面。单击“矩形”图标，选择“中心_长_宽”的方式作图，绘制 60×40 的矩形，按回车键输入矩形中心点坐标（0，0，20），再按回车键确认，结果如图 2-8 所示。

（2）单击“矩形”图标，选择“中心_长_宽”的方式作图，绘制 60×40 的矩形，按回车键输入矩形中心点坐标（0，0，60），再按回车键确认，如图 2-9 所示。

（3）按 F9 键将平面切换到 *YOZ* 平面，单击“直线”图标，选择“两点线”、“单个”、“正交”、“点方式”，单击矩形角度的对应点，完成矩形线框的绘制，结果如图 2-10 所示。

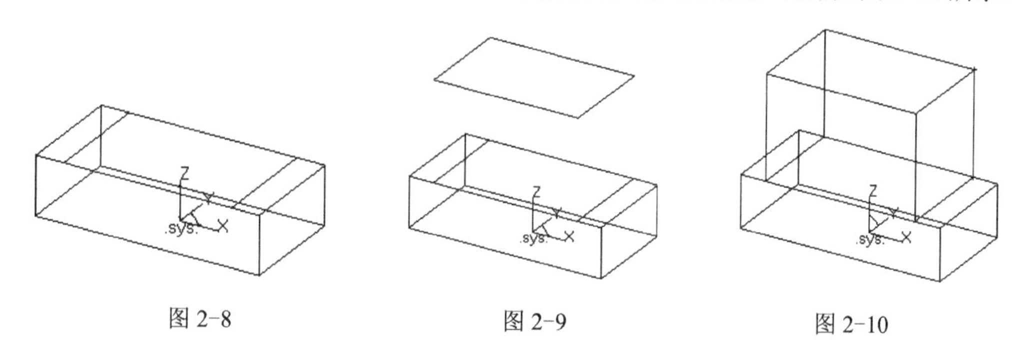

图 2-8　　　　图 2-9　　　　图 2-10

（4）单击曲线编辑栏中的“曲线裁剪”图标，选择“快速裁剪”、“正常裁剪”，选中需要裁掉的部分，再单击“删除”图标，删除多余的部分，完成线架 b 的绘制，结果如图 2-11 所示。

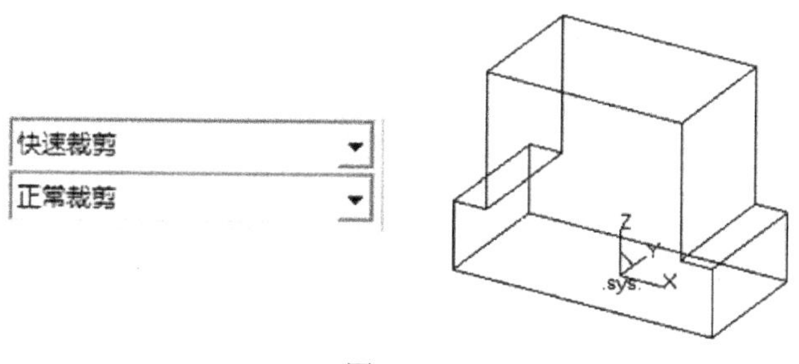

图 2-11

3．绘制 c 线架

（1）按 F9 键，将平面切换至 *XOY* 平面，单击“整圆”图标，选择“圆心_半径”的方式绘制圆，按空格键选择中点，再按回车键，单击相应矩形的一条边（以这条边的中点为圆心），输入半径 15，再按回车键确认，完成圆绘制，如图 2-12 所示。

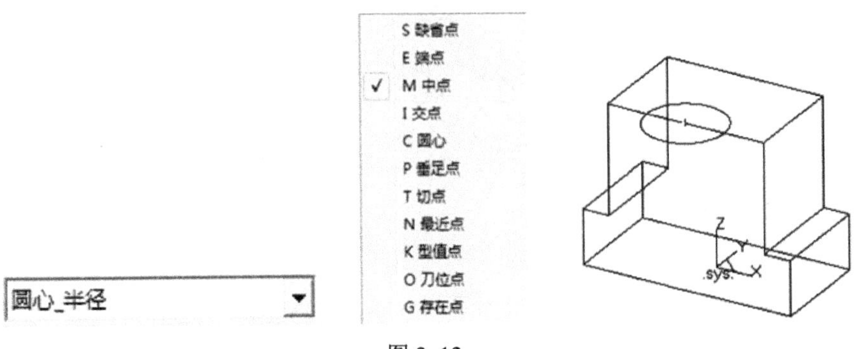

图 2-12

（2）用同样的方法画出底边的圆，结果如图 2-13 所示。

（3）单击曲线编辑栏中的“曲线裁剪”图标，选择“快速裁剪”、“正常裁剪”，单击需要裁掉的部分，结果如图 2-14 所示。

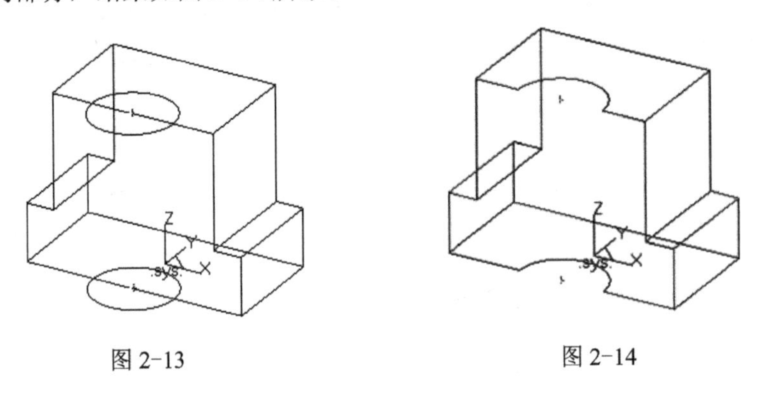

图 2-13　　　　图 2-14

（4）按 F9 键，将平面切换到 *YOZ* 平面，单击“直线”图标，选择“两点线”、“单个”、“正交”、“点方式”，按空格键选择默认点，将上下圆弧的对应点连接起来，如图 2-15 所示，完成线架 c 造型。

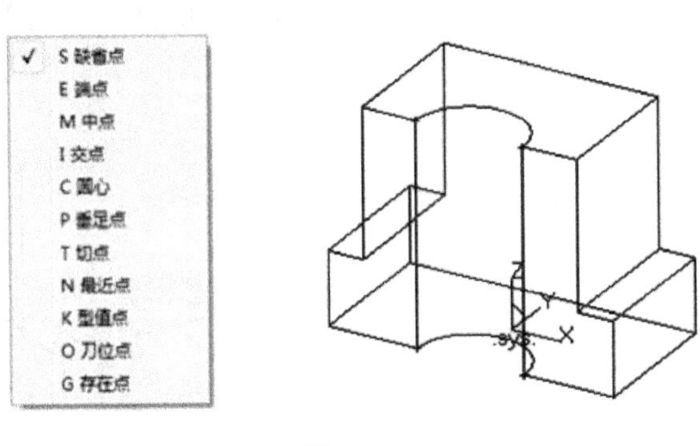

图 2-15

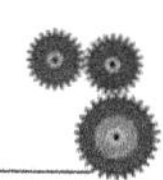

练一练

利用已学知识绘制如图 2-16 所示的线架造型。

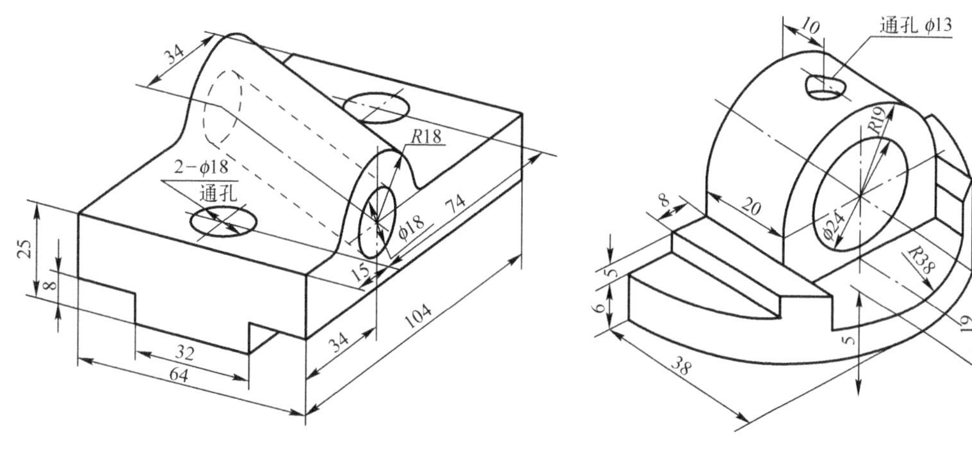

图 2-16

想一想

（1）空间线架是在什么状态下绘制的？

（2）绘制空间线架有什么实际意义？

任务二　底板草图的绘制及标注

读一读

底板平面图形如图 2-17 所示。

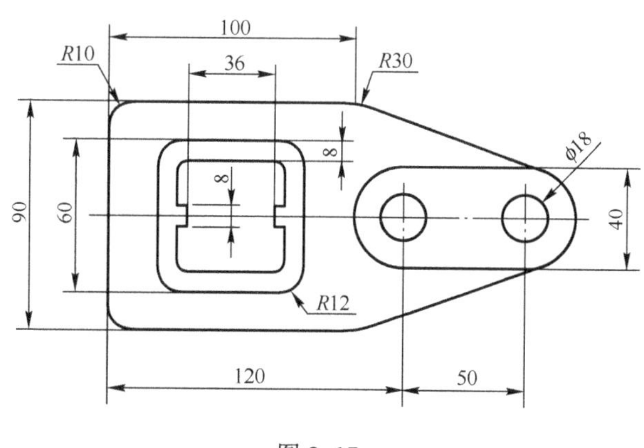

图 2-17

造型的基本步骤如图 2-18 所示。

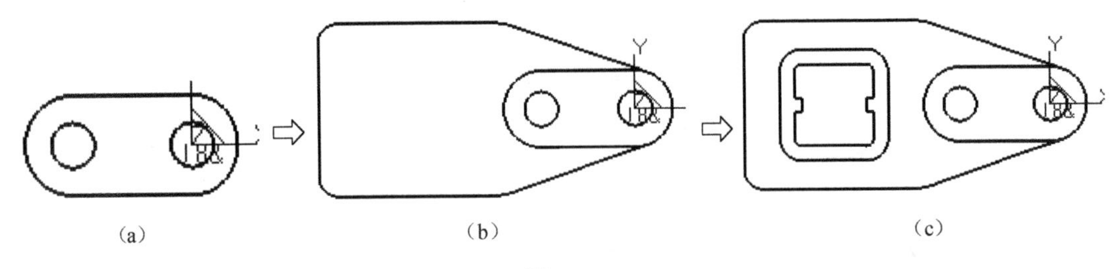

（a）　（b）　（c）

图 2-18

按下述操作过程完成二维造型。

1．绘制 a 造型

（1）在特征树零件特征栏中选择“平面 XY”，右击在弹出的快捷菜单中选择“创建草图”，进入草图状态，如图 2-19 所示。

（2）单击“整圆”图标，以“圆心_半径”的方式绘制圆，单击原点作为圆心，按回车键后输入半径 9，再按回车键确认，继续按回车键输入半径 20，按回车键确认，按右键结束，完成同心圆的绘制，如图 2-20 所示。

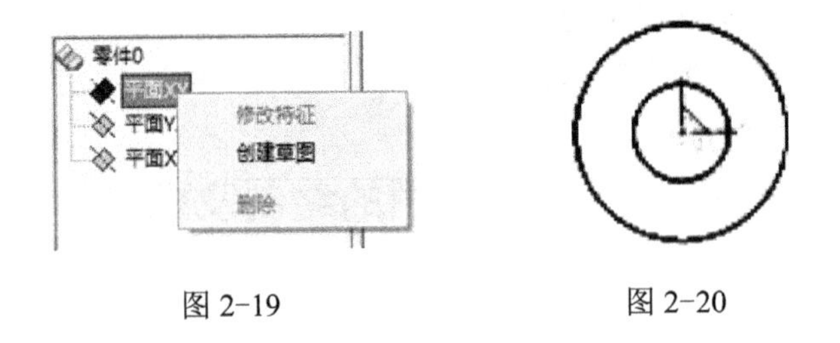

图 2-19　　图 2-20

（3）单击几何变换栏中的“平移”图标，选择“偏移量”、“拷贝”方式，在“DX=”文本框中输入-50，按提示拾取半径为 9 和 20 的同心圆，按右键确认，得到两个同心圆，如图 2-21 所示。

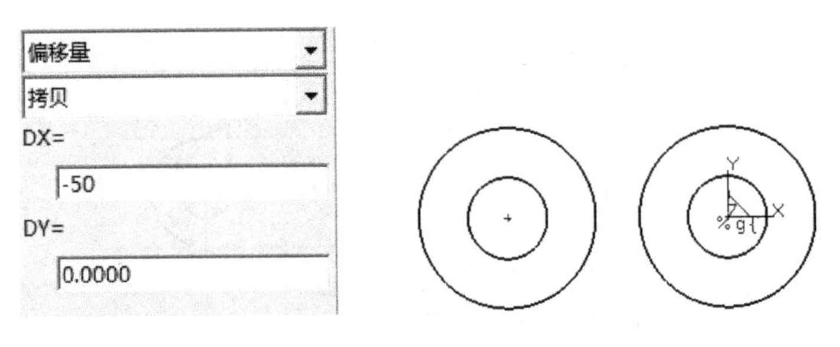

图 2-21

（4）单击“直线”图标，选择“两点线”、“单个”、“非正交”方式，按空格键选

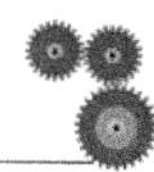

择切点，单击两圆接近切点的位置，画出切线，结果如图 2-22 所示。

（5）单击曲线编辑栏中的“曲线裁剪”图标，选择“快速裁剪”、“正常裁剪”，单击需要裁掉的部分，完成图形的绘制，结果如图 2-23 所示。

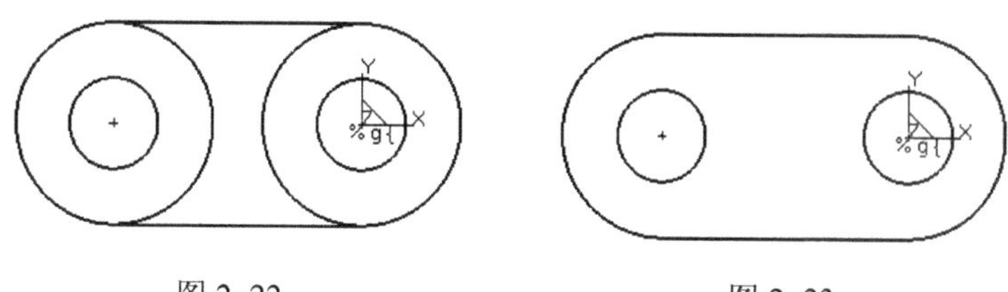

图 2-22　　　　图 2-23

2．绘制 b 造型

（1）单击“直线”图标，选择“两点线”、“单个”、“正交”、“长度”方式，分别输入长度 170 和 45，结果如图 2-24 所示。

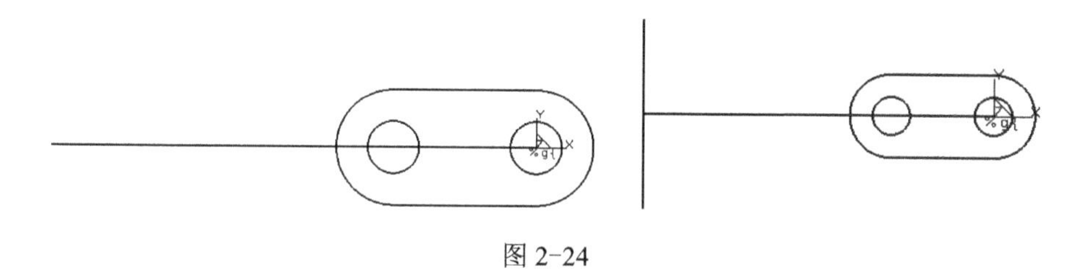

图 2-24

（2）单击“直线”图标，选择“两点线”、“单个”、“正交”、“长度”方式，输入长度 100，结果如图 2-25 所示。

（3）单击“直线”图标，选择“两点线”、“单个”、“非正交”方式，单击长度为 100 的直线右端，按空格键选择切点，单击半径为 20 圆弧的切点附近，结果如图 2-26 所示。

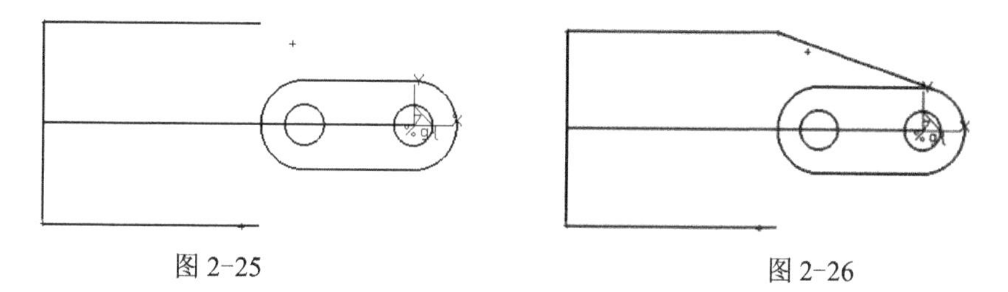

图 2-25　　　　图 2-26

（4）用同样的方法画出另一条切线，结果如图 2-27 所示。

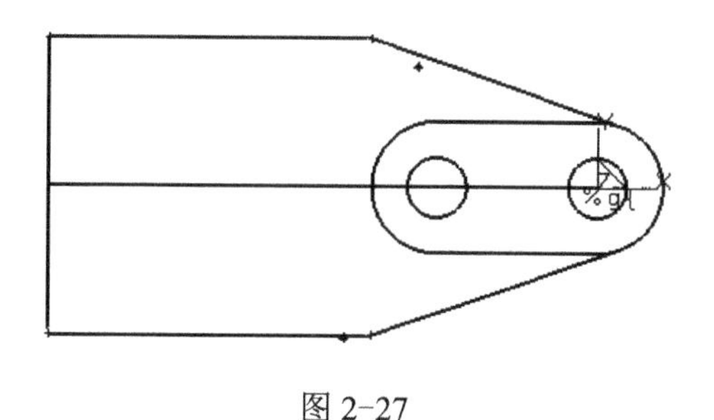

图 2-27

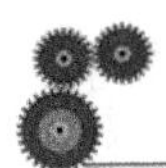

（5）单击曲线编辑栏中的“曲线过渡”图标，选择“圆弧过渡”，输入半径 10，单击连接圆弧的两条边，完成圆弧连接，如图 2-28 所示。

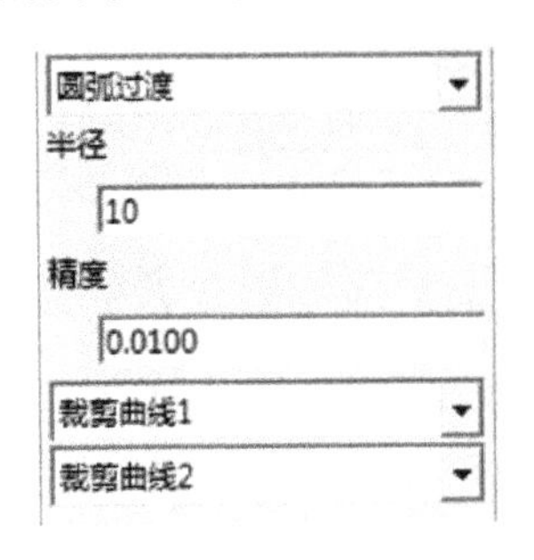

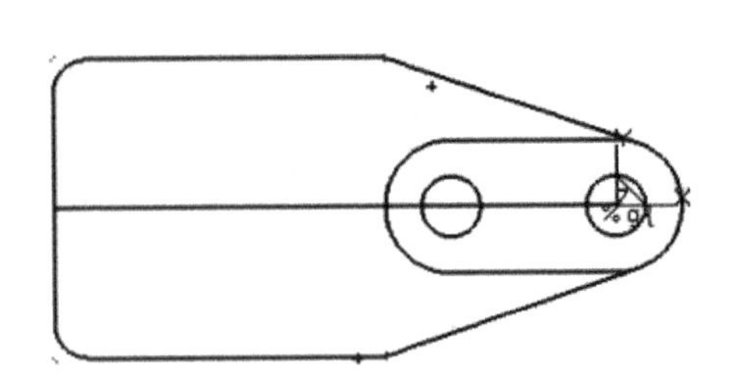

图 2-28

（6）单击曲线编辑栏中的“曲线过渡”图标，选择“圆弧过渡”，输入半径 30，单击连接圆弧的两条边，并删除中间的一条直线，结果如图 2-29 所示。

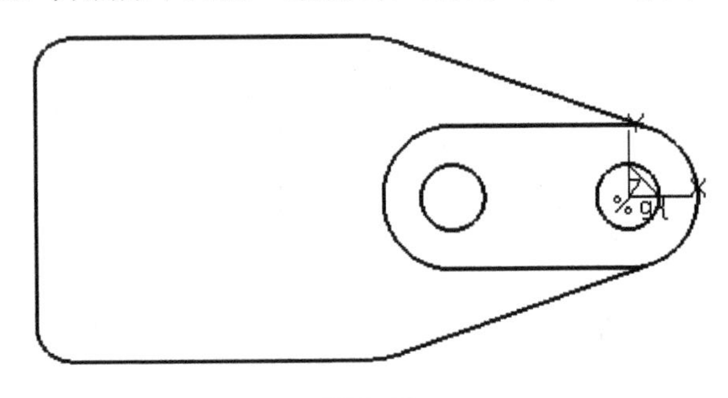

图 2-29

3．绘制 c 造型

（1）单击曲线生成栏中的“等距”图标，距离输入 15，分别拾取上下两条直线，选择向内箭头，结果如图 2-30 所示。

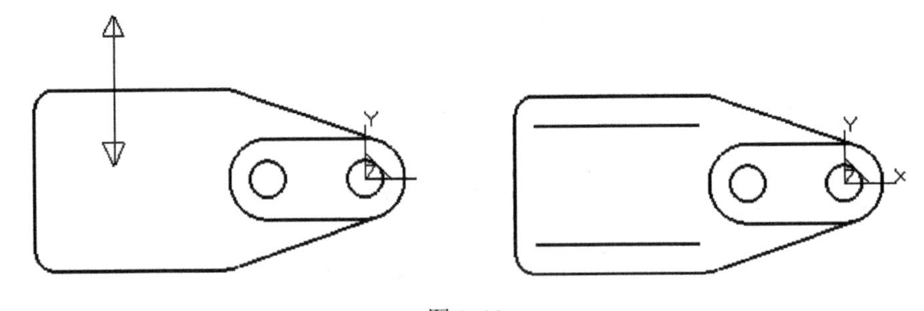

图 2-30

（2）继续分别输入距离 20 和 80，按提示分别拾取左端直线，所得图形如图 2-31 所示。

（3）单击曲线编辑栏中的“曲线过渡”图标，选择“圆弧过渡”，输入半径 12，分别单击连接圆弧的两条边，所得图形如图 2-32 所示。

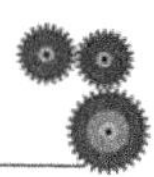

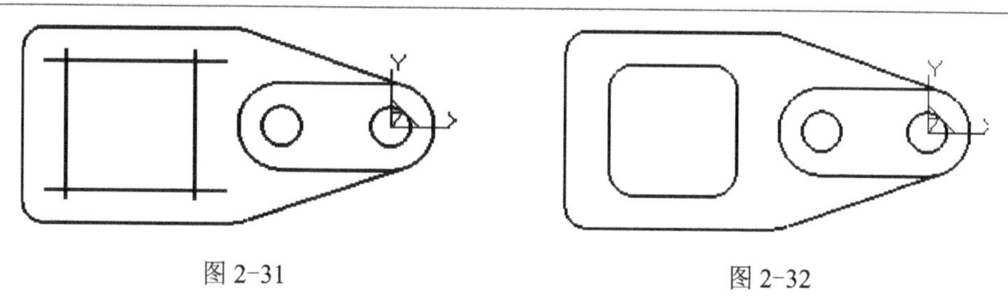

图 2-31　　　　图 2-32

（4）单击“等距”图标，输入距离 8，分别拾取刚才所画的线框线条，单击向内的箭头，结果如图 2-33 所示的图形。

（5）继续输入 41，分别拾取上下两条长度为 100 的直线，单击向内的箭头，结果如图 2-34 所示的图形。

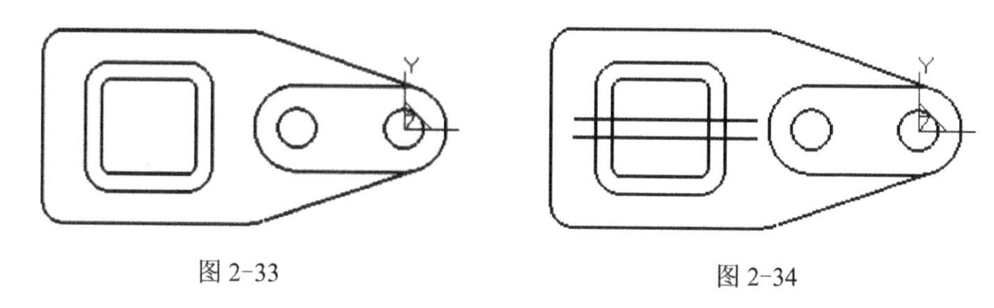

图 2-33　　　　图 2-34

（6）继续输入 4，分别拾取内线框的左右两条边，单击向内的箭头，获得如图 2-35 所示的图形。

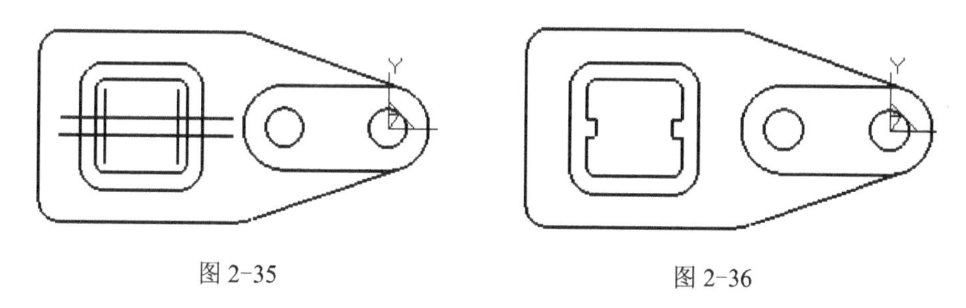

图 2-35　　　　图 2-36

（7）单击曲线编辑栏中的“曲线裁剪”和“删除”图标，获得如图 2-36 所示图形，完成 c 造型。

4．二维草图的尺寸标注

（1）在草图状态下，单击菜单栏中的“造型”菜单，出现下拉菜单，选择“尺寸”子菜单中的“尺寸标注”命令，如图 2-37 所示，可以对线性尺寸、圆弧和整圆的半径和直径进行标注，尺寸标注示例如图 2-38 所示。

（2）尺寸编辑可以对已标注尺寸的尺寸线和尺寸数字的位置进行修改。

（3）尺寸驱动是系统提供的一套局部参数化功能。用户在选择一部分实体及相关尺寸后，系统将根据尺寸建立实体间的拓扑关系，当用户选择想要改动的尺寸并改变其数值时，相关实体及尺寸也将发生变化，但元素间的拓扑关系保持不变，如相切、相连等。另外，系统还可自动处理过约束及欠约束的图形。

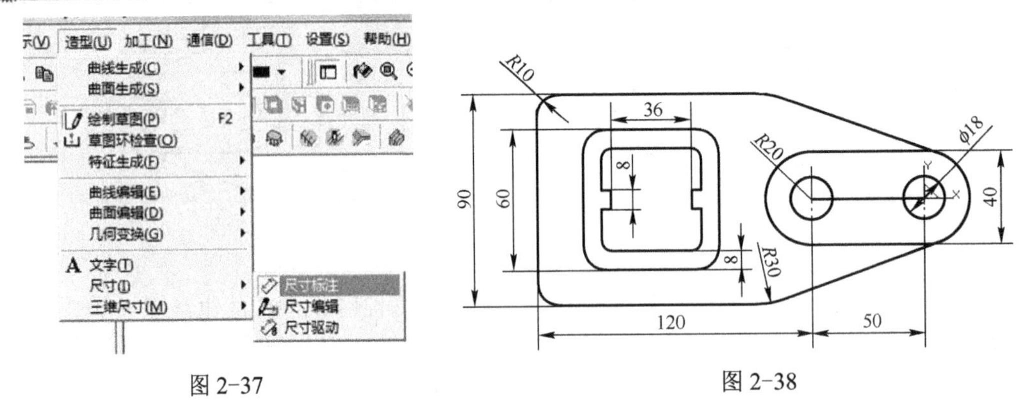

图 2-37　　　　　　　　图 2-38

此功能在很大程度上使用户可以在画完图以后再对尺寸进行规整、修改，提高作图速度，对已有的图纸进行修改也变得更加简单、容易。

练一练

绘制如图 2-39 所示的二维线架并标注尺寸。

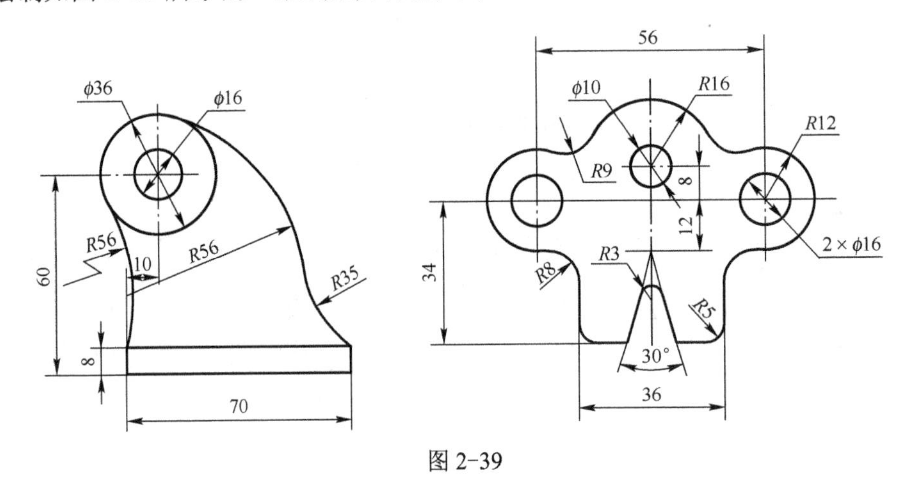

图 2-39

想一想

（1）草图曲线与空间曲线有什么异同?

（2）草图曲线是为哪个步骤准备的?

任务三　多面体电极的三维线架构造

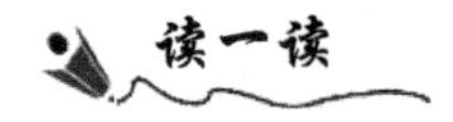

读一读

多面体电极尺寸及造型如图 2-40 所示。

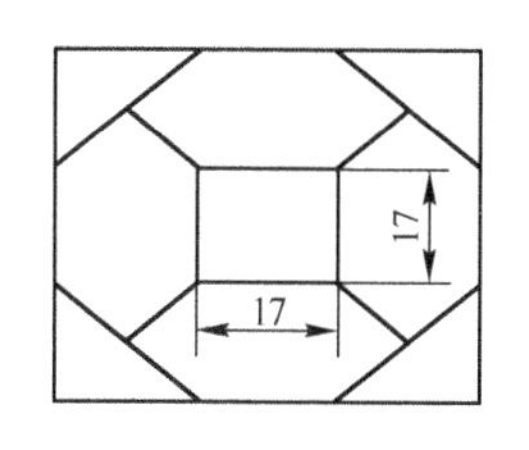

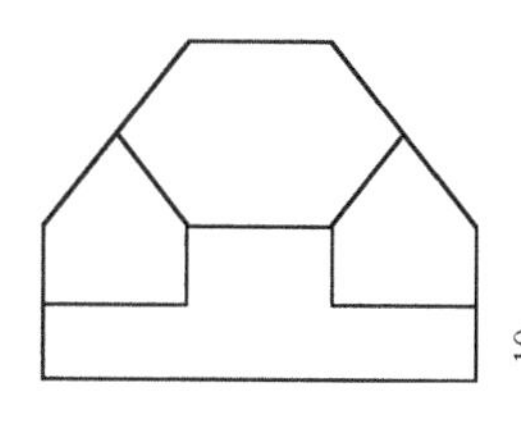

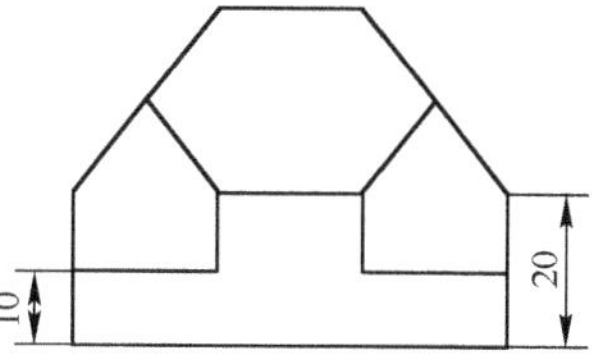

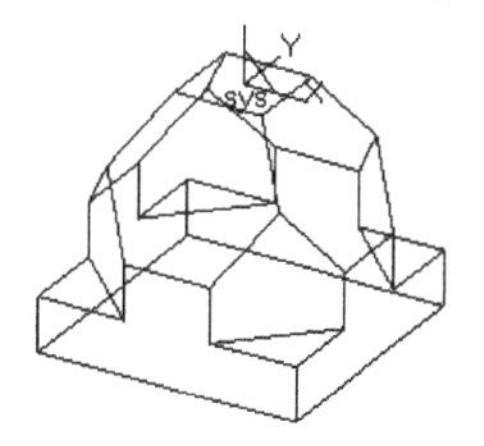

图 2-40

造型的基本步骤如图 2-41 所示。

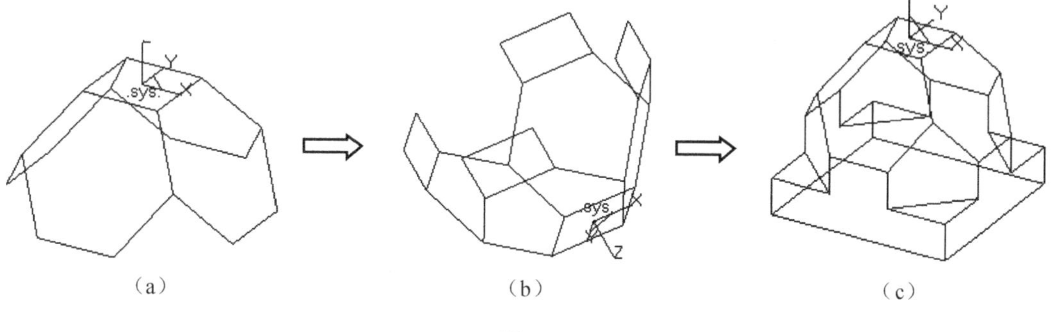

图 2-41

1. 完成 a 造型

（1）按 F5 键，将平面切换至 *XOY* 平面。

（2）单击曲线工具栏中的“矩形”图标，进入矩形绘制状态，选择“中心_长_宽”方式，长、宽分别输入 17，单击坐标系原点为矩形的中心点，绘制正方形，如图 2-42 所示。

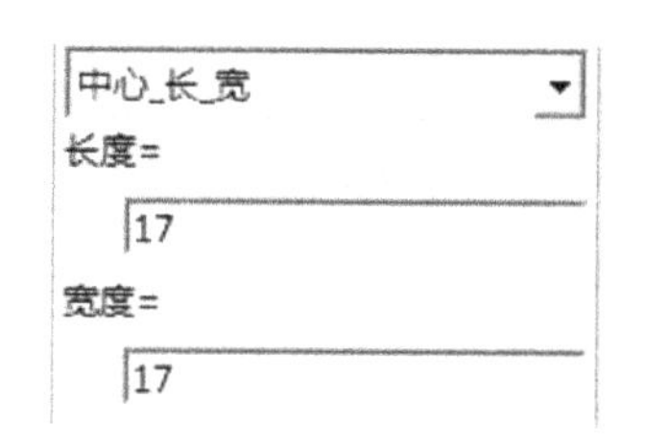

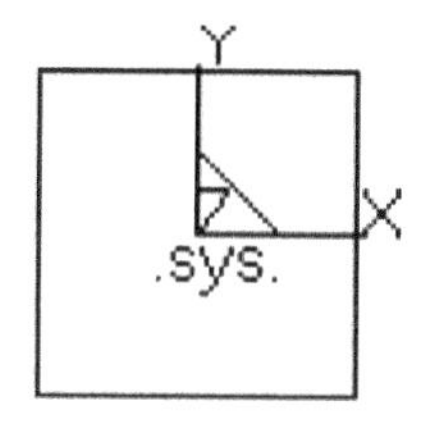

图 2-42

（3）单击曲线工作栏中的“正多边形”图标，输入边数 6，并选取其中的一条边作为正六边形的公共边，依次绘制两个正六边形，如图 2-43 所示。

（4）单击“曲线拉伸”图标，将两条公共边进行拉伸延长，结果如图 2-44 所示。

（5）单击“直线”图标，选择“两点线”、“单个”、“非正交”方式，然后按照提示用鼠标选取 *A* 点作为直线的第一端点，按空格键选择“垂足点”，用鼠标选择直线 *a*，作为第二点；用同样的方法绘制直线 *BD*，如图 2-45 所示。

（6）按 F8 键，显示轴测图。

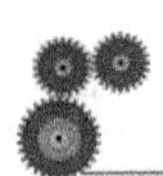

（7）按 F9 键，将工作平面切换到 *ZOX* 平面，单击曲线工作栏中的“整圆”图标，选择“圆心_半径”方式，选取垂足点 *C* 作为圆心，以 *CA* 为半径，绘制整圆；按 F9 键将工作平面切换至 *ZOY* 平面，选取垂足点 *D* 作为圆心，*BD* 为半径，绘制整圆，如图 2-46 所示。

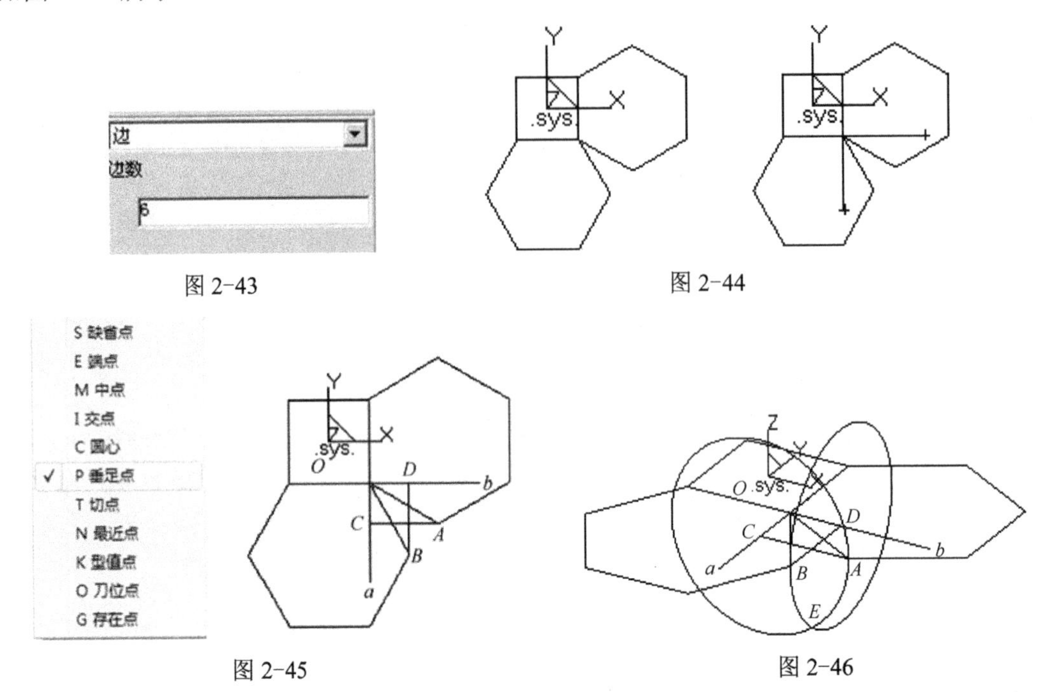

图 2-43　　图 2-44

图 2-45　　图 2-46

（8）单击“直线”图标，选择“两点线”、“单个”、“非正交”方式，选取 *O* 点为直线第一点，两圆交点 *E* 为第二点，绘制直线，结果如图 2-47 所示。

（9）单击查询工具栏中的“查询距离”图标，单击上步所绘线段的两端点，查看该线段长度。查询长度为 17，就是六边形向下旋转后的一个边，如图 2-48 所示。

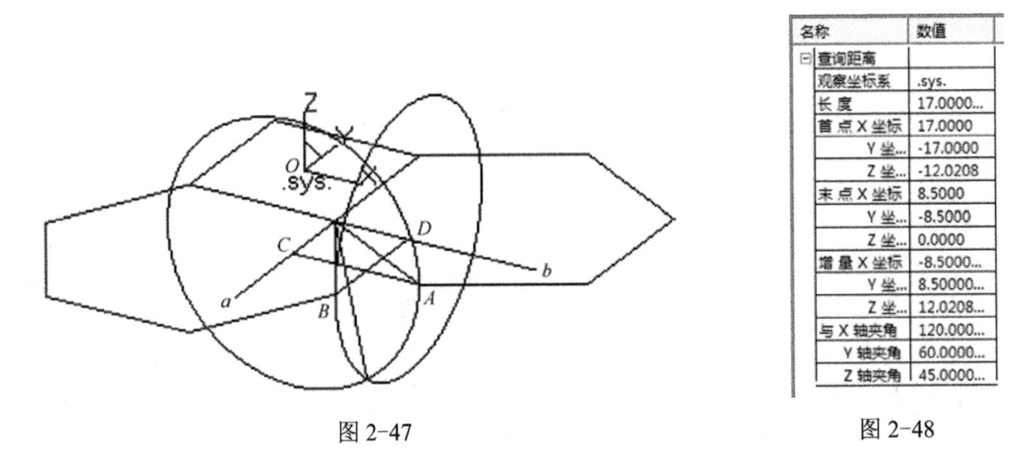

名称	数值
⊟ 查询距离	
观察坐标系	.sys.
长 度	17.0000...
首 点 X 坐标	17.0000
Y 坐...	-17.0000
Z 坐...	-12.0208
末 点 X 坐标	8.5000
Y 坐...	-8.5000
Z 坐...	0.0000
增 量 X 坐标	-8.5000...
Y 坐...	8.50000...
Z 坐...	12.0208...
与 X 轴夹角	120.000...
Y 轴夹角	60.0000...
Z 轴夹角	45.0000...

图 2-47　　图 2-48

（10）单击“直线”图标，选取点 *C* 作为直线第一点，两圆的交点 *E* 作为直线第二点，绘制直线；再单击“角度查询”图标，选取刚画的直线和直线 *AC* 作为两边，并

查看角度值，如图 2-49 所示，该值即正六边形向下旋转的角度值。

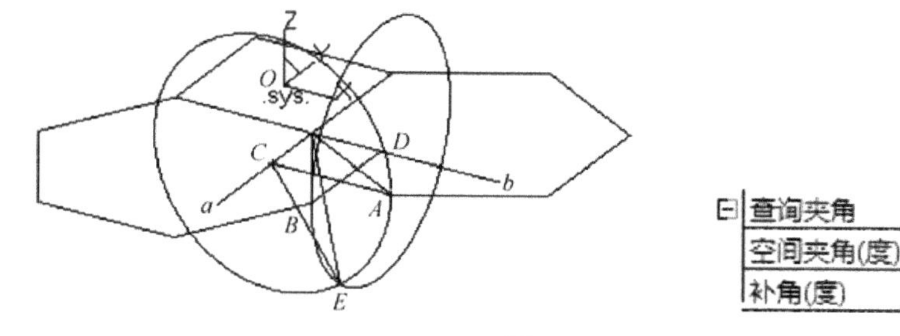

⊟ 查询夹角	
空间夹角(度)	54.7356...
补角(度)	125.264...

图 2-49

（11）右击空间夹角（度），选取“数据拷贝”命令。单击几何变换栏中的“旋转”图标，选择“移动”方式，并输入刚才的角度值。选取六边形和矩形的公共边的两个端点作为旋转轴的起点和末点，拾取六边形的所有边，单击右键确定，并删去多余的线条，得到如图 2-50 所示图形。

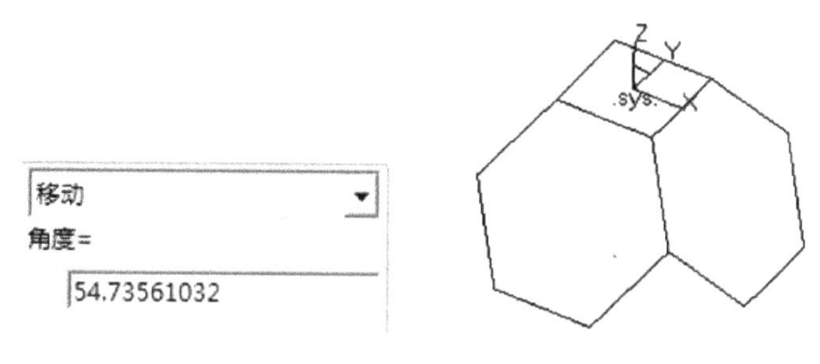

图 2-50

（12）按 F9 键，切换到 *XOY* 平面。单击“阵列”图标，采用“圆形”、“均布”方式，份数为 4，拾取六边形的所有边，单击右键确定，之后选择坐标原点作为中心点，所得图形如图 2-51 所示。

2．完成 b 造型

（1）按 F9 键，将工作平面切换到 *YOZ* 平面。单击“直线”图标，选择长度方式，输入长度为 10，分别选取六边形最下面的边的两个端点作为第一点，直线沿 *Z* 负半轴。之后用直线将刚绘制的两直线的端点相连，结果如图 2-52 所示。

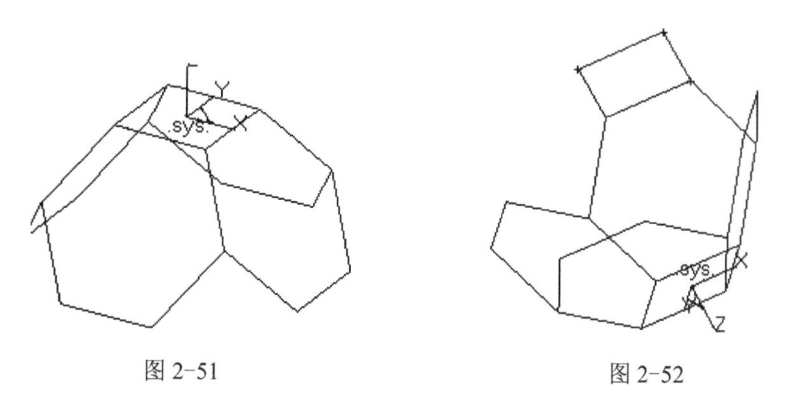

图 2-51　　　　图 2-52

（2）按 F9 键，将工作平面切换到 *XOY* 平面。单击“阵列”图标，采用“圆形”、“均布”方式，份数为 4，拾取刚绘制的四边形的所有边，单击右键确定，选择坐标原点作为中心点，结果如图 2-53 所示。

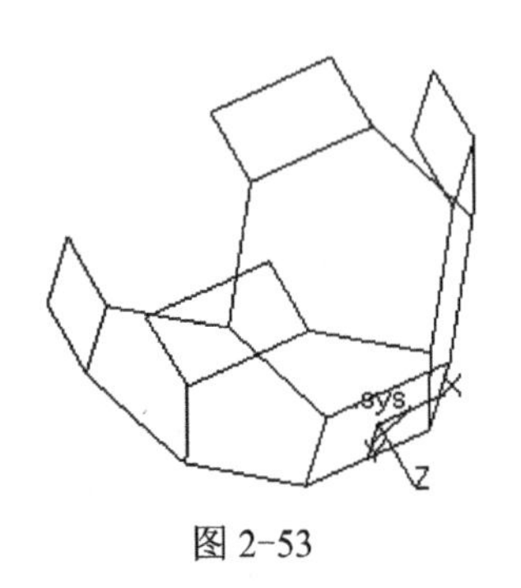

图 2-53

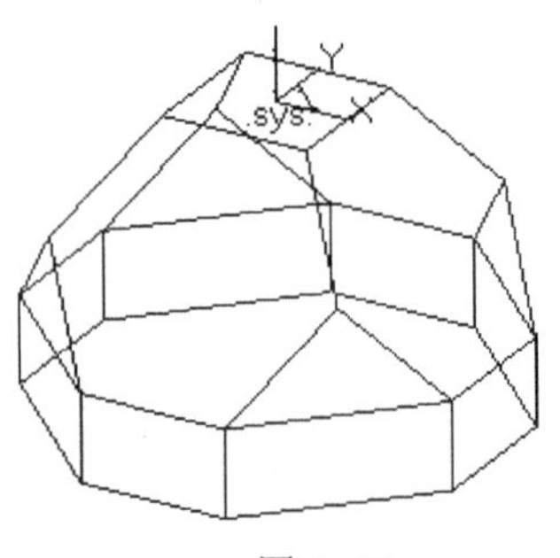

图 2-54

（3）单击“直线”图标，将平面内各点依次连接，并将多余的线段删除，如图 2-54 所示，b 造型完成。

3．完成 c 造型

（1）按 F5 键，切换到 *XOY* 平面。单击“曲线拉伸”图标，将底面的部分曲线拉伸延长，使得底面成为一个矩形，单击“曲线裁剪”图标删剪多余线段，如图 2-55 所示。

（2）按 F8 键，显示轴测图。单击“平移”图标，选择“拷贝”方式，在“DZ=”文本框中输入-10，按提示拾取底面的四边形，得到如图 2-56 所示图形。

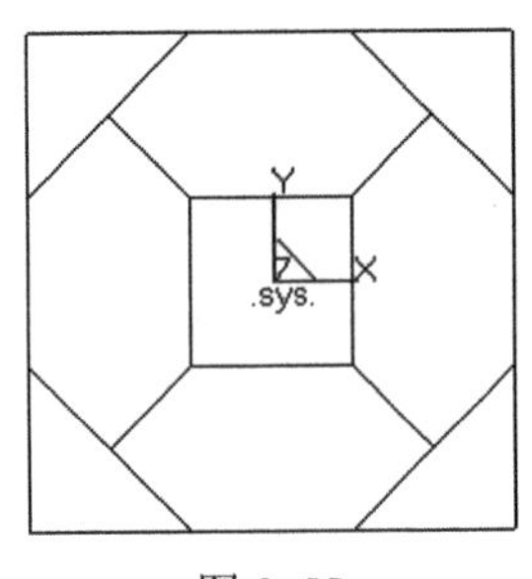

图 2-55

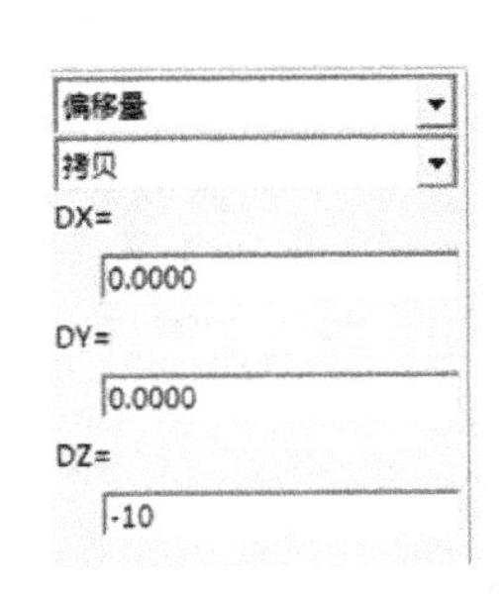

图 2-56

（3）单击“直线”图标，选择“两点线”、“单个”、“非正交”方式，将矩形角的对应点连接起来，删除多余的线段，如图 2-57 所示，c 造型完成。

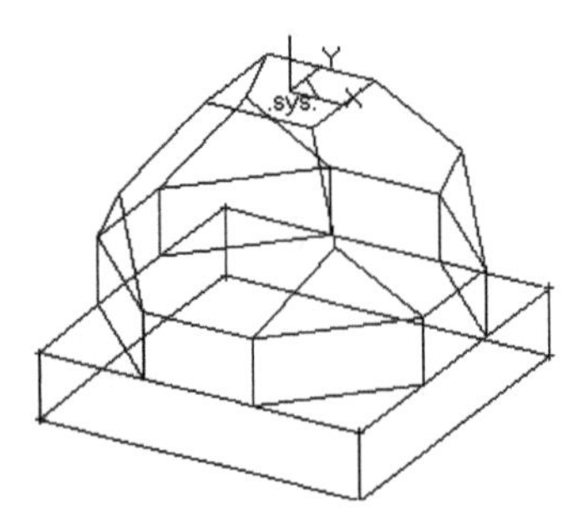

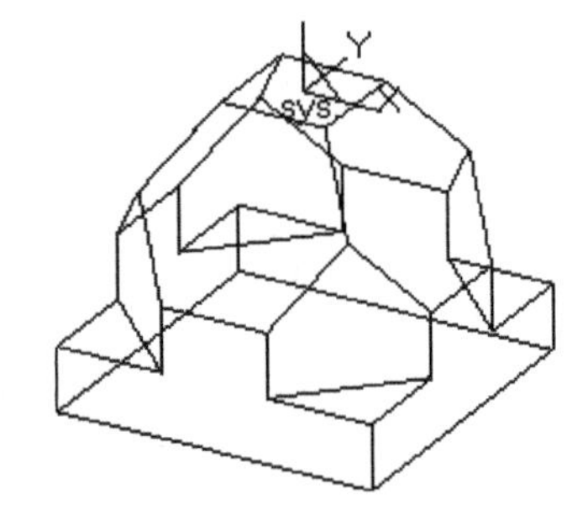

图 2-57

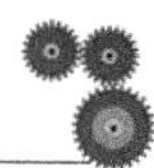

练一练

利用所学知识完成图 2-58 所示的两个三维线架造型。

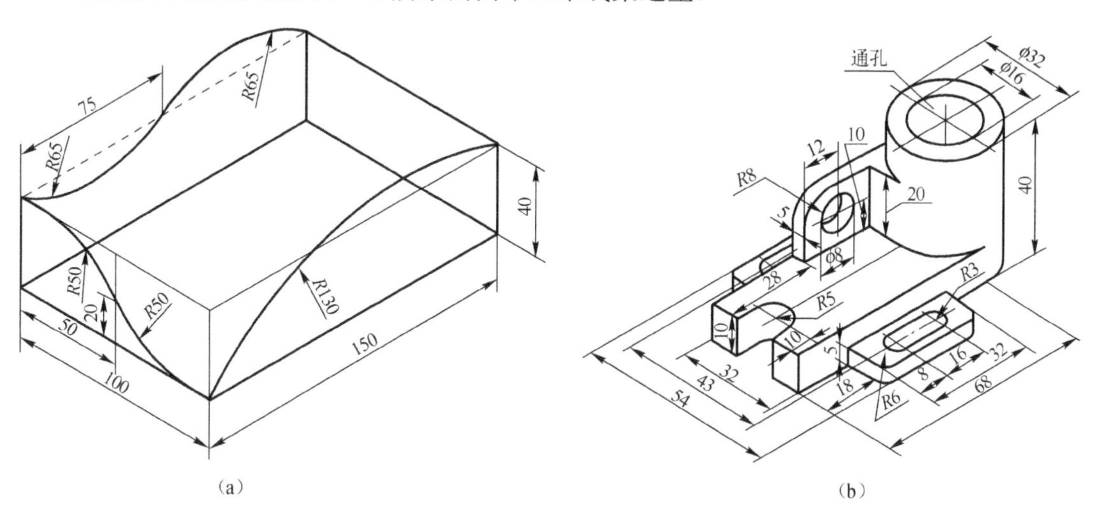

(a)　　(b)

图 2-58

想一想

画一条螺纹曲线用什么方法？

拓展知识

常见国外的 CAD/CAM 软件介绍

1. Unigraphics（UG）

UG 是美国 Unigraphics Solutions 公司发布的 CAD/CAE/CAM 一体化软件，广泛应用于航空、航天、汽车、通用机械及模具等领域。国内外已有许多科研院所和企业选择了 UG 作为企业的 CAD/CAM 系统。在 UG 中，优越的参数化和变量化技术与传统的实体、线框和表面功能结合在一起，这一结合被实践证明是强有力的，并被大多数 CAD/CAM 软件厂商所采用。

UG 最早应用于美国麦道飞机公司。它是从二维绘图、数控加工编程、曲面造型等功能发展起来的软件。20 世纪 90 年代初，美国通用汽车公司选中 UG 作为全公司的 CAD/CAE/CAM/CIM 主导系统，这进一步推动了 UG 的发展。1997 年 10 月，Unigraphics Solutions 公司与 Intergraph 公司签约，合并了后者的机械 CAD 产品，将微机版的 SolidEdge 软件（Siemes PLM Softloare 公司的产品）统一到 Parasolid 平台上。由此形成了一个从低端到高端，兼有 Unix 工作站版和 Windows NT 微机版的较完善的企业级 CAD/CAE/CAM/PDM 集成系统。

2. Pro/Engineer（Pro/E）

Pro/Engineer 系统是美国参数技术公司(Parametric Technology Corporation，PTC) 的产品。PTC 公司提出的单一数据库、参数化、基于特征、全相关的概念改变了机械 CAD/ CAE/CAM 的传统观念，这种全新的概念已成为当今世界机械 CAD/CAE/CAM 领域的新标准。利用该概念开发出来的第三代机械 CAD/CAE/CAM 产品 Pro/Engineer 软件能将设计至生产全过程集成到一起，让所有的用户能够同时进行同一产品的设计制造工作，即实现所谓的并行工程。

Pro/Engineer 系统主要功能如下:

（1）真正的全相关性，任何地方的修改都会自动反映到所有相关地方。

（2）具有真正管理并发进程、实现并行工程的能力。

（3）具有强大的装配功能，能够始终保持设计者的设计意图。

（4）容易使用，可以极大地提高设计效率。

Pro/Engineer 系统用户界面简洁，概念清晰，符合工程人员的设计思想与习惯。整个系统建立在统一的数据库上，具有完整而统一的模型。Pro/Engineer 建立在工作站上，系统独立于硬件，便于移植。

3. SolidWorks

SolidWorks 是由美国 PTC 公司（后被法国达索公司收购）推出的基于 Windows 的机械设计软件。生信公司是一家专业化的信息高速技术服务公司，在信息和技术方面一直保持与国际 CAD/CAE/CAM/PDM 市场同步。该公司提倡的“基于 Windows 的 CAD/CAE/CAM/PDM 桌面集成系统”是以 Windows 为平台，以 SolidWorks 为核心的各种应用的集成，包括结构分析、运动分析、工程数据管理和数控加工等，为中国企业提供了梦寐以求的解决方案。

SolidWorks 是微机版参数化特征造型软件的新秀，该软件旨在以工作站版的相应软件价格的 1/4～1/5 向广大机械设计人员提供用户界面更友好、运行环境更大众化的实体造型实用功能。

SolidWorks 是基于 Windows 平台的全参数化特征造型软件，它可以十分方便地实现复杂的三维零件实体造型、复杂装配和生成工程图。图形界面友好，用户上手快。该软件可以应用于以规则几何形体为主的机械产品设计及生产准备工作中，其价位适中。

4. Cimatron

Cimatron 软件是以色列 Cimatron 公司的 CAD/CAM/PDM 产品，是较早在微机平台上实现三维 CAD/CAM 全功能的系统。该系统提供了比较灵活的用户界面，优良的三维造型、工程绘图，全面的数控加工，各种通用、专用数据接口以及集成化的产品数据管理。

Cimatron 软件自从 20 世纪 80 年代进入市场以来，在国际上的模具制造业中备受欢迎。近年来，Cimatron 公司为了在设计制造领域发展，着力增加了许多适合设计的功能模块，每年都有新版本推出，市场销售份额增长很快。1994 年，北京宇航计算机软件有限公司(BACS)开始在国内推广 Cimatron 软件，从第 8 版本起进行了汉化，以满足国内企业不同层次技术人员应用需求。用户覆盖机械、铁路、科研、教育等领域。

5. CATIA

CATIA 是法国达索公司的产品开发旗舰解决方案。作为 PLM 协同解决方案的一个重

要组成部分，它可以帮助制造厂商设计他们未来的产品，并支持从项目前阶段、具体的设计、分析、模拟、组装到维护在内的全部工业设计流程。

通过使企业能够重用产品设计知识，缩短开发周期，CATIA 解决方案加快企业对市场需求的反应。自 1999 年以来，市场上广泛采用它的数字样机流程，从而使之成为世界上最常用的产品开发系统。

CATIA 系列产品已经在七大领域里成为首要的 3D 设计和模拟解决方案：汽车、航空航天、船舶制造、厂房设计、电力与电子、消费品和通用机械制造。

6. MasterCAM

MasterCAM 是美国 CNC Software Inc.公司开发的基于 PC 平台的 CAD/CAM 软件。它集二维绘图、三维实体造型、曲面设计、体素拼合、数控编程、刀具路径摸拟及真实感摸拟等多功能于一身。MasterCAM 具有方便直观的几何造型，它提供了设计零件外形所需的理想环境，其强大稳定的造型功能可设计出复杂的曲线、曲面零件。MasterCAM9.0 以上版本还有支持中文环境，而且价位适中，对广大的中小企业来说是理想的选择，是经济有效的全方位的软件系统，是工业界及学校广泛采用的 CAD/CAM 系统。

7. PowerMill

PowerMill 是英国 Delcam Plc 公司出品的功能强大、加工策略丰富的数控加工编程软件系统。采用全新的中文 Windows 用户界面，提供完善的加工策略。帮助用户产生最佳的加工方案，从而提高加工效率，减少手工修整，快速产生粗、精加工路径，并且任何方案的修改和重新计算几乎在瞬间完成，缩短 85%的刀具路径计算时间，对 2～5 轴的数控加工包括刀柄、刀夹进行完整的干涉检查与排除。具有集成一体化的加工实体仿真，方便用户在加工前了解整个加工过程及加工结果，节省加工时间。

项目三　曲 面 造 型

CAXA 制造工程师提供了丰富的曲面造型手段，构造完决定曲面形状的关键线架后，就可以在线架的基础上，选用各种曲面的生成和编辑方法，在线框上构造所需的曲面。曲面形状的关键线架取决于曲面特征线，根据曲面特征线的不同组合方式，可以组织不同的曲面生成方式。曲面生成方式有直纹面、旋转面、扫描面、导动面、边界面、放样面、等距面、网格面、平面和实体表面十种。

学习目标

（1）了解曲面造型、曲面编辑等命令的使用范围。

（2）掌握使用曲面造型、曲面编辑等命令进行绘图的方法。

（3）掌握合理选择曲面造型的各种方法。

（4）能熟练使用曲面造型、曲面编辑等命令解决实际绘图操作中的问题。

任务一　五角星的造型

五角星的尺寸及立体图如图 3-1 所示。

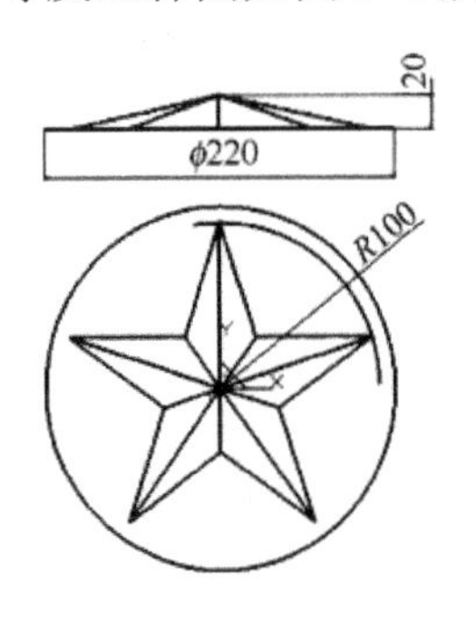

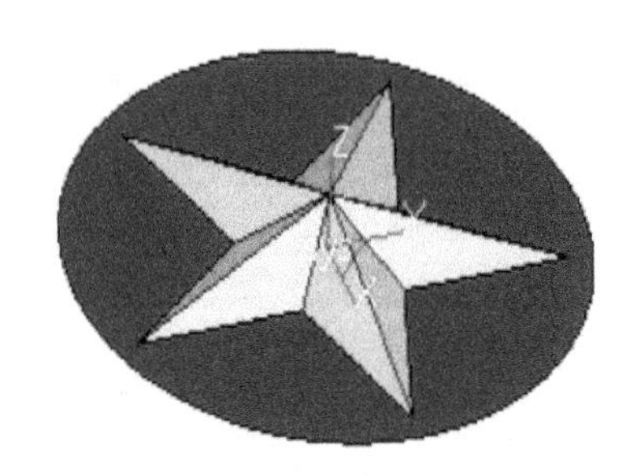

图 3-1

造型分析：由图 3-1 可知五角星的造型特点主要是有多个空间面组成的，因此首先应使用空间曲线构造实体的空间线架，然后利用直纹面生成曲面，可以逐个生成也可以将生成的一个角的曲面进行圆形阵列，最终生成所有的曲面。

1．绘制五角星的框架

（1）单击“整圆”⊙图标，进入空间曲线绘制状态，在特征树下方的立即菜单中选

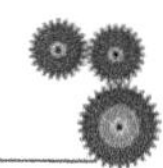

择“圆心_半径”方式，然后用鼠标选取坐标原点，按回车键输入半径 100，继续按回车键确认，单击右键结束该圆的绘制。

（2）单击曲线生成工具栏上的“正多边形”图标，在特征树下方的立即菜单中选择“中心”、边数输入“5”、“内接”的方式。按照系统提示选取中心点，按回车键输入 100，再按回车键确认。这样我们就得到了五角星的五个角点，如图 3-2 所示。

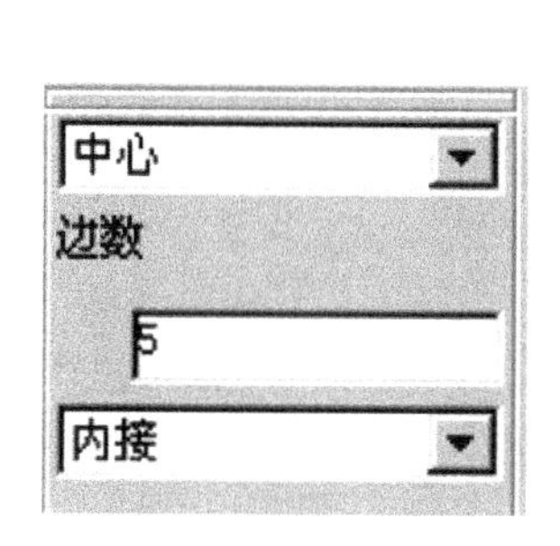

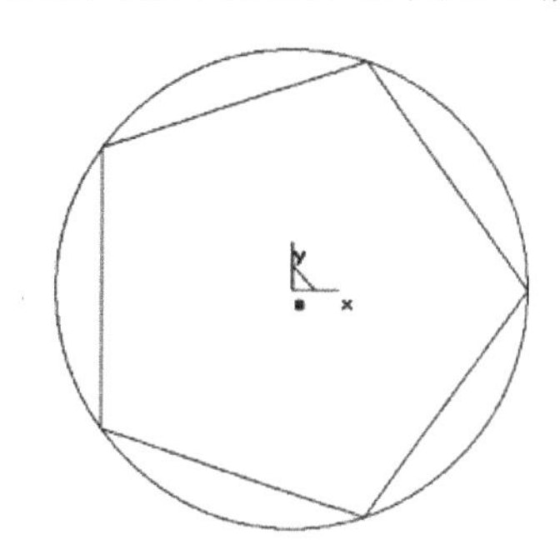

图 3-2

（3）单击曲线生成工具栏上的“直线”图标，在立即菜单中选择“两点线”、“连续”、“非正交”，将五角星的各个角点连接，如图 3-3 所示。

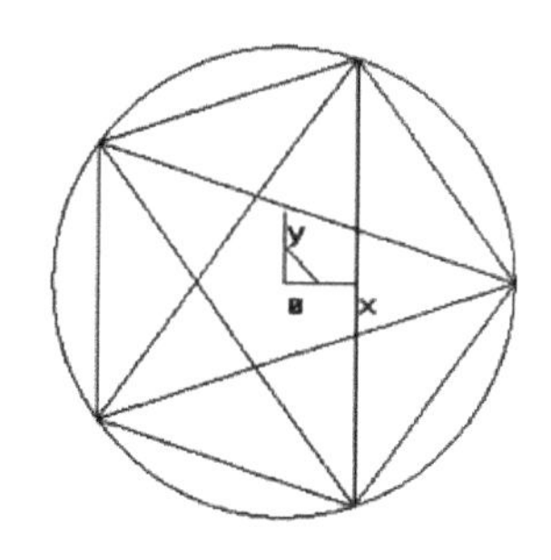

图 3-3

（4）单击“删除”图标，用鼠标直接选取多余的线段，拾取的线段会变成红色，单击右键确认，结果如图 3-4 所示。

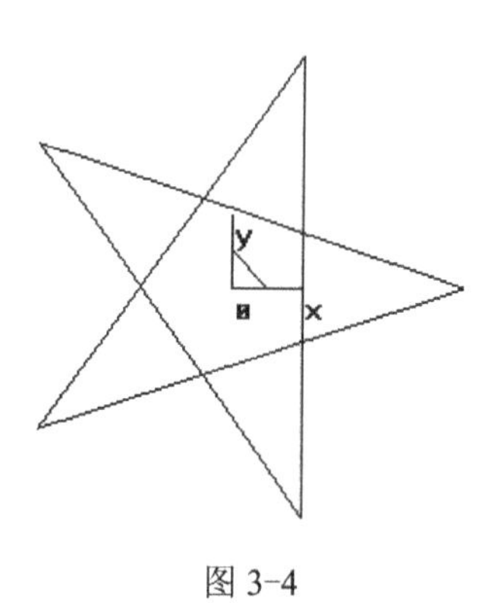

图 3-4

（5）单击线面编辑工具栏中“曲线裁剪”图标，在特征树下方的立即菜单中选择“快速裁剪”、“正常裁剪”方式，用鼠标选取剩余的线段就可以实现曲线裁剪。这样我们就得到了五角星的一个轮廓，如图 3-5 所示。

（6）单击“直线”图标，选择“两点线”、“连续”、“非正交”，用鼠标选取五角星的一个角点，然后按回车，输入顶点坐标（0，0，20）；同理，作五角星各个角点与顶点的连线，完成五角星的空间线架，结果如图 3-6 所示。

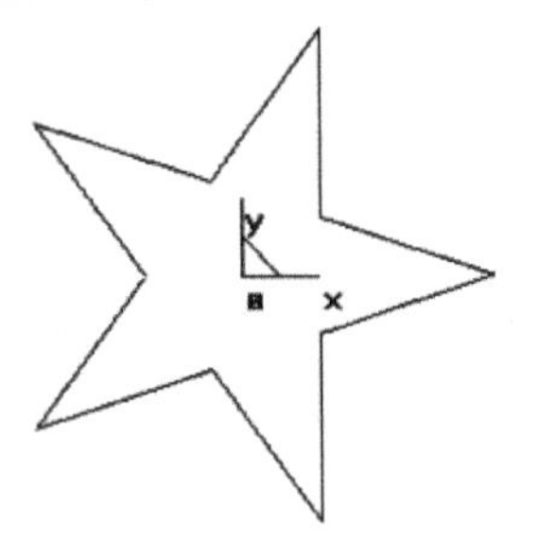

图 3-5

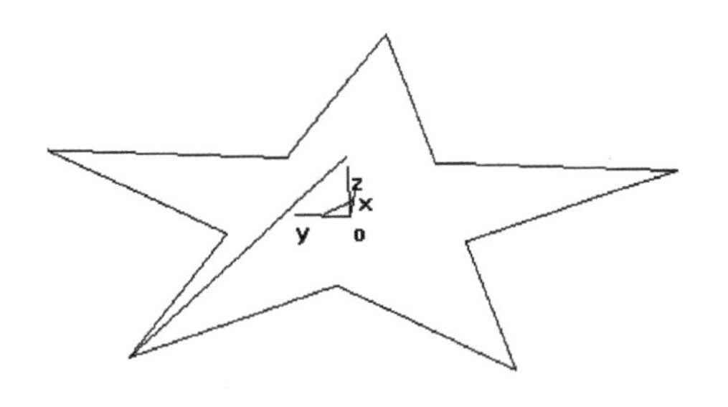
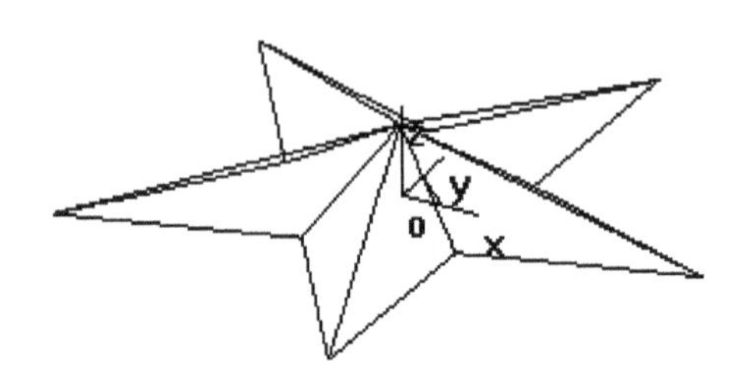

图 3-6

2. 五角星曲面生成

（1）单击曲面工具栏中的“直纹面”图标，选择“曲线＋曲线”的方式，然后用鼠标左键拾取该角相邻的两条直线完成曲面，如图 3-7 所示。

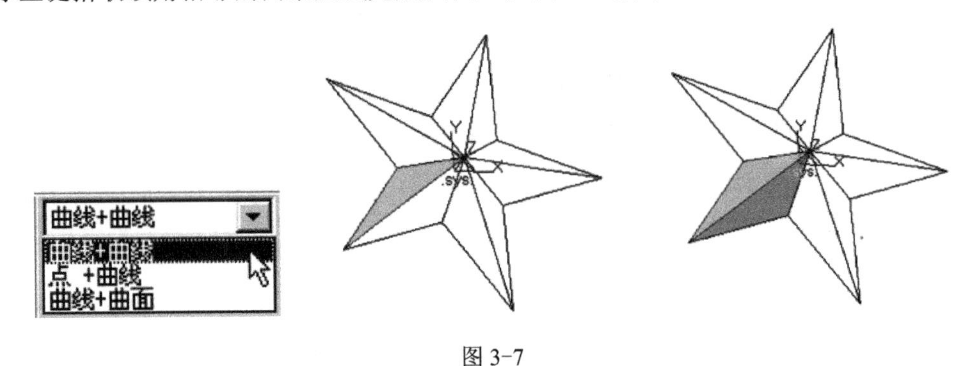

图 3-7

提示：在拾取相邻直线时，鼠标的拾取位置应该尽量保持一致（相对应的位置），这样才能保证得到正确的直纹面。

（2）单击几何变换工具栏中的“阵列”图标，选择“圆形”、“均布”、份数设置为 5，用鼠标左键拾取一个角上的两个曲面，单击右键确认；然后根据提示输入中心点坐标（0，0，0），也可以直接用鼠标拾取坐标原点，系统会自动生成各角的曲面，如图 3-8 所示。

提示：在使用圆形阵列时，一定要注意阵列平面的选择，否则曲面会发生阵列错误。因此，在本例中使用阵列前最好按一下快捷键“F5”，用来确定阵列平面为 *XOY* 平面。

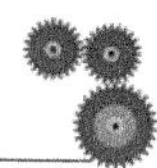

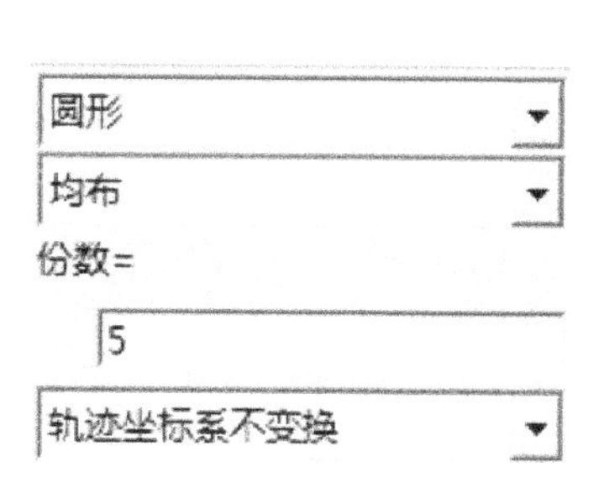

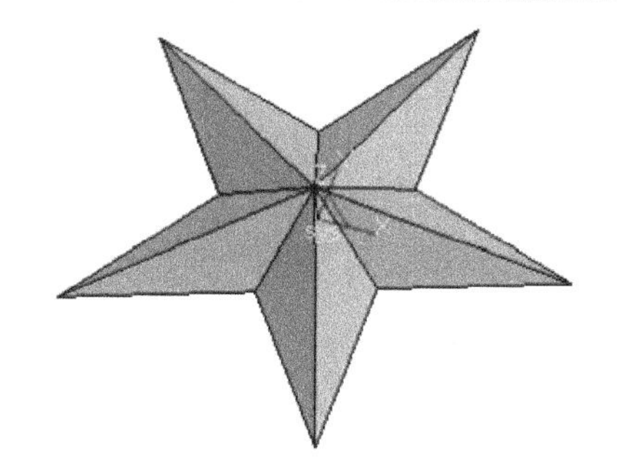

图 3-8

3. 生成五角星的加工轮廓平面

（1）先以原点为圆心点半径为 110 作圆，如图 3-9 所示。

图 3-9

（2）单击曲面工具栏中的“平面”▱工具图标，选择“裁剪平面”。用鼠标拾取平面的外轮廓线，然后确定链搜索方向（用鼠标选取箭头），系统会提示拾取第一个内轮廓线，用鼠标拾取五角星底边的一条线（用鼠标选取箭头），单击右键确定，完成加工轮廓平面，如图 3-10 所示。

裁剪平面

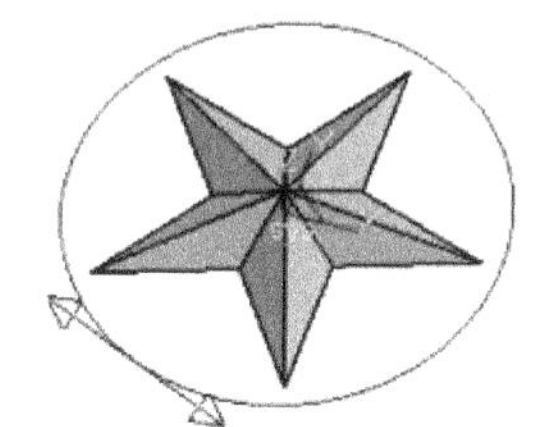

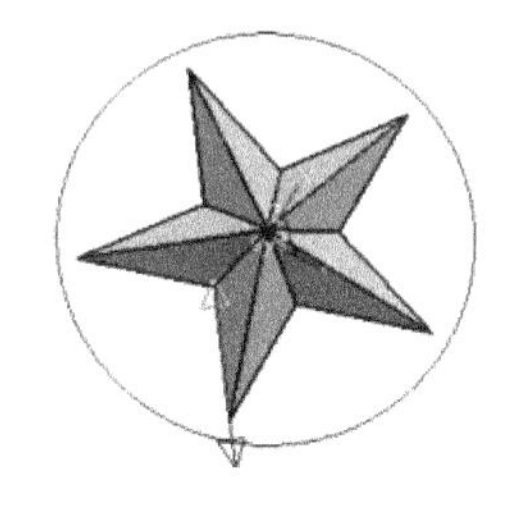

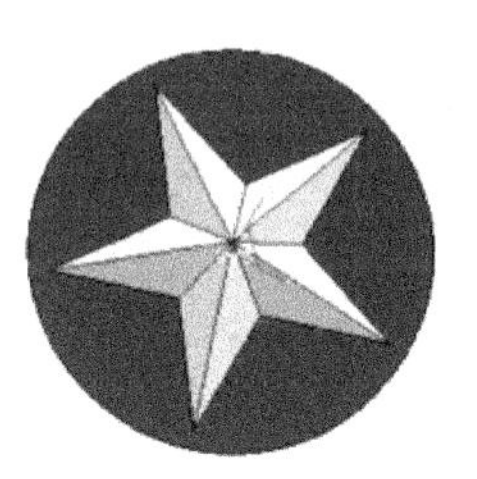

图 3-10

练一练

利用所学知识绘制如图 3-11 所示图形（尺寸自定）。

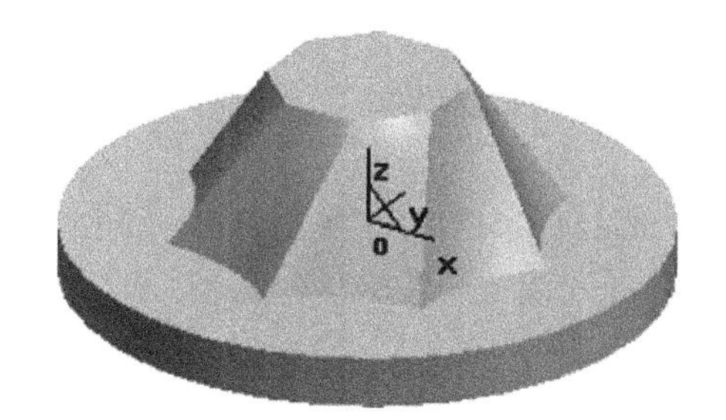

图 3-11

想一想

（1）CAXA 制造工程师 2011 共提供了几种曲面生成工具？

（2）在运用直纹面的时候鼠标的单击位置要注意什么？

任务二　变向连接器的曲面造型

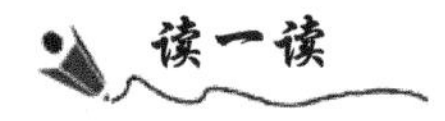

读一读

变向连接器的二维图及曲面造型如图 3-12 所示。

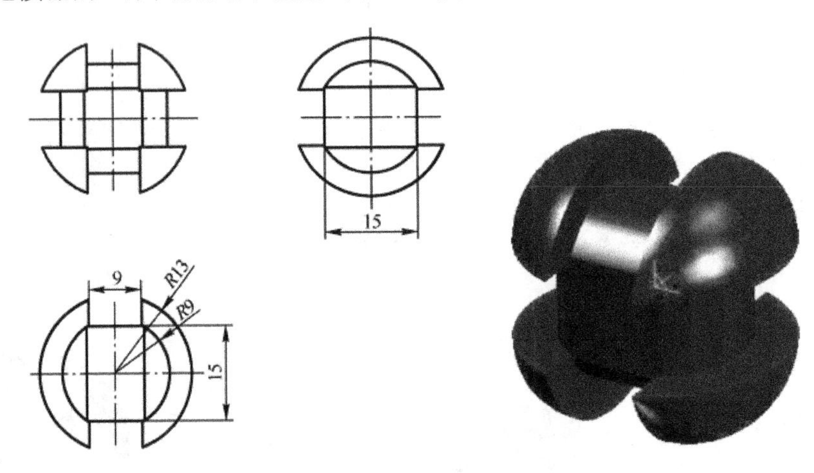

图 3-12

造型分析：由图形可知，变向连接器的造型特点主要是由多个空间面组成的，因此首先应使用空间曲线构造实体的空间线架，然后利用旋转面、扫描面、边界面生成曲面，再进行圆形阵列，最终生成所有的曲面。

做一做

（1）利用直线和圆功能，绘制如图 3-13 所示的图形。

① 单击“直线”图标，选择“正交”方式，过原点绘制两条互相垂直的直线。

②单击“圆”图标，选择“圆心_半径”方式，绘制两个过圆心、半径分别 9 和 13 的同心圆。

③单击“等距”图标，沿 X 方向的直线向上和向下画出等距为 7.5 的直线。

④单击曲线编辑栏中的“曲线裁剪”图标，选择“快速裁剪”、“正常裁剪”，将同心圆的左半边裁剪掉。

（2）利用曲线编辑栏中的“曲线裁剪”和“删除”功能将图形修剪至如图 3-14 所示。

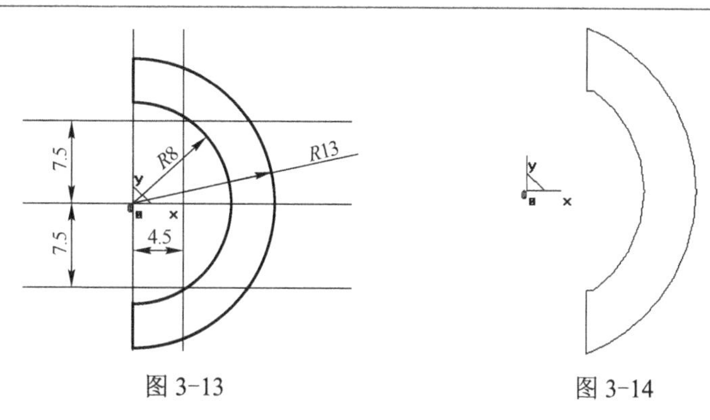

图 3-13　　　　图 3-14

（3）按 F8 键，显示轴测图。单击几何变换栏中“平移”图标，选择“偏移量”、“移动”，在“DZ=”文本框中输入 4.5，将图形平移至如图 3-15 所示位置。

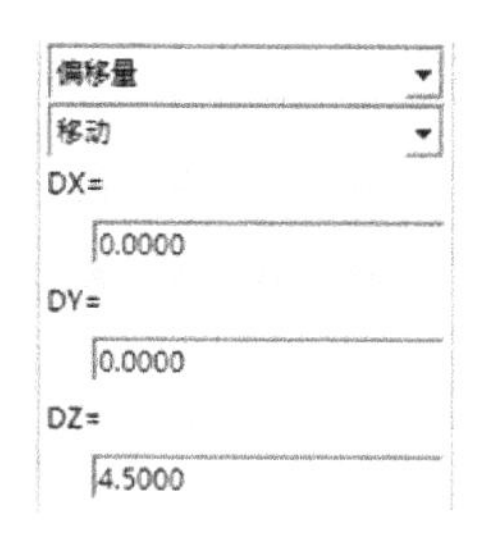

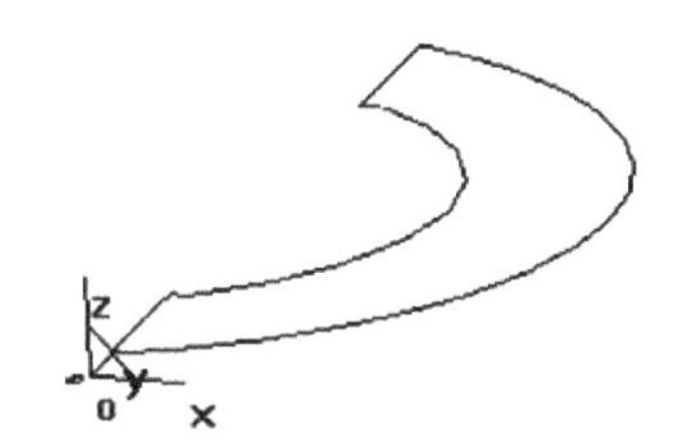

图 3-15

（4）单击“旋转”图标，选择“拷贝”方式，将图形上面所画图形旋转 90°，得到如图 3-16 所示图形。

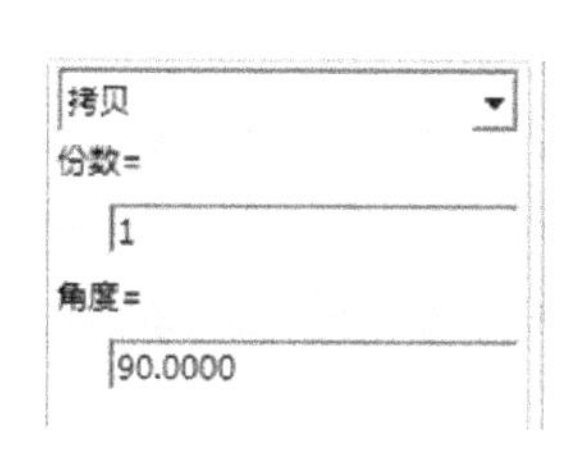

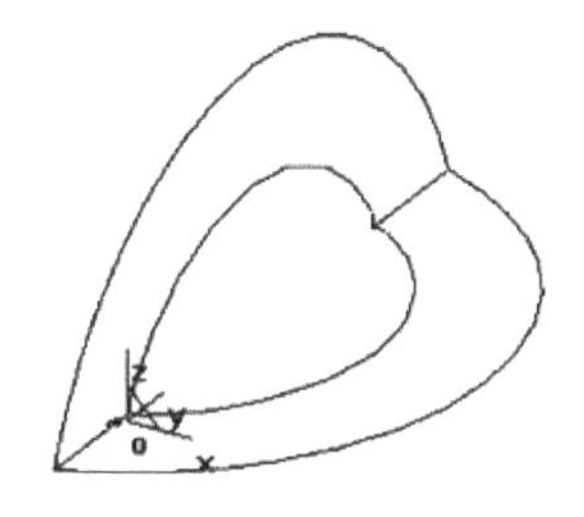

图 3-16

（5）单击“旋转面”图标，按图 3-17 所示操作。

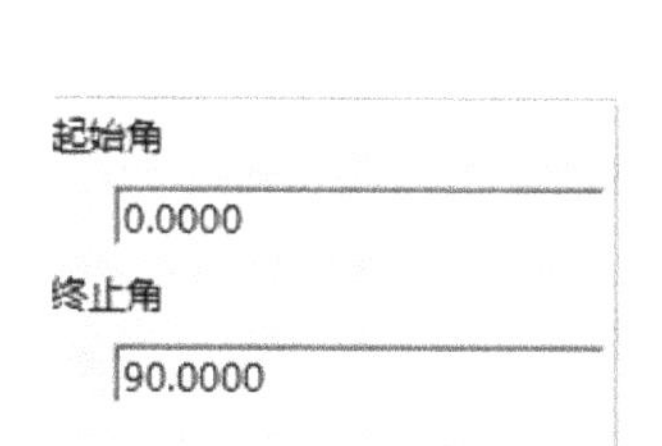

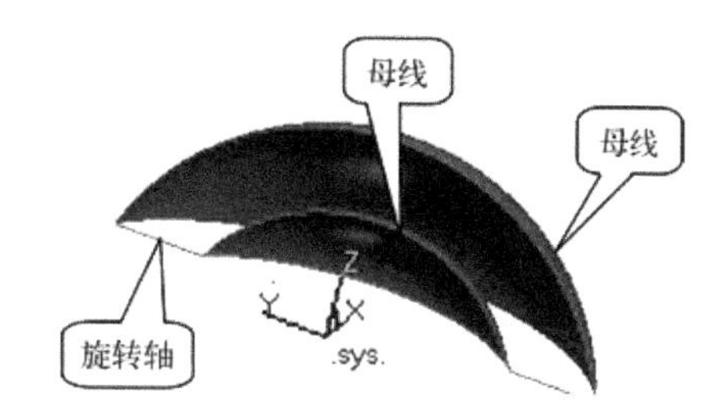

图 3-17

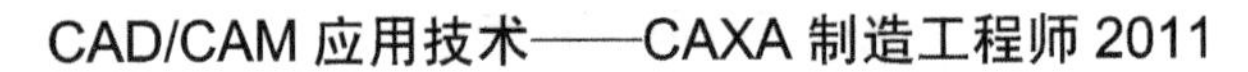

（6）单击“边界面” 图标，选择“四边面”，单击两测面的四条边，得到如图 3-18 所示图形。

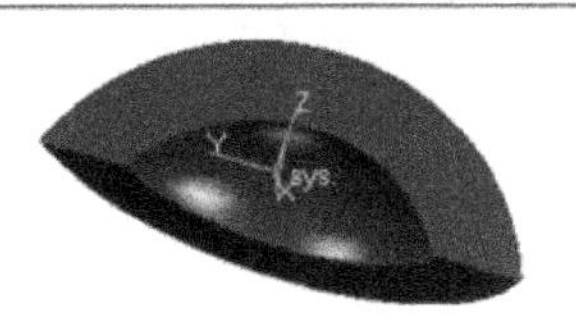
图 3-18

（7）单击“扫描面” 图标，输入扫描距离 4.5，按空格键分别选择 *Z* 轴负方向和 *X* 轴负方向，得到如图 3-19 所示图形。

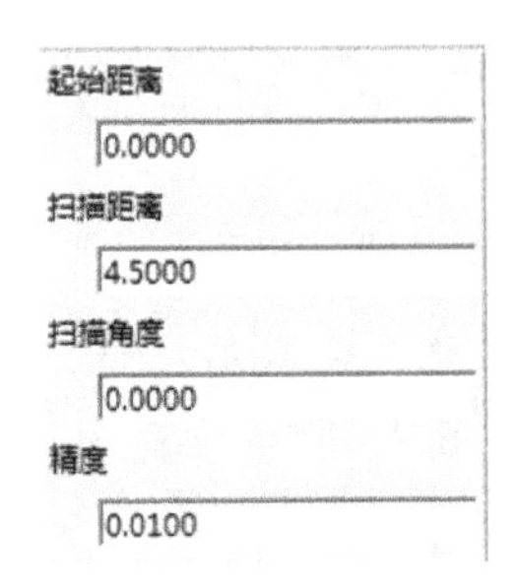

图 3-19

（8）按 F9 键，将平面切换至 *XOZ* 面。单击“直线” 图标，绘制平面轮廓线，如图 3-20 所示。

（9）单击“相关线” 图标，按图 3-21 所示进行设置，得到曲面的边界线。

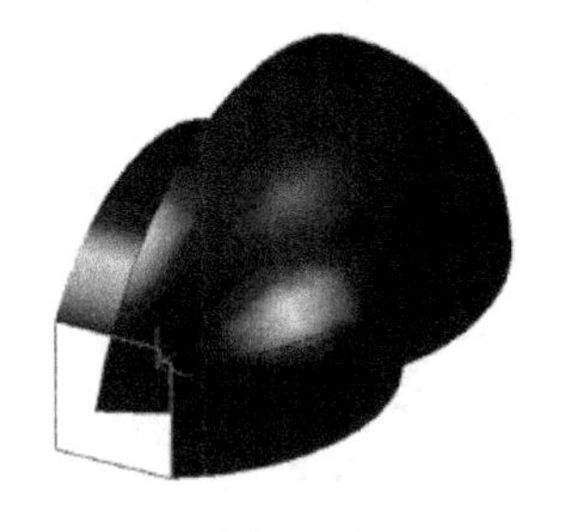
图 3-20

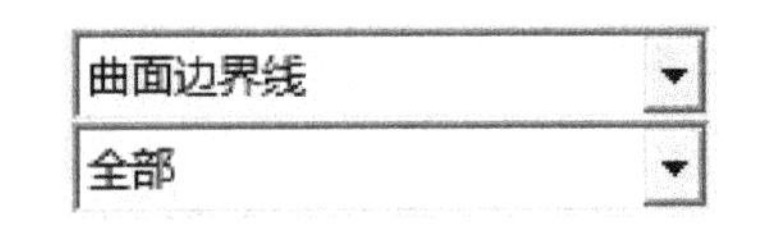

图 3-21

（10）单击“边界面” 图标，选择“四边面”，单击轮廓的四条边，得到如图 3-22 所示图形。

（11）按 F9 键，将平面切换至 *XOZ* 面。

（12）单击“阵列” 图标，按图 2-23 所示设置选择，按提示拾取所有曲面，按回车键，单击坐标原点，得到如图 3-24 所示的图形。

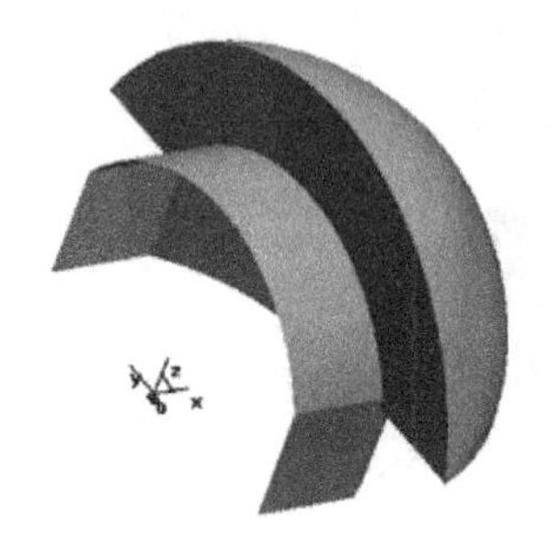
图 3-22

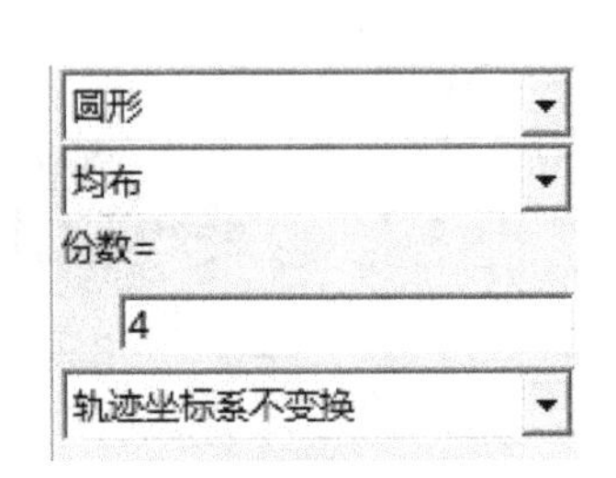

图 3-23

图 3-24

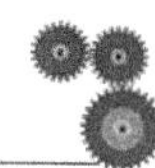

练一练

绘制图 3-25 所示花瓶和吊扇的曲面造型。

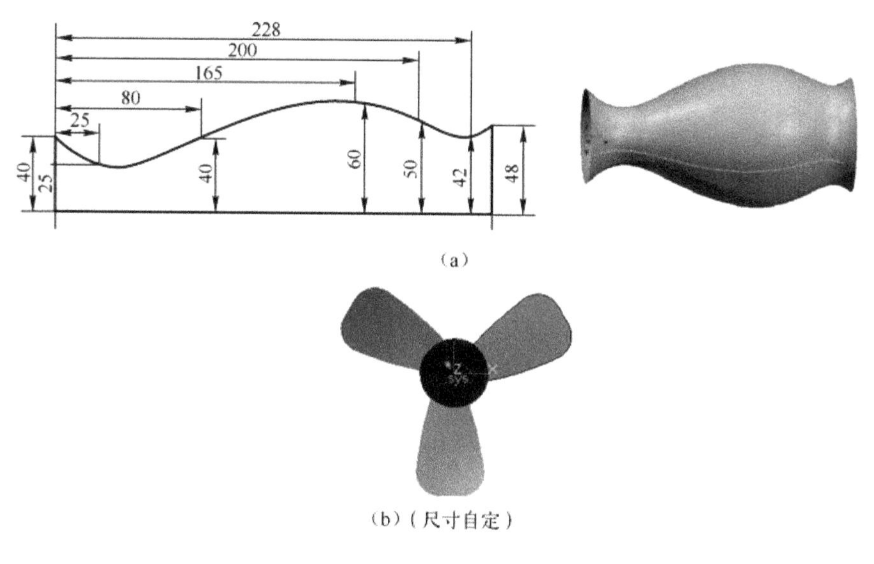

(a)

(b)（尺寸自定）

图 3-25

想一想

在运用阵列功能时，在平面的选择上要注意哪些问题？

任务三　浇水壶曲面的造型

读一读

图 3-26

浇水壶的造型如图 3-26 所示。

造型分析： 壶体截面为椭圆形，上、中、下大小不一，可采用放样面；手柄为一等截面柱体，截面为椭圆形；壶嘴前后截面尺寸不同，形状各异，可以采用导动面，另外还需运用到平面、平面旋转、平面裁剪等功能。

想一想

1. 壶体的造型

（1）单击“椭圆” ⊙ 图标，分别输入长半轴和短半轴的值为 75、55，65、50，65、40，得到如图 3-27 所示的三个椭圆。

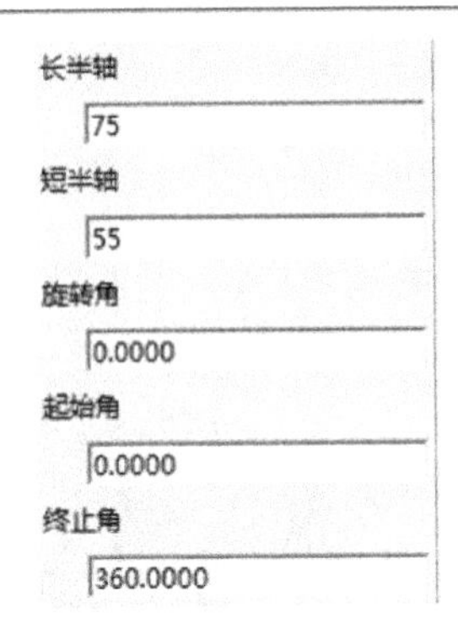

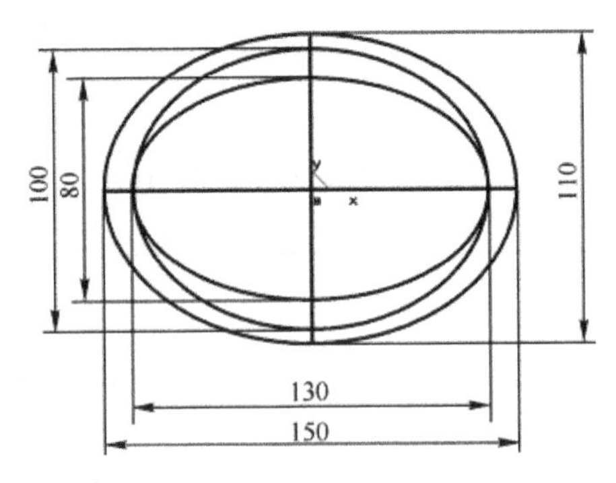

图 3-27

（2）单击“平移”图标，将长轴为 150、短轴为 110 的椭圆沿 Z 轴正方向平移 80，长轴为 130、短轴为 80 的椭圆沿 Z 轴正方向平移 200，结果如图 3-28 所示。

（3）单击“放样面”图标，选择“截面曲线”、“不封闭”，分别单击两相近的椭圆并按右键，得到如图 3-29 所示的曲面。

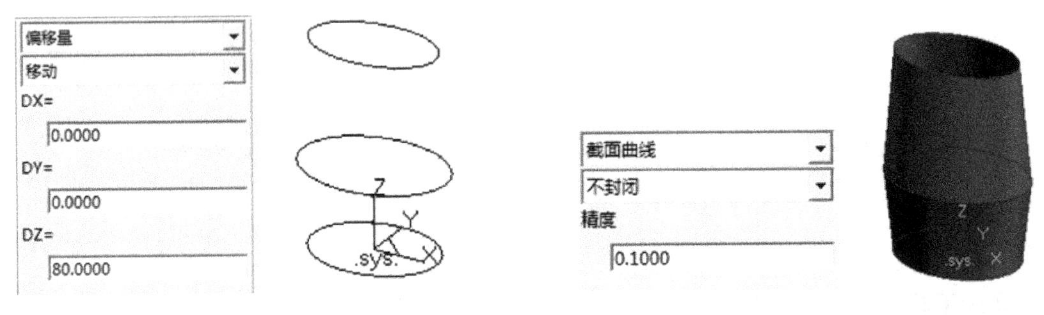

图 3-28

图 3-29

（4）单击“平面”图标，选择“裁剪平面”，按提示拾取上表面的外轮廓线，选择方向，单击右键，获得上表面，用同样的方法获得下表面，结果如图 3-30 所示。

（5）按图 3-31 所示绘制进水孔，单击“曲面裁剪”图标，选择“线裁剪”，按提示单击平面和剪刀线，裁掉进水孔，壶身完成。

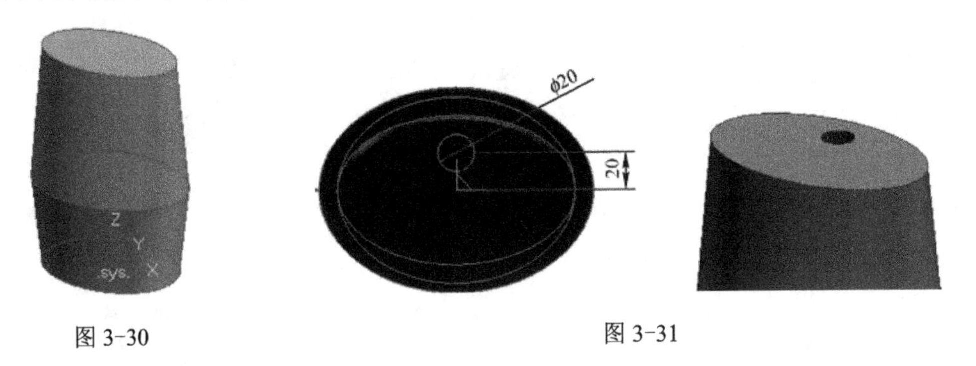

图 3-30

图 3-31

2．手柄的造型

（1）单击显示工具栏的“线架显示”图标，显示壶身的线架。

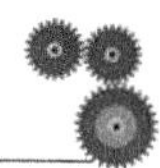

（2）按 F7 键，显示 *XOZ* 平面。单击“直线”图标和“圆弧过渡”图标绘制如图 3-32 所示图形。

（3）按 F6 键，显示 *YOZ* 平面。单击“直线”图标和“椭圆”图标完成手柄的截面线，结果如图 3-33 所示。

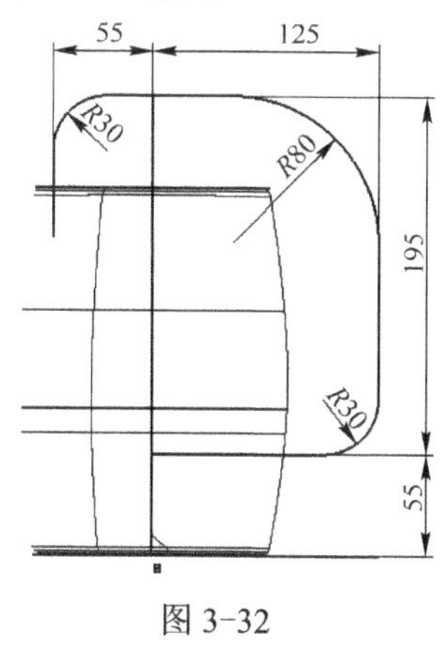

图 3-32

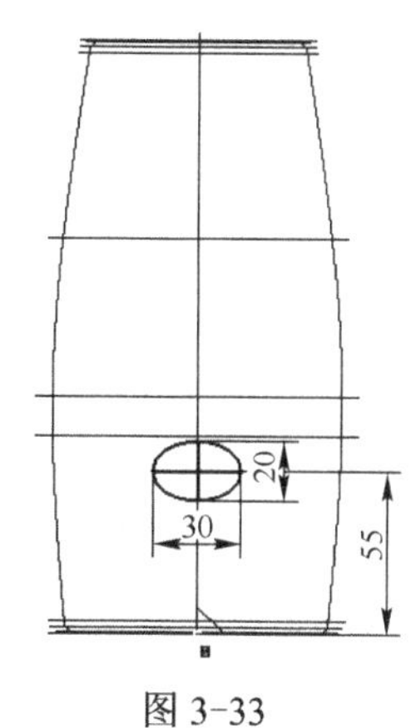

图 3-33

（4）单击“曲线组合”图标，按空格键选择单个拾取，将手柄线进行组合。

（5）单击“导动面”图标，选择“固接导动”、“单截面线”方式，按状态栏提示拾取导动线和截面线，结果如图 3-34 所示。

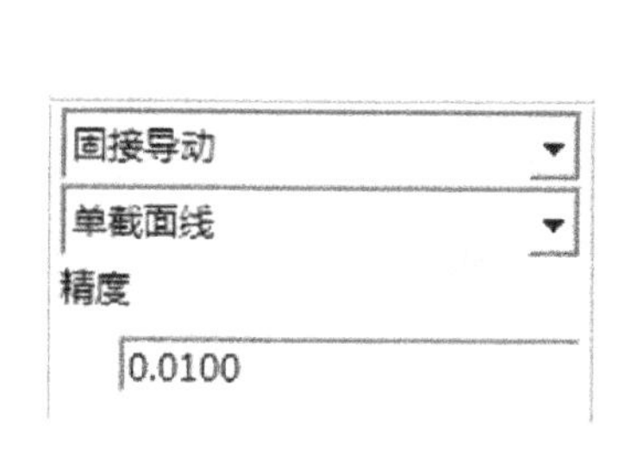

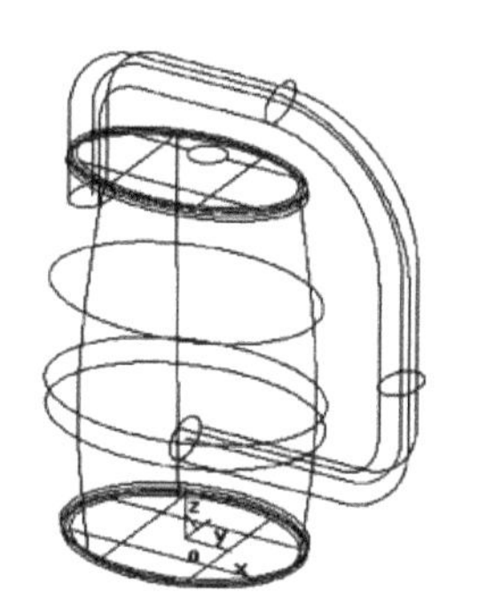

图 3-34

（6）单击“曲面裁剪”图标将多余的曲面部分裁去，单击“真实感”显示图标，结果如图 3-35 所示，手柄部分完成。

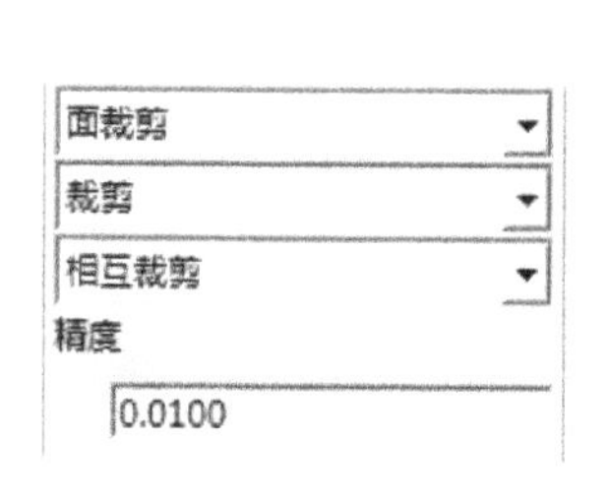

图 3-35

3．壶嘴的造型

（1）单击“直线”图标，选择“非正交”，输入两点坐标（-220，0，200）、（-60，0，70），作为壶嘴的导动线，结果如图 3-36 所示。

（2）按 F6 键，显示 *YOZ* 平面。分别单击“圆”和“椭圆”图标，在刚才绘制的直线的两端点绘制两截面线，如图 3-37 所示。

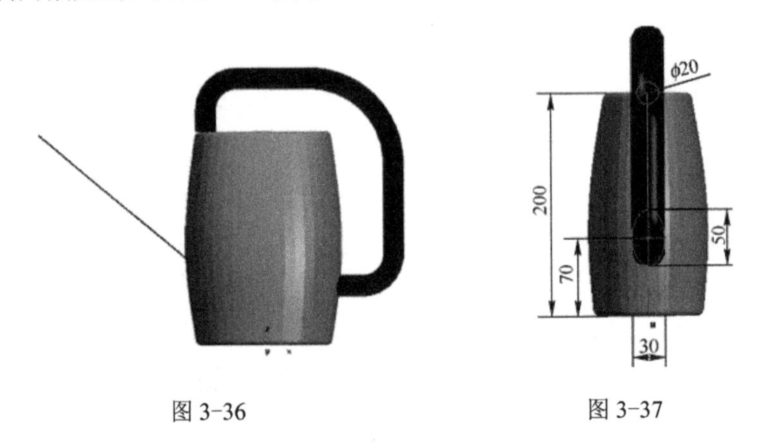

图 3-36　　　　图 3-37

（3）按 F7 键，显示 *XOZ* 平面，如图 3-38 所示。

（4）单击“平面旋转”图标，选择“动态旋转”、“移动”方式，按状态栏的提示将小圆截面旋转至垂直位置，如图 3-39 所示。

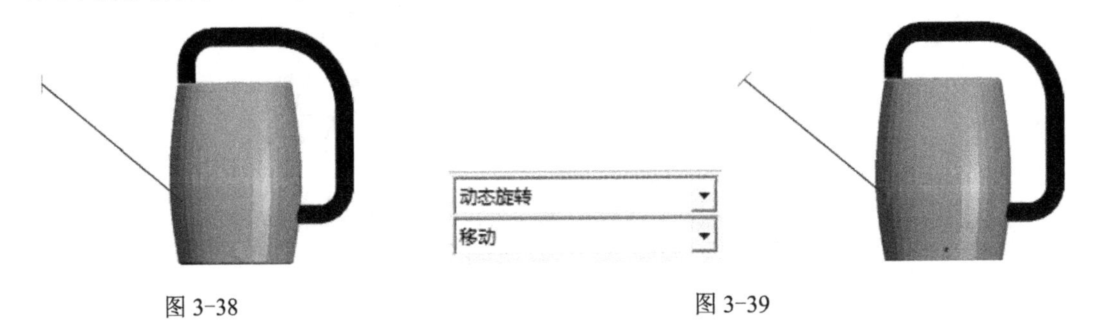

图 3-38　　　　图 3-39

（5）单击“导动面”图标，选择“固接导动”、“双截面线”，按状态栏提示，分别拾取直线为导动线，圆和椭圆两条截面线（注意单击两线的对应位置），画出壶嘴，并单击曲面裁剪图标，剪去多余的部分，如图 3-40 所示。

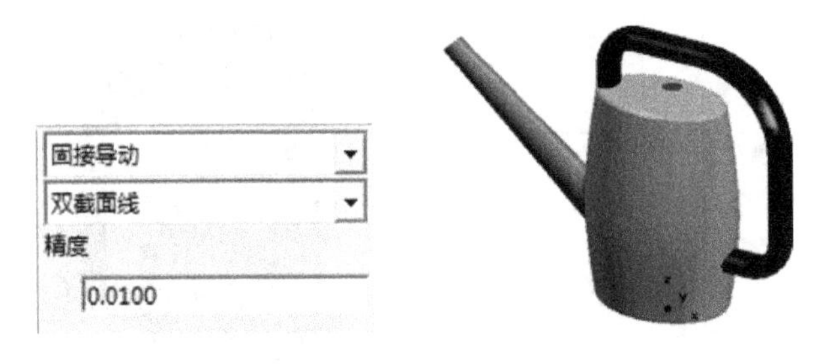

图 3-40

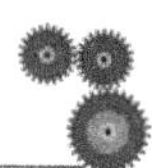

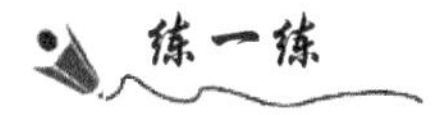

完成如图 3-41 所示物料盆的曲面造型。

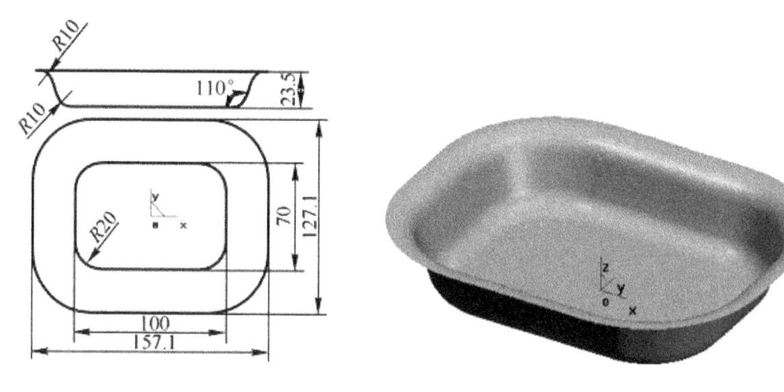

图 3-41

（1）曲面造型有什么优点？

（2）导动面有六种方式，含义分别是什么？

任务四　盖板曲面的造型

盖板曲面造型的图样如图 3-42 所示。

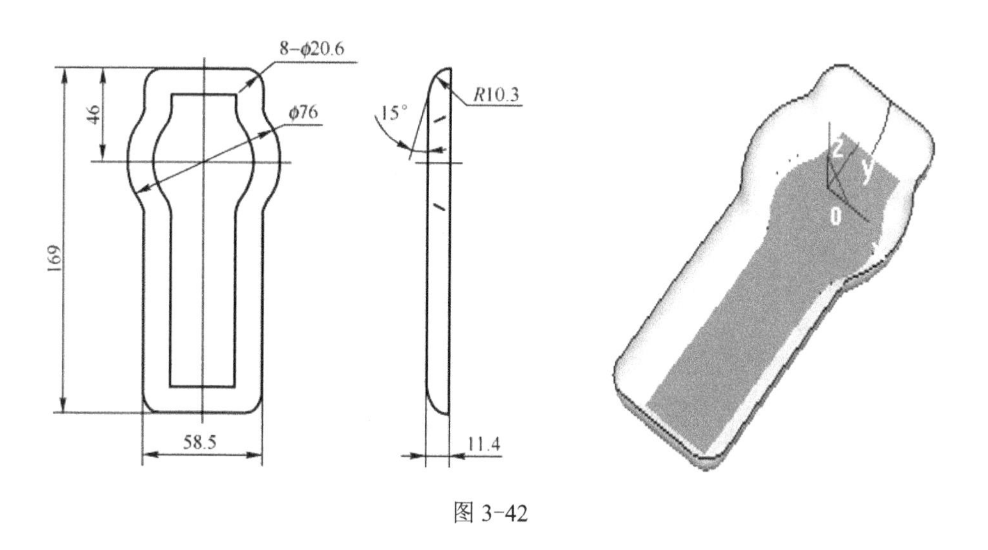

图 3-42

造型分析：图 3-42 所示形体全部由面组成，其上表面边界线在一个平面中，可通过绘图工具绘制；在图形上方是一条圆弧和一条与圆弧相切成 15° 的线，这两条曲线在一个平面内，直线可通过角度线绘制。因为轮廓由直线和圆弧构成，所以图 3-42 所示图样中的曲面共分两种（底面除外），即直纹面、旋转面。拐角处的曲面由三部分组成：以圆弧为旋转母线的曲面；由直线的一段为母线的锥形面；直线的另一段是两个直纹面的交线。所用的功能为旋转曲面、曲线打断、曲面裁剪。由于上下两处圆角的曲面相同，故可以使用平面镜像功能镜像。同理，此图形左右对称，故只需绘制上图的一半，通过平面镜像功能复制另一半。

1. 绘制盖板的线架

（1）按下 F5 键，切换当前绘制平面为 *XOY* 平面，单击曲线工具栏“圆” 图标，选择“圆心_半径”方式，拾取原点为圆心点，然后按回车键，输入半径值 38，如图 3-43 所示。

（2）单击“直线” 工具图标，长度为 58.5，画水平线，如图 3-44 所示。

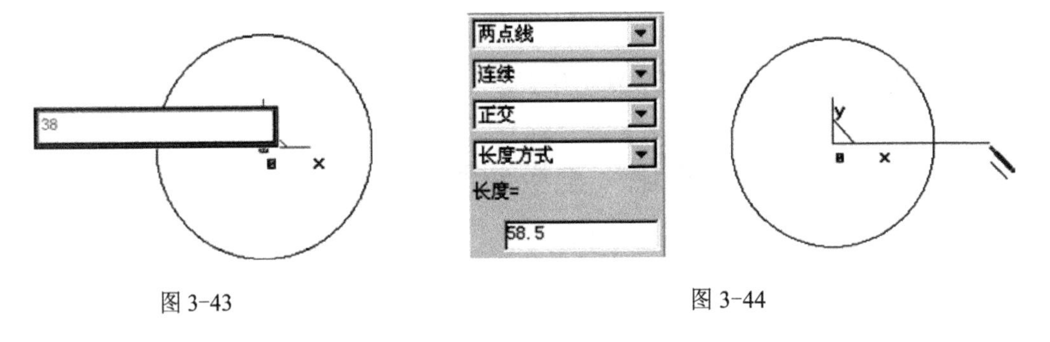

图 3-43　　图 3-44

（3）单击几何变换工具栏中的“平移” 图标，设置参数，选择刚才绘制的直线并单击右键，直线平移到指定位置，如图 3-45 所示。

（4）再次单击“平移” 图标，设置参数，选择上步操作被移动的直线并单击右键，直线复制到图 3-46 所示位置。

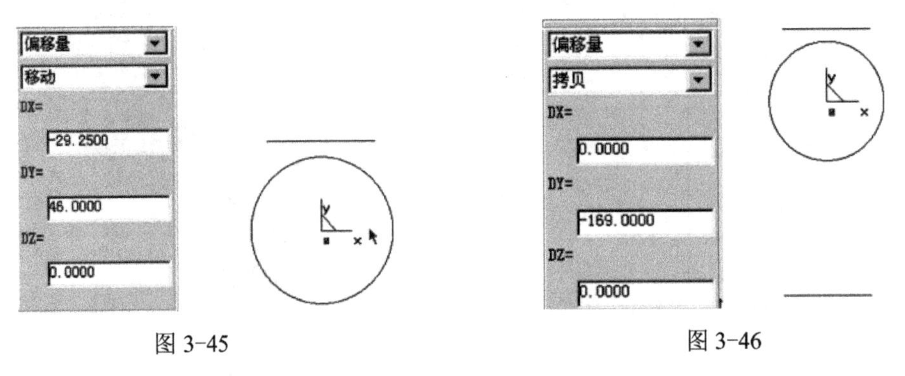

图 3-45　　图 3-46

（5）单击“直线” 图标，选择“非正交”方式，连接两条直线，如图 3-47 所示。

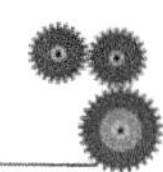

（6）单击线面编辑工具栏中的“曲线裁剪”工具图标，裁剪掉不需要的线段，结果如图 3-48 所示。

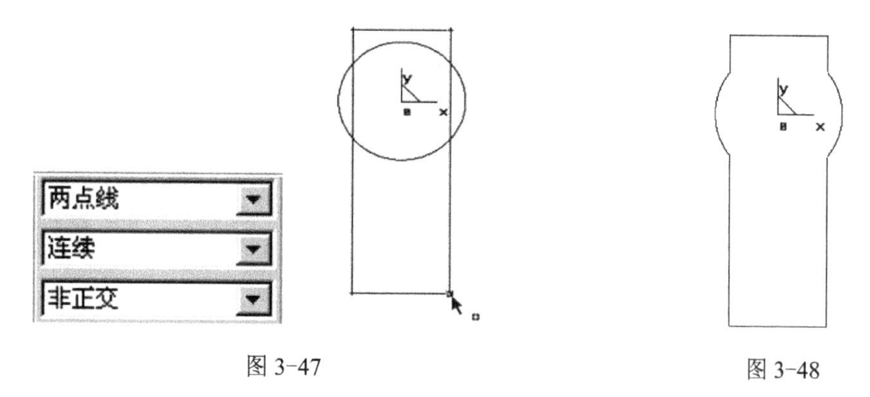

图 3-47　　　　图 3-48

（7）单击“曲线过渡”图标，设置参数，过渡曲线的半径为 10.3，如图 3-49 所示。

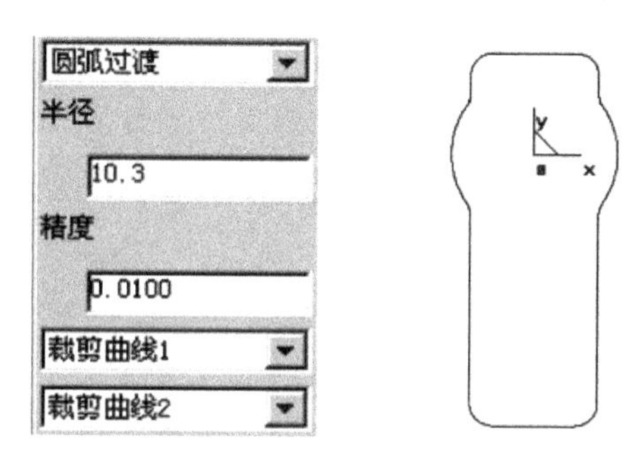

图 3-49

（8）按下 F8 键，空间观察，后按 F9 键切换绘图平面为 *YOZ* 平面。选择直线工具，设置参数，按空格键设置为捕捉中点，拾取如图 3-50 所示直线的中点，然后按 S 键回到默认点状态。

（9）单击“整圆”图标，选择“圆心_半径”方式，拾取刚才绘制直线的端点，绘圆；然后拾取直线单击右键并选择“删除”命令，将其删掉，结果如图 3-51 所示。

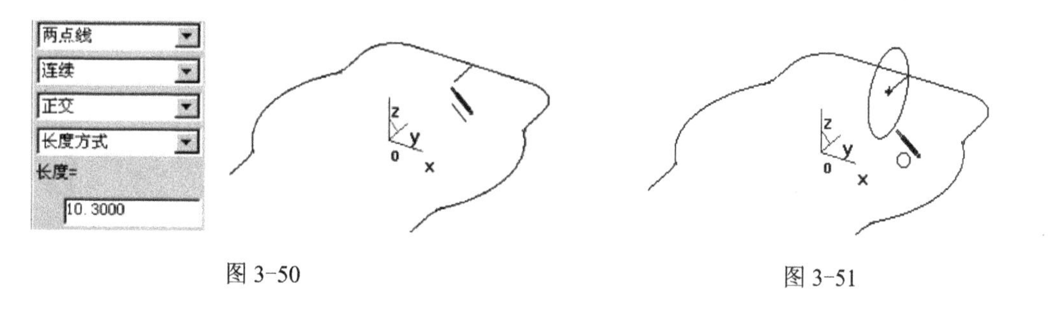

图 3-50　　　　图 3-51

（10）单击“直线”图标，选择“正交”方式，分别拾取两条直线的中点，绘制直线如图 3-52 所示。

（11）单击“平移”图标，设置参数，选择上步操作绘制的直线并单击右键，直线

移动到如图 3-53 所示位置。

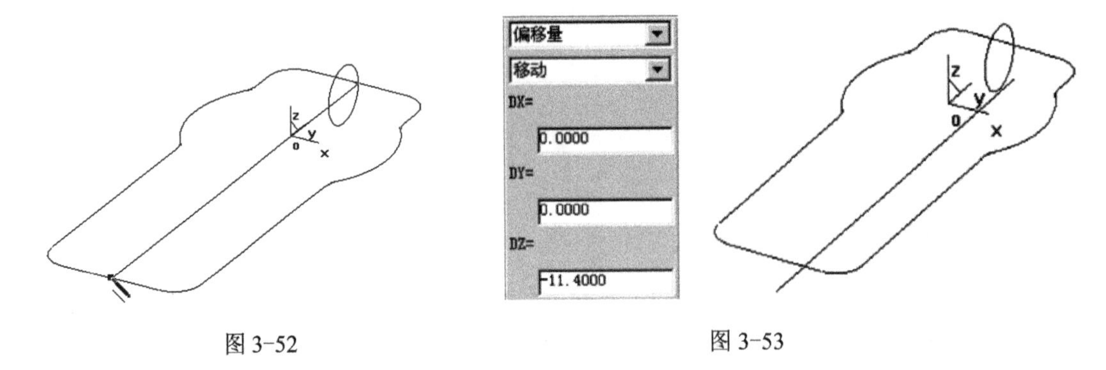

图 3-52　　　　图 3-53

（12）按 F6 键，将绘图平面切换到 *YOZ* 面，单击直线工具图标，设置参数，按空格键，在弹出的立即菜单中设置为捕捉切点，然后拾取圆，按 S 键回到默认点状态，得到如图 3-54 所示角度线。

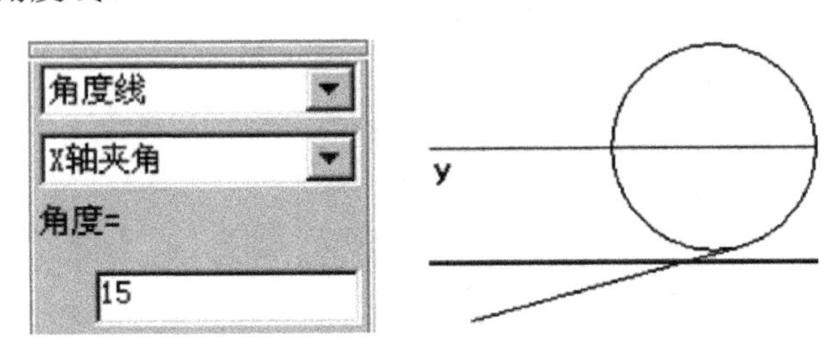

图 3-54

（13）按 F8 键显示轴测图，对曲线进行裁剪和删除，结果如图 3-55 所示。

（14）单击“平移” 图标，选择“两点”、“拷贝”方式，拾取上一步中的曲线和直线段，单击右键确认；状态栏提示输入基点，拾取曲线的端点 *A*，然后将鼠标移动到直线的端点 *B*，如图 3-56 所示。

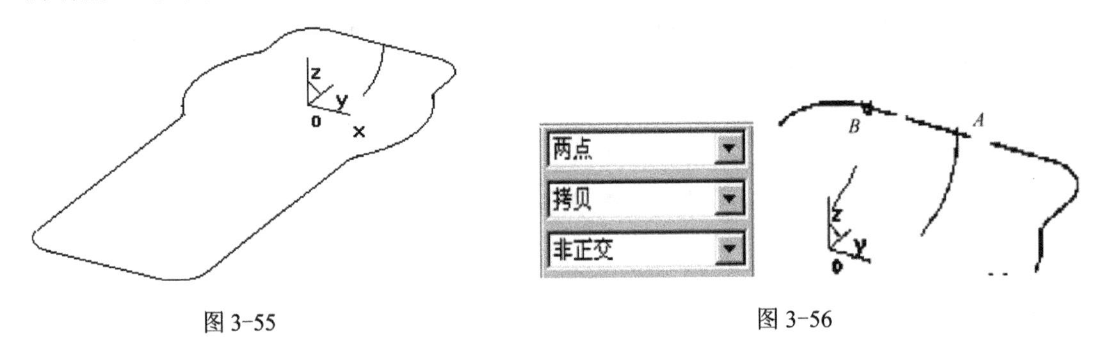

图 3-55　　　　图 3-56

2. 生成曲面

（1）单击曲面工具栏的“直纹面” 图标，分别拾取两条曲线靠近的一侧，生成直纹面，结果如图 3-57 所示。

（2）拾取两条直线段生成直纹面，结果如图 3-58 所示。

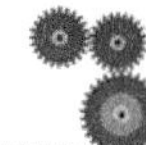

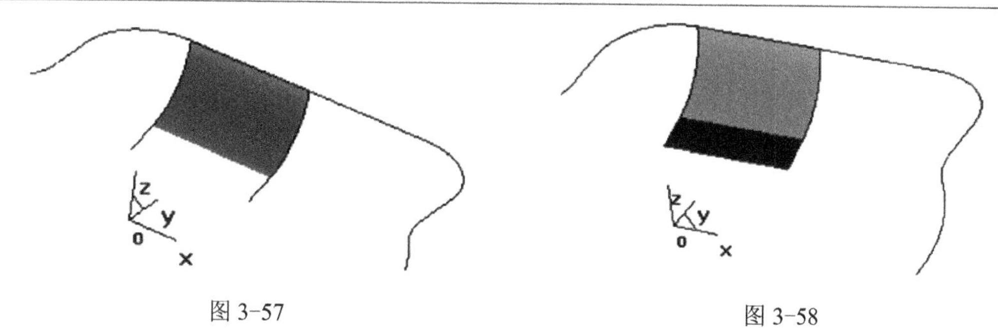

图 3-57　　　　图 3-58

（3）按 F9 键切换绘图平面为 *YOZ* 面，选择“直线”、“两点线”、“正交”方式，按空格键，在弹出的立即菜单中选择设置为捕捉圆心，拾取如图 3-59 所示圆弧；按 S 键切换为默认点状态，沿 *Z* 轴方向拖动鼠标，然后单击鼠标左键得到如图 3-59 所示直线 *L*。

（4）单击“旋转面”图标，在立即菜单中输入“终止角”为 90°，此时状态栏提示请选择旋转轴，拾取直线 *L*，选择向上的箭头方向；状态栏提示拾取母线，拾取如图 3-60 所示圆弧，旋转面立即生成，如图 3-60 所示。

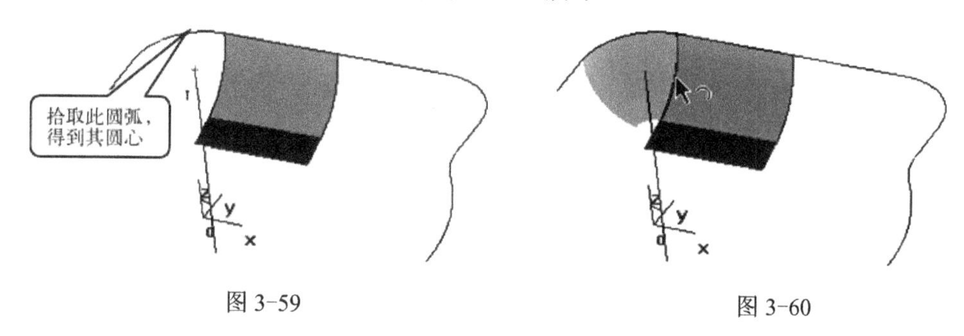

图 3-59　　　　图 3-60

（5）单击“曲线打断”图标，拾取如图 3-61 所示将被打断的直线，此时状态栏提示拾取点，拾取直线的交点为打断点，此时直线被分成两个部分。

（6）选择“旋转面”工具图标，输入“终止角”为 90°，拾取同一旋转轴直线 *L*，并选择向上箭头方向，然后拾取直线 *L* 为母线，旋转面生成，如图 3-62 所示。

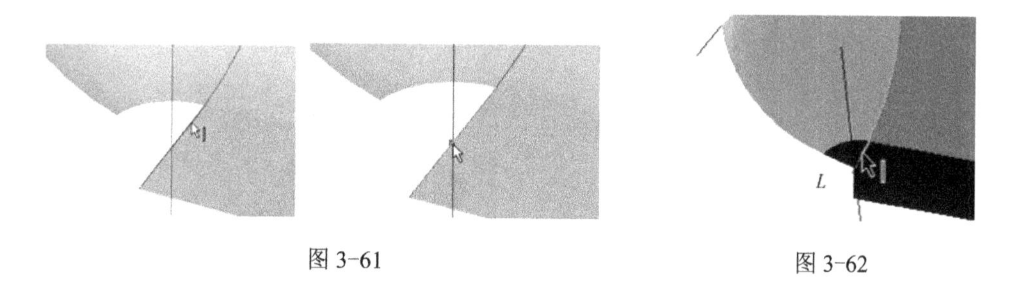

图 3-61　　　　图 3-62

（7）按 F9 键将绘图平面切换到 *XOY* 平面，单击“平面镜像”图标进行镜像；根据状态栏提示拾取直线上两点作为旋转轴起末点，拾取两个面作为要旋转的元素，单击右键确认，平面镜像结果如图 3-63 所示。

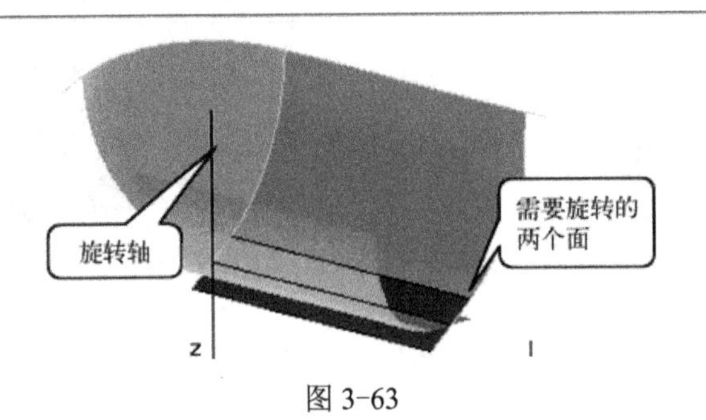

图 3-63

（8）单击“平面旋转”图标，选择旋转中心点，设置参数，然后利用镜像功能生成两个面，单击右键确认，两个面移动到如图 3-64 所示位置。

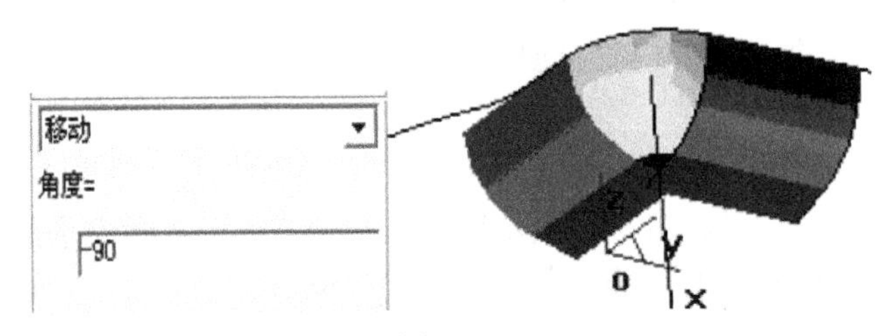

图 3-64

（9）单击“相关线”图标，参数设置为“曲面交线”，根据提示选取相交的两个面，两个曲面的相交处形成一条线，如图 3-65 所示。

（10）单击“曲面裁剪”图标，设置参数，选择其中的一个相交面，选择上一步操作生成的交线作为剪刀线，选择其中一个箭头并单击右键；同理将另一曲面裁剪，如图 3-66 所示。

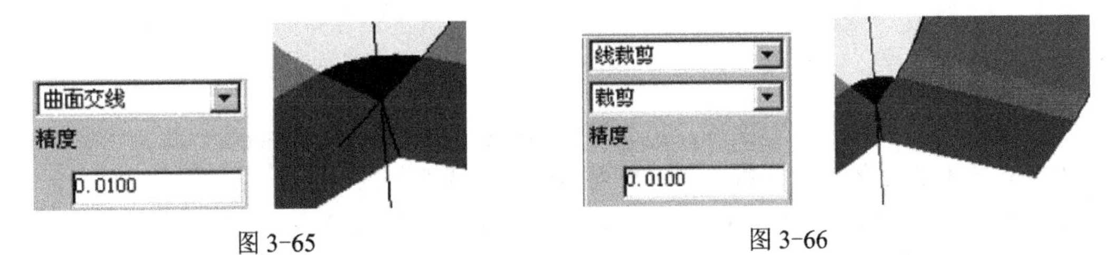

图 3-65　　图 3-66

（11）单击“相关线”工具图标，设置参数为“曲面参数线”、“过点”，如图 3-67（a）所示，选择曲面及直线的端点，生成曲面参数线如图 3-67（b）所示。

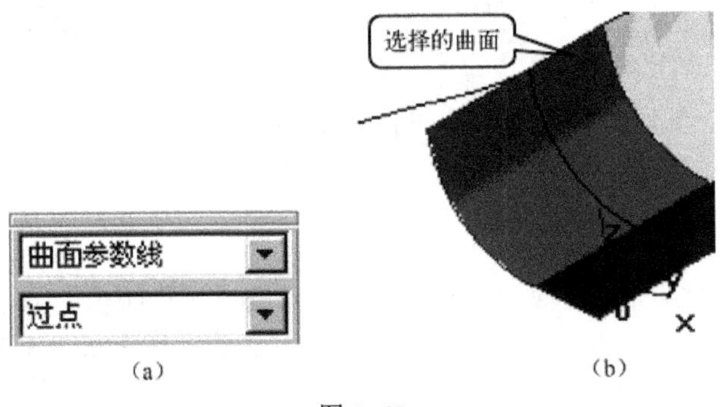

（a）　　（b）

图 3-67

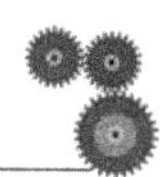

（12）同理操作生成另一个曲面的参数线，如图 3-68 所示。

（13）单击“曲面裁剪”图标，设置参数，根据提示选择曲面，根据提示选择剪刀线并选择其中一个箭头，单击右键，曲面被裁剪；同理裁剪底下的一个曲面，结果如图 3-69 所示。

图 3-68　　　　图 3-69

（14）按 F9 键，选择当前工作平面为 *YOZ* 平面，单击“直线”工具图标，设置参数，按空格键，在弹出的立即菜单中选择圆心，单击如图 3-70 所示圆弧，按空格键选择默认点，在平行 *Z* 轴方向的曲面下方单击鼠标左键。

（15）单击“旋转面”工具图标，设置参数，此时状态栏提示请选择旋转轴，选择刚绘制的直线，单击鼠标朝上箭头；然后根据提示选择如图 3-71 所示母线，生成旋转曲面。

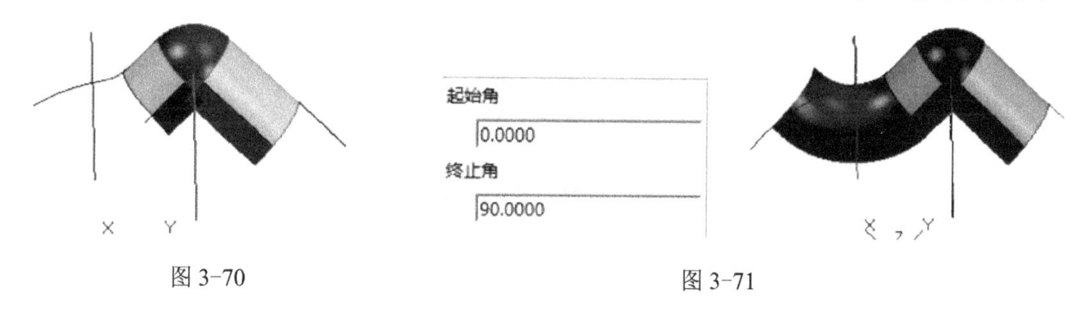

图 3-70　　　　图 3-71

（16）同上，单击“相关线”当中的“曲面参数线”图标，得到曲面参数线，后用曲面裁剪的线裁剪，裁剪曲面，结果如图 3-72 所示。

（17）旋转曲面并裁剪同上述操作，生成两段圆弧处的曲面如 3-73 所示。

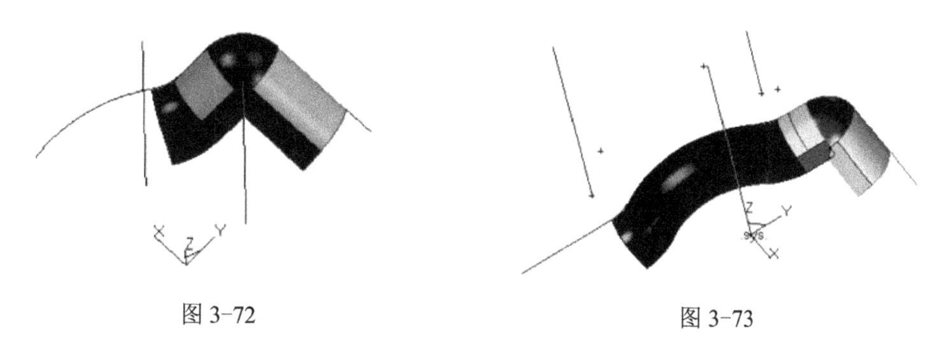

图 3-72　　　　图 3-73

（18）单击“直线”图标，选择“两点线”、“正交”方式，连接两边线的中点；按 F9

键，选择到 *YOZ* 平面，单击“直线”图标、选择“两点线”、“正交”方式，选择刚才连线的中点，另外一点朝上做直线，结果如图 3-74 所示。

（19）单击 F9 键，选择 *YOZ* 平面，选择“平面镜像”图标，选择“拷贝”方式，以刚绘制的直线的端点为起点和终点，选择曲面作镜像，如图 3-75 所示。

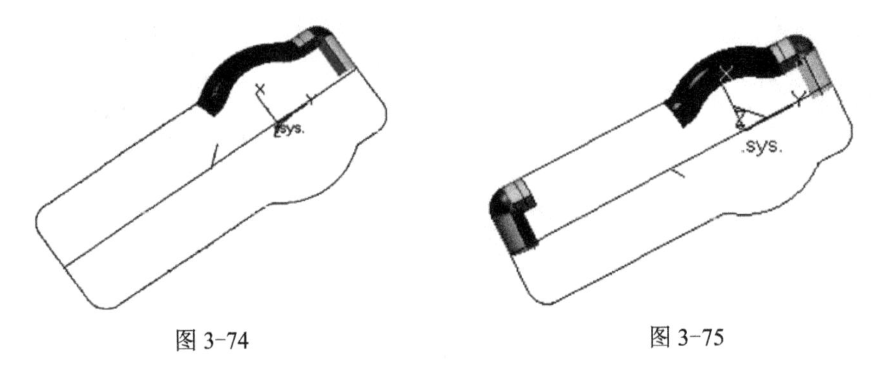

图 3-74　　图 3-75

（20）单击“相关线”当中的“曲面边界线”图标，得到曲面边界线，后用“直纹面”功能连接两边界线的端点位置，如图 3-76 所示。

（21）单击“平面镜像”图标，按 F9 键，选择当前绘图平面为 *XOY* 面，同前文所述的镜像操作，将整个图形作镜像操作；选择轴线，选择所有曲面，单击右键，结果如图 3-77 所示。

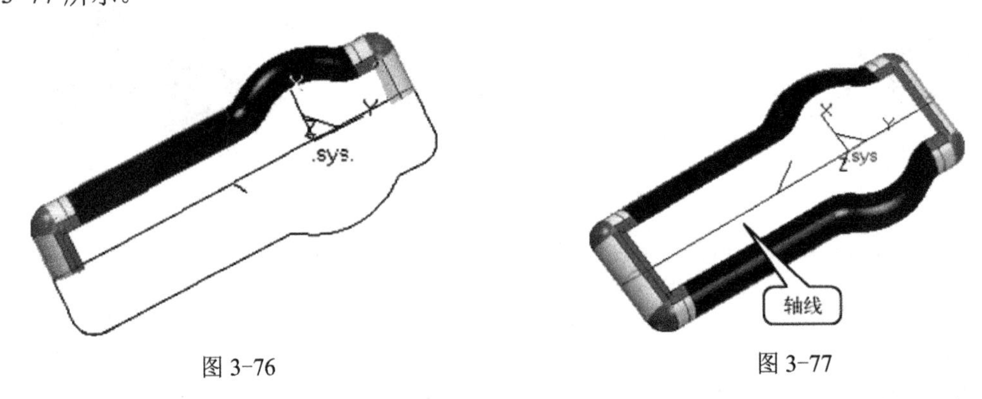

图 3-76　　图 3-77

（22）单击“相关线”图标，选择“曲面边界线”、“全部”方式，拾取曲面，得到所有的边界线；单击“平面”图标，选择“裁剪平面”方式，状态栏提示拾取平面外轮廓，则拾取底面的所有曲面边界线，按右键确认，立即生成裁剪平面，结果如图 3-78 所示。

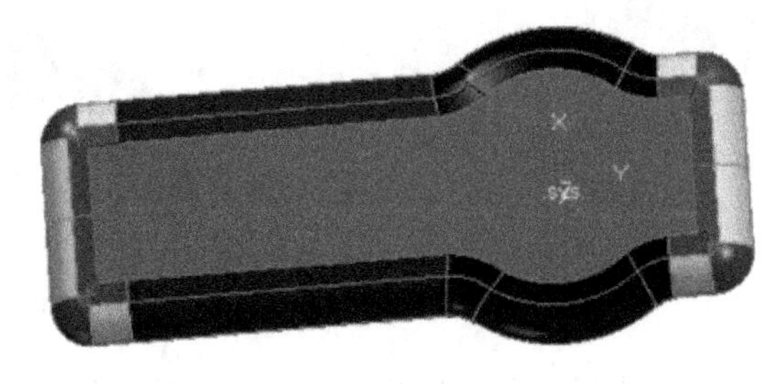

图 3-78

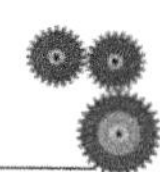

完成如图 3-79 所示斧头的曲面造型。

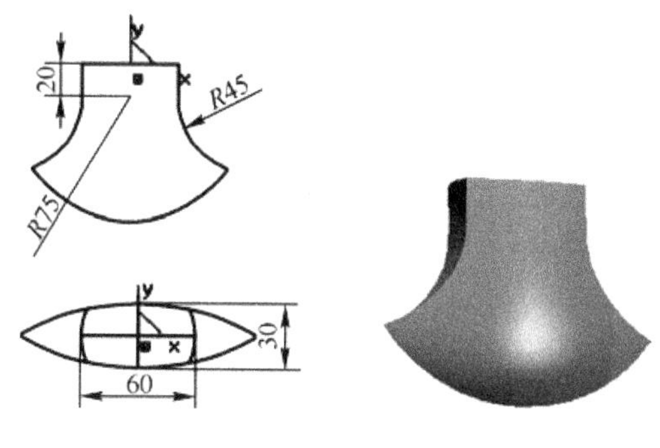

图 3-79

（1）曲面中的参数线中拾取应该注意哪些问题？
（2）若最终将整个的曲面组合成一张曲面，如何保证曲面的拼合而不变形？

任务五　可乐瓶底的曲面造型

可乐瓶底二维视图和立体图如图 3-80 所示。

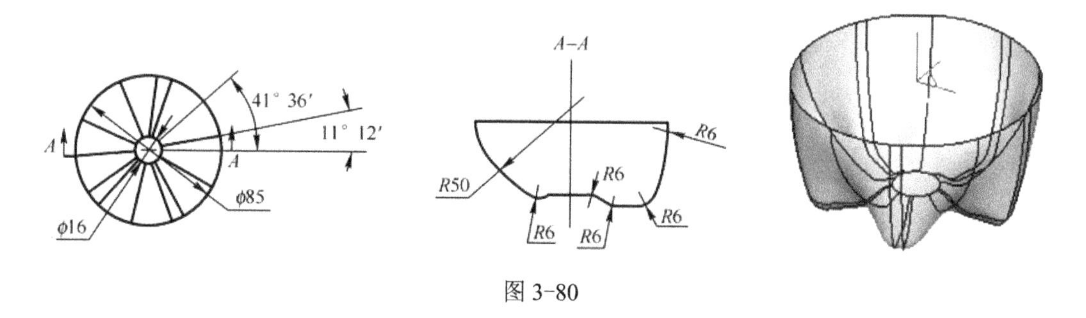

图 3-80

造型分析：可乐瓶底的曲面造型比较复杂，它有五个完全相同的部分。直接利用实体造型功能不能完成，只能利用 CAXA 制造工程师 2011 强大的曲面造型功能中的网格面来实现。其实只要作出一个突起的两个截面线和一个凹进的截面线，然后进行圆形阵列就可以得到其他几个突起和凹进的所有截面线，最后使用网格面功能生成的曲面。可乐瓶底的最下面的平面，可以使用“直纹面”中的“点＋曲线”方式来生成。

1．生成截面线

（1）按下 F7 键将绘图平面切换到 *XOZ* 平面。

（2）单击曲线工具中的“矩形”图标，选择“中心_长_宽”方式，输入长度 42.5、宽度 37，用光标拾取坐标原点，绘制一个 42.5×37 的矩形，如图 3-81 所示。

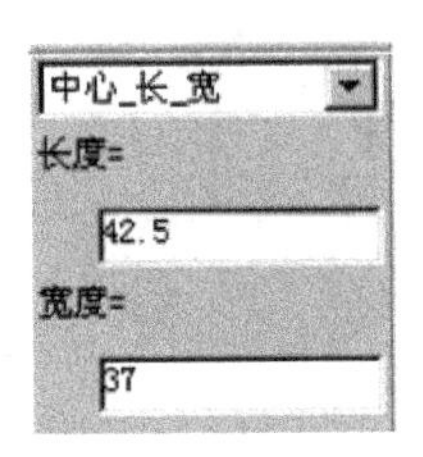

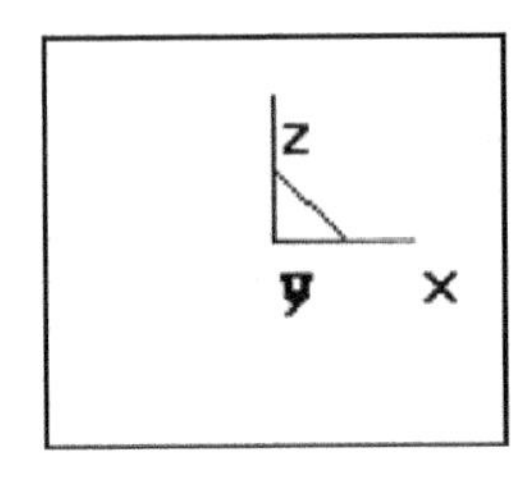

图 3-81

（3）单击几何变换工具栏中的“平移”图标，选择“偏移量”、“移动”方式，在下面的文本框中输入 DX=21.25，DZ=-18.5，然后拾取矩形的四条边，单击右键确认，将矩形的左上角平移到原点（0，0，0），结果如图 3-82 所示。

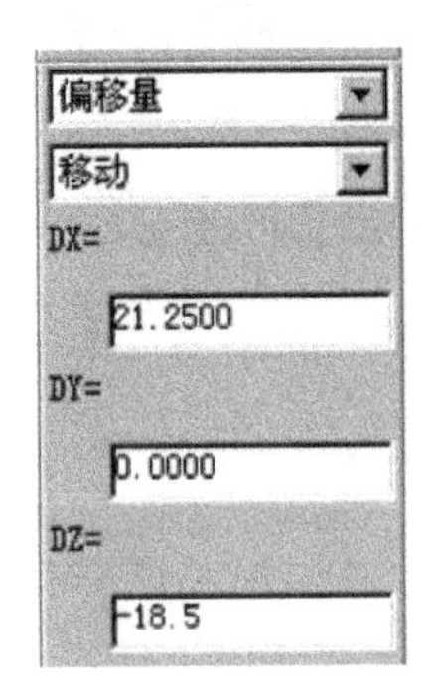

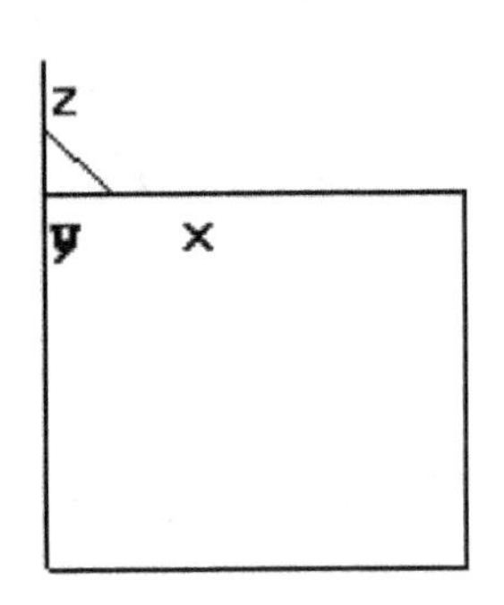

图 3-82

（4）单击曲线工具栏中的“等距”图标，选择“等距”方式，在“距离”文本框中输入 3，拾取矩形的最上面一条边，选择向下箭头为等距方向，生成距离为 3 的等距线，如图 3-83 所示。

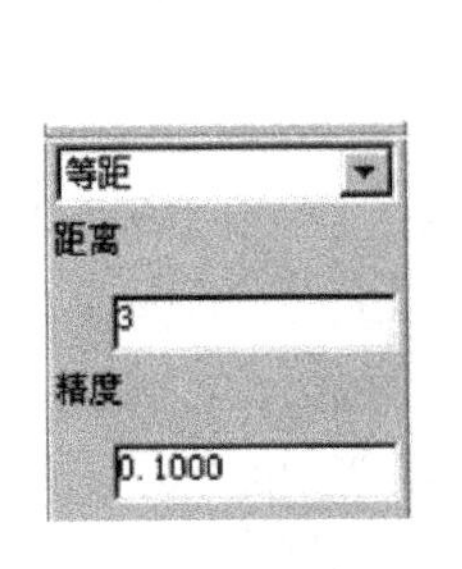

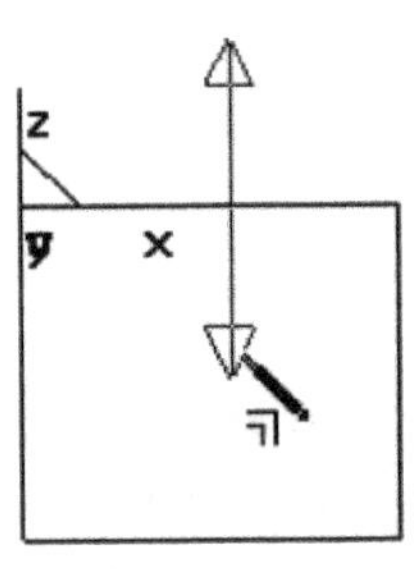

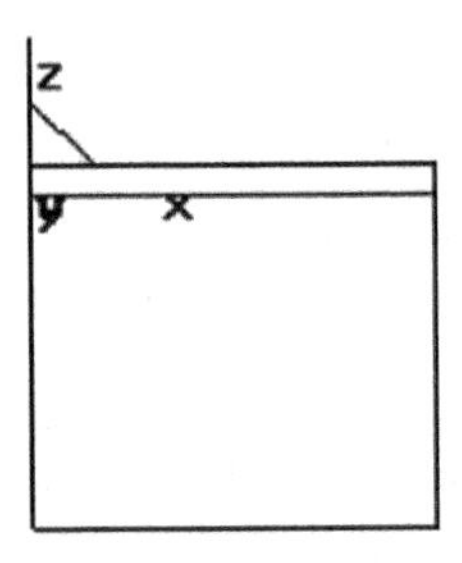

图 3-83

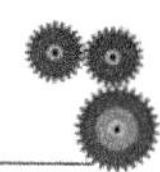

（5）采用相同的等距方法，生成如图 3-84 所示尺寸标注的各个等距线。

（6）单击曲线编辑工具栏中的“裁剪”图标，拾取需要裁剪的线段，如图 3-85 所示。

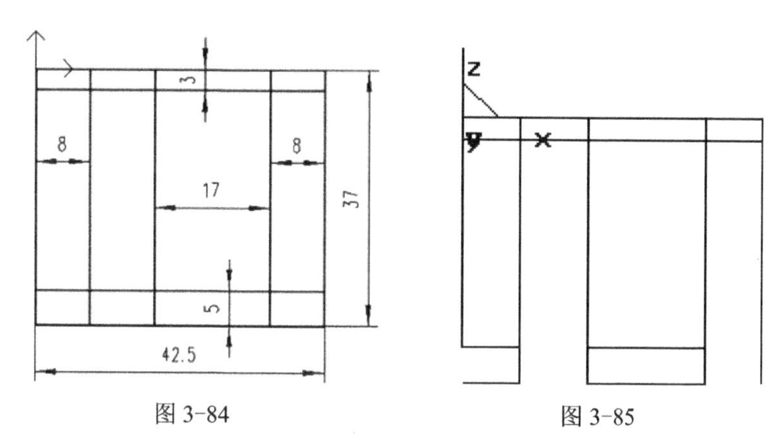

图 3-84　　图 3-85

（7）单击“删除”图标，拾取需要删除的直线，单击右键确认删除，结果如图 3-86 所示。

（8）本步操作分以下三个步骤。

① 作过 P_1、P_2 点且与直线 L_1 相切的圆弧。单击 “圆弧”图标，选择“两点_半径”方式，拾取 P_1 点和 P_2 点，然后按空格键在弹出的点工具菜单中选择“切点”命令，拾取直线 L_1。

② 作过 P_4 点且与直线 L_2 相切，半径 R 为 6 的圆 $R6$。单击 “整圆”图标，拾取直线 L_2（上一步中在点工具菜单中选中了“切点”命令），切换点工具为“缺省点”命令，然后拾取 P_4 点，按回车键，输入半径 6。

③ 作过直线端点 P_3 和圆 $R6$ 的切点的直线。单击 “直线”图标，拾取 P_3 点，选择点工具菜单为“切点”命令，拾取圆 $R6$ 上一点，得到切点 P_8。如图 3-87 所示。

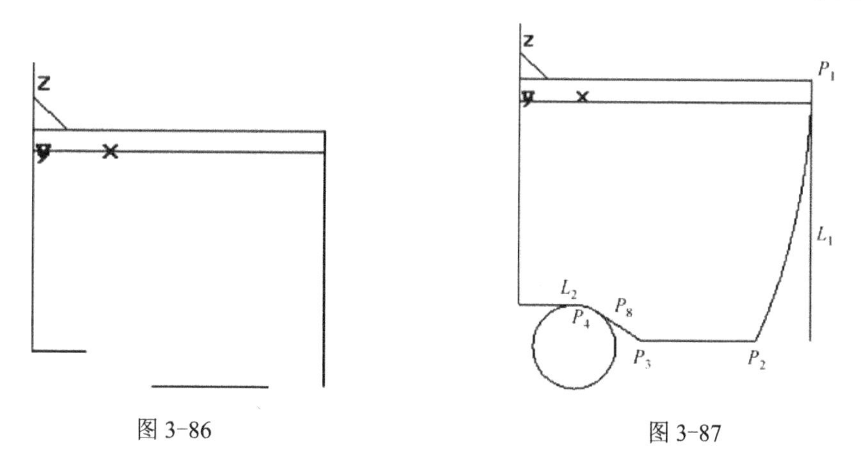

图 3-86　　图 3-87

提示：在绘图过程中注意切换点工具菜单中的命令，否则容易出现拾取不到需要点的现象。

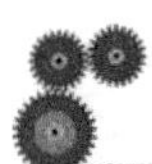

（9）本步操作分以下三个步骤。

① 作与圆 R6 相切且过点 P_8，半径为 6 的圆 C_1。单击 “整圆” ⊙图标，选择“两点_半径”方式，选择点工具菜单中的“切点”命令，拾取 R6 圆；切换点工具为“端点”，拾取 P_8 点；按回车键，输入半径 6。

② 作与圆弧 C_4 相切，过直线 L_3 与圆弧 C_4 的交点，半径为 6 的圆 C_2。单击 “整圆” ⊙图标，选择“两点_半径”方式，切换点工具为“切点”命令，拾取圆弧 C_4；选择点工具菜单中的“交点”命令，拾取 L_3 和 C_4 得到它们的交点；按回车键输入半径 6。

③ 作与圆 C_1 和 C_2 相切，半径为 80 的圆弧 C_3。单击“圆弧” 图标，选择“两点_半径”方式，切换点工具为“切点”命令，拾取圆 C_1 和 C_2，按回车键，输入半径 80，如图 3-88 所示。

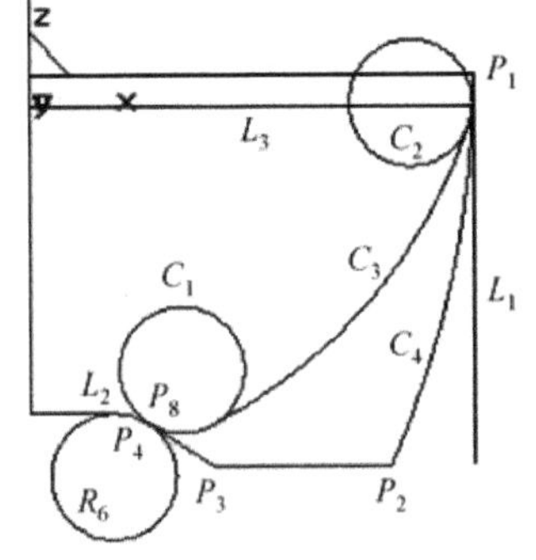

图 3-88

（10）单击曲线编辑工具栏中的“曲面裁剪” 图标，去掉不需要的部分，结果如图 3-89 所示。

（11）单击曲面编辑“删除”图标，去掉不需要的部分，在圆弧 C_4 上单击右键并选择“隐藏”命令，将其隐藏掉，结果如图 3-90 所示。

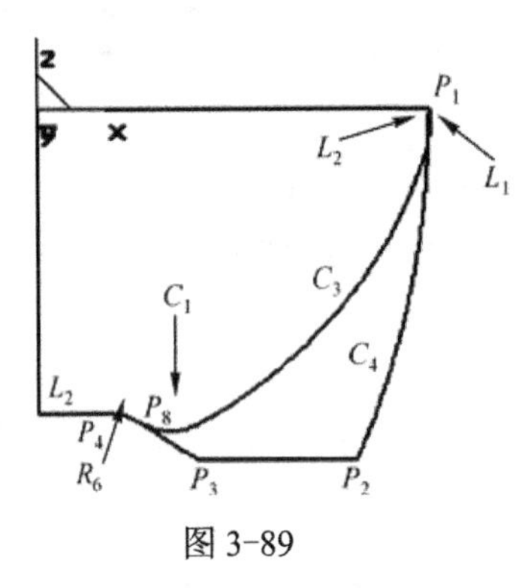

图 3-89

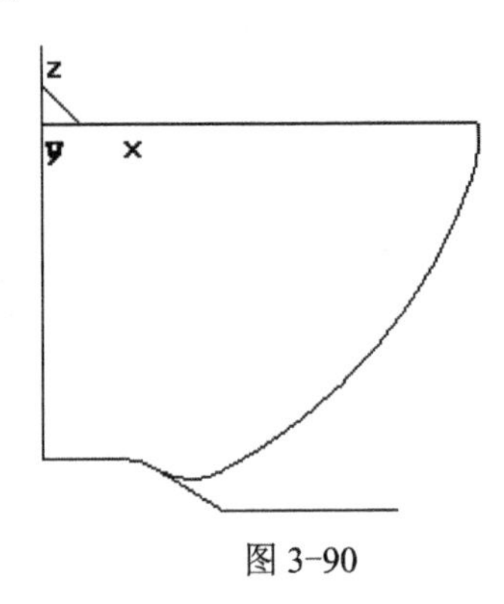

图 3-90

（12）按下 F9 键将绘图平面切换到 *XOY* 平面，然后再按 F8 键显示其轴测图。

（13）单击曲面编辑工具栏中的“平面旋转” 图标，选择“拷贝”方式，输入角度 41.6°，拾取坐标原点为旋转中心点，然后框选所有线段，单击右键确认，如图 3-91 所示。

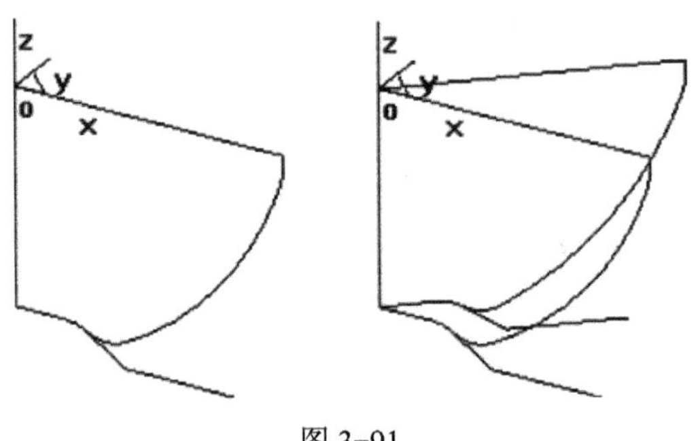

图 3-91

（14）单击“删除”图标，删掉不需要的部分。按下 Shift＋方向键旋转视图，观察生成的第一条截面线。单击“曲线组合”图标，拾取截面线，选择方向，将其组合成一条样条曲线。至此，第一条截面线完成。因为作第一条截面线是利用“拷贝+旋转”方式，所以完整地保留了原来绘制的图形，只需要稍加编辑就可以完成第二条截面线，如图 3-92 所示。

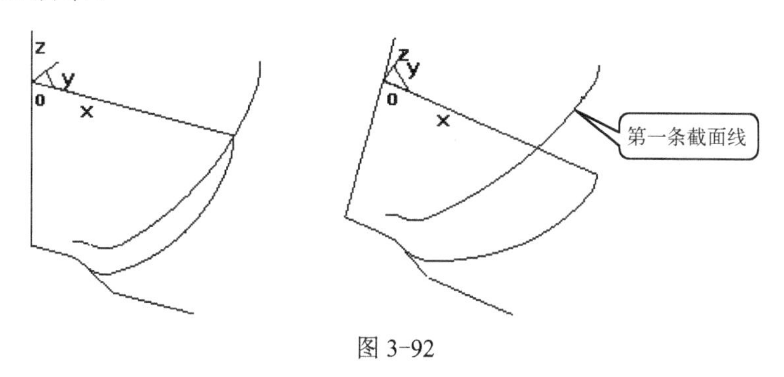

图 3-92

（15）按 F7 键将绘图平面切换到 *XOZ* 平面，单击“线面可见”图标，显示前面隐藏掉的圆弧 C_4，并拾取确认；然后拾取第一条截面线，单击右键选择“隐藏”命令，将其隐藏掉，结果如图 3-93 所示。

（16）单击“删除”图标，删掉不需要的线段。单击“曲线过渡”图标，选择“圆弧过渡”方式，半径为 6，对 P_2、P_3 两处进行过渡，结果如图 3-94 所示。

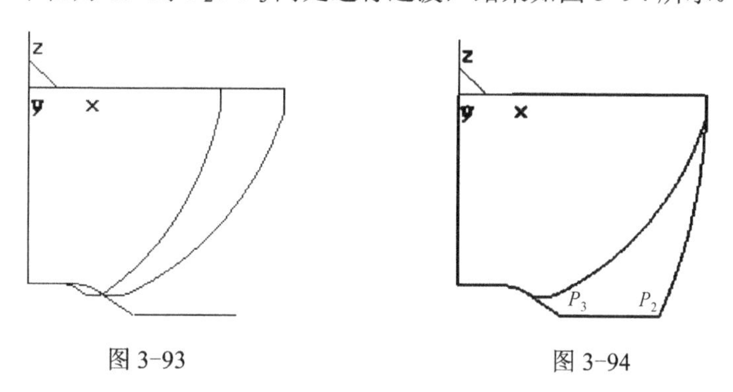

图 3-93　　　　图 3-94

（17）单击“曲线组合”图标，拾取第二条截面线，选择方向，将其组合一样条曲线，结果如图 3-95 所示。

（18）按下 F9 键将绘图平面切换到 *XOY* 平面，然后再按 F8 键显示其轴测图。

（19）单击“圆弧”图标，选择“圆心_半径”方式，以 *Z* 轴方向的直线两端点为圆心，拾取截面线的两端点为半径，绘制两个圆，如图 3-96 所示。

（20）删除两条直线。单击“线面可见”图标，显示前面隐藏的第一条截面线。

（21）单击曲面编辑工具栏中的“平面旋转”图标，选择“拷贝”方式，输入角度 11.2°，拾取坐标原点为旋转中心点，拾取第二条截面线，单击右键确认，如图 3-97 所示。

可乐瓶底有五个相同的部分，至此已完成了其一部分的截面线，通过阵列操作就可以得到全部截面线，这是一种简化作图的有效方法。

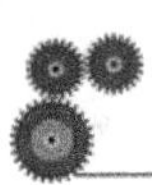

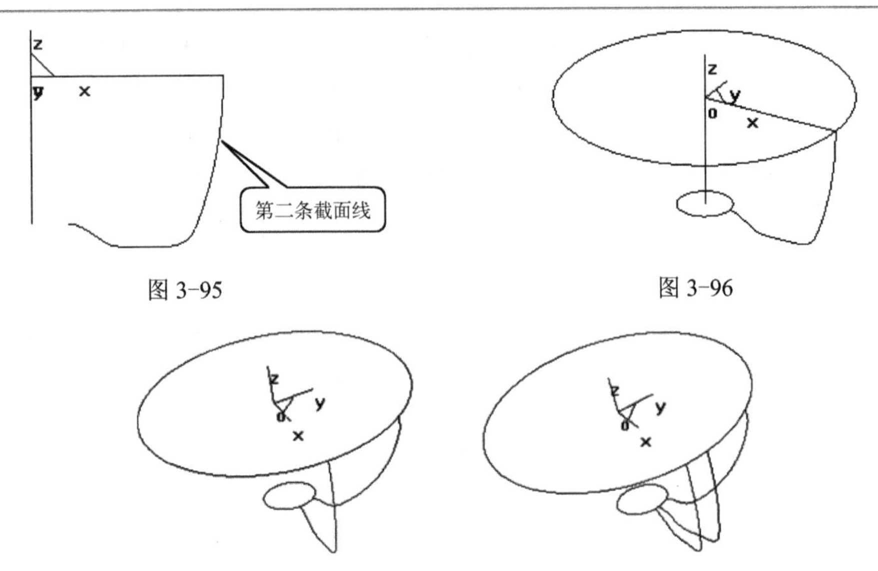

图 3-95　　图 3-96

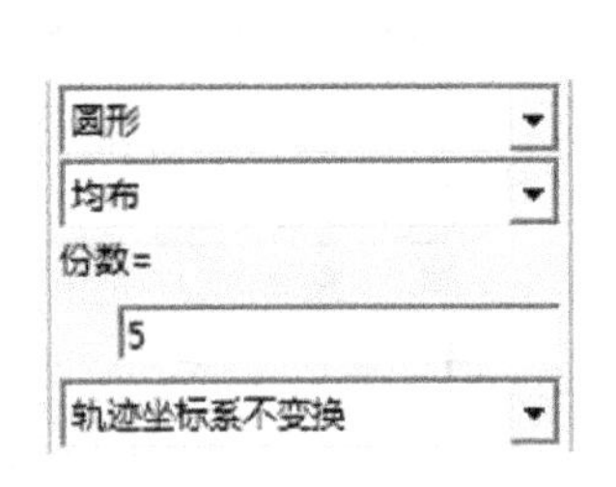

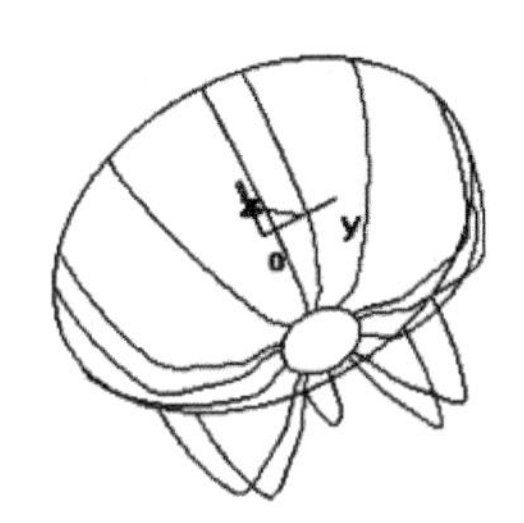

图 3-97

（22）单击"阵列"图标，选择"圆形"阵列方式，份数为 5，拾取三条截面线，单击右键确认；拾取原点（0，0，0）为阵列中心，单击右键确认，整个的线架图绘制完成，如图 3-98 所示。

圆形
均布
份数=
5
轨迹坐标系不变换

图 3-98

2. 生成网格面

（1）按 F8 键进入俯视图环境。

（2）单击曲面工具栏中的"网格面"图标，依次拾取 *U* 截面线共 2 条，单击右键确认；再依次拾取 *V* 截面线（共 15 条），如图 3-99 所示。

（3）单击右键确认，稍等片刻，生成网格面，如图 3-100 所示。

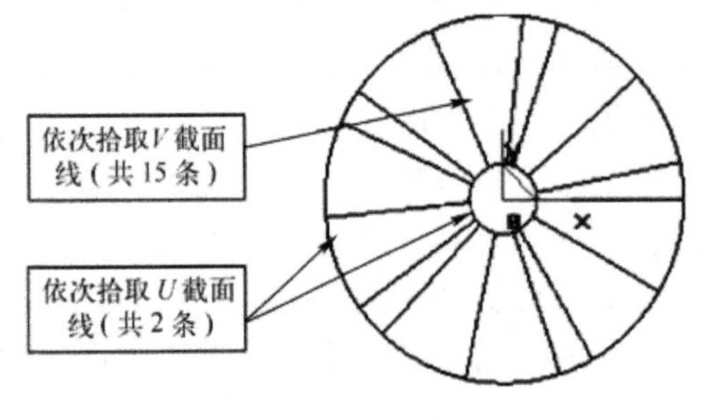

图 3-99

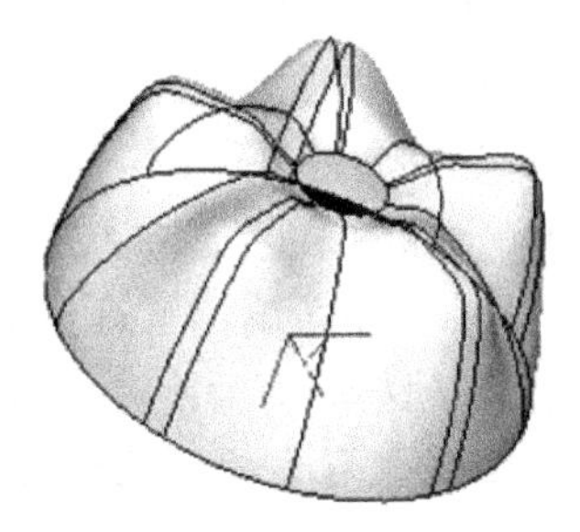

图 3-100

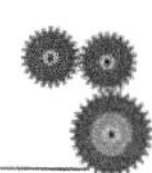

3. 生成直纹面

（1）单击曲面工具栏中的“直纹面”图标，选择“点_曲线”方式。

（2）按空格键，在弹出的点工具菜单中选择“圆心”命令，拾取底部圆，再拾取圆，直纹面立即生成，如图 3-101 所示。

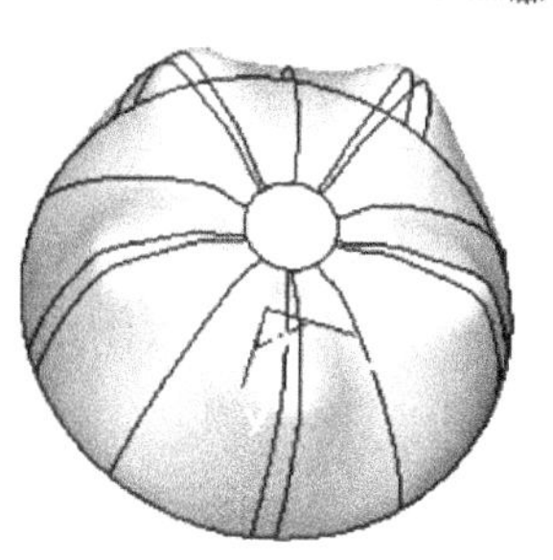

图 3-101

（3）选择“设置” →“拾取过滤设置”命令，取消图形元素类型中的“空间曲面”项；然后选择“编辑” →“隐藏”命令，框选所有曲线，单击右键确认，就可以将线框隐全部藏掉，至此可乐瓶底的曲面造型已经全部完成，如图 3-102 所示。

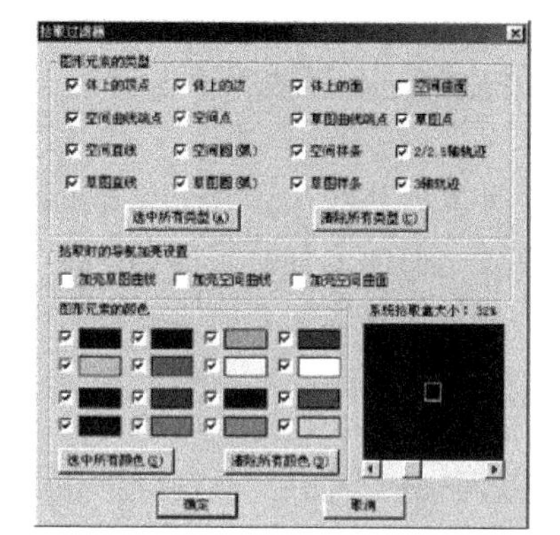

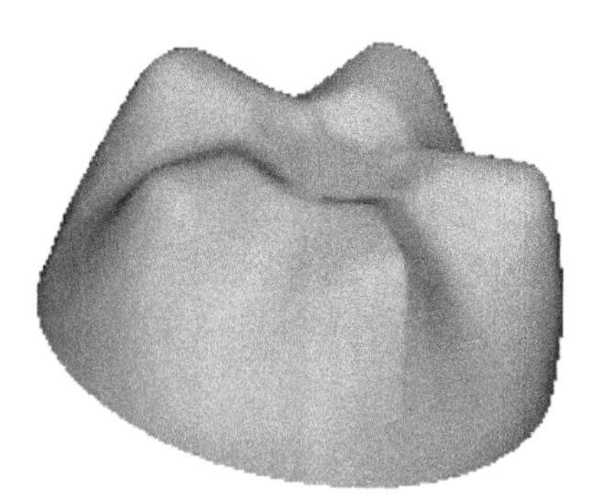

图 3-102

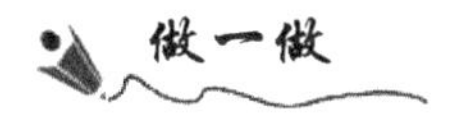

完成如图 3-103 所示的电吹风的曲面造型。

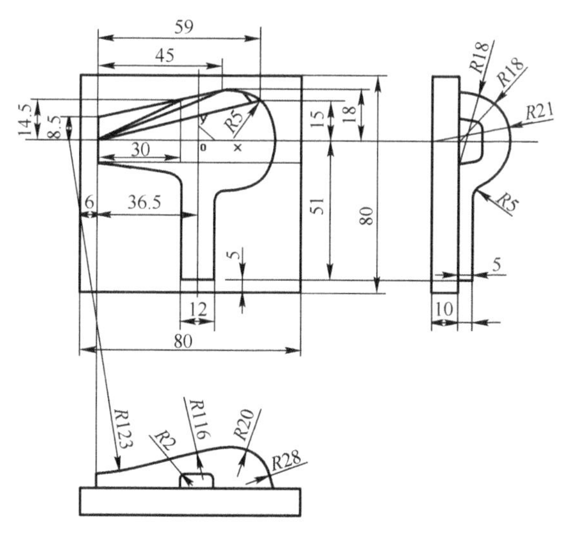

图 3-103

想一想

（1）在构建网格面时应注意哪些要点？选择曲线的顺序是否可以颠倒？

（2）如果不用网格面构建曲面，是否可以用其他的面构建？

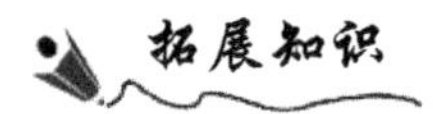

曲面的理解

1．曲面定义

曲面是一条动线，在给定的条件下，它是指在空间连续运动的轨迹。

2．曲面的形成

如图 3-104 所示的曲面模型，是直线 AA_1 沿曲线 $A_1B_1C_1N_1$，且平行于直线 L 运动而形成的。产生曲线的动线（直线或曲线）称为母线；曲面上任一位置的母线（如 BB_1、CC_1）称为素线，控制母线运动的线、面分别称为导线、导面。在图 3-104 中，直线 L、曲线 $A_1B_1C_1N_1$ 分别称为直导线和曲导线。

3．曲面的分类

直线面——由直母线运动而形成的曲面；曲线面——由曲母线运动而形成的曲面。

根据形成曲面的母线运动方式，曲面可分为：回转面——由直母线或曲母线绕一固定轴线回转而形成的曲面；非回转面——由直母线或曲母线依据固定的导线、导面移动而形成的曲面。

二维流形面称为曲面，如球面、环面、平环、Mobius 带（麦比乌斯圈）和 Klein 瓶（克莱因瓶）等都是曲面。

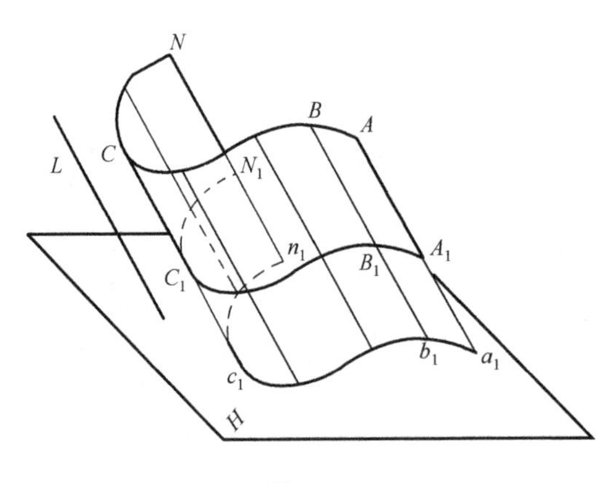

图 3-104

4．曲面的光顺

曲面的光顺指的是曲面的光滑程度。通常用 G0、G1、G2、G3 来表示光滑的级别。

① G0——位置连续

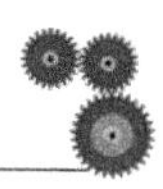

只是端点重合，而连接处的切线方向和曲率均不一致。这种连续性的表面看起来会有一个很尖锐的接缝，其级别属于连续性中级别最低的一种。

由于 G0 级曲面使模型产生了锐利的边缘，所以平时都极力避免，甚至应尽量想办法避免这种效果，G0 级曲面不常用。

② G1——切线连续

曲线不仅在连接处端点重合，而且切线方向一致，这种连续性的表面不会有尖锐的连接接缝，但是由于两种表面在连接处曲率突变，所以在视觉效果上仍然会有很明显的差异。会有一种表面中断的感觉。

常用倒角工具生成的过渡面都属于这种连续级别。因为这些工具通常使用圆周与两个表面切点间的一部分作为倒角面的轮廓线，圆的曲率是固定的，所以结果会产生一个 G1 级连续的表面。

由于 G1 级曲面制作简单、成功率高，而且在很多产品的局部及其实用，比如手机的两个面的相交处就用这种连续级别，比较常用。

③ G2——曲率连续

顾名思义，曲线不但符合上述两种连续性的特征，而且在接点处的曲率也是相同的。这种连续性的曲面没有尖锐接缝，也没有曲率的突变，视觉效果光滑流畅，没有突然中断的感觉。这通常是制作光滑表面的最低要求。

由于 G2 级曲面视觉效果非常好，是大家追求的目标，但是这种连续级别的表面并不容易制作，这也是 Nurbs 建模中的一个难点。这种连续性的表面主要用于制作模型的主面和主要的过渡面。

④ G3——曲率变化率连续

这种曲线除具有上述连续级别的特征之外，在接点处曲率的变化率也是连续的，这使得曲率的变化更加平滑。曲率的变化率可以用一个一次方程表示为一条直线。

这种连续级别的表面有比 G2 级曲面具有更流畅的视觉效果。但是由于需要用到高阶曲线或需要更多的曲线片断，所以通常只用于汽车设计。

这种连续级别通常不使用，因为它们的视觉效果和 G2 级几乎相差无几，而且消耗更多的计算资源。G2 和 G3 这两种连续级别的优点只有在制作像汽车车体这种大面积、为了得到完美的反光效果而要求表面曲率变化非常平滑的时候才会体现出来。

项目四　实体特征造型

实体造型技术是计算机辅助设计领域中的关键技术，它是一种面向产品制造全过程，描述信息和信息关系的产品数字建模方法。CAXA 制造工程师软件 2011 版本是实体造型技术的典型代表，它提供拉伸增料及除料、旋转增料及除料、放样增料及除料、导动增料及除料、曲面加厚增料及除料、曲面裁剪除料、过渡、倒角、筋板、抽壳、拔模、打孔等实体造型特征。

学习目标

（1）巩固二维及三维线架的绘制及曲面造型。

（2）熟悉基准面的选择及草图绘制的方法。

（3）掌握实体特征造型中各种主要实体构建的方法。

（4）能正确合理地选择实体特征造型的各种方法。

（5）能熟练使用实体特征造型中的各种命令来解决实际建模操作中的问题。

任务一　异形件天圆地方的造型

异形件天圆地方的二维尺寸及立体图如图 4-1 所示。

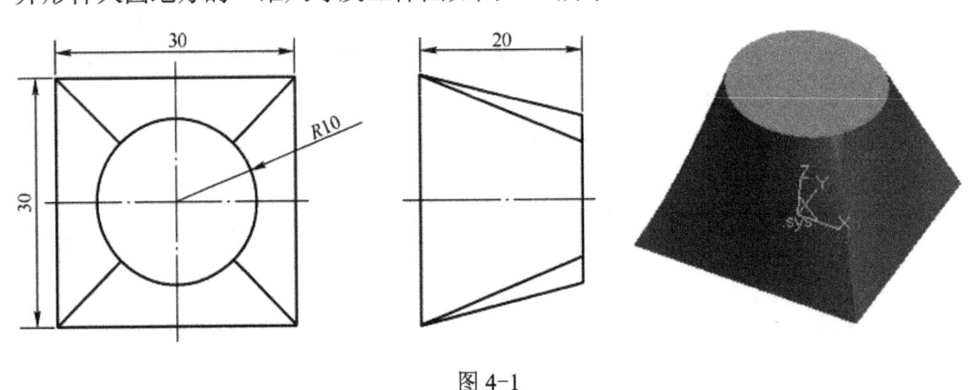

图 4-1

异形件天圆地方的实体造型分析：由图 4-1 可知，表面看上去无从下手，细分析其关键特征也就是上下两个形状，上为圆形，下为方形。首先直接想到的就是使用特征造型中“放样增料”功能，如直接使用 CAXA 制造工程师软件的“放样增料”功能则如图 4-2 所示，零件形状扭曲明显，有缺陷，造型完全错误。

第一种造型的思路：分别作两草图，将直线及圆弧打断后再次放样增料，由读者在

“练一练”中自己考虑。

第二种造型的思路：项目三中介绍过曲面有关的知识，在本任务中，首先巩固曲面的有关知识，可使用直纹面的功能将所需的造型作成一个曲面的封闭体，然后使用实体特征中的“拉伸增料”及“曲面裁剪除料”功能来实现其实体造型，这也是解决一般较为复杂的零件的通用造型的方法。

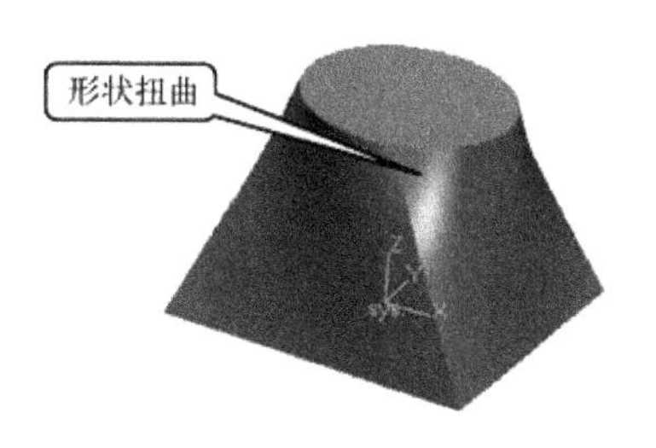

图 4-2

（1）新建文件，单击“矩形”图标，选择“中心_长_宽”的方式作图，绘制 30×30 的矩形，单击原点，单击右键确认，如图 4-3 所示。

（2）单击“整圆”图标，选择“圆心_半径”的方式作圆，中心点选择为原点，输入半径为 10，结果如图 4-4 所示。

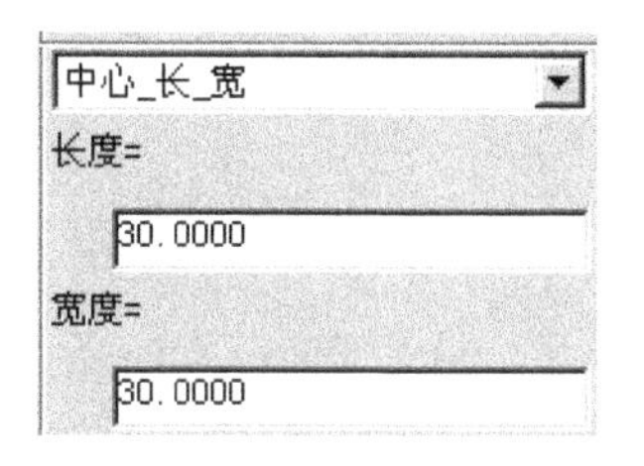

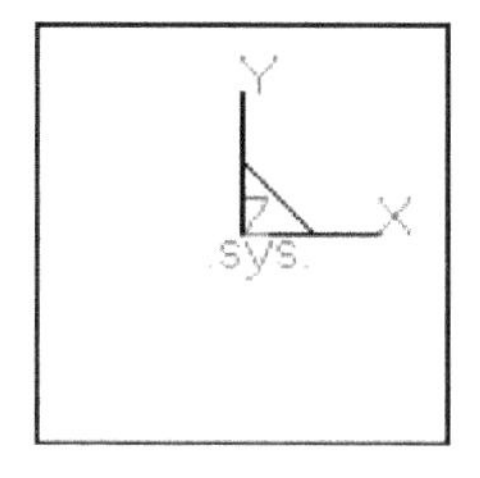

图 4-3

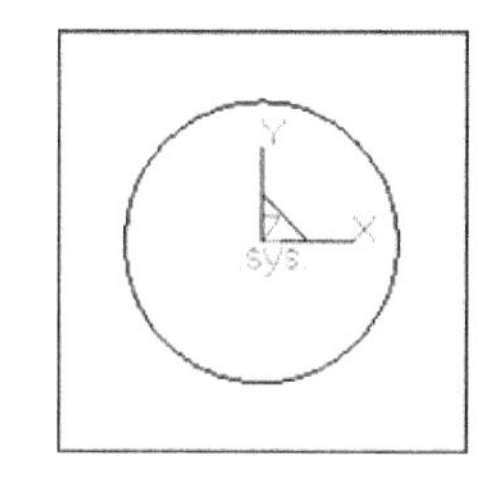

图 4-4

（3）单击“平移”图标，选择“移动”方式，Z 方向输入 20，选择圆，单击右键确定，将中间的圆向 Z 正向平移 20，按 F8 键空间观察，如图 4-5 所示。

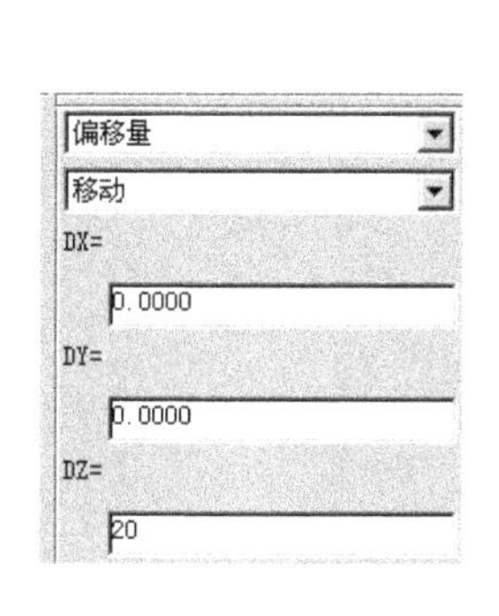

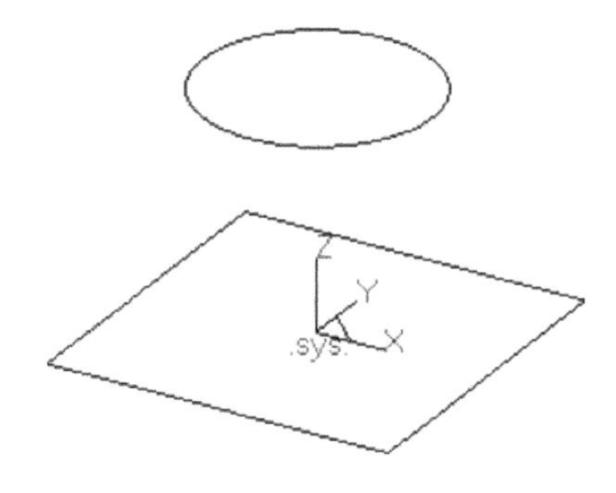

图 4-5

（4）单击“直线”图标，选择“角度线”，与 X 轴夹角 45°，按空格键选取圆心，单击圆，再按空格键，选取默认点，单击适当的地方；同理作与 Y 轴夹角 45° 的一条直线，如图 4-6 所示。

（5）单击“打断”图标，选择圆弧，然后单击圆和直线的交点将圆打断，重复同样的过程将另外一段也打断；同理将对应的底边的直线也打断，如图 4-7 所示。

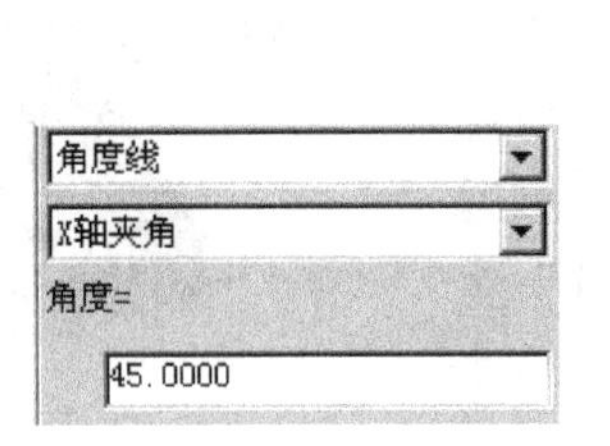

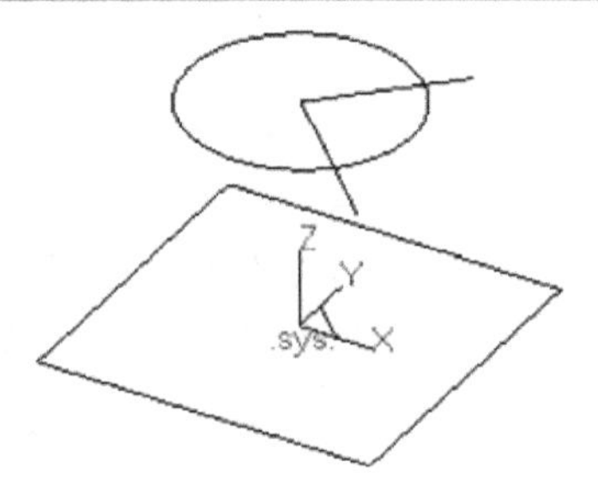

图 4-6

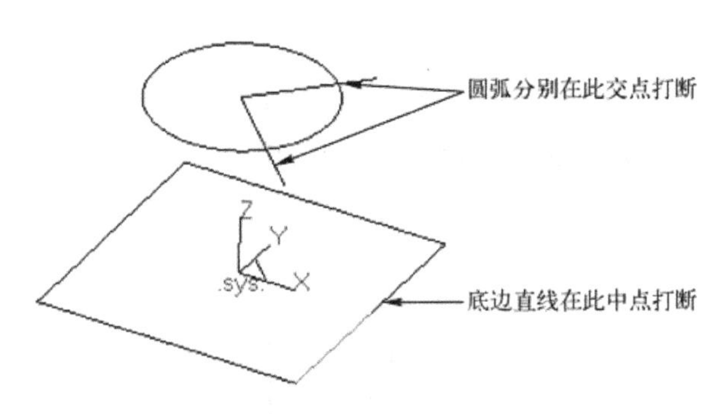

图 4-7

（6）单击“直纹面”图标，选择“曲线_曲线”的方式，选取圆弧及直线的边缘，选择时尽量边与边相对应，生成的面需光顺；同理生成另外的一半的直纹面，右击生成的面，可将面修改成所需的颜色，如图 4-8 所示。

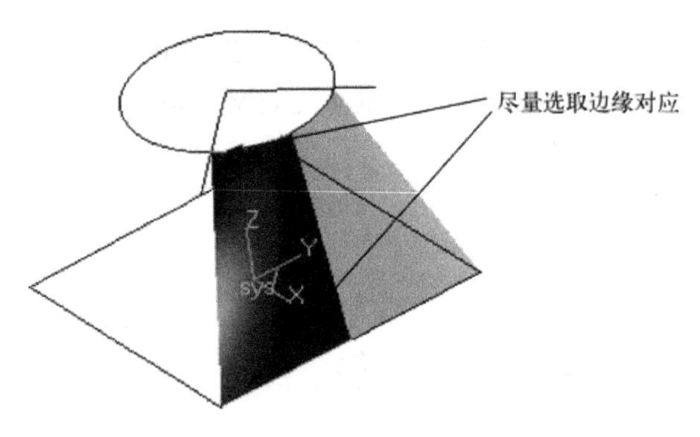

图 4-8

（7）单击“阵列”图标，选择“圆形”、“均布”方式，输入份数为 4，选取刚生成的两个面，单击右键确认，再次选择原点作为中心点，单击右键确认，将面阵列，如图 4-9 所示。

（8）单击“直纹面”图标，选择“曲线+曲线”方式，选取底边正方形的两边线，作直纹面，结果如图 4-10 所示。

（9）按鼠标中键，将其旋转到适当位置，再次单击“直纹面”图标，选择“曲线+点”方式，按空格键选取圆心方式，单击圆弧选取其圆心，然后单击圆弧生成直纹面；重

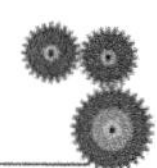

复同样的过程生成直纹面，结果如图 4-11 所示。

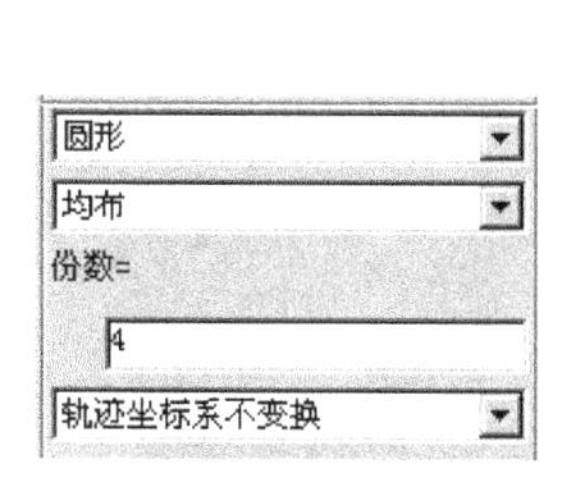

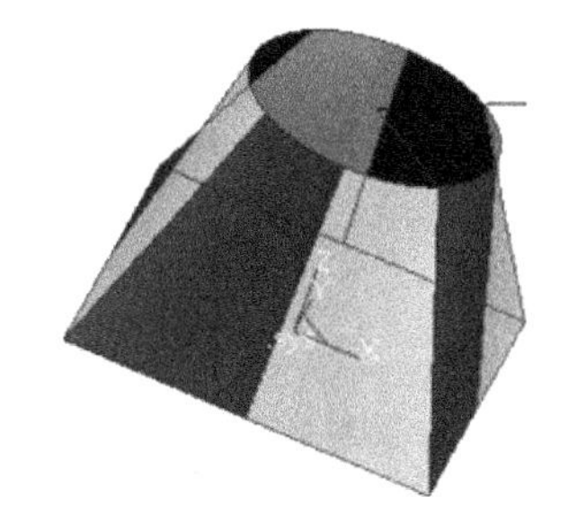

图 4-9

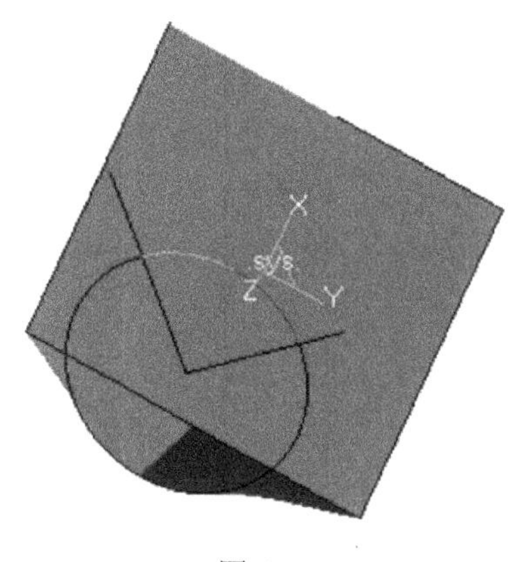
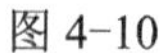

图 4-10

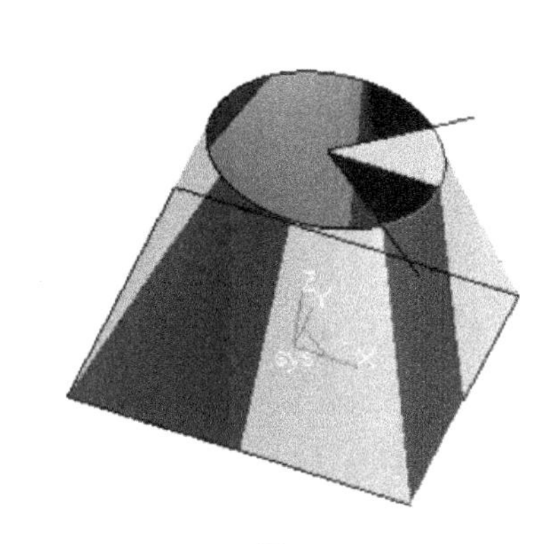

图 4-11

（10）单击“阵列”图标，选择“圆形”、“均布”方式，输入份数为 4，选择两曲面并输入中心点，将上述生成的两个直纹面沿圆周复制 4 份，如图 4-12 所示。

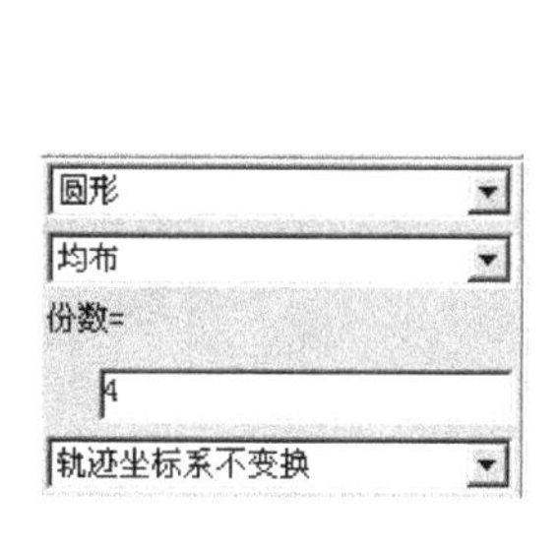

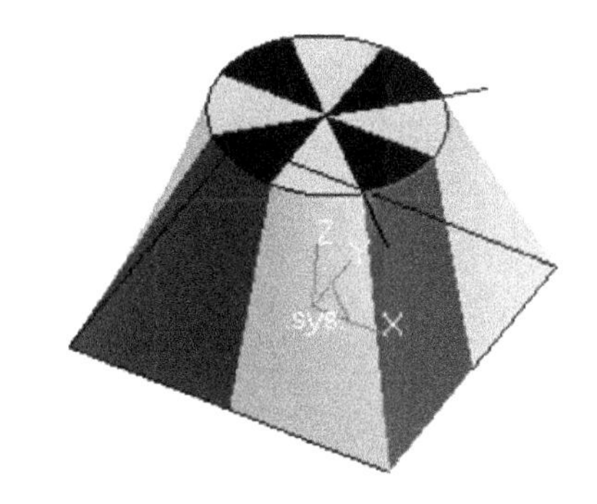

图 4-12

（11）右击平面 *XY* 创建草图，绘制 30×30 矩形，退出草图后单击“拉伸增料”图标，选择“固定深度”方式，输入深度为 20，生成实体如图 4-13 所示。

（12）单击特征栏“曲面除料”图标，框选整个曲面，单击确定，生成的零件如图 4-14 所示。

（13）选择“设置”菜单中的“拾取过滤设置”命令，在弹出的对话框中勾选“空间

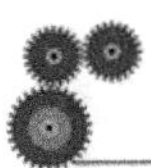

曲面”、“空间直线”、“空间圆弧”、“空间点”及“空间曲线端点”，单击确定；然后选择“编辑”菜单中的隐藏命令，框选整个绘图屏幕，将空间三维构架线及曲面隐藏掉，如图 4-15 所示。

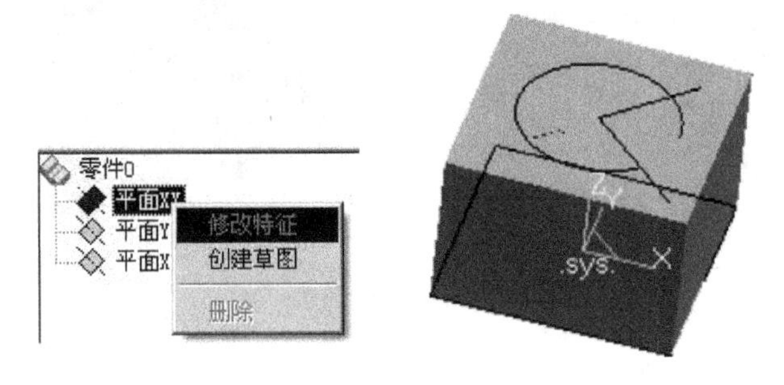

图 4-13

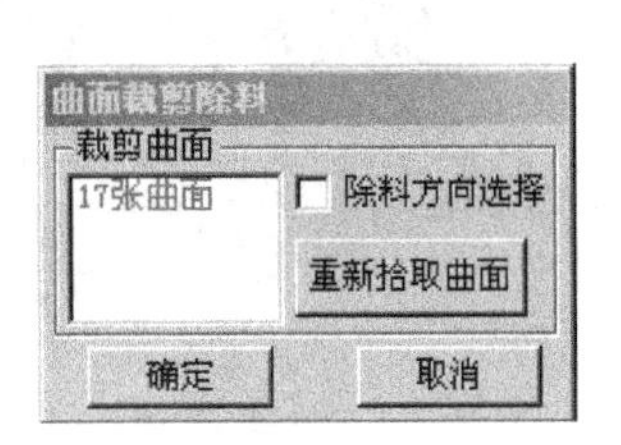

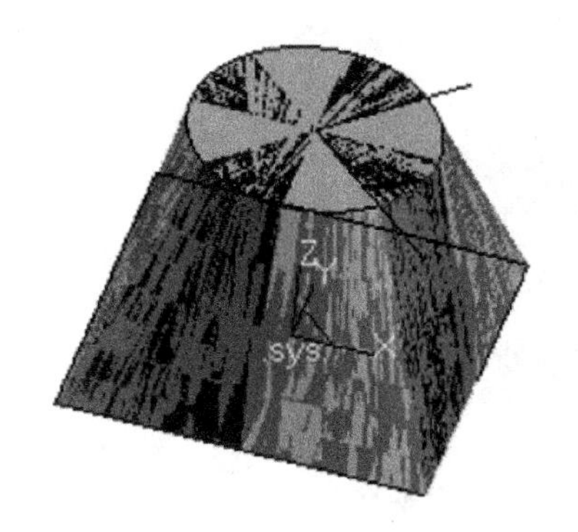

图 4-14

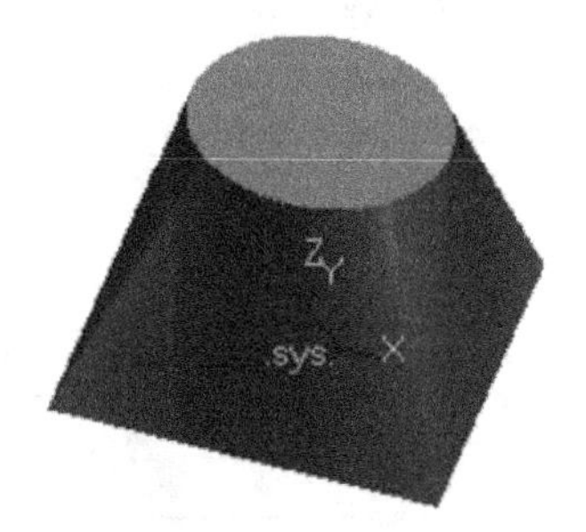

图 4-15

提示：在选择过后，下次使用之前再次将其全部勾选，否则出现有些元素选不中现象。

（14）选择“设置”菜单中的“材质设置”命令，选择“绿松石”，单击确定；单击“设置”菜单中的“系统设置”命令，将显示质量选项为“精细”模式，如图 4-16 所示，整个造型完成。

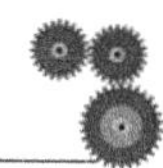

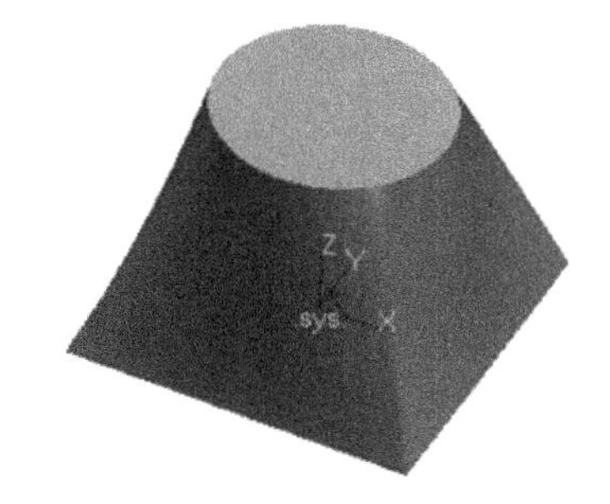

图 4-16

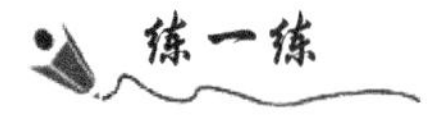

练一练

（1）使用放样增料特征来完成造型任务一，具体特征及实体如图 4-17 所示。

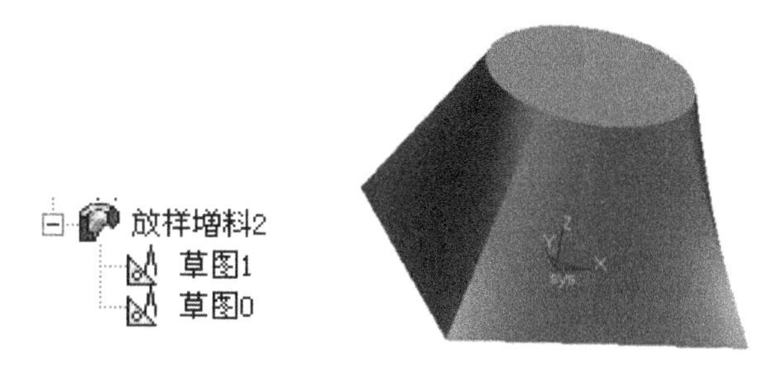

图 4-17

（2）用实体特征造型功能创建如图 4-18 皇冠实体。

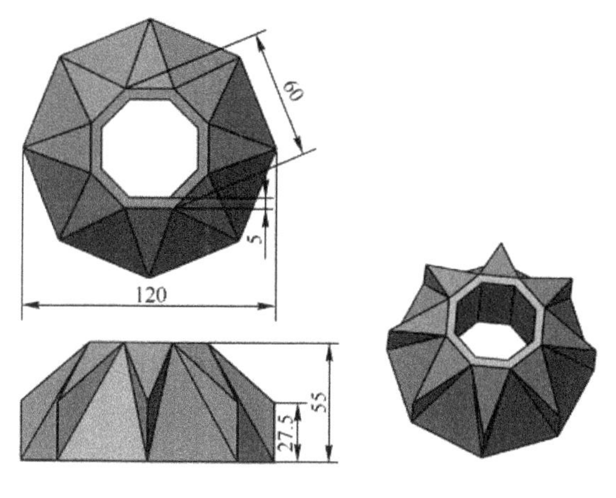

图 4-18

想一想

（1）实体造型与曲面造型及线架造型有什么异同？它们的内在关系是什么？

（2）一般含有较多曲面的复杂实体构建法则是什么？

（3）草图的绘制在实体造型中起什么作用？

任务二　三维支座造型

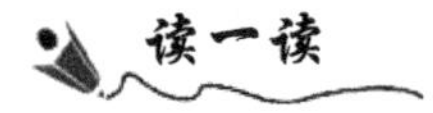

三维支座的二维图以及立体图如图 4-19 所示。

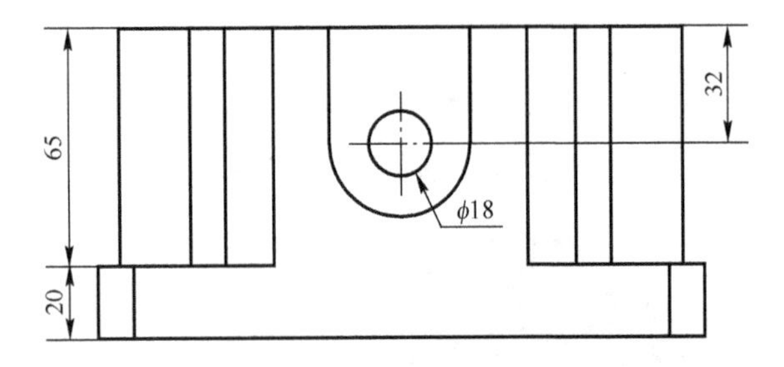

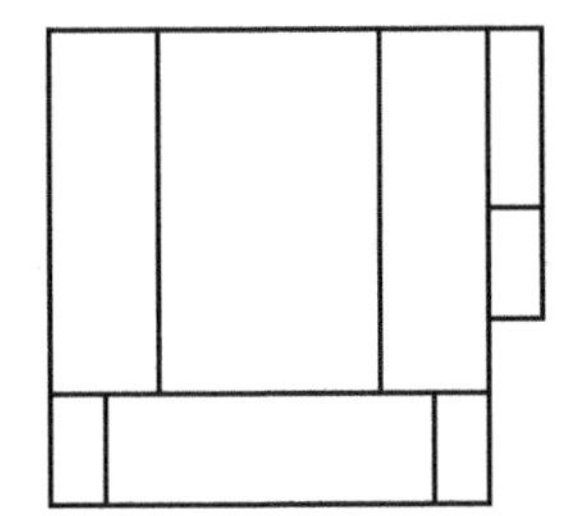

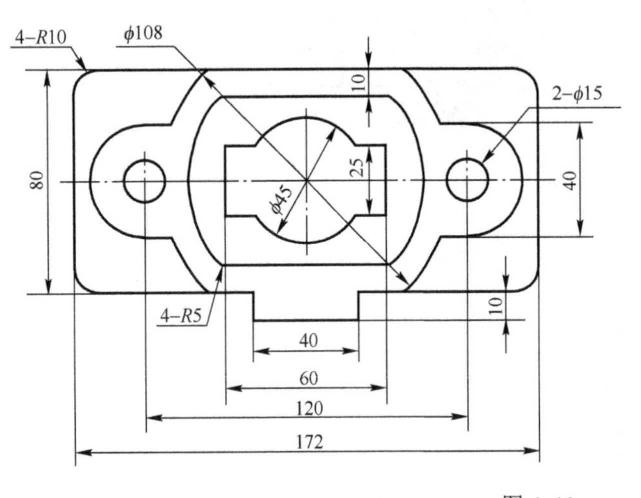

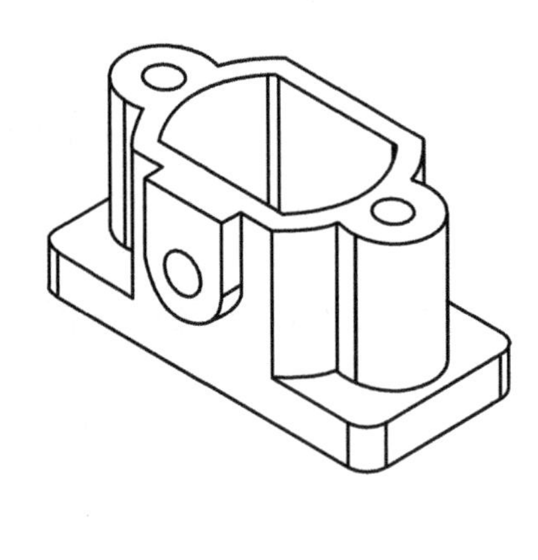

图 4-19

三维支座的特征造型分析：由图 4-19 可知，首先选平面 *XY* 面作为基准面创建草图，绘制好底板草图后拉伸增料；再选择底板实体上表面作草图并拉伸增料；接着在实体上表面作草图后拉伸除料；选择侧面为基准面作草图，绘制草图后拉伸增料；最后再次在侧面作草图后拉伸除料，实体造型最终完成。

做一做

（1）在零件特征栏中右击平面 *XY* 创建草图，单击“矩形”□图标，采用“中心_长_宽”的方式，输入长度 172、宽度 80，单击原点作为中心点，单击右键确认，如图 4-20 所示。

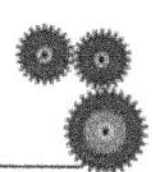

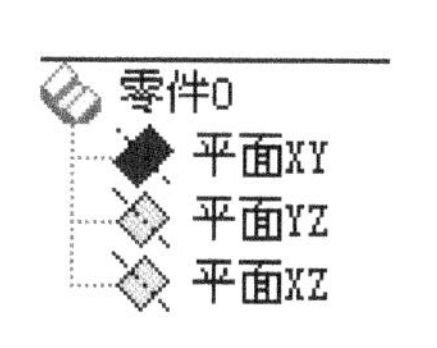

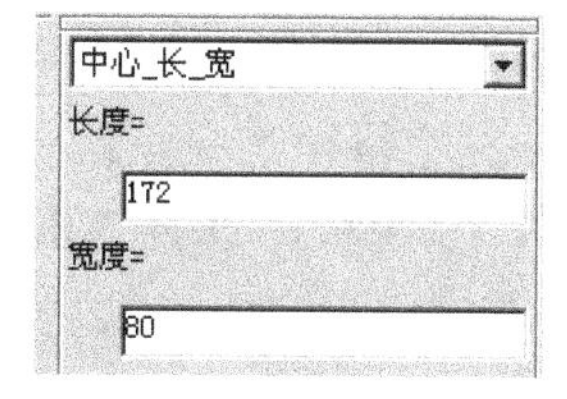

图 4-20

（2）单击“曲线过渡”图标，依次选择矩形的两边，将矩形的四周倒圆角 $R10$，如图 4-21 所示。

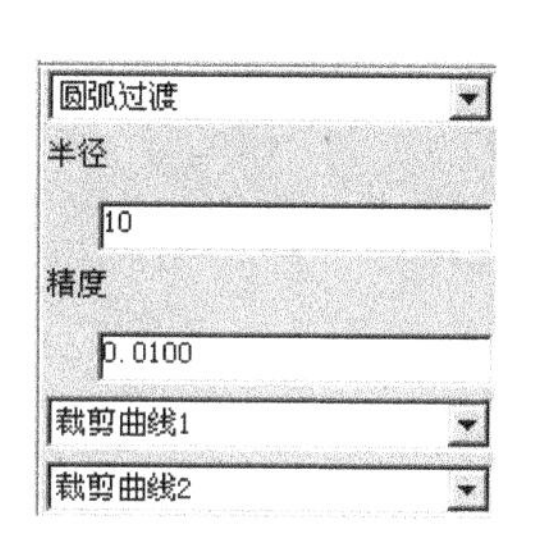

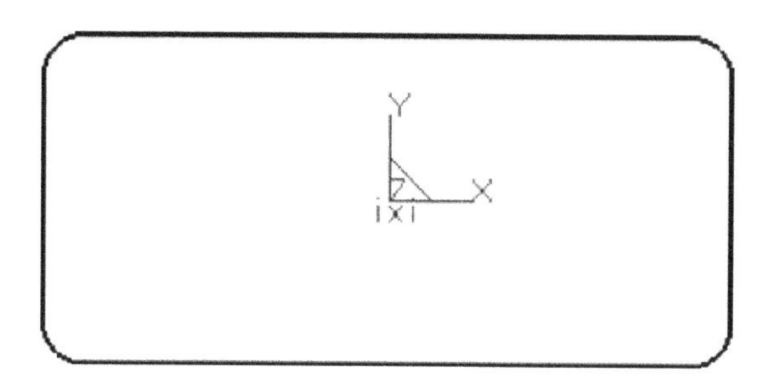

图 4-21

（3）单击“拉伸增料”图标，选择“固定深度”的方式，深度输入 20，拉伸为“实体特征”，单击“确定”按钮。单击“设置”菜单中的“材质设置”命令，将材质设为“黄铜”，如图 4-22 所示。

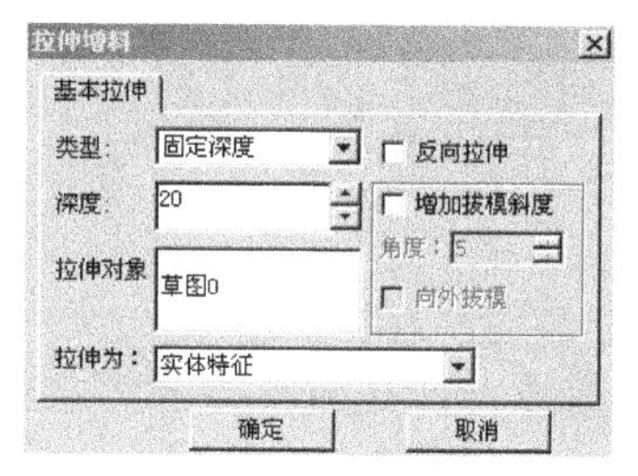

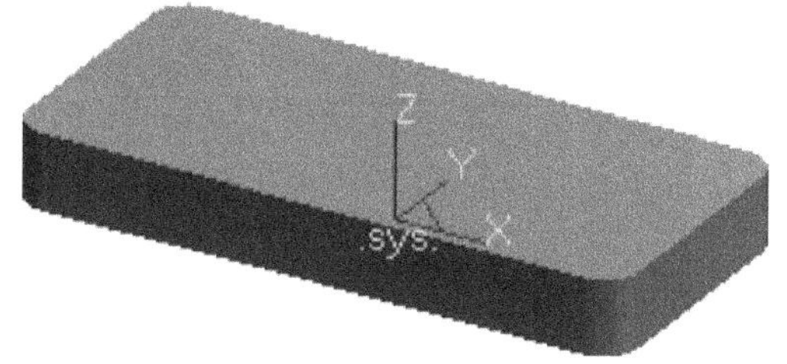

图 4-22

（4）右击实体的上表面，在弹出的菜单中选择“创建草图”命令，单击“曲线投影”图标，选择前后两根边线，右击确认完成，将其析出到当前草图中来；单击“整圆”图标，选择“圆心_半径”的方式，单击原点作为圆心，输入半径 54，如图 4-23 所示。

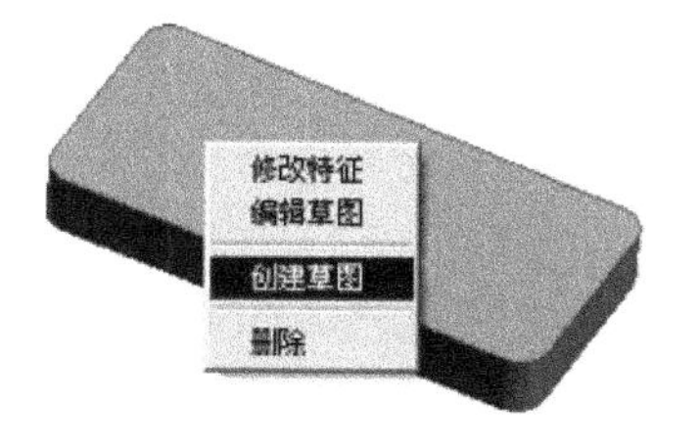

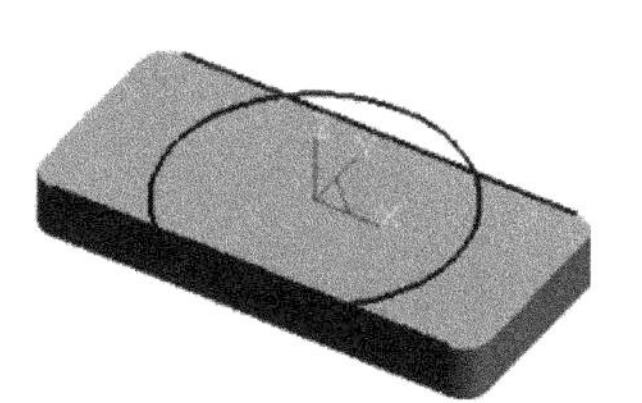

图 4-23

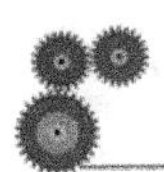

（5）单击“直线”图标，选择“正交、长度方式”，长度 60，按空格键选择圆心，单击圆选取圆心作为起点，按空格键选取默认点方式在适当的地方单击作直线，同理作另外一条直线；单击“整圆”图标，选择“圆心_半径”的方式，单击直线端点作为圆心，输入半径为 20，单击右键表示完成，重复同样的过程，在另外一侧作圆，如图 4-24 所示。

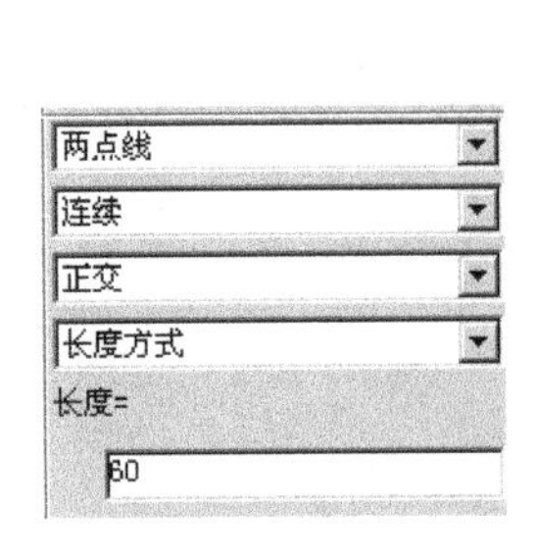

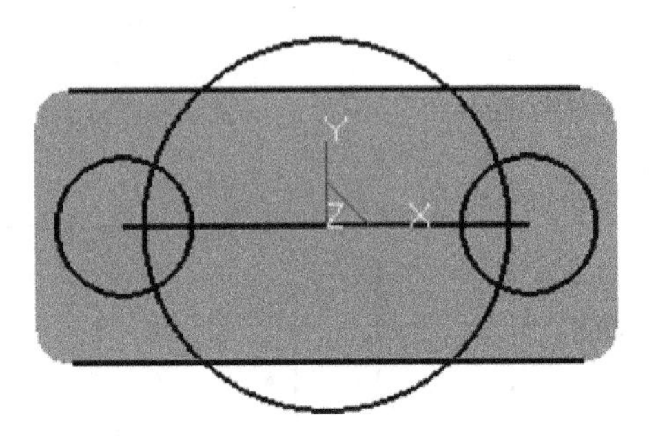

图 4-24

（6）单击“等距”图标，选取中间的直线，单击右键确认，选取方向，将中间的直线上下各偏移 20，如图 4-25 所示。

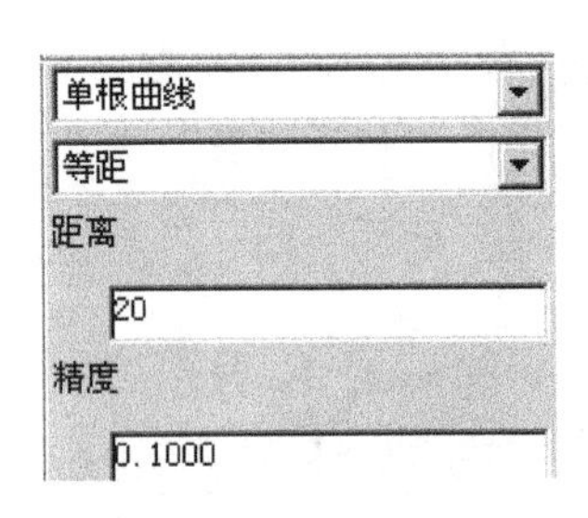

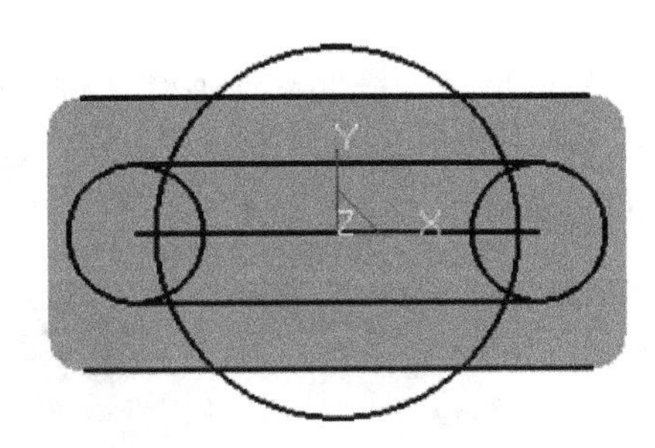

图 4-25

（7）单击“曲线裁剪”图标，将多余的线段裁剪掉，若裁剪不掉的可以单击“删除”图标，将多余的线段删除掉，如图 4-26 所示。

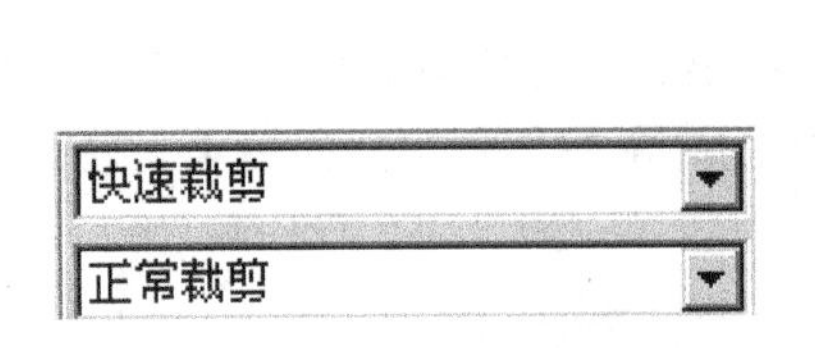

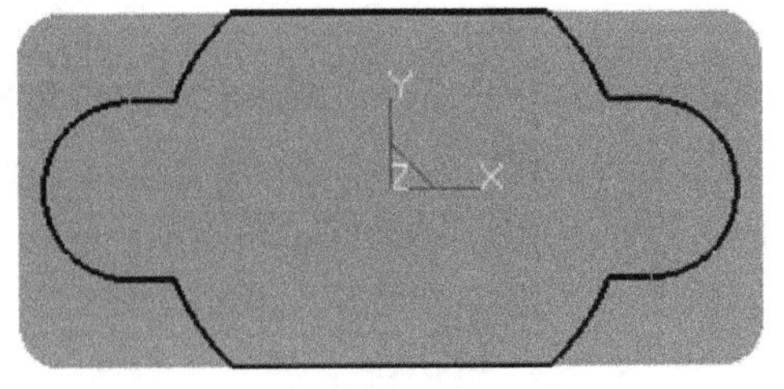

图 4-26

（8）按住左键及滚动鼠标的滑轮，放大缩小及旋转到适当的位置，单击显示“平移”图标，将其移至屏幕中间位置；单击“检查草图是否闭合”图标，显示不存在开口环，单击“确定”按钮退出草图，如图 4-27 所示。

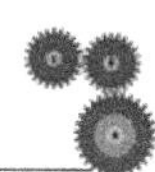

（9）选择刚作好的草图，单击“拉伸增料”图标，输入深度 65，单击“确定”按钮，拉伸增料特征生成，如图 4-28 所示。

图 4-27

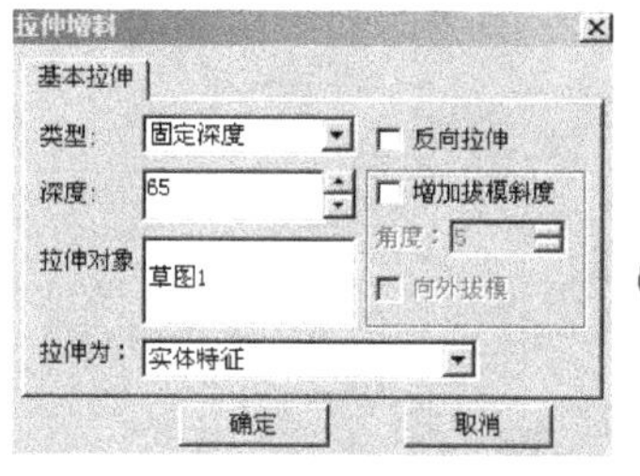

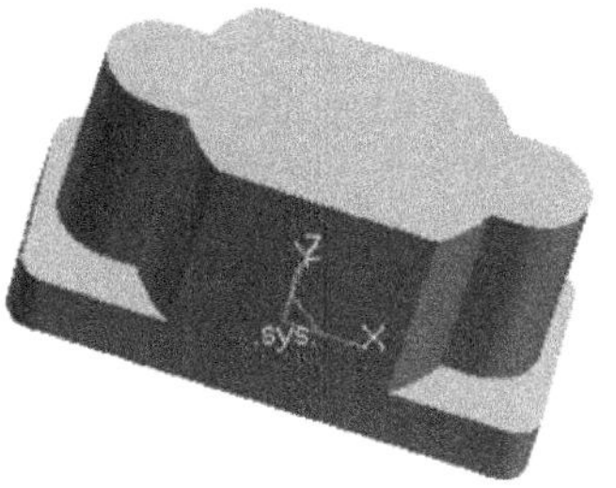

图 4-28

（10）选择零件的上表面并右击创建草图，单击“直线”图标，选择“正交长度”方式以原点为起点向两边各绘制长 60 的直线；单击“整圆”图标，选择“圆心_半径”的方式，以直线两个端点为圆心作半径为 7.5 的圆；以原点为圆心作半径为 22.5 的圆；单击“等距”图标，将中间的直线上下各偏移 12.5，如图 4-29 所示。

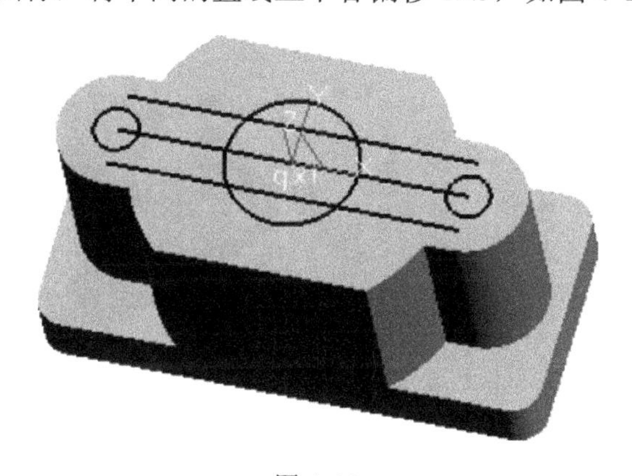

图 4-29

（11）单击“直线”图标，选择“正交”方式，连接上下线中点；单击“等距”图标，将直线向两边各偏移 30，单击右键确认完成，如图 4-30 所示。

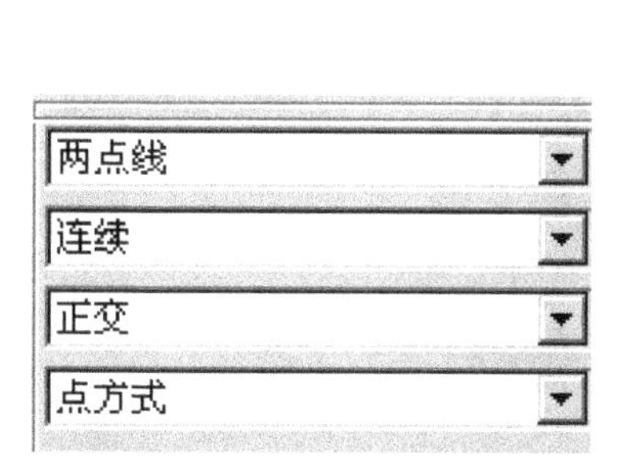

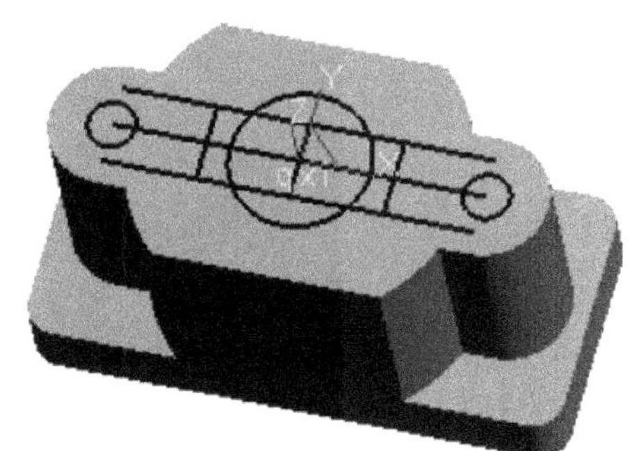

图 4-30

（12）单击“曲线裁剪”图标，将多余的线段裁剪掉；若裁剪不掉的可以选择删除命令，将多余的线段删除掉；单击“检查草图是否闭合”图标，显示不存在开口环，如图 4-31 所示。

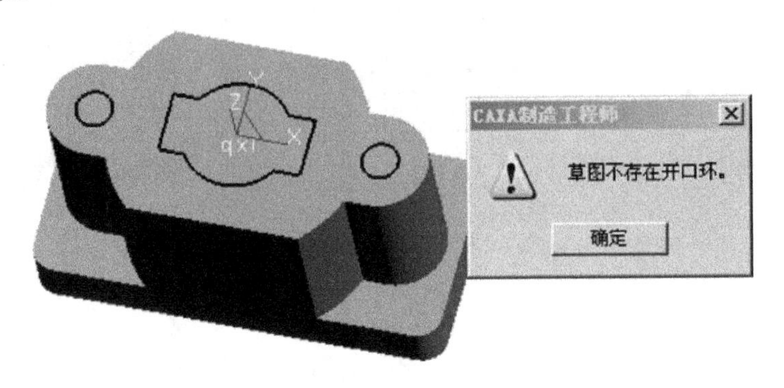

图 4-31

（13） 按 F2 键退出草图；单击“拉伸除料”图标，选择“贯穿实体”方式，拉伸对象选择“草图 2”，单击“确定”按钮，如图 4-32 所示。

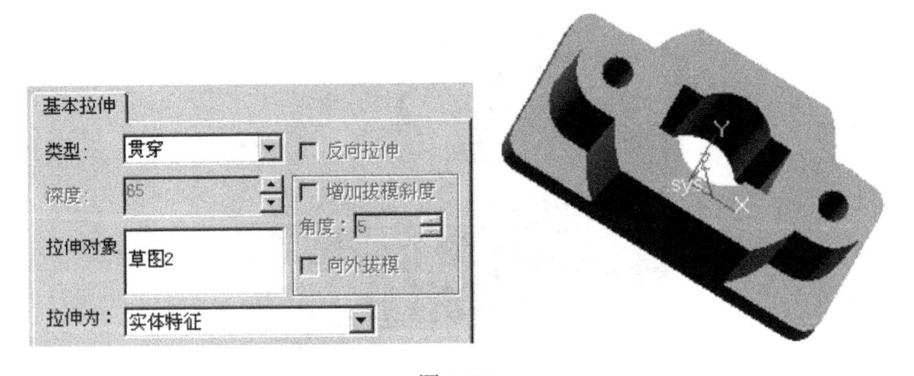

图 4-32

（14）按鼠标中键将实体旋转到适当位置，右击零件上表面创建草图，单击“曲线投影”图标，将边缘的直线及圆弧析出；单击“等距”图标，将析出的线朝内方向等距 10，如图 4-33 所示。

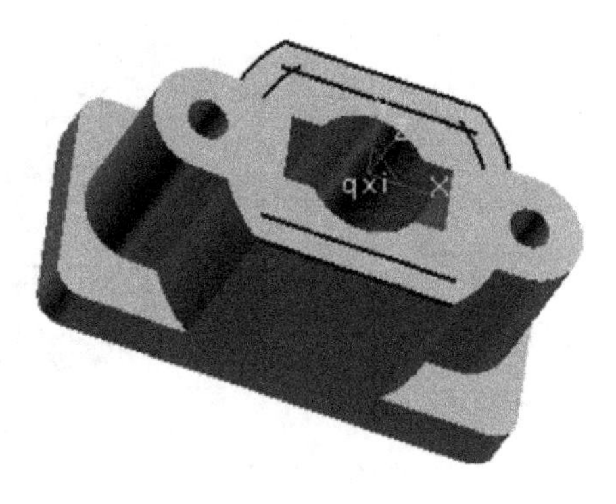

图 4-33

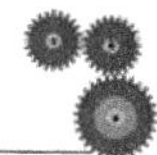

（15）单击“曲线拉伸”图标，选择两圆弧，将两圆弧拉伸到以下位置；单击“曲线裁剪”图标及“删除”图标，将多余的线裁剪及删除掉，结果如图 4-34 所示。

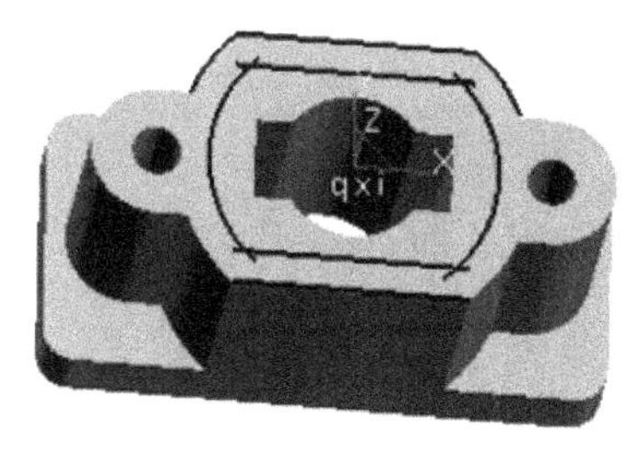

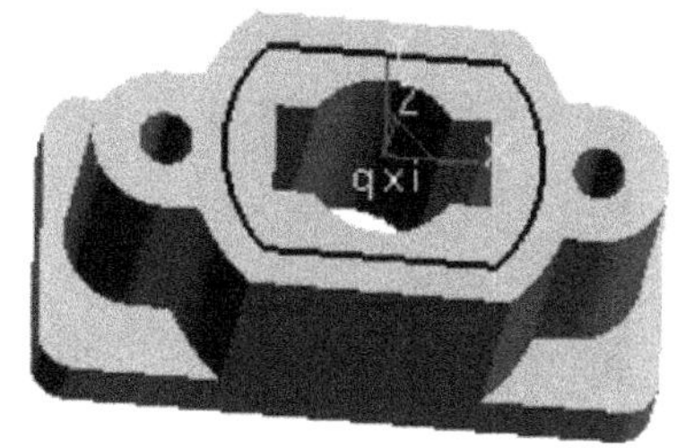

图 4-34

（16）单击“曲线过渡”图标，依次选择边缘两根线，将边缘倒圆角 $R5$；单击“检查草图是否闭合”图标，显示不存在开口环；按 F2 键退出草图；单击“拉伸除料”图标，输入深度 65，后单击“确定”按钮，如图 4-35 所示。

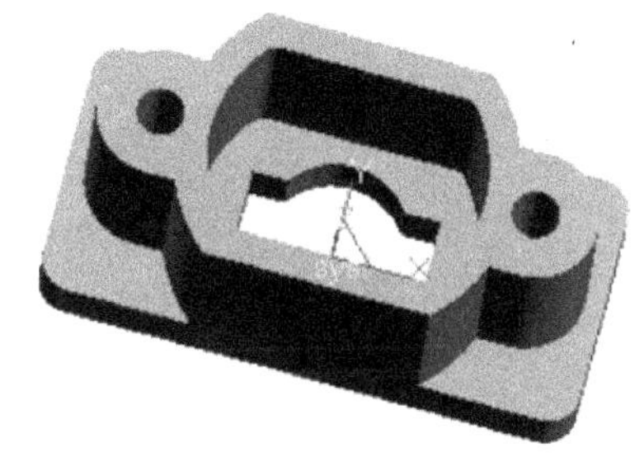

图 4-35

（17）右击零件的前表面创建草图，单击“曲线投影”图标，将零件的边线析出；单击“直线”图标，选择“正交”方式，输入长度为 32，按空格键选择直线的中点，向下绘制直线；单击“整圆”图标，再次按空格键选择“缺省点”模式，选择刚生成直线的端点，输入半径 16；单击“等距”图标，将直线朝两边各等距 16，如图 4-36 所示。

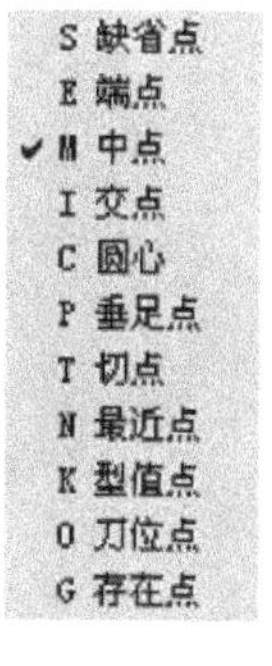

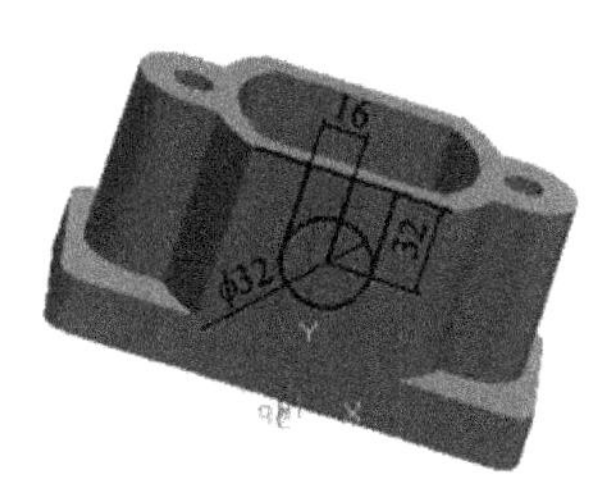

图 4-36

（18）单击“曲线裁剪”图标，将多余的线段裁剪掉，同时裁剪不掉的可以选择删除方式将多余的线段删除掉；单击“检查草图是否闭合”图标，显示不存在开口环；单击拉伸特征“拉伸增料”图标，输入拉伸的深度为 10，然后单击“确定”按钮，结果如图 4-37 所示。

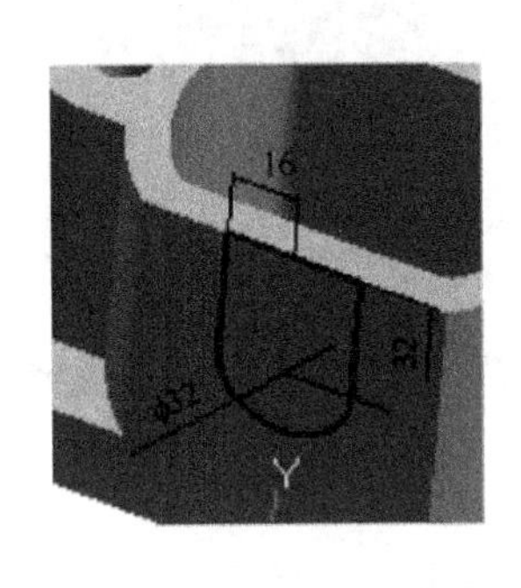

图 4-37

（19）右击零件的前表面创建草图，单击“整圆”命令图标，按空格键选择“圆心捕捉”方式，选择边缘的圆弧，输入半径 8，结果如图 4-38 所示。

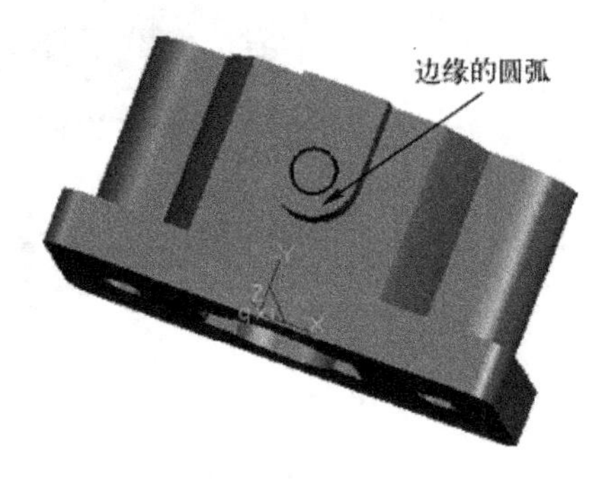

图 4-38

提示：圆心点选择过后下次使用前需恢复为“缺省点”方式。

（20）单击“拉伸除料”图标，输入深度 20，选择草图单击“确定”按钮，整个零件的最终造型及零件特征如图 4-39 所示。

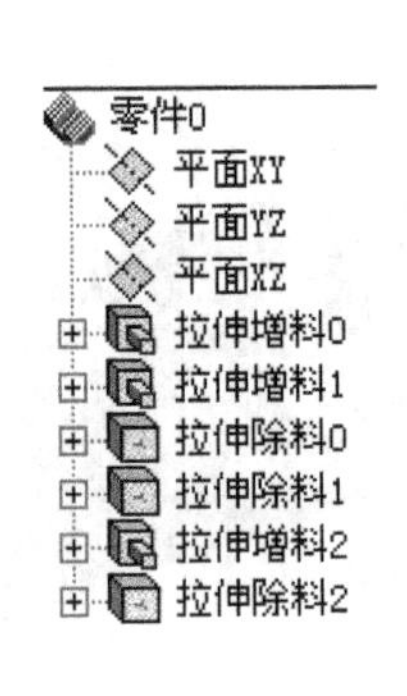

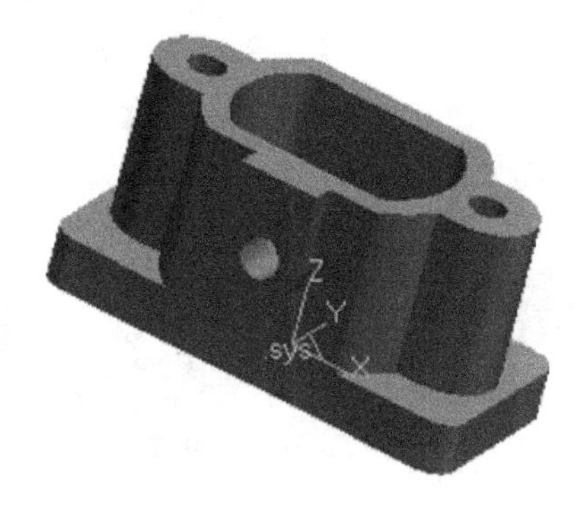

图 4-39

用实体特征造型命令创建如图 4-40 所示的实体。

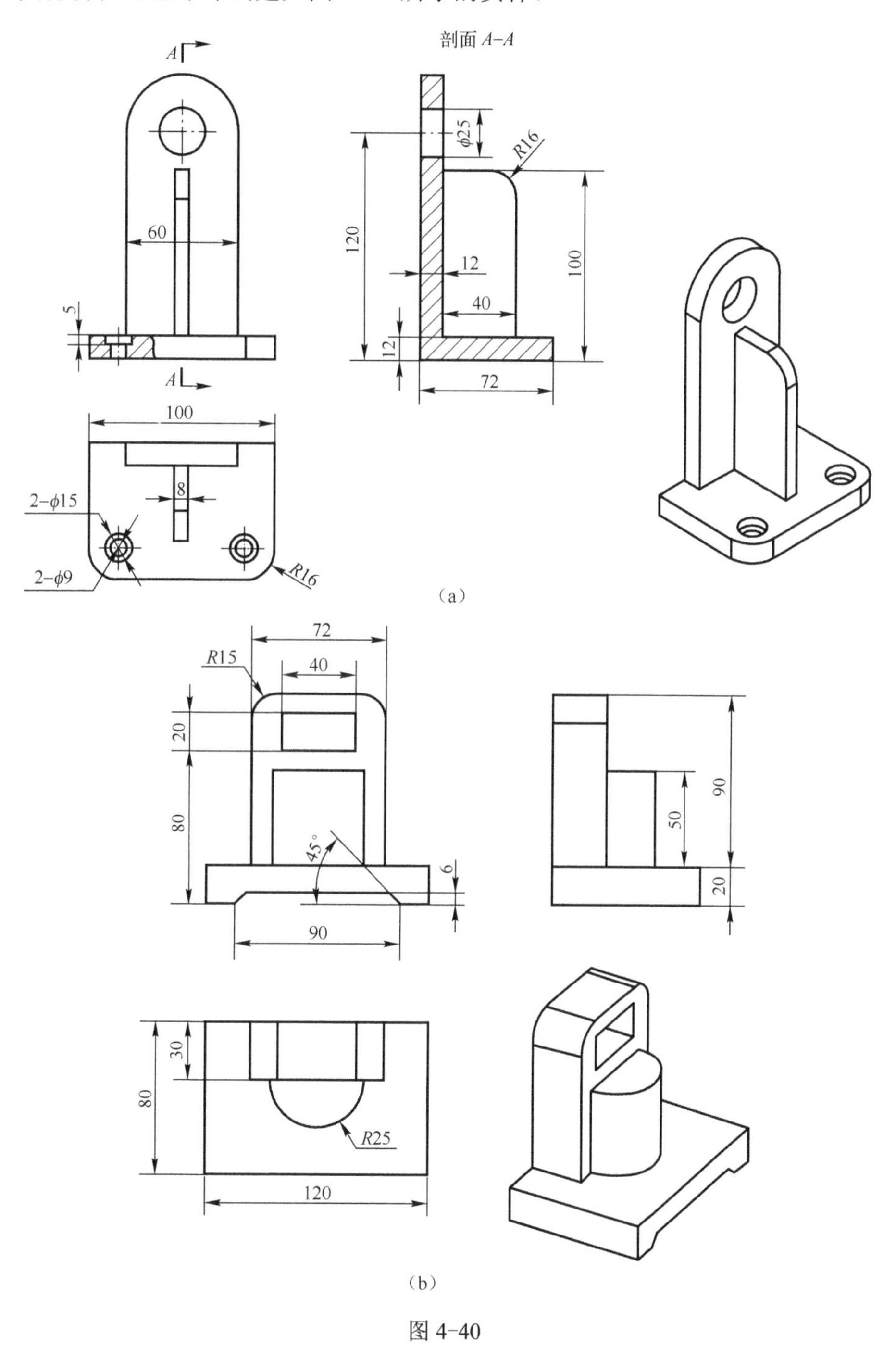

图 4-40

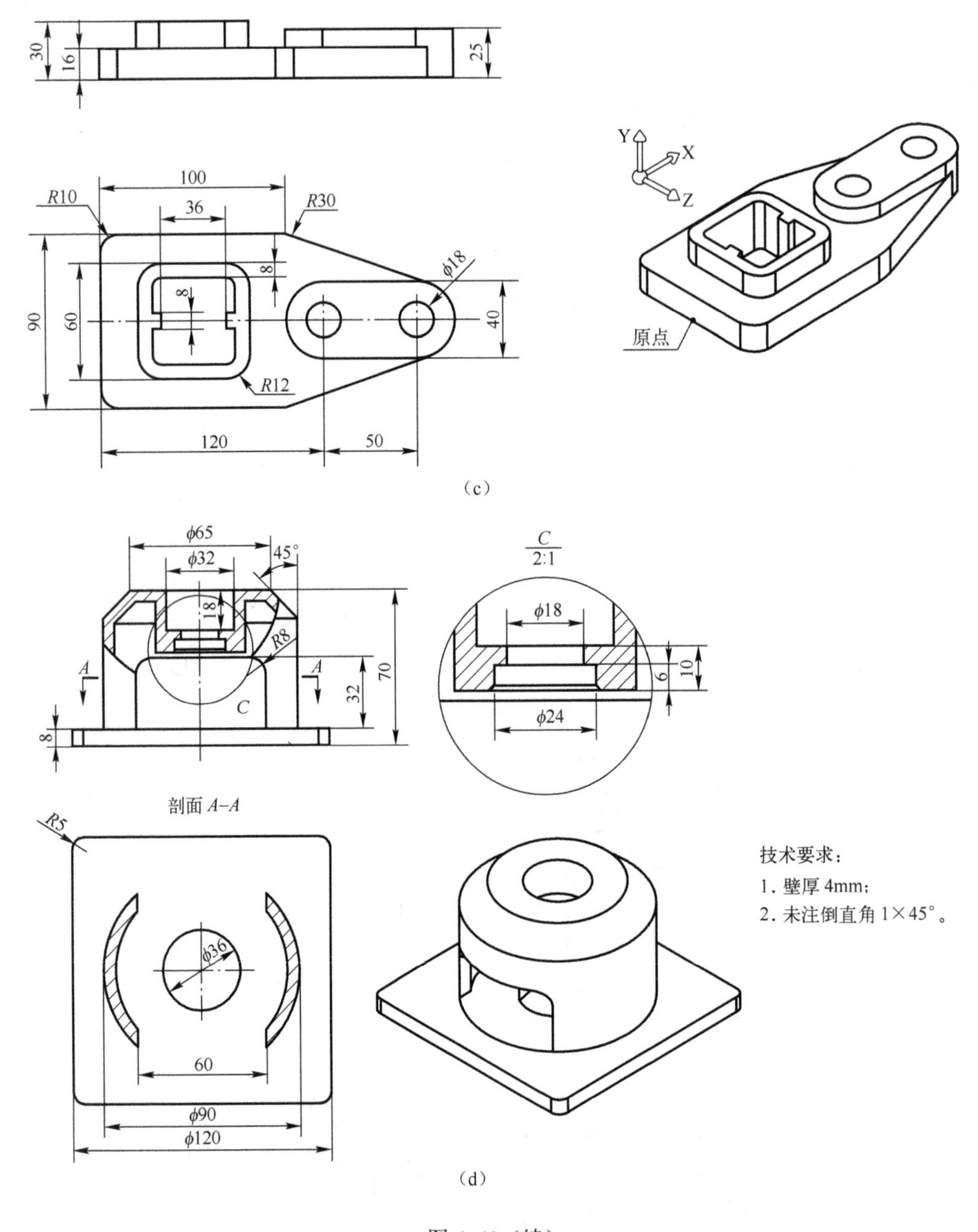

图 4-40（续）

想一想

（1）在实体造型时所需的辅助面一般如何构建？

（2）草图中的检查草图是否闭合有何作用？

（3）草图中尺寸驱动有何作用？能否举例说明？

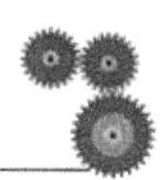

任务三　小花瓶造型

小花瓶的二维图以及立体图如图 4-41 所示。

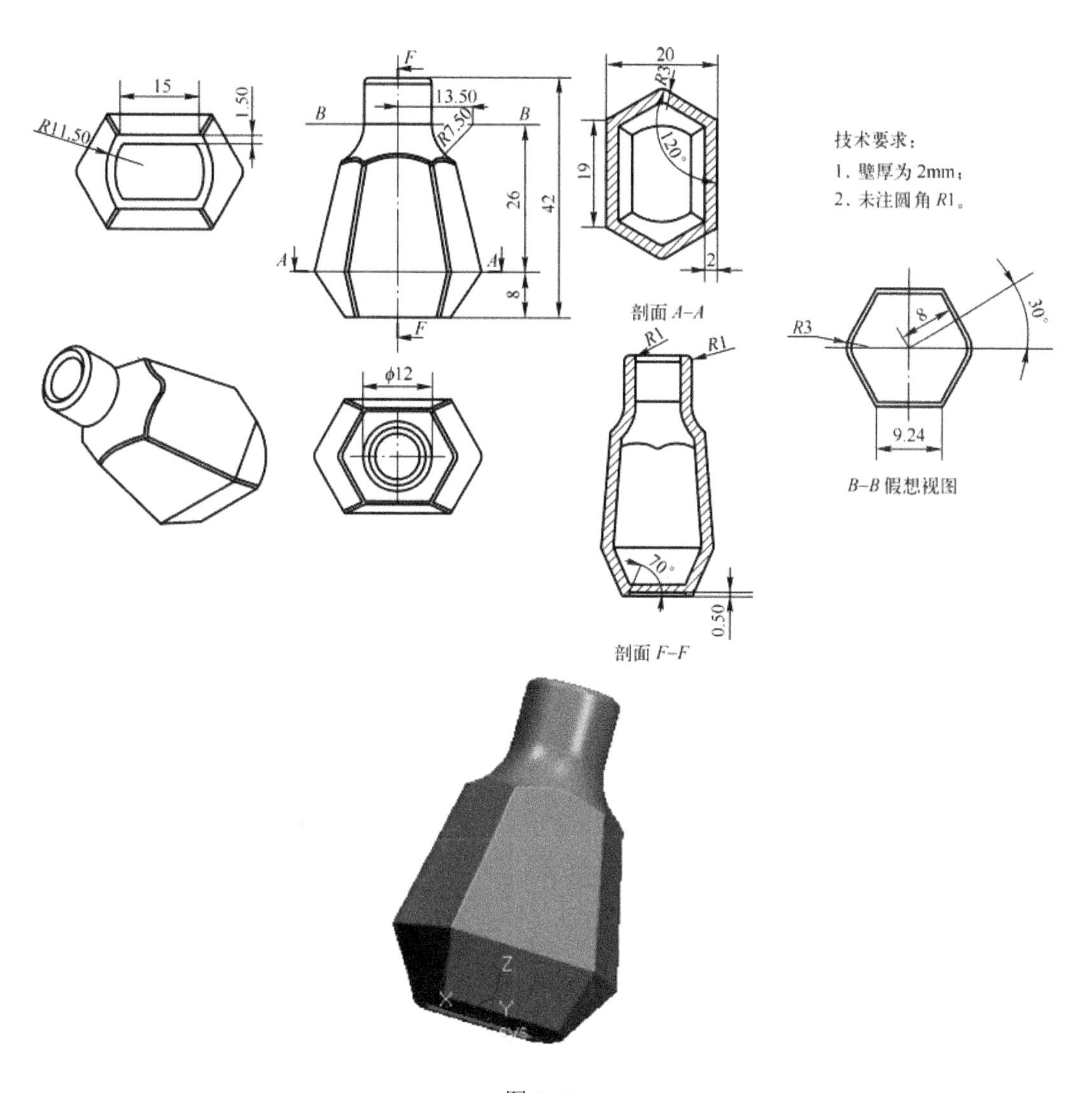

图 4-41

小花瓶的实体特征造型分析：由图 4-41 可知，先在草图方式下绘制三个截面，利用截面进行放样增料，作出瓶身主体部分；在瓶身上表面拉伸圆柱体，瓶口部分作旋转除料后就可以绘制出小花瓶的大致形状；抽壳后圆角过渡，对瓶底挖坑最终完成造型。

1．小花瓶的造型

（1）在特征造型栏中，右击平面 *XY* 选择创建草图，先来作第一个截面。单击“矩形”图标，选择“中心_长_宽”的方式，绘制 15×13 的矩形，单击右键确认，然后把左右两边直线删除；单击“圆弧”图标，选择“两点_半径”的方式，分别选择上下两直线端点并输入半径 11.5，最后按 F2 键退出草图环境，如图 4-42 所示。

（2）单击特征工具栏中的“构造基准面”图标，选择等距平面确定基准平面的构造方法，选择平面 *XY*，输入距离 8，然后单击“确定”按钮，完成构造辅助基准面平面 3，如图 4-43 所示。

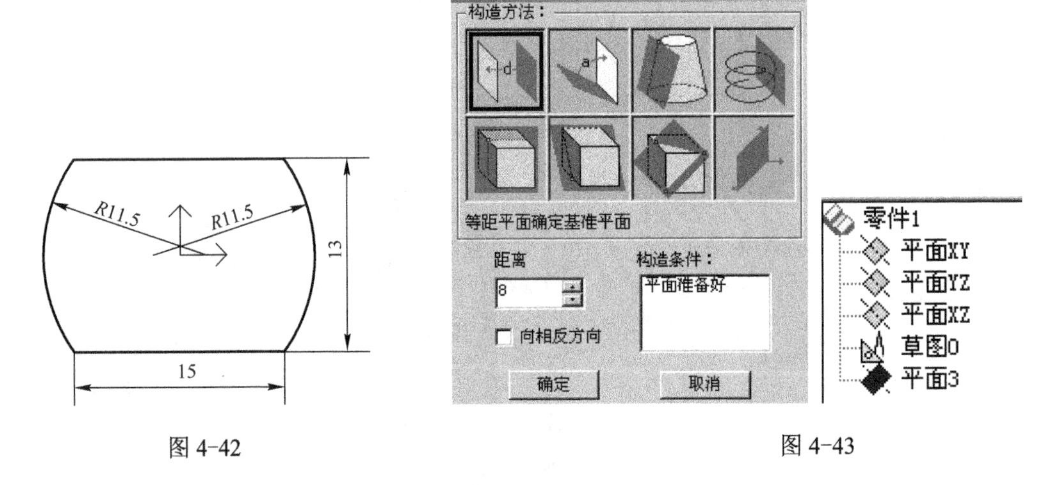

图 4-42　　图 4-43

（3）右击平面 3 创建草图，单击“矩形”图标，选择“中心_长_宽”的方式，绘制 19×20 的矩形，同样的删除两边线，然后单击“直线”图标，绘制与 *X* 轴夹角为 60°的角度线，单击底边朝上；同理绘制与 *Y* 轴夹角为 30°的斜线，如图 4-44 所示。

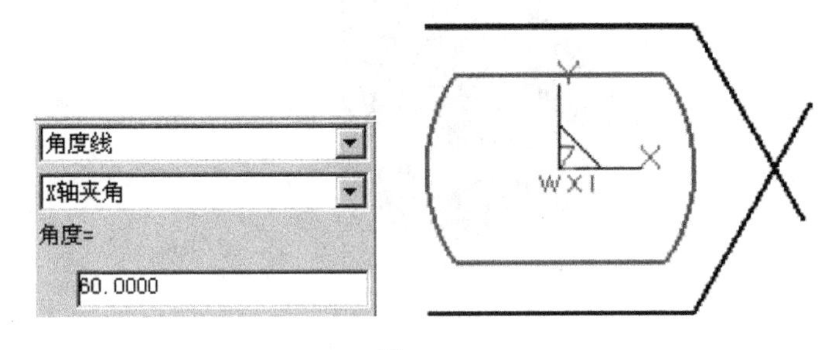

图 4-44

（4）单击“圆弧过渡”图标，输入倒圆角半径 3，单击两斜线，然后单击“平面镜像”图标，选择“拷贝”方式；首先选择原点，末点选择上直线的中点，选取右边两段直线及圆弧，镜像操作，结果如图 4-45 所示。

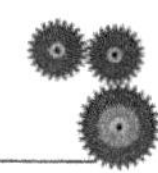

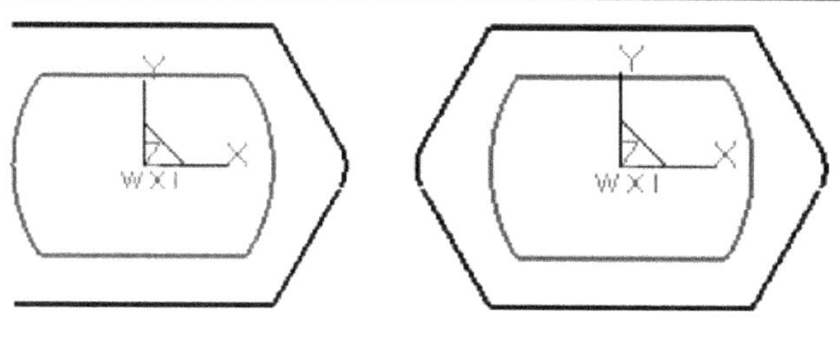

图 4-45

（5）为使放样造型的边线对应（否则引起造型的失真），需将三段组合成样条曲线。单击“曲线组合”图标，选择“删除原曲线”方式，按空格键，选择“单个拾取”命令，选取左边直线并按箭头选择朝下方向，接着再选择另一段圆弧及直线，单击右键确认，将三段组合成一条样条曲线，同理也将右边三段组合成一条样条曲线，按 F2 键退出草图，如图 4-46 所示。

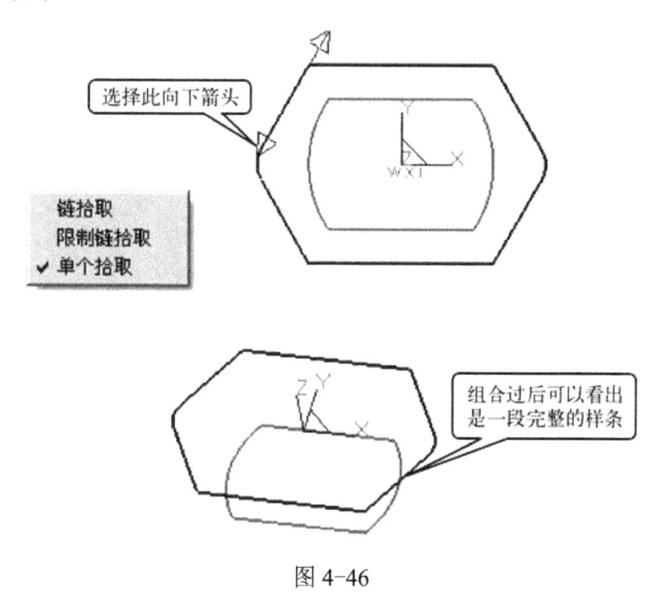

图 4-46

（6）单击特征工具栏中的“构造基准面”图标，选择平面 *XY*，输入距离 34，然后单击“确定”按钮，完成构造辅助基准面平面 4，右击基准面 4，选择“创建草图”命令，如图 4-47 所示。

（7）单击“直线”图标，绘制与 *X* 轴夹角为 30° 的角度线，以原点为圆心作半径为 8 的一个圆；单击“曲线裁剪”图标将多余直线裁剪掉，单击“删除”图标将圆删除掉，如图 4-48 所示。

（8）单击“直线”图标，绘制与直线夹角为 90° 的角度线；采用“正交”方式，绘制长度为 4.6 的直线；采用“正交”、“点”方式向上绘制直线，如图 4-49 所示。

（9）单击“曲线裁剪”图标，对图 4-49 所示的图形进行裁剪和删除；单击“平面镜像”图标，两次镜像；再次单击直线正交方式连接直线首尾；单击“圆弧过渡”图标，倒圆角 *R*3；同理单击“曲线组合”图标，将两边分别组合成两条样条曲线；按

F2 键退出草图，操作过程如图 4-50 所示。

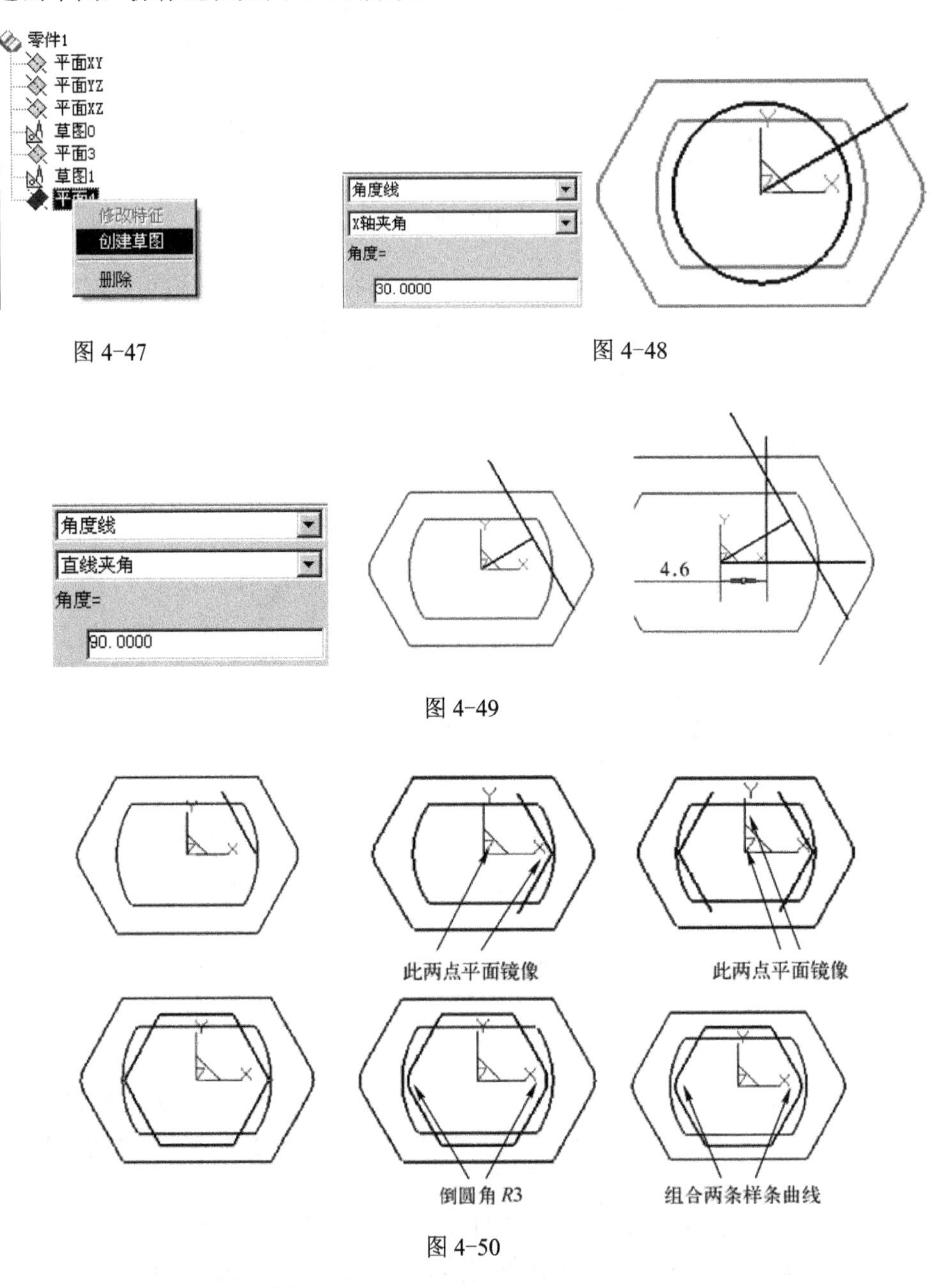

图 4-47

图 4-48

图 4-49

图 4-50

（10）单击“放样增料”图标，单击“草图 0”及“草图 1”，注意选取的草图边需对应，如图 4-51 所示。

（11）右击零件上表面创建草图，单击“曲线投影”图标，选择上表面的边缘四根线，单击右键确认，将四根线投影到当前草图中，按 F2 键退出草图，如图 4-52 所示。

（12）单击“放样增料”图标，单击刚生成的“草图 3”及“草图 2”，同样注意选取的草图边需对应，如图 4-53 所示。

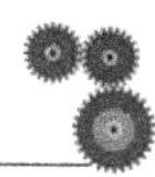

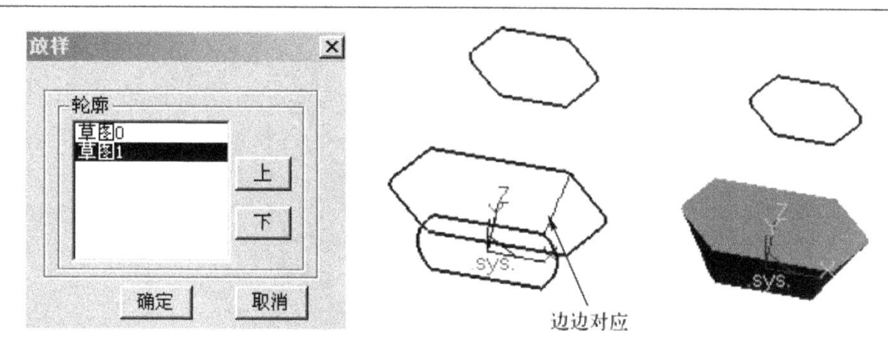

图 4-51

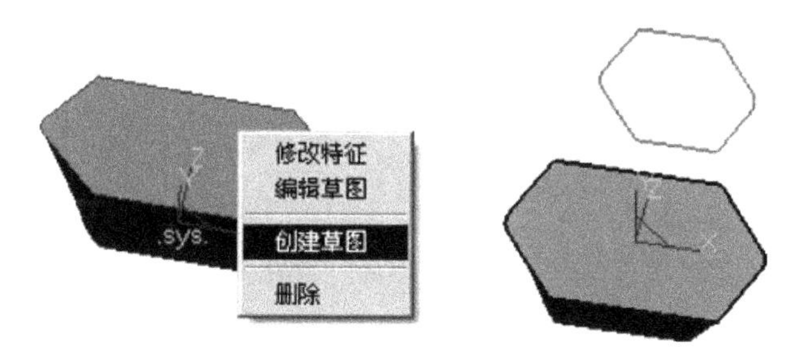

图 4-52

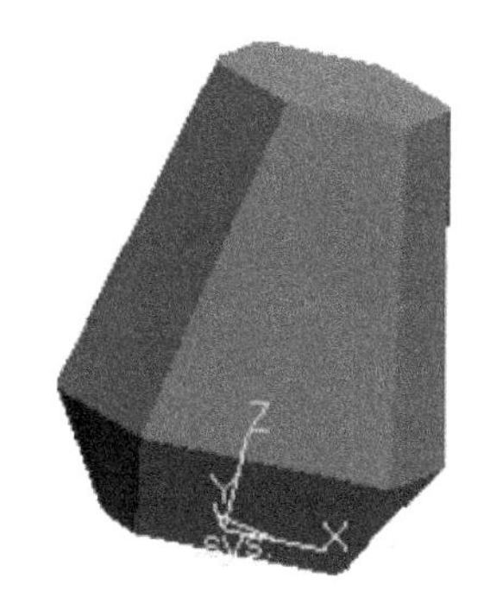

图 4-53

（13）右击零件的上表面创建草图，以中心为圆心作半径为 6 的一个圆；按 F2 键退出草图，单击“拉伸增料”图标，输入深度为 8，如图 4-54 所示。

图 4-54

（14）单击 F7 键，在 *XZ* 平面中观察零件，右击平面 *XZ* 选择创建草图（也可按 F2 键创建草图），采用“正交”、“长度”方式作直线，朝上长度 34，朝右长度 13.5；以直线的端点为圆心作直径 15 的圆（或直接输入圆心的坐标也可），将两直线删除，按 F2 退出草图，如图 4-55 所示。

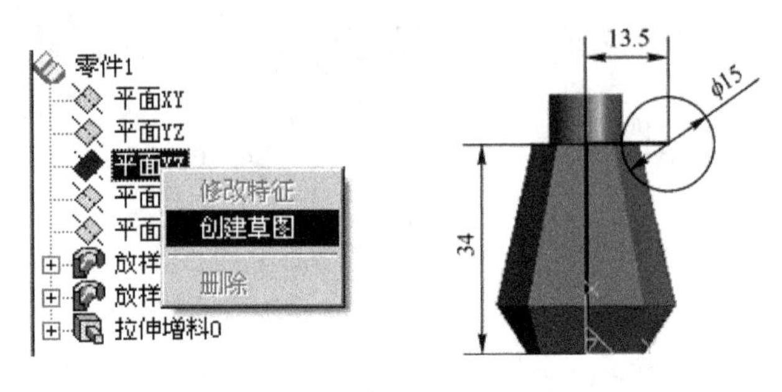

图 4-55

（15）单击“直线”图标，采用“正交”、“点”方式，作一空间的直线；单击“旋转除料”图标，拾取直线及草图后单击“确定”按钮，如图 4-56 所示。

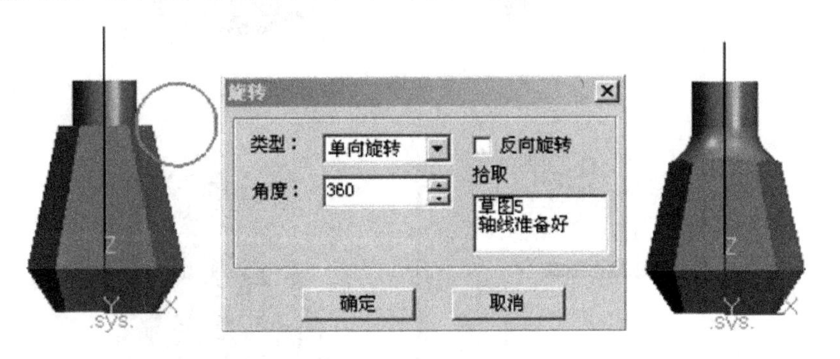

图 4-56

（16）单击特征工具栏中的“抽壳”图标，输入厚度 2，需抽去的面中选择小花瓶的上表面，单击“确定”按钮，结果如图 4-57 所示。

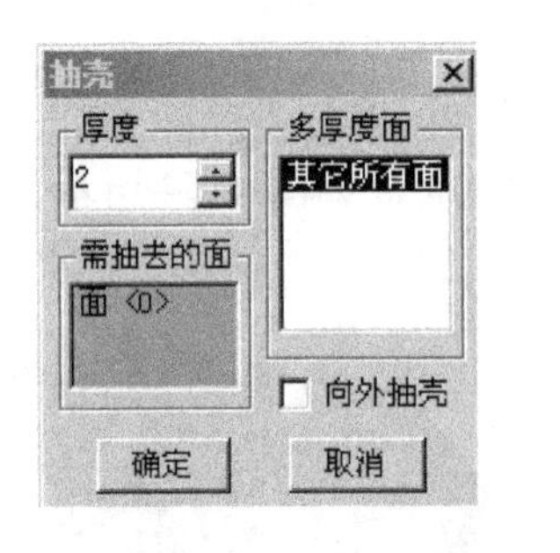

图 4-57

（17）单击“过渡”图标，输入半径 1，拾取瓶口的二条棱边（或者瓶口的平面），单击“确定”按钮，如图 4-58 所示。

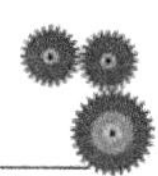

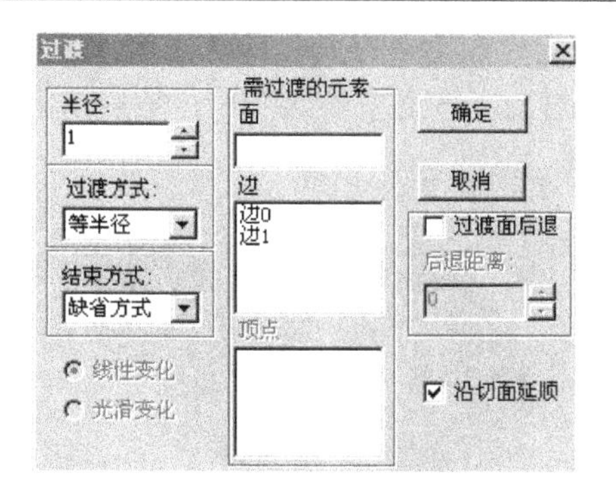

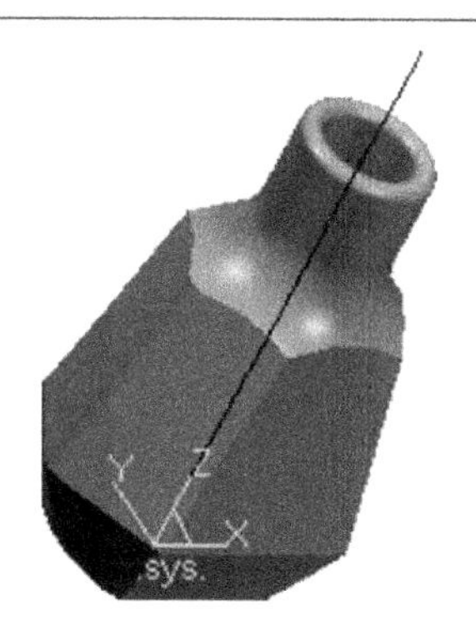

图 4-58

（18）适当旋转小花瓶，右击小花瓶底部选择“创建草图”命令，单击“相关线”图标，选择实体边界（也可使用曲线投影图标），单击底部边缘四根线，将其析出，单击鼠标确认完成，如图 4-59 所示。

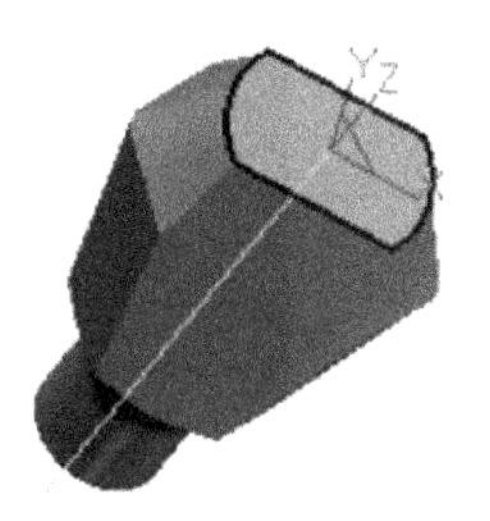

图 4-59

（19）单击“等距”图标，将内部四根线向内等距 1.5；单击“删除”图标，将边缘的四根线删除；单击“曲线过渡”图标，选择“尖角”方式，将边角裁剪；按 F2 键退出草图，如图 4-60 所示。

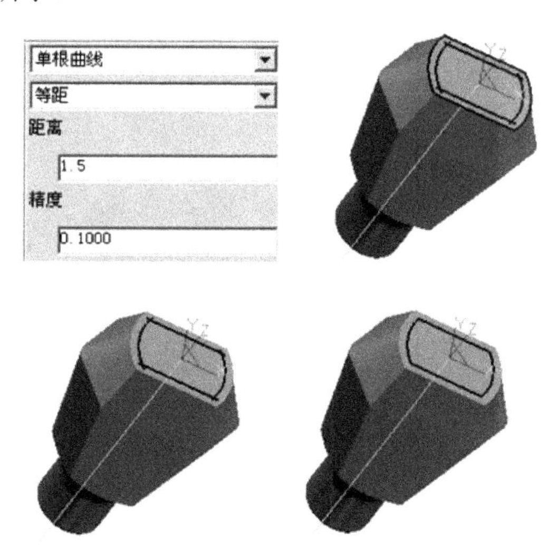

图 4-60

（20）单击“拉伸除料”图标，选择“固定深度”方式，输入深度 0.5，单击刚生成的草图，勾选“增加拔模斜度”复选框并在对应文本框中输入 20°，然后单击“确定”按钮，如图 4-61 所示。

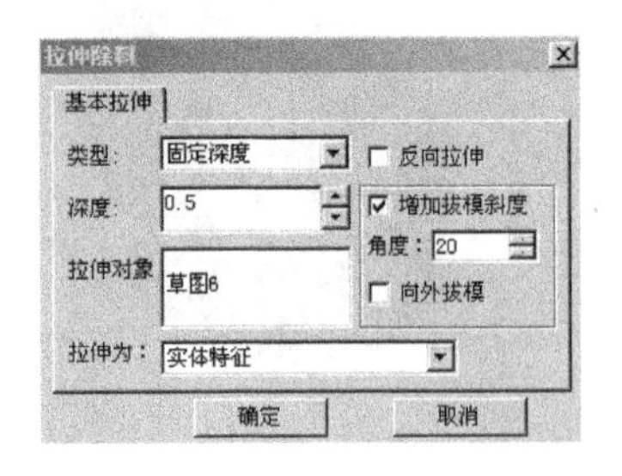

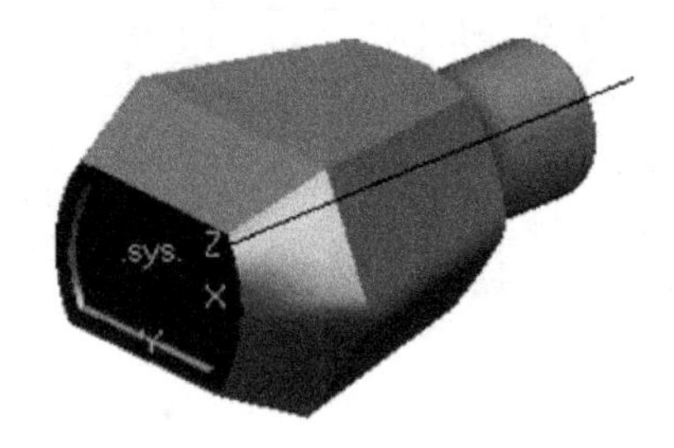

图 4-61

（21）单击“过渡”图标，输入半径 0.5，拾取小花瓶的各棱边或包含棱边的面，单击“确定”按钮，结果如图 4-62 所示。

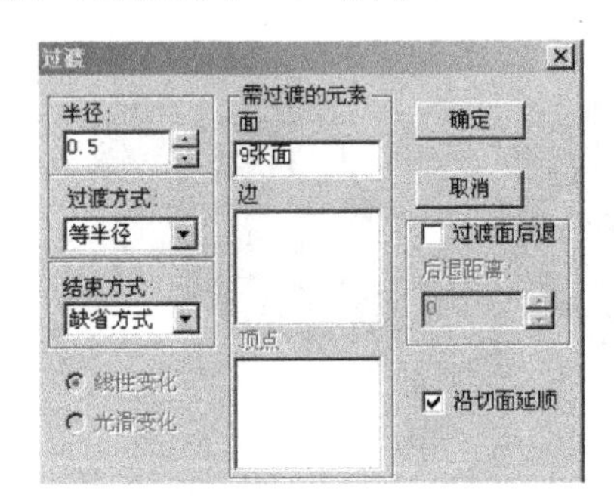

图 4-62

（22）至此，整个造型完成，右击直线将其隐藏，并设置材质，整个造型特征的结果如图 4-63 所示。

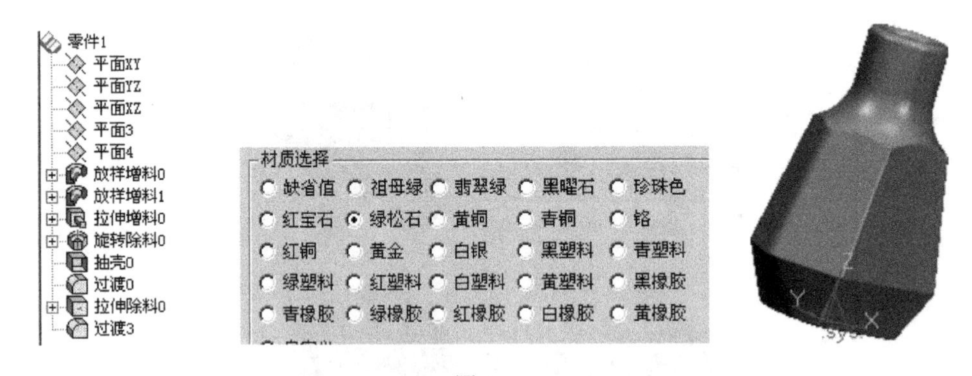

图 4-63

练一练

（1）用特征造型命令作出如图 4-64 所示头盔实体造型。

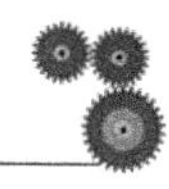

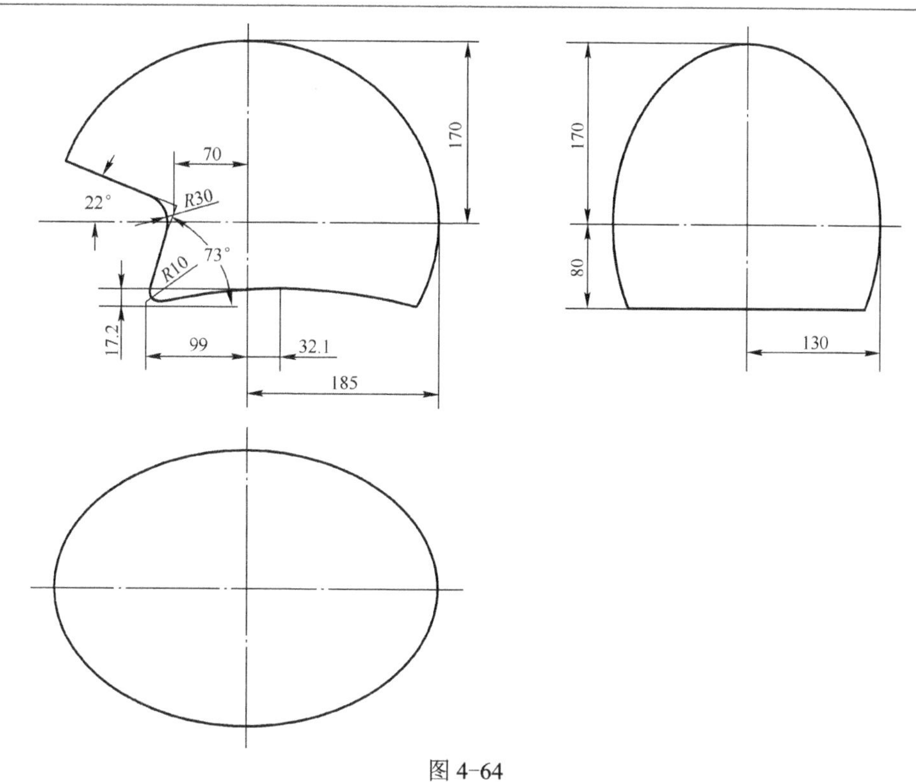

图 4-64

（2）用特征造型命令作出如图 4-65 所示零件实体造型。

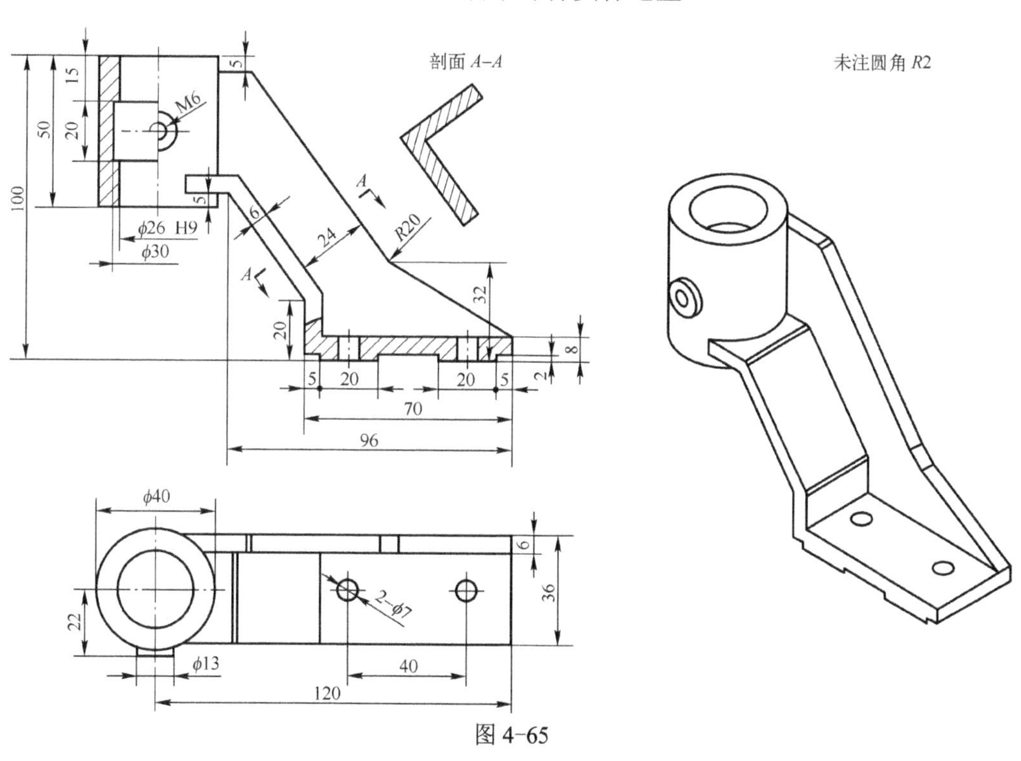

图 4-65

想一想

在小花瓶的造型过程中一次完成三个截面放样特征是否可以？为什么？

任务四　阀门类零件的造型

读一读

阀门零件整体的装配图如图 4-66 所示，各部分三维图形及尺寸如图 4-67 所示。

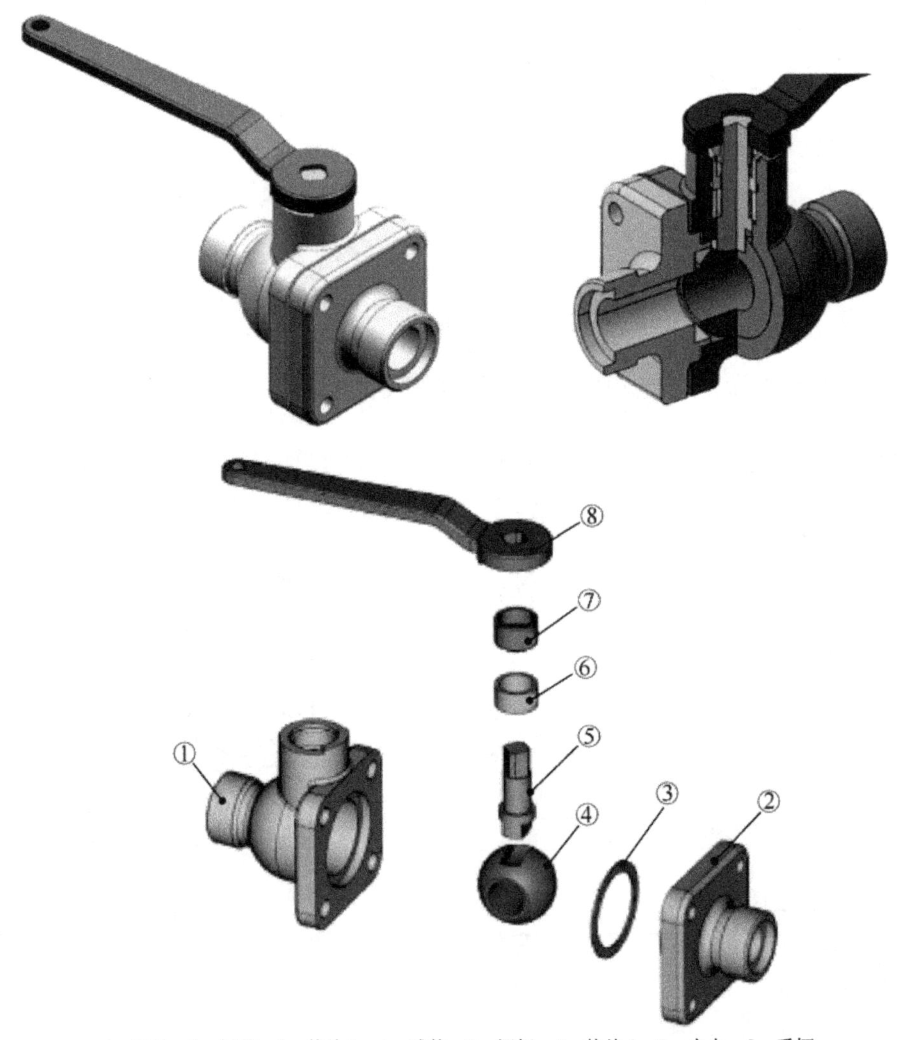

1—阀体；2—阀盖；3—垫片 1；4—球体；5—阀杆；6—垫片 2；7—内卡；8—手柄

图 4-66

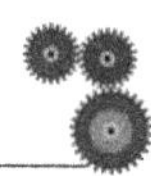

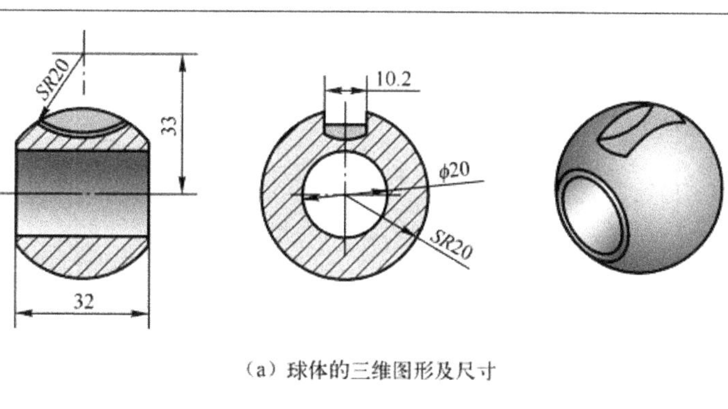

（a）球体的三维图形及尺寸

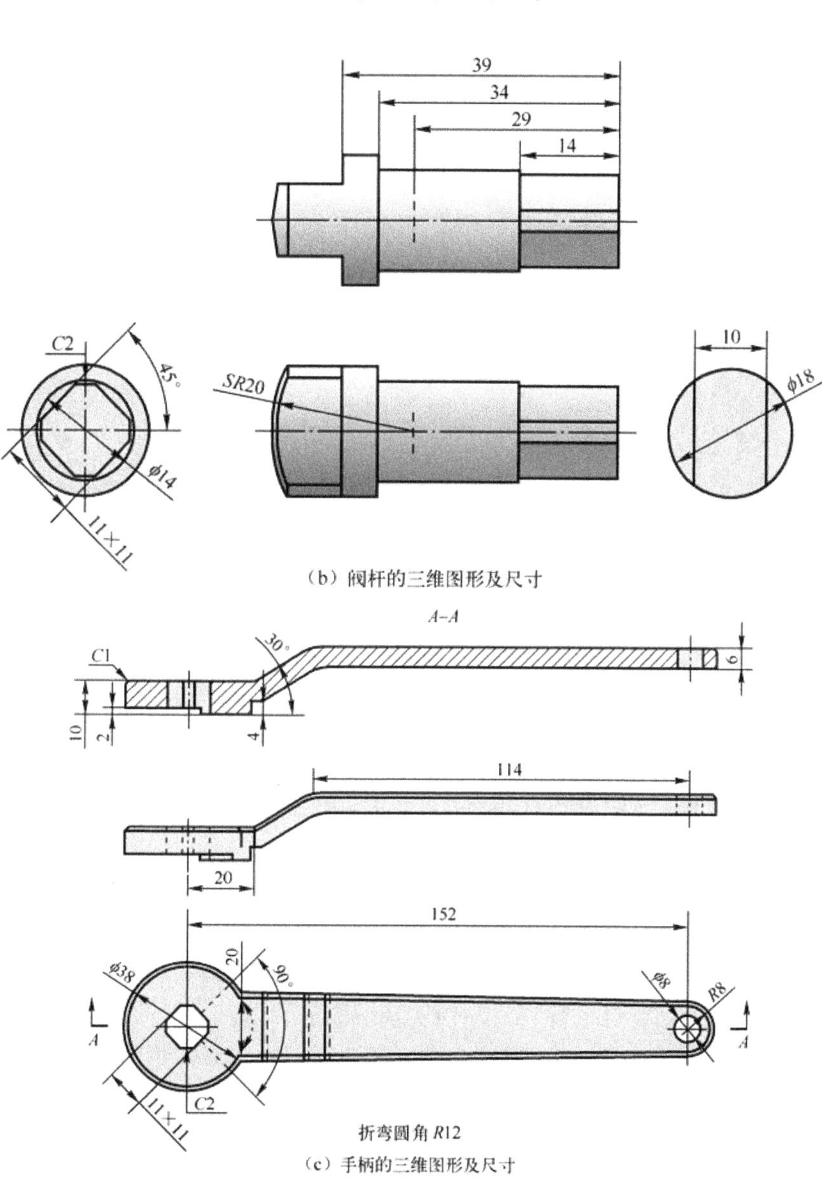

（b）阀杆的三维图形及尺寸

（c）手柄的三维图形及尺寸

图 4-67

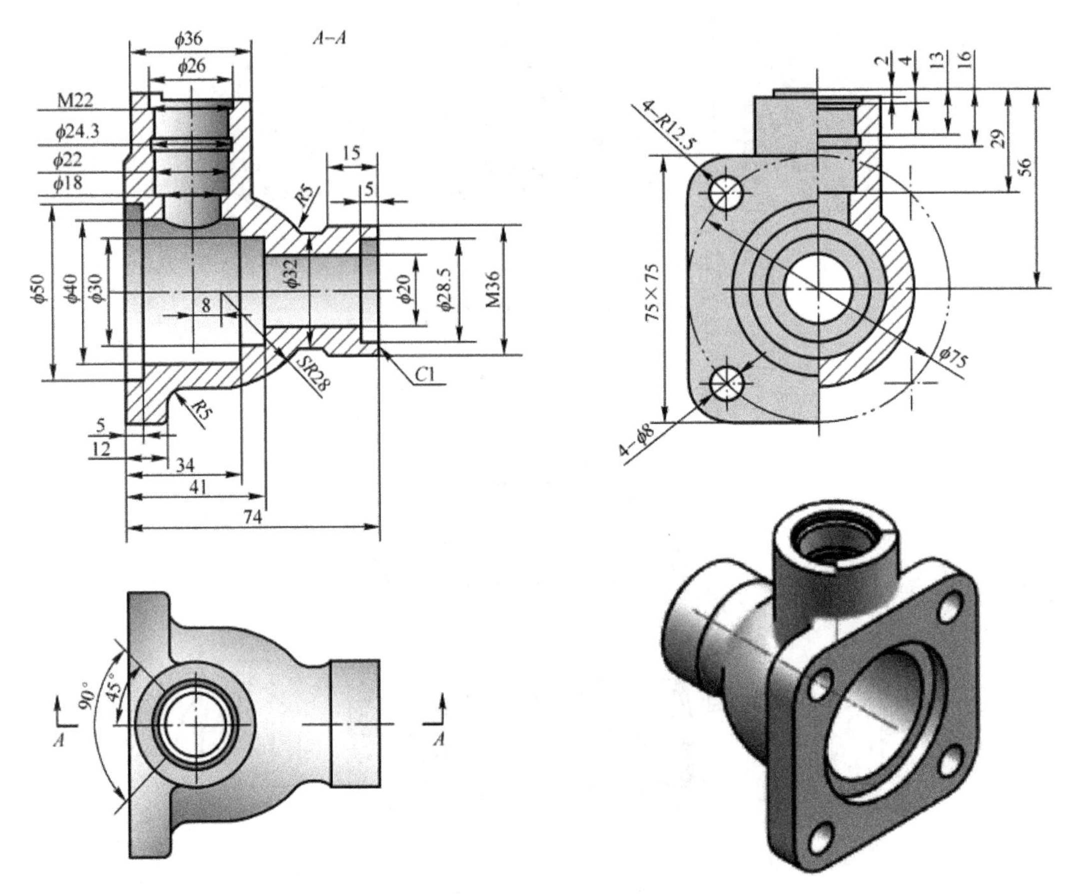

（d）阀体的三维图形及尺寸

图 4-67（续）

由图 4-67 对阀门类主要零件的造型分析如下。

球体分析：选择基准面作草图半圆；然后在空间作旋转轴，使用“旋转增料”功能生成球体；使用“拉伸除料”功能切除两边实体，打中间孔；最后作草图弧进行旋转切除，最终完成实体造型。

阀杆分析：选择基准面作草图后旋转增料，然后拉伸除料两次完成造型。

手柄分析：作草图拉伸增料，上下切除多余部分，最后过渡圆角完成造型。

阀体分析：作草图旋转增料，构建辅助基准面创建草图后拉伸增料，两次作草图并分别旋转除料，最后使用“导动除料”功能实现螺纹的造型。

M36 粗牙外螺纹螺距为 4mm，螺纹单边切削的深度为 0.65×4=2.6；M22 粗牙内螺纹螺距为 2.5mm，且小径通过查表可知为 19.3mm，螺纹单边切削的深度为 0.65×2.5=1.625。在螺纹实体造型的过程中，往往需要增加微小距离（如 0.1）破除边界条件，否则导动除料难以实现。

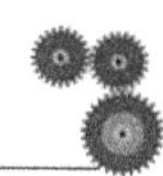

做一做

1. 球体的造型

（1）右击平面 *XY* 创建草图，单击“整圆”图标，选择“圆心_半径”的方式，圆心选择原点，半径输入 20，单击右键确认；单击“直线”图标，按空格键选择型值点，连接上下两型值点，完成之后再次按空格键即选择默认方式；单击“曲线裁剪”图标将圆的一半裁剪掉，然后按 F2 键退出草图，如图 4-68 所示。

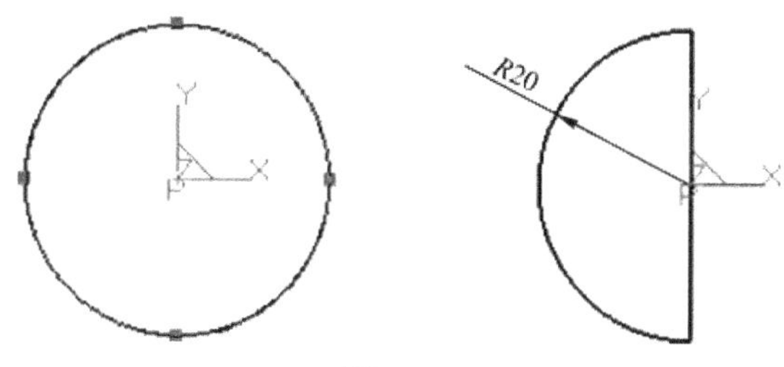

图 4-68

（2）单击“直线”图标，单击直线两端点，完成空间的旋转轴；单击特征栏中“旋转增料”图标，选择刚绘制好的草图及轴线，单击“确定”按钮生成球体，如图 4-69 所示。

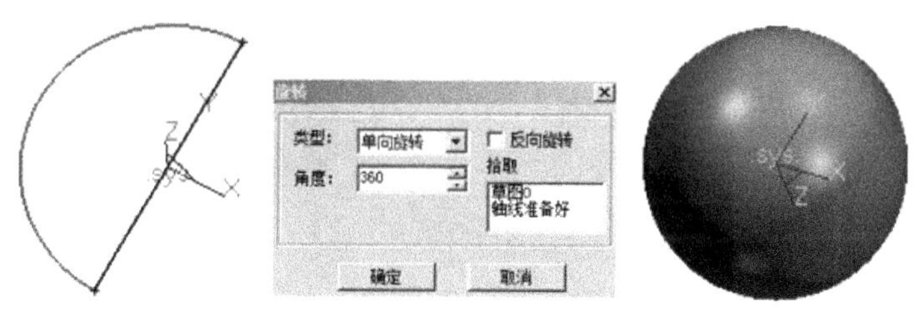

图 4-69

（3）右击平面 *XY* 创建草图，单击“直线”图标，选择“正交”方式，单击原点朝上作直线；单击“等距”图标，将直线朝左方向偏移 16；单击“删除”图标，将原有直线删除；再次单击“直线”图标，“正交”、“点”方式作一矩形，可适当修剪；单击“检查草图是否闭合”图标，显示不存在开口环，按 F2 键退出草图，如图 4-70 所示。

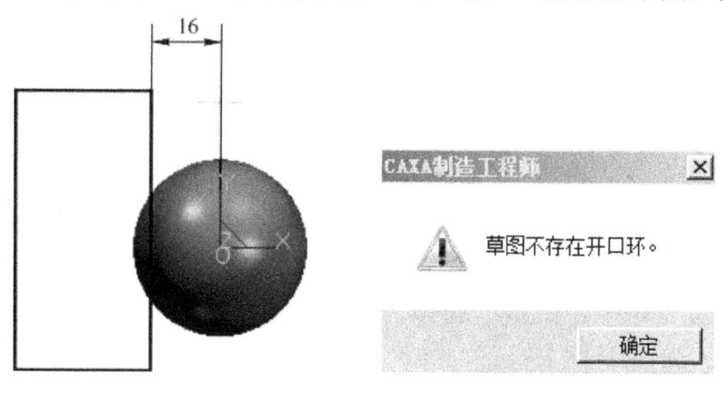

图 4-70

（4）单击特征栏中的“拉伸除料”图标，选择“贯穿”方式，将实体部分切割删除，如图 4-71 所示。

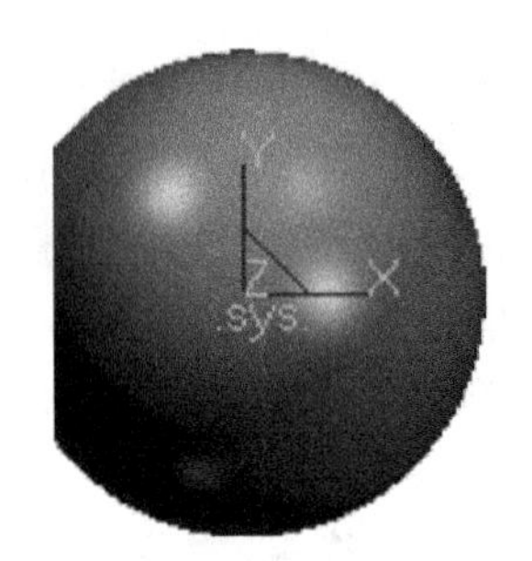

图 4-71

（5）单击特征栏中“环形阵列”图标，选择刚“拉伸除料”特征及“旋转轴”，角度输入 180°，数目中输入 2，将拉伸特征阵列，然后单击“确定”按钮，如图 4-72 所示。

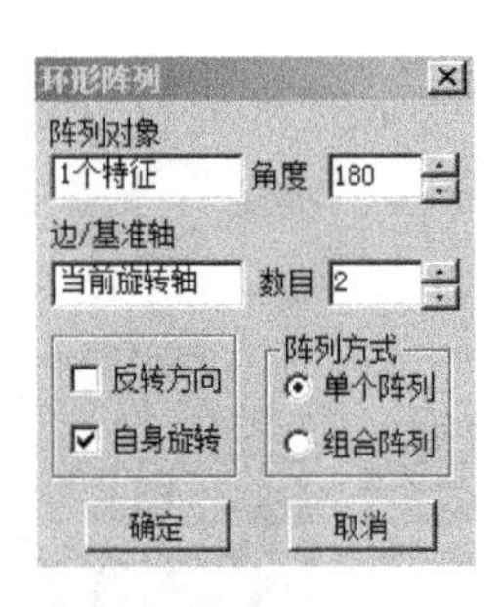

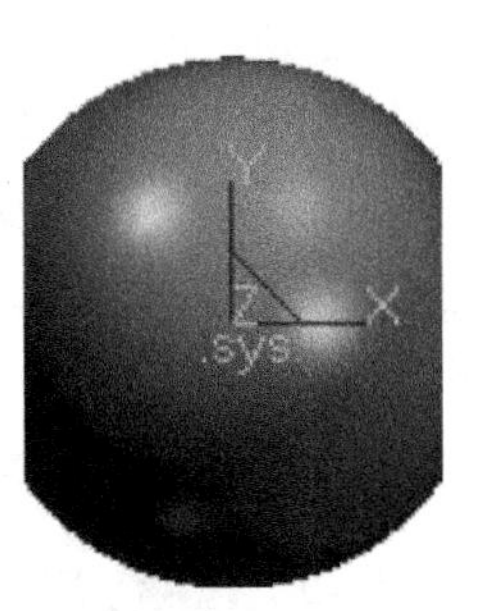

图 4-72

（6）按鼠标中键将实体旋转适当角度，单击“点”图标，按空格键选择圆心，单击实体边界，作一空间点；单击特征栏中“打孔”图标，单击圆面，单击右键确认，再次单击打孔的中心点，单击空间点，输入直径 20，深度 100，单击“确定”按钮，结果如图 4-73 所示。

（7）右击平面 *XY* 创建草图，单击“直线”图标，采用“正交”、“长度”方式，“长度”中输入 33，作一直线；单击“等距”图标，将直线朝左右分别偏移 5.1；单击“直线”图标，连接两端点；单击“整圆”图标，选择“圆心_半径”方式，圆心选择在直线端点处，“半径”中输入 20，单击右键确认；单击“曲线裁剪”图标及“删除”图标进行裁剪及删除，按 F2 键退出草图，如图 4-74 所示。

（8）单击“直线”图标，选择“正交”方式，连接草图上直线两端点作一空间直线；单击“旋转除料”图标，选择直线及草图，单击“确定”按钮，完成造型，如图 4-75 所示。

（9）单击编辑菜单中的“隐藏”命令，框选整个图形界面，单击右键确认，将空间的三维构建线隐藏，如图 4-76 所示。

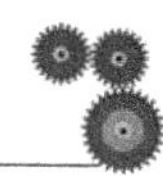

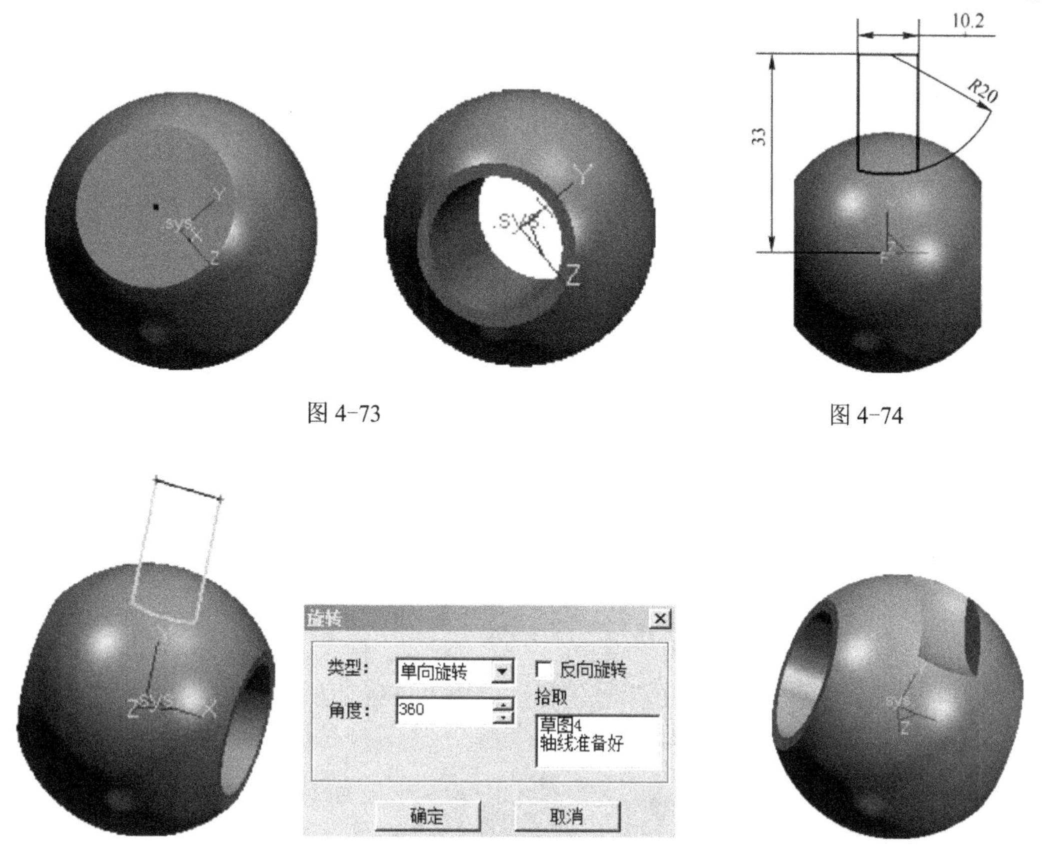

图 4-73　　　　图 4-74

图 4-75　　　　图 4-76

2. 阀杆的造型

（1）右击平面 *XY* 创建草图，单击“直线”图标，采用“正交_长度”方式，依次输入朝左 49，朝上 7，朝左 34，朝上 2，然后采用“正交_点”方式，分别延长；单击“曲线裁剪”图标将多余部分裁剪掉，后按 F2 键退出草图，如图 4-77 所示。

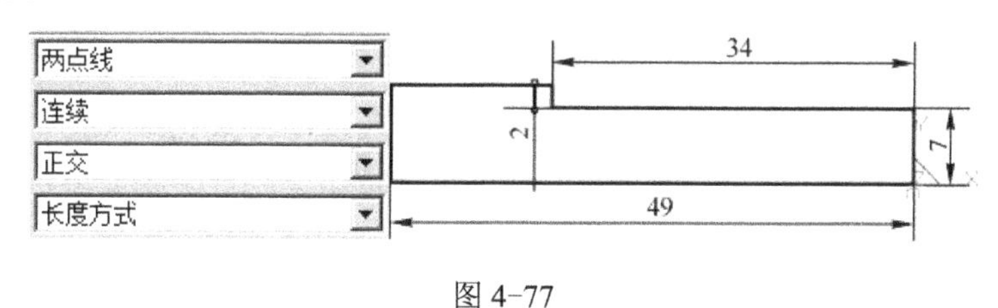

图 4-77

（2）单击“直线”图标，选择“正交”、“点”方式，单击空间两点，作空间直线作旋转轴，单击“旋转增料”图标，选取草图及旋转轴，如图 4-78 所示。

（3）右击平面 *XZ* 创建草图，单击“直线”图标，采用“正交_长度”方式，单击原点为起点，朝左 49 绘制直线；单击“等距”图标将直线上下各等距 5；连接直线端点并朝右等距 10 两边各延伸；单击“曲线裁剪”图标将多余线的线裁剪掉，按 F2 键退出草图，如图 4-79 所示。

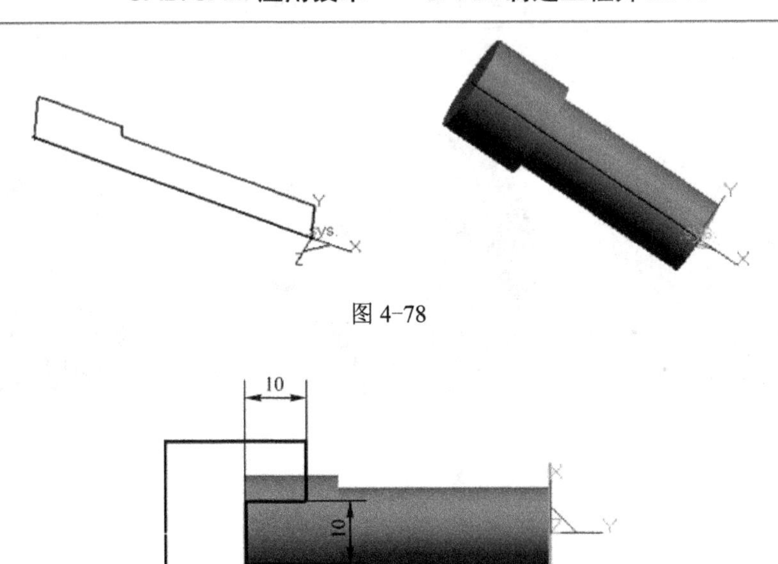

图 4-78

图 4-79

（4）单击特征中的“拉伸除料”图标，选择“贯穿”方式，单击“确定”按钮，将两侧实体切除，如图 4-80 所示。

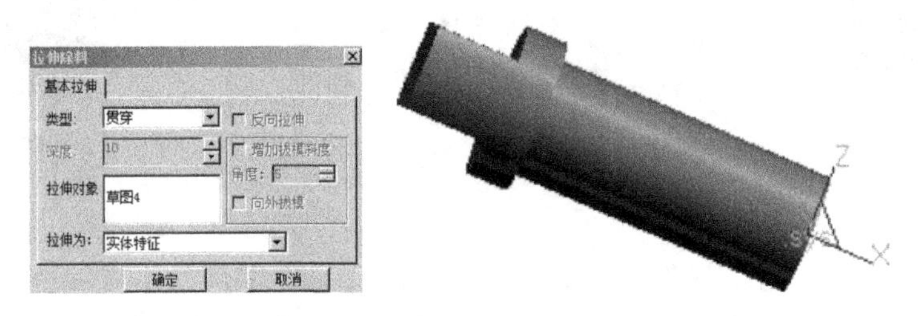

图 4-80

（5）右击平面 *XZ* 创建草图，单击“直线”图标，采用“正交_长度”方式，单击原点为起点，朝左 29 绘制直线；单击“整圆”图标，以直线的端点为圆心，半径为 20 画圆；单击“等距线”图标，上下各等距 5；单击“曲线拉伸”图标，将两直线拉伸；单击“曲线裁剪”图标，将多余线的线裁剪掉以及将多余的直线删除掉；单击“检查草图环是否闭合”图标，显示不存在开口环，按 F2 键退出草图，如图 4-81 所示。

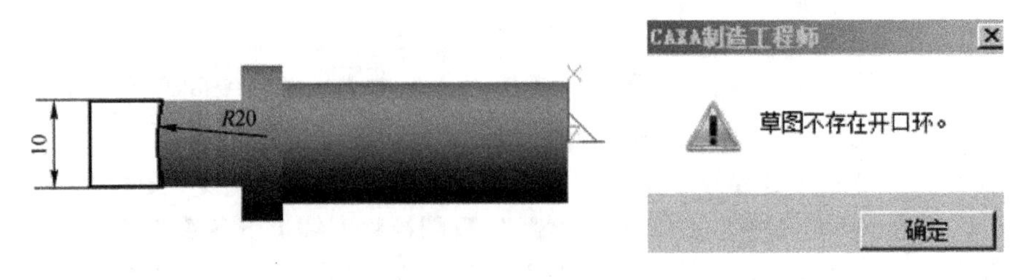

图 4-81

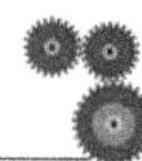

（6）按 F7 键，在 *XZ* 平面作图，单击“直线”图标，采用“正交_长度”方式，单击原点为起点，朝左 29 绘制直线，采用“正交_点”方式朝上作直线，如图 4-82 所示。

（7）单击“旋转除料”图标，选取轴线及草图，双向旋转，角度为 90°，单击“确定”按钮，完成了实体的圆弧的切割，如图 4-83 所示。

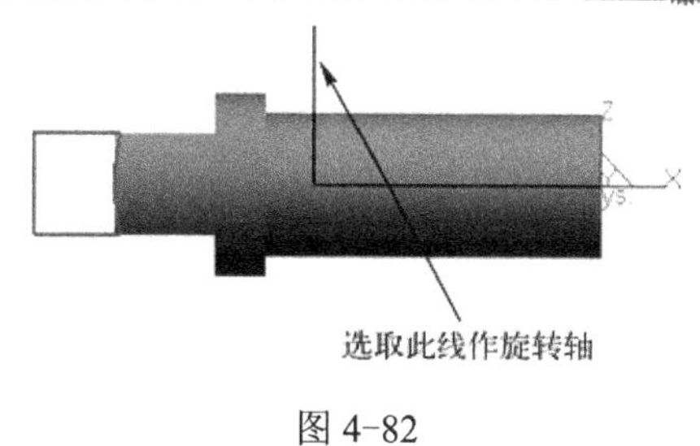

图 4-82

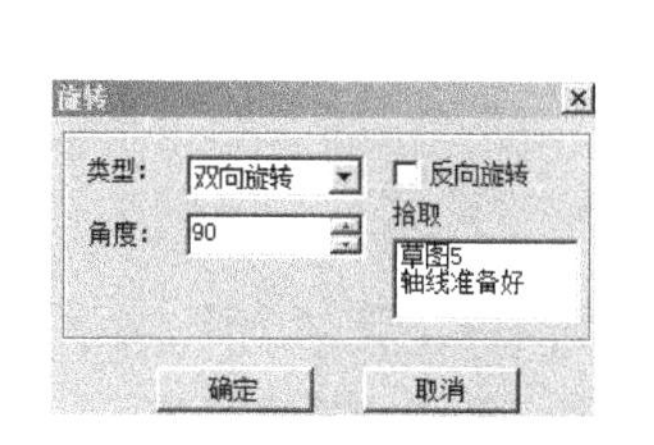

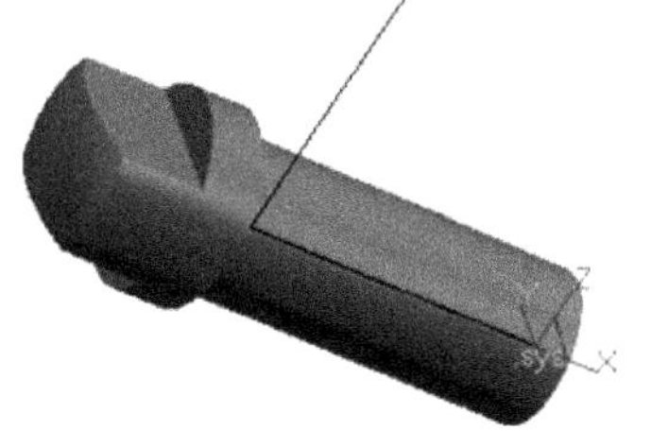

图 4-83

（8）按鼠标中键旋转实体到适当的位置，右击零件的前表面创建草图，单击“矩形”图标输入长宽为 11；单击“平面旋转”图标，固定角度，移动 45°，旋转中心选取原点，框选整个图形，单击右键确定，如图 4-84 所示。

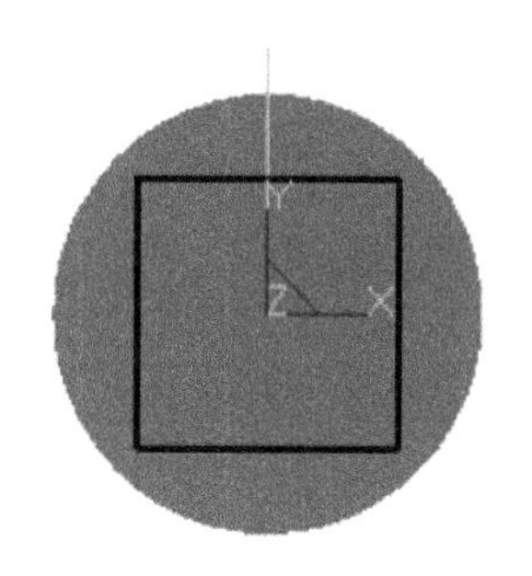

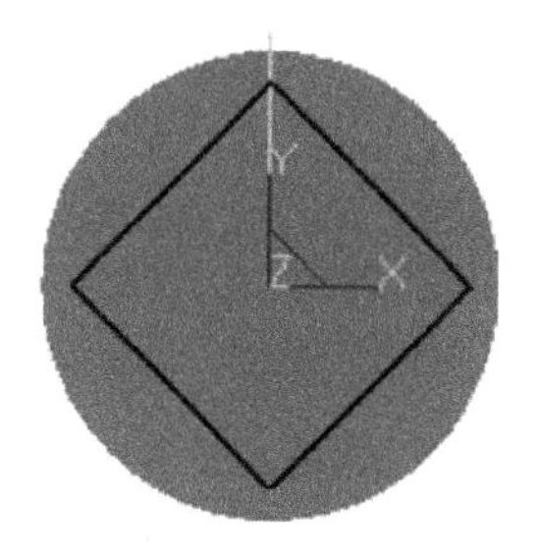

图 4-84

（9）单击“曲线过渡”图标，选择“倒角”方式，角度 45°，距离为 2，选取各边进行倒角；单击“整圆”图标，圆心选择在原点处，半径稍大于实体画圆，按 F2 键退出草图，如图 4-85 所示。

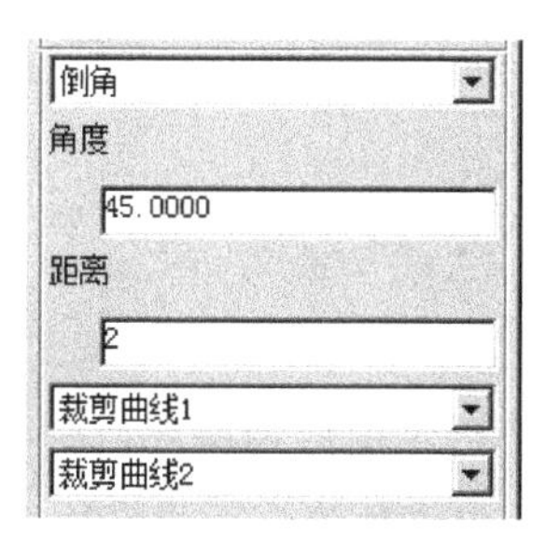

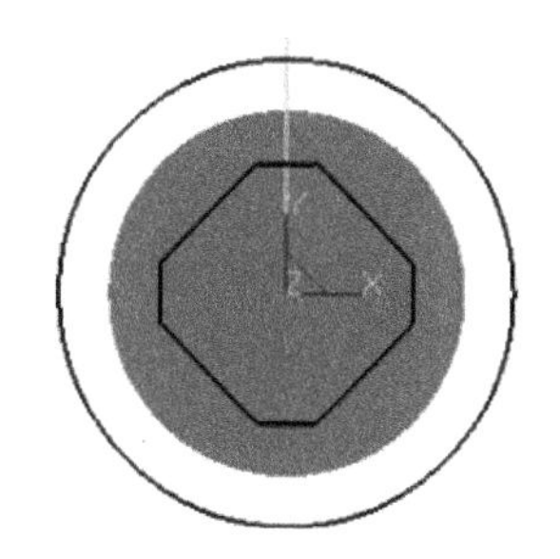

图 4-85

（10）单击“拉伸除料”图标，固定深度，输入深度 14，选择草图，单击“确定”按钮；右击两直线将其隐藏，整个实体造型如图 4-86 所示。

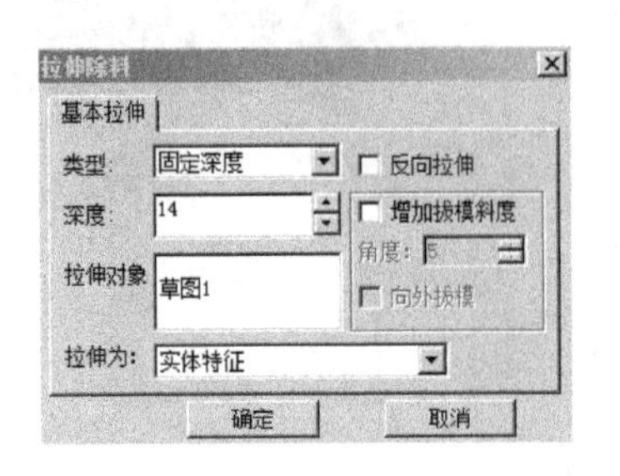

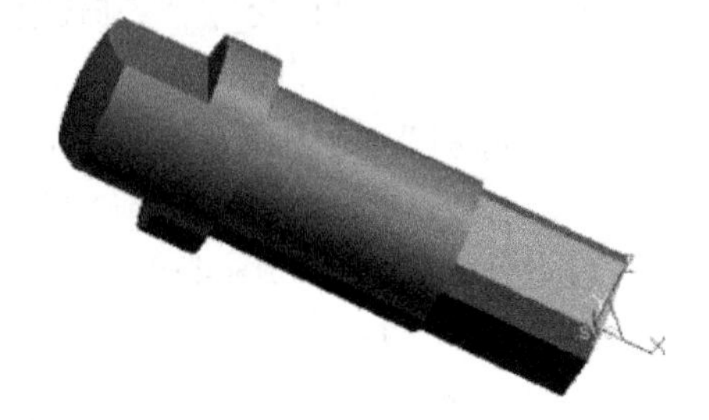

图 4-86

3．手柄的造型

（1）右击 *XY* 平面创建草图，单击“矩形”图标，采用“中心_长_宽”的方式，绘制长 11、宽 11 的矩形；单击“平面旋转”图标，采用“固定角度”、“移动”的方式，输入角度 45°，单击原点，框选整个图形，将其旋转，如图 4-87 所示。

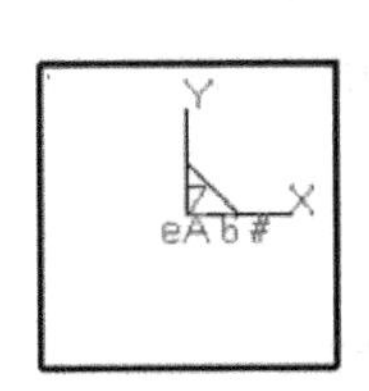
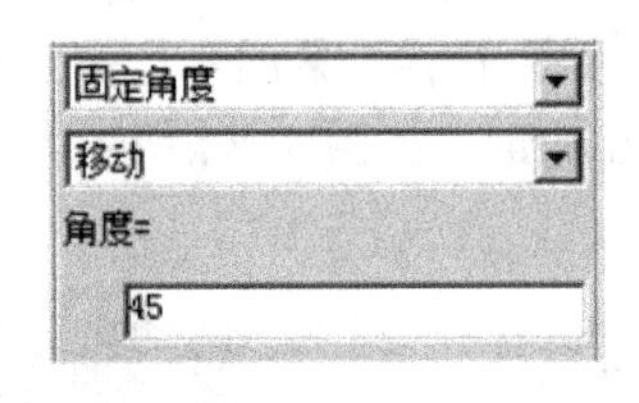

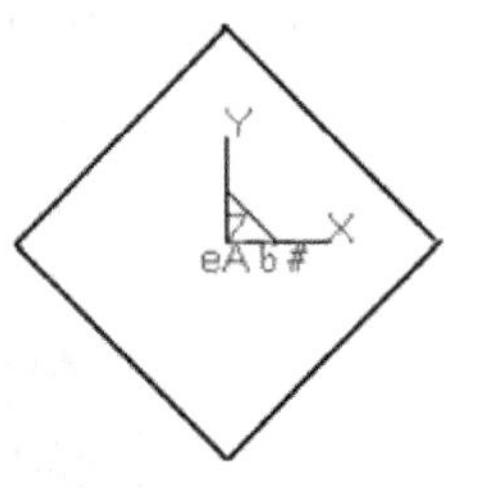

图 4-87

（2）单击“曲线过渡”图标，选择“倒角”方式，角度 45°，距离 2，选择两边，依次倒四个角，如图 4-88 所示。

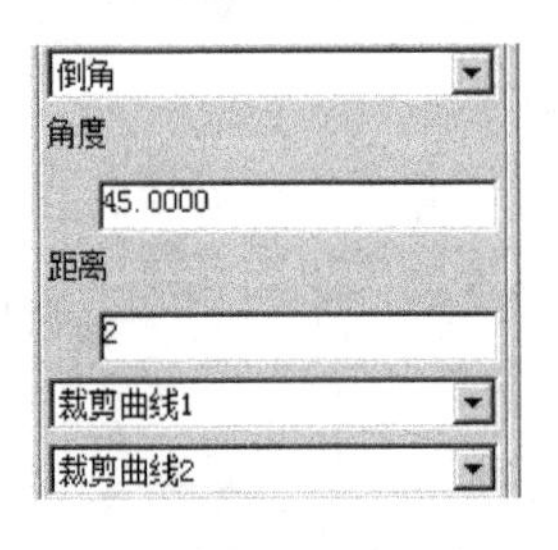

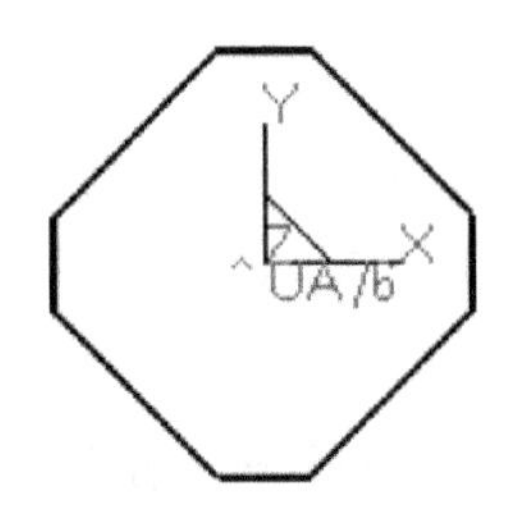

图 4-88

（3）单击“直线”图标，采用“正交_距离”方式，输入 152，单击原点并朝右绘制直线；单击“整圆”图标，选择原点为圆心，输入半径 19，单击右键确认；选取直线的另一端点为圆心作两同心圆，半径分别为 4 及 8，单击右键确认，如图 4-89 所示。

（4）单击“等距”图标，上下各等距 10；单击“直线”图标，采用“两点线”、“连续”、“非正交”方式，选取圆与直线的交点，然后按空格键，选取切点，单击 *R*8 的圆，重复同样的过程绘制下面的直线，如图 4-90 所示。

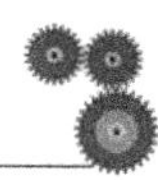

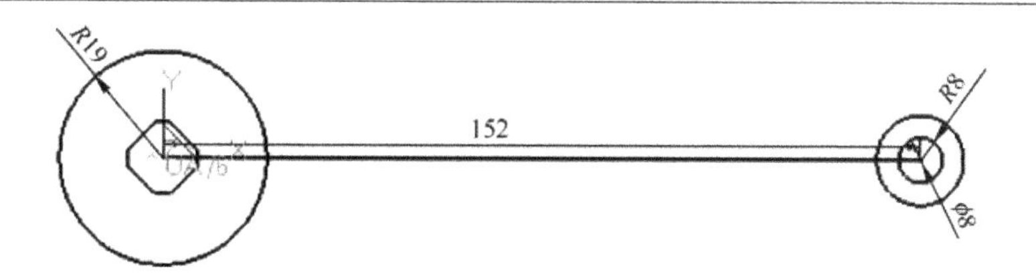

图 4-89

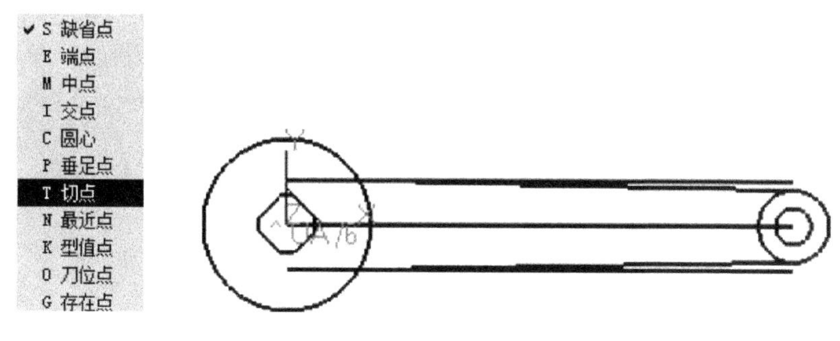

图 4-90

（5）单击“删除”图标，选取中间的三根直线，单击右键确认将其删除；单击“曲线裁剪”图标，将多余线的线裁剪掉；单击“检查草图环是否闭合”图标，显示不存在开口环，按 F2 键退出草图，如图 4-91 所示。

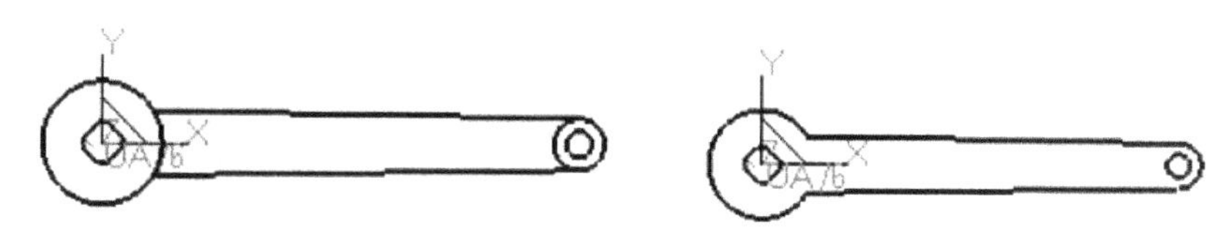

图 4-91

（6）单击特征生成栏中“拉伸增料”图标，固定深度输入 50，单击“确定”按钮，将草图拉伸为实体，具体如图 4-92 所示。

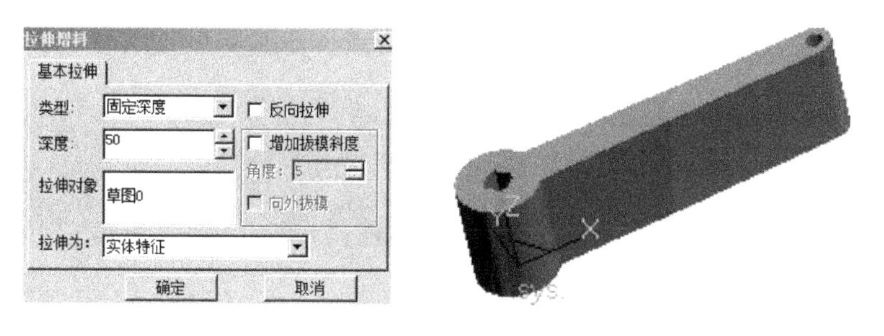

图 4-92

（7）按 F7 键从 *XZ* 平面观察实体，右击 *XZ* 平面创建草图，按鼠标中键旋转实体到适当位置，单击“直线”图标，采用“两点线”、“正交”、“长度方式”，输入 114，按空格键选取小圆心，再按空格键选取默认点方式，朝左方向，如图 4-93 所示。

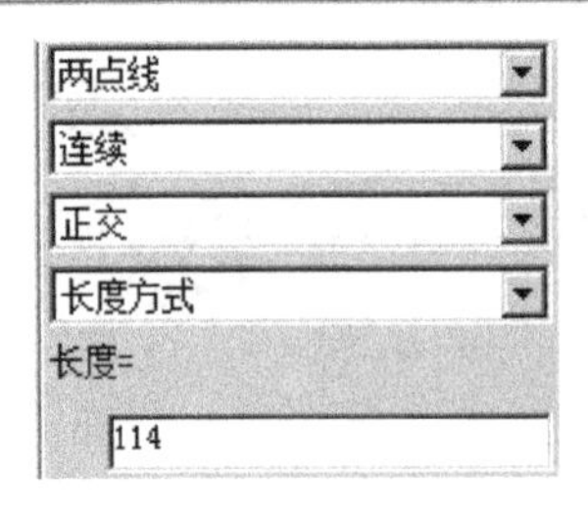

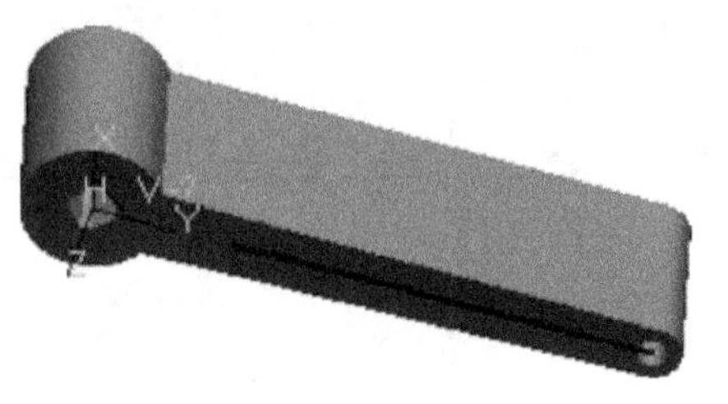

图 4-93

（8）单击“直线”图标，采用“正交”、“长度方式”，长度为 20，单击原点作一朝右直线；单击“曲线拉伸”图标，将其左端拉伸，如图 4-94 所示。

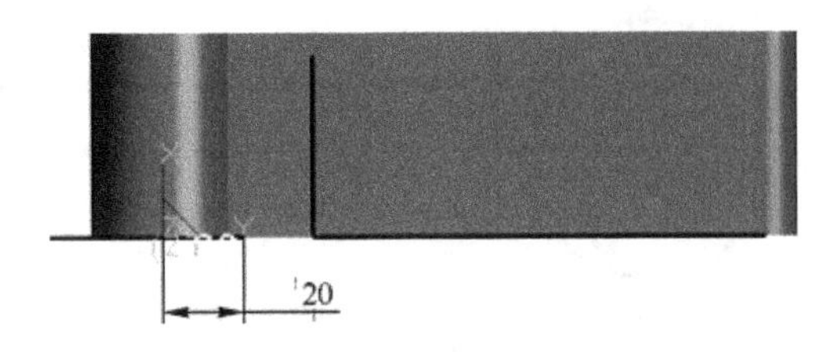

图 4-94

（9）单击“等距”图标，将其朝上等距 10；单击“直线”图标，起点为上一直线右端点，设置为“角度线”、“X 轴夹角”、“60°”（此时的 *XY* 轴变了方向），作一角度线朝上，如图 4-95 所示。

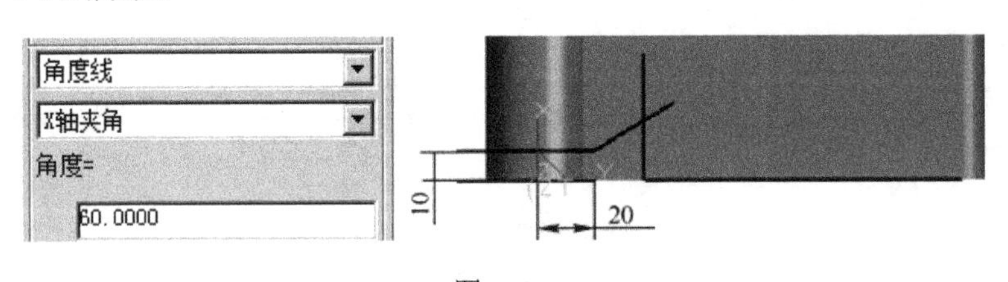

图 4-95

（10）单击“平移”图标，选择“两点”、“移动”、“非正交”方式，选取直线并单击右键确认，选择直线的左端点为基点移动到上交点，如图 4-96 所示。

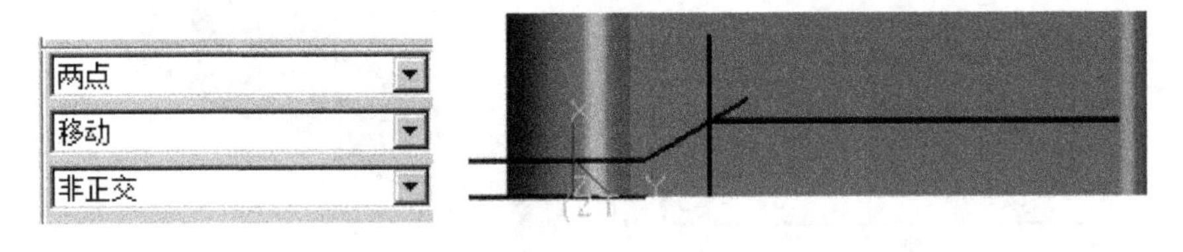

图 4-96

（11）单击“曲线拉伸”图标，将直线朝右拉伸；单击“直线”图标，选择“正交点”方式绘制一封闭的形状；单击“曲线裁剪”图标，将多余线的线裁剪及删除掉；单击“检查草图环是否闭合”图标，显示不存在开口环，按 F2 键退出草图，如图 4-97 所示。

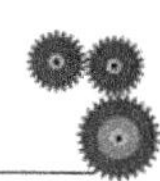

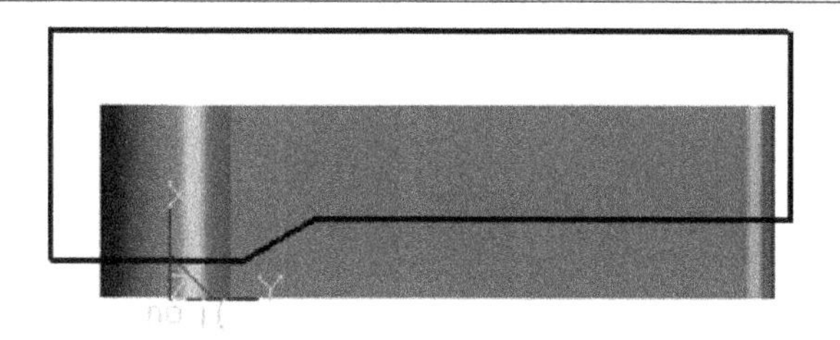

图 4-97

（12）单击“拉伸除料”图标，选择“贯穿”的方式，将实体不需要部分切除，具体如图 4-98 所示。

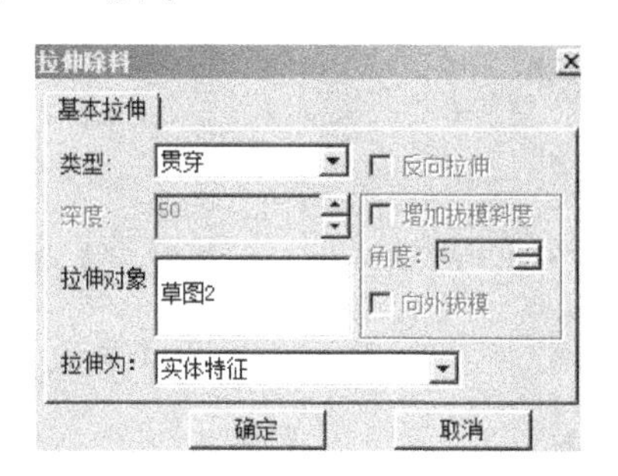

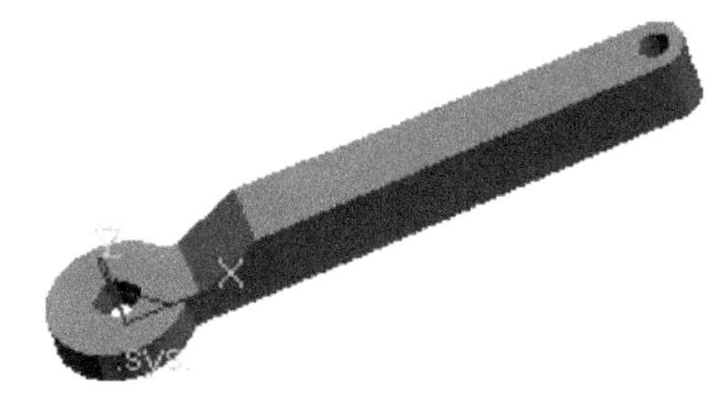

图 4-98

（13）同理，在平面 *XZ* 平面作草图，分别将实体边界析出，作等距线延伸并修剪，最后单击“检查草图环是否闭合”图标，显示不存在开口环，按 F2 键退出草图，如图 4-99 所示。

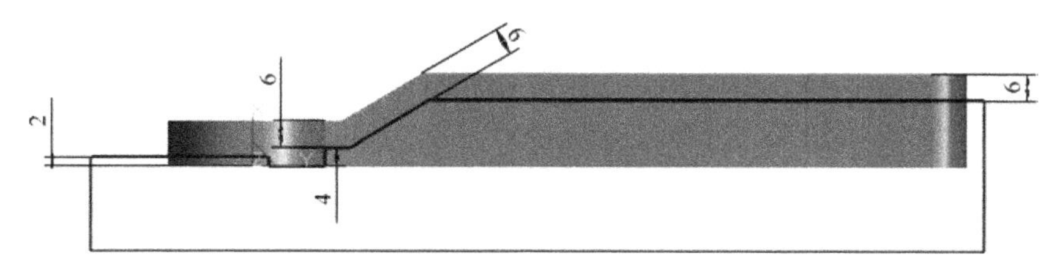

图 4-99

（14）单击“拉伸除料”图标，选择“贯穿”方式，将实体底边不需要部分切除，如图 4-100 所示。

图 4-100

（15）单击“过渡”图标，选择 4 条边，输入半径 12，单击“确定”按钮，如图 4-101 所示。

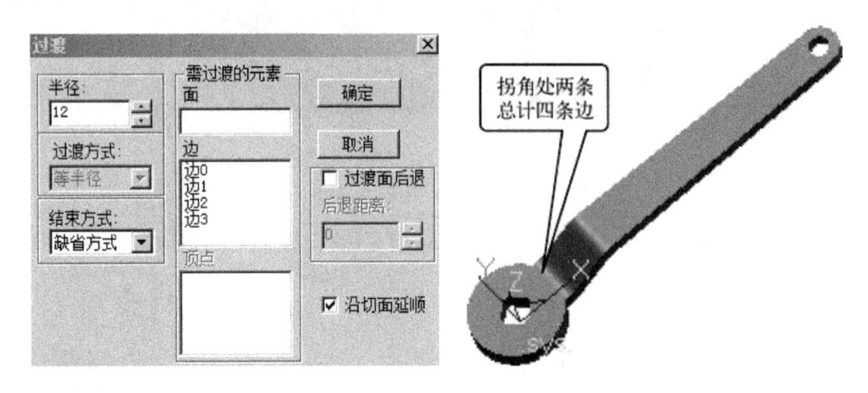

图 4-101

（16）单击“倒角”图标，“距离”中输入 1，“角度”为 45°，选取上表面，单击“确定”按钮，将上表面倒角 C1，如图 4-102 所示。

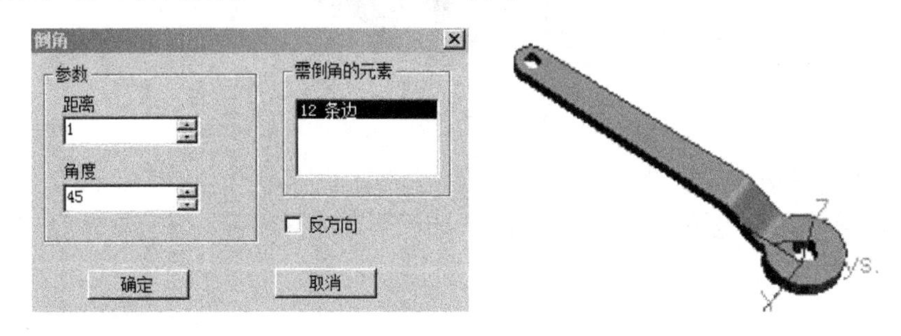

图 4-102

（17）单击“设置”菜单，在“环境设置”菜单项中选择“精细”方式，单击“确定”按钮，显示的效果如图 4-103 所示。

图 4-103

4．阀体的造型

（1）右击 *XY* 平面创建草图，单击“直线”图标，采用“两点”、“正交”、“长度”[0]方式，输入依次 74、37.5、12、9.5，单击右键确认；作直线依次距离为 18、15、2；选择“正交点”方式，延长两端点线，结果如图 4-104 所示。

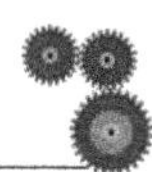

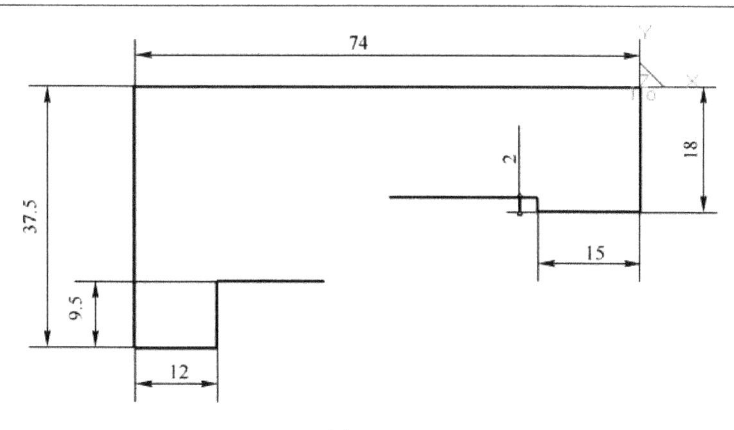

图 4-104

（2）单击“曲线过渡”图标，选取两直线，单击右键确定，绘制 $R5$ 圆角，如图 4-105 所示。

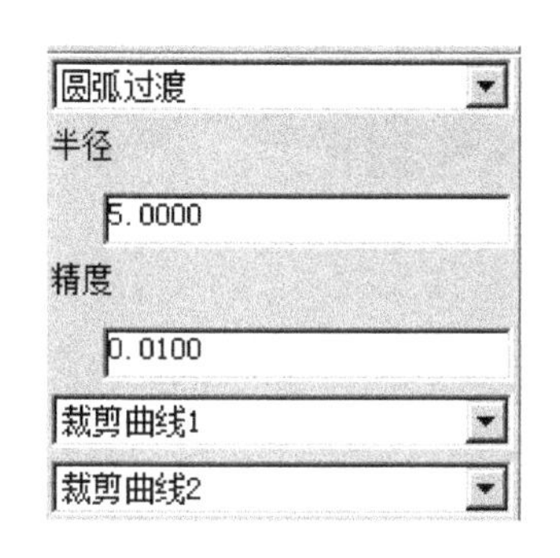

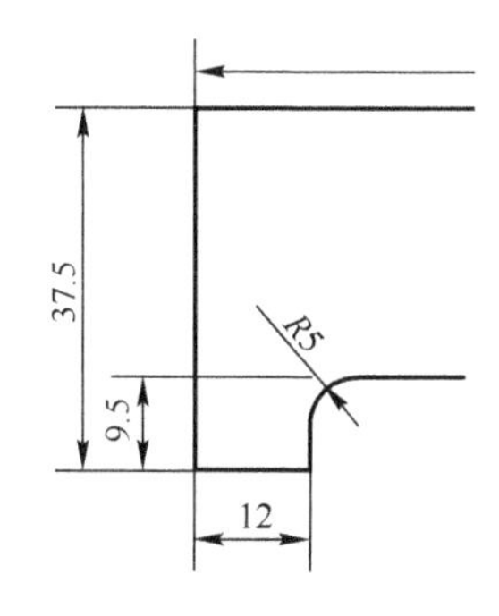

图 4-105

（3）单击“等距”图标，选取两直线，输入值 20，选取直线，方向朝右；单击“整圆”图标，圆心选择等距线的上端点，输入半径 28，结果如图 4-106 所示。

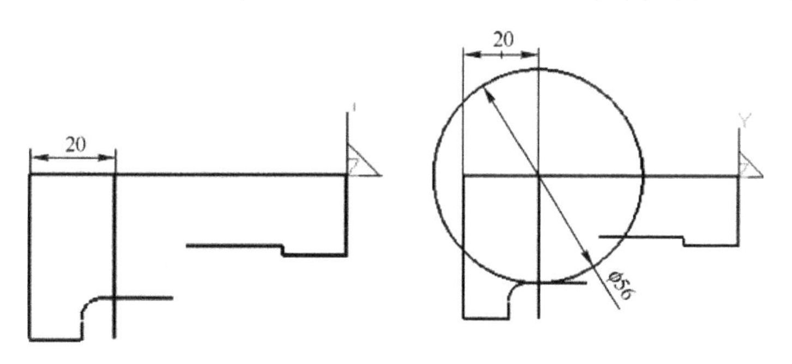

图 4-106

（4）单击“曲线裁剪”图标及“删除”图标，将多余的线裁剪及删除；单击“曲线过渡”图标，选取两直线，单击右键确定，绘制 $R5$ 圆角，单击“检查草图环是否闭合”图标，显示不存在开口环，按 F2 键退出草图，如图 4-107 所示。

（5）单击“直线”图标，在空间 X 轴方向绘制一直线，单击特征生成栏中的

“旋转增料”图标，选择图 4-107 绘制的草图及直线轴，单击“确定”按钮，结果如图 4-108 所示。

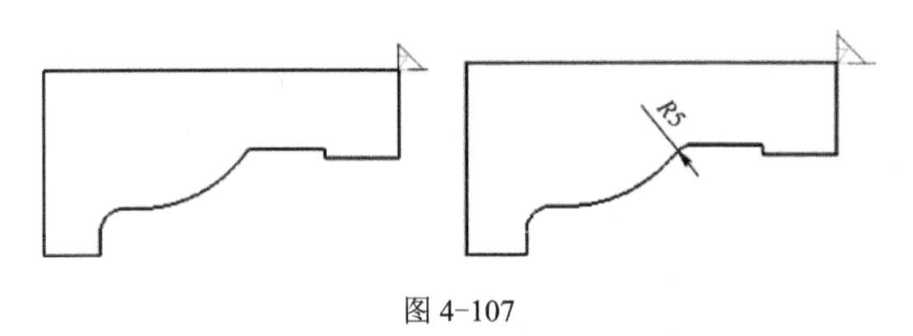

图 4-107

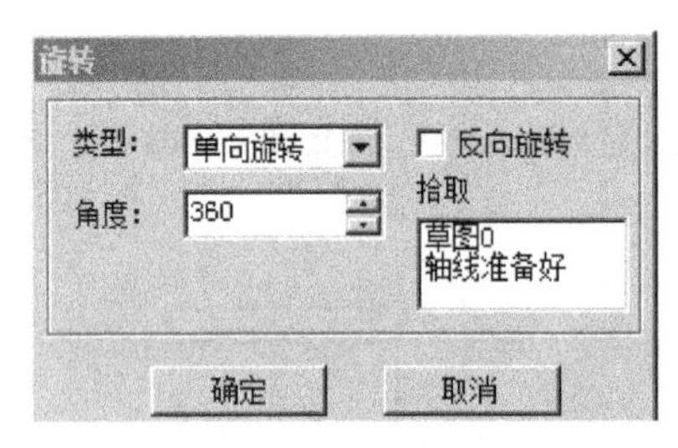

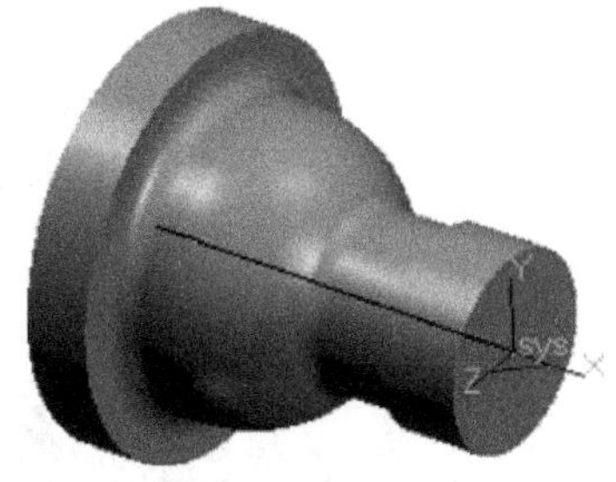

图 4-108

（6）单击特征生成栏中“过渡”图标，输入半径 2，选取边线，将边缘圆角过渡，如图 4-109 所示。

（7）单击特征中“构造基准面”图标，选择“等距平面确定基准平面”的构造方法，输入距离 56，同时单击 *XY* 平面，单击“确定”按钮，生成辅助平面，如图 4-110 所示。

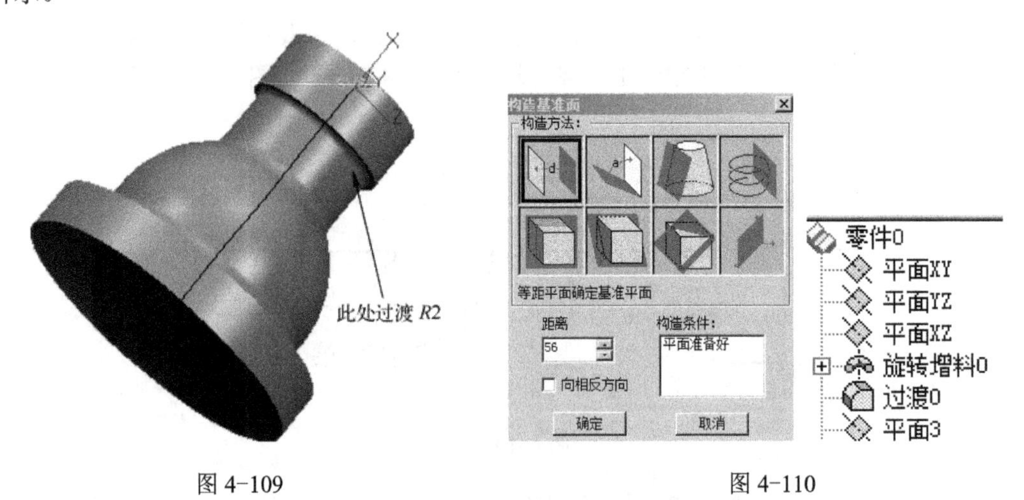

图 4-109　　　　图 4-110

（8）单击 F8 键空间观察，然后按 F9 键切换至作图平面 *XZ*，单击“直线”图标，选择“正交长度”方式，输入长度 54；单击等距线图标，朝左等距 54，如图 4-111 所示。

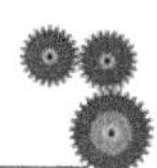

（9）右击辅助平面 3 创建草图，单击“整圆”图标，圆心选取刚生成的直线的端点，输入半径 18；单击“拉伸增料”图标，选择“固定深度”方式，勾选“反向拉伸”复选框，输入 56，如图 4-112 所示。

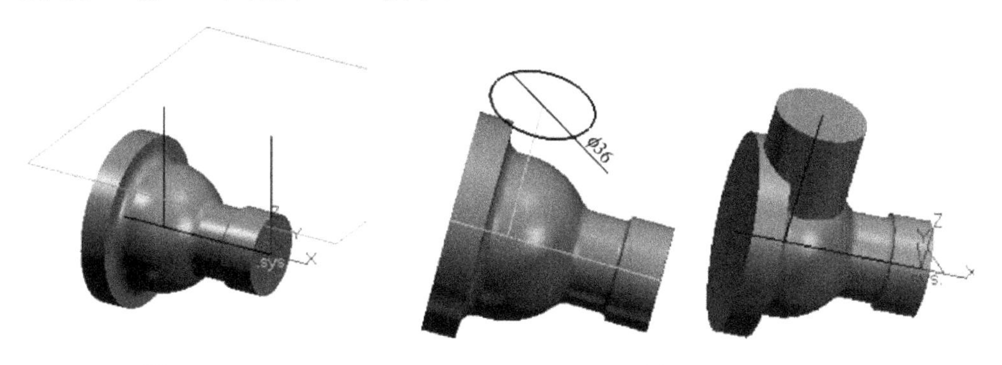

图 4-111　　　　图 4-112

（10）按鼠标的中键适当的旋转实体，右击最大圆表面创建草图，单击“矩形”图标，绘制 75×75 的矩形，中心点选择原点；单击“曲线过渡”图标，输入 12.5，对四角倒圆角，如图 4-113 所示。

（11）单击“拉伸增料”图标，固定深度输入值 12，勾选“反向拉伸”复选框，如图 4-114 所示。

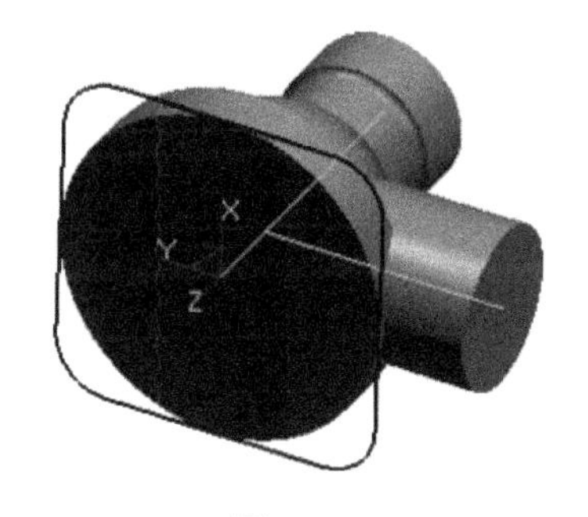

图 4-113

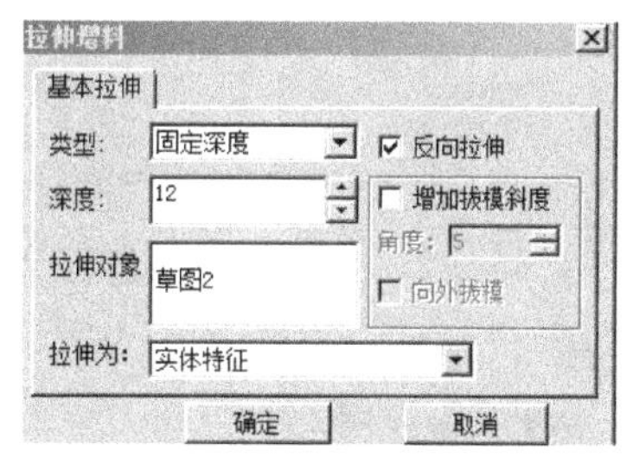

图 4-114

（12）右击矩形平面创建草图，单击“整圆”图标，原点为圆心，输入半径 37.5 作圆；单击“直线”图标，与 X 轴夹角 45°，作斜线向上，结果如图 4-115 所示。

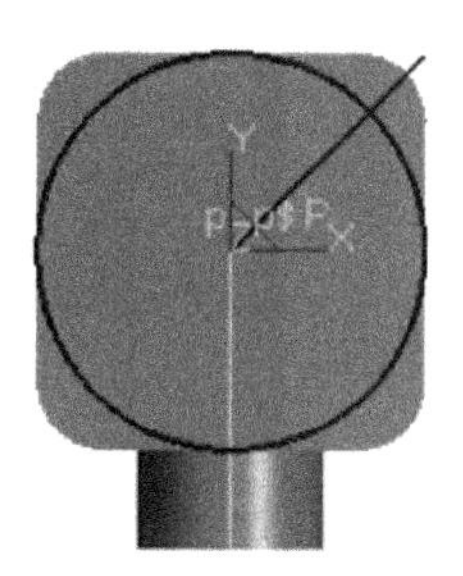

图 4-115

（13）单击“整圆”图标，交点为圆心，输入半径 4 作圆；单击“阵列”图标，圆形，均布 4，选择原点为中心，选择小圆，单击右键确认，结果如图 4-116 所示。

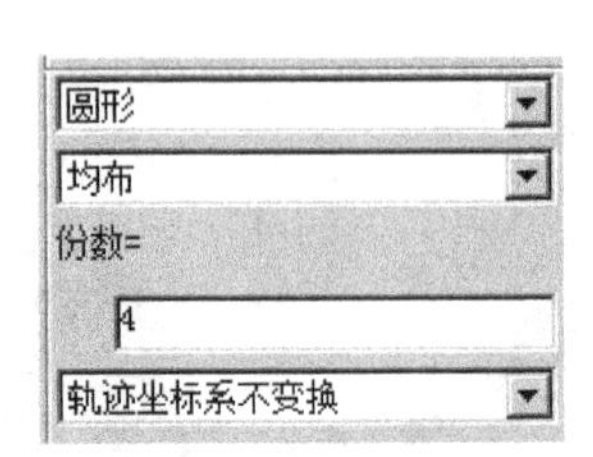

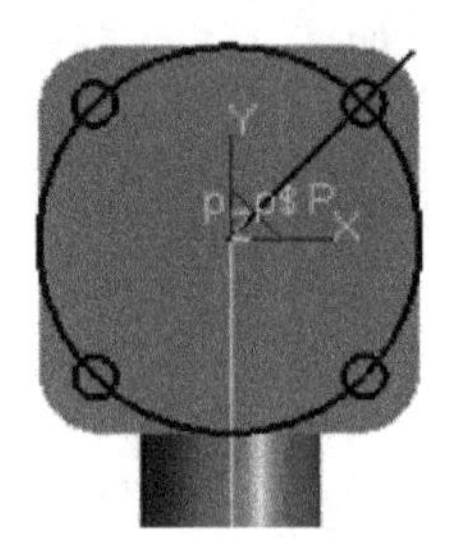

图 4-116

（14）单击“删除”图标，将大圆及直线删除，按 F2 键退出草图；单击“拉伸除料”图标，选择“贯穿”方式，将 4 个孔贯穿，如图 4-117 所示。

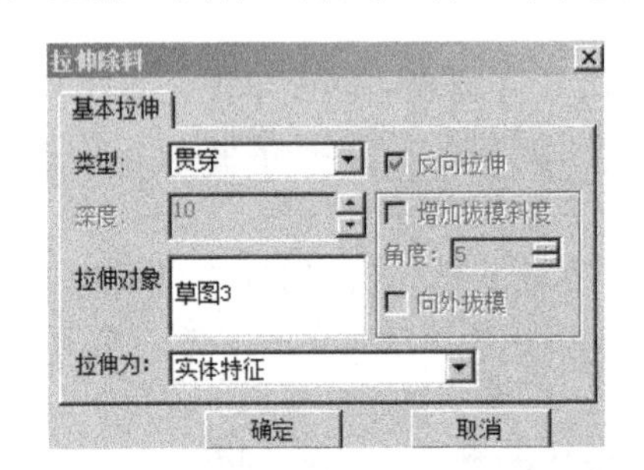

图 4-117

（15）右击平面 *XZ* 创建草图，单击“直线”图标，选择“正交”、“长度方式”，依次长度值为 74、25、5、5、29、5、7、5，单击右键确定，右边依次朝上 14.25、5，然后选择“正交点”方式对两边延伸并修剪，如图 4-118 所示。

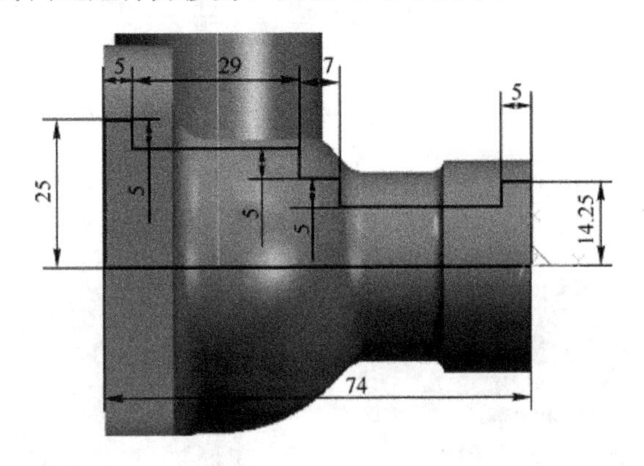

图 4-118

（16）单击“检查草图环是否闭合”图标，显示不存在开口环，按 F2 键退出草图；单击“旋转除料”图标，选择刚绘制好的草图及空间的旋转轴，单向旋转 360° 切除实体，如图 4-119 所示。

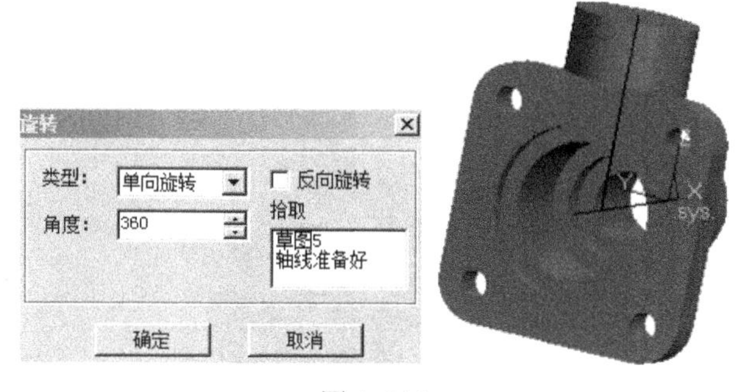

图 4-119

（17）按 F7 键从 *XZ* 平面观察实体，右击 *XZ* 平面创建草图，单击“直线”图标，选择“正交”、“长度方式”，距离值依次为 56、13、4、3.35，单击右键确定，左边依次朝上 9、27、2、13、1.15、3；最后使用“正交”、“点”方式将端点延伸并修剪，如图 4-120 所示。

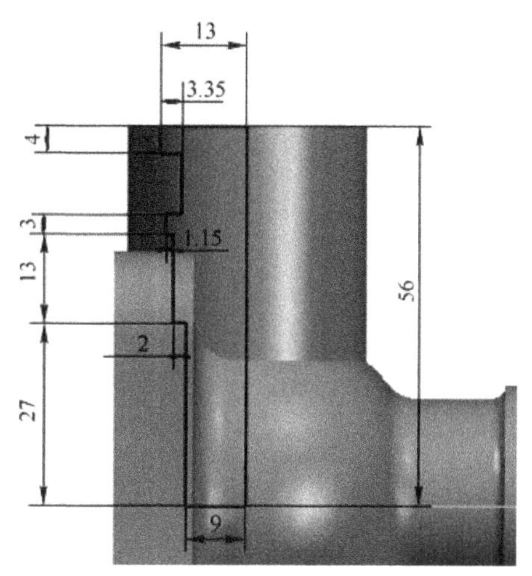

图 4-120

（18）单击“检查草图环是否闭合”图标，显示不存在开口环，按 F2 键退出草图；单击“旋转除料”图标，选择刚绘制完的草图及空间的旋转轴，单向旋转 360° 切除实体，如图 4-121 所示。

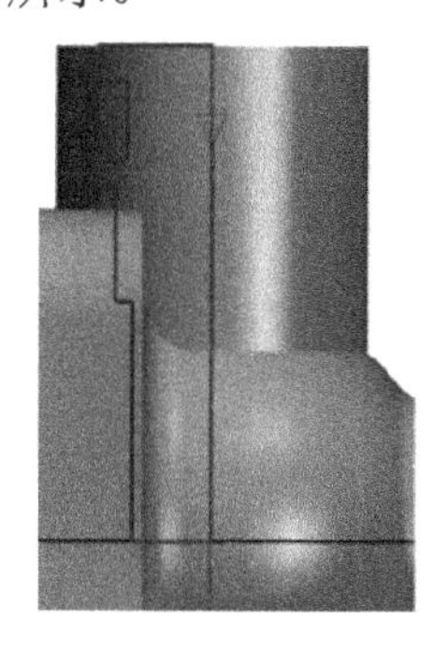

图 4-121

（19）按鼠标中键适当旋转实体，右击最上圆环表面创建草图，单击“直线”图标，角度线分别朝上及朝下绘制两 45° 的斜线，连接两端点，如图 4-122 所示。

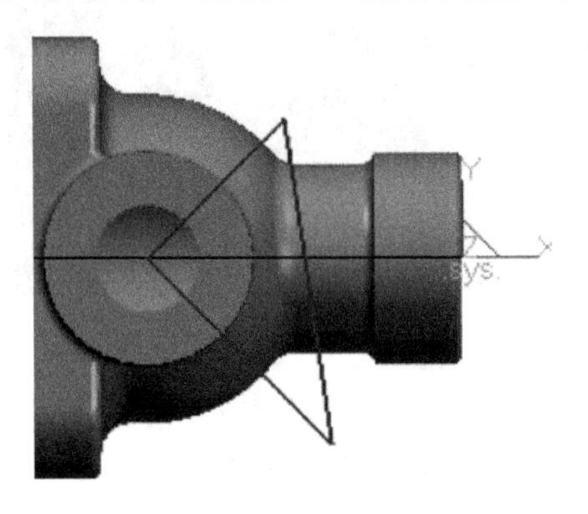

图 4-122

（20）单击“拉伸除料”图标，选择“固定深度”方式，深度输入 2，如图 4-123 所示。

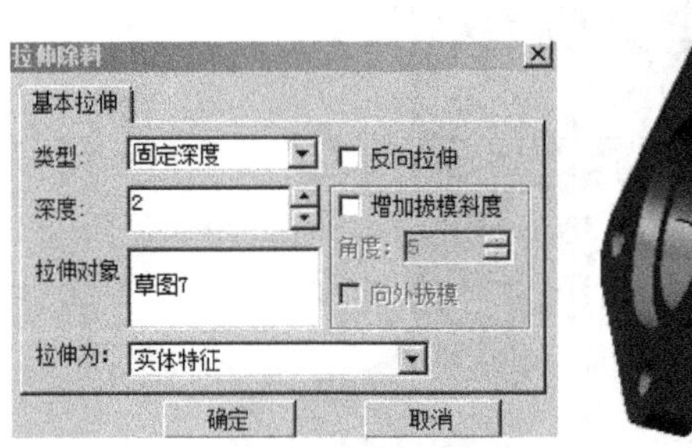

图 4-123

（21）单击“过渡”图标，输入半径 2，选取边线后单击“确定”按钮，完成倒圆角，如图 4-124 所示。

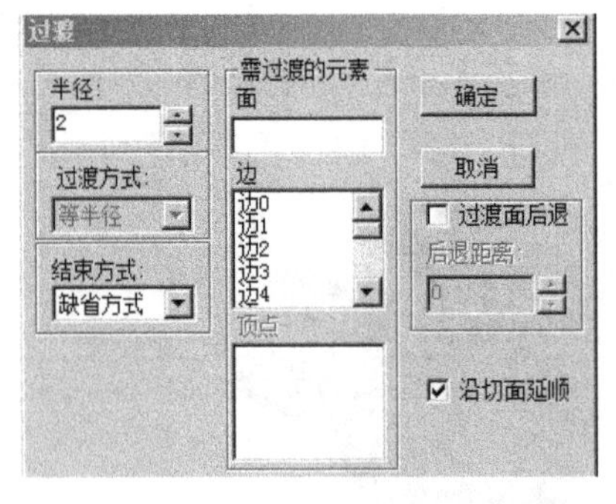

图 4-124

（22）右击空间两直线将其隐藏，单击“倒角”图标，输入距离 1，角度 45°，选取边线后单击“确定”按钮，完成倒角，如图 4-125 所示。

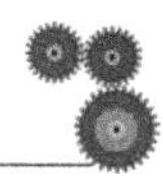

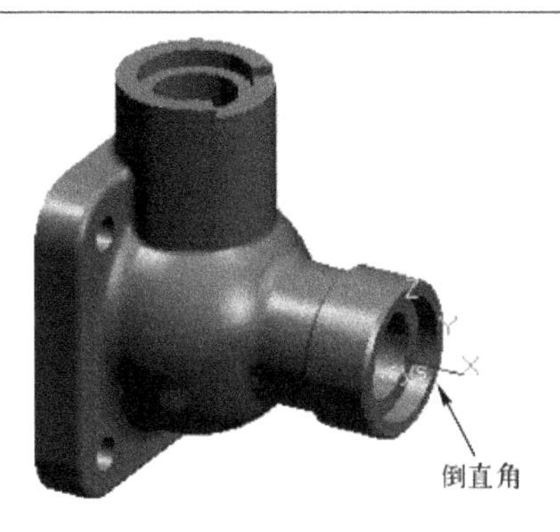

图 4-125

（23）下面绘制螺纹，单击“公式曲线”f(x)图标，采用直角坐标系方式，弧度制，变量为 t，起始值为-6.28，终止值为 28，公式 X(t) = -4*t/6.28、Y(t) = 18*sin(t)、Z(t) = 18*cos(t)，生成螺旋线，如图 4-126 所示。

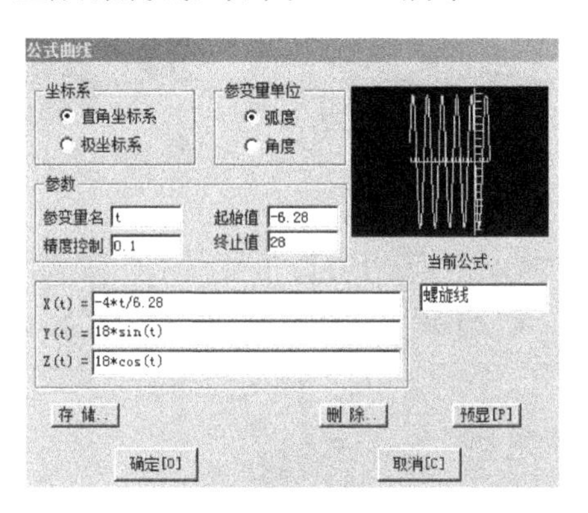

图 4-126

（24）单击特征中“构造基准面”图标，采用“过点且垂直于曲线确定基准平面”的构造方法，选取螺旋线及螺旋线的端点，作辅助平面，如图 4-127 所示。

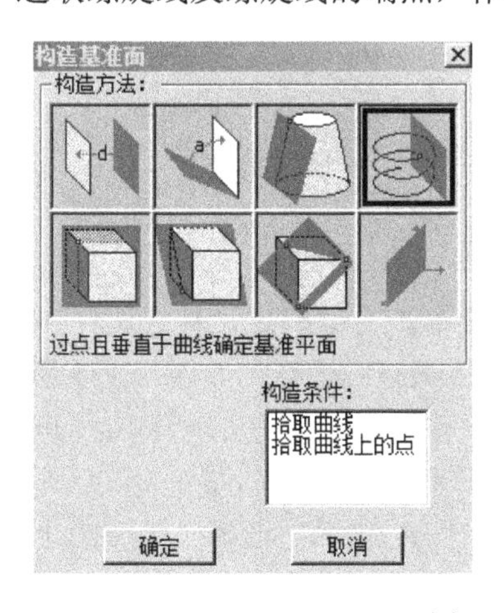

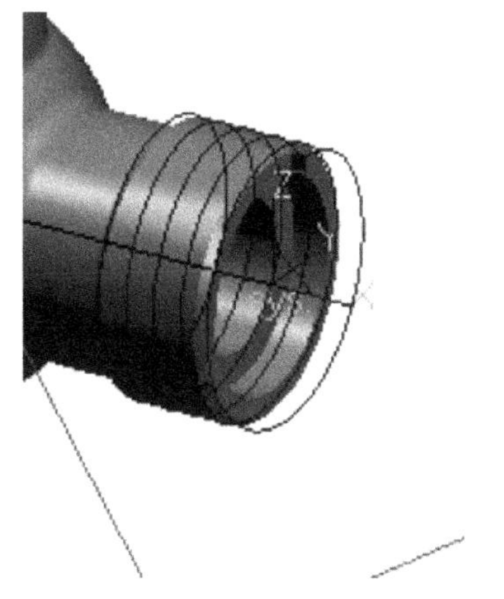

图 4-127

（25）右击辅助平面创建草图，单击“直线”图标，选择“正交长度”方式，输入2.6，朝下；角度线，分别与直线夹角 30° 朝两边绘制斜线；在水平方向绘制一直线，向上等距 0.1，两边裁剪，单击“检查草图环是否闭合”图标，显示不存在开口环，按 F2 键退出草图，如图 4-128 所示。

（26）单击特征栏中的“导动除料”图标，轮廓截面线选取刚绘制好的草图，轨迹线选取如图 4-127 所示绘制的螺旋线，并且选择导动的方向，单击“确定”按钮，稍等片刻生成螺纹，如图 4-129 所示。

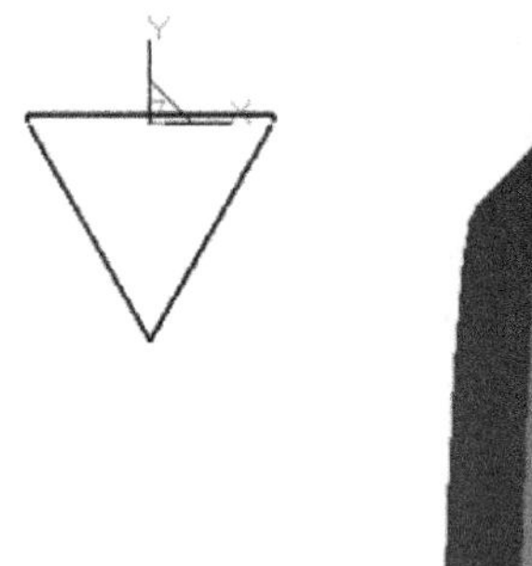

图 4-128

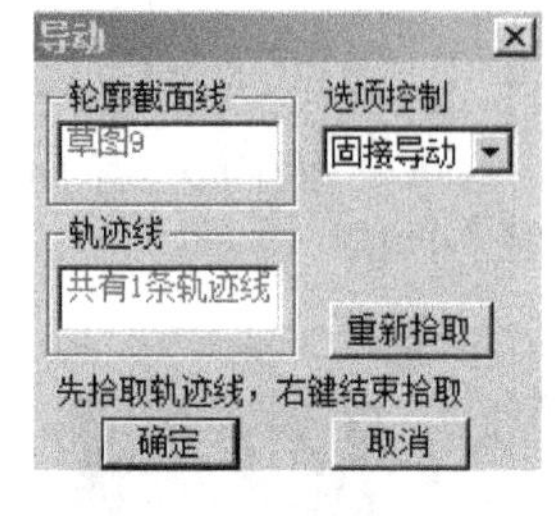

图 4-129

（27）下面绘制另外一根螺纹。单击公式曲线，采用“直角坐标系”方式，弧度制，变量为 t，起始值为 0，终止值为 36，公式 X(t)= 11*sin(t)、Y(t) =11*cos(t)、Z(t) = -2.5*t/6.28，生成螺旋线，如图 4-130 所示。

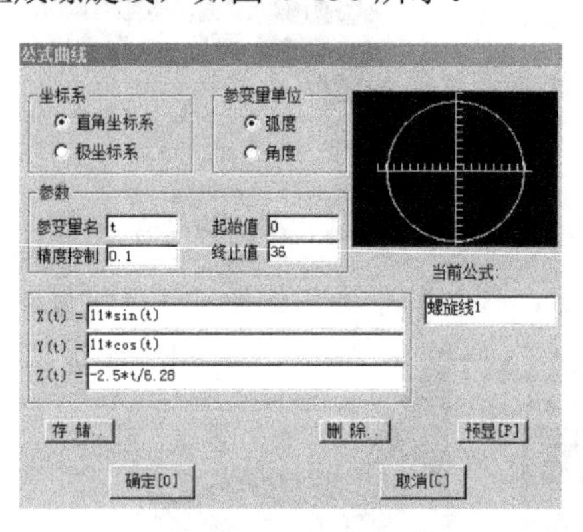

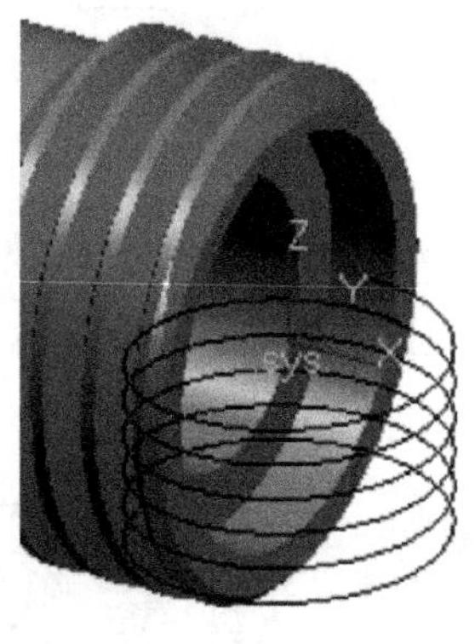

图 4-130

（28）单击“平移”图标，选取螺旋线，单击右键确定，基点选择在坐标原点处，目标点按空格键选取圆心点，单击上圆弧边，将螺旋线平移，如图 4-131 所示。

（29）单击特征中“构造基准面”图标，采用“过点且垂直于曲线确定基准平面”的构造方法，选取上螺旋线及螺旋线的端点，作辅助平面，如图 4-132 所示。

（30）右击辅助平面创建草图，单击“直线”图标，选择“正交距离”方式，选择原点，作距离为 1.625 朝左以及距离为 0.1 朝右的直线；作角度线分别与直线夹角 30° 朝两边作斜线；在竖直方向作一直线两边延伸，两边裁剪；单击“检查草图环是否闭合”

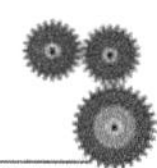

图标，显示不存在开口环，按 F2 键退出草图，如图 4-133 所示。

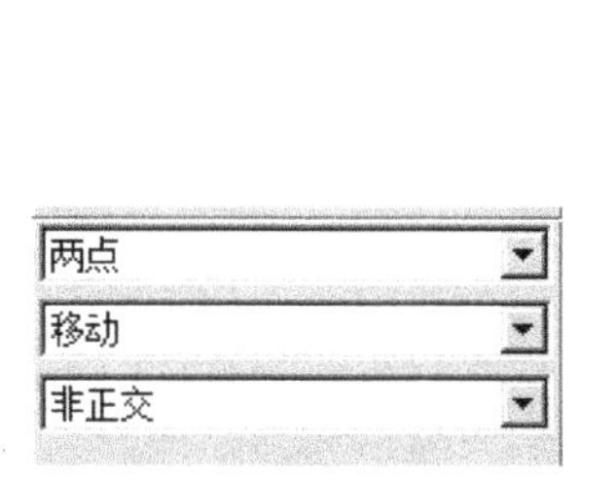

图 4-131

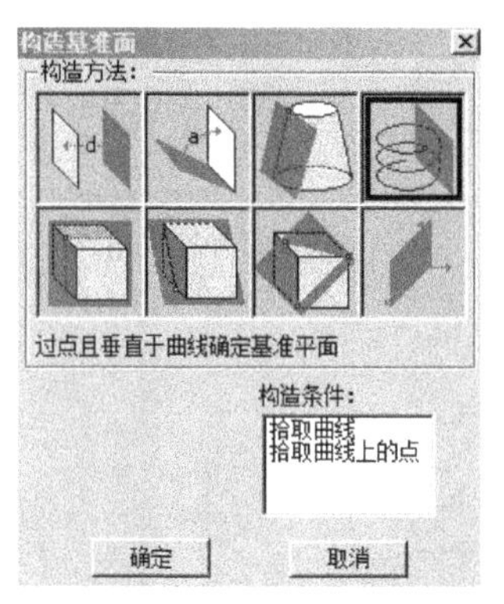

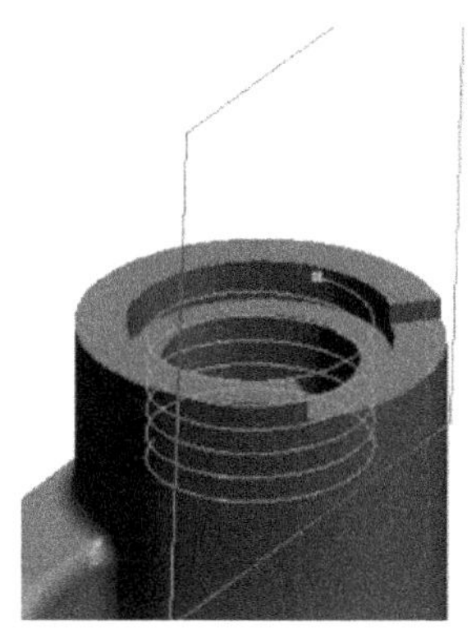

图 4-132

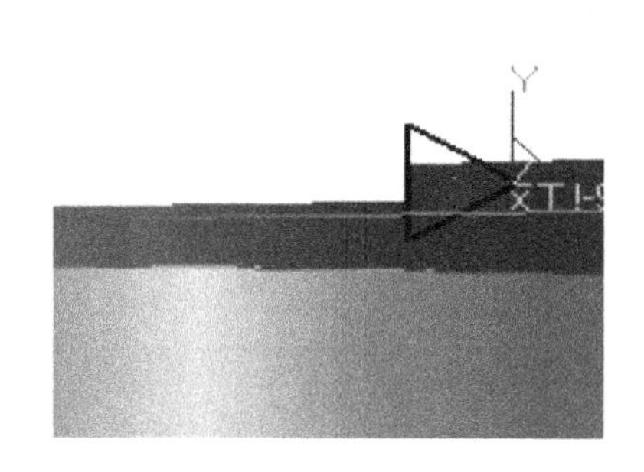

图 4-133

（31）单击特征栏中的“导动除料”图标，轮廓截面线选取刚绘制如图 4-133 所示的草图，轨迹线选取如图 4-131 所示的螺旋线，并且选择导动的方向，单击“确定”按钮，稍等片刻，生成螺纹如图 4-134 所示。

（32）至此，整个造型完成，造型的特征及效果如图 4-135 所示。

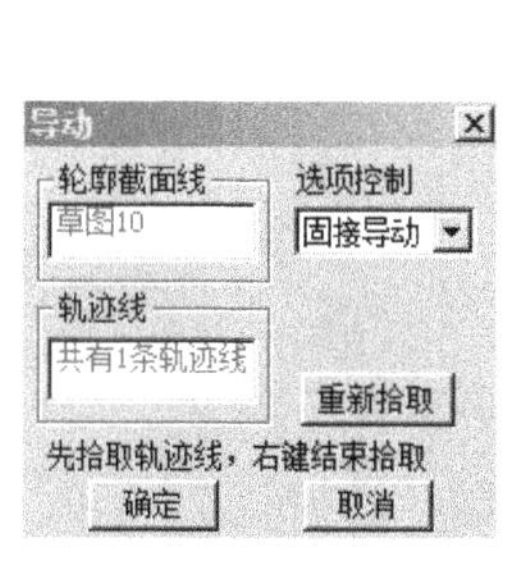

图 4-134

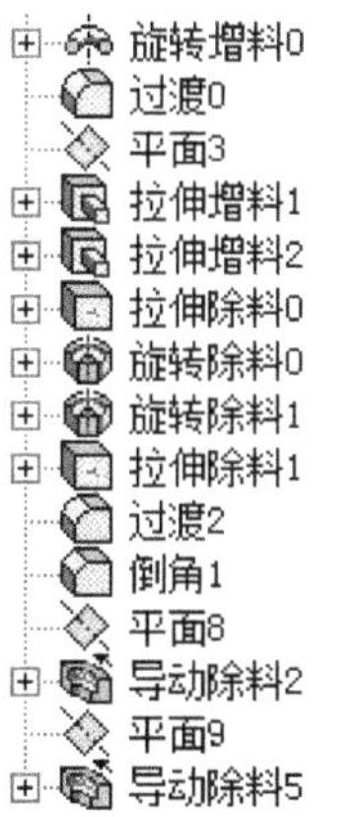

图 4-135

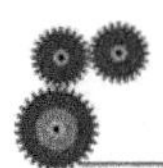

练一练

（1）完成以下阀门类零件的造型，具体尺寸如图 4-136 所示。

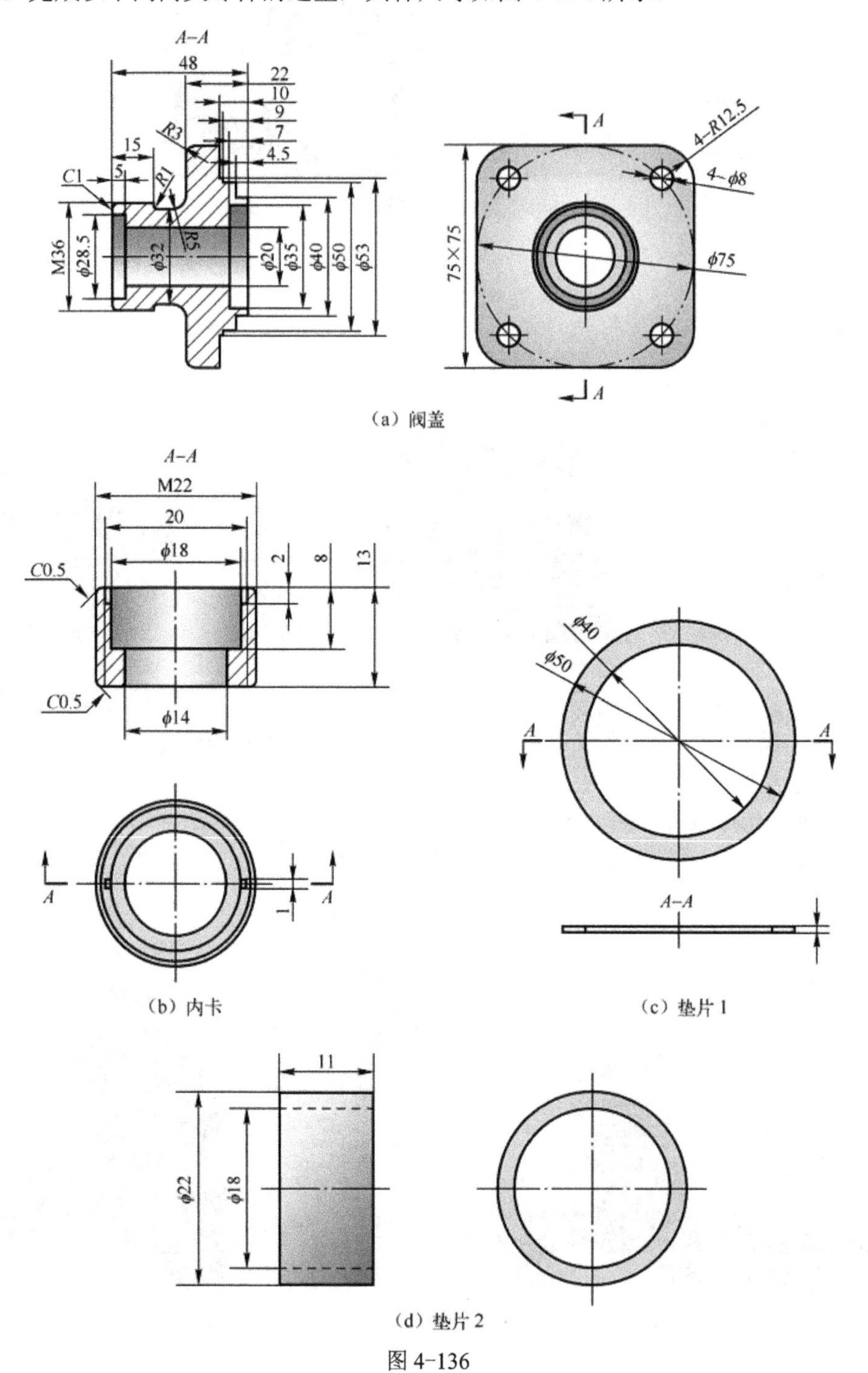

（a）阀盖

（b）内卡

（c）垫片 1

（d）垫片 2

图 4-136

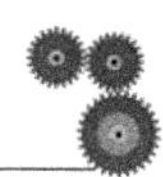

（2）用实体特征造型命令绘制如图 4-137 所示实体。

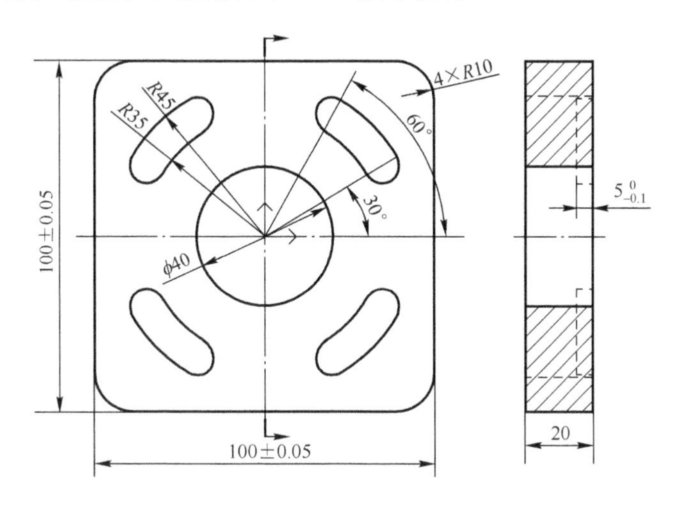

图 4-137

（3）用实体特征造型命令绘制如图 4-138 所示实体。

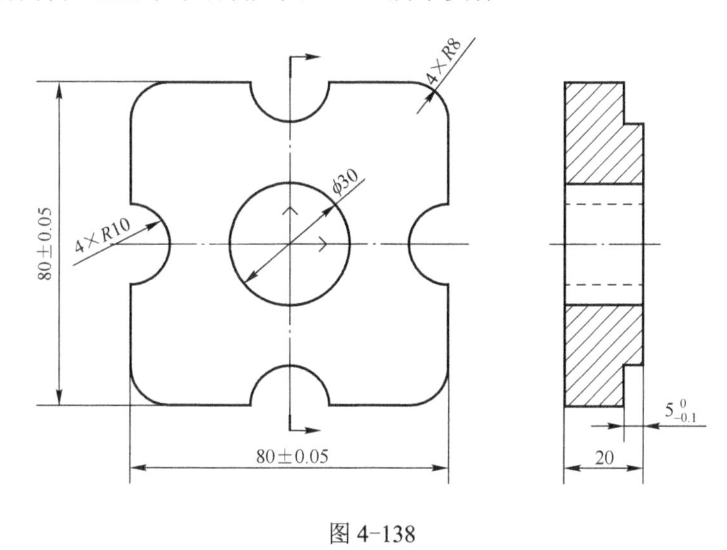

图 4-138

（4）用实体特征造型命令绘制如图 4-139 所示实体。

想一想

（1）阀门类零件造型时有哪些主要特点？简述一下阀体的造型的整个过程。

（2）公式曲线在螺纹造型中有何作用？

（3）如何构建螺旋线的法向辅助平面？

（4）对于阀门零件而言，使用曲面造型能否实现？实体造型的优点是什么？

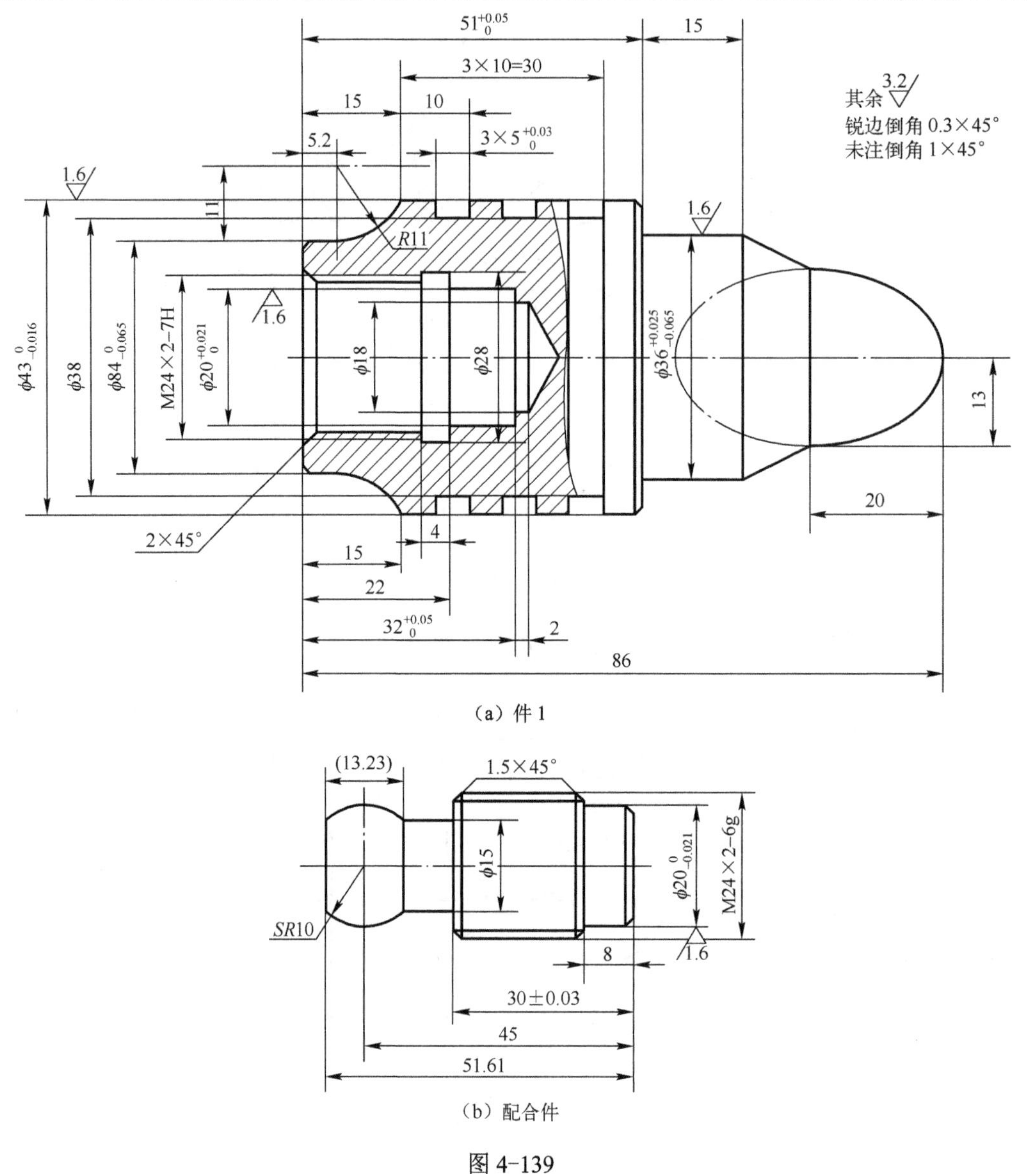

（a）件 1

（b）配合件

图 4-139

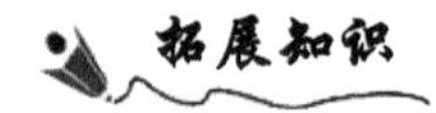

CAD/CAM 技术发展史

CAD/CAM 技术是随着计算机技术的发展而发展起来的，虽然这项技术的发展时间不长，但它的发展速度很快。目前，它已经成为新一代生产技术的核心，被公认为提高制造业生产率和产品竞争力的关键。CAD/CAM 系统在其形成和发展过程中，针对不同的应用领域、用户需求和技术环境，表现出不同的发展水平和构造模式。CAD 和 CAM 两项技术虽然几乎是同时诞生的，但在相当长的时间里却是按照各自轨迹独立地发展来的。

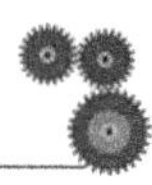

一、CAD 技术的发展

CAD 技术的发展大体经历了五个阶段。

1．准备和诞生时期（20 世纪 50 年代—60 年代）

1950 年，美国麻省理工学院研制出 WHIRLWIND 1（旋风 1）计算机的一个配件-图形显示器。1958 年，美国 Calcomp 公司研制出由数字记录仪发展而成的滚筒式绘图机，美国 GerBer 公司把数控机床发展成平板式绘图机。20 世纪 50 年代，计算机由电子管组成，用机器语言编程，主要用于科学计算，图形设备仅仅具有输出功能，CAD 技术处于酝酿和准备阶段。20 世纪 50 年代末，美国麻省理工学院在 WHIRLWIND 计算机上开发了 SAGE 战术防空系统，第一次使用了具有指挥功能和控制功能的阴极射线管 CRT（Cathode Ray Tube），操作者可以用光笔在屏幕上确定目标。它预示着交互式图形生成技术的诞生，为 CAD 技术的发展做了必要的准备。

2．蓬勃发展和进入应用时期（20 世纪 60 年代）

20 世纪 60 年代初，美国麻省理工学院的博士生 Ivan Sutherland 研制出世界上第一台利用光笔的交互式图形系统 SKETCHPAD。但在 20 世纪 60 年代，由于计算机及图形设备价格昂贵、技术复杂，只有一些实力雄厚的大公司才能使用这一技术。作为 CAD 技术的基础，计算机图形学在这一时期得到了很快的发展。20 世纪 60 年代中期出现了商品化的 CAD 设备，CAD 技术开始进入了发展和应用阶段。

3．广泛应用时期（20 世纪 70 年代）

20 世纪 70 年代推出了以小型机为平台的 CAD 系统。同时图形软件和 CAD 应用支撑软件也不断充实提高。图形设备，如光栅扫描显示器、图形输入板、绘图仪等相继推出和完善。于是，20 世纪 70 年代出现了面向中小企业的 CAD 商品化系统。

4．突飞猛进时期（20 世纪 80 年代）

20 世纪 80 年代，大规模和超大规模集成电路、工作站和 RISC（精简指令集计算机）等的出现使 CAD 系统的性能大大提高了一步。与此同时，图形软件更趋成熟，二维、三维图形处理技术，真实感图形技术以及有限元分析、优化、模拟仿真、动态景观、科学计算可视化等方面都已进入实用阶段。包括 CAD/CAE/CAM 一体化的综合软件包使 CAD 技术又上了一个层次。

5．日趋成熟的时期（20 世纪 90 年代）

这一时期的发展主要体现在以下几个方面：CAD 标准化体系进一步完善；系统智能化成为又一个技术热点；集成化成为 CAD 技术发展的一大趋势；科学计算可视化、虚拟设计、虚拟制造技术是 20 世纪 90 年代 CAD 技术发展的新趋向。

二、CAM 技术的发展

CAM 技术的发展主要是在数控编程和计算机辅助工艺过程规划两个方面。其中数控编程主要是发展自动编程技术。这种编程技术是由编程人员将加工部位和加工参数以一种限定格式的语言（自动编程语言）写成所谓源程序，然后由专门的软件转换成数控程序。1955 年美国麻省理工学院（MIT）伺服机构实验室公布了 APT（Automatically Programmed Tools）系统。在该系统基础上，后来又出现 APTⅢ、APT-Ⅳ。20 世纪 60 年代初，西欧开始引入数控技术。在自动编程方面，除了引进美国的系统外，还发展了自

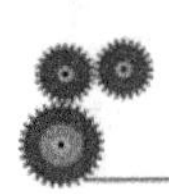

己的自动编程系统。如英国国家工程研究所（NEL）的 ZCL，西德的 EXAPT。此外，日本、苏联、中国也都发展了自己的自动编程系统。如日本的 FAPT、HAPT，苏联的 CΠC、CAΠC，中国的 ZBC-1、ZCX-3、CAM-251 等。

经过几十年的发展，以 APT 语言为代表的数控加工编程方法已经非常成熟，甚至当今最好的 CAD/CAM 系统也还带有 APT 源程序输出功能，将 CAD 数据传递给 APT 系统进行处理，并产生机床数控指令。

随着计算机技术、CAD 技术的发展，数控编程开始向交互式图形编程过渡。借助 CAD 图形，以人机交互的方式将有关工艺路线及参数输入编程系统，再由系统生成数控加工信息。与批处理式的语言编程相比，此种编程方式是很大进步。目前，绝大多数商品化 CAD/CAM 系统中，数控编程都采用此方式，如 UGII、 EUCLID、Intergraph、CV、I-DEAS 等。

20 世纪 70 年代后，人们开发出面向图形的数控编程系统 GNC，它作为面向产品制造的应用系统，得到了迅速的发展和推广。它将几何造型、图形显示、数控编程和后置处理等功能模块有机地结合在一起，有效地解决了编程数据的来源问题，有利地推动了 CAD、CAM 技术向着一体化和集成化的方向发展。

由于 CAD 与 CAM 所采用的数据结构不同，在 CAD/CAM 技术发展初期，主要工作是开发数据接口，沟通 CAD 和 CAM 之间的信息流。不同的 CAD、CAM 系统都有自己的数据格式规定，都要开发相应的接口，不利于 CAD/CAM 系统的发展。在这种背景下，美国波音公司和 GE 公司于 1980 年制定了数据交换规范 IGES（Initial Graphics Exchange Specifications）。这一规范后来被认可为美国 ANSI 标准。IGES 规定了统一的中性文件格式，不同的 CAD、CAM 系统可通过此中性文件进行数据交换，形成一个完整的 CAD/CAM 系统。将不同的系统通过适当的媒介集成到一起，这就给 CAD/CAM 集成化提供了一种很好的想法，许多商品化 CAD/CAM 或 CAD/CAM/CAE 系统都是在这种思想指导下开发的。从本质上讲这是系统的集成，即将不同的系统集成到一起。

随着 CAD/CAM 研究的深入和实际生产对 CAD/CAM 要求的不断提高，人们又提出用统一的产品数据模型同时支持 CAD 和 CAM 的信息表达，在系统设计之初，就将 CAD/CAM 视为一个整体，实现真正意义的集成化 CAD/CAM，使 CAD/CAM 进入了一个崭新的阶段。统一产品模型的建立，一方面为实现系统的高度集成提供了有效的手段；另一方面，也为 CAD/CAM 系统中实现并行设计提供了可能。目前，各大商品化软件纷纷向此方向靠拢。例如，SDRC 公司的 I-DEAS Master serial 版，在 Master Model 的统一支持下，实现了集成化 CAD/CAM，并在此基础上实现并行工程。

20 世纪 80 年代，出现了一大批工程化的 CAD/CAM 商品化软件系统，其中较著名的有 CADAM，CATIA，UG-Ⅱ，I-DEAS，Pro/ENGINEER，ACIS 等，并应用到机械、航空航天、汽车、造船等领域。

进入 20 世纪 90 年代以来，CAD/CAM 系统的集成度不断增加，特征造型技术的成熟应用，为从根本上解决由 CAD 到 CAM 的数据流无缝传递奠定了基础，使 CAD/CAM 达到了真正意义上的集成，从而发挥出最高的效益。

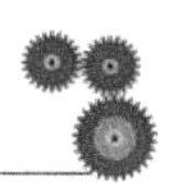

三、CAD/CAM 技术的展望

集成化是 CAD/CAM 技术发展的一个最为显著的趋势。它是指把 CAD，CAE，CAPP，CAM 以至 PPC（生产计划与控制）等各种功能不同的软件有机地结合起来，用统一的执行控制程序来组织各种信息的提取、交换、共享和处理，保证系统内部信息流的畅通并协调各个系统有效地运行。国内外大量的经验表明，CAD 系统的效益往往不是源自于本身，而是通过 CAM 和 PPC 系统体现出来；反过来，CAM 系统如果没有 CAD 系统的支持，花巨资引进的设备往往很难得到有效的利用；PPC 系统如果没有 CAD 和 CAM 的支持，既得不到完整、及时和准确的数据作为计划的依据，制订出的计划也较难贯彻执行，所谓的生产计划和控制将得不到实际效益。因此，人们着手将 CAD，CAE，CAPP，CAM 等系统有机地、统一地集成在一起，从而消除“自动化孤岛”，取得最佳的效益。

21 世纪网络将全球化，制造业也将全球化，从获取需求信息到产品分析设计、选购原辅材料和零部件、进行加工制造，直至营销，整个生产过程也将全球化。CAD/CAM 系统的网络化能使设计人员对产品方案在费用、流动时间和功能上的并行化产品设计应用系统；能提供产品、进程和整个企业性能仿真、建模和分析技术的拟实制造系统；能开发自动化系统，产生和优化工作计划和车间级控制，支持敏捷制造的制造计划和控制应用系统；对生产过程中物流，能进行物料管理应用系统等。

人工智能在 CAD 中的应用主要集中在知识工程的引入，发展专家 CAD 系统。专家系统具有逻辑推理和决策判断能力。它将许多实例和有关专业范围内的经验、准则结合在一起，给设计者更全面，更可靠的指导。应用这些实例和启发准则，根据设计的目标不断缩小探索的范围，使问题得到解决。

项目五　数控加工基础及通用参数的设置

掌握好数控自动软件的编程，首先应对数控加工基础知识有一定的了解。本项目介绍数控加工的基本概念、数控加工的优点、数控程序段的组成、刀具及轮廓等知识，同时针对 CAXA 制造工程师软件加工前的一些通用参数设置的方法作详细的介绍。

学习目标

（1）了解数控加工的基本概念。

（2）了解 CAXA 制造工程师实现加工的步骤和相关概念。

任务一　数控加工基础

1. 数控加工

数控加工是一种将加工数据和工艺参数输入机床，通过机床的控制系统对输入信息进行运算和控制，并不断向机床的步进或伺服机构发送脉冲信号，对脉冲信号进行转换与放大处理后驱动机床加工零件的加工技术。它是解决零件品种多变、批量小、形状复杂、精度高等问题和实现高效化和自动化加工的有效途径。

数控加工程序编制方法有手工编程和自动编程之分。手工编程，即程序的全部内容是由人工按数控系统所规定的指令格式编写的；自动编程即计算机编程，是使用 CAD/CAM 软件自动实现的编程。

使用自动编程软件实现数控加工主要包括的内容如下：

（1）确定数控加工的零件、机床的类型、工量夹具、刀具等。

（2）对零件图纸识读。

（3）数控加工的工艺设计。

（4）根据图纸及工艺的需要在 CAD/CAM 软件中绘制点、线、面、实体。

（5）生成加工的轨迹并进行线框及实体的仿真。

（6）按机床的类型、刀具的种类生成匹配的数控程序及工艺清单。

（7）将程序传送给机床。

（8）首件试切削及问题处理。

（9）数控加工工艺文件的定型与归档。

数控加工有下列优点：

（1）大量减少工装数量，加工形状复杂的零件不需要复杂的工装。如要改变零件的形状和尺寸，只需要修改零件加工程序，适用于新产品研制和改型。

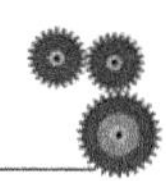

（2）加工质量稳定，加工精度高，重复精度高，适应复杂零件的加工要求。

（3）多品种、小批量生产情况下生产效率较高，能减少生产准备、机床调整和工序检验的时间，而且由于使用最佳切削量而减少了切削时间。

（4）可加工常规方法难以加工的复杂型面，甚至能加工一些无法观测的加工部位。

数控加工的缺点是，机床设备费用昂贵，要求维修人员具有较高水平。

2. 数控加工的程序

数控加工的程序主要由程序段构成，程序段是用来指令机床完成或执行某一动作。程序段是由尺寸字、非尺寸字和程序段结束符构成；常规加工程序由开始符、程序名、程序主体和程序结束指令组成。程序开始符与程序结束符是同一个字符，在 ISO 代码中是 %，在 EIA 代码中是 ER。程序结束指令可用 M02 或 M30；程序名通常是以规定的英文字 O 打头、后面跟四位数字组成，简单的范例程序见表 5-1。

表 5-1

%	程序开头
O0001；	程序号
G90G40G80G00；	设定初始状态
M03S1000；	主轴正转
G00G54X-90Y-40；	按指令移动到起始位置
G43H01Z100；	调用长度补偿
Z20；	快速下刀至工件表面 20mm 处，验证长度，刀补
M8；	冷却液开
G01Z0F200；	
X60F600；	
Y0；	
X-60；	
Y40；	
X90；	
M05；	停止转动
M09；	冷却液关
G00G49Z100；	提刀并取消刀补
M30；	程序结束
%	

3. 数控加工的分类

数控加工按照可控制轴的联动情况可分为以下几种。

（1）两轴加工：机床坐标系的 X 轴与 Y 轴两轴联动，Z 轴固定，即机床在同一高度下对工件进行切削加工。适合于零件的平面部分实施一次性的加工。

（2）两轴半加工：在两轴的基础上增加了 Z 轴的移动，当机床的 X 轴和 Y 轴固定时，Z 轴可以有上下的移动。利用两轴半加工可以实现分层加工，每层在同一高度（Z 方向）上进行两轴加工，层间有 Z 向的移动。

（3）三轴加工：机床坐标系的 X 轴、Y 轴、Z 轴三轴联动。三轴加工适用于各种非平面图形，即一般的曲面加工。

（4）多轴加工：数控机床有 X、Y、Z 三个直线坐标轴，绕 X 轴、Y 轴、Z 轴旋转的轴分别称之为 A 轴、B 轴和 C 轴，多轴加工是指在一台机床上至少具备第 4 轴的联动加工，如图 5-1 所示。

多轴联动数控机床是技术含量高、高精密度、专门用于加工曲面复杂的机床。多轴联动的数控机床能够解决叶轮、叶片、船用螺旋桨、汽轮机转子、大型柴油机曲轴等加工的难题，所加工的零件如图 5-2 所示。

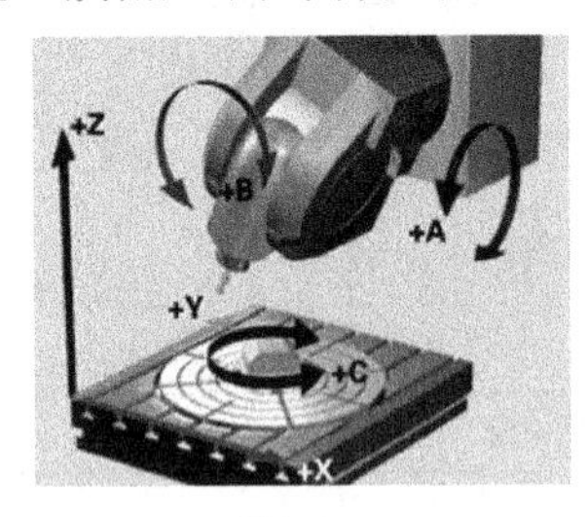

图 5-1

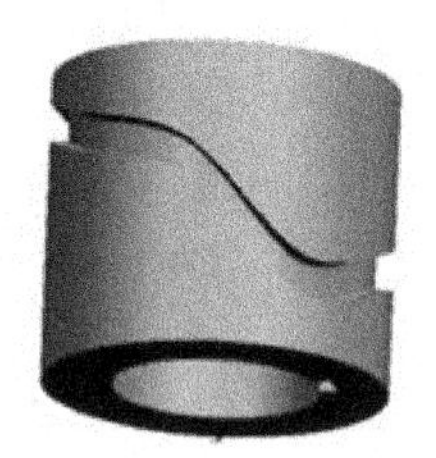

图 5-2

4．常见数控名词的概念

（1）轮廓

轮廓是指一系列首尾相接的曲线的集合，如图 5-3 所示。

（a）开放轮廓

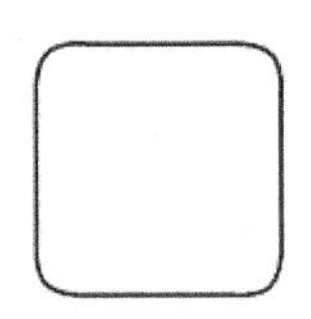

（b）封闭轮廓

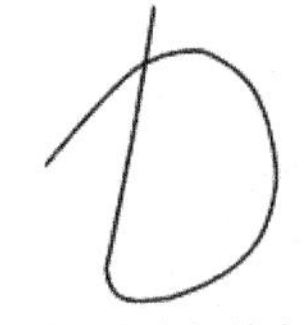

（c）有自交点的轮廓

图 5-3

在数控编程时，常用轮廓来界定被加工的区域或被加工图形的本身。如果轮廓是用来界定被加工区域的，则要求指定的轮廓是闭合的；如果加工的是本身的轮廓，轮廓可以不闭合。

（2）区域和岛

由一个闭合轮廓围成的内部空间称为区域，其内部可以有“岛”；岛也是由闭合轮廓界定的。外轮廓和岛共同指定待加工区域，外轮廓用来界定加工区域的外部边界，岛用来屏蔽内部不需加工或需保护的部分，如图 5-4 所示。

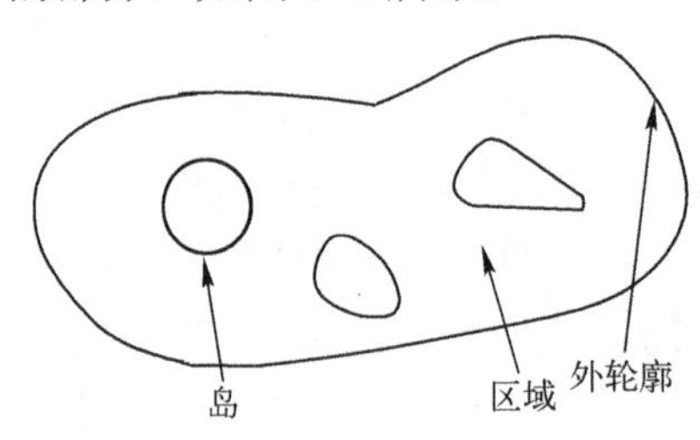

图 5-4

（3）刀具

提供了球刀（$r=R$）、平刀($r=0$)、R 刀($r<R$)三种铣刀，如图 5-5 所示。

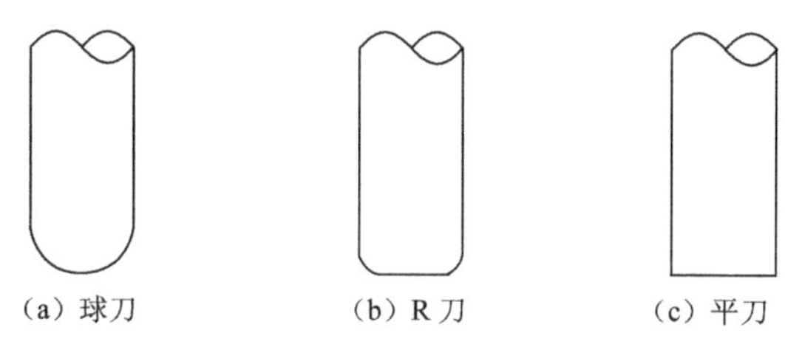

图 5-5

刀具的选择：在三轴加工中，当曲面形状复杂、有起伏时，建议使用球刀，并且球刀的刀具半径要小于曲面的最小曲率半径，同时适当调整加工的参数可以达到较好的加工效果；在二轴加工中，为提高加工效率，建议使用端刀；刀刃长度和刀杆长度应从机床的具体情况、零件的尺寸是否会干涉等方面考虑选择。

（4）刀具轨迹和刀位点

系统按给定的工艺要求生成的刀具切削进给路线称为刀具轨迹。它是由一系列有序的刀位点和连接这些刀位点的直线（直线插补）或圆弧（圆弧插补）组成，刀具轨迹是按照刀尖位置来计算和显示的，如图 5-6 所示。

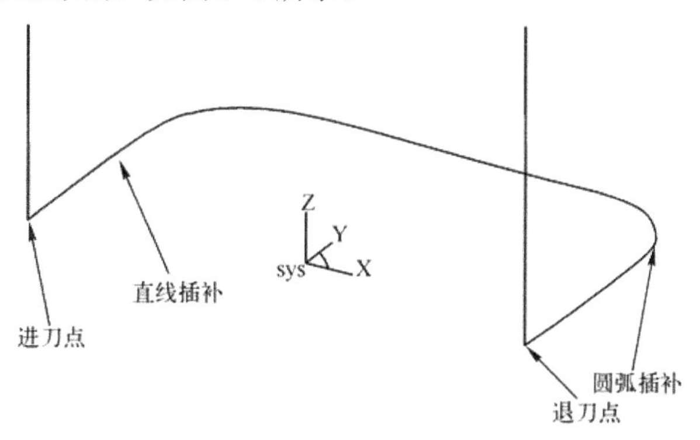

图 5-6

（5）干涉

在切削的过程中，如果刀具切到了不应切的部分，称为干涉或者过切。在 CAXA 制造工程师软件中，干涉分为自身干涉和曲面干涉两种，如图 5-7 所示。

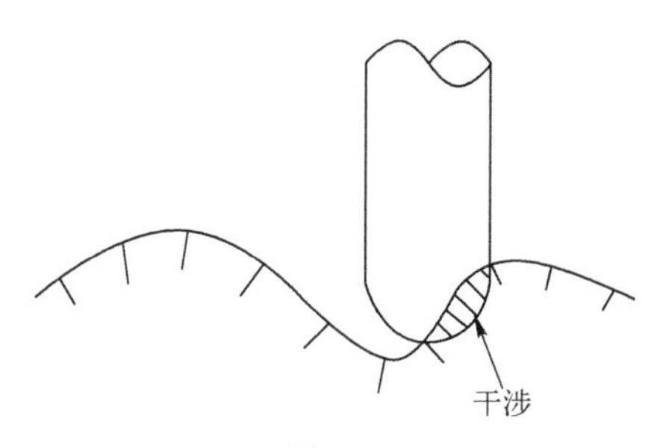

图 5-7

想一想

（1）数控加工的概念是什么？使用 CAD/CAM 软件自动编程进行数控加工的主要内容有哪些？

（2）数控加工有哪些优点？

（3）数控的程序段有哪些部分组成？请注解一个完整的程序。

（4）两轴及两轴半加工有何区别？

（5）分别简述多轴加工的定义及优点。

（6）轮廓的分类是什么？岛的概念是什么？

（7）按刀具的外形可分为哪几种？

（8）刀具轨迹及刀位点概念是什么？干涉的概念是什么？

任务二　数控通用加工参数的设置

1. 模型

模型是指存在的实体和所有曲面的总和，如图 5-8 所示，模型主要用于刀路的仿真，在轨迹仿真器中，模型可以用于仿真环境下的干涉检查。

在造型时，模型的曲面光滑且连续，如球面是一个理想的光滑的连续的面，理想的模型称为几何模型；但在加工时，是不可能得到这样一个理想的几何模型的。一般地，将一张曲面离散成一系列的三角片，由这一系列三角片所构成的模型称为加工模型。加工模型与几何模型之间的误差，称为几何精度，具体如图 5-9 所示。

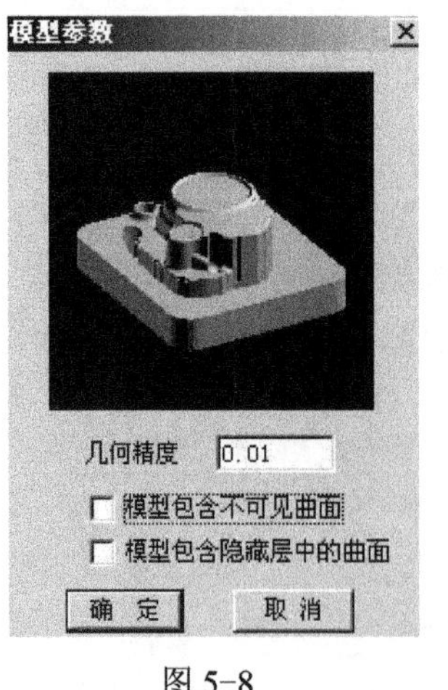

图 5-8

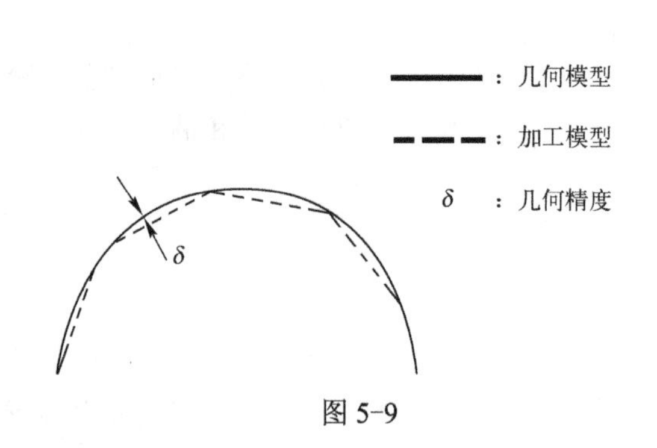

图 5-9

加工精度是按轨迹加工出来的零件与加工模型之间的误差，当加工精度趋近于 0 时，轨迹对应的加工件的形状就是加工模型了（忽略残留量）。

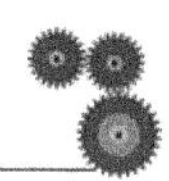

模型中包含不可见曲面，在“模型参数”中勾选“模型包含不可见曲面”复选框，则不可见曲面会成为模型的一部分；否则模型中不包含不可见曲面。

模型中包含隐藏层中的曲面，在“模型参数”复选框中勾选“模型包含隐藏层中的曲面”复选框，则隐藏层中的曲面会成为模型的一部分；否则，模型中不包含隐藏层中的曲面。

提示： 用户使用加工模块过程中不要增删曲面，若这样做需重置轨迹。

2. 毛坯

毛坯是指零件加工前的材质及尺寸，一般为方形。软件中毛坯定义如图 5-10 所示。

锁定：锁定好毛坯的基准点、大小、毛坯类型等，防止设定好的毛坯数据改变。

毛坯定义的方式、基准点及大小如下。

（1）定义的方式：两点方式、三点方式、参照模型。

（2）基准点：毛坯在坐标系中的左下角点。

（3）大小：毛坯在 X 方向、Y 方向、Z 方向的尺寸。

毛坯类型：系统提供铸件、精铸件、锻件、精锻件、棒料、冷作件、冲压件、标准件、外购件、外协件、其他等毛坯的类型，主要是输出工艺清单时需要。

毛坯精度设定：设定毛坯的网格间距，主要是仿真时需要。

毛坯显示：是否在工作区中显示毛坯。

透明度：设定毛坯显示时的透明度。

3. 起始点

起始点是设定刀具起始点的位置，具体如图 5-11 所示。

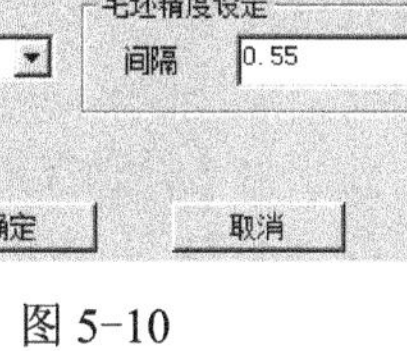

图 5-10

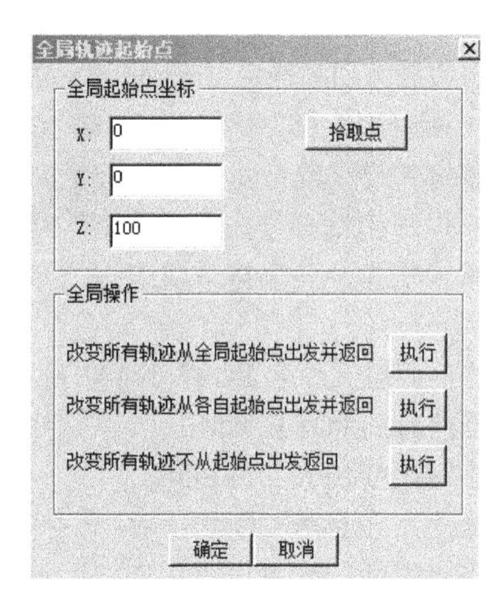

图 5-11

全局起始点坐标：是轨迹中默认的起始点，可通过输入或者单击“拾取点”按钮来设定刀具起始点。

“改变所有轨迹从全局起始点出发并返回”是指将所有轨迹的起始点都改为全局起始点参数，出发从起始点开始下刀，切削完后再返回到起始点；“改变所有轨迹从各自起始点出发并返回”是指对轨迹树上的所有轨迹都添加起始点，但添加的起始点并不选择全局起始点，而是使用各个轨迹自己所带的起始点参数；“改变所有轨迹不从起始点出发返回”是指对轨迹树上的所有轨迹都去掉起始点，即使已经生成了起始点，也会删除。

提示：计算轨迹时默认地以全局刀具起始点作为刀具起始点，完毕后用户可以对该轨迹的刀具起始点进行修改。

4．机床后置

机床后置包含机床信息和后置设置两部分，如图 5-12 所示。

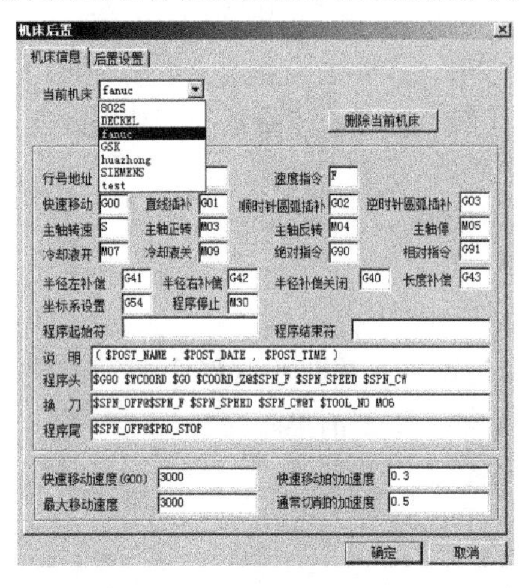

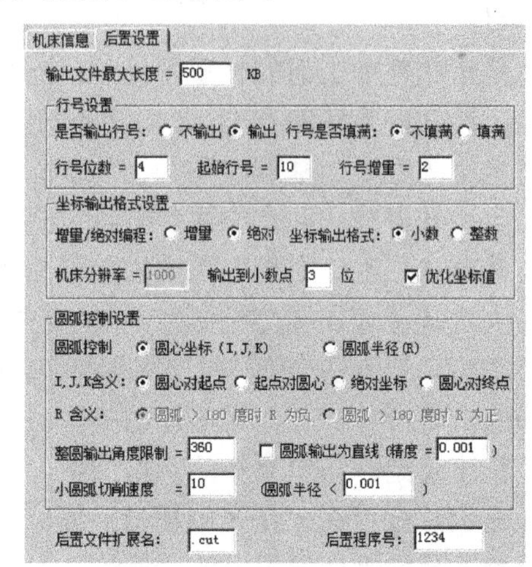

图 5-12

机床参数配置是指相应机床的各种指令地址及数控程序代码的规格设置，还包括设置要生成的 G 代码程序格式。快速移动速度即各轴快进速度(mm/min)、最大移动速度（即各轴可指定的最大切削速度(mm/min)）、快速移动的加速度（即各轴快速进刀时的加速度）、通常切削的加速度（即各轴切削进刀时的最大加速度），必须符合具体的机床规格。

程序格式设置就是对 G 代码各程序段格式进行设置。用户可以对以下程序段进行格式设置：程序起始符号、程序结束符号、程序说明、程序头、程序尾、换刀段。设置方式字符串或宏指令@字符串或宏指令，其中宏指令为“$+宏指令串”，系统提供的宏指令串有：

* 当前后置文件名 POST_NAME；
* 当前日期 POST_DATE；
* 当前时间 POST_TIME；
* 系统规定的刀具号 TOOL_NO；
* 主轴速度 SPN_SPEED；
* 当前 X 坐标值 COORD_X；
* 当前 Y 坐标值 COORD_Y；
* 当前 Z 坐标值 COORD_Z；
* 当前程序号 POST_CODE；
* 当前刀具信息 TOOL_MSG；
* 当前加工参数信息 PARA_MSG；
* 行号指令 LINE_NO_ADD；
* 行结束符 BLOCK_END；
* 速度指令 FEED；
* 快速移动 G00；
* 直线插补 G01；
* 顺圆插补 G02；
* 逆圆插补 G03；
* XY 平面定义 G17；
* XZ 平面定义 G18；

* YZ 平面定义 G19；
* 绝对指令 G90
* 相对指令 G91；
* 刀具半径补偿取消 DCMP_OFF (G40)；
* 刀具半径左补偿 DCMP_LFT (G41)；
* 刀具半径右补偿 DCMP_RGH (G42)；
* 刀具长度补偿 LCMP_LEN (G43)；
* 刀具长度补偿 LCMP_SHT (G44)；
* 刀具长度补偿 LCMP_OFF (G49)；
* 坐标设置 WCOORD (G92、G54_G59)；
* 主轴正转 SPN_CW(M03)；
* 主轴反转 SPN_CCW(M04)；
* 主轴 SPN_OFF (M05)；
* 主轴转速 SPN_F（S）；
* 冷却液开 COOL_ON (M07、M08)；
* 冷却液关 COOL_OFF (M09)；
* 程序止 PRO_STOP (M30)；

"@"表示换行标志；若是字符串则输出它本身；"$"表示输出空格。

若快速移动指令内容为 G00，那么，$G0 的输出结果为 G00；同样$COOL_ON 的输出结果为 M07，$PRO_STOP 为 M30，依此类推。

例如：$G90$$WCOORD$G0$COORD_Z@G43H01@SPN_FSPN_SPEED$SPN_CW，在后置文件中的输出内容为：

```
G90G54G00Z30.00
G43H01
S500M03
```

换刀指令可以由用户根据机床设定，换刀后系统要增加一些有关刀具的信息，以便于必要时进行刀具补偿。

后置设置中的一些设定如下：

当输出的代码文件长度大于规定长度时，系统自动分割文件；在输出代码中，对于控制行的一些参数，行号是否填满是指行号不足规定的行号位数时是否用 0 填充；机床分辨率就是机床的加工精度，如果机床精度为 0.001mm，则分辨率设置为 1000； 优化坐标值指输出的 G 代码中，若坐标值的某分量与上一次相同，则此分量在 G 代码中不出现。

圆弧控制设置是指采用圆心编程方式还是采用半径编程方式，当采用圆心编程方式时，圆心坐标（I，J，K）有四种含义，具体介绍如下。

* 绝对坐标：采用绝对编程方式，圆心坐标（I，J，K）的坐标值为相对于工件零点绝对坐标系的绝对值。
* 圆心对起点：I、J、K 的含义为圆心坐标为相对于圆弧起点的增量值。
* 起点对圆心：I、J、K 的含义为圆弧起点坐标相对于圆心坐标的增量值。
* 圆心对终点：I、J、K 的含义为圆心坐标相对于圆弧终点坐标的增量值。

按圆心坐标编程时，不同机床其圆心坐标编程的含义不同，但对于指定的机床其含义只有一种。当采用半径编程时，半径正负与控制圆弧是劣弧还是优弧之间的关系如下。

* 优圆弧：圆弧大于 180°，R 为负值。
* 劣圆弧：圆弧小于 180°，R 为正值。

提示：用 R 来编程时，不能输出整圆，因为过一点可以做无数个圆，圆心的位置无

法确定，所以一定要在整圆输出角度限制中设为小于 360°。

5．刀具库

在每一个加工功能参数中，都有刀具参数的设置，如图 5-13 所示。

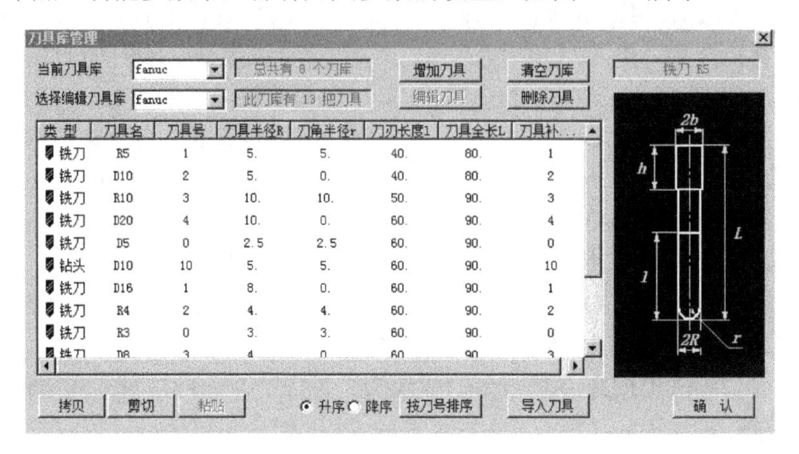

图 5-13

增加刀具：增加新的刀具到编辑刀具库。

清空刀库：删除编辑刀具库中的所有刀具。

编辑刀具：对编辑刀具库中选中的刀具参数进行修改。

删除刀具：删除编辑刀具库中选中的刀具。

刀具列表：显示编辑刀具库中的所有刀具及其相关的主要参数。

刀具库：库中存放着用户定义的不同刀具，可以方便从刀具库中取出所需的刀具，显示这些刀具的类型、刀具名称、刀具号、刀具半径 R、切削刃长 L 等参数，如图 5-14 所示。

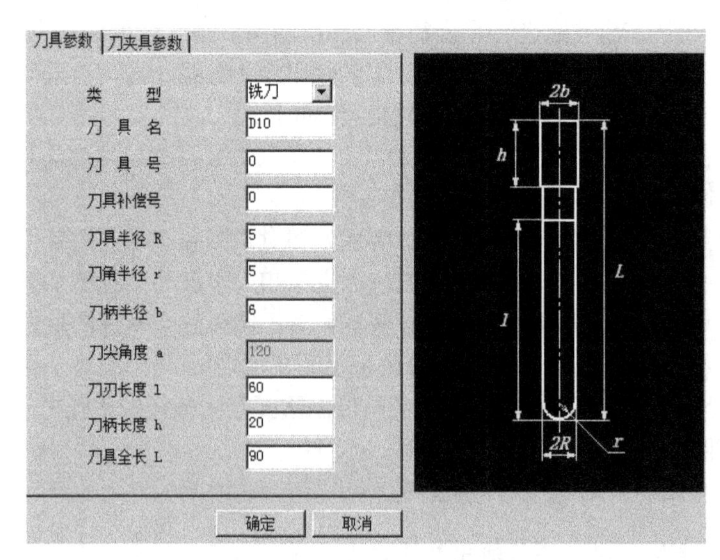

图 5-14

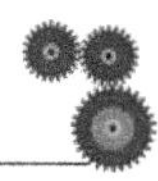

新增刀具的类型有铣刀及钻头两种类型，如图 5-14 所示，具体含义如下。

刀具名：刀具的名称。

刀具号：刀具在加工中心的刀库中位置编号，便于加工的过程中换刀。

刀具补偿号：刀具半径补偿值所对应的编号。

刀具半径 R：刀刃部分最大截面圆的半径。

刀角半径 r：刀刃部分球形轮廓区域半径，只对铣刀有效。

刀柄半径 b：刀柄部分截面圆半径。

刀尖角度 a：只对钻头有效，钻尖的圆锥角。

刀刃长度 l：刀刃部分的长度。

刀柄长度 h：刀柄部分的长度。

刀具全长 L：刀杆与刀柄长度的总和。

6．刀具轨迹

在轨迹几何编辑器（见图 5-15（a））中可更改刀具轨迹的加工参数、刀具参数、起始点和几何元素。根据不同的加工功能，有的按钮可能以灰色显示，表明该项操作不对该功能开放；在列表框中双击轮廓曲线或单击“曲线反向”按钮会对该曲线反向；在列表框中选中几何元素后按 Del 键或者单击“删除”按钮，该几何元素就从轨迹中删除。

（a）

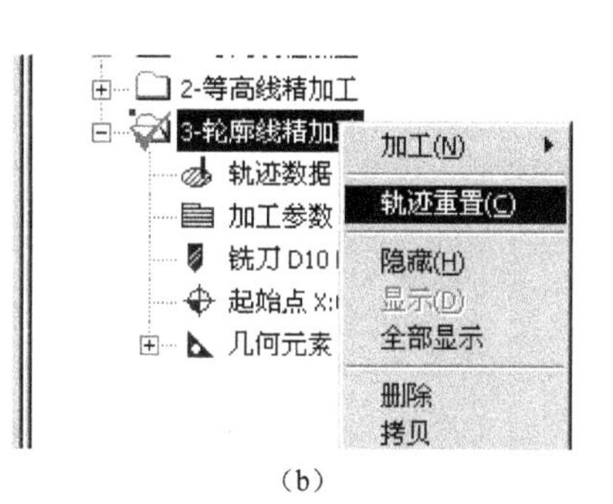

（b）

图 5-15

轨迹重置是指在轨迹树中拾取一个或多个轨迹后，系统按轨迹树中选中的轨迹的顺序重新计算各个轨迹，如图 5-15（b）所示；轨迹移动是指在轨迹树中拾取一个或多个轨迹后拖动鼠标，以改变所选轨迹在树中的位置和先后次序，如图 5-16（a）所示；轨迹参数拷贝是指用左键拖动轨迹的加工参数分支，可以将此轨迹的加工参数复制到相同类型的轨迹中，如图 5-16（b）所示；刀具参数复制是指用左键拖动轨迹的刀具分支，可以将此轨迹的刀具复制到其他轨迹中，如图 5-16（c）所示。

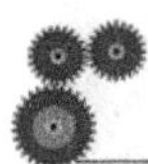

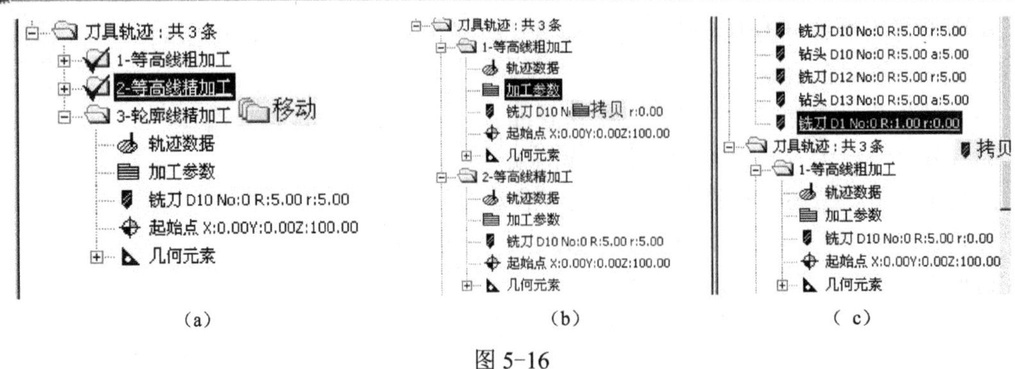

（a）　　（b）　　（c）

图 5-16

7. 下刀方式

安全高度是指刀具快速移动而不会与毛坯或模型发生干涉的高度，有相对与绝对两种模式。相对是指以切入或切出或切削开始或切削结束位置的刀位点为参考点，绝对是指以当前加工坐标系的 *XOY* 平面为参考平面，拾取是指单击后可以从工作区选择安全高度的绝对位置高度点，如图 5-17 所示。

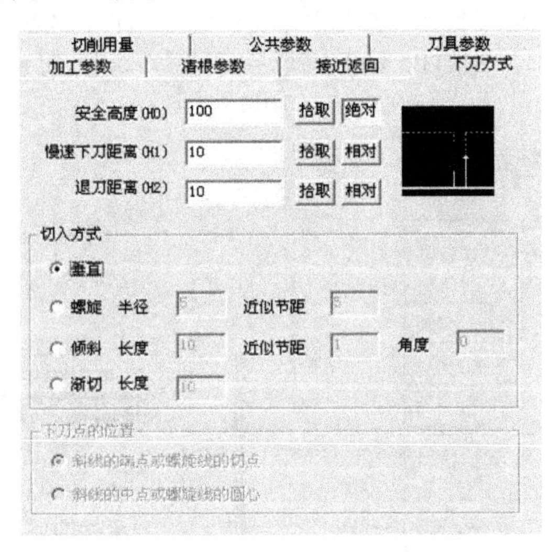

图 5-17

慢速下刀距离是指在切入或切削开始前的一段刀位轨迹的位置长度，这段轨迹以慢速下刀速度垂直向下进给，如图 5-18（a）所示；退刀距离是指在切出或切削结束后的一段刀位轨迹的位置长度，这段轨迹以退刀速度垂直向上进给，如图 5-18（b）所示。

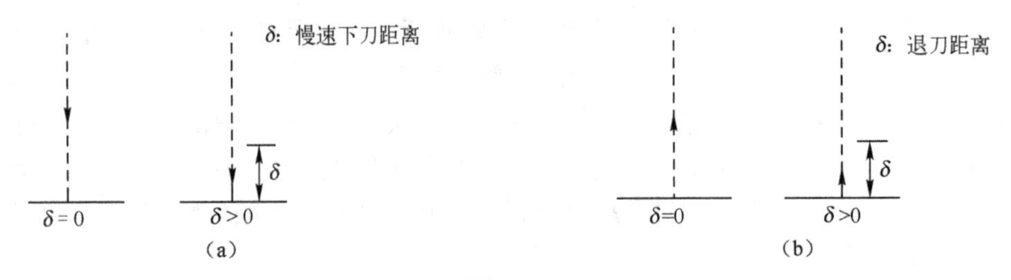

（a）　　（b）

图 5-18

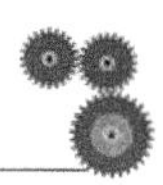

切入方式中垂直、螺旋、倾斜的含义如下：

（1）垂直是指刀具沿垂直方向切入，如图 5-19（a）所示。

（2）螺旋是指刀具以螺旋线方式切入，如图 5-19（b）所示。

（3）倾斜是指刀具以与切削方向相反的倾斜线方向切入，如图 5-19（c）所示。

距离是指切入轨迹段的高度；幅度是指 Z 字形切入时走刀的宽度；倾斜角度是指 z 字形或倾斜线走刀方向与 *XOY* 平面的夹角。

对于螺旋和倾斜时的下刀点位置有两种选择方式，若选择斜线的端点或螺旋线的切点，下刀点位置为斜线的端点或螺旋线的切点处；若选择斜线的中点或螺旋线的圆心，下刀点位置为斜线的中点或螺旋线的圆心处。

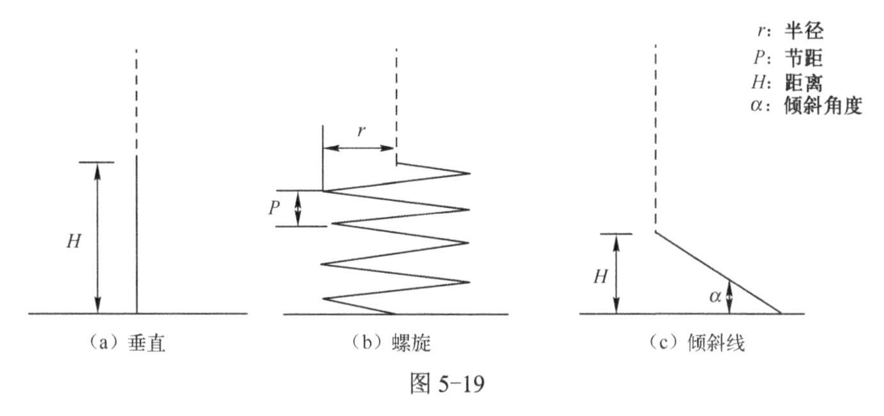

图 5-19

8. 切削用量

（1）主轴转速是指设定主轴转速的大小，单位为 r/min。

（2）慢速下刀速度(F0)是指设定慢速下刀轨迹段的进给速度的大小，单位为 mm/min。

（3）切入切出连接速度(F1)是指设定切入轨迹段、切出轨迹段、连接轨迹段、接近轨迹段、返回轨迹段的进给速度的大小，单位为 mm/min。

（4）切削速度(F2)是指设定切削轨迹段的进给速度的大小，单位为 mm/min;

（5）退刀速度(F3)是指设定退刀轨迹段的进给速度的大小，单位为 mm/min。

整体设置如图 5-20 所示。

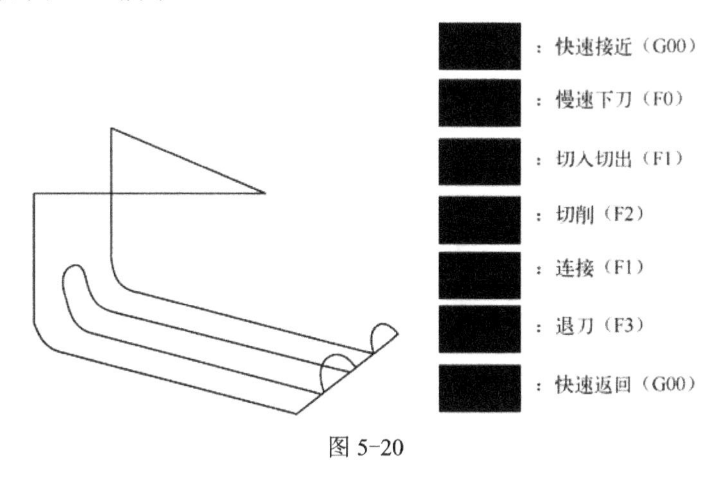

图 5-20

9. 补偿

补偿是左偏还是右偏要取决于加工的是内轮廓还是外轮廓，如图 5-21 所示。

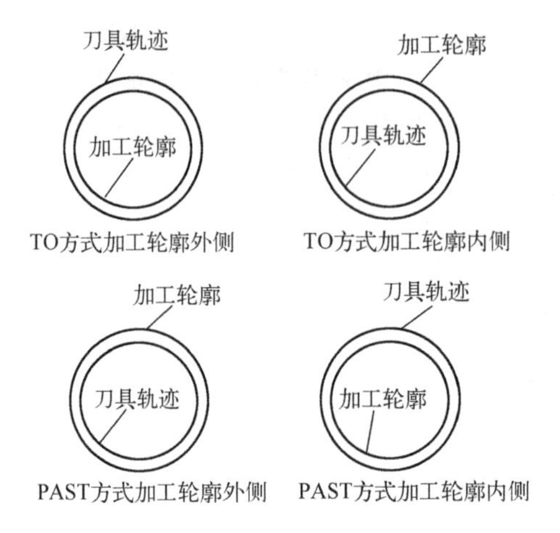

图 5-21

10. 通信

通信可以使 CAXA 制造工程师与机床连接起来，把生成的数控代码传输到机床上，也可以从机床上下载代码到本地硬盘上。

通常采用串口连接，以 FANUC 系统为例，数控机床的 DNC 采用 9 针插头（与计算机的 COM1 或 COM2 相连接）及 25 针插头（与数控机床的通信接口相连接）用网络线连接，9 针串口与 25 针串口的焊接关系如图 5-22 所示。

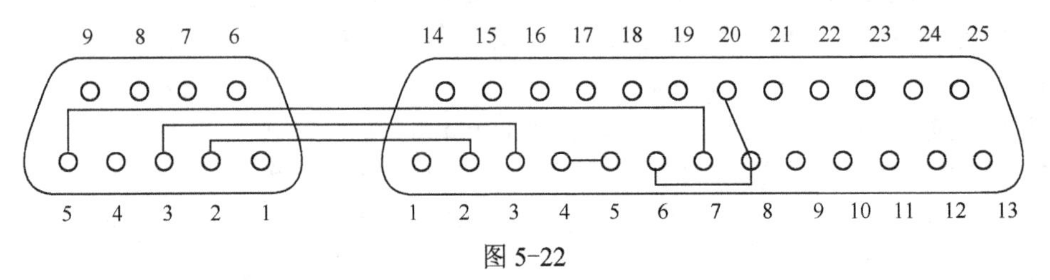

图 5-22

发送：选择“通信”→“标准本地通信”→“发送”命令后，会弹出一个选择代码的对话框，如图 5-23 所示。选择一个要向机床传输的 G 代码文件，在传输代码的过程中，会出现一个传输进度条，在传输过程中也可以暂停或终止当前传输过程。

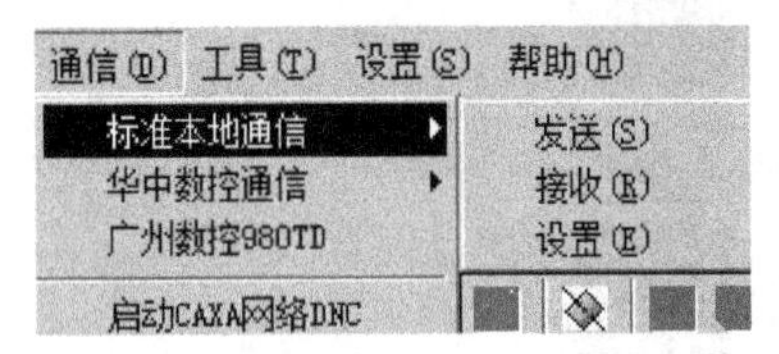

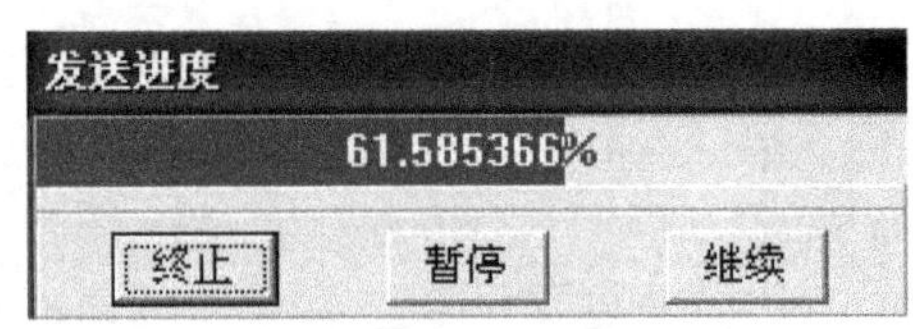

图 5-23

接收：选择“接收”命令后，系统会弹出一个当前的进度条，如图 5-24 所示。传输过来的代码文件被自动地保存到制造工程师安装的目录下的与 bin 同级的 cut 目录下面，

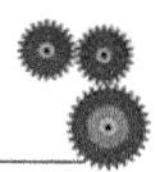

文件名是按流水号自动生成的。

设置：参数设置是指用来配置计算机与数控系统内部的串行通信设置，即软件的协议，其中包含发送设置和接收设置，发送设置和接受设置所包含的参数一样，“参数设置”对话框如图 5-25 所示。

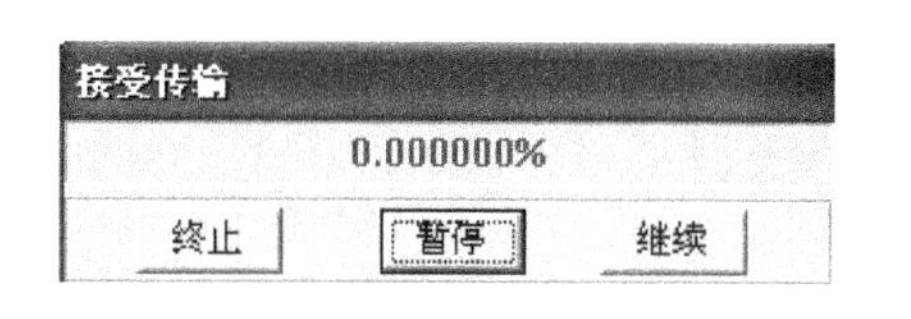

图 5-24

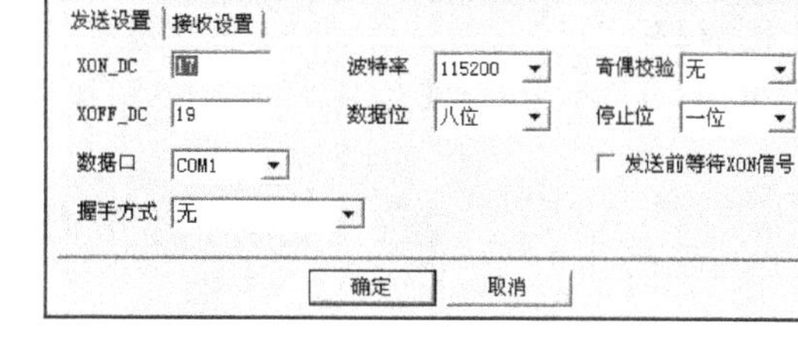

图 5-25

XON_DC：接收的一方在传输过程中，用该字符控制发送方开始发送的动作信号。

XOFF_DC：接收的一方在传输过程中，用该字符控制发送方暂时停止发送的动作信号。

接收前发送 XON 信号：系统在从发送状态转换到接收状态之后发送的 DC 码信号。

发送前等待 XON 信号：接收一方在代码传输起始时，控制发送方开始发送的动作信号。勾选该复选框后，计算机发送数据时，先将数据发送到智能终端，等机床给出 XON 信号后，智能终端才开始向机床发送数据。

波特率：数据传送速率，表示每秒钟传送二进制代码的倍数，它的单位是位/秒。常用的波特率为 4800、9600、19200、38400。

数据位：串口通信中单位时间内的电平高低代表一位，多个位代表一个字符，这个位数的约定即数据位长度。一般位长度的约定根据系统的不同有 5 位、6 位、7 位、8 位几种。

数据口：智能终端当前正常工作的端口，默认为 COM1。

奇偶校验：是指在代码传送过程中用来检验是否出现错误的一种方法。

停止位：传输过程中每个字符数据传输结束的标示。

握手方式：接收和发送双方用来建立握手的传输协议。

想一想

（1）模型的概念是什么？加工精度概念是什么？

（2）毛坯的定义有哪三种方式？

（3）全局起始点的概念是什么？有几种操作方式？

（4）机床的信息及后置的设置中的每一项的含义是什么？

（5）刀具库中有哪些操作？如何增加及删除一把刀？

（6）轨迹重置、拷贝及刀具参数的拷贝如何在加工轨迹树中实现？

（7）下刀有哪三种方式？解释每一种方式中的每一项参数的含义。

（8）切削用量中各参数的单位是什么？

（9）ON、TO、PAST 方式分别在加工内轮廓及外轮廓时如何理解？

（10）常见的数控机床和数控系统通信的接口是什么？请举例说明 FANUC 系统的接线，解释软件中协议设定的每一项的含义。

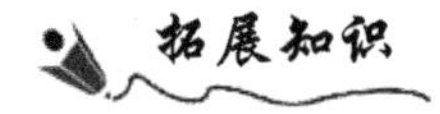

数控铣削加工进刀方式的探讨

数控加工对加工工艺有着特殊的要求，数控加工中对工艺问题处理的好坏，将直接影响数控加工的质量和效率。而在各种型面的数控铣削中，合理地选择切削加工方向、进刀切入方式是很重要的，因为两者将直接影响零件的加工精度和加工效率。

1．轮廓加工中的进刀方式

（1）法线进刀和切线进刀

轮廓加工进刀方式一般有两种：法线进刀和切线进刀，如图 5-26 所示。由于法线进刀容易产生刀痕，因此一般只用于粗加工或者表面质量要求不高的工件。法线进刀的路线较切线进刀短，因而切削时间也就相应较短。

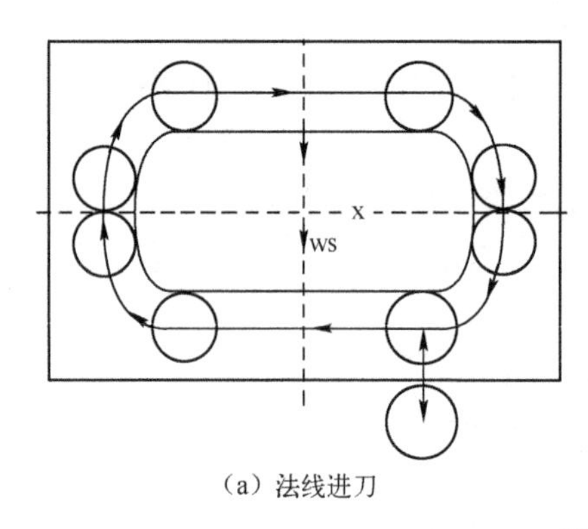

（a）法线进刀

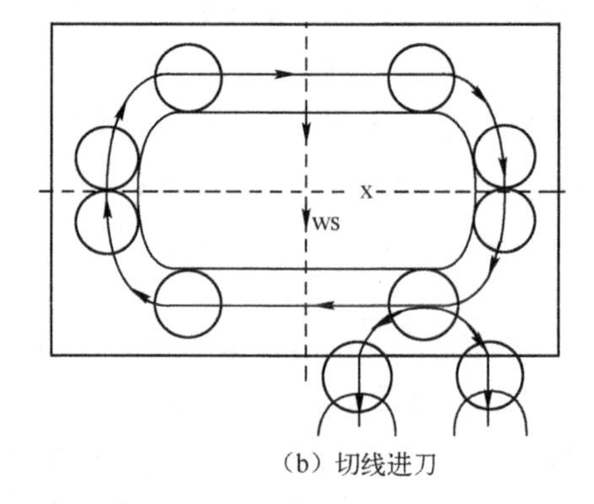

（b）切线进刀

图 5-26

在一些表面质量要求较高的轮廓加工中，通常采用增加一条进刀引线再圆弧切入的方式，使圆弧与加工的第一条轮廓线相切，能有效地避免因法线进刀而产生的刀痕，如图 5-27 所示。而且在切削毛坯余量较大时离开工件轮廓一段距离下刀再切入，很好地起到了保护立铣刀的作用。

需要说明的是，在手工编写轮廓铣削程序时为了编程的方便，或者为了弥补刀具的磨损，常常采用刀补方式进行编程，即在编程时可以不考虑刀具的半径，直接按图样尺寸编程，再在加工时输入刀具的半径(或补偿量)至指定的地址进行加工。但要注意，切入圆弧的 R 值需大于所使用的刀具半径 r，否则无法建立补偿而出现报警，如图 5-28 所示。至于进刀引线的长短则要根据实际情况计算，但要注意减少空刀的行程。

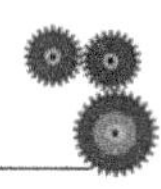

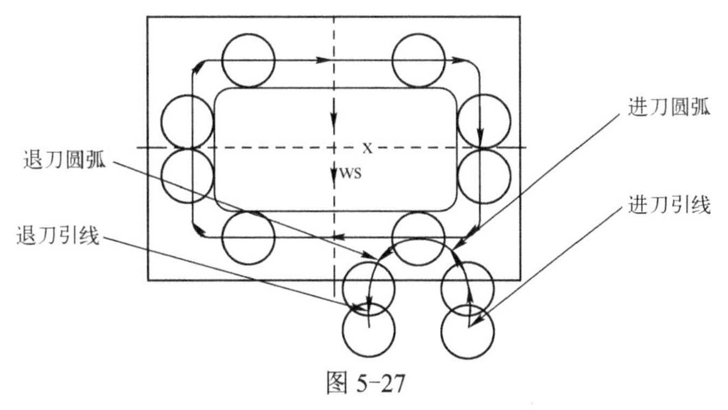

图 5-27

（2）非典型轮廓加工中的进刀方式

在对于一些非典型轮廓的加工，采用切线进退刀的同时，还应沿轮廓走多一个重叠量 L，可以有效避免因进刀点和退刀点在同一位置而产生的刀痕。重叠量 L 一般取 1～2mm 即可，如图 5-29 所示。

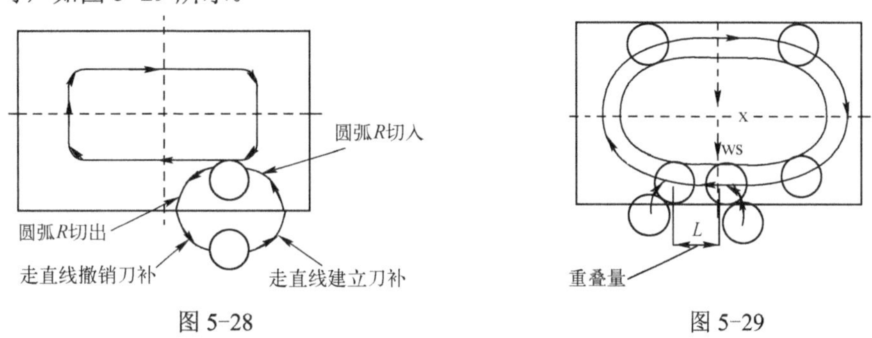

图 5-28　　　　图 5-29

2. 挖槽和型腔加工中的进刀方式

对于封闭型腔零件的加工，下刀方式主要有垂直下刀、螺旋下刀和斜线下刀三种，下面就如何选择各下刀方式进行说明。

（1）垂直下刀

① 小面积切削和零件表面粗糙度要求不高的情况。使用键槽铣刀直接垂直下刀并进行切削。虽然键槽铣刀其端部刀刃通过铣刀中心，有垂直吃刀的能力，但由于键槽铣刀只有两刃切削，加工时的平稳性较差，因而表面粗糙度较差；同时在同等切削条件下，键槽铣刀较立铣刀的每刃切削量大，因而刀刃的磨损也就较大，在面积切削中的效率较低。所以，采用键槽铣刀直接垂直下刀并进行切削的方式，通常只用于小面积切削或被加工零件表面粗糙度要求不高的情况。

② 大面积切削和零件表面粗糙度要求较高的情况。大面积的型腔一般采用加工时具有较高的平稳性和较长使用寿命的立铣刀来加工，但由于立铣刀的底切削刃没有到刀具的中心，所以立铣刀在垂直进刀时没有较大切深的能力，因此一般先采用键槽铣刀(或钻头)垂直进刀后，再换多刃立铣刀加工型腔。在利用 CAM 软件进行编程的时候，一般都会提供指定点下刀的选项。

（2）螺旋下刀

螺旋下刀方式是现代数控加工应用较为广泛的下刀方式，特别是模具制造行业中应

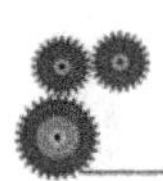

用最为常见。刀片式合金模具铣刀可以进行高速切削，但和高速钢多刃立铣刀一样在垂直进刀时没有较大切深的能力。但可以通过螺旋下刃的方式（如图 5-30 所示），通过刀片的侧刃和底刃的切削，避开刀具中心无切削刃部分与工件的干涉，使刃具沿螺旋朝深度方向渐进，从而达到进刀的目的。这样，可以在切削的平稳性与切削效率之间取得一个较好的平衡点。

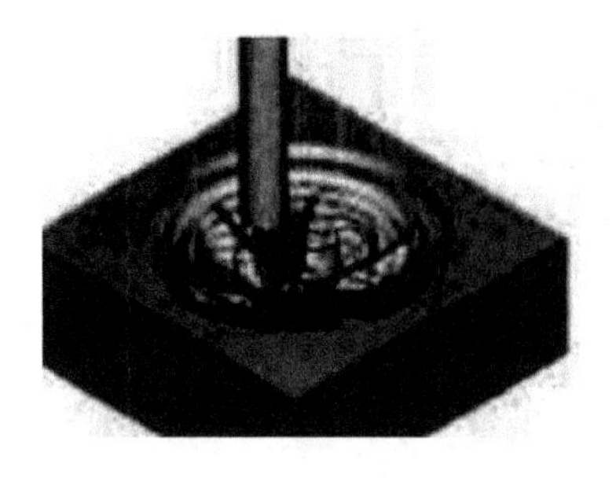
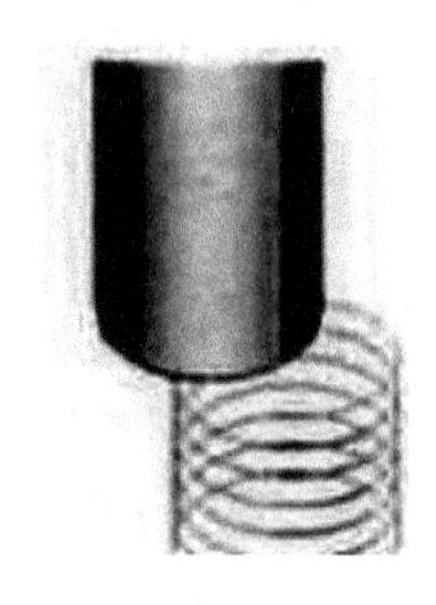

图 5-30

螺旋下刀也有其固有的弱点，比如切削路线较长、在比较狭窄的型腔加工中往往因为切削范围过小无法实现螺旋下刀等，所以有时需采用较大的下刀进给或钻下刀孔等方法来弥补，所以选择螺旋下刀方式时要注意灵活运用。

手工编写程序时螺纹下刀可利用 G02/G03 螺旋进给指令来实现。

（3）斜线下刀

斜线下刀时刀具快速下至加工表面上一个距离后，改为以一个与工件表面成一角度的方向，以斜线的方式切入工件来达到 Z 向进刀的目的，如图 5-31 所示。斜线下刀方式作为螺旋下刀方式的一种补充，通常用于因范围的限制而无法实现螺旋下刀时的长条形的型腔加工。

斜线下刀主要的参数有：斜线下刀的起始高度、切入斜线的长度、进刀切入角度和反向进刀切入角度。起始高度一般设在加工面上方 0.5～1mm 之间；切入斜线的长度要视型腔空间大小及铣削深度来确定，一般是斜线越长，进刀的切削路程就越长；切入角度选取得太小，斜线数增多，切削路程加长；角度太大，又会产生不好的端刃切削的情况，一般在 5°～20°之间为宜，通常进刀切入角度和反向进刀切入角度取相同的值。

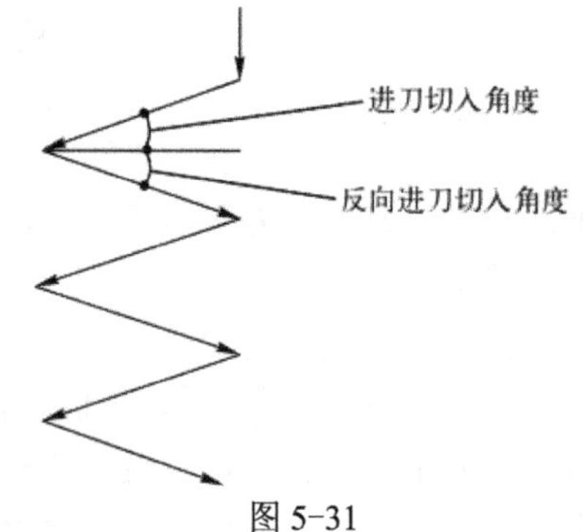

图 5-31

综上所述，正确理解数控铣削加工中各种进刀方式的特点和适用范围，同时在编程中设置合理的切削参数，对提高加工效率及零件表面质量，避免接刀痕、过切等现象的发生以及保护刀具等都有重要的意义。编程者可结合铣削的工艺性等问题根据具体情况去选择合适的进刀方式，在生产实践中加以灵活应用。

项目六　加工的功能介绍

CAXA 制造工程师 2011 快速高效的加工功能包含近 30 种粗精补加工方式，同时提供高速切削、轨迹参数化和批处理功能，加工的功能丰富。在实际加工中，应针对零件的形状采取化繁为简、高效率、高质量的原则，科学合理地选用加工方法。

学习目标

（1）掌握粗加工、精加工、补加工及其他加工方法的区别。

（2）了解粗加工、精加工、补加工中每一项参数的含义。

（3）会正确、合理地选用加工方法及设定加工参数。

（4）能够熟练地使用软件中的后置处理、程序的生成、程序检验和校核等功能来编写各种实际零件所需的加工程序及工艺清单。

任务一　粗加工的方法

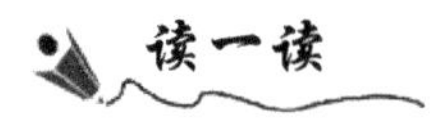

单击“加工”→“粗加工”→“平面区域粗加工”菜单，弹出如图 6-1 所示的“平面区域粗加工”对话框。

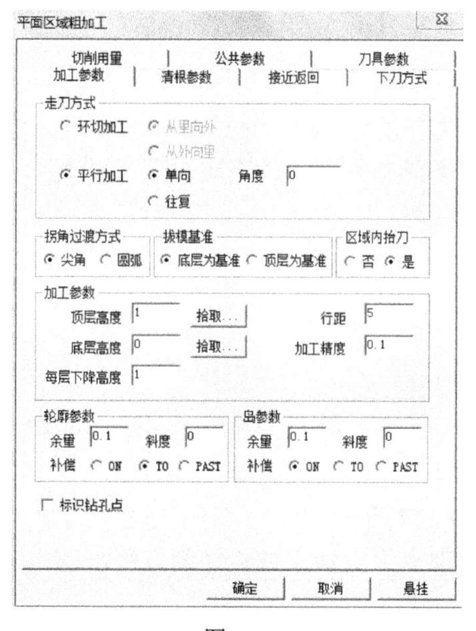

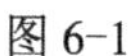
图 6-1

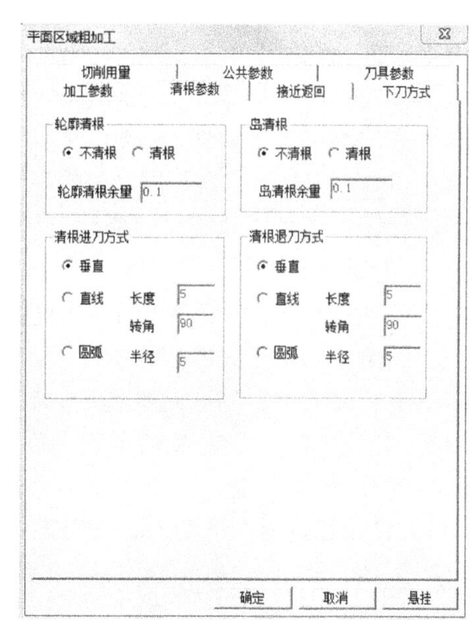

图 6-2

“平面区域粗加工”对话框中包含加工参数、清根参数（见图 6-2）、接近返回（见

图 6-3）、下刀方式、切削用量、刀具参数和公共参数 7 个参数设置的选项卡。

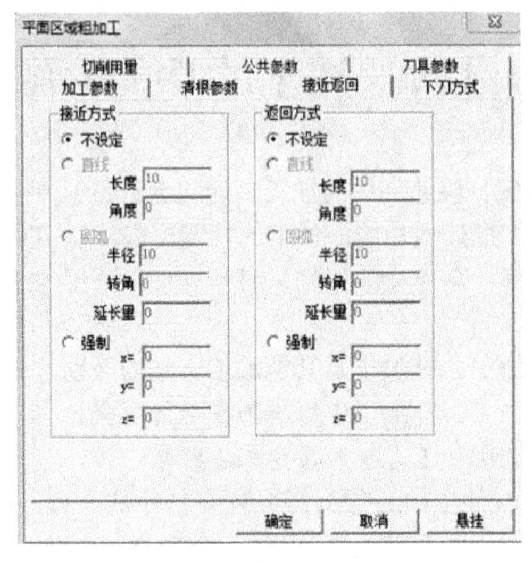

图 6-3

（1）走刀方式：包括平行加工和环切加工两种。其中，平行加工是指以平行走刀方式切削工件。单向指单一的顺铣或逆铣方式加工工件；往复是指以顺、逆铣混合的方式加工工件。环切加工是指刀具以环状走刀方式切削工件，可选择从里向外或者从外向里的方式。

（2）拔模基准：用于加工的工件带有拔模斜度时，底层为基准指加工中所选的轮廓是工件底层的轮廓，顶层为基准正好与之相反。

（3）区域内抬刀：指在加工有岛屿的区域时，轨迹过岛屿时是否抬刀（此项只对平行加工的单向有用）。

（4）加工参数。

① 顶层高度：指零件加工时起始的高度值。

② 底层高度：指零件加工时，所要加工到的深度的 Z 坐标值，也就是 Z 最小值。

③ 层高：刀具轨迹层与层之间的高度差，每层下降高度从输入的顶层高度开始计算。

④ 行距：指加工轨迹相邻两行刀具轨迹之间的距离。

（5）轮廓参数。

① 余量：指轮廓加工预留的切削量。

② 斜度：指以多大的拔模斜度来加工。

③ 标识钻孔点：勾选此复选框后自动显示出下刀打孔的点。

（6）轮廓清根：指区域加工完之后，刀具对轮廓进行清根加工，相当于最后的精加工，岛清根同轮廓清根。

（7）设定接近返回的切入、切出方式，具体如图 6-4 所示。

① 直线：指刀具按给定长度，以直线方式向切削点平滑切入或从切削点平滑切出，长度指直线切入、切出的长度。

② 圆弧：指以 $\pi/4$ 圆弧向切削点平滑切入或从切削点平滑切出；半径指圆弧切入、切出的半径；转角指圆弧的圆心角；延长不使用。

:切削轨迹
:切入切出
:矢量
:水平强制点
d :直线长度
r :圆弧半径
d
r
直线
圆弧
矢量
强制

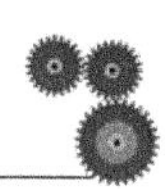

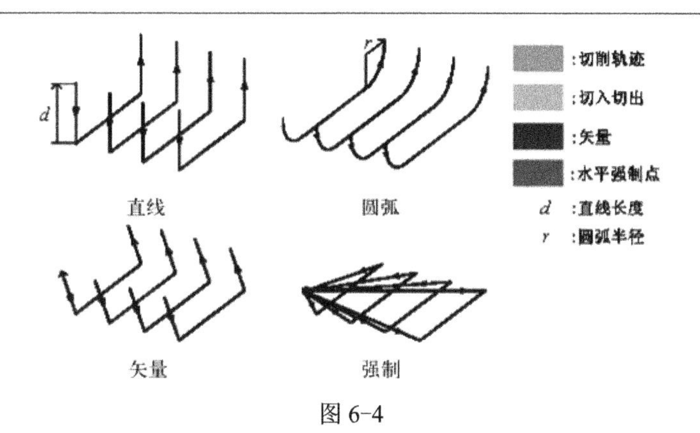

图 6-4

③ 强制：指从指定点直线切入切削点，或强制从切削点直线切出到指定点，x、y、z 为指定点空间位置的坐标。

下刀方式、切削用量及刀具参数的设置同项目五相关内容。

做一做

上机操作：单击“加工”→“粗加工”→“平面区域粗加工”菜单，打开“平面区域粗加工”对话框，进行各项参数设置练习。

读一读

单击“加工”→“粗加工”→“区域式粗加工”菜单，弹出如图 6-5 所示的对话框。

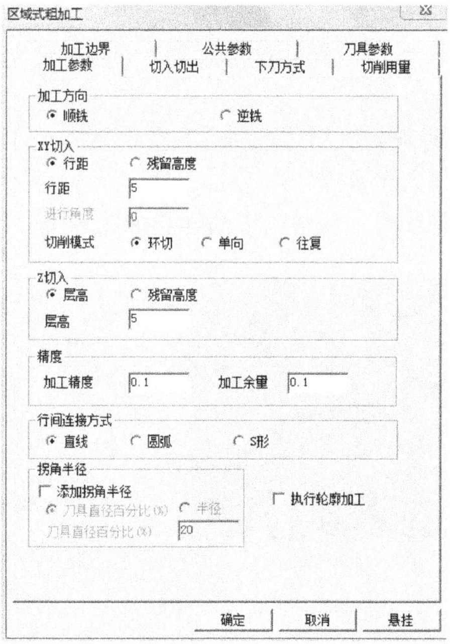

区域式粗加工
加工边界
公共参数
刀具参数
加工参数
切入切出
下刀方式
切削用量
加工方向
顺铣
逆铣
XY切入
行距
残留高度
行距
5
进行角度
0
切削模式
环切
单向
往复
Z切入
层高
残留高度
层高
5
精度
加工精度
0.1
加工余量
0.1
行间连接方式
直线
圆弧
S形
拐角半径
添加拐角半径
刀具直径百分比(%)
半径
刀具直径百分比(%)
20
执行轮廓加工
确定
取消
悬挂

图 6-5

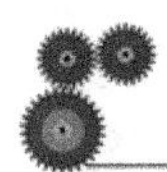

（1）加工方向：顺铣或逆铣，如图 6-6 的所示。

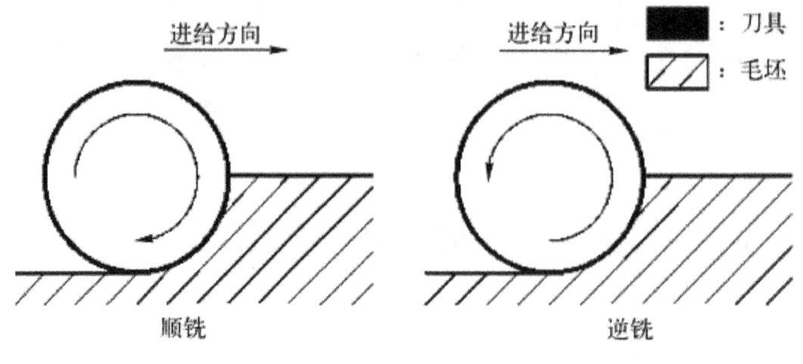

图 6-6

（2）XY 切入：是定义在同一层（*XY* 平面内）的加工轨迹的参数，具体包括以下项目。

① 行距：定义 *XY* 平面方向内的切入量，含义如图 6-7 所示。

② 残留高度：用球刀铣削后残留高度。

③ 进行角度：输入 0，生成与 *X* 轴平行的轨迹。输入 90，生成与 *Y* 轴平行的轨迹，输入值范围是 0～360，如图 6-8 所示。

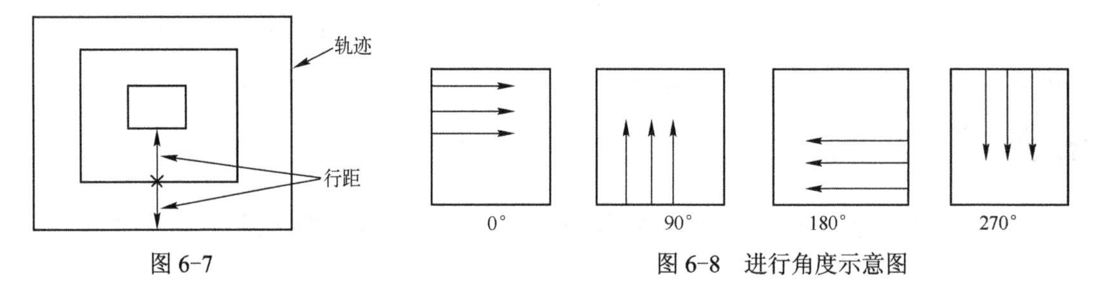

图 6-7　　图 6-8　进行角度示意图

④ 切削模式：如图 6-9 所示三个轨迹从左到右分别是环切、平行（单 0 向）、平行（往复）。

（3）Z 切入：有以下两种选择。

① 层高：输入 *Z* 方向切入量高度。

② 残留高度：用球刀铣削时，残留高度的含义如图 6-10 所示。

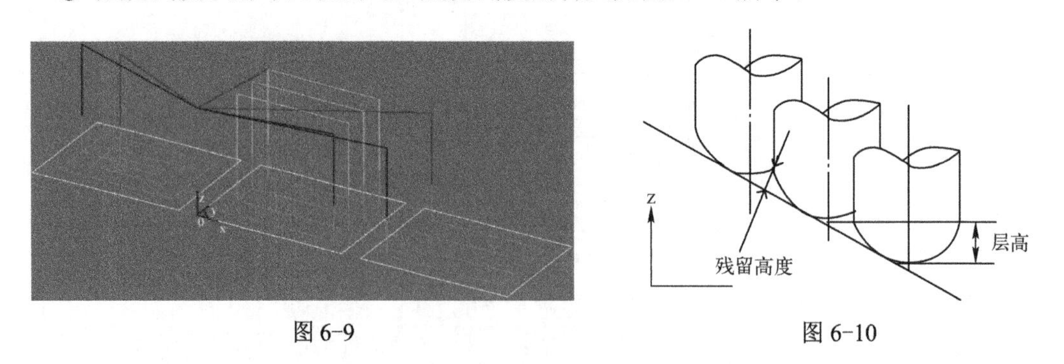

图 6-9　　图 6-10

（4）拐角半径。

① 添加拐角半径：高速切削时减速转向，防止拐角处的过切，如图 6-11 所示。

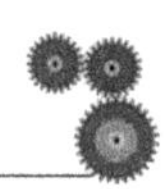

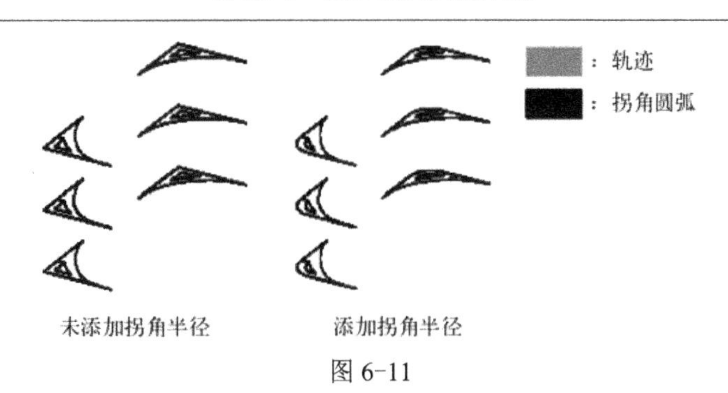

图 6-11

② 刀具直径百分比：指定圆角的圆弧半径相对于刀具直径的比率(%)。

③ 半径：指定圆角的最大半径。

（5）轮廓加工：含义如图 6-12 所示。

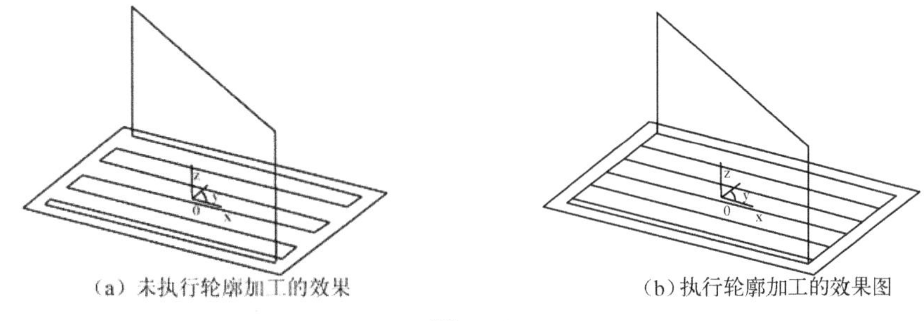

图 6-12

（6）加工余量：含义如图 6-13 所示。

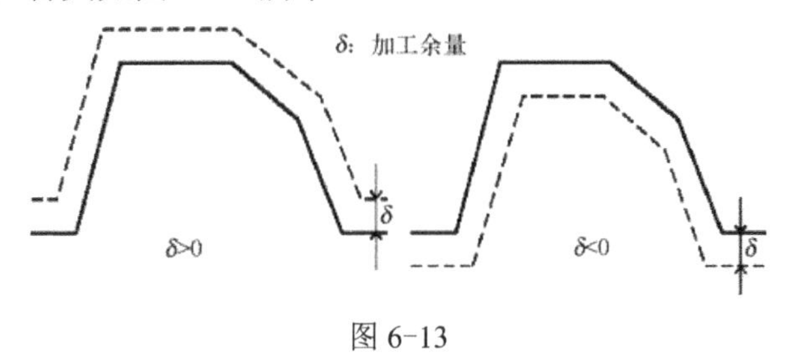

图 6-13

（7）切入切出。

接近方式有两种：XY 向（如图 6-14 所示）和螺旋（如图 6-15 所示）。

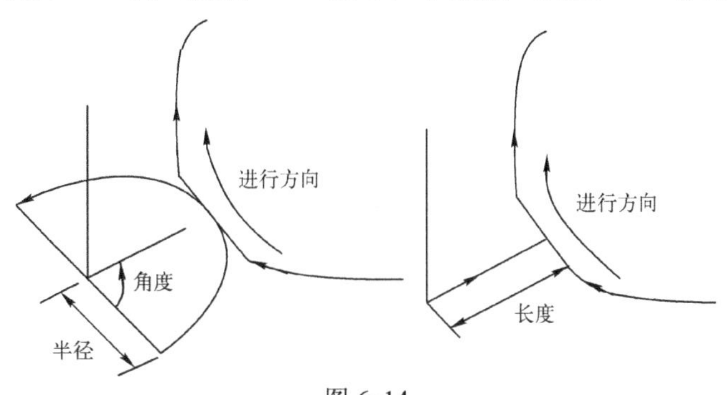

图 6-14

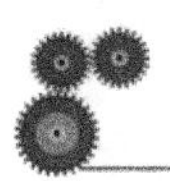

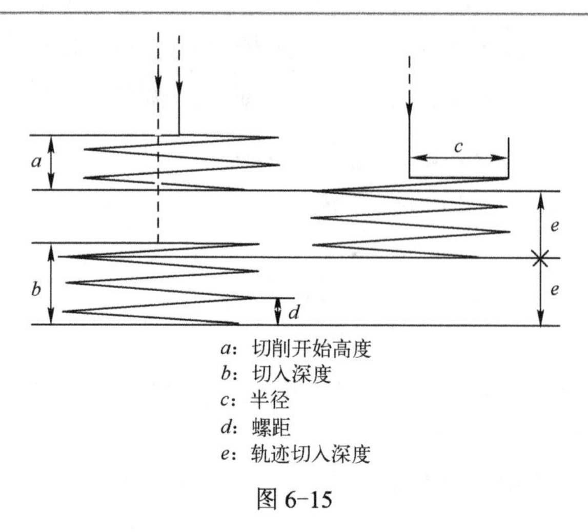

图 6-15

用途：一是铣平面，二是平底直壁型腔的分层铣。不必有三维模型，只要给出零件的外轮廓和岛屿，就可以生成加工轨迹。并且可以在轨迹尖角处自动增加圆弧，保证轨迹光滑，以符合高速加工的要求。

做一做

上机操作：单击“加工”→“粗加工”→“区域式粗加工”菜单，打开“区域式粗加工”对话框，进行各项参数设置练习。

读一读

单击“加工”→“粗加工”→“等高线粗加工”菜单，打开如图 6-16 所示的对话框“加工参数 2”选项卡如图 6-17 所示。

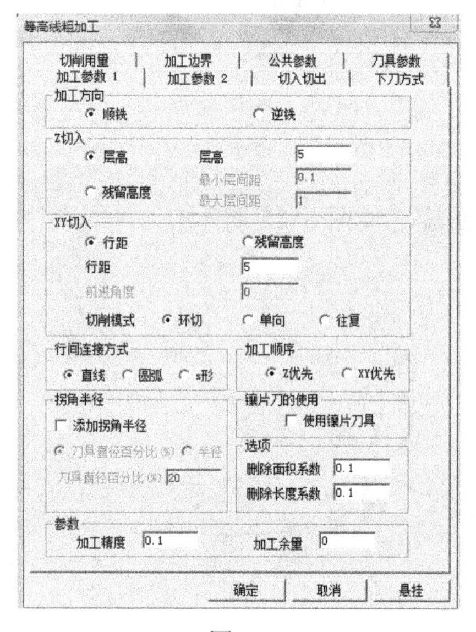

图 6-16

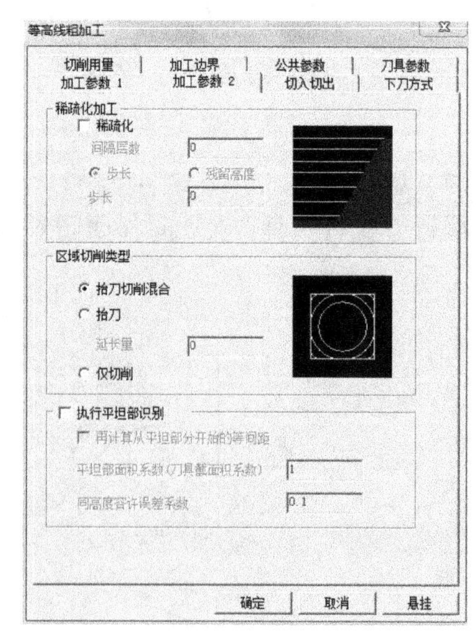

图 6-17

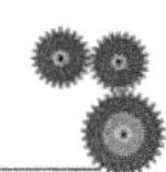

（1）稀疏化加工：是粗加工后的残余部分，相同的刀具从下往上生成加工路径，如图 6-18 所示。

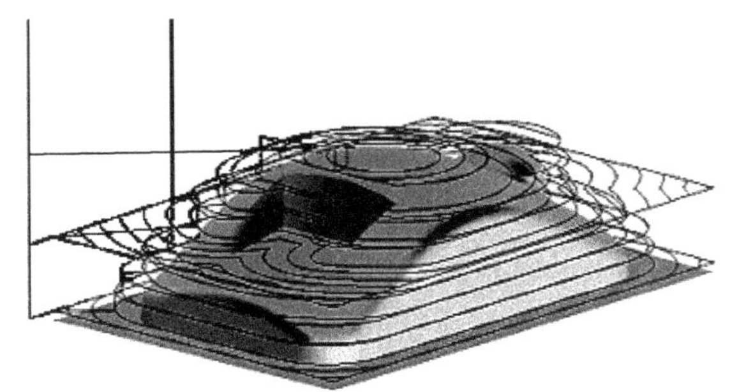

图 6-18

（2）区域切削类型：其含义如图 6-19 所示。

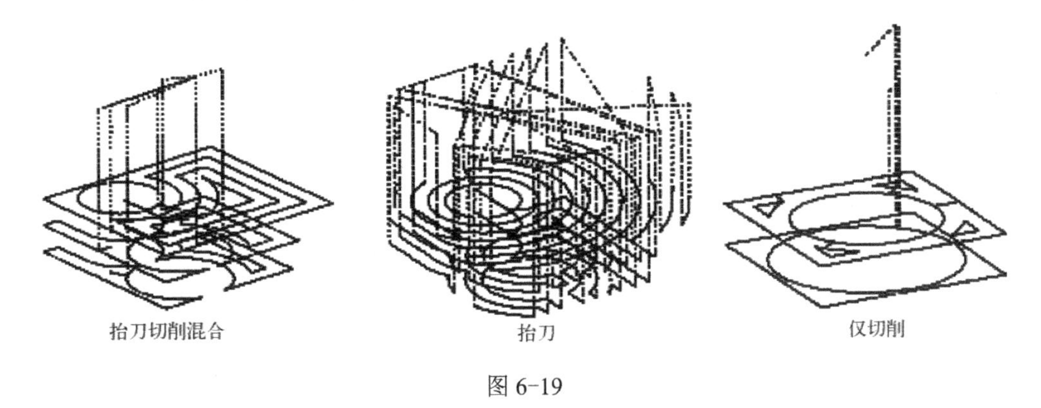

图 6-19

提示：抬刀是指刀具移动到加工边界上时，快速往上移动到安全高度，再快速移动到下一个未切削的部分。

（3）执行平坦部识别：其含义如图 6-20 所示。

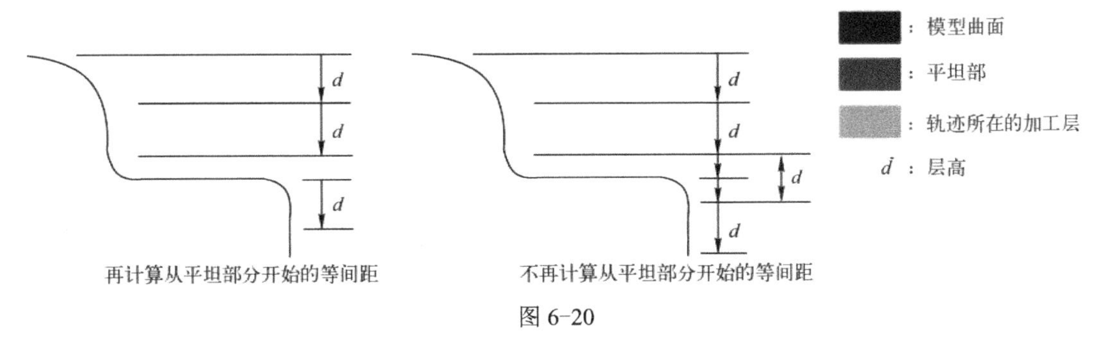

图 6-20

（4）加工顺序：Z 优先（先由高到低进行加工）和 XY 优先（先加工同一平面），含义如图 6-21 所示。

（5）行间连接方式。

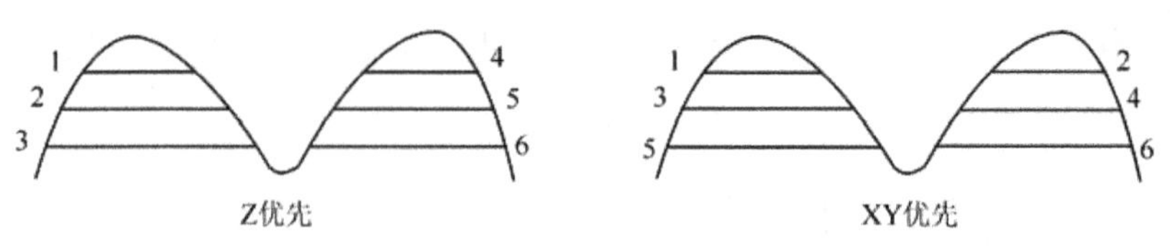

图 6-21

行间连接方式：有 3 种类型，即直线、圆弧、S 形，含义如图 6-22 所示。

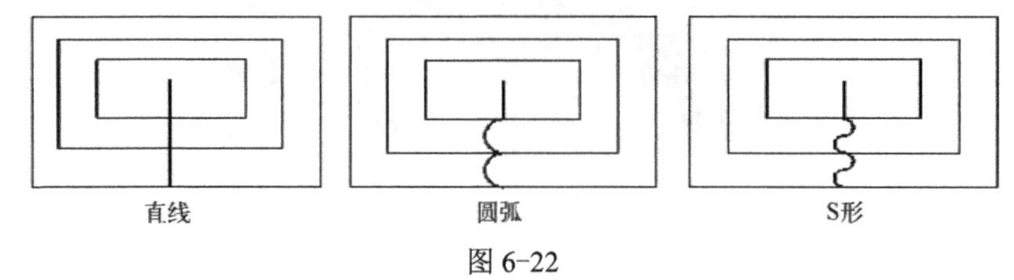

图 6-22

适用于不规则型腔或凸模的分层大余量去除，这是通用的一种粗加工方式，适用范围广。可以指定加工区域，优化空切轨迹。轨迹拐角可以设定圆弧或S形过渡，生成光滑轨迹，支持高速加工设备。

做一做

上机操作：单击“加工”→“粗加工”→“等高线粗加工”菜单，打开“等高线粗加工”对话框，进行各项参数设置练习。

读一读

单击“加工”→“粗加工”→“扫描线粗加工”菜单，弹出如图 6-23 所示的对话框。

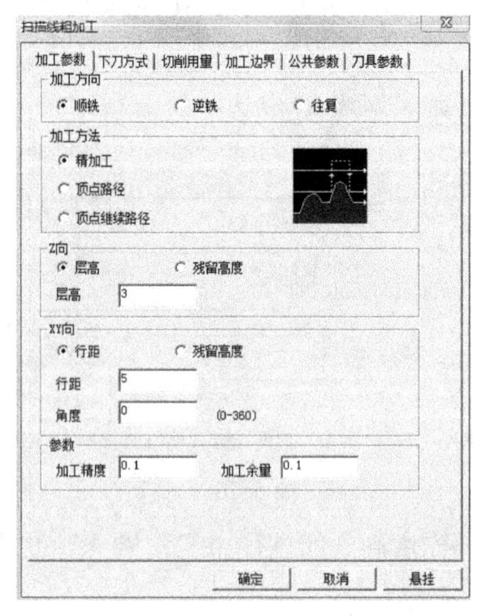

图 6-23

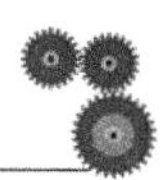

加工方法的设定有以下三种选择，其含义如图 6-24 所示。

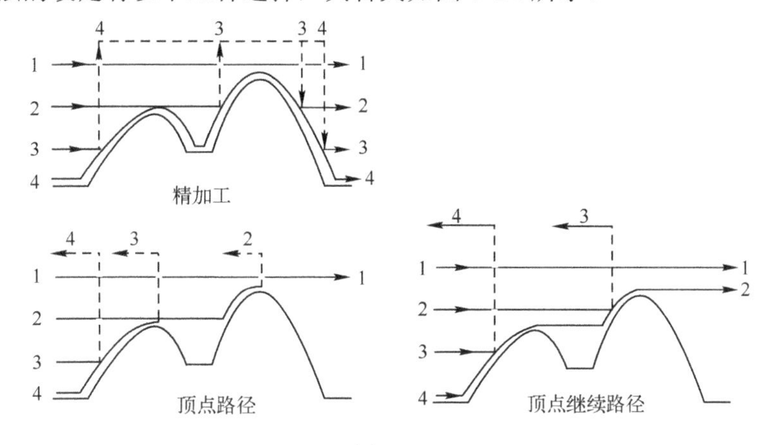

图 6-24

用平行层切的方法进行粗加工，适合使用端刀进行对称凸模粗加工。

做一做

上机操作：单击“加工”→“粗加工”→“扫描线粗加工”菜单，打开“扫描线粗加工”对话框，进行各项参数设置练习。

读一读

单击“加工”→“粗加工”→“摆线式粗加工”菜单，弹出如图 6-25 所示的对话框。

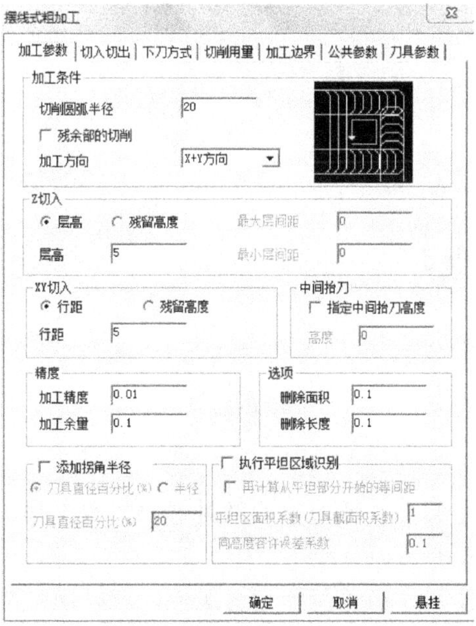

摆线式粗加工

加工参数 | 切入切出 | 下刀方式 | 切削用量 | 加工边界 | 公共参数 | 刀具参数

加工条件

切削圆弧半径 20

残余部的切削

加工方向 X+Y方向

Z切入

层高　残留高度　最大层间距 0

层高 5　最小层间距 0

XY切入

行距　残留高度

行距 5

中间抬刀

指定中间抬刀高度

高度 0

精度

加工精度 0.01

加工余量 0.1

选项

删除面积 0.1

删除长度 0.1

添加拐角半径

刀具直径百分比(%)　半径

刀具直径百分比(%) 20

执行平坦区域识别

再计算从平坦部分开始的等间距

平坦区面积系数(刀具截面积系数) 1

同高度容许误差系数 0.1

确定　取消　悬挂

图 6-25

（1）加工条件。

① 切削圆弧半径：其含义如图 6-26 所示。

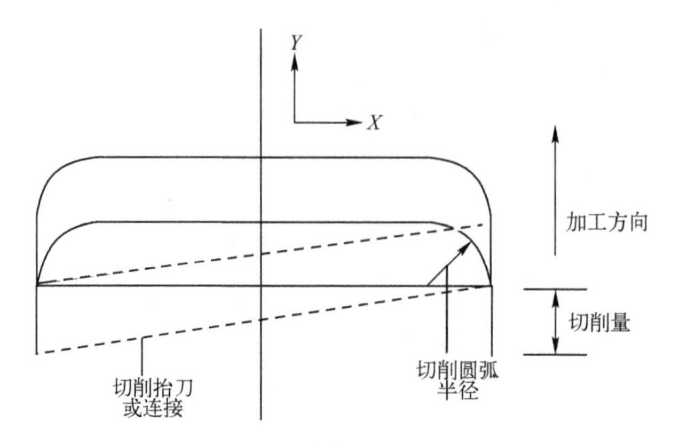

图 6-26

② 残余部的切削：切削摆线式加工中未加工的残留部分。

③ 加工方向：有以下五种选择，如图 6-27 所示。

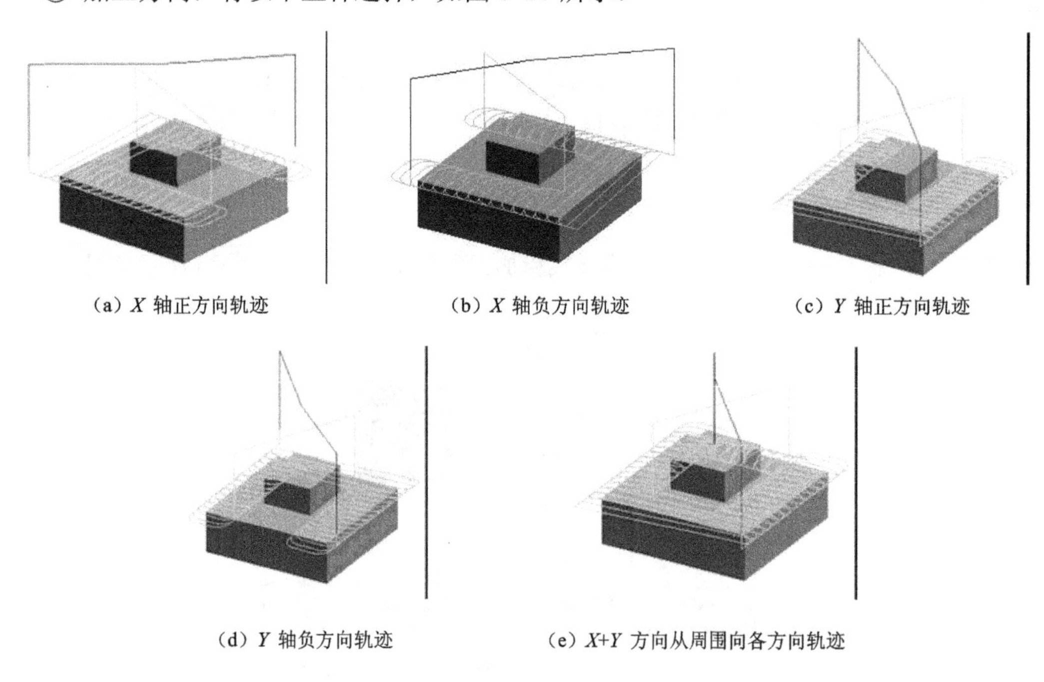

（a）*X* 轴正方向轨迹　（b）*X* 轴负方向轨迹　（c）*Y* 轴正方向轨迹

（d）*Y* 轴负方向轨迹　（e）*X*+*Y* 方向从周围向各方向轨迹

图 6-27

（2）*Z* 切入。

Z 方向切削量的设定有层高和残留高度两种选择。最大层间距其含义如图 6-28 所示，最小层间距其含义如图 6-29 所示。

扫描线粗加工方式是使刀具在负荷一定情况下，进行区域加工的加工方式。该加工方式可提高模具型腔粗加工效率和延长刀具使用寿命，适用于高速加工。

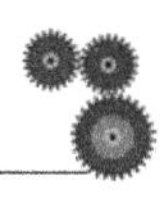

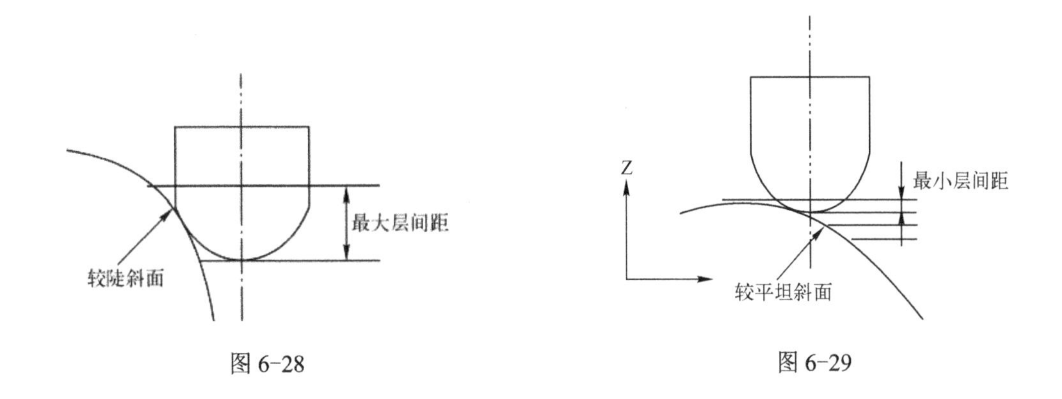

图 6-28　　　　图 6-29

做一做

上机操作：单击“加工”→“粗加工”→“摆线式粗加工”菜单，打开“摆线式粗加工”对话框，进行各项参数设置练习。

读一读

单击“加工”→“粗加工”→“插铣式粗加工”菜单，弹出如图 6-30 所示的对话框。

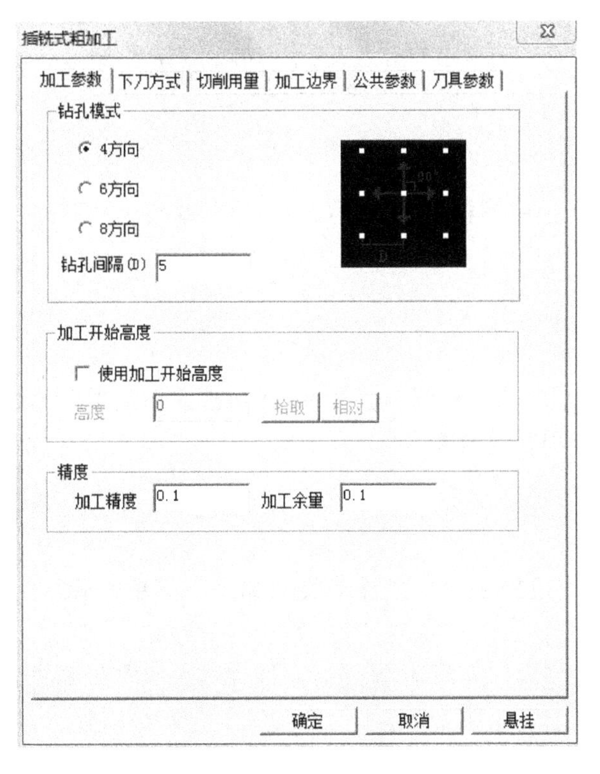

图 6-30

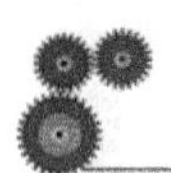

① 钻孔的加工方向如图 6-31 所示。

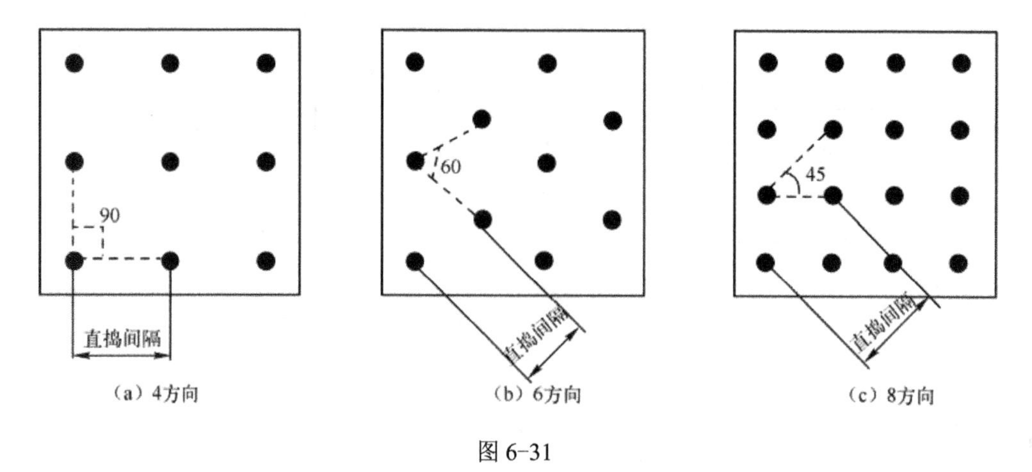

图 6-31

②钻孔间隔：进行插铣式粗加工时的间隔，含义如图 6-32 所示。

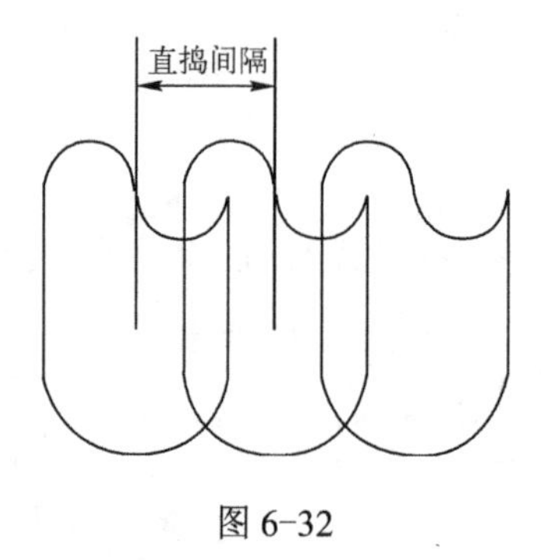

图 6-32

该加工方式适用于大中型模具的深腔加工。采用端铣刀的直捣式加工，可生成高效的粗加工路径。

做一做

上机操作：单击“加工”→“粗加工”→“插铣式粗加工”菜单，打开“插铣式粗加工”对话框，进行各项参数设置练习。

读一读

单击“加工”→“粗加工”→“导动线粗加工”菜单，弹出如图 6-33 所示的对话框。

截面认识方法：向上方向如图 6-34 所示，向下方向如图 6-35 所示。

提示：在三维截面形状中，指定形状为凸型形状时，不能够生成加工轨迹。

使用该加工方式时不需要造型，按照轮廓线和导动线加工。

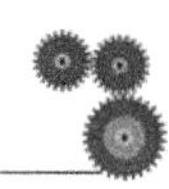

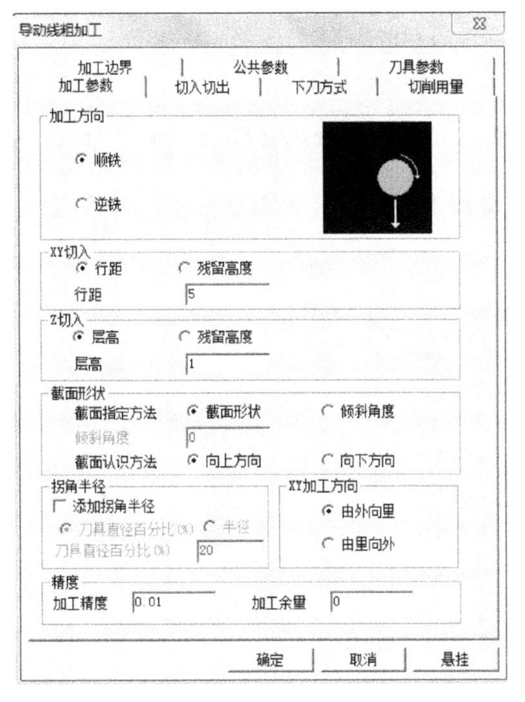

图 6-33

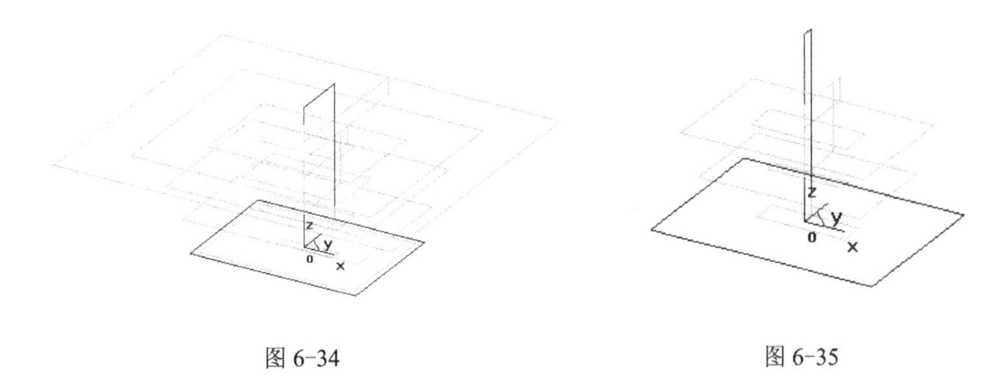

图 6-34　　　　图 6-35

做一做

上机操作：单击“加工”→“粗加工”→“导动线粗加工”菜单，打开“导动线粗加工”对话框，进行各项参数设置练习。

任务二　精加工的方法

读一读

单击“加工”→“精加工”→“平面轮廓精加工”菜单，弹出如图 6-36 所示的对话框。

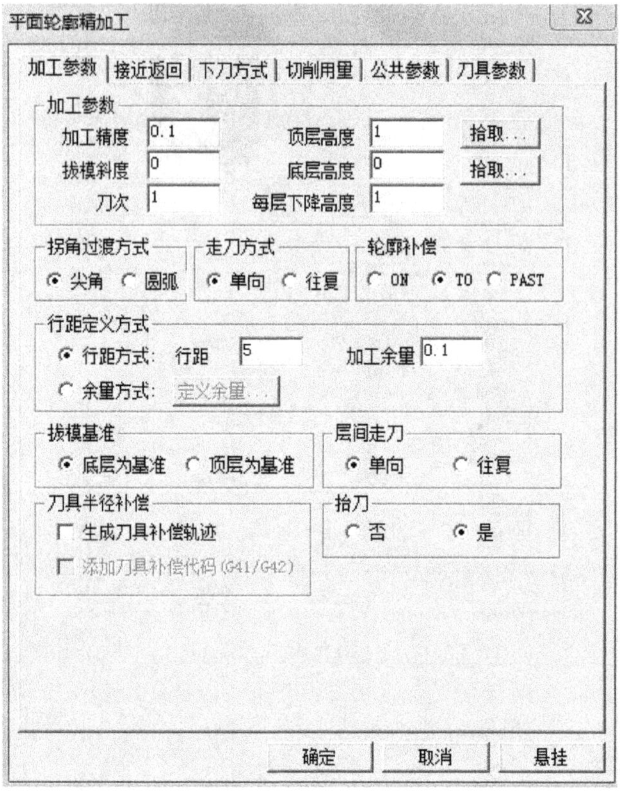

平面轮廓精加工

加工参数 | 接近返回 | 下刀方式 | 切削用量 | 公共参数 | 刀具参数

加工参数
加工精度 0.1　顶层高度 1　拾取...
拔模斜度 0　底层高度 0　拾取...
刀次 1　每层下降高度 1

拐角过渡方式：尖角　圆弧
走刀方式：单向　往复
轮廓补偿：ON　TO　PAST

行距定义方式
行距方式：行距 5　加工余量 0.1
余量方式：定义余量...

拔模基准：底层为基准　顶层为基准
层间走刀：单向　往复

刀具半径补偿
生成刀具补偿轨迹
添加刀具补偿代码（G41/G42）

抬刀：否　是

确定　取消　悬挂

图 6-36

“平面轮廓加工”对话框中包含加工参数、切削用量、接近返回、下刀方式、刀具参数、公共参数 6 个选项卡。

平面轮廓加工参数包括：加工参数、拐角过渡方式、走刀方式、轮廓补偿、行距定义方式、拔模基准、层间走刀、刀具半径补偿（G41/G42）等。

提示：输出代码中是自动加 G41 还是 G42，与拾取轮廓时的方向有关系。

做一做

上机操作：单击“加工”→“精加工”→“平面轮廓精加工”菜单，打开“平面轮廓精加工”对话框，进行各项参数设置练习。

读一读

单击“加工”→“精加工”→“轮廓导动精加工”菜单，弹出如图 6-37 所示的对话框。

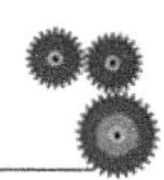

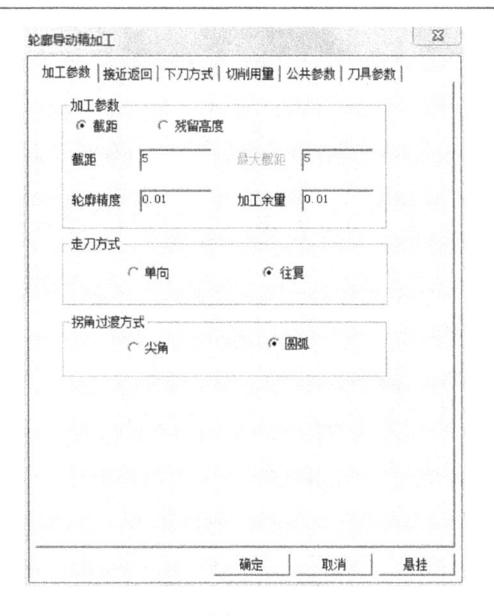

图 6-37

具体操作步骤：填写加工参数；拾取轮廓线和加工方向；确定轮廓线搜索方向；拾取截面线和加工方向；确定截面线搜索方向并按右键结束拾取；拾取箭头方向以确定加工内侧或外侧；生成刀具轨迹。

如图 6-38 所示为轮廓导动精加工的示例。

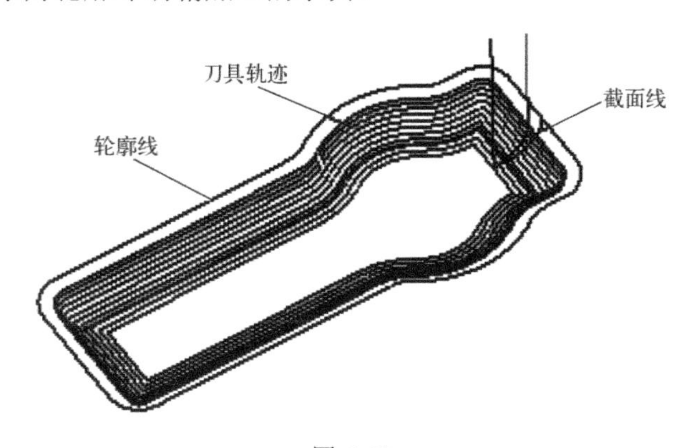

图 6-38

提示：截面线必须在轮廓线的法平面内且与轮廓线相交于轮廓的端点。

做一做

上机操作：单击“加工”→“精加工”→“轮廓导动精加工”菜单，打开“轮廓导动精加工”对话框，进行各项参数的设置练习。

读一读

单击“加工”→“精加工”→“曲面轮廓精加工”菜单，弹出如图 6-39 所示的对话框。

注意：在其他的加工方式中，刀次和行距是单选的，最后生成的刀具轨迹只使用其中的一个参数，而在曲面轮廓加工中刀次和轮廓是关联的，生成的刀具轨迹由刀次和行距两个参数决定，如图 6-40 所示。

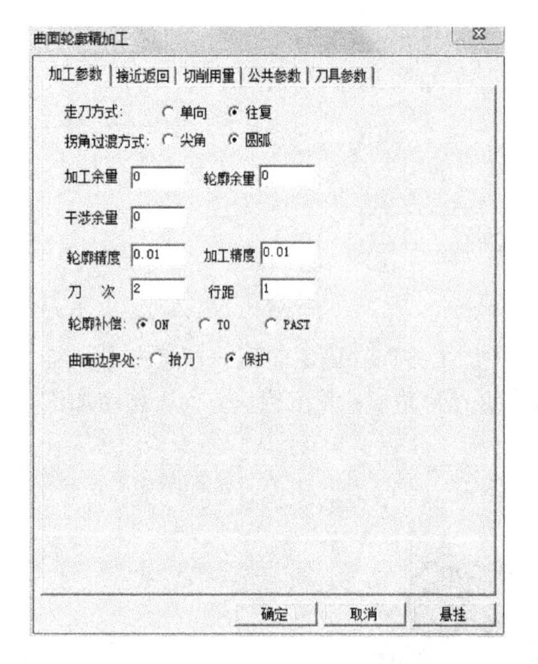

图 6-39

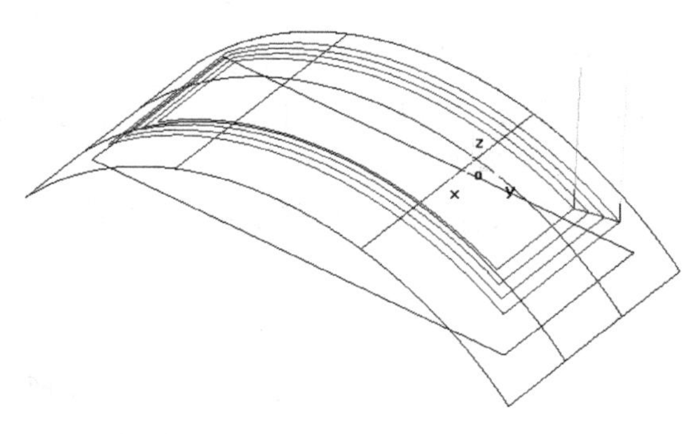

图 6-40　刀具轨迹 1

图 6-40 所示刀具轨迹的刀次为 4，行距为 5mm，如果想将轮廓内的曲面全部加工，又无法给出合适的刀次数，可以给一个大的刀次数，系统会自动计算并将多余的刀次删除。如图 6-41 所示刀具轨迹，在设置时可以将刀次数设置为 100，但实际刀具轨迹的刀次数为 9。

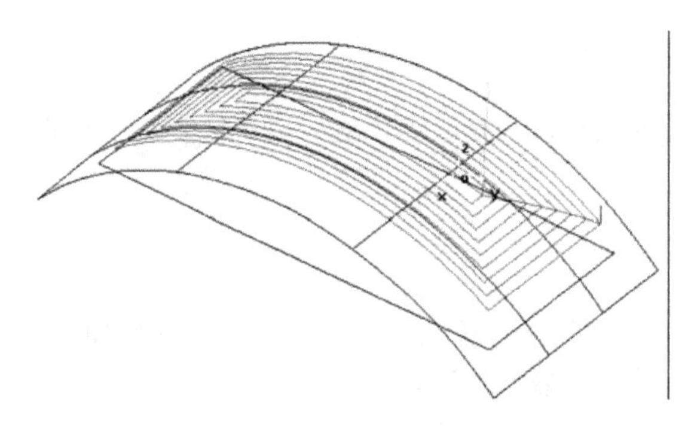

图 6-41　刀具轨迹 2

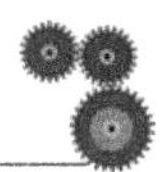

做一做

上机操作：单击“加工”→“精加工”→“曲面轮廓精加工”菜单，打开“曲面轮廓精加工”对话框，进行各项参数的设置练习。

读一读

单击“加工”→“精加工”→“曲面区域式加工”菜单，弹出如图 6-42 所示的对话框。

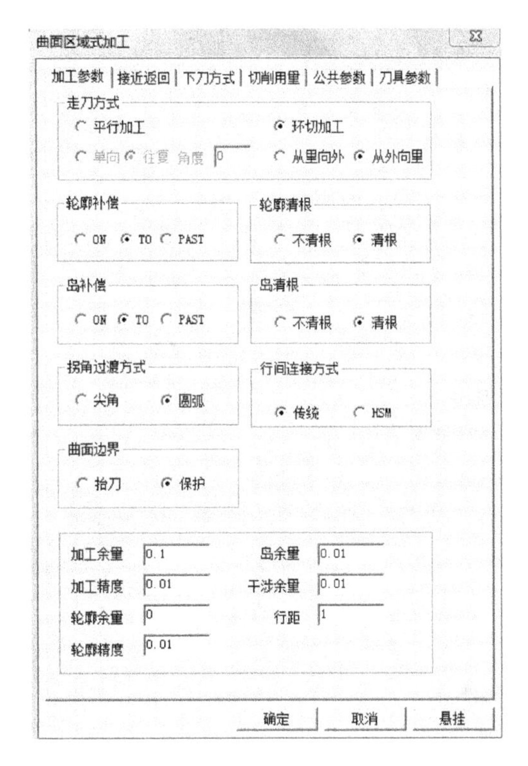

图 6-42

（1）加工余量：对加工曲面的预留量，可正可负。

（2）切削参数。

① 行距：每行刀位之间的距离。

② 步长：刀具轨迹的最小步距。

③ 轮廓精度：拾取的轮廓有样条时的离散精度。

做一做

上机操作：单击“加工”→“精加工”→“曲面区域精加工”菜单，打开“曲面区域精加工”对话框，进行各项参数的设置练习。

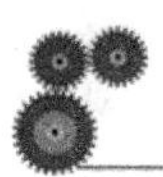

单击“加工”→“精加工”→“参数线精加工”菜单，弹出如图 6-43 所示的对话框。

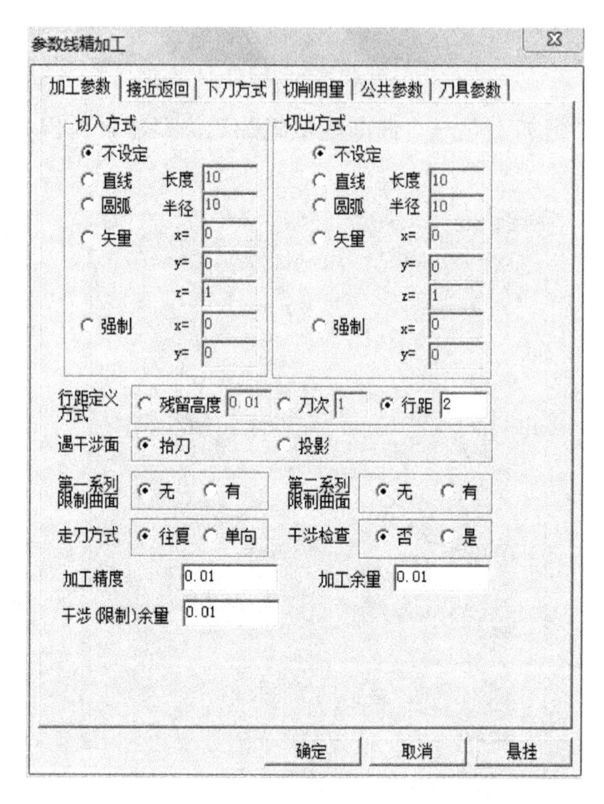

图 6-43

遇干涉面，有以下两种选择。

① 抬刀：通过抬刀、快速移动、下刀完成相邻切削行间的连接。

② 投影：在需要连接的相邻切削行间生成切削轨迹，通过切削移动来完成连接。

限制面：限制加工曲面范围的边界面，作用类似于加工边界，通过定义第一和第二系列限制面可以将加工轨迹限制在一定的加工区域内。

干涉检查：定义是否使用干涉检查，防止过切。

参数线精加工是针对面的一种加工方式。平行走刀，走刀的方向与面的参数线方向有关。

上机操作：单击“加工”→“精加工”→“参数线精加工”菜单，打开“参数线精加工”对话框，进行各项参数的设置练习。

读一读

单击“加工”→“精加工”→“投影线加工”菜单，弹出如图 6-44 所示的对话框。

投影线加工的参数内容包括：机床控制参数（刀具信息、进给速度、高度设置）、下刀方式、切削参数等，

（1）机床控制参数：即切削用量的参数。

（2）进刀、退刀方式：可以避免刀的碰撞以及得到好的接刀口质量。

（3）加工余量、干涉余量：加工后工件表面所保留的余量和加工后对于干涉面所保留的余量。

（4）加工精度：指曲面的加工精度。

（5）公共参数：加工坐标系以及起始点的相关设置。

（6）接近返回：设置接近和返回方式。

如图 6-45 所示是将已有轨迹生成投影轨迹。

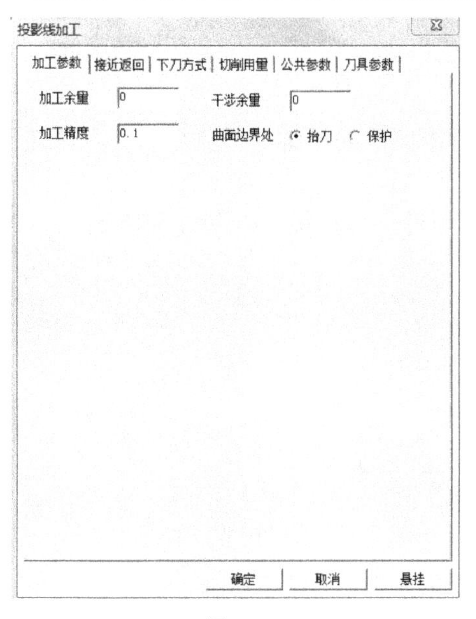

图 6-44

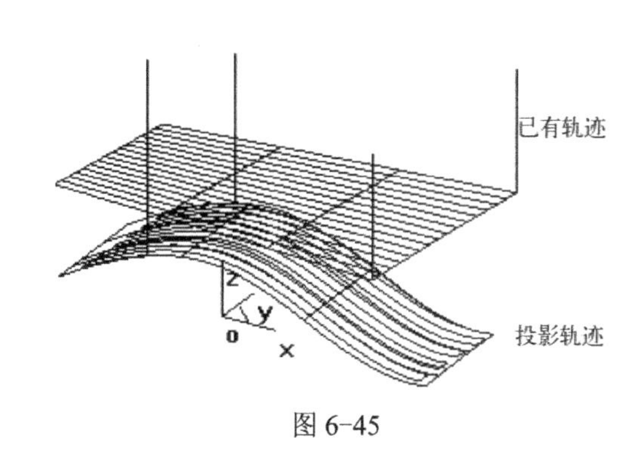

图 6-45

做一做

上机操作：单击“加工”→“精加工”→“投影线精加工”菜单，打开“投影线精加工”对话框，进行各项参数的设置练习。

读一读

单击“加工”→“精加工”→“轮廓线精加工”菜单，弹出如图 6-46 所示对话框。

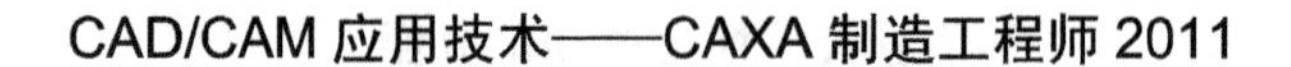

（1）偏移方向。对于加工方向，相对加工范围偏移至哪一侧，有左右两种选择，其含义如图 6-47 所示。

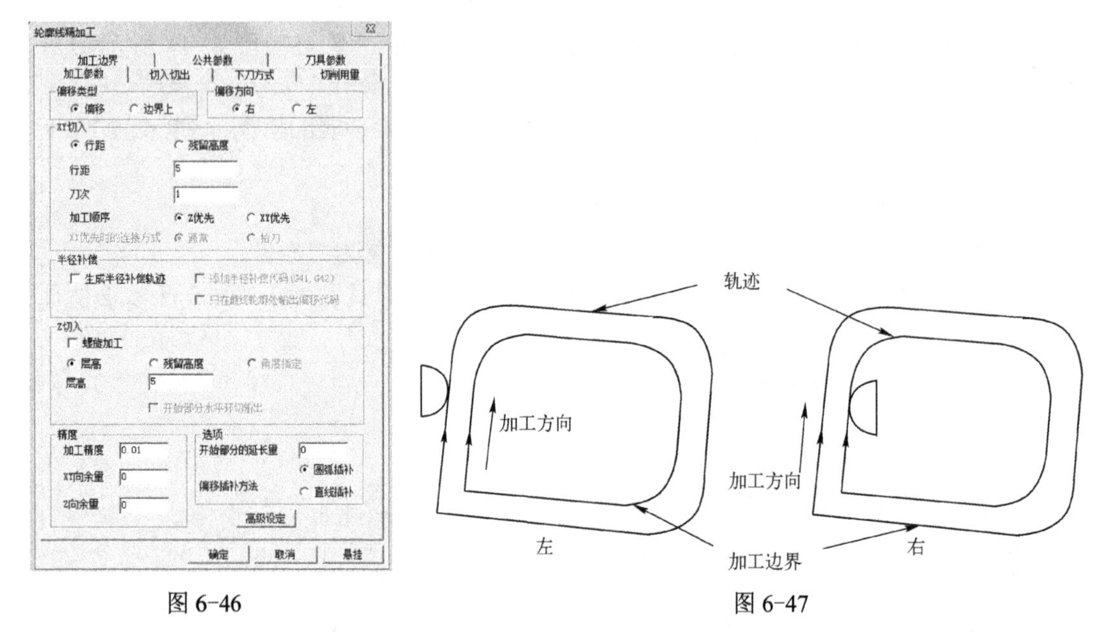

图 6-46　　　　图 6-47

（2）半径补偿。生成半径补偿轨迹时，将对所需偏移的轮廓作一次偏移，在加工边界拐角部附加圆弧，如图 6-48 所示。

提示：添加半径补偿代码(G41、G42)，并且必须设定刀具参数相应的补偿号。

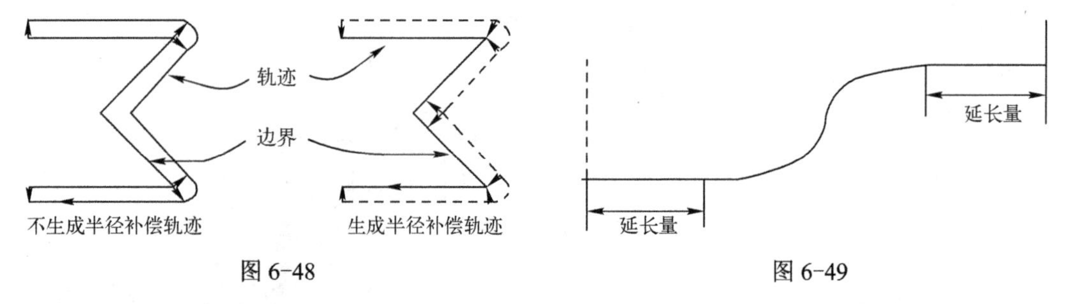

图 6-48　　　　图 6-49

（3）延长量的含义如图 6-49 所示。

（4）偏移插补有圆弧和直线两种插补功能，如图 6-50 所示。

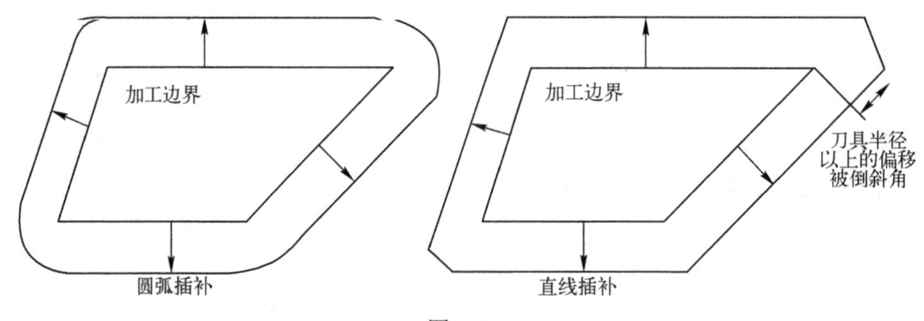

图 6-50

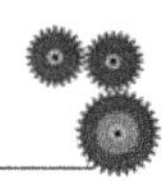

轮廓线精加工不需要模型，依据轮廓线和刀具的左右偏置进行加工，加工深度可以控制。

做一做

上机操作：单击“加工”→“精加工”→“轮廓线精加工”菜单，打开“轮廓线精加工”对话框，进行各项参数的设置练习。

读一读

单击“加工”→“精加工”→“导动线精加工”菜单，弹出如图 6-51 所示的对话框。

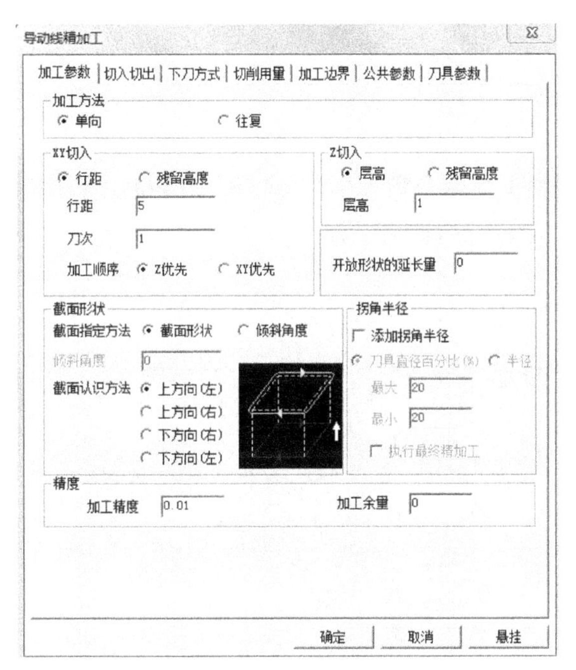

图 6-51

（1）加工方法：有单向、往复两种，其含义如图 6-52 所示。

（2）截面指定方法：有截面形状和倾斜角度两种选择。

① 截面形状：参照加工领域的截面形状所指定的形状。

② 倾斜角度：以指定的倾斜角度，生成一定倾斜的轨迹。输入倾斜角度，输入范围为 0°～90°。截面的认识方法有 4 种。对于加工领域设定的箭头方向，指定截面形状及上下方向。不能参照三维截面形状。加工领域为逆时针时，凹模、凸模（内外）关系相反。

向上方向(右)加工领域为顺时针时，凸模形状作成顺铣轨迹；加工领域为逆时针时，凹模形状作成顺铣轨迹；向上方向(左)加工领域为顺时针时，凹模形状作成逆铣轨迹；加工领域为逆时针时，凸模形状作成逆铣轨迹；向下方向(右)加工领域为顺时针时，凹模形状作成逆铣轨迹；加工领域为逆时针时，凸模形状作成逆铣轨迹；向下方向(左)加工领域为顺时针时，凸模形状作成顺铣轨迹；加工领域为逆时针时，凹模形状作成顺铣轨迹。

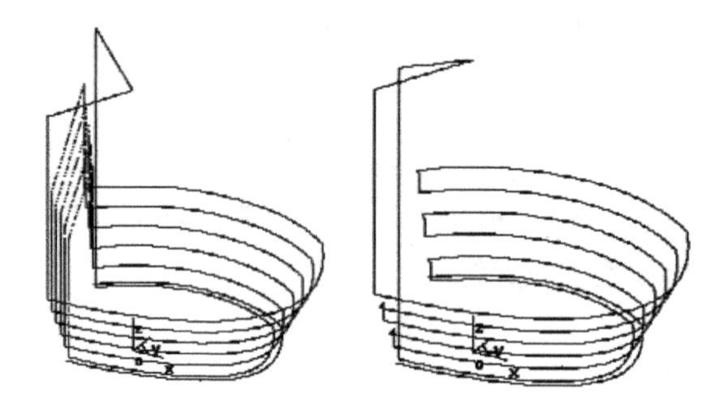

图 6-52

导动线精加工与导动线粗加工基本相同，不需要造型，按照轮廓线和导动线加工，但每层是单轨迹。

上机操作：单击“加工”→“精加工”→“导动线精加工”菜单，打开“导动线精加工”对话框，进行各项参数的设置练习。

读一读

单击“加工”→“精加工”→“等高线精加工”菜单，弹出如图 6-53 所示的对话框。

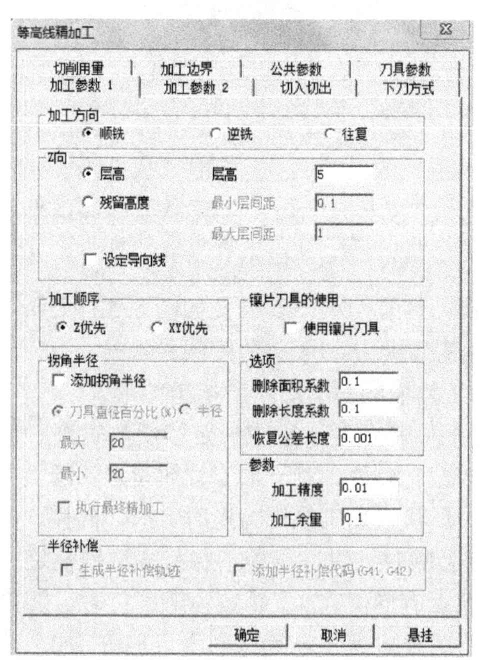

图 6-53

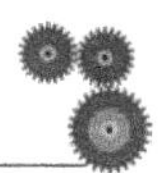

（1）加工方向中往复是指等高线的各个层的加工方向都有变化，如图 6-54 所示。

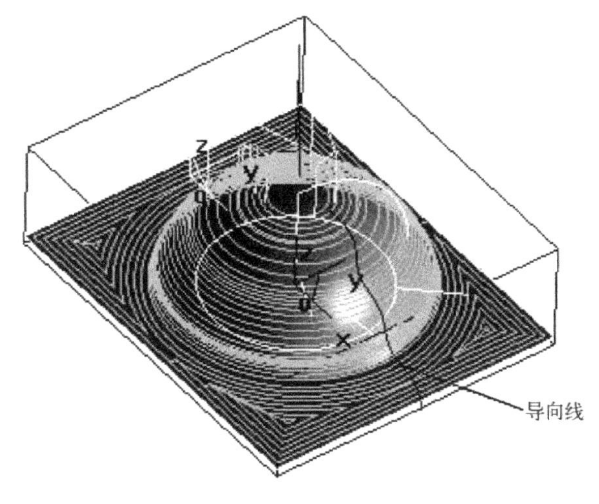

图 6-54

（2）等高线角度范围指定等高线路径输出角度范围，如图 6-55 所示。

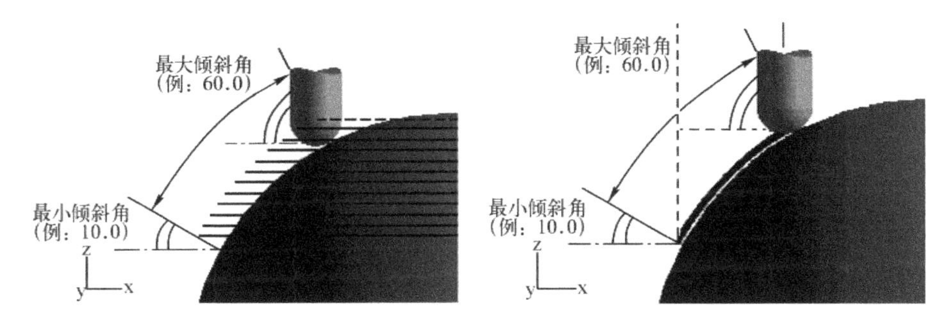

图 6-55

（3）路径的生成有 4 种方式。

① 不加工平坦部：仅仅生成等高线路径。

② 交互：将等高线断面和平坦部分交互进行加工。这种加工方式可以减少对刀具的磨损，以及热膨胀引起的段差现象。

③ 等高线加工后加工平坦部：生成等高线路径和平坦部路径连接起来的加工路径。

④ 仅加工平坦部：仅仅生成平坦部分的路径。

提示：计算出作为轮廓的等高线断面和平坦部分，首先加工周围的等高线断面，再加工平坦部分。

等高线精加工按照零件形状分层单刀轨迹加工，可以用加工范围和高度限定，进行局部等高加工；可以自动在轨迹尖角拐角处增加圆弧过渡，可以通过输入角度控制对平坦区域的识别，并可以控制平坦区域的加工先后次序。

做一做

上机操作：单击“加工”→“精加工”→“等高线精加工”菜单，打开“等高线精加工”对话框，进行各项参数的设置练习。

读一读

单击“加工”→“精加工”→“扫描线精加工”菜单，弹出如图 6-56 所示的对话框。

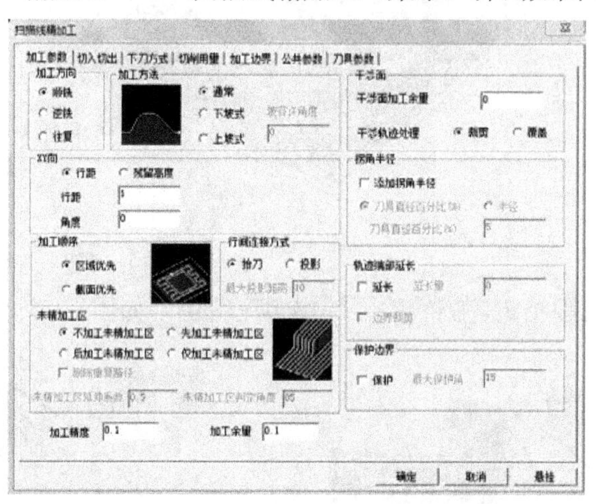

图 6-56

（1）加工方法：有通常、下坡式和上坡式，其含义如图 6-57 所示三种选择。

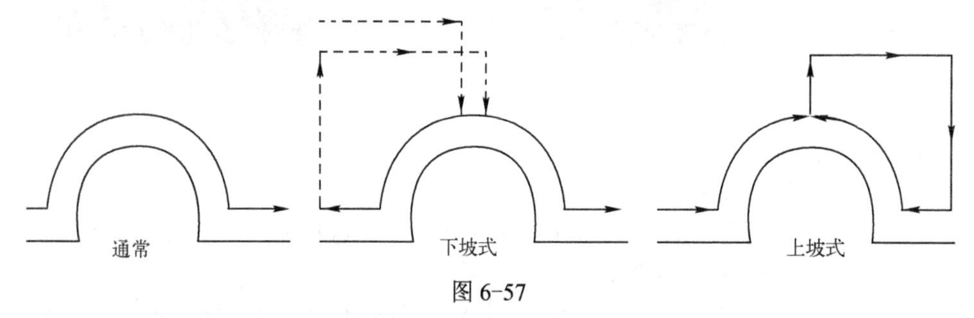

图 6-57

（2）坡容许角度：其含义如图 6-58 所示。

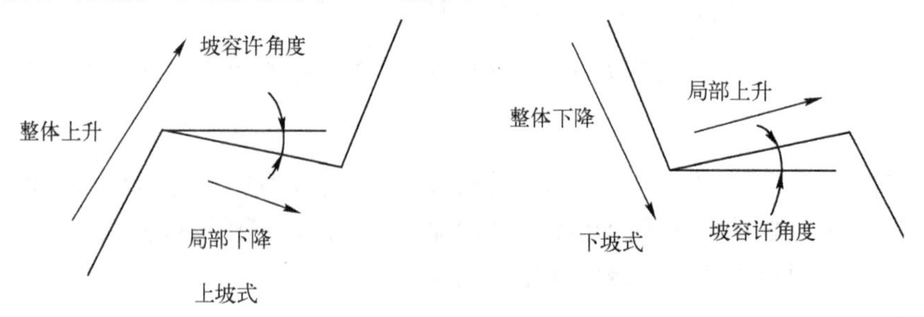

图 6-58

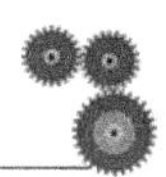

（3）加工顺序：有区域优先和截面优先两种，其含义如图 6-59 所示两种选择方式。

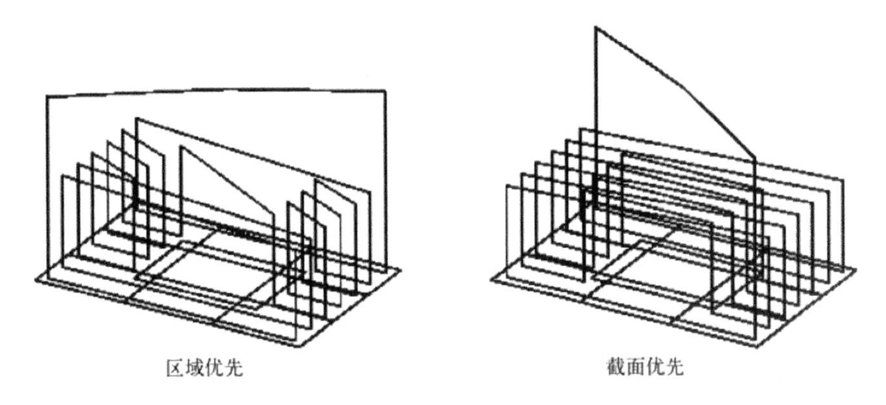

图 6-59

（4）未精加工区。

未精加工区延伸系数：设定未精加工区轨迹的延长量，即 *XY* 向行距的倍数，如图 6-60 所示。

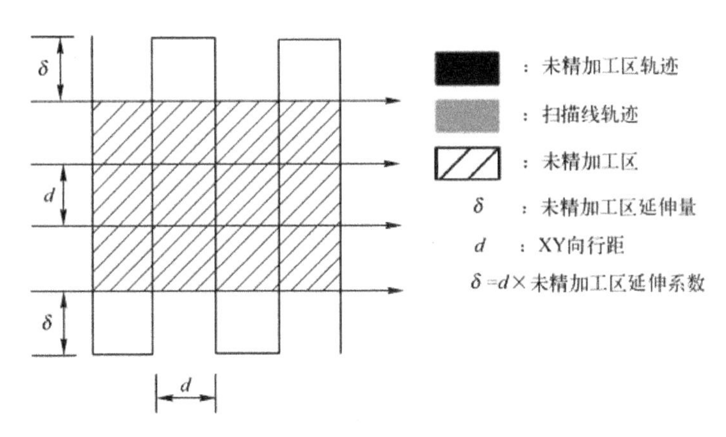

图 6-60

扫描线精加工是平行走刀的一种加工方式。该方式增加了自动识别竖直面并进行补加工的功能，同时可以在轨迹尖角处增加圆弧过渡，适用于高速加工。

做一做

上机操作：单击“加工”→“精加工”→“扫描线精加工”菜单，打开“扫描线精加工”对话框，进行各项参数设置练习。

读一读

单击“加工”→“精加工”→“浅平面精加工”菜单，弹出如图 6-61 所示的对话框。

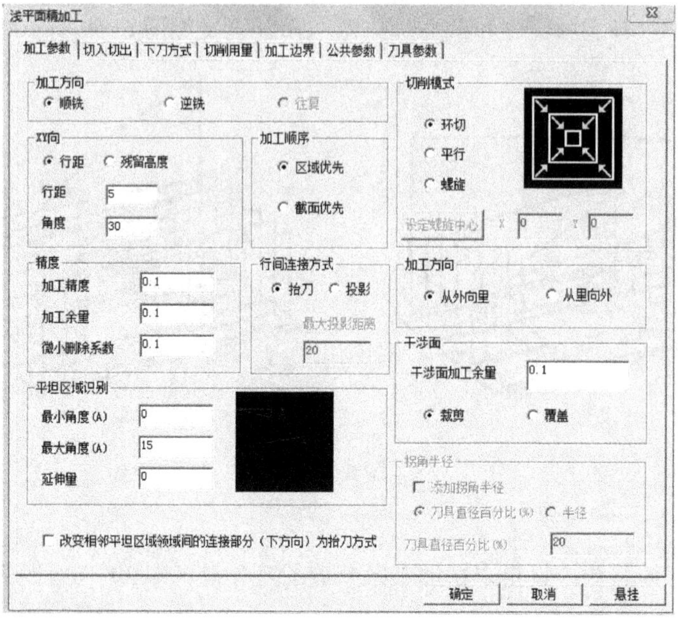

浅平面精加工

加工参数 | 切入切出 | 下刀方式 | 切削用量 | 加工边界 | 公共参数 | 刀具参数

加工方向：顺铣　逆铣　往复

XY向：行距　残留高度
行距 5
角度 30

加工顺序：区域优先　截面优先

切削模式：环切　平行　螺旋
设定螺旋中心 X 0 Y 0

精度
加工精度 0.1
加工余量 0.1
微小删除系数 0.1

行间连接方式：抬刀　投影
最大投影距离 20

加工方向：从外向里　从里向外

干涉面
干涉面加工余量 0.1
裁剪　覆盖

平坦区域识别
最小角度(A) 0
最大角度(A) 15
延伸量 0

拐角半径
添加拐角半径
刀具直径百分比(%)　半径
刀具直径百分比(%) 20

改变相邻平坦区域领域间的连接部分（下方向）为抬刀方式

确定　取消　悬挂

图 6-61

平坦区域识别中最小角度是指输入作为平坦部的最小角度。水平方向为 0°，输入的数值范围在 0°～90°；最大角度指输入作为平坦部的最大角度。

延伸量是指从设定的平坦区域向外的延伸量，改变相邻平坦部区域间的连接部分，如图 6-62 所示。

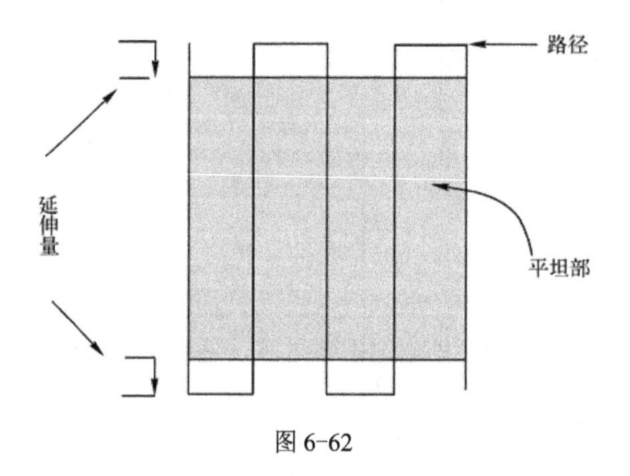

图 6-62

浅平面精加工方式可以自动识别零件模型中平坦的区域，针对这些区域生成精加工刀具轨迹。利用该加工方式可提高零件平坦部分的精加工效率。

上机操作：单击“加工”→“精加工”→“浅平面精加工”菜单，打开“浅平面精加工”对话框，进行各项参数设置练习。

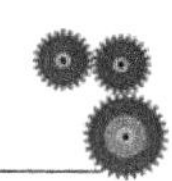

读一读

单击“加工”→“精加工”→“限制线精加工”菜单，弹出如图 6-63 所示的对话框。

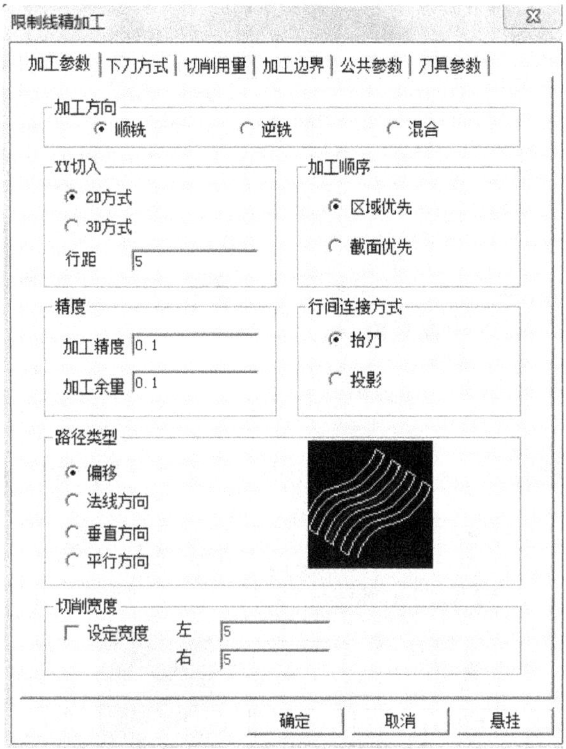

图 6-63

使用一条限制线生成路径的示例如图 6-64 所示。

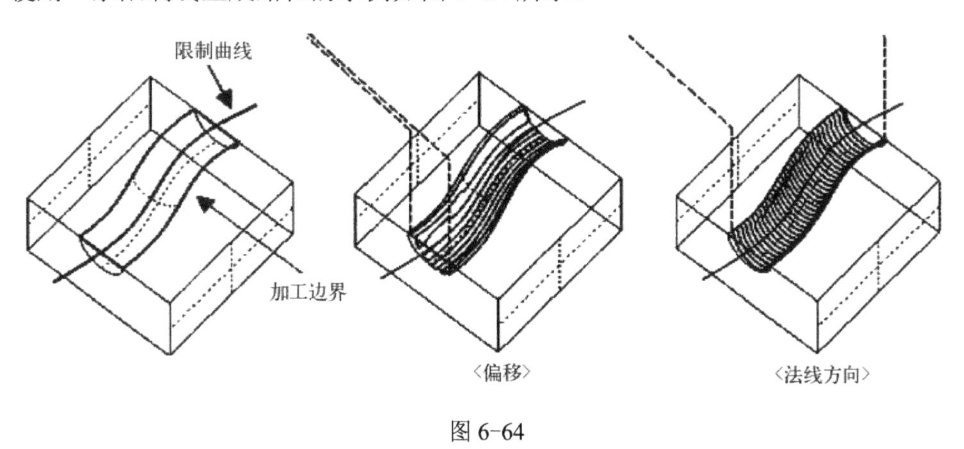

图 6-64

使用两条限制曲线生成路径的示例如图 6-65 所示。

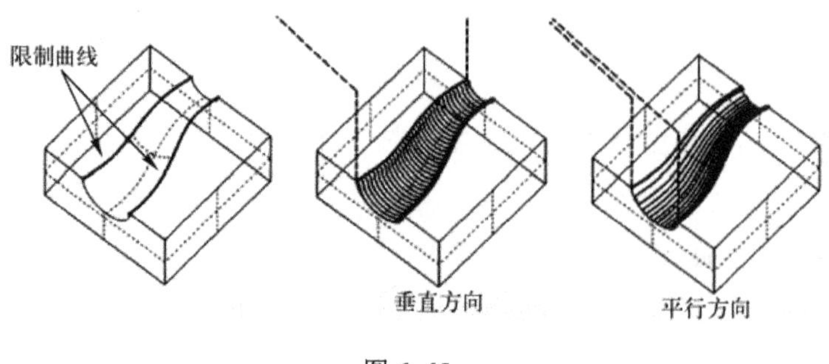

图 6-65

做一做

上机操作：单击“加工”→“精加工”→“限制线精加工”菜单，打开“限制线精加工”对话框，进行各项参数的设置练习。

读一读

单击“加工”→“精加工”→“三维偏置精加工”菜单，弹出如图 6-66 所示的对话框。

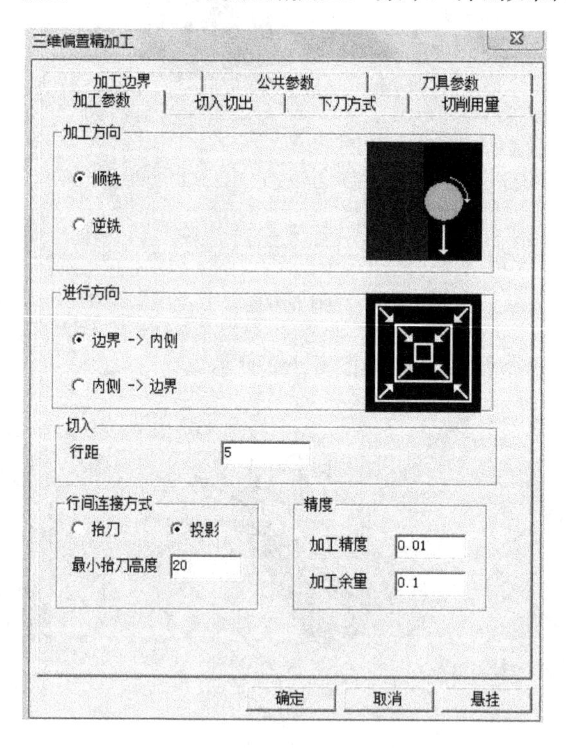

图 6-66

进行方向：有边界→内侧、内侧→边界两种方式，如图 6-67 所示。

三维偏置精加工生成在三维空间等间距的刀具轨迹，保证加工结果有相同的残留高度。

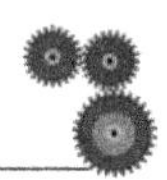

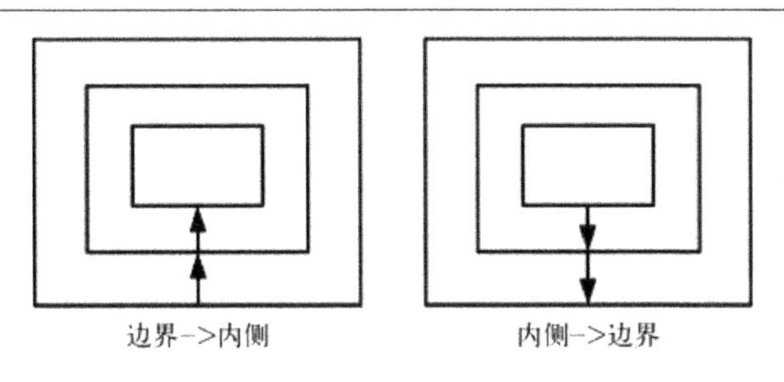

图 6-67

上机操作：单击“加工”→“精加工”→“三维偏置精加工”菜单，打开“三维偏置精加工”对话框，进行各项参数设置练习。

单击“加工”→“精加工”→“深腔侧壁精加工”菜单，弹出如图 6-68 所示的对话框。

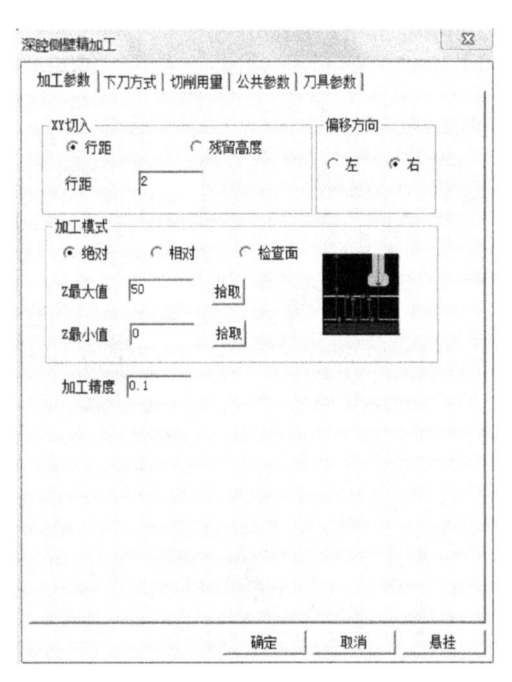

图 6-68

加工模式：有绝对、相对、检查面三种方式，其含义如图 6-69 所示。

深腔侧壁精加工不需要模型，依据轮廓线和刀具的左右偏置进行上下加工，加工深度可以控制。

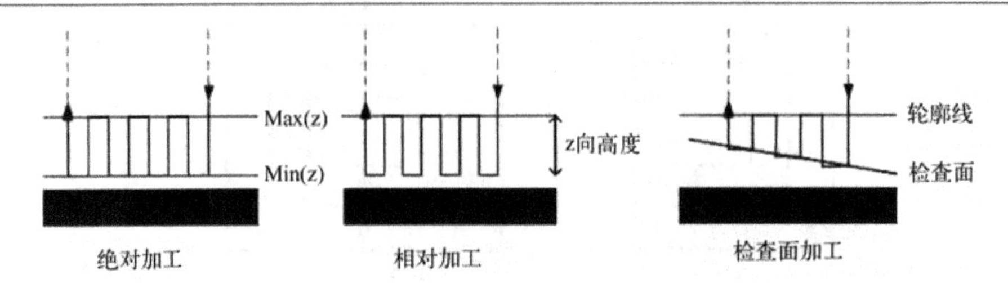

图 6-69

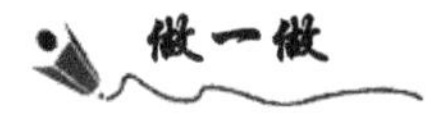

上机操作：单击“加工”→“精加工”→“深腔侧壁精加工”菜单，打开“深腔侧壁精加工”对话框，进行各项参数设置练习。

任务三　补加工、槽加工及其多轴加工的方法

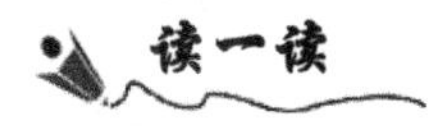

单击“加工”→“补加工”→“等高线补加工”菜单，弹出如图 6-70 所示的对话框。

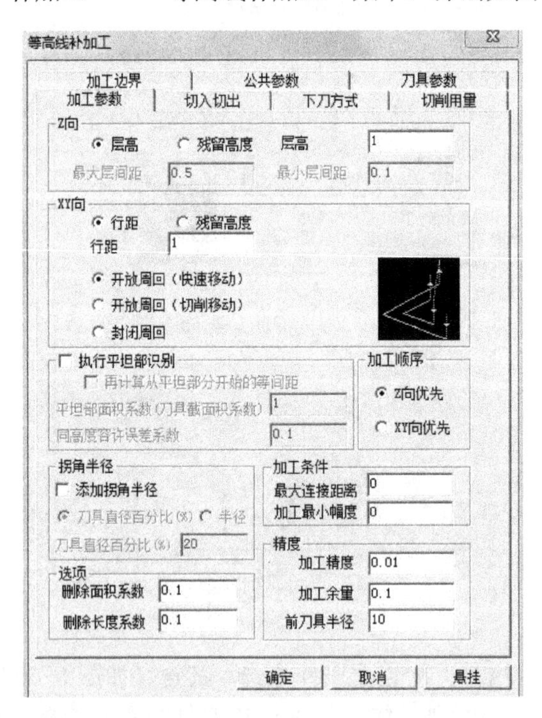

图 6-70

（1）XY 向各参数含义如图 6-71 所示。

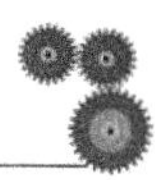

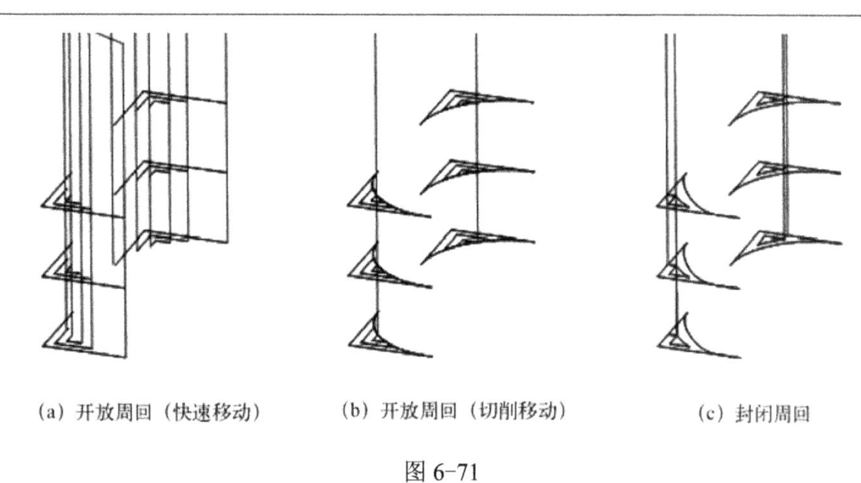

图 6-71

（2）设定补加工轨迹连接的优先方向，有 Z 向优先和 XY 向优先两种方式，其示例如图 6-72 所示。

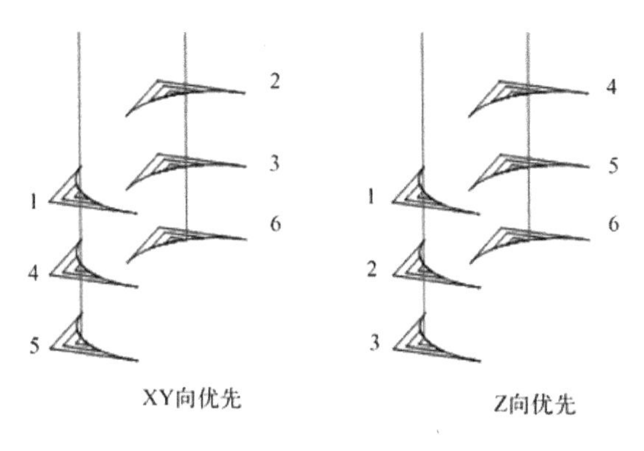

图 6-72

（3）最大连接距离，其含义如图 6-73 所示。

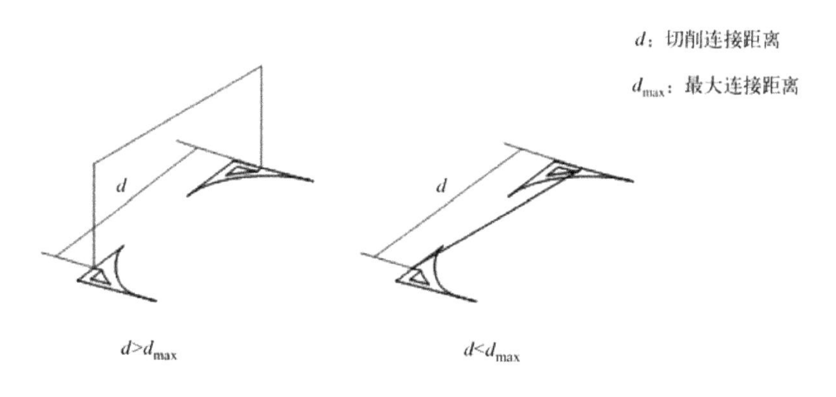

图 6-73

等高线补加工按照等高粗加工的方式，对所选区域内前一刀具遗留的陡峭拐角部位进行补加工。

做一做

上机操作：单击“加工”→“补加工”→“等高线补加工”菜单，打开“等高线补加工”对话框，进行各项参数的设置练习。

读一读

单击“加工”→“补加工”→“笔式清根加工”菜单，弹出如图 6-74 所示的对话框。

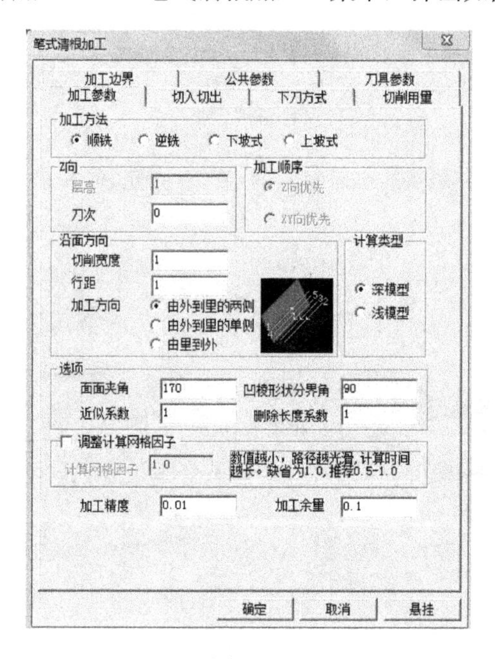

图 6-74

加工顺序：优先方向有 *Z* 向优先、*XY* 向优先两种选择方式，其示例如图 6-75 所示。

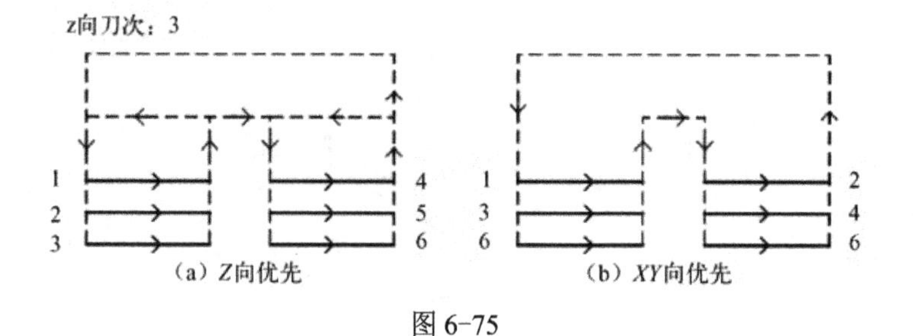

（a）*Z*向优先　（b）*XY*向优先

图 6-75

做一做

上机操作：单击“加工”→“补加工”→“笔式清根加工”菜单，打开“笔式清根加工”对话框，进行各项参数的设置练习。

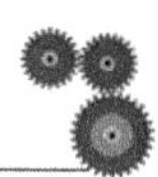

单击“加工”→“补加工” →“笔式清根加工 2”菜单，弹出如图 6-76 所示的对话框。

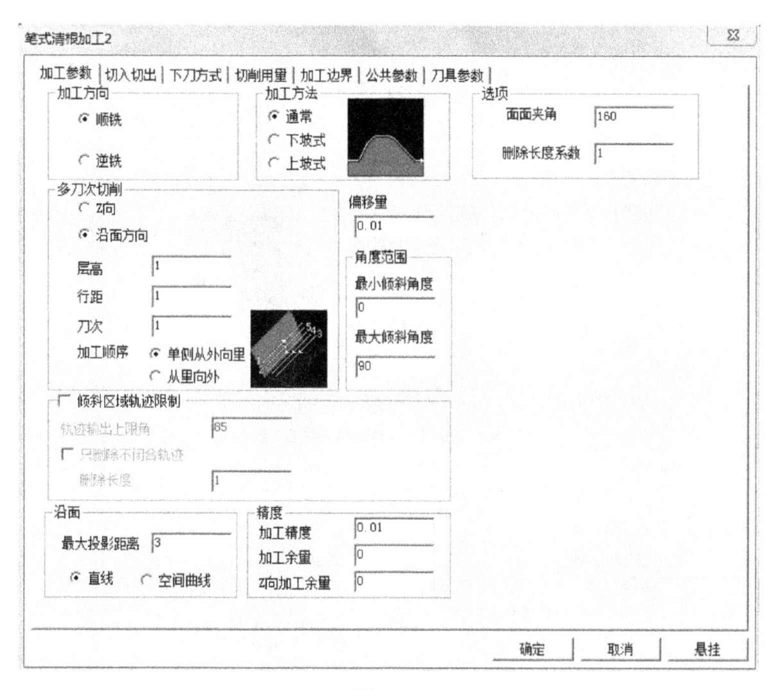

图 6-76

如图 6-77 所示，“笔式清根加工 2”和“笔式清根加工”轨迹的比较，可以清楚地看到抬刀的优化，进退刀圆弧更加适合于高速加工。

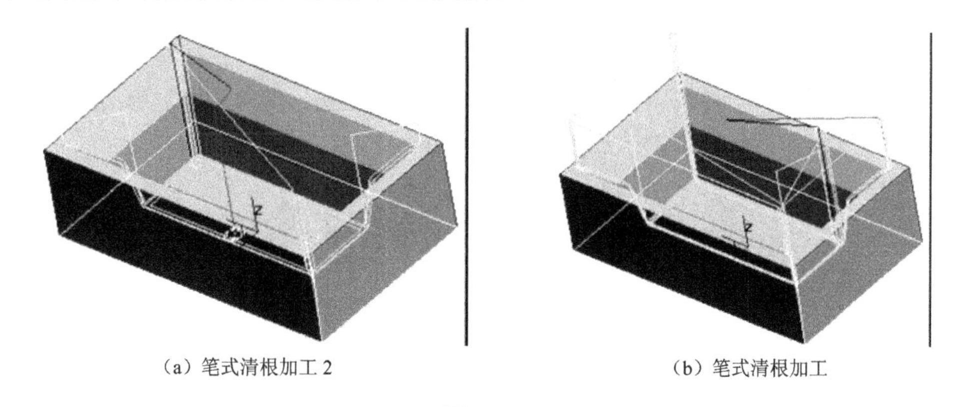

（a）笔式清根加工 2　　（b）笔式清根加工

图 6-77

笔式清根加工 2 主要用来清理所选区域内平坦部位两边间的交角。

上机操作：单击“加工”→“补加工”→“笔式清根加工 2”菜单，打开“笔式清根

加工 2”对话框，进行各项参数设置练习。

读一读

单击“加工”→“补加工”→“区域式补加工”菜单，弹出如图 6-78 所示的对话框。

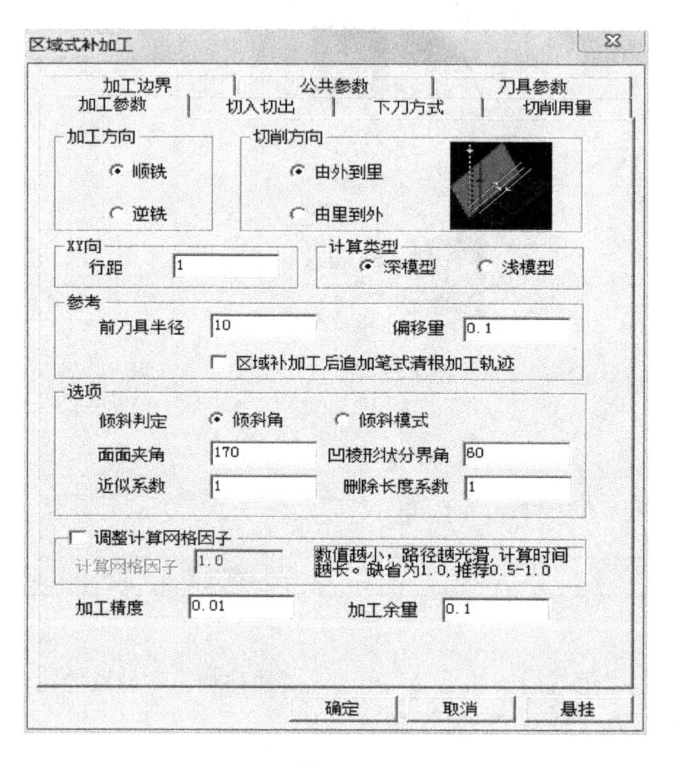

图 6-78

偏移量即前把刀具半径的增量，如前刀具半径为 10mm，偏移量指定为 2mm 时，加工区域的范围就和前刀具产生的未加工区域的范围一致，如图 6-79 所示。

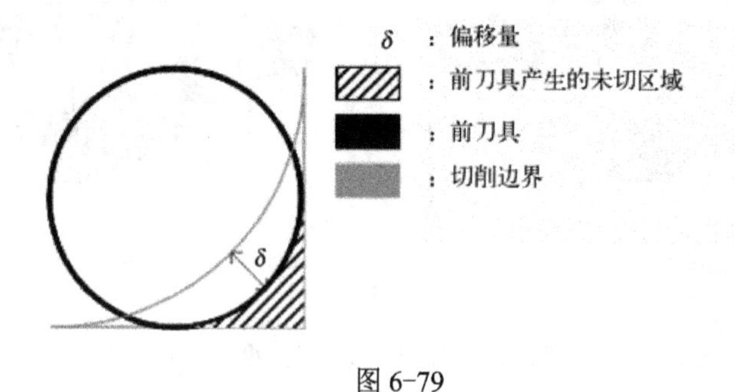

图 6-79

区域式补加工主要是对所选定的区域内的所有拐角处进行理。

提示：若前刀具半径大于当前刀具半径，这样对当前加工有未加工区域，从而生成

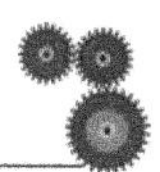

轨迹，否则不能生成轨迹。

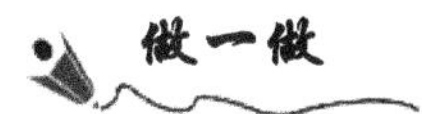

做一做

上机操作：单击“加工”→“补加工”→“区域式补加工”菜单，打开“区域式补加工”对话框，进行各项参数设置练习。

读一读

单击“加工”→“槽加工”→“曲线式铣槽”菜单，弹出如图 6-80 所示的对话框。

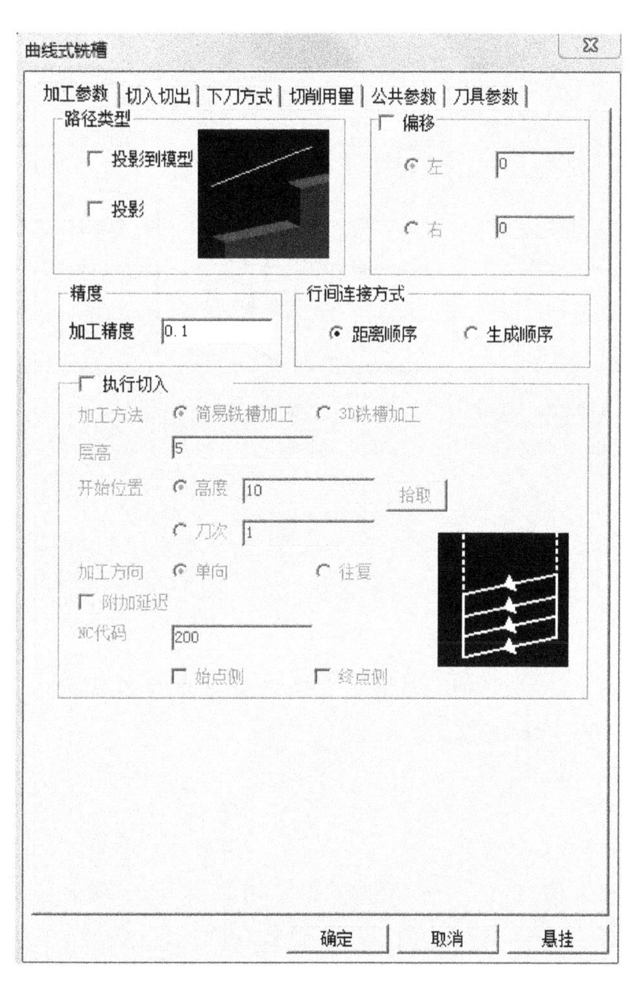

图 6-80

加工方法主要有简易铣槽加工和 3D 铣槽加工，其示例如图 6-81 所示。

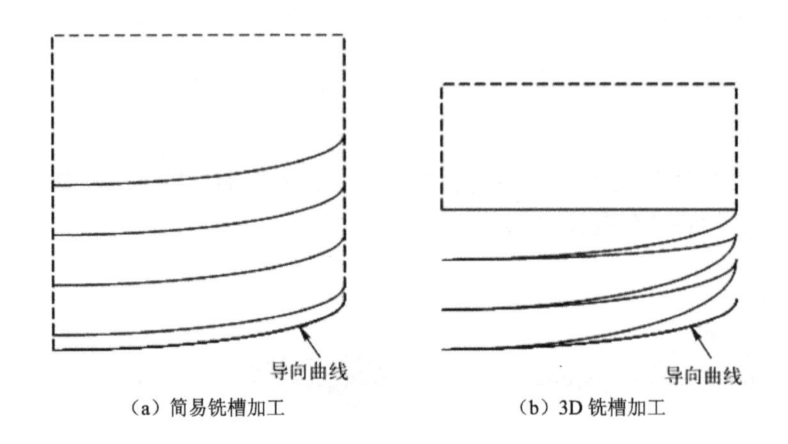

（a）简易铣槽加工　　（b）3D 铣槽加工

图 6-81

加工方法设定为 3D 铣槽加工时，加工方向有平行和 Z 字形两种，如图 6-82 所示。

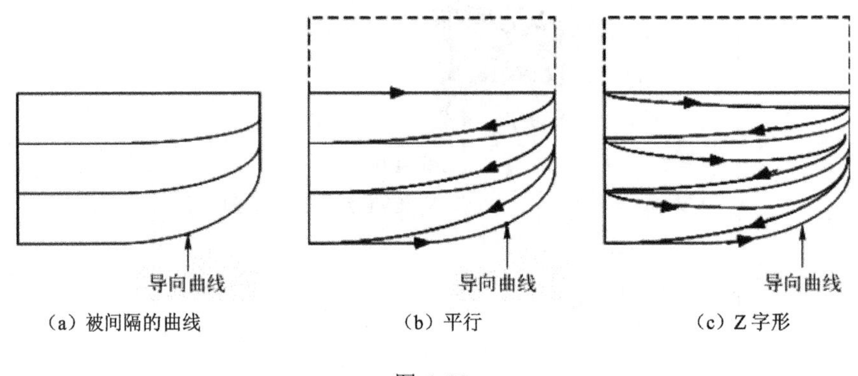

（a）被间隔的曲线　　（b）平行　　（c）Z 字形

图 6-82

做一做

上机操作：单击“加工”→“槽加工”→“曲线式铣槽”菜单，打开“曲线式铣槽”对话框，进行各项参数设置练习。

读一读

单击“加工”→“槽加工”→“扫描式铣槽”菜单，弹出如图 6-83 所示的对话框。

（1）开放形状的加工方向：有从外侧进入、从内侧进入、往复三种类型。

（2）封闭形状的加工方向：有铣孔加单向扫描、双层铣孔加往复扫描、单层铣孔加往复扫描三种类型，其示例分别如图 6-84、图 6-85、图 6-86 所示。

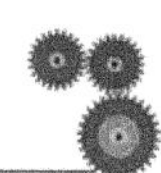

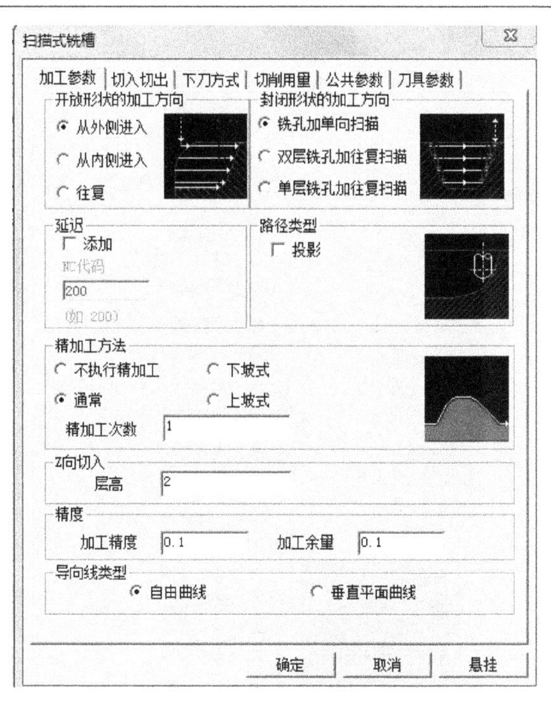

图 6-83

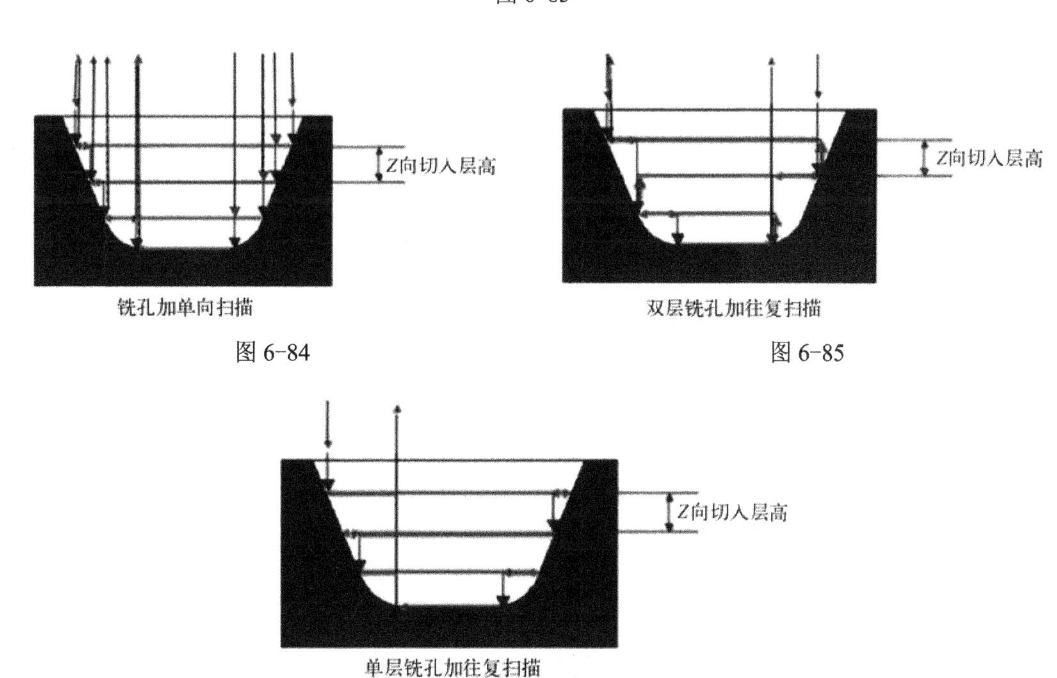

图 6-84　　图 6-85

图 6-86

上机操作：单击“加工”→“槽加工”→“扫描式铣槽”菜单，打开“扫描式铣

槽”对话框，进行各项参数设置练习。

读一读

单击“加工”→“多轴加工”，显示出多轴加工的类型如图 6-87 所示。

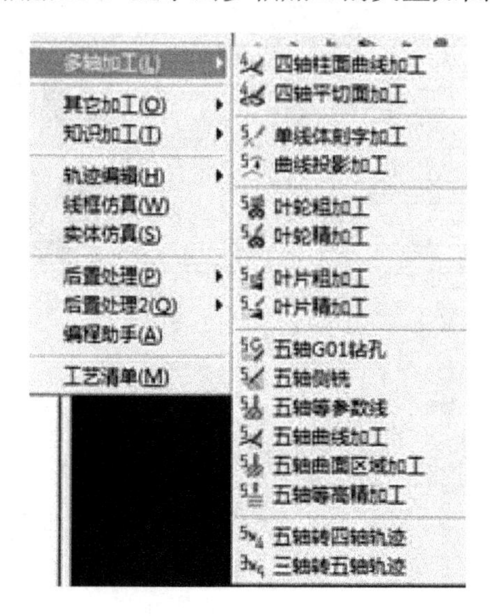

图 6-87

单击“加工”→“多轴加工”→“四轴柱面曲线加工”菜单，弹出如图 6-88 所示对话框。

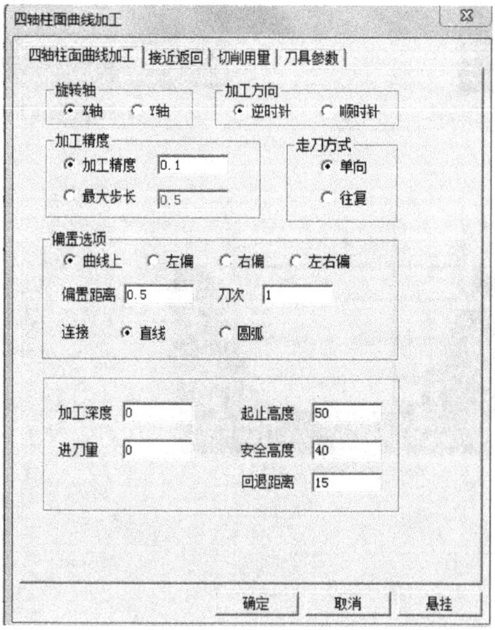

图 6-88

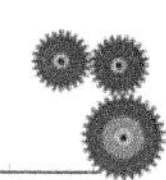

（1）旋转轴。

① X 轴：机床的第四轴绕 *X* 轴旋转，生成加工代码时角度地址为 A。

② Y 轴：机床的第四轴绕 *Y* 轴旋转，生成加工代码时角度地址为 B。

（2）加工方向：生成四轴加工轨迹时，下刀点与拾取曲线的位置有关，在曲线的哪一端拾取，就会在曲线的哪一端点下刀。

（3）加工精度：加工精度值越大，模型形状的误差越大，模型表面越粗糙；加工精度值越小，模型形状的误差越小，模型表面越光滑，轨迹段的数目增多，轨迹数据量变大。

（4）走刀方式：示例如图 6-89 所示。

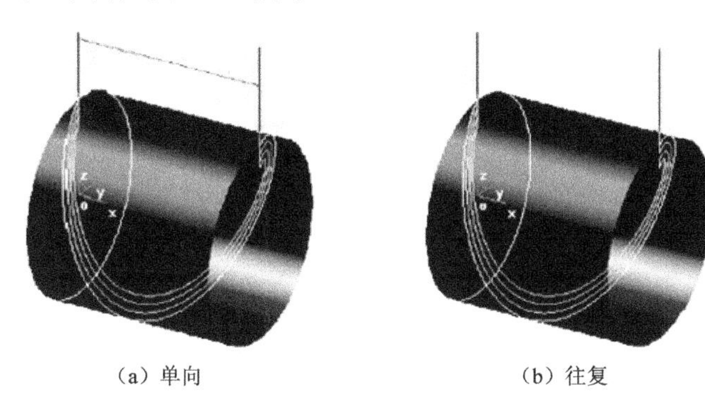

（a）单向　　（b）往复

图 6-89

（5）偏置选项：示例如图 6-90 所示。

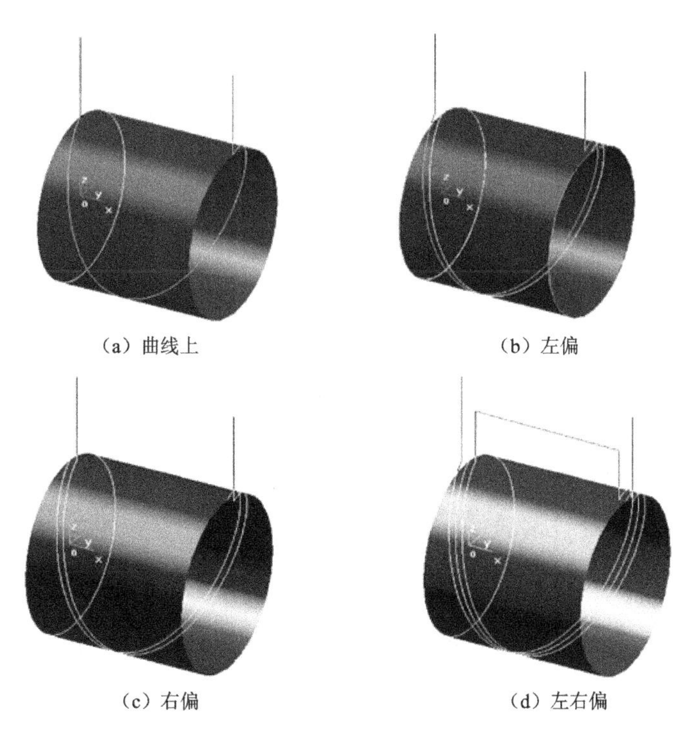

（a）曲线上　　（b）左偏

（c）右偏　　（d）左右偏

图 6-90

（6）当需要多刀进行加工时，可以设定刀次，给定刀次后总偏置距离=偏置距离×刀次，图 6-91 为偏置距离为 1 、刀次为 4 时的单向加工刀具轨迹。

（7）连接：直线和圆弧两种方式，示例如图 6-92 所示。

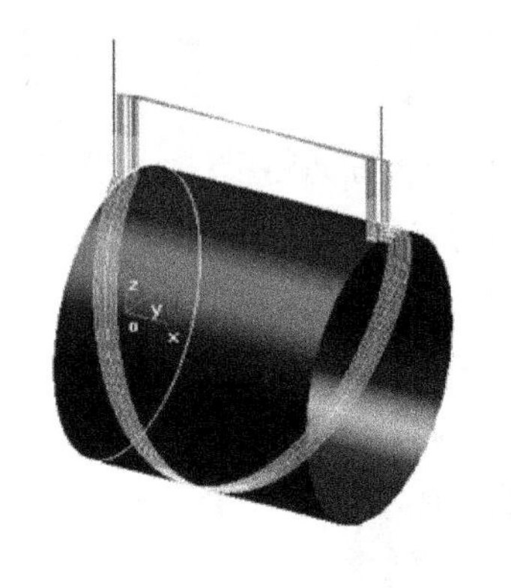

图 6-91

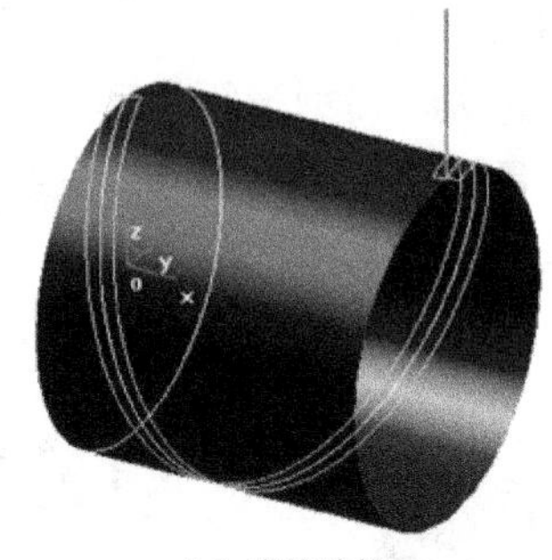

（a）直线连接

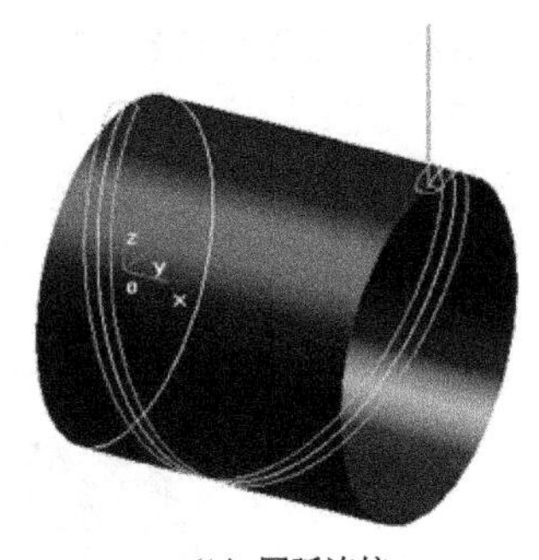

（b）圆弧连接

图 6-92

上机操作：单击“加工”→“多轴加工”→“四轴柱面曲线加工”菜单，打开“四轴柱面曲线加工”对话框，进行各项参数设置练习。

先进制造技术

人们往往用先进制造技术（Advanced Manufacturing Technology，AMT）来概括由于微电子技术、自动化技术、信息技术等给传统制造技术带来的种种变化与新型制造系统。具体地说，先进制造技术就是指集机械工程技术、电子技术、自动化技术、信息技术等多种技术为一体所产生的技术、设备和系统的总称，主要包括计算机辅助设计、计算机辅助制造、集成制造系统等。AMT 是制造业企业取得竞争优势的必要条件之一，但并非充分条件，其优势还有赖于能充分发挥技术威力的组织管理，有赖于技术、管理和人力资源的有机协调和融合。

它包括两个基本部分:有关产品设计技术和工艺技术。

（1）面向制造的设计技术群

面向制造的设计技术群系指用于生产准备(制造准备)的工具群和技术群。设计技术对新产品开发和生产费用、产品质量以及新产品上市时间都有很大影响。产品和制造工艺的设计可以采用一系列工具，例如计算机辅助设计(CAD)以及工艺过程建模和仿真等。生产设施、装备和工具，甚至整个制造企业都可以采用先进技术更有效地进行设计。近几年发展起来的产品和工艺的并行设计具有双重目的：一是缩短新产品上市的周期；二是可以将

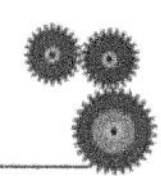

生产过程中产生的废物减少到最低程度，使最终产品成为可回收、可再利用的，因此对实现面向保护环境的制造而言是必不可少的。

（2）制造工艺技术群（加工和装配技术群）

制造工艺技术群是指用于物质产品（物理实体产品）生产的过程及设备。例如：模塑成型、铸造、冲压、磨削等。随着高新技术的不断渗入，传统的制造工艺和装备正在产生质的变化。制造工艺技术群是有关加工和装配的技术，也是制造技术或称生产技术的传统领域。

AMT 发展历程：

人类漫长的历史发展中，使用工具、制造工具进行产品制造是基本生产活动之一。直到 18 世纪中叶工业革命以前，制造都是手工作业和作坊式生产。

工业革命中诞生的能源机器（蒸汽机）、作业机器（纺织机）和工具机器（机床），为制造活动提供了能源和技术，并开拓了新的产品市场。

经过 100 多年的技术积累和市场开拓，到 19 世纪末制造业已初步形成。其主要生产方式是机械化加电气化的批量生产。

20 世纪上半叶，以机械技术和机电自动化技术为基础的制造业的生产空前发展，以大批量生产为主的机械制造业成为制造活动的主体。

20 世纪中叶（1946 年）电子计算机问世。

在计算机诞生 2 年后，由于飞机制造（飞机蒙皮壁板、梁架）的需要，在美国发明了数字控制（NC）机床。不久计算机又开始用于辅助编制 NC 机床的加工程序，推出了自动编程工具 APT（Automatically Programmed Tools）语言，此后 CNC、DNC、FMC、FMS、CAX、MIS、MRP、MRPII、ERP、PDM、Web-M 等数字化制造技术相继问世和应用。

先进制造技术是一门综合性、交叉性前沿学科和技术，学科跨度大，内容广泛，涉及制造业生产与技术、经营管理、设计、制造、市场各个方面。先进制造技术就是在传统制造技术的基础上，利用计算机技术、网络技术、控制技术、传感技术与机、光、电一体化技术等方面的最新进展，不断发展完善。

支撑技术群是指支持设计和制造工艺两方面取得进步的基础性的核心技术。基本的生产过程需要一系列的支撑技术，诸如测试和检验、物料搬运、生产（作业）计划的控制以及包装等。它们也是用于保证和改善主体技术的协调运行所需的技术，是工具、手段和系统集成的基础技术。支撑技术群包括以下内容。

① 信息技术:接口和通信、数据库技术、集成框架、软件工程人工智能、专家系统和神经网络、决策支持系统。

② 标准和框架：数据标准、产品定义标准、工艺标准、检验标准、接口框架。

③ 机床和工具技术。

④ 传感器和控制技术：单机加工单元和过程的控制、执行机构、传感器和传感器组合、生产作业计划。

制造技术基础设施是指为了管理好各种适当的技术群的开发并鼓励这些技术在整个国家工业（基地）内推广应用而采取的各种方案和机制。由于技术只有应用适当才会产生效用，所以其技术基础设施的各要素和基本技术本身同样重要。这些要素包括了车间工人、工程技术人员和管理人员在各种先进生产技术和方案方面的培训和教育，这些技术和方案将提高企业的生产竞争力。可以说，制造技术的基础设施是使制造技术适应具体企业应用环境充分发挥其功能、取得最佳效益的一系列措施，是使先进的制造技术与企业组织管理体制和使用技术的人员协调工作的系统工程，是先进制造技术生长和壮大的土壤，因而是其不可分割的一个组成部分。先进制造技术是促进科技和经济发展的基础。

1993 年，美国政府批准了由联邦科学、工程与技术协调委员会（FCCSET）主持实施先进制造技术（Advanced Manufacturing Technology，AMT）计划。先进制造技术计划是美国根据本国制造业面临的挑战和机遇，为增强制造业的竞争力和促进国家经济增长而提出。此后，欧洲各国、日本以及亚洲新兴工业化国家如韩国等也相继作出响应。美国AMT 计划目标是：研究开发世界领先的先进制造技术，以满足美国制造业对先进制造技术的需求，提高制造业的竞争力；通过教育与培训计划提高劳动力素质；促进具有环境意识的制造等。AMT 是中国 1995 年列入为提高工业质量及效益的重点开发推广项目，该技术广涉信息、机械、电子、材料、能源、管理等方面的知识，该技术的发展对推动国民经济的发展有着重要的作用。就目前世界的经济发展来看，以美国、日本、西欧为代表的工业化国家在 AMT 上都有雄厚的实力。

先进制造技术的特点：

① 先进制造技术是制造技术的最新发展阶段，是面向 21 世纪的技术制造业,是社会物质文明的保证，是与人类社会一起动态发展的。先进制造技术是由传统的制造技术发展而来，保持了过去制造技术中的有效要素。但随着高新技术的渗入和制造环境的变化，已经产生了质了变化，先进制造技术是制造技术与现代高新技术结合而产生的一个完整的技术群，是一类具有明确范畴的新的技术领域，是面向 21 世纪的技术。

② 先进制造技术是面向工业应用的技术。先进制造技术应能适合于在工业企业推广并取得很好的经济效益，先进制造技术的发展往往是针对某一具体的制造业(如汽车工业、电子工业)的需求而发展起来的适用的制造技术，有明显的需求导向的特征。先进制造技术不是以追求技术的高新度为目的，而是注重产生最好的实践效果，以提高企业的竞争力、促进国家经济增长和综合实力为目标。

③ 先进制造技术是面向全球竞争的。一个国家的先进制造技术是支持该国制造业在全球范围内竞争的保障。因此，先进制造技术的主体应具有世界水平。但是，每个国家的国情也将影响到从现有的制造技术水平向先进制造技术的过渡战略和措施。我国正在以前所未有的速度进入全球化的国际市场，开发和应用适合国情的先进制造技术势在必行。

先进制造技术的关键技术。

（1）成组技术（GT）

成组技术是揭示和利用事物间的相似性，按照一定的准则分类成组，同组事物采用同一方法进行处理，以便提高效益的技术。在机械制造工程中，成组技术是计算机辅助制造的基础，将成组哲理用于设计、制造和管理等整个生产系统，改变多品种小批量生产方式，获得最大的经济效益。

成组技术的核心是成组工艺，它是将结构、材料、工艺相近似的零件组成一个零件

簇（组），按零件簇制订工艺进行加工，扩大批量，减少品种，便于采用高效方法、提高劳动生产率。零件的相似性是广义的，在几何形状、尺寸、功能要素、精度、材料等方面的相似性为基本相似性，以基本相似性为基础，在制造、装配等生产、经营、管理等方面所导出的相似性，称为二次相似性或派生相似性。

（2）敏捷制造（AM）

敏捷制造是指企业实现敏捷生产经营的一种制造哲理和生产模式。敏捷制造包括产品制造机械系统的柔性、员工授权、制造商和供应商关系、总体品质管理及企业重构。敏捷制造是借助于计算机网络和信息集成基础结构，构造有多个企业参加的"VM"环境，以竞争合作的原则，在虚拟制造环境下动态选择合作伙伴，组成面向任务的虚拟公司，进行快速和最佳生产。

（3）并行工程（CE）

并行工程是对产品及其相关过程（包括制造过程和支持过程）进行并行、一体化设计的一种系统化的工作模式。在传统的串行开发过程中，设计中的问题或不足，要分别在加工、装配或售后服务中才能被发现，然后再修改设计，改进加工、装配或售后服务（包括维修服务）。而并行工程就是将设计、工艺和制造结合在一起，利用计算机互联网并行作业，大大缩短生产周期。

（4）快速成型技术(RPM)

快速成型技术是集 CAD/CAM、激光加工、数控技术和新材料等技术领域的最新成果于一体的零件原型制造技术。它不同于传统的用材料去除方式制造零件的方法，而是用材料一层一层积累的方式构造零件模型。它利用所要制造零件的三维 CAD 模型数据直接生成产品原型，并且可以方便地修改 CAD 模型后重新制造产品原型。由于该技术不像传统的零件制造方法需要制作木模、塑料模和陶瓷模等，可以把零件原型的制造时间减少为几天、几小时，缩短了产品开发周期，减少了开发成本。随着计算机技术的决速发展和三维 CAD 软件应用的不断推广，越来越多的产品基于三维 CAD 设计开发，使得快速成型技术的广泛应用成为可能。快速成型技术已广泛应用于宇航、航空、汽车、通信、医疗、电子、家电、玩具、军事装备、工业造型（雕刻）、建筑模型、机械行业等领域。

（5）虚拟制造技术（VMT）

虚拟制造技术是以计算机支持的建模、仿真技术为前提，对设计、加工制造、装配等全过程进行统一建模，在产品设计阶段，实时并行模拟出产品未来制造全过程及其对产品设计的影响，预测出产品的性能、产品的制造技术、产品的可制造性与可装配性，从而更有效地、更经济地灵活组织生产，使工厂和车间的设计布局更合理、有效，以达到产品开发周期和成本最小化、产品设计质量的最优化、生产效率的最高化。虚拟制造技术填补了 CAD/ CAM 技术与生产全过程、企业管理之间的技术缺口，把产品的工艺设计、作业计划、生产调度、制造过程、库存管理、成本核算、零部件采购等企业生产经营活动在产品投入之前就在计算机上加以显示和评价，使设计人员和工程技术人员在产品真实制造之前，通过计算机虚拟产品来预见可能发生的问题和后果。虚拟制造系统的关键是建模，即将现实环境下的物理系统映射为计算机环境下的虚拟系统。虚拟制造系统生产的产品是虚拟产品，但具有真实产品所具有的一切特征。

（6）智能制造（IM）

智能制造是制造技术、自动化技术、系统工程与人工智能等学科互相渗透、互相交织而形成的一门综合技术。其具体表现为：智能设计、智能加工、机器人操作、智能控制、智能工艺规划、智能调度与管理、智能装配、智能测量与诊断等。它强调通过"智能设备"和"自治控制"来构造新一代的智能制造系统模式。

智能制造系统具有自律能力、自组织能力、自学习与自我优化能力、自修复能力，因而适应性极强，而且由于采用 VR 技术，人机界面更加友好。因此，智能制造技术的研究开发对于提高生产效率与产品品质、降低成本，提高制造业市场应变能力、国家经济实力和国民生活水准，具有重要意义。

项目七　加工中心/数控铣职业资格等级工零件的造型和加工

学习目标

（1）掌握等级工（中级、高级、技师）难度零件的造型及加工过程，能将所学的知识灵活运用。

（2）能够正确合理地选用各种方法建模。

（3）了解曲面造型的过程，能够解决实际绘图操作中的问题。

（4）掌握粗、精加工的方法，能根据图形特点，正确合理地选择适当的加工方法。

任务一　加工中心/数控铣中级工难度的典型零件

完成端盖底板的造型与加工，零件二维尺寸及立体图如图 7-1 所示。

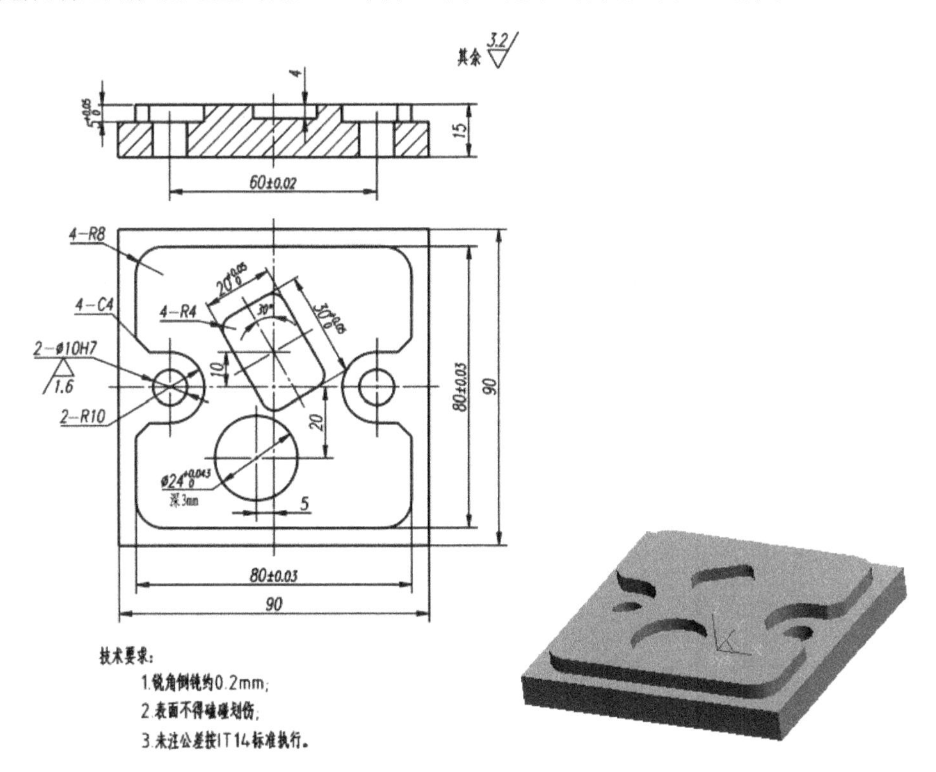

图 7-1

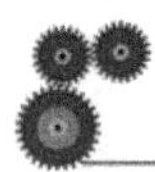

（1）实体造型分析：该平板类零件，特征简单，主要包含了底部基本体、上凸台、中间凹槽以及两个工艺孔，没有曲面特征。

（2）加工思路分析：底板是典型的平面类零件，自动加工的方法也相对简单。较为常用的是先采用“区域式粗加工”进行平面轮廓粗加工，再利用“轮廓线精加工”方法完成轮廓精加工。对于凸台和上表面的矩形凹槽、圆形凹槽都采用同样的粗精加工方式。其中两个$\phi 10$ 的孔为工艺孔，钻孔后用铰孔的方法进行精加工，手工编程更为方便，在此自动编程不做介绍。

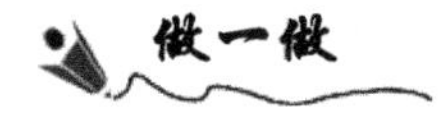

1．底板的实体造型

（1）单击零件特征树的“平面 XOY”，选择 *XOY* 平面为绘图基准面。单击“绘制草图”图标，进入草图绘制状态。

（2）单击“矩形” 图标，选择“中心_长_宽”方式，输入长度和宽度皆为 90，以原点为中心画矩形，如图 7-2 所示，再次单击“绘制草图”图标退出草图绘制状态。

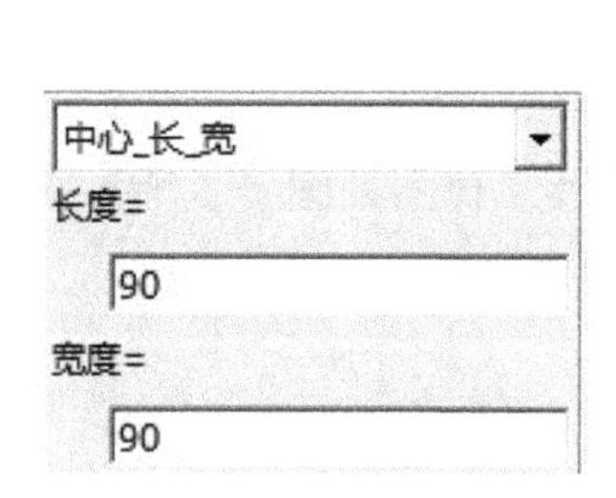

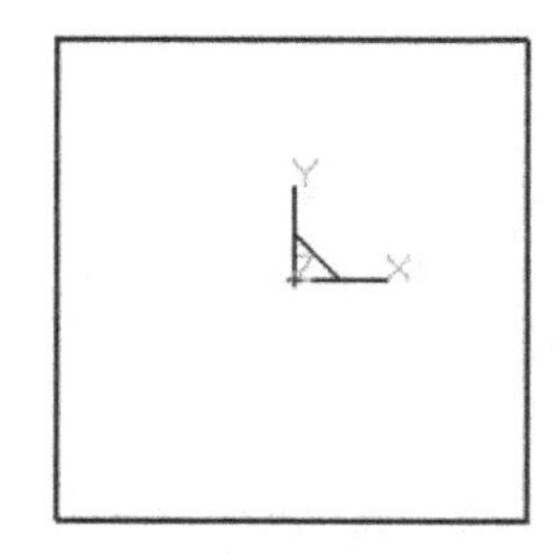

图 7-2

（3）单击“拉伸增料”图标，在弹出的“拉伸增料”对话框中输入“深度”为 10，单击“确定”按钮，按 F8 键观察轴测图，如图 7-3 所示。

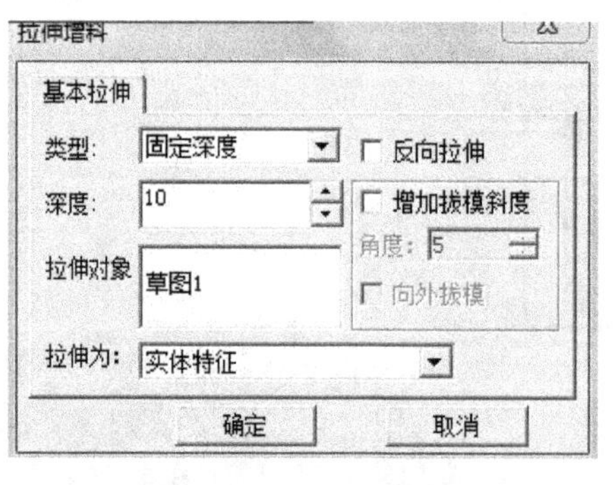

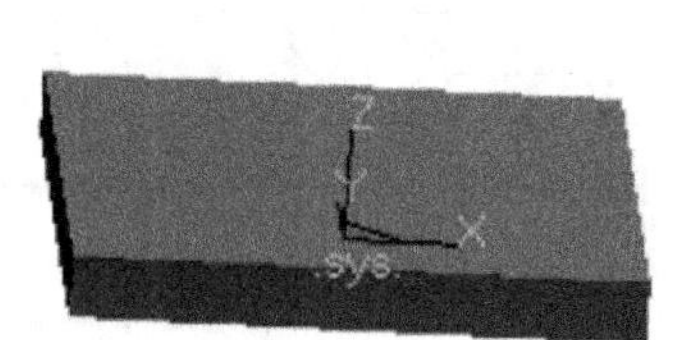

图 7-3

（4）如图 7-4 所示拾取长方体的上表面作为绘图的基准面，然后单击“草图绘制”图标进入草图绘制状态。

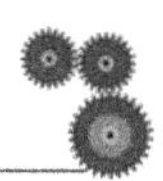

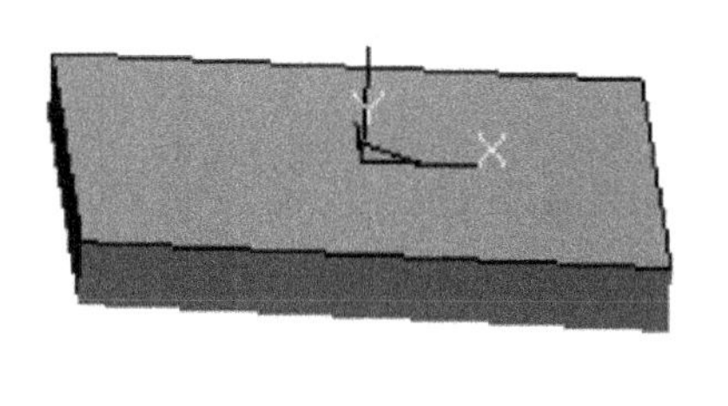

图 7-4

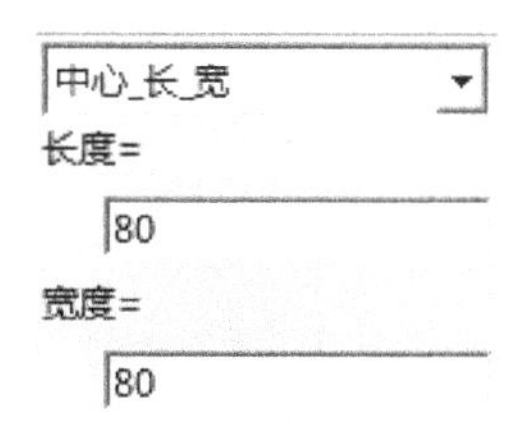

图 7-5

（5）按 F5 键切换为 *XOY* 平面显示，单击“矩形”图标，选择“中心_长_宽”方式，输入长度 80、宽度 80，如图 7-5 所示。

（6）单击“曲线过渡”图标，选择“圆弧过渡”，在对话框中输入半径 8，依次修整凸台边圆角，如图 7-6 所示。

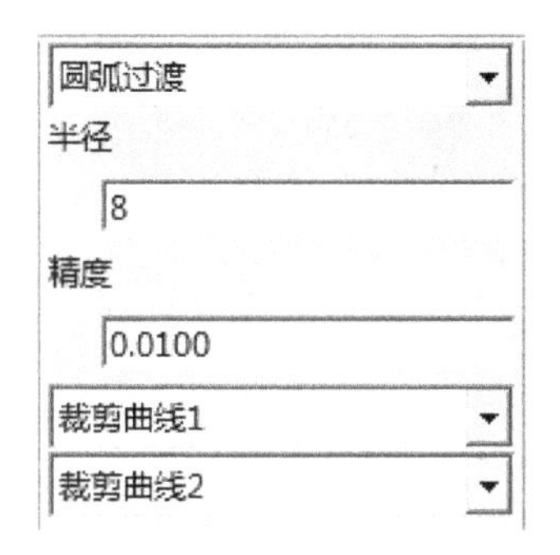

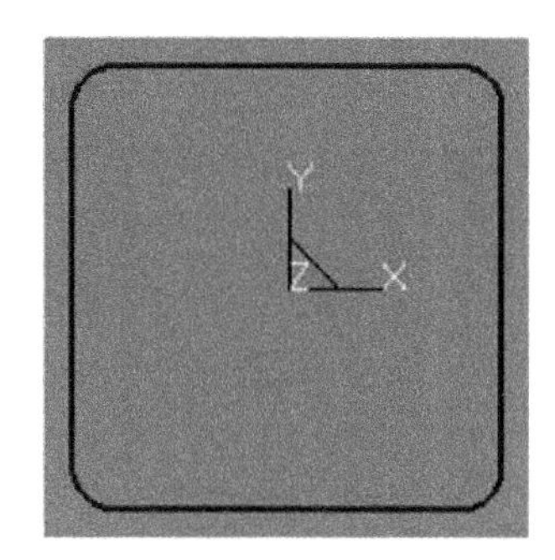

图 7-6

（7）单击“直线”图标，选择“水平/铅垂”的方式，长度输入 100，单击原点后单击右键确定，如图 7-7 所示。

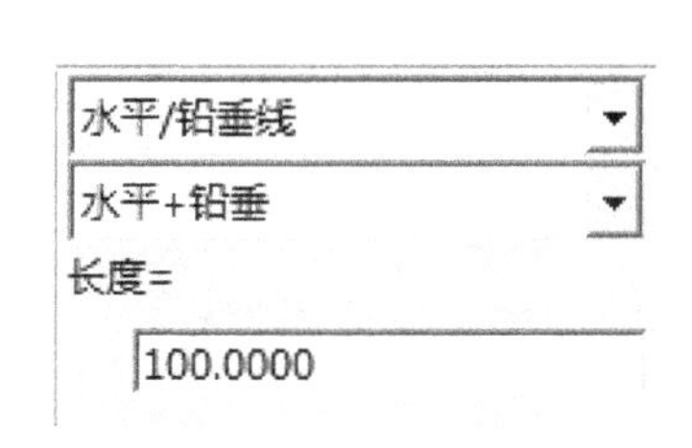

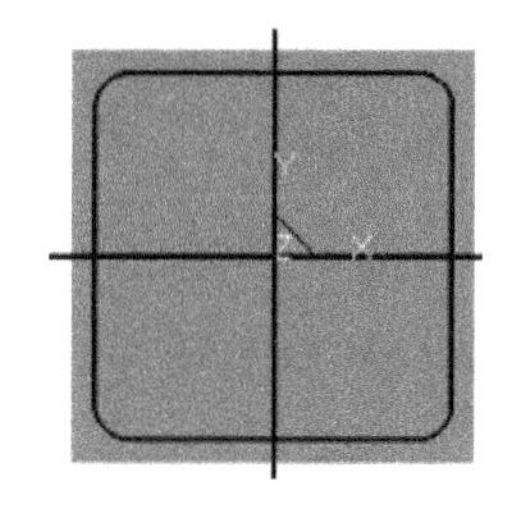

图 7-7

提示：水平/铅垂的长度略超过矩形边长较为合适。

（8）单击“等距”图标，选择“单根曲线”、“等距”方式，输入距离 30，选择铅垂的直线朝左方向等距，单击右键确定，如图 7-8 所示。

（9）单击“整圆”图标，选择“圆心_半径”方式，选择刚等距的直线与水平线的交点为圆心，输入半径 10，单击右键确定，结果如图 7-9 所示。

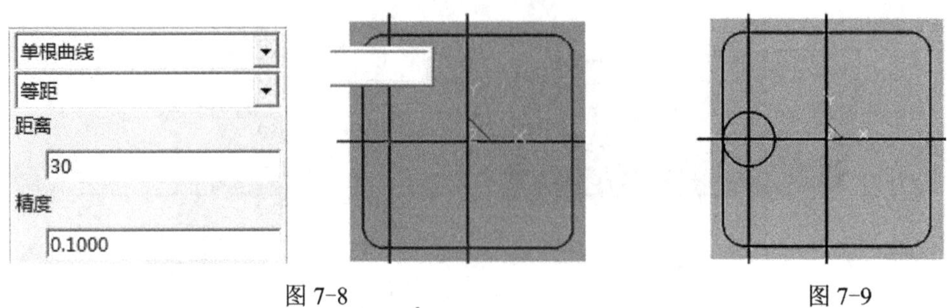

图 7-8　　图 7-9

（10）单击“直线”图标，选择“两点线”、“连续”、“正交”、“点方式”，单击小圆和距离 30 的辅助线上交点，朝左方向，画正交直线，如图 7-10 所示。

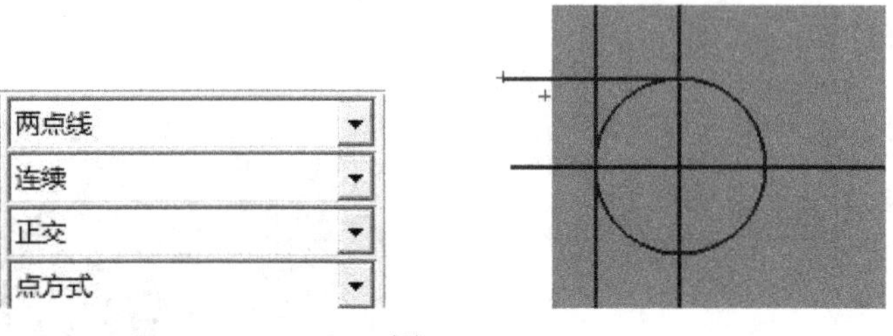

图 7-10

（11） 单击“曲线过渡”图标，选择“倒角”方式，角度输入 45，距离为 4，选择两直线倒角，如图 7-11 所示。

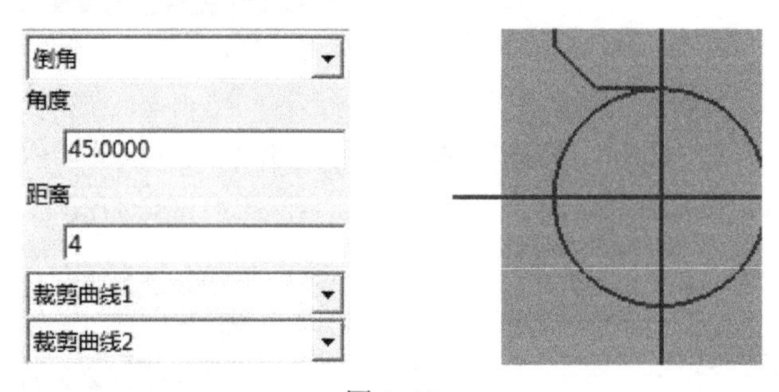

图 7-11

（12）使用“曲线裁剪”和“删除”图标命令进行裁剪和删除，留下的部分如图 7-12 所示。

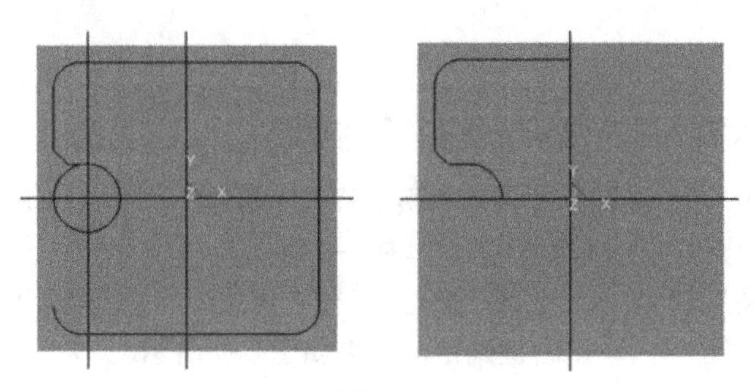

图 7-12

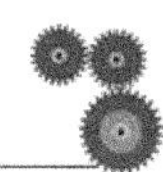

（13）使用“平面镜像”图标命令两次，选择“拷贝”方式，依次以水平及铅垂线为对称中心，完成整个图形绘制，如图 7-13 所示。

（14）单击“删除”图标，选择“水平/铅垂线”，单击右键确定将其删除，按 F2 键退出草图编辑状态，结果如图 7-14 所示。

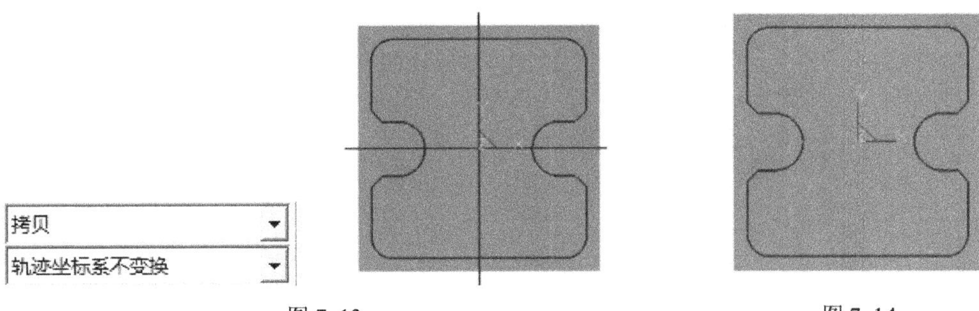

图 7-13　　　　图 7-14

（15）单击“拉伸增料”图标，在弹出的“拉伸增料”对话框中输入深度 5，单击“确定”按钮，按 F8 键轴测图观察，如图 7-15 所示。

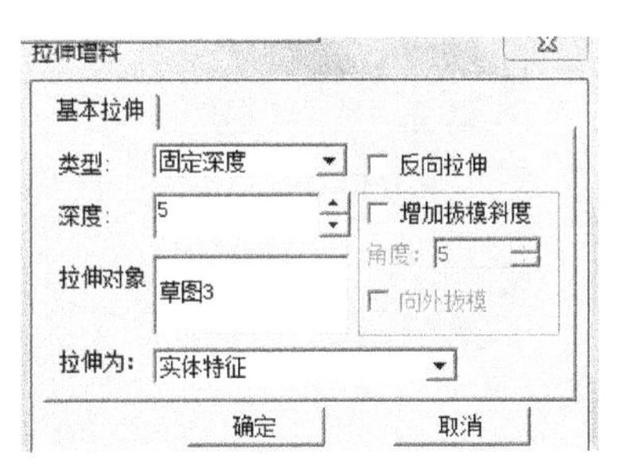

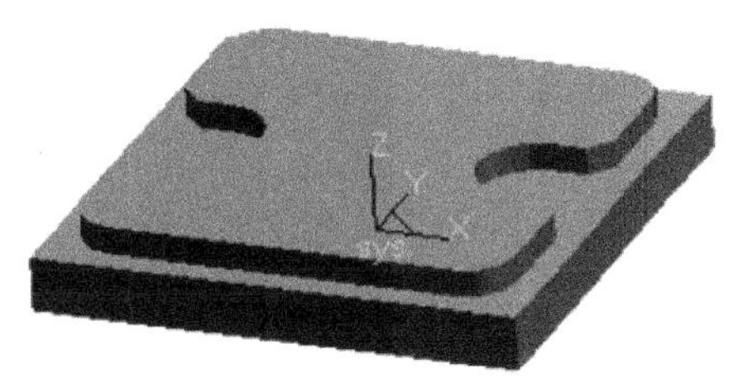

图 7-15

（16）选择特征树中的“平面 XY”后单击“草图绘制”图标，进入草图绘制状态，单击“整圆”图标，选择“圆心半径”方式，按空格键选择圆心的方式，单击 *R*10 的边缘弧线，然后输入半径 5；同样方式绘制另一圆，结果如图 7-16 所示。

提示：辅助线是 *R*10 圆弧，因为 *R*10 和工艺孔ϕ10H7 是同心圆。

（17）单击“绘制草图”图标退出草图绘制状态，单击“拉伸除料”图标，输入深度 10，勾选“反向拉伸”复选框，单击“确定”按钮，生成两个工艺孔，如图 7-17 所示。

图 7-16

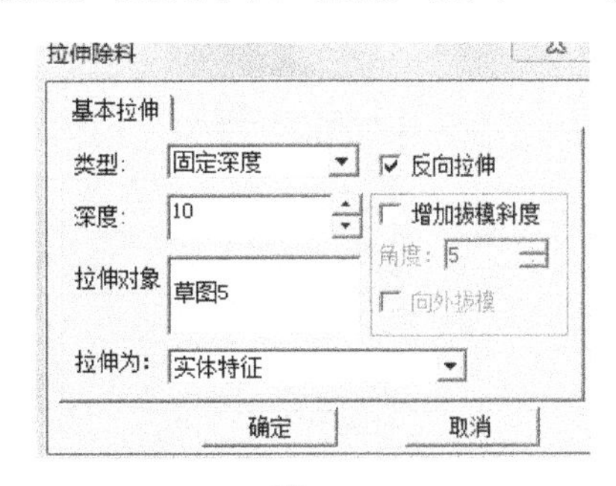

图 7-17

（18）按鼠标中键将实体旋转到适当位置，选取上表面后单击“草图绘制”图标，单击“直线”图标，选择“水平/铅垂线”， 长度输入 100，选取原点为中心点，如图 7-18 所示。

Z Y
X
sys
水平/铅垂线
水平+铅垂
长度=
100.0000

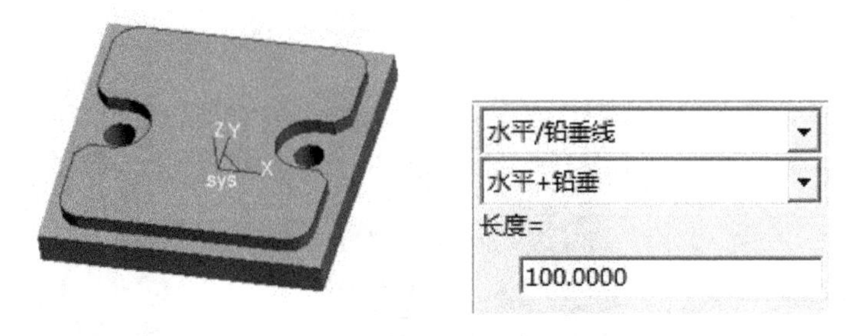

图 7-18

（19）单击“等距”图标，作直线与水平/铅垂线距离分别为 5、10、20，分别如图 7-19、图 7-20 和图 7-21 所示。

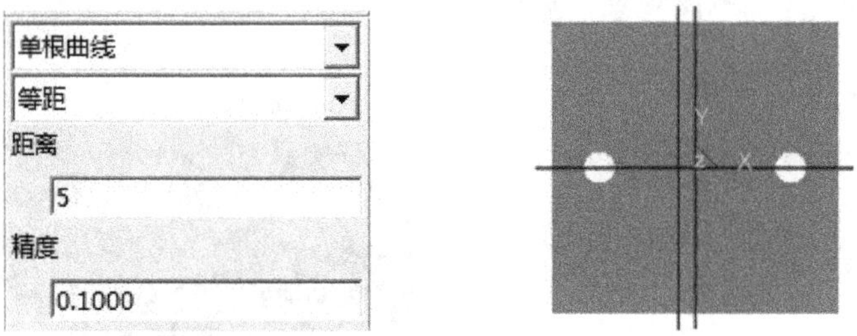

单根曲线
等距
距离
5
精度
0.1000

图 7-19

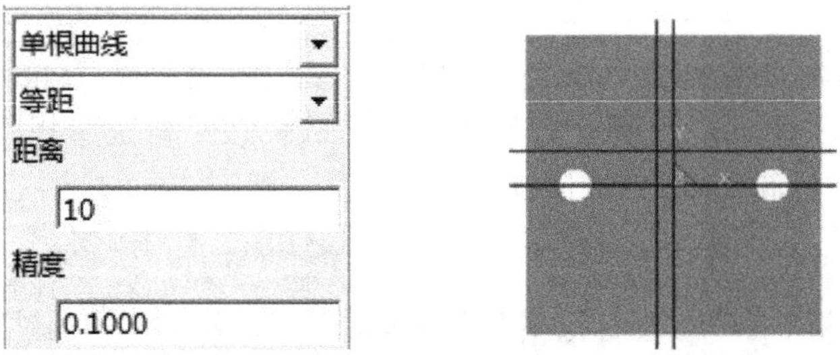

单根曲线
等距
距离
10
精度
0.1000

图 7-20

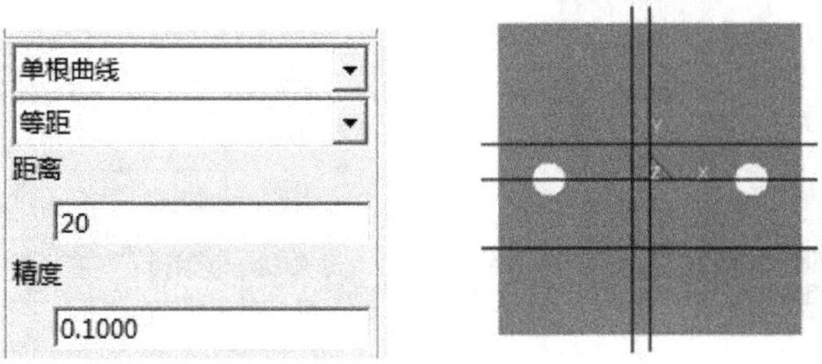

单根曲线
等距
距离
20
精度
0.1000

图 7-21

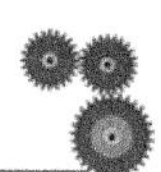

（20）单击“整圆” ⊕ 图标，选择“圆心_半径”方式，选取上一步骤所示两直线的交点为圆心，输入半径 12，结果如图 7-22 所示。

（21）单击 “矩形” □ 图标，选择“中心_长_宽”方式，输入长度 20、宽度 30，以辅助线的交点为中心画矩形，如图 7-23 所示。

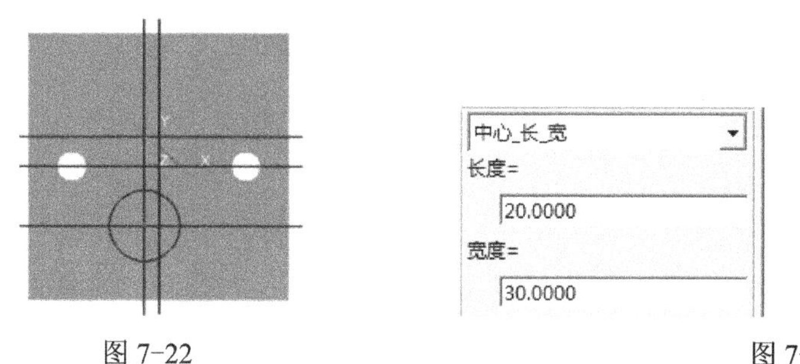

图 7-22

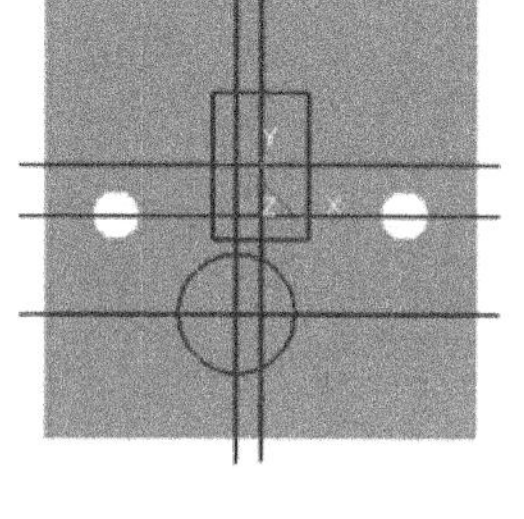

图 7-23

（22）单击“平面旋转” 图标，选择“固定角度”、“移动”方式，输入角度 30，选矩形中心为旋转中心，拾取四边为旋转元素，单击右键确定，如图 7-24 所示。

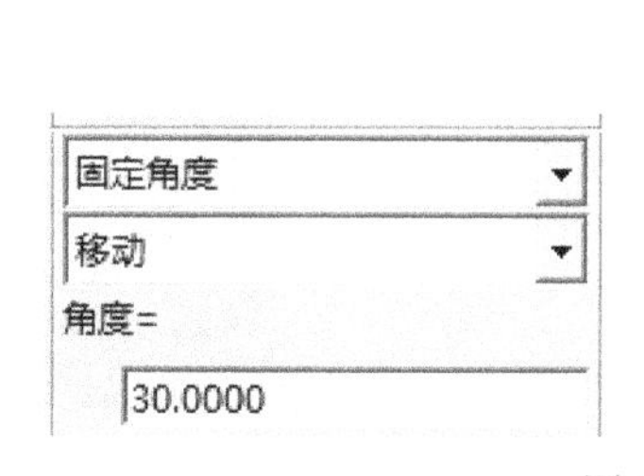

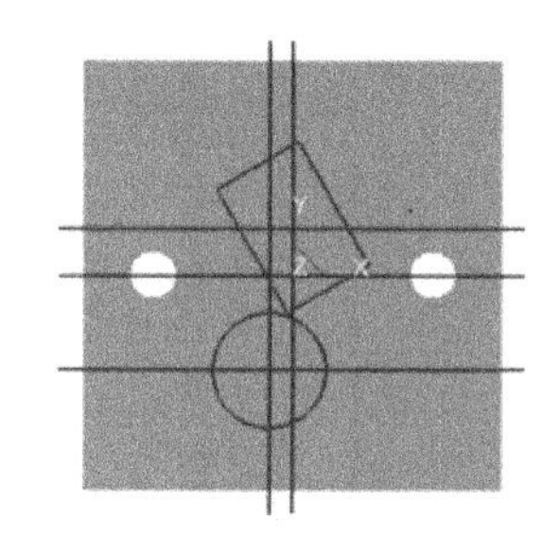

图 7-24

（23）单击“曲线过渡” 图标，选择“圆弧过渡”方式，输入半径 4，依次选取矩形两边倒圆角，如图 7-25 所示。

（24）单击“删除” 图标，选取多余线段单击右键将其删除，按 F2 键退出草图编辑状态，结果如图 7-26 所示。

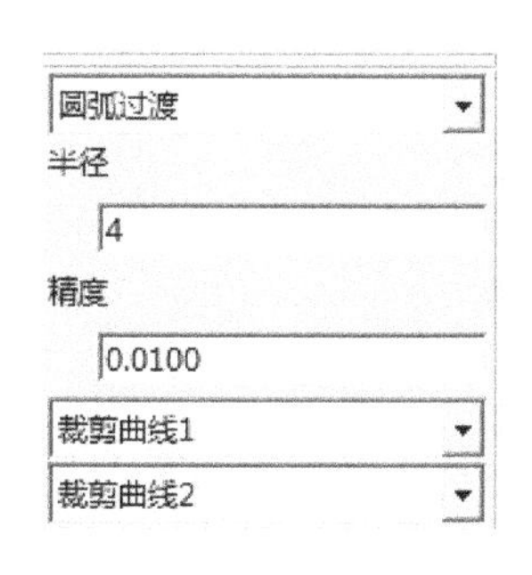

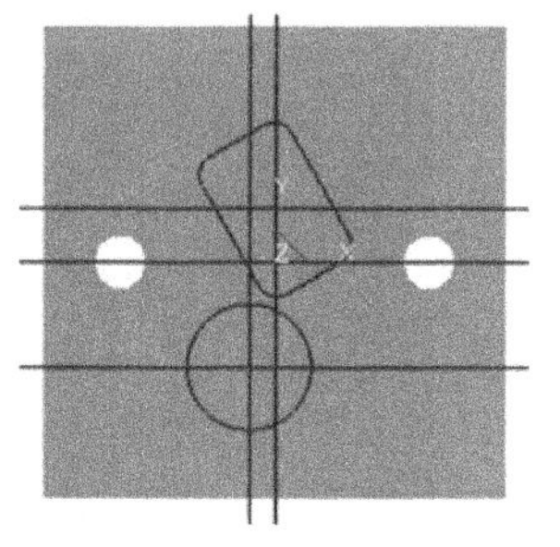

图 7-25

图 7-26

（25）单击“拉伸除料” 图标，选择“固定深度”方式，输入深度 4，单击“确定”按钮，最终生成实体如图 7-27 所示。

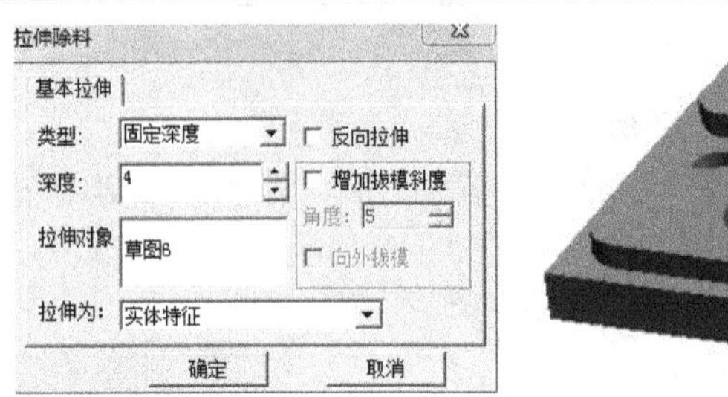

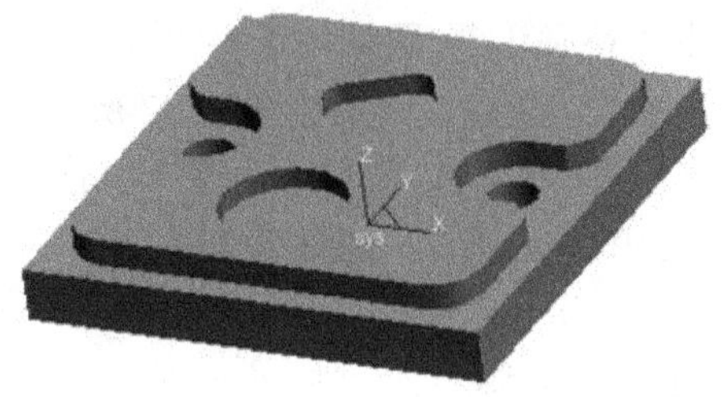

图 7-27

2. 底板加工

（1）设定加工刀具。

① 单击“加工管理”特征树中“刀具库”图标，弹出“刀具库管理”对话框，如图 7-28 所示。

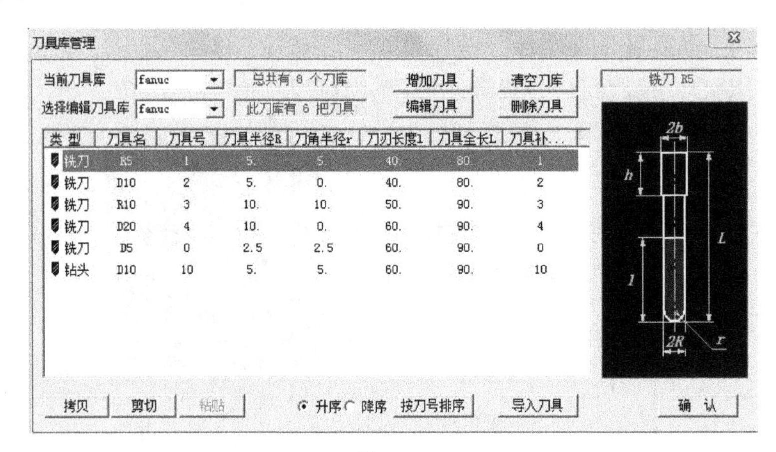

图 7-28

② 单击“增加刀具”图标，在对话框中输入铣刀名称，单击“确定”按钮，依次增加整个加工需要的平刀及球刀，如图 7-29 所示。

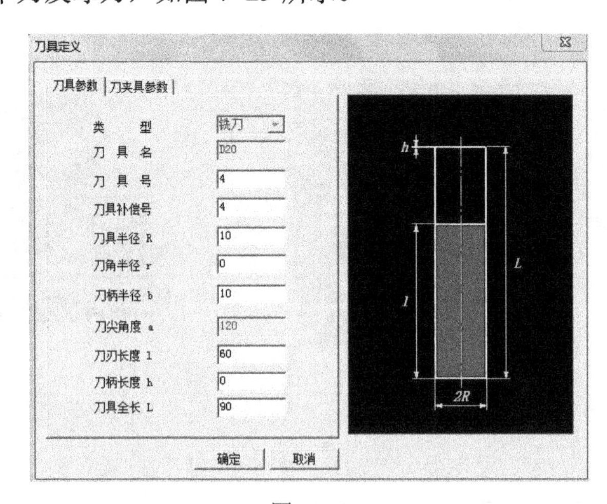

图 7-29

提示：在增加平刀时刀具名建议使用 D 开头，球刀时使用 R 开头，输入刀具的直径值。

（2）后置设置。

可以增加当前使用的机床，给出机床名，定义适合自己机床的后置格式，系统默认的格式为 FANUC 系统的格式。

① 单击“加工管理”特征树中“机床后置”图标，弹出“机床后置”对话框，可增加机床以及确定机床的类型，如图 7-30 所示。

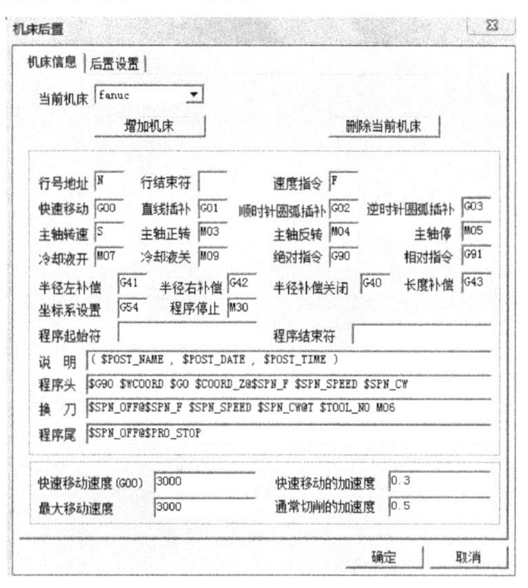

图 7-30

提示：具体后置处理可参照项目五中的后置处理设置。

② 选择“后置设置”选项卡，根据当前的机床设置各参数，如图 7-31 所示。

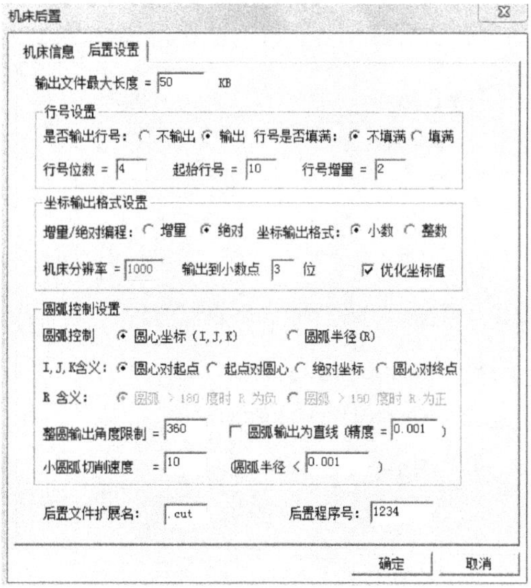

图 7-31

（3）定义毛坯。

① 单击“加工管理”特征树中“毛坯”图标，弹出定义毛坯对话框，如图 7-32 所示。

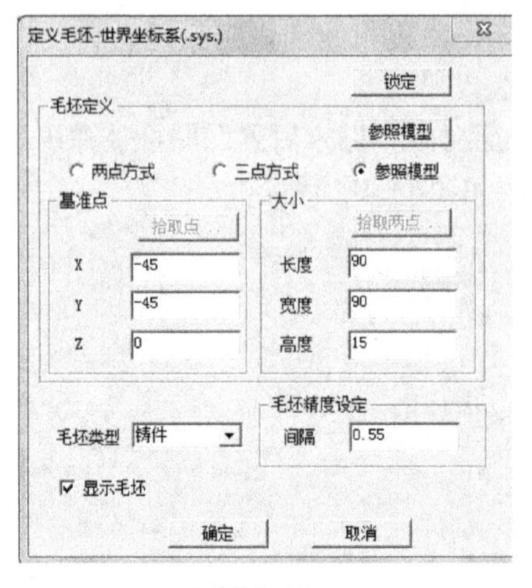

图 7-32

② 单击“参照模型”图标，确定加工的毛坯，如图 7-33 所示。

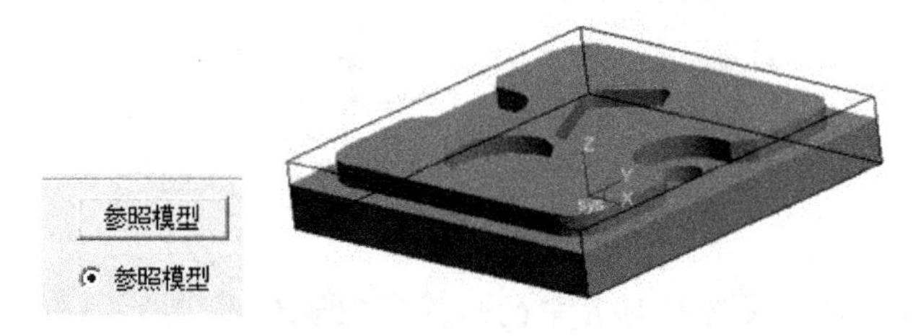

图 7-33

（4）单击“加工管理”特征树中“起始点”图标，弹出“全局轨迹起始点”对话框，如图 7-34 所示。

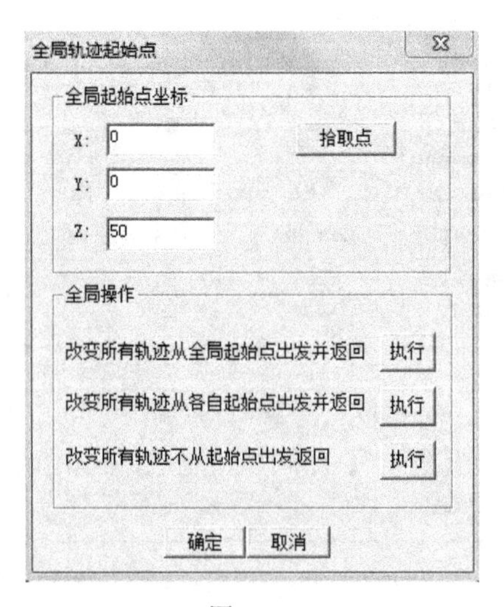

图 7-34

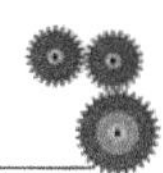

提示：区域式粗加工必须先绘制轮廓线或通过在相关线中拾取实体边界得到轮廓线。

（5）单击“相关线”图标，选择“实体边界”方式，单击实体表面的轮廓，将实体边界析出，如图7-35所示。

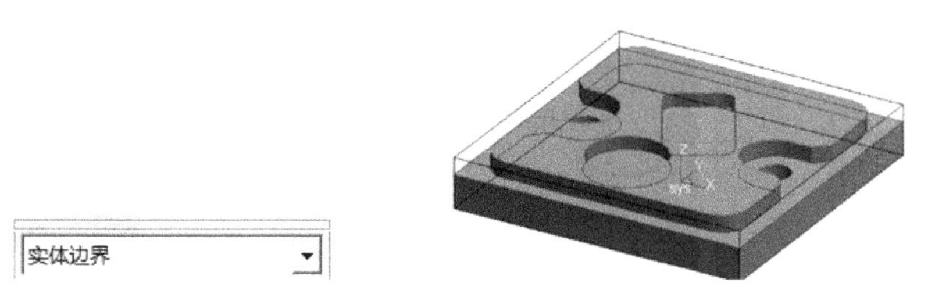

图 7-35

（6）在菜单栏选择“加工”→“粗加工”→“平面区域粗加工”命令，弹出“平面区域粗加工”对话框，设置相关参数，如图7-36所示。

（7）选择“切削用量”选项卡，设置参数如图7-37所示。

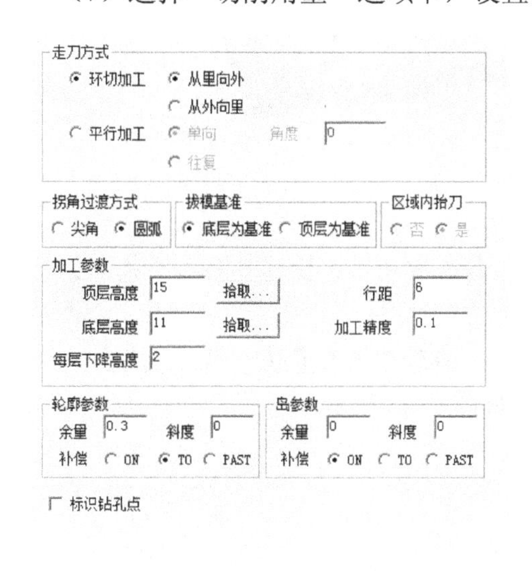

图 7-36

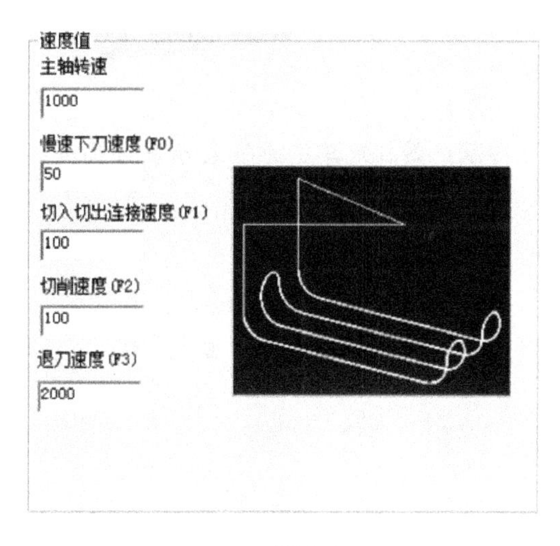

图 7-37

提示：切削用量及下刀方式可根据实际加工中使用的刀具切削参数而定。

（8）下刀方式设置如图7-38所示。

（9）在“刀具参数”选项卡中，选择在刀具库中已经定义的D10平刀，如图7-39所示。

（10）其余参数默认，然后单击“确定”按钮，状态栏提示“拾取轮廓和加工方向”，用鼠标拾取造型的轮廓，单击朝下的箭头，然后单击右键两次，生成的加工轨迹如图7-40所示。

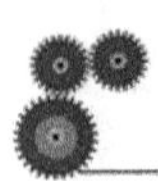

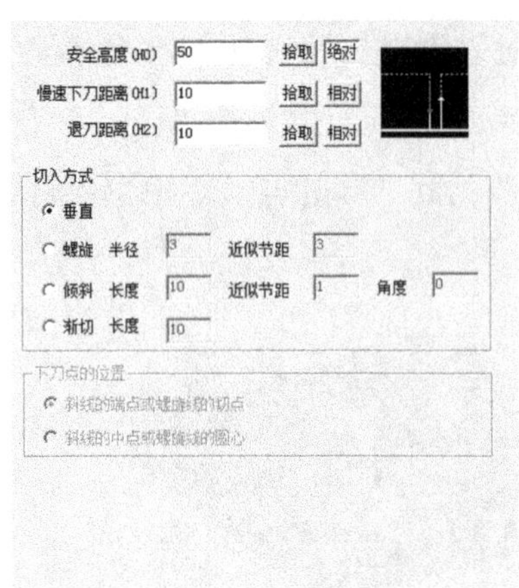

图 7-38

图 7-39

图 7-40

提示：第二次单击右键表示没有岛屿。

（11）右击生成的粗加工刀具轨迹将其隐藏，再次选择“平面区域粗加工”命令，加工参数设置如图 7-41 所示。

（12）刀具选择 D8 的平刀，其余参数同上设置，外轮廓选择正方形四周的边线，朝上方向，岛屿选择内轮廓，单击右键，生成的轨迹如图 7-42 所示。

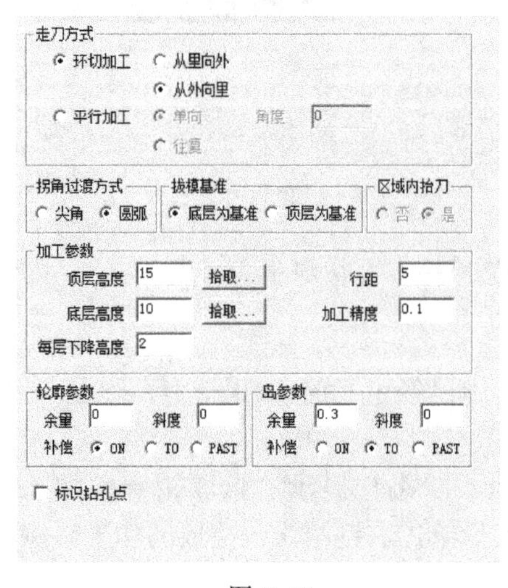

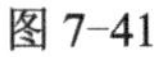

图 7-41

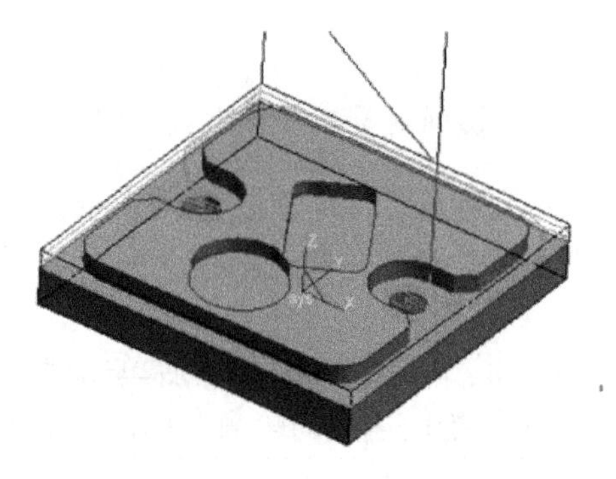

图 7-42

（13）右击生成的轨迹将其隐藏，再次选择“平面区域粗加工”命令，环绕加工由里向外方式，刀具选择 D10 的平刀，其余参数同上设置，外轮廓选择圆边界，逆时针方向，单击右键两次，生成的轨迹如图 7-43 所示。

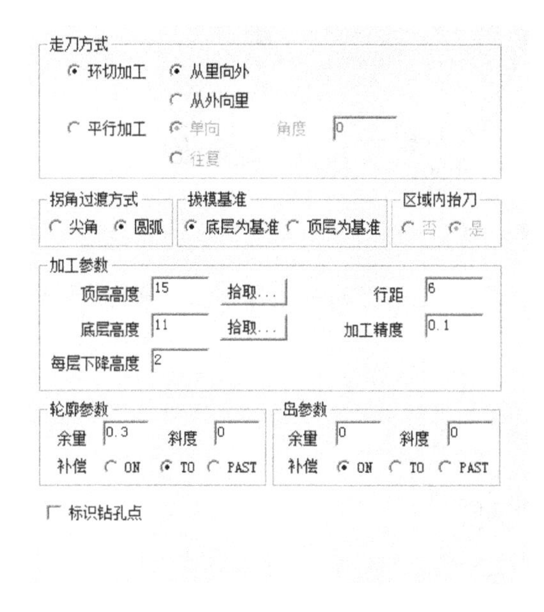

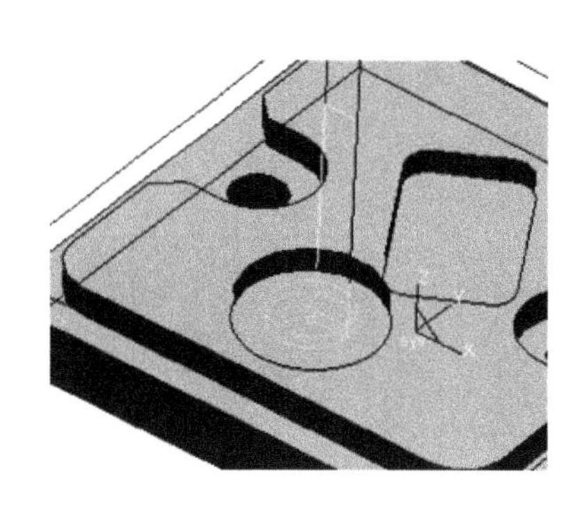

图 7-43

（14）单击“加工”→ “精加工”→ “平面轮廓精加工”命令，加工参数及接近返回设置如图 7-44 所示。

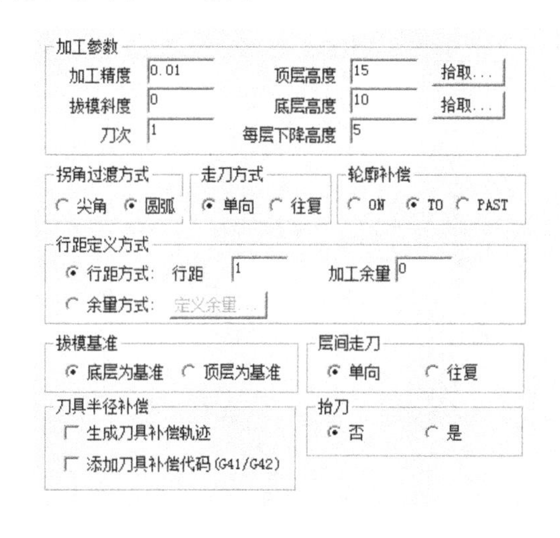

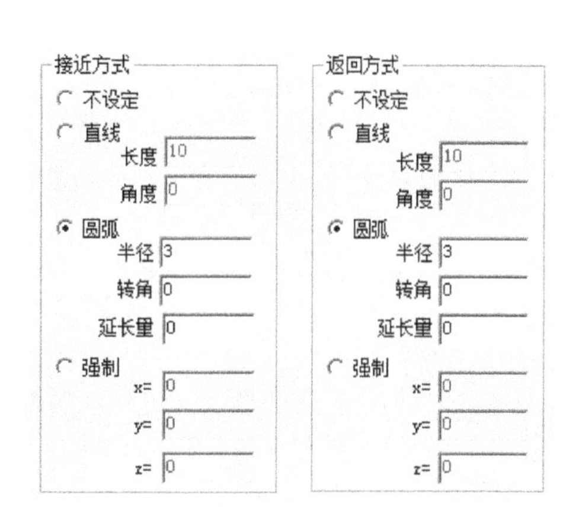

图 7-44

（15）刀具选择 D10 的平刀，其他参数默认，选取的方向为朝上的方向，单击朝外侧的箭头，单击右键确认，生成的精加工轨迹如图 7-45 所示。

提示：精加工的轨迹需切向切入以及切向退出。

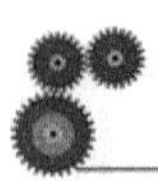

图 7-45

（16）单击曲线打断图标，选择边缘的直线，按空格键选择中点将其打成两段，如图 7-46 所示。

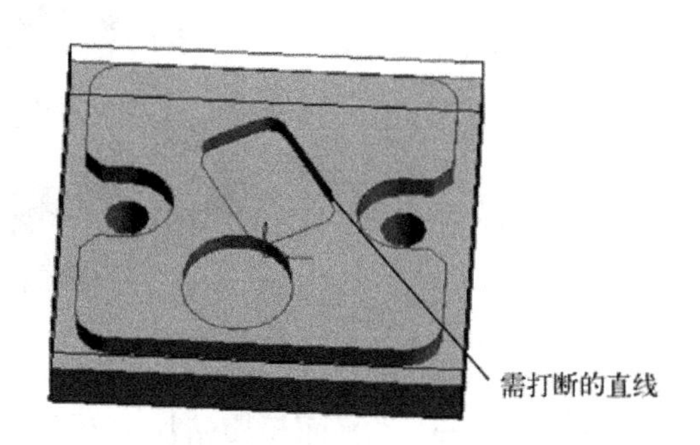

图 7-46

（17）再次单击“加工”→“精加工”→“平面轮廓精加工”命令，加工参数及接近返回设置如图 7-47 所示。

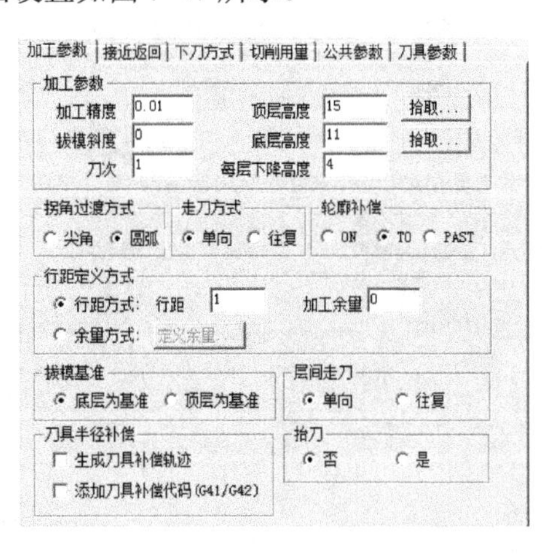

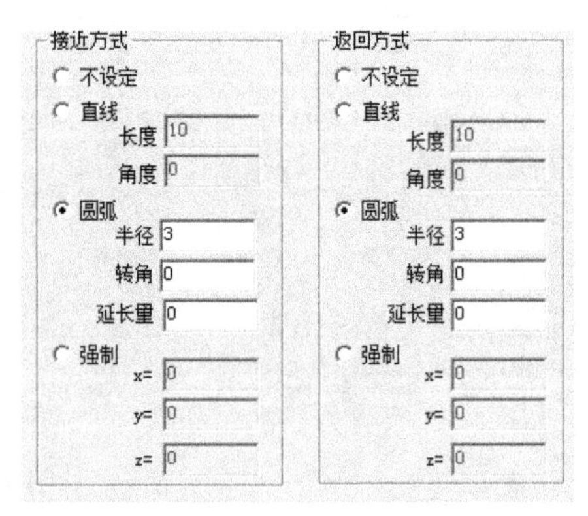

图 7-47

（18）刀具选择 D8 的平刀，其他参数默认，点取打断的点为起始点，逆时针方向，生成刀具轨迹，如图 7-48 所示。

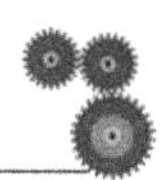

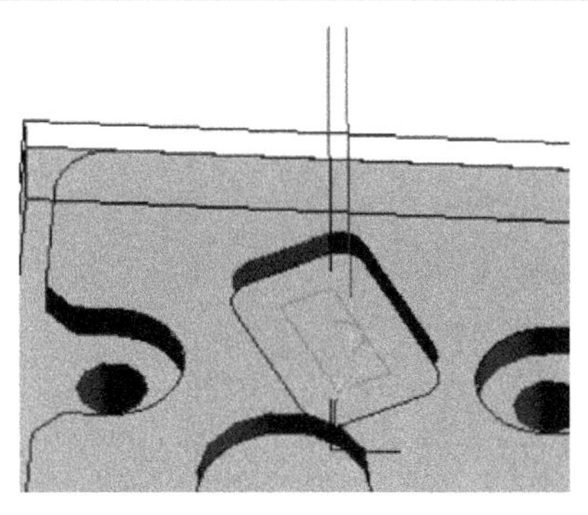

图 7-48

（19）同理设置和生成圆形凹槽的精加工参数及轨迹如图 7-49 所示。

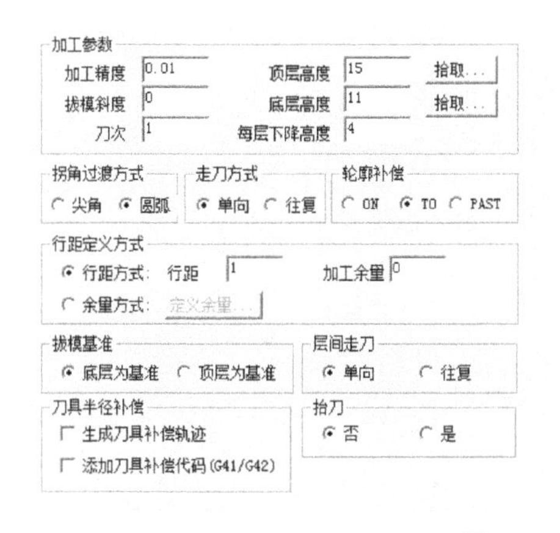

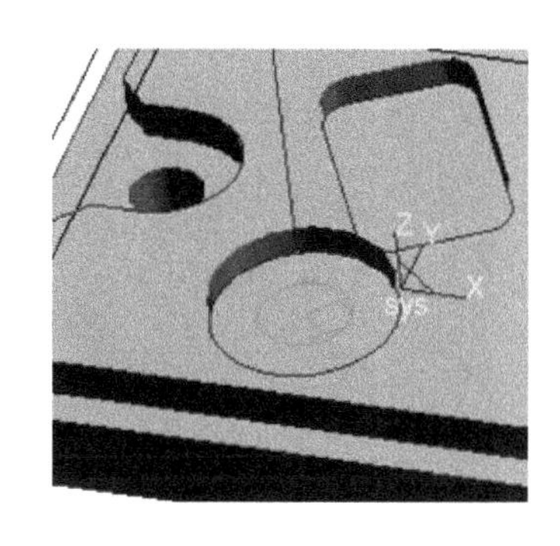

图 7-49

（20）选择全部的六条轨迹，选择“加工”→“实体仿真”命令，单击仿真加工图标以及播放图标，最终实体模拟切削，如图 7-50 所示。

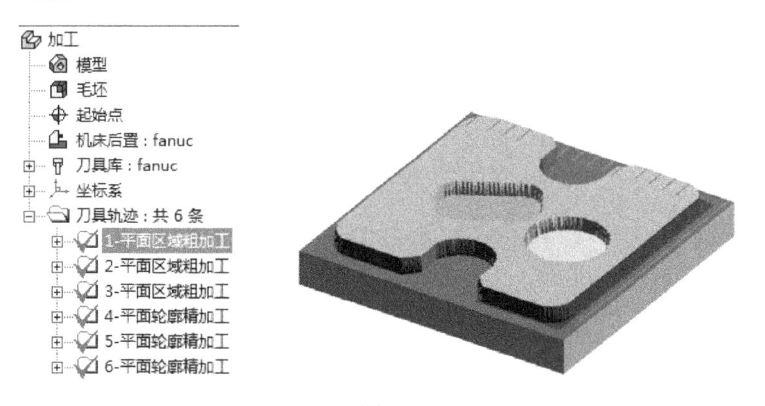

图 7-50

提示：如果出现实体切削仿真时出现过切等情况，再调整切削参数再次模拟。

（21）关闭切削仿真界面，选择“加工”→ “后置处理”→ “生成 G 代码”命令，输入文件名，单击“保存”按钮，拾取刀具轨迹，单击右键确认，稍等片刻生成程序，如

图 7-51 所示。

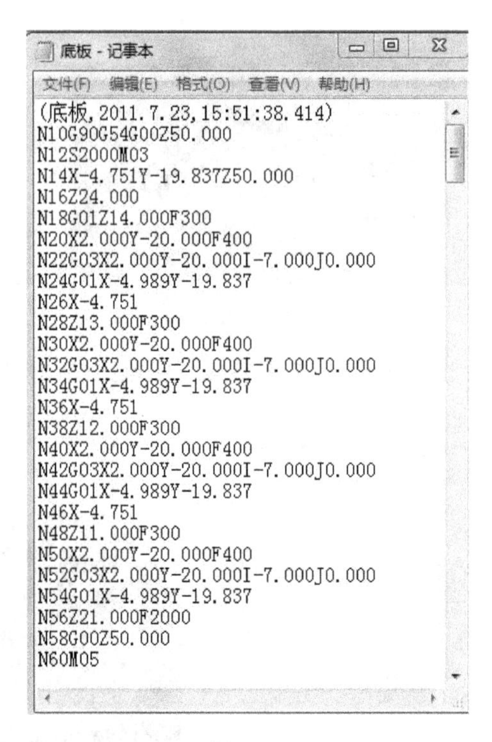


```
(底板,2011.7.23,15:51:38.414)
N10G90G54G00Z50.000
N12S2000M03
N14X-4.751Y-19.837Z50.000
N16Z24.000
N18G01Z14.000F300
N20X2.000Y-20.000F400
N22G03X2.000Y-20.000I-7.000J0.000
N24G01X-4.989Y-19.837
N26X-4.751
N28Z13.000F300
N30X2.000Y-20.000F400
N32G03X2.000Y-20.000I-7.000J0.000
N34G01X-4.989Y-19.837
N36X-4.751
N38Z12.000F300
N40X2.000Y-20.000F400
N42G03X2.000Y-20.000I-7.000J0.000
N44G01X-4.989Y-19.837
N46X-4.751
N48Z11.000F300
N50X2.000Y-20.000F400
N52G03X2.000Y-20.000I-7.000J0.000
N54G01X-4.989Y-19.837
N56Z21.000F2000
N58G00Z50.000
N60M05
```

图 7-51

（22）选择“加工”→ “工艺清单”命令，输入文件名，选取全部刀具轨迹，单击右键确认，单击“生成清单”按钮即可生成工艺清单，如图 7-52 所示。

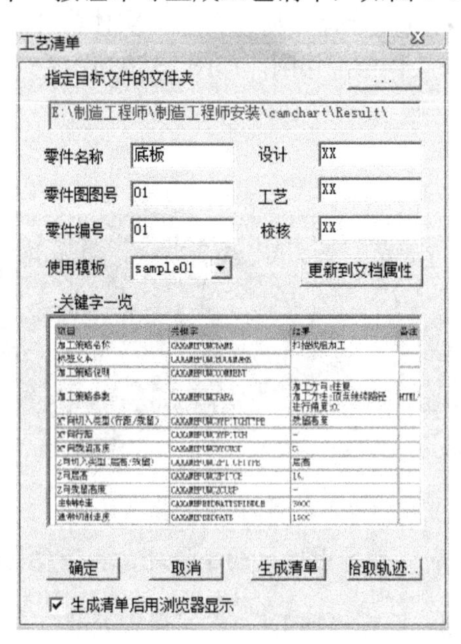

图 7-52

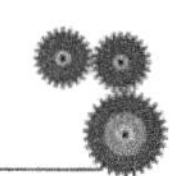

想一想

（1）加工内外轮廓时，方向如何选择？

（2）粗精加工的余量一般如何设定？

（3）刀具类型及大小的选择有何原则？

（4）实际加工时，切削用量如何设定？主要依据是什么？

练一练

（1）完成如图 7-53 所示的造型及加工，并生成加工程序及工艺清单。

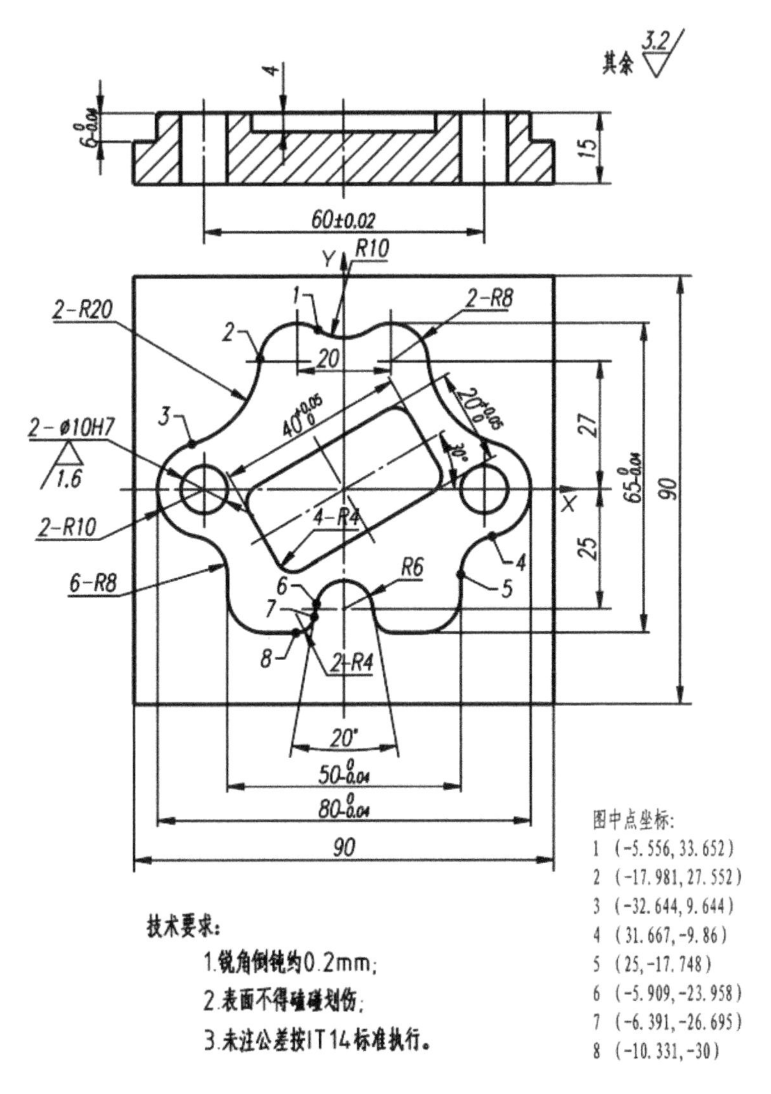

图 7-53

（2）完成如图 7-54 所示的造型及加工，并生成加工程序及工艺清单。

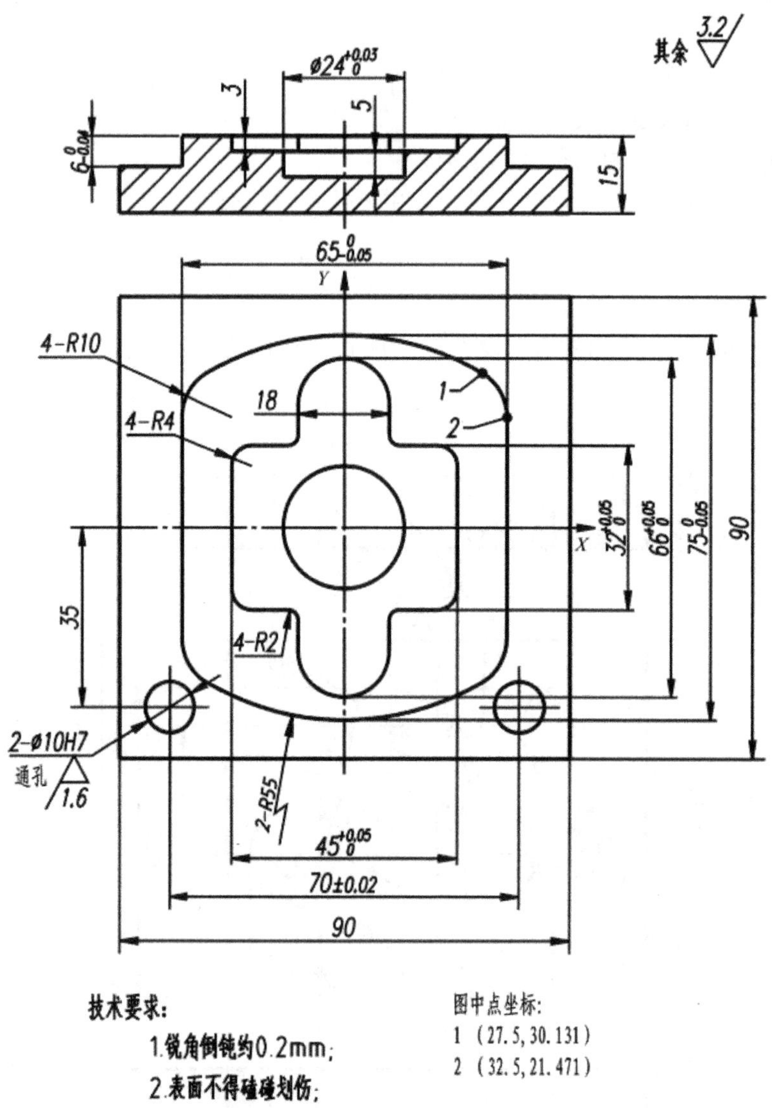

图 7-54

任务二　加工中心/数控铣高级工难度的典型零件

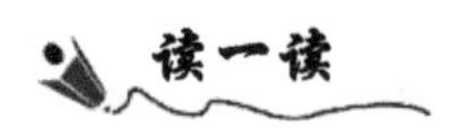

完成盘类零件的造型与加工，零件二维尺寸及立体图如图 7-55 所示。

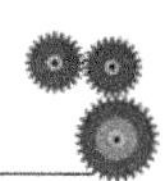

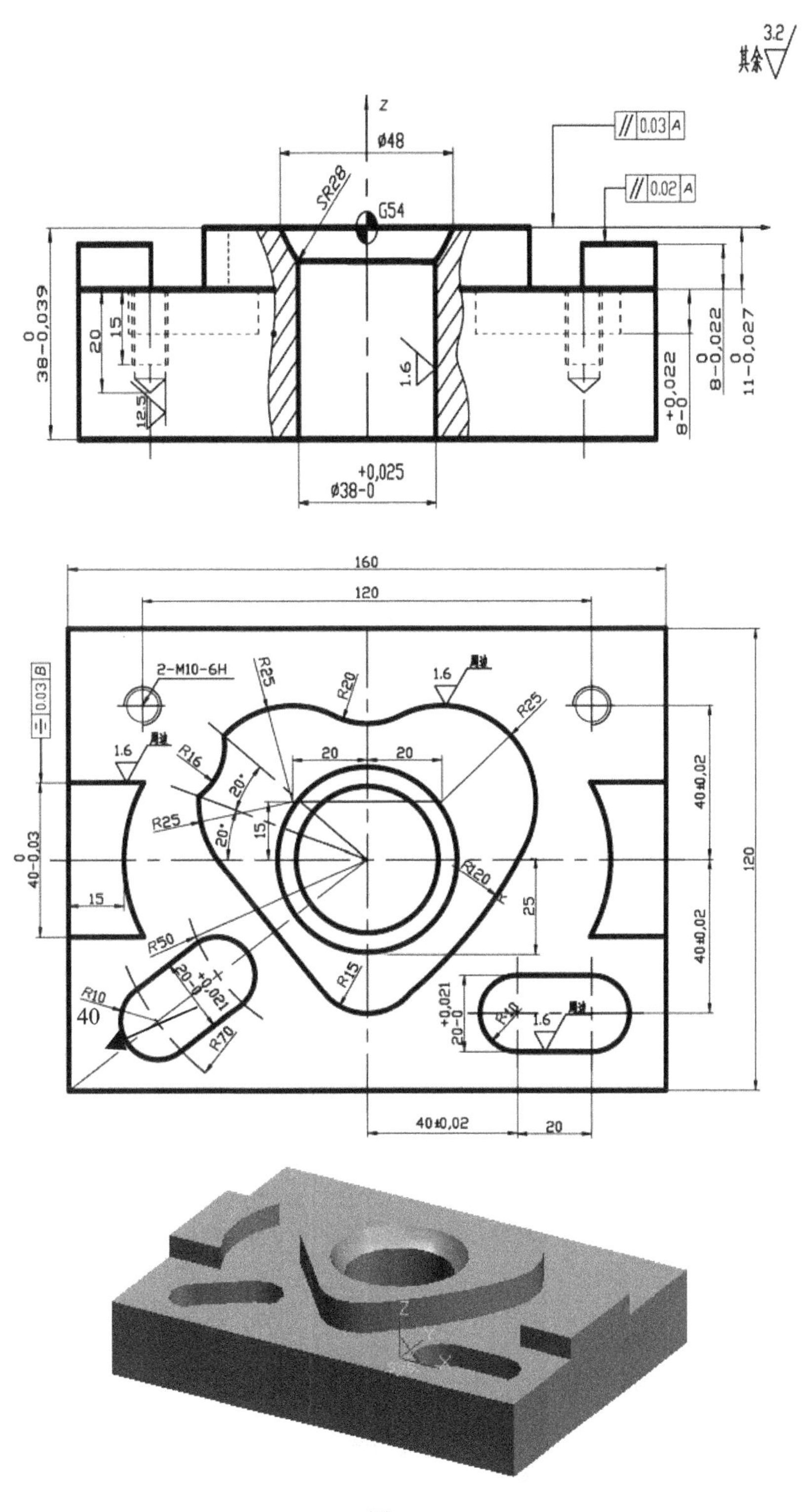

图 7-55

（1）实体造型分析：根据图形分析，平板类零件特征相对简单，主要包含了底部基本体、上表面三个凸台、两凹槽及工艺孔、中心孔边缘的圆弧面。

（2）加工思路分析：平面盘是典型的平面类零件，可参照本项目任务一的做法，采用“区域式粗加工”及“轮廓线精加工”。本任务中较为特殊的是中心孔边上的 *SR*28 球面加工，可以采用“参数线加工”方式。下面主要讲解 *SR*28 球面的加工过程。

1. 零件的实体造型

（1）单击零件特征树 零件0 中的“平面 *XY*”，选择 *XY* 平面为绘图基准面。

（2）单击“绘制草图”图标，进入草图绘制状态。

（3）单击“矩形”图标，选择“中心_长_宽”方式，输入长度 160，宽度 120，以原点为中心画矩形，如图 7-56 所示；再次单击“绘制草图”图标退出草图绘制状态。

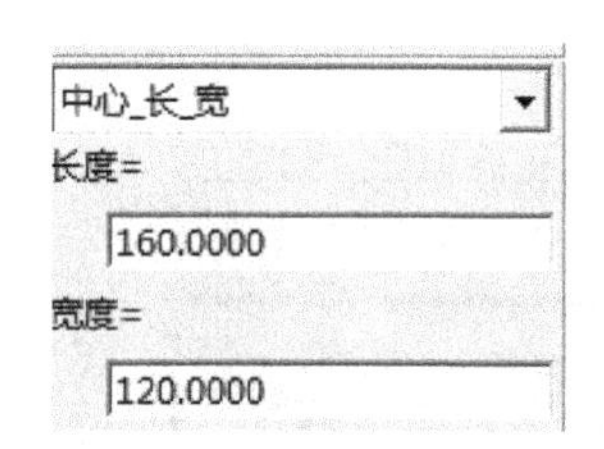

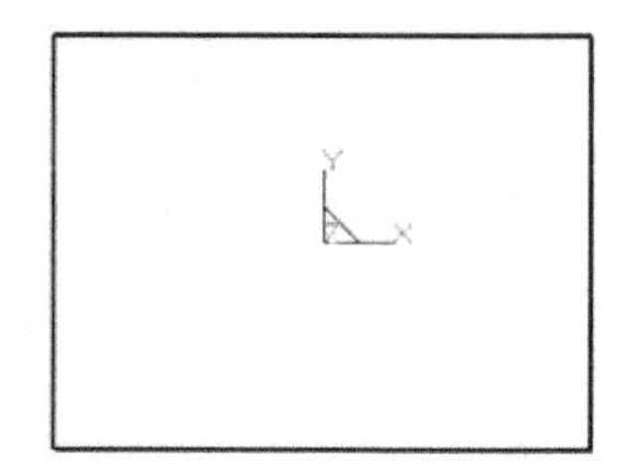

图 7-56

（4）单击“拉伸增料”图标，在弹出的“拉伸增料”对话框中输入深度为 27，单击“确定”按钮，按 F8 键观察轴测图，如图 7-57 所示。

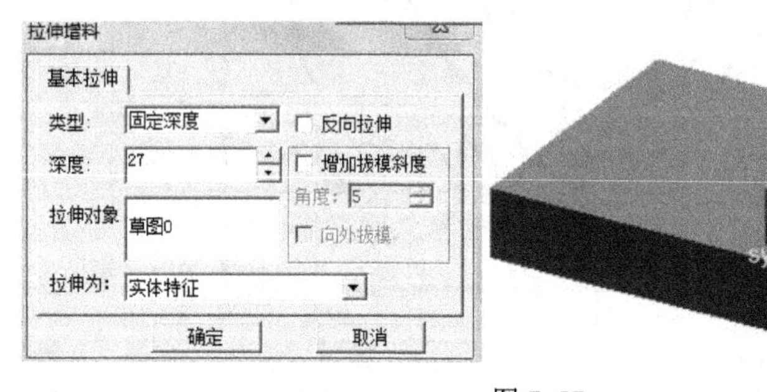

图 7-57

（5）拾取长方体的上表面，然后单击“草图绘制”图标进入草图绘制状态，观察到坐标系上移，如图 7-58 所示。

图 7-58

（6）按 F5 键切换至 *XOY* 面，单击“直线”图标，选择“水平/铅垂线”方式，设定长度为 170，单击原点为中心点，作直线，如图 7-59 所示。

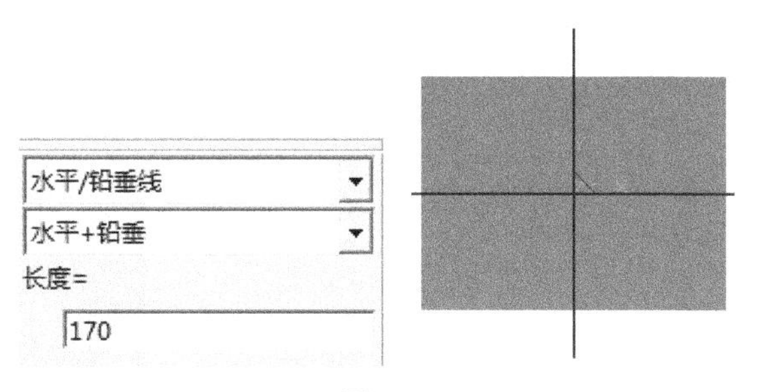

图 7-59

（7）单击“等距”图标，选择“单根曲线”方式，在对话框中分别输入距离 15 和 20 得到圆心，如图 7-60、图 7-61 所示。

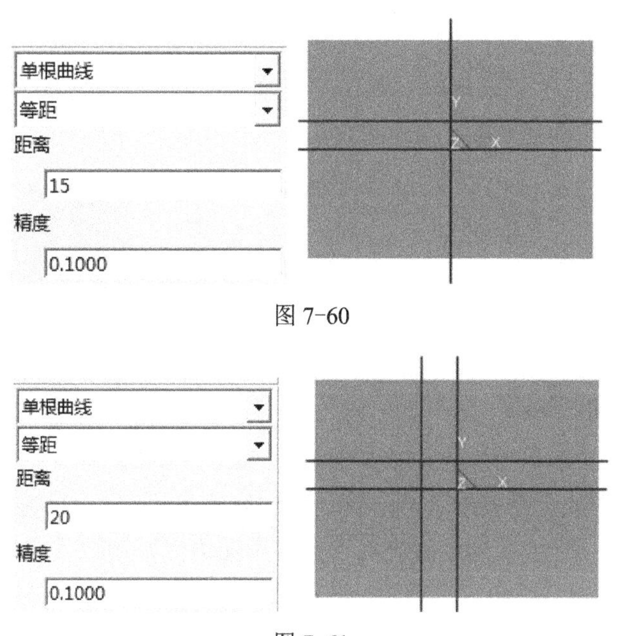

图 7-60

图 7-61

（8）单击“整圆”图标，选择“圆心半径”方式，以两直线的交点为圆心，输入半径 25，如图 7-62 所示。

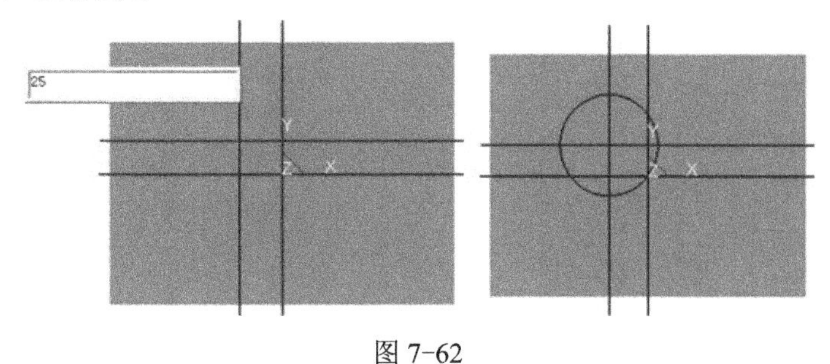

图 7-62

（9）单击“平面镜像”图标，以中间辅助线为轴，绘制心形右上侧圆弧，如图 7-63 所示。

（10）单击“等距”图标，选择“单根曲线”方式，在对话框中输入距离 25，选择水平线，朝下方向，作等距线，如图 7-64 所示。

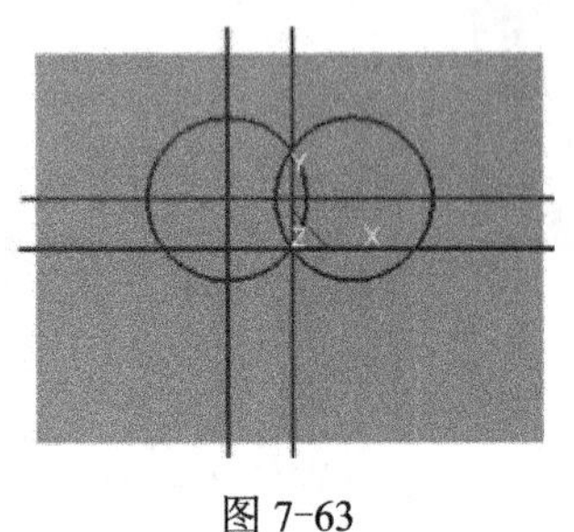

图 7-63

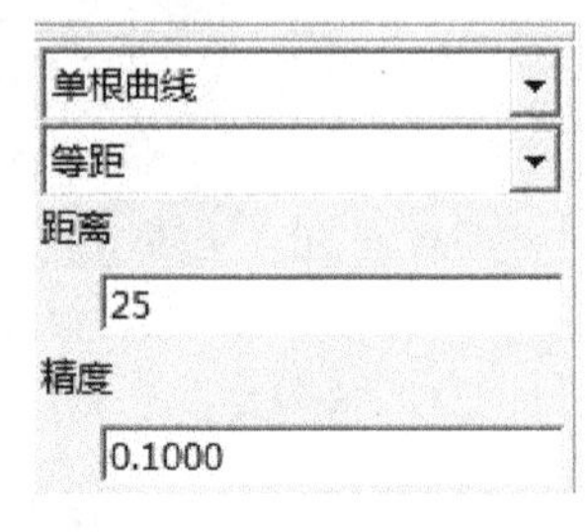

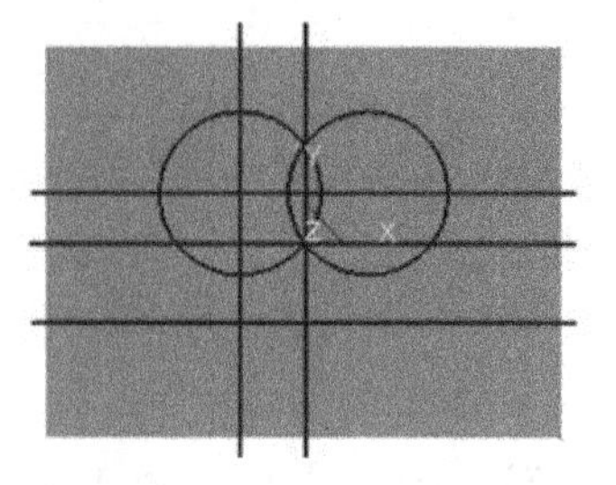

图 7-64

（11）单击“整圆”图标，选择“圆心_半径”方式，以两直线的交点为圆心、半径 15 画圆，如图 7-65 所示。

（12）单击“曲线过渡”图标，选择“圆弧过渡”方式，半径输入 20，修整两个圆，如图 7-66 所示。

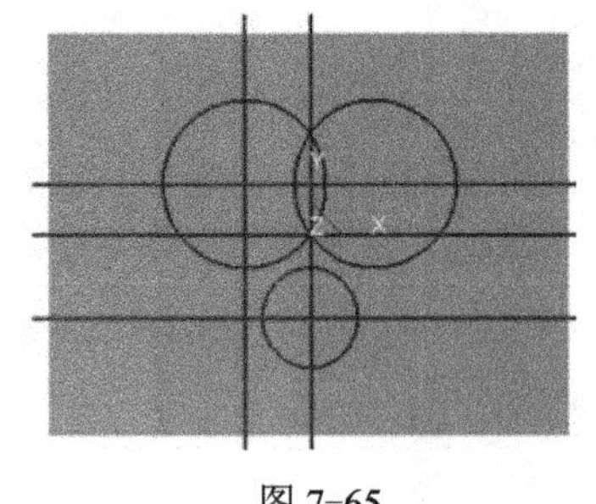

图 7-65

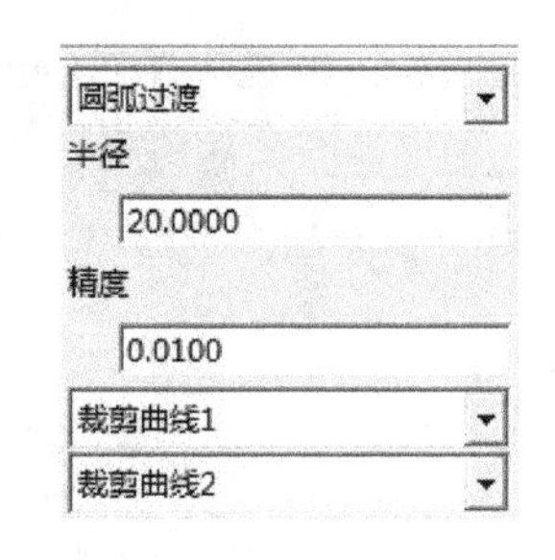

图 7-66

（13）单击“圆弧”图标，选择“两点_半径 ”方式，单击空格键，选择“切点”方式，分别单击 *R*25 和 *R*15 的外圆处作为第一个和第二个切点，输入半径 120 得到圆弧，如图 7-67 所示。

提示：在完成切点选择方式后，下次使用前需再次恢复为点的默认方式。

（14）单击“曲线拉伸”图标，分别拉伸 *R*25 和 *R*120 到合适位置，如图 7-68 所示。

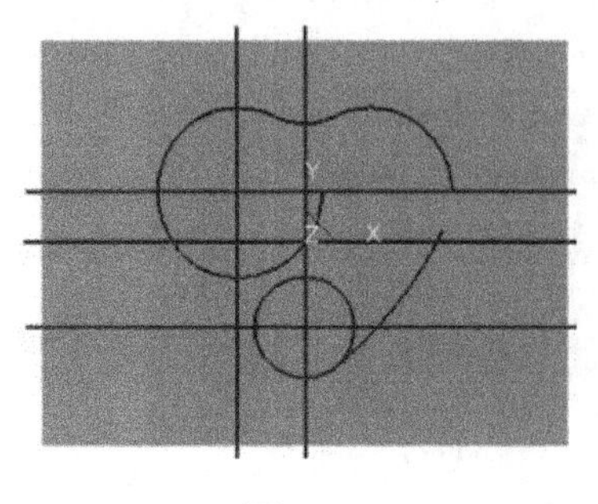

图 7-67

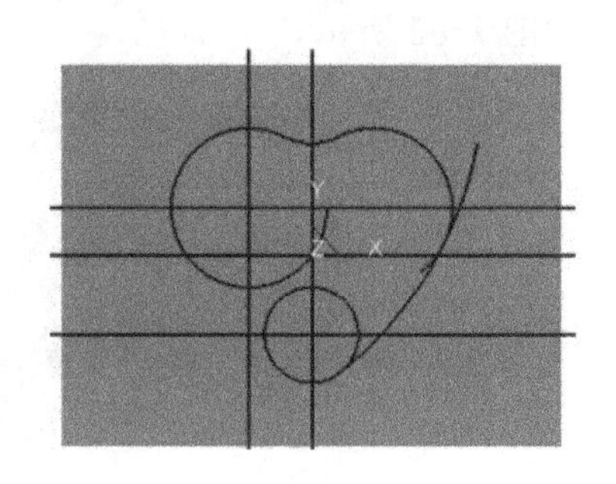

图 7-68

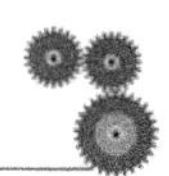

（15）单击“直线”图标，单击空格键选择“切点”方式，单击 $R25$ 和 $R15$ 的圆弧外侧画直线，如图 7-69 所示。

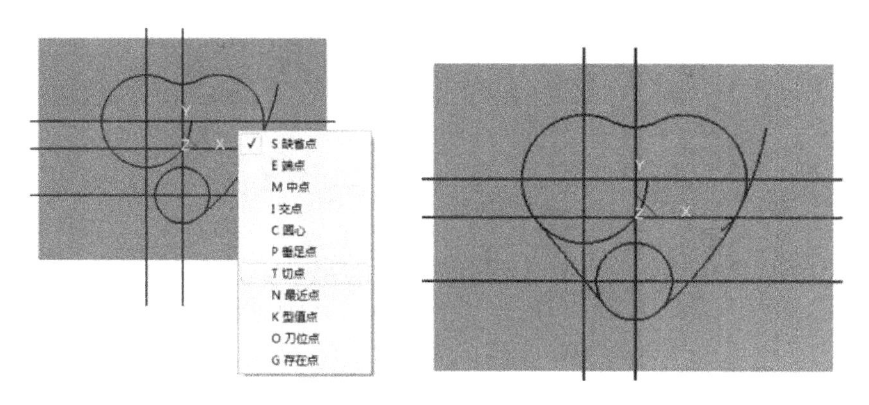

图 7-69

（16）单击“直线”图标，选择“角度线”、“直线夹角”方式，角度输入-20 以及-40，作两斜线，如图 7-70 所示。

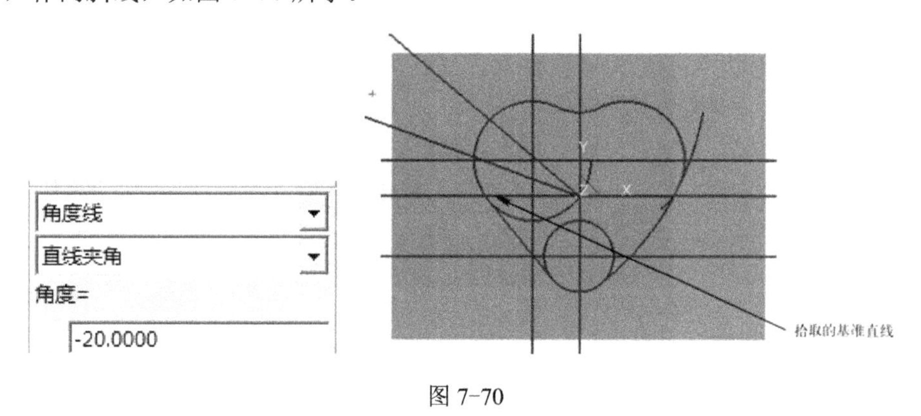

图 7-70

（17）单击“曲线裁剪”图标和“删除”图标，进行适当的裁剪和删除，结果如图 7-71 所示。

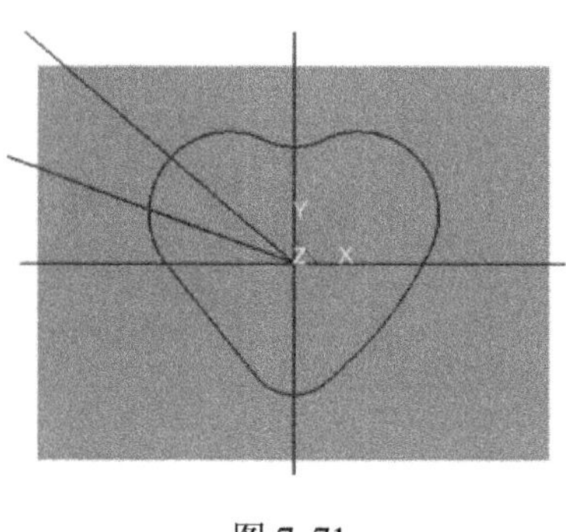

图 7-71

（18）单击“圆弧”图标，选择“两点_半径”方式，按空格键选择“交点”方式，然后选择 *R*25 的圆弧与两条 20° 斜线的两个交点作为第一个和第二个交点，输入半径 16，如图 7-72 所示。

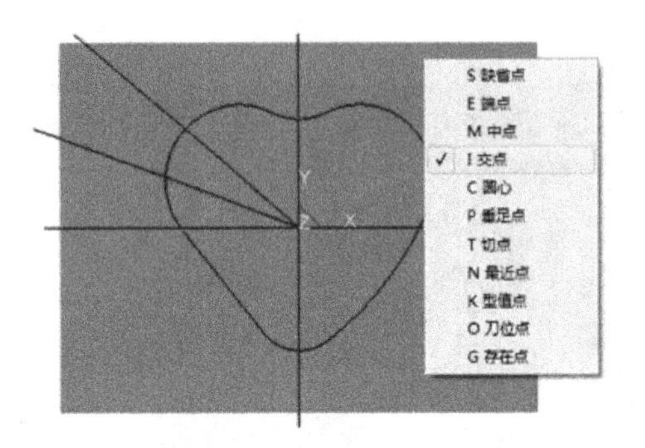

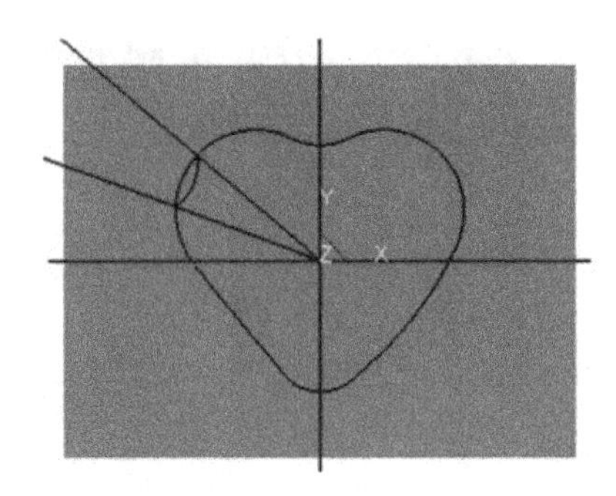

图 7-72

（19）单击“曲线裁剪”图标和“删除”图标，进行适当的修剪和删除，结果如图 7-73 所示。

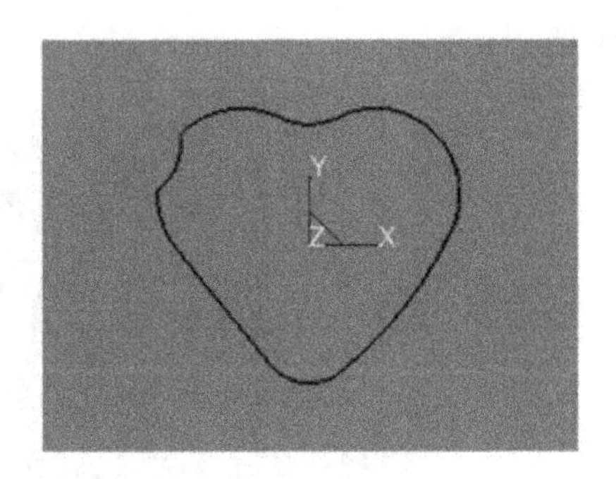

图 7-73

（20）按 F2 键退出草图绘制状态，单击“拉伸增料”图标，选择“固定深度”方式，深度输入 11，单击“确定”按钮，如图 7-74 所示。

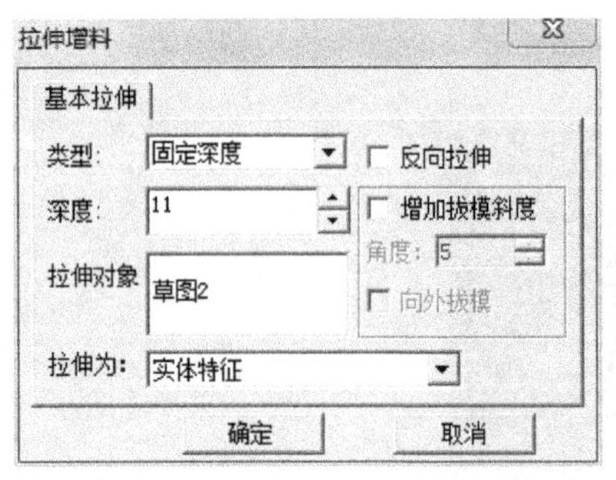

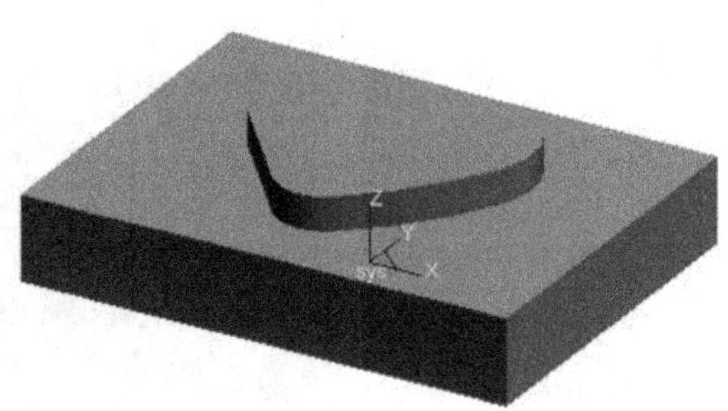

图 7-74

（21）选取矩形上表面创建草图，可参照上文所述步骤作直线，如图 7-75 所示。

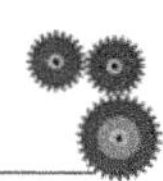

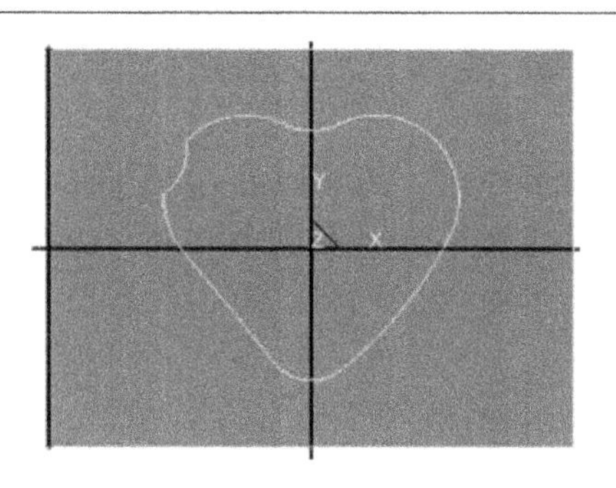

图 7-75

（22）单击“等距” 图标，选择“单根曲线”方式，输入距离 20，上下各作等距线，如图 7-76 所示；再次等距输入距离 15，选择边缘的直线朝右方向，作直线，如图 7-77 所示。

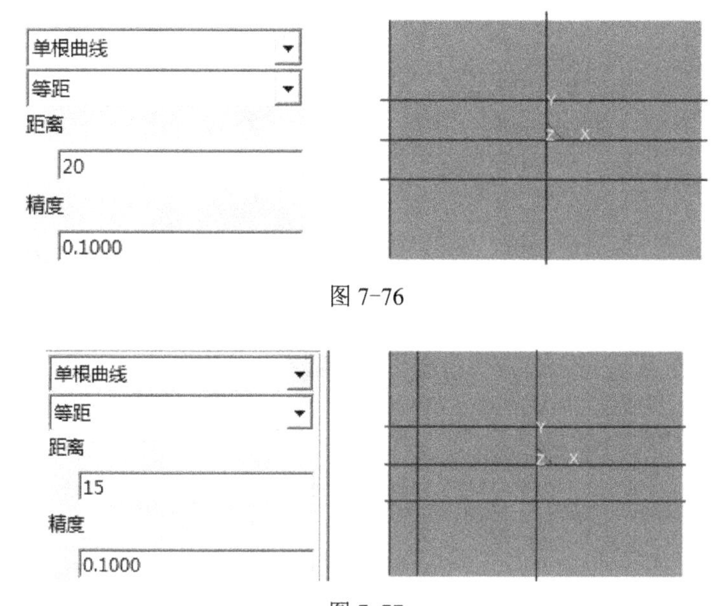

图 7-76

图 7-77

（23）单击“等距” 图标，选择“单根曲线”方式，距离输入 40，选择刚作的直线朝右方向等距，如图 7-78 所示。

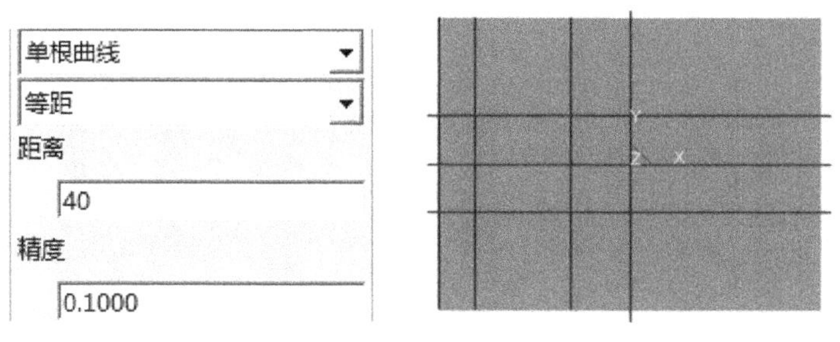

图 7-78

（24）单击“整圆”图标，选择“圆心_半径”方式，选择交点为圆心，输入半径40，结果如图7-79所示。

（25）修剪及删除多余圆弧及直线，最终如图7-80所示。

（26）单击“平面镜像”图标，以垂直线为基准，选择三段直线及圆弧进行镜像；单击删除图标，将辅助线删除，结果如图7-81所示。

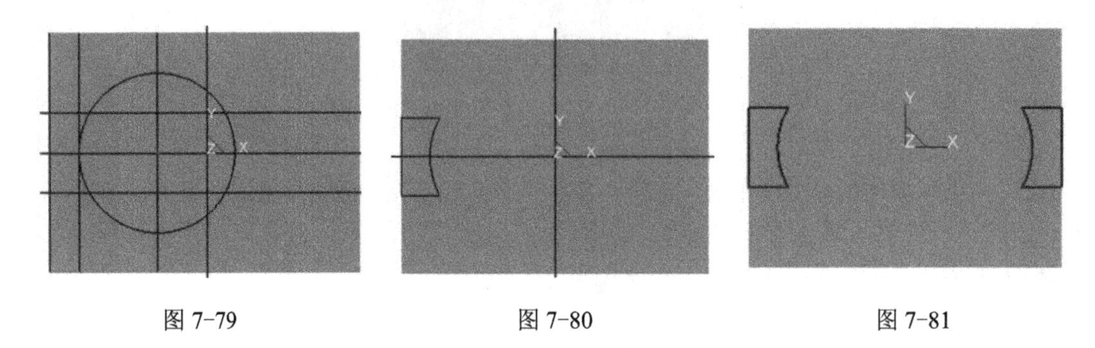

图7-79　　图7-80　　图7-81

（27）按F2键退出草图绘制状态；单击“拉伸增料”图标，选择“固定深度”方式，深度输入8，单击“确定”按钮，生成实体如图7-82所示。

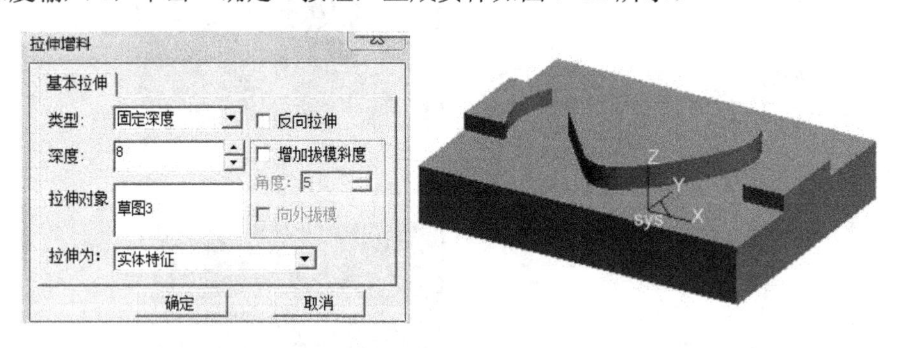

图7-82

（28）选取矩形上表面后单击“绘制草图”图标，图7-83至图7-90中显示了直线、整圆和等距线等命令的使用效果，用来绘制两个凹槽的圆心辅助线至最后完成图形。

① 单击“直线”图标，选择“两点线”、“连续”、“非正交”方式，连接原点与矩形左下方对角点。

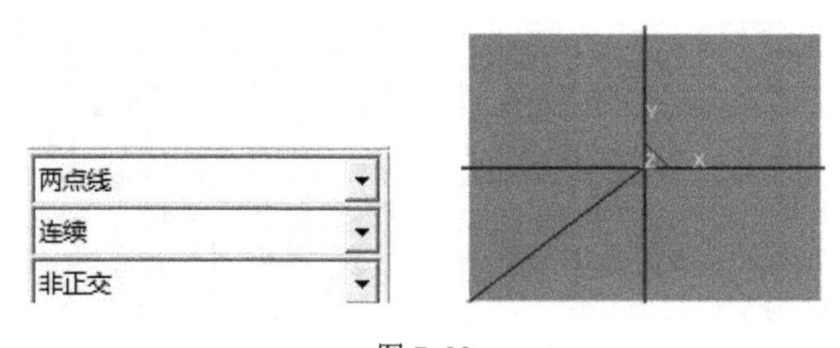

图7-83

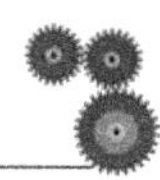

② 选择“等距”命令绘制直线，结果如图 7-84 所示。

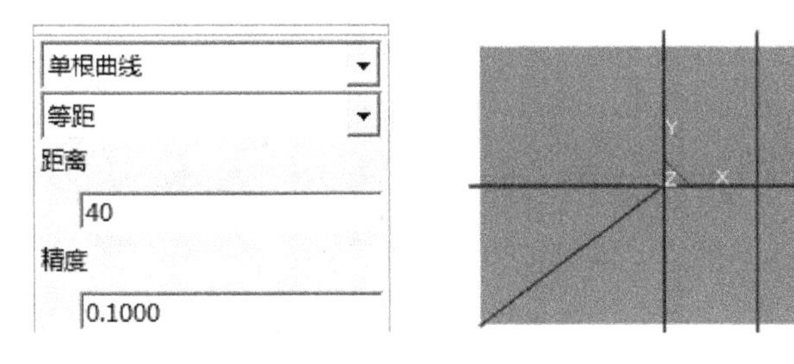

图 7-84

③ 用“等距”命令绘制直线，结果如图 7-85 所示。

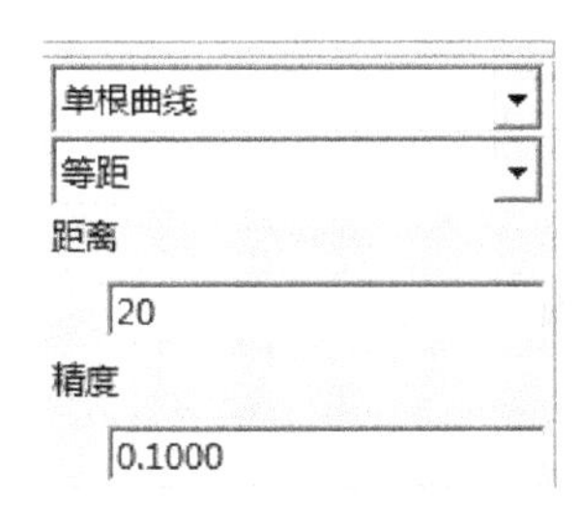

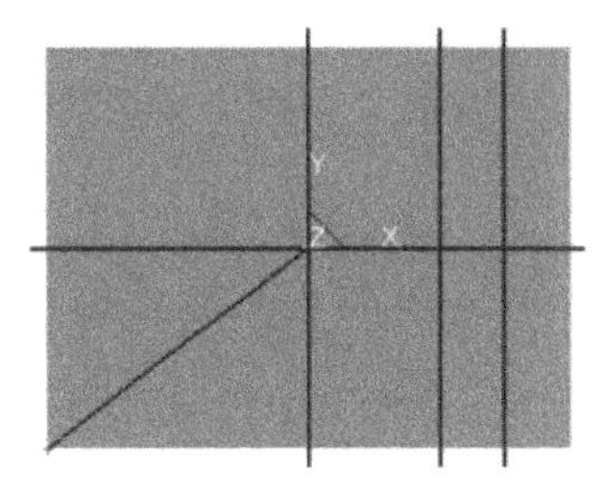

图 7-85

④ 用“等距”命令绘制直线，结果如图 7-86 所示。

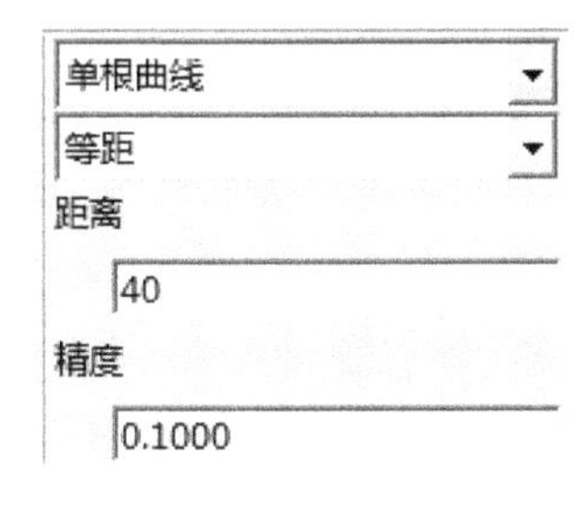

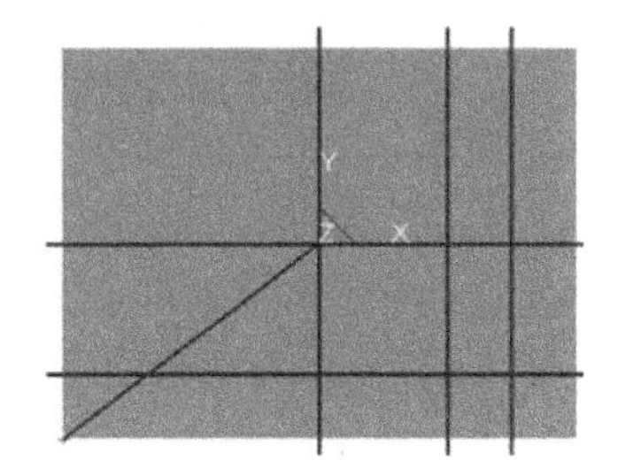

图 7-86

⑤ 使用“整圆”命令绘制圆，半径分别为 50 及 70，结果如图 7-87 所示。

⑥ 使用“整圆”命令，在相应位置画四个 R10 的小圆，结果如图 7-88 所示。

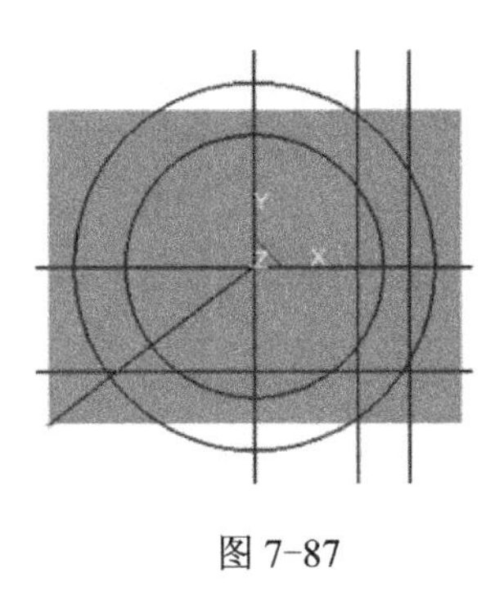

图 7-87

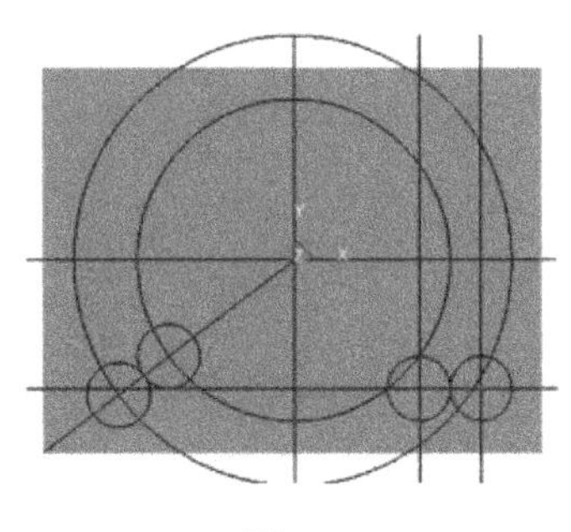

图 7-88

⑦ 使用“直线”命令，选择“两点线”、“连续”、“非正交”，选取切点方式分别连接两圆，结果如图 7-89 所示。

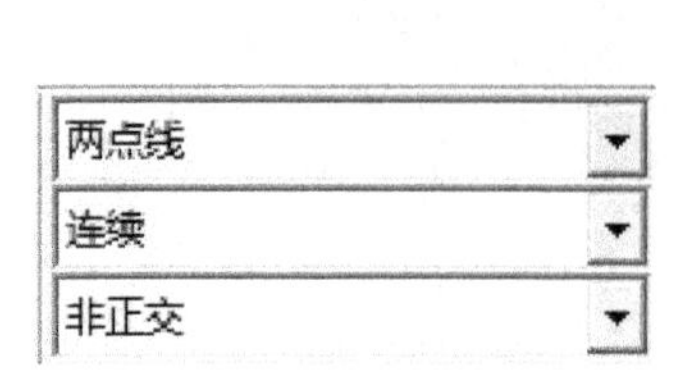

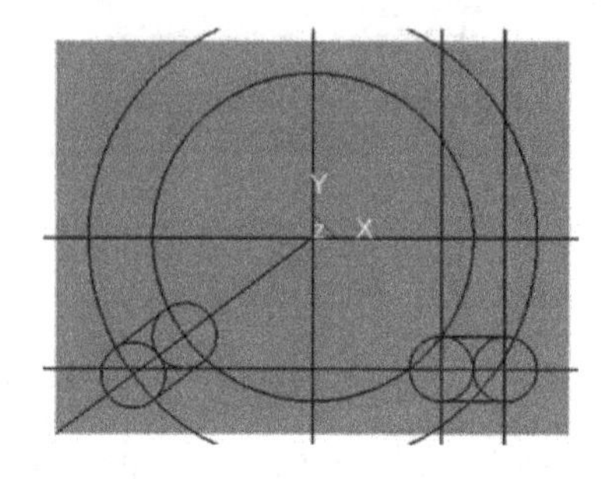

图 7-89

⑧ 修剪及删除多余直线及圆弧，结果如图 7-90 所示。

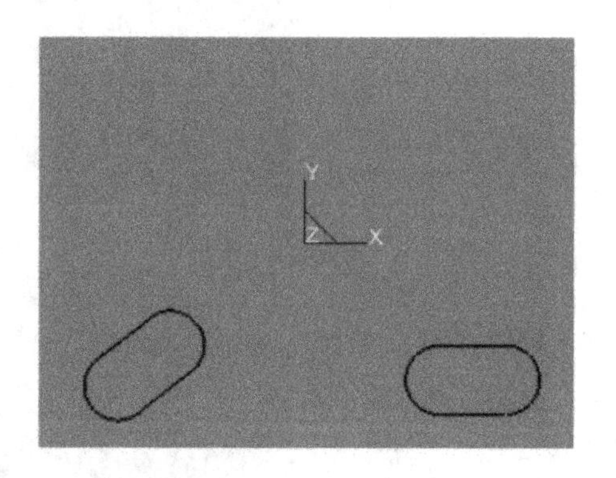

图 7-90

（29）按 F2 键退出草图编辑状态，单击“拉伸除料”图标，选择“固定深度”，输入深度 8，单击“确定”按钮，生成两个凹槽，如图 7-91 所示。

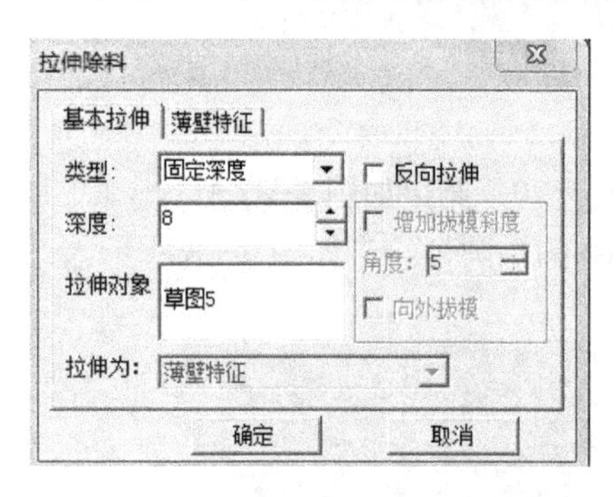

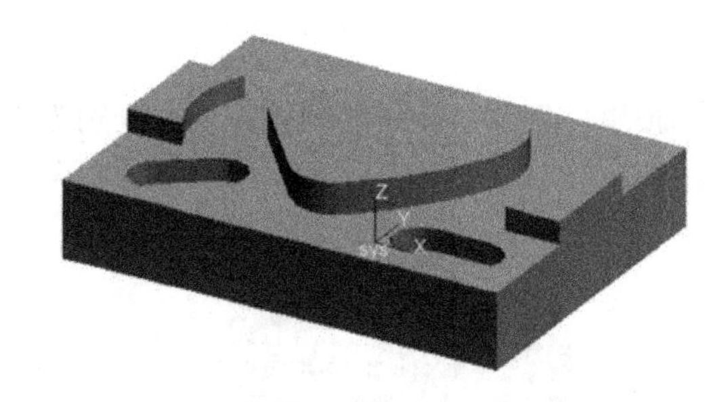

图 7-91

（30）右键单击心形凸台的上表面创建草图，单击“整圆”图标，选取原点为圆心，输入半径 19，单击右键确认，结果如图 7-92 所示。

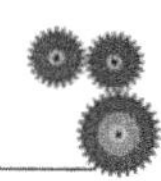

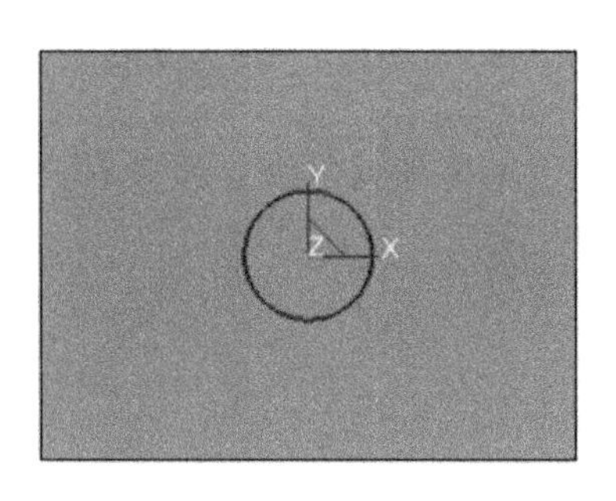

图 7-92

（31）按 F2 键退出草图绘制状态，单击“拉伸除料”图标，类型选择“贯穿”，单击“确定”按钮，生成中心孔，如图 7-93 所示。

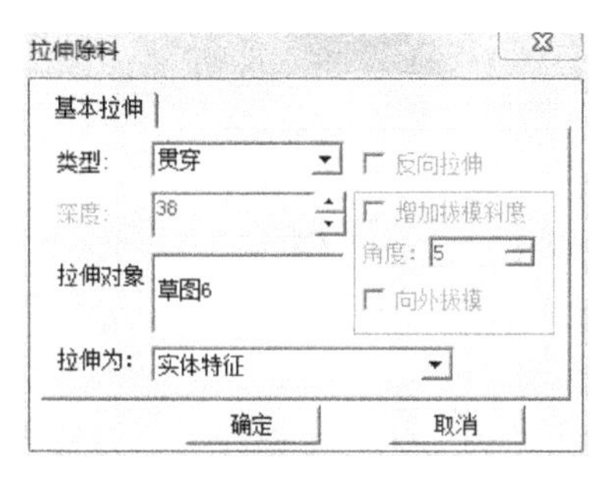

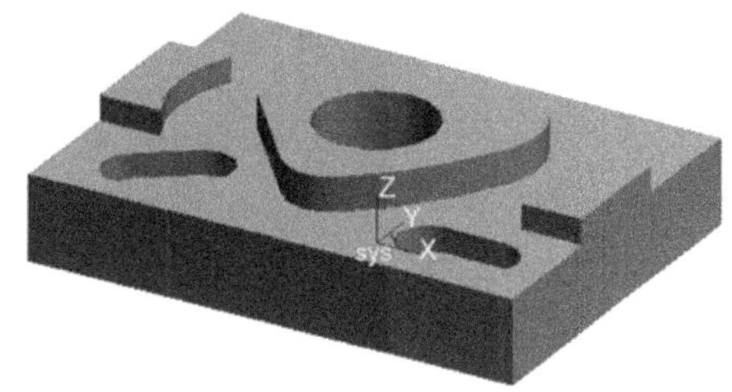

图 7-93

（32）按 F7 键选择 *XOZ* 平面绘图，单击“直线”图标，以两点正交方式绘制两条基准线，如图 7-94 所示。

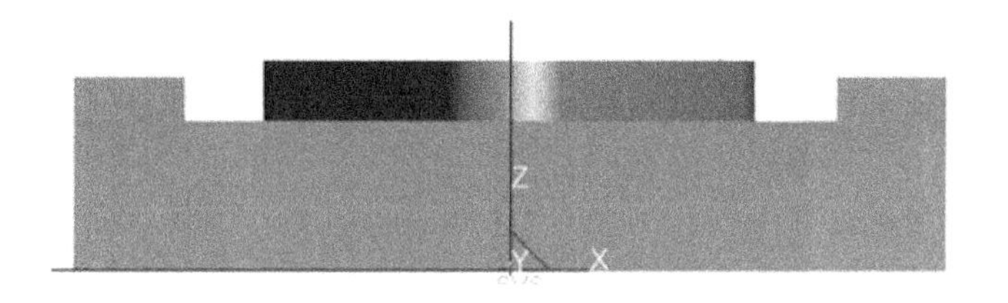

图 7-94

（33）单击“等距”图标，选择“单根曲线”，距离输入 52.42，朝上方向，如图 7-95 所示。

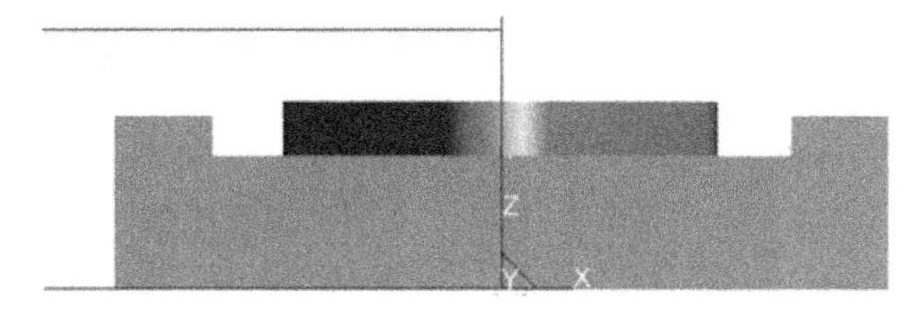

图 7-95

提示：可提前通过作图查询 *OD* 距离为 14.42，如图 7-96 所示，即圆心离底边的高度为 14.42+38=52.42。

（34）单击“整圆”⊙图标，以等距线的端点为圆心，作半径为 28 的圆，按鼠标中键适当旋转视图，结果如图 7-97 所示。

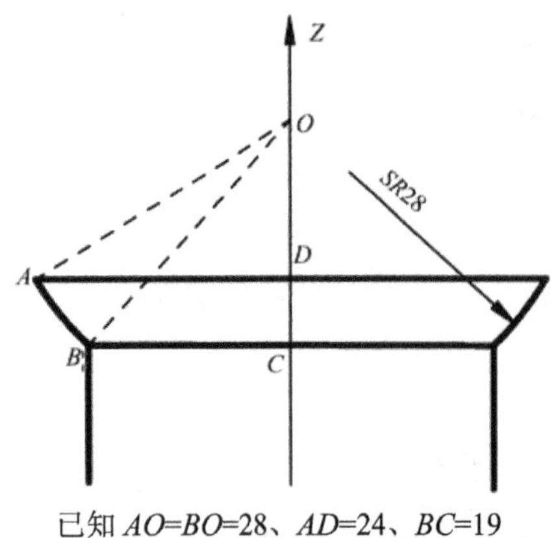

图 7-96

图 7-97

（35）使用“曲线裁剪”及“删除”命令，留取部分 *R*28 的圆弧和中心轴线，结果如图 7-98 所示。

（36）单击“旋转面”图标，起始角为 0°，终止角为 360°，选取中心直线为旋转轴，R28 的一段圆弧为母线，单击“确定”按钮，生成半球形曲面，结果如图 7-99 所示。

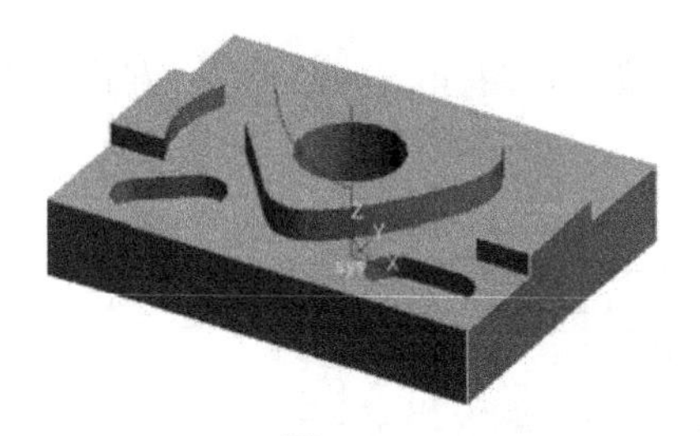

图 7-98

图 7-99

提示：此曲面的绘制过程是在非草图状态下进行的。

（37）单击“曲面裁剪除料”图标，选取曲面，勾选“除料方向选择”复选框，单击“确定”按钮，实体被曲面裁剪掉，如图 7-100 所示。

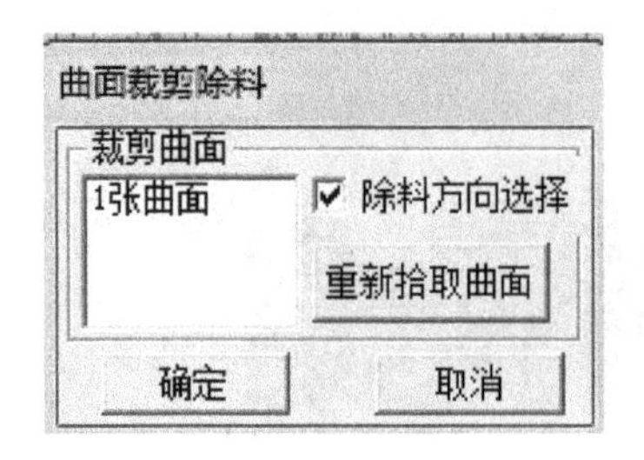

图 7-100

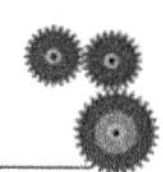

（38）单击“编辑”→“隐藏”命令，框选整个图形界面，单击右键确认，实体最终造型如图 7-101 所示。

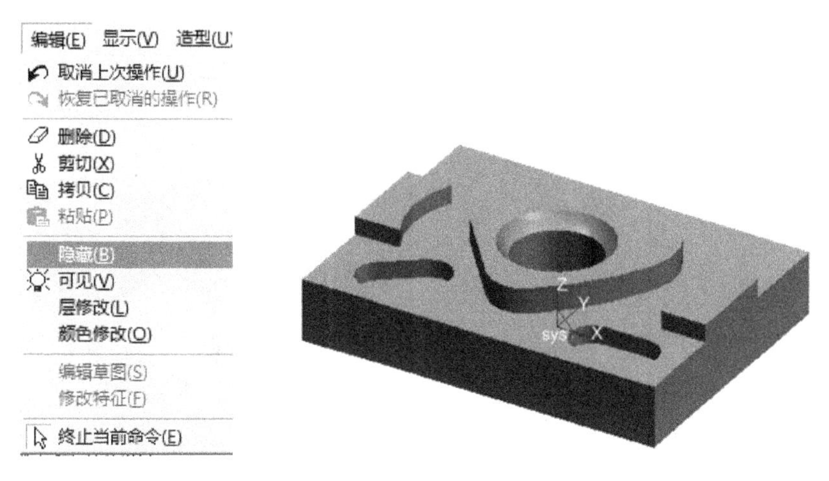

图 7-101

2. 底板加工

（1）设定加工刀具、后置设置，同任务一。

（2） 双击“加工管理”特征树中“毛坯”图标，弹出“后置设置”对话框，选择“参照模型”选项，然后单击“确定”按钮，毛坯显示如图 7-102 所示。

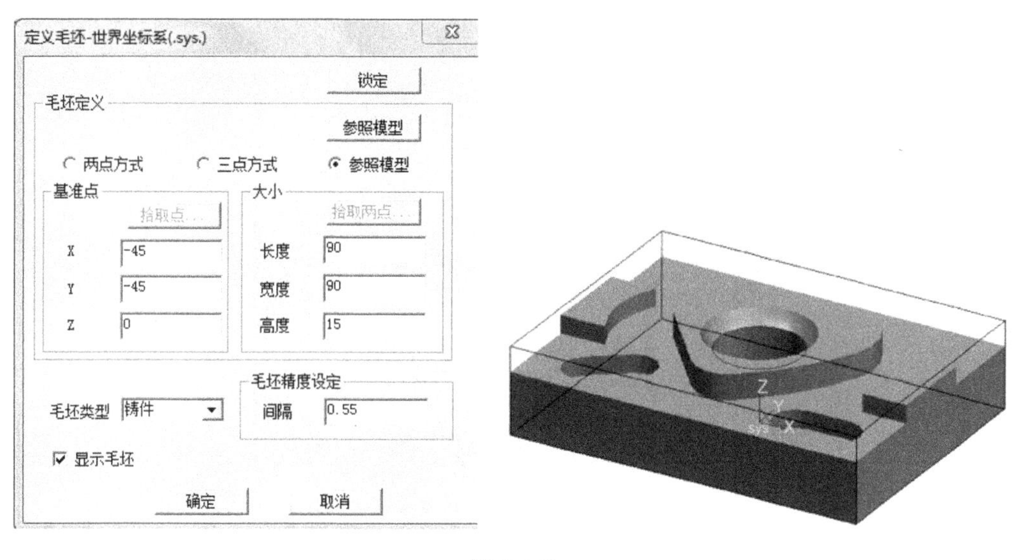

图 7-102

（3）双击“加工管理”特征树中“起始点”图标，弹出“全局轨迹起始点”对话框，如图 7-103 所示。

（4）单击“相关线”图标，选择“实体边界”，将所需的实体边界析出，同时将矩形的边界朝外等距 5，岛屿及轮廓如图 7-104 所示。

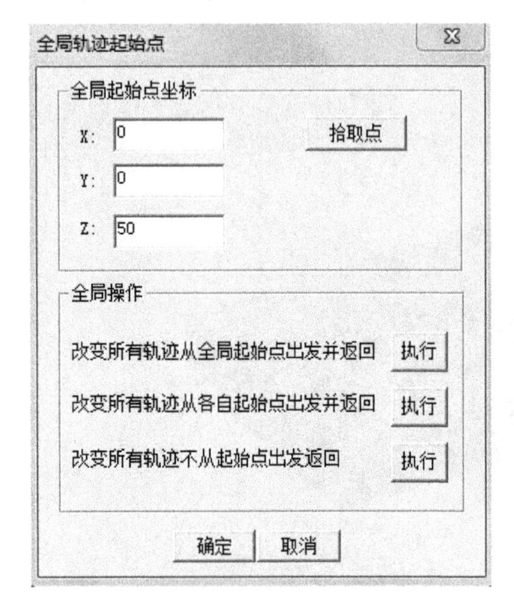

图 7-103

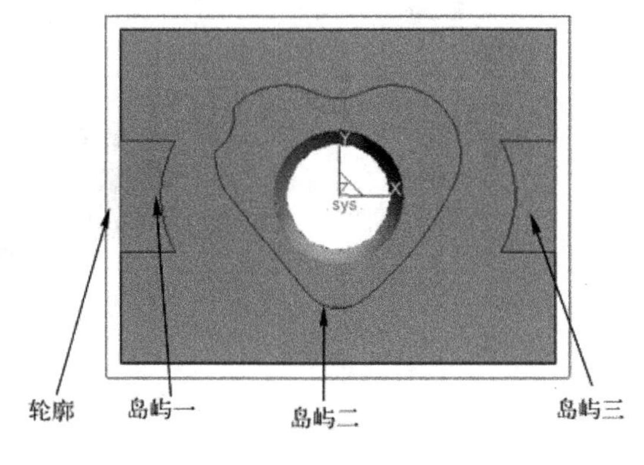

图 7-104

（5）单击“平面区域粗加工”图标，加工参数设定如图 7-105 所示，选择 D10 的平刀，切削参数根据刀具而定，其余参数默认。

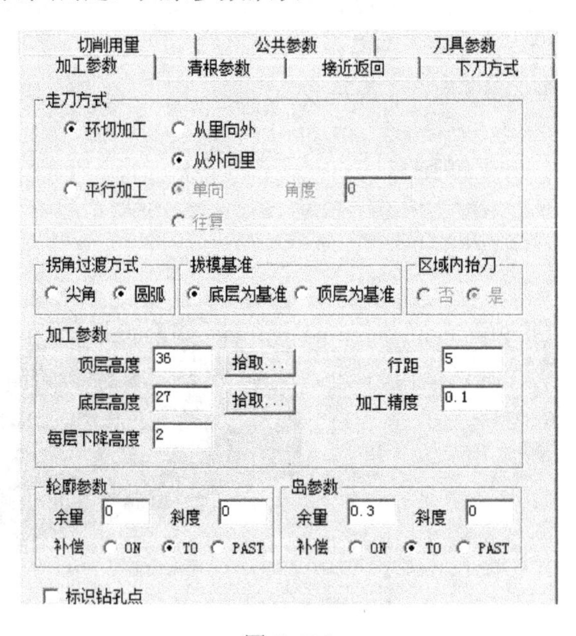

图 7-105

（6）单击“确定”按钮，分别选择轮廓及岛屿，方向为顺时针方向，生成的粗加工轨迹如图 7-106 所示。

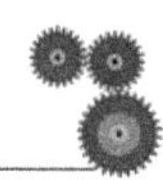

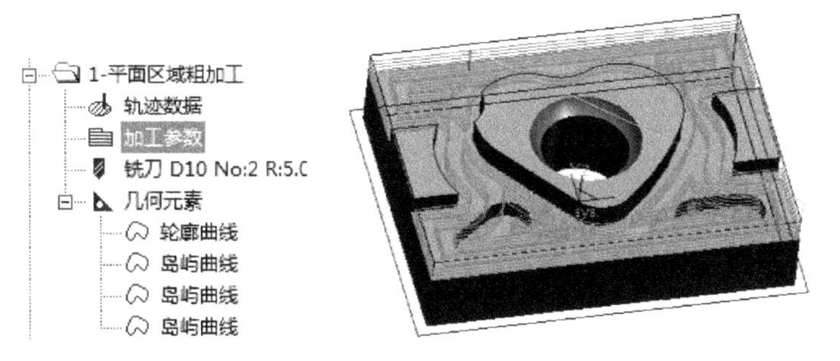

图 7-106

（7）右击生成的刀具轨迹将其隐藏，单击“平面轮廓精加工”图标，加工参数及接近返回方式的设定如图 7-107 所示。

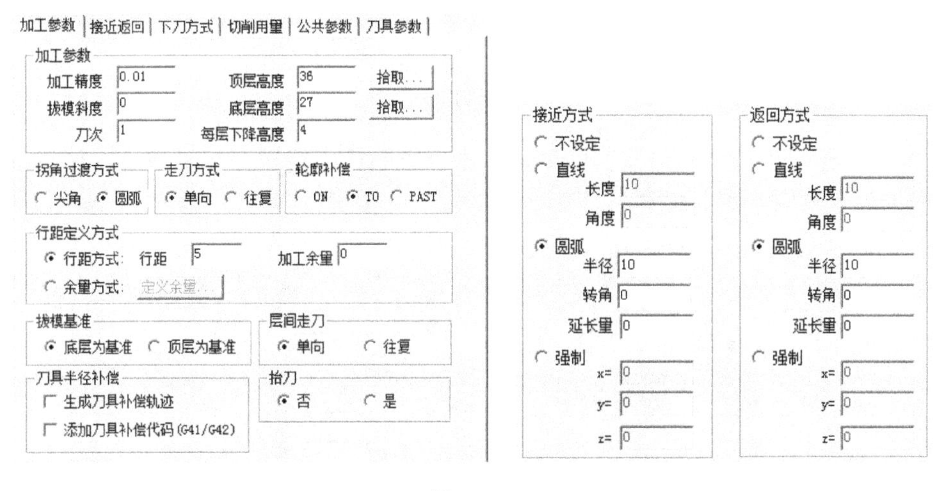

图 7-107

（8）其余参数同上，单击“确定”按钮，选择左边凸台边缘，顺时针朝外方向，单击右键确定，生成刀具轨迹如图 7-108 所示。

（9）同理，右边生成的刀具轨迹如图 7-109 所示。

图 7-108

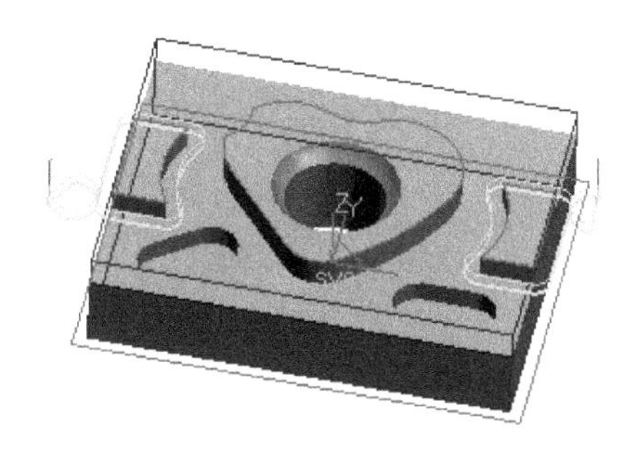

图 7-109

（10）右击轨迹将其全部隐藏，单击“平面轮廓精加工”图标，加工参数、其余参数设置同上，生成刀具轨迹如图 7-110 所示。

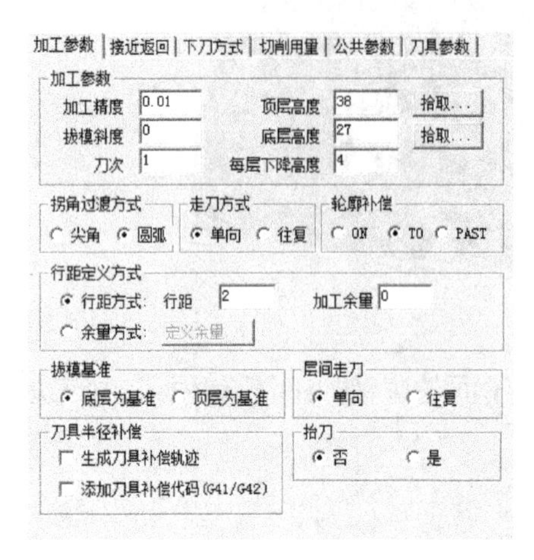

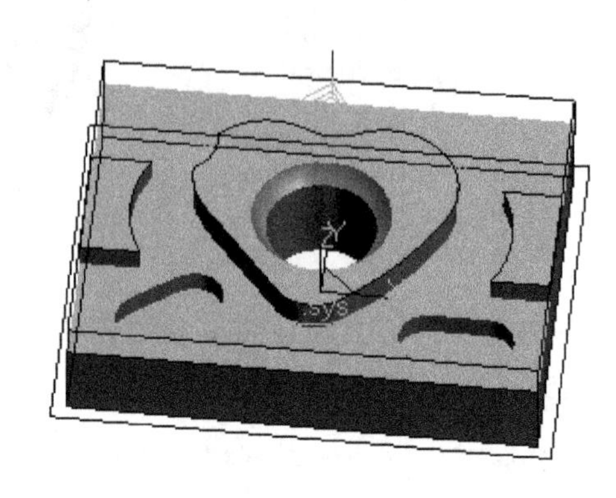

图 7-110

（11）右击生成的刀具轨迹将其隐藏，单击“平面轮廓精加工”图标，加工参数、接近返回的设置如图 7-111 所示。

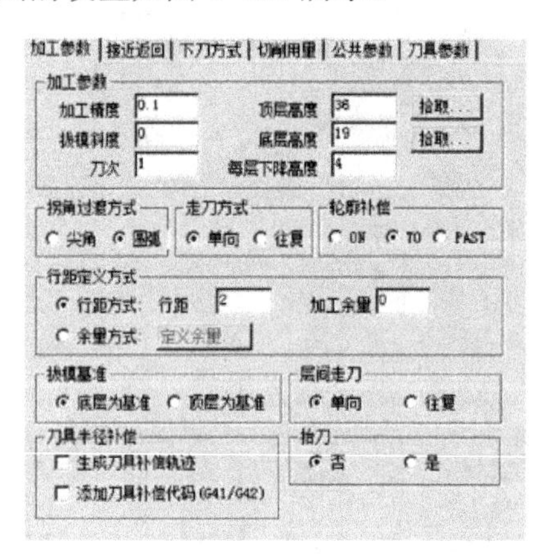

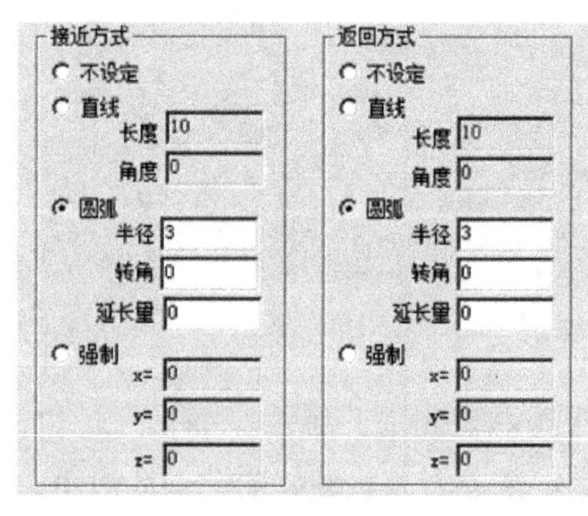

图 7-111

（12）选择 D12 的平刀，其余参数默认，选择两凹槽，逆时针方向生成刀具轨迹，同理生成另一凹槽的轨迹，结果如图 7-112 所示。

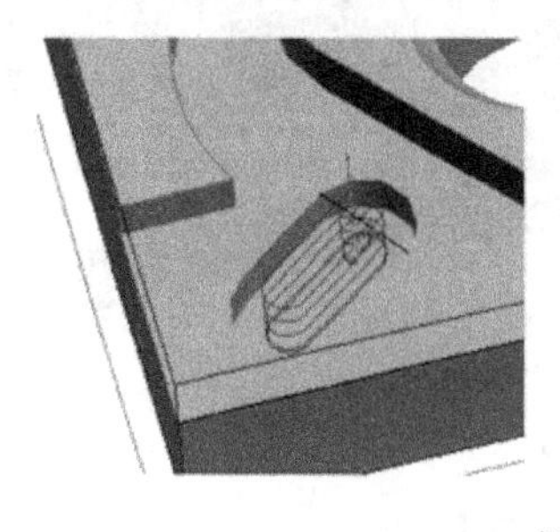

图 7-112

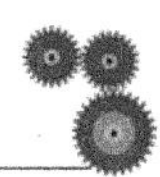

（13）右击生成的刀具轨迹将其隐藏，单击“平面轮廓精加工”图标，加工参数以及接近返回的设置如图 7-113 所示。

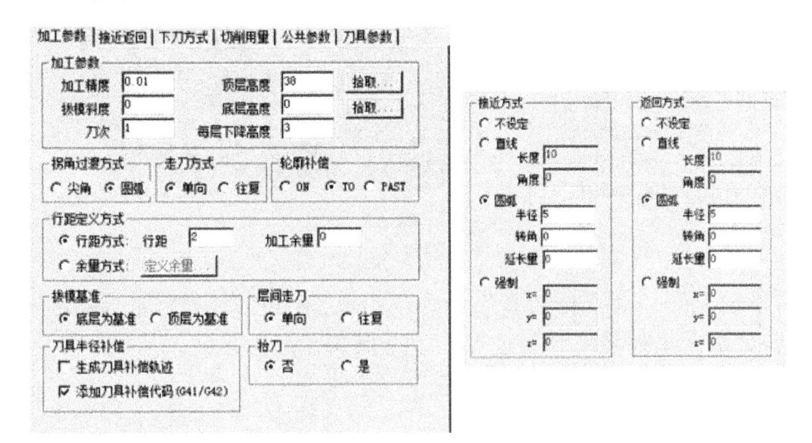

图 7-113

提示： 勾选“添加刀具补偿代码”复选框，是考虑在加工时修改半径补偿值从而获得所需的精度。

（14）选择 D20 的平刀，其余参数默认，选取中间析出的圆，逆时针方向，单击右键确认，生成的刀具轨迹如图 7-114 所示。

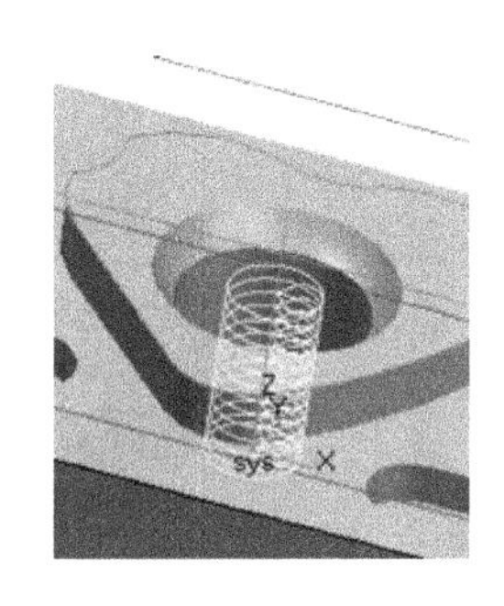

图 7-114

（15）单击“参数线精加工”图标，选择直径为 10 的球刀，选择边缘的圆角面，朝上的箭头，单击右键确定，加工参数及生成的刀具轨迹如图 7-115 所示。

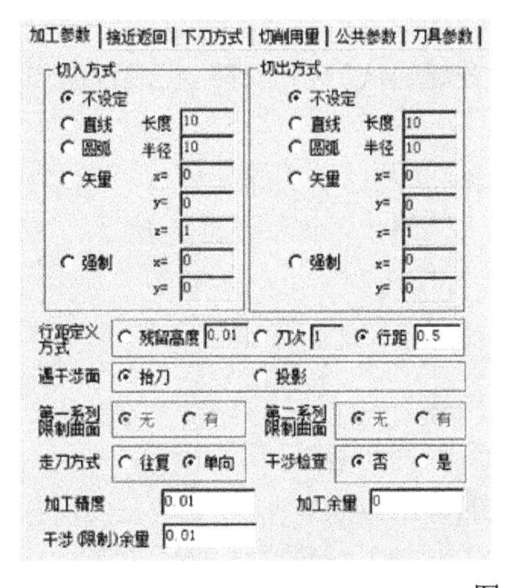

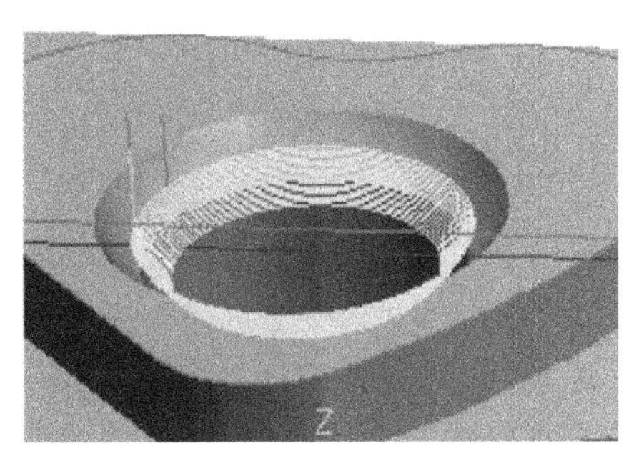

图 7-115

提示： 其粗加工轨迹可由读者自己考虑。

（16）右击“刀具轨迹”，选择“全部显示”命令，所有的粗精加工轨迹如图 7-116 所示。

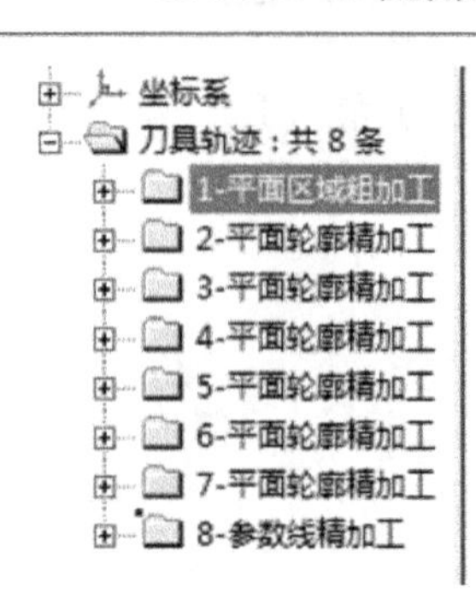

图 7-116

（17）单击“加工”→“实体仿真”命令，拾取加工的刀具轨迹，单击右键确认，单击“播放”图标，实体切削模拟效果如图 7-117 所示。

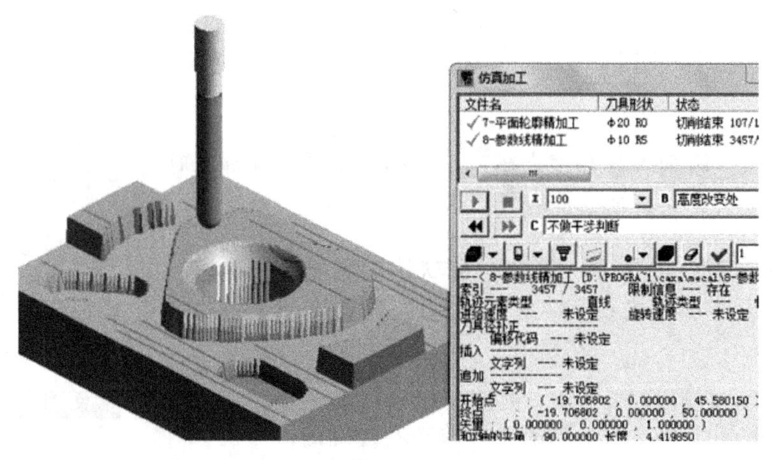

图 7-117

（18）关闭仿真界面，选择“加工”→“后置处理”→“生成 G 代码”命令，输入文件名，单击“保存”图标，拾取加工轨迹，单击右键确认，稍等片刻生成程序如图 7-118 所示。

（19）选择“加工”→“工艺清单”命令，输入文件名，用窗口方式选中全部刀具轨迹，单击右键确认，单击生成清单图标即可生成工艺清单，如图 7-119 所示。

想一想

（1）球刀与平刀在转速设置上应该注意哪些问题？

（2）球刀与平刀在进给参数的设置上应该注意哪些问题？

（3）本任务中的曲面加工还有哪些其他合适的加工方式？

（4）若曲面为外凸形状，该选用何种加工方式？加工参数又该如何设置？

练一练

（1）完成如图 7-120 所示的造型及加工，并生成加工程序及工艺清单。

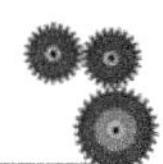

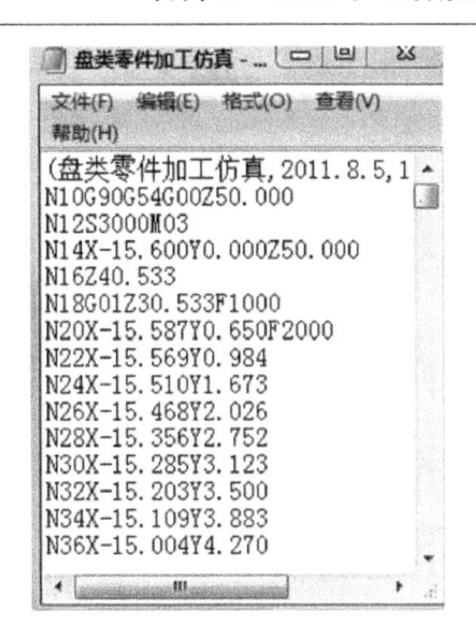

图 7-118

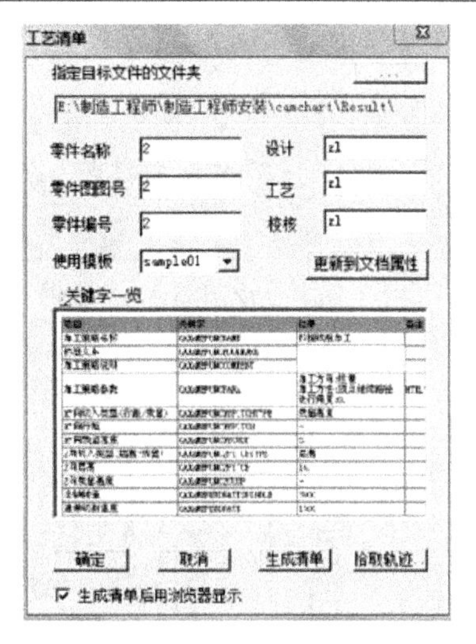

图 7-119

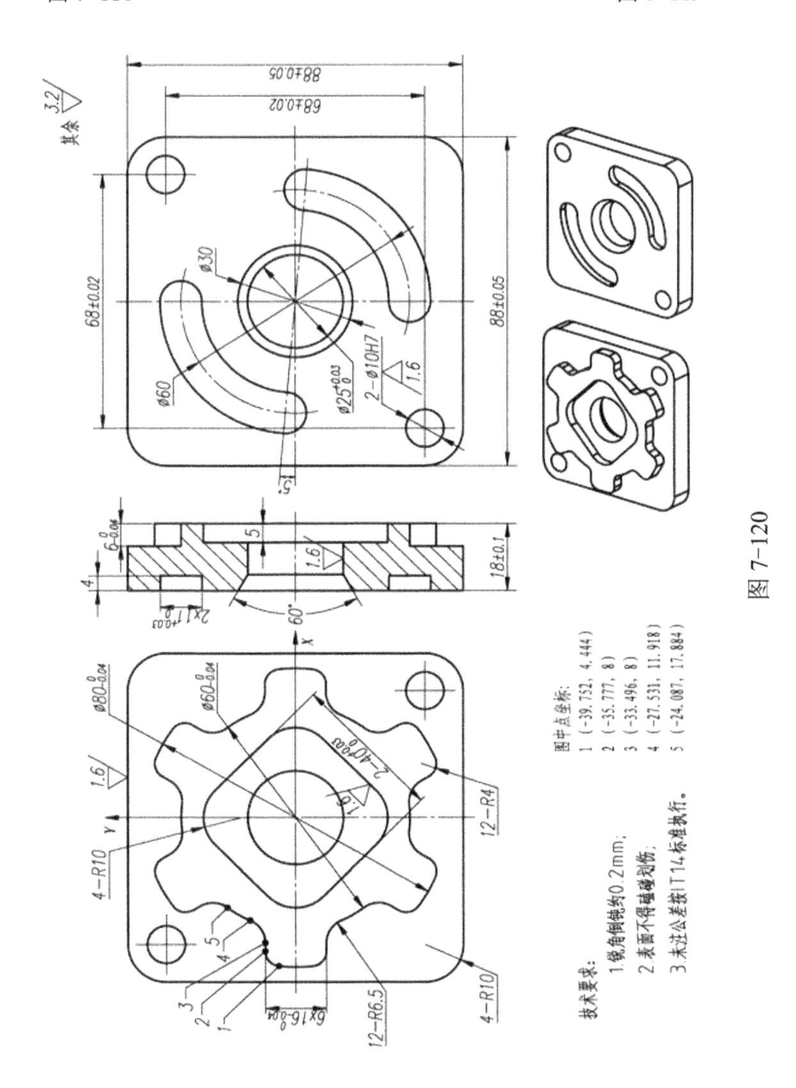

图 7-120

（2）完成如图 7-121 所示的造型及加工，并生成加工程序及工艺清单。

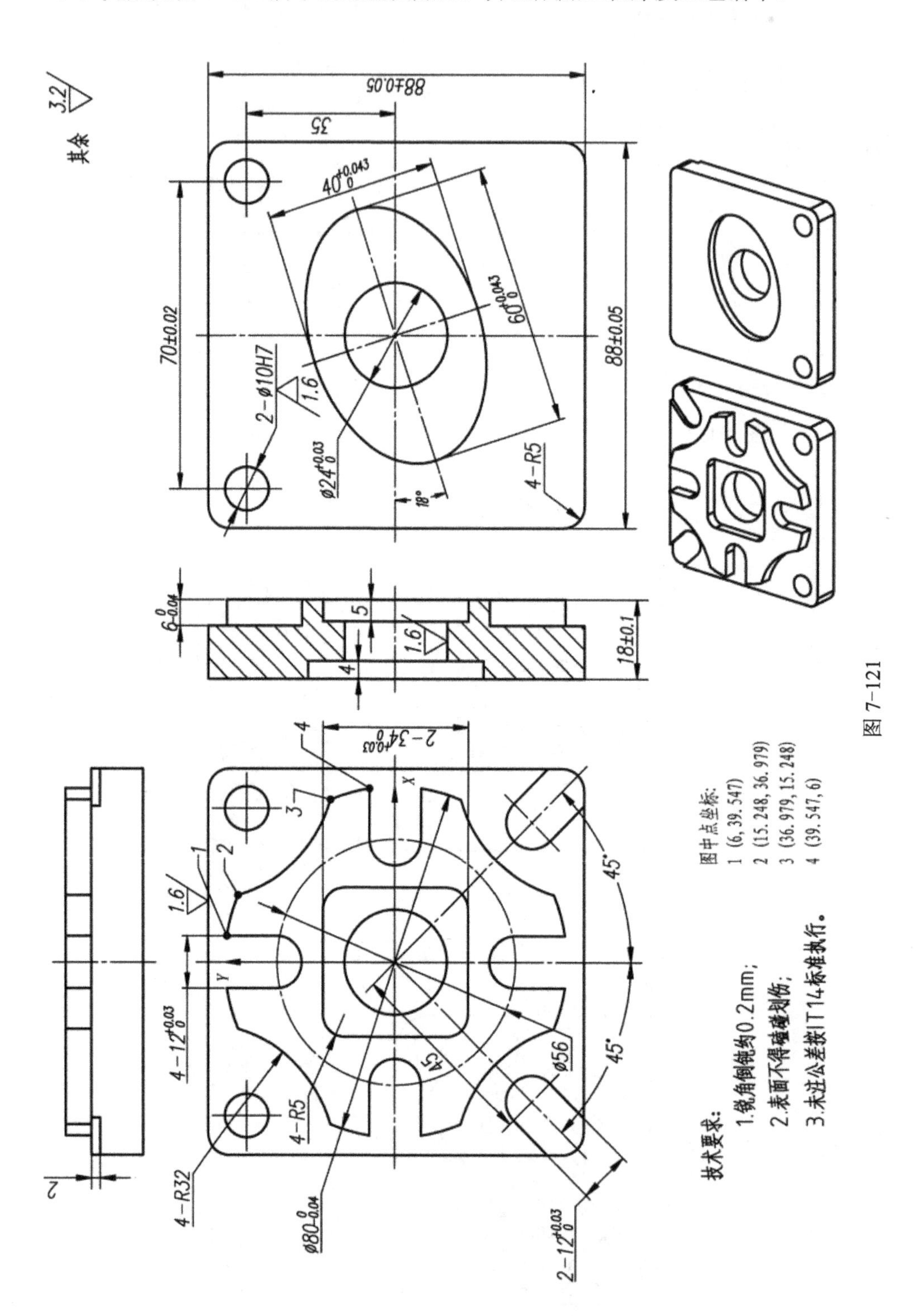

图 7-121

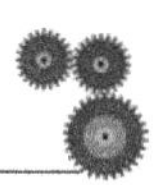

任务三　加工中心/数控铣技师难度的典型零件

完成典型双面零件的造型和加工，零件二维尺寸及立体图如图 7-122 所示。

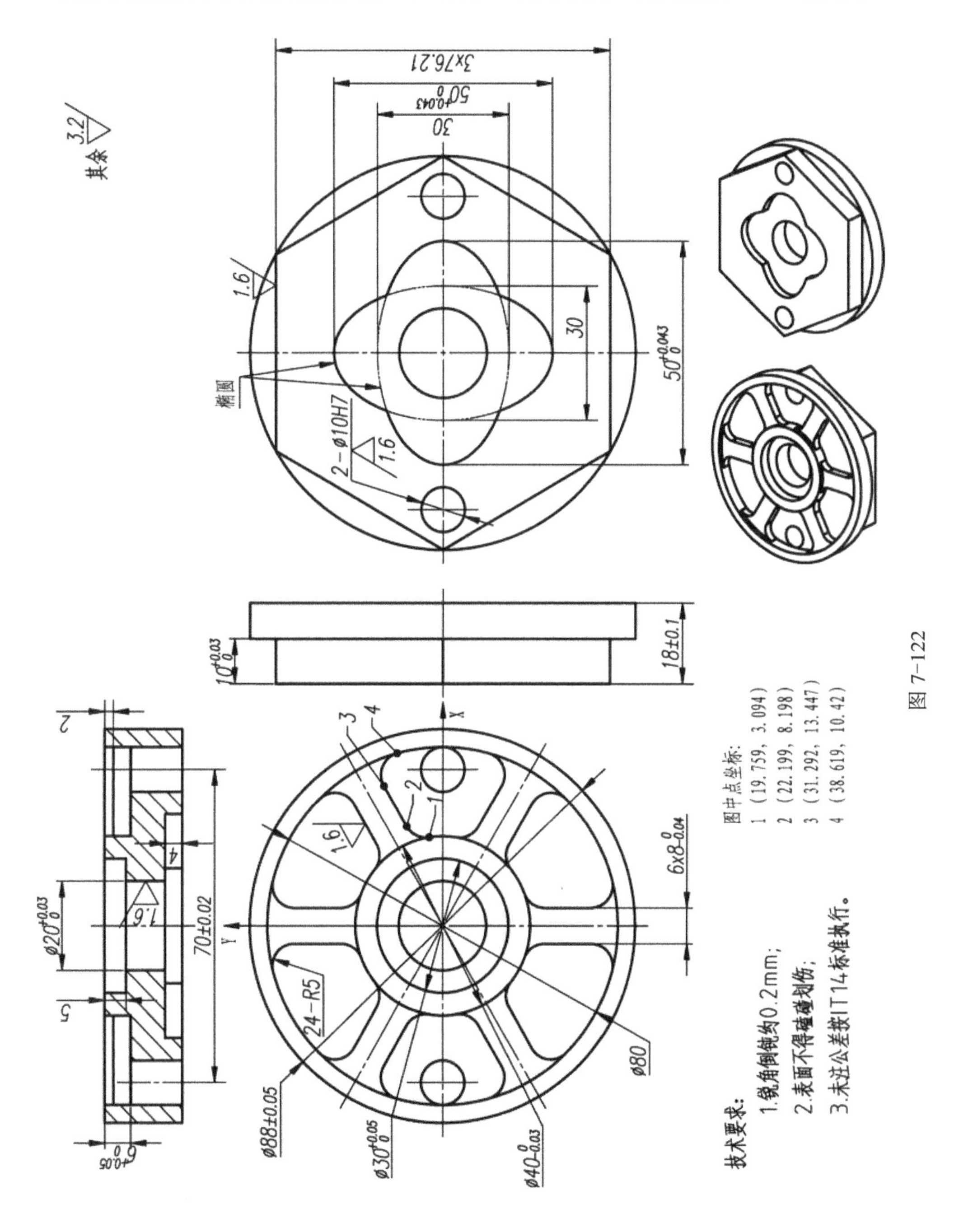

图 7-122

（1）实体造型分析：此任务为双面加工的零件，单个特征并不复杂，主要包括圆柱外形、中心圆形凸台、六边凸台、花型凹槽、椭圆凹槽等，没有倒角或曲面特征。

（2）加工思路分析：底板是典型的平面类零件，同前面的任务一样，通常采用“区域式粗加工”进行平面轮廓粗加工，再利用“轮廓线精加工”的方法完成轮廓的精加工。对于凸台和上表面的花形、圆形凹槽都可以采用这两种粗、精加工的方式。其中，两个Φ10 的孔为工艺孔，钻孔后用铰孔的方法进行精加工。

在双面加工中需要注意加工方法的选择，加工工艺的安排也尤为重要。双面加工涉及的工艺因素较多，如果工艺安排不当可能会造成后续加工无法继续进行，增加废品产生的机率。本任务操作的介绍中，与前文提到过的同类型加工不再重复，考虑毛坯已经精铸成型，从加工的工艺角度出发，为了保护正面的薄壁故先加工反面，后加工正面。

1．典型零件的实体造型

（1）选择特征树中的“平面 XY”，单击“草图绘制”图标，进入草图绘制状态。

（2）单击“整圆”图标，以原点为中心，输入半径 44，单击“拉伸增料”图标，选择“固定深度”，深度输入 8，单击“确定”按钮，如图 7-123 所示。

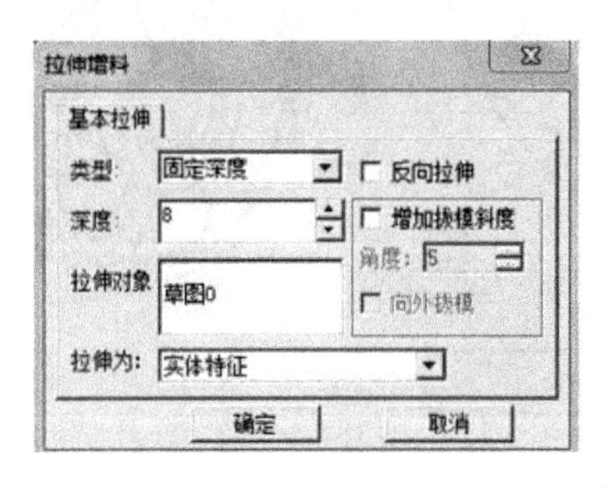

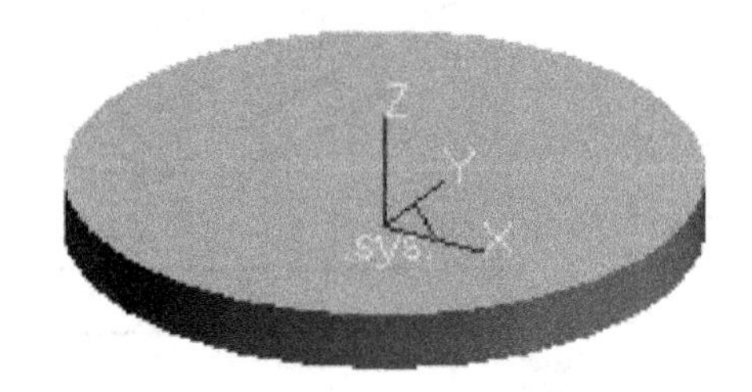

图 7-123

（3）拾取圆柱体的上表面作为绘图的基准面，单击“整圆”图标，选择“圆心_半径”，以原点为中心，绘制ϕ80 和ϕ40 两圆，结果如图 7-124 所示。

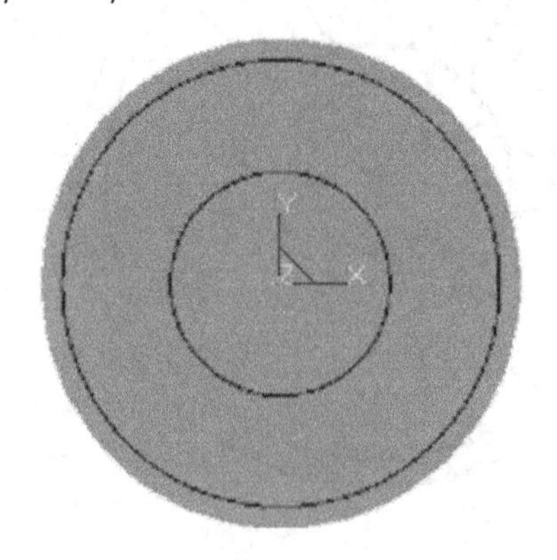

图 7-124

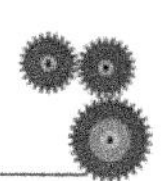

（4）按 F2 键退出草图，单击“拉伸除料”图标，选择“固定深度”，深度输入 2，单击“确定”按钮，如图 7-125 所示。

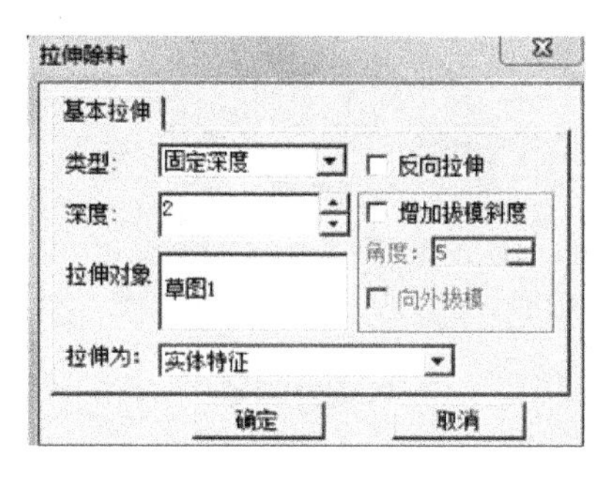

图 7-125

（5）再次以圆柱体凸台的上表面为新建草图绘制基准面，单击“直线”图标，选择“两点线”、“正交”，绘制适当位置辅助线，如图 7-126 所示。

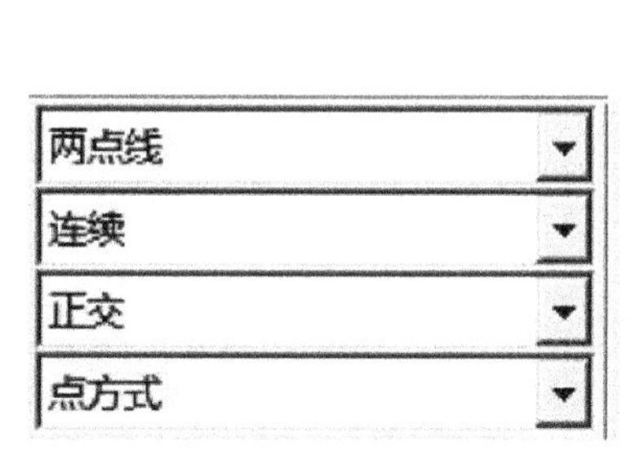

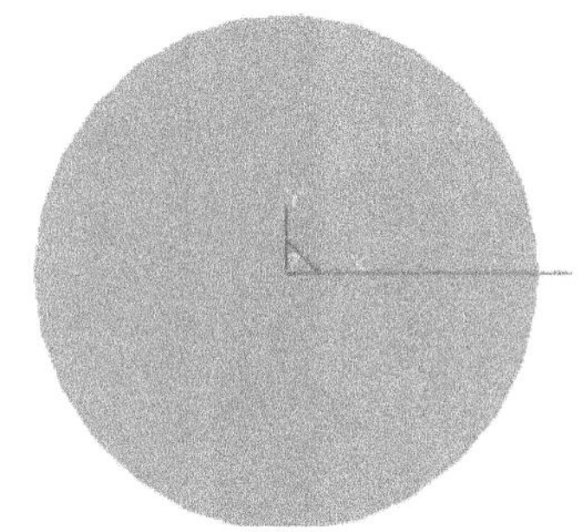

图 7-126

（6）单击“点”图标，直接输入“19.759,3.094”、“22.199,8.198”、“31.292,13.447”、“38.619,10.42”，作出 1，2，3，4 点，如图 7-127 所示图形。

（7）单击“圆弧”图标，选择“两点_半径”，分别选择 1，2 点以及 3，4 点，输入半径 5，单击“确定”按钮，如图 7-128 所示。

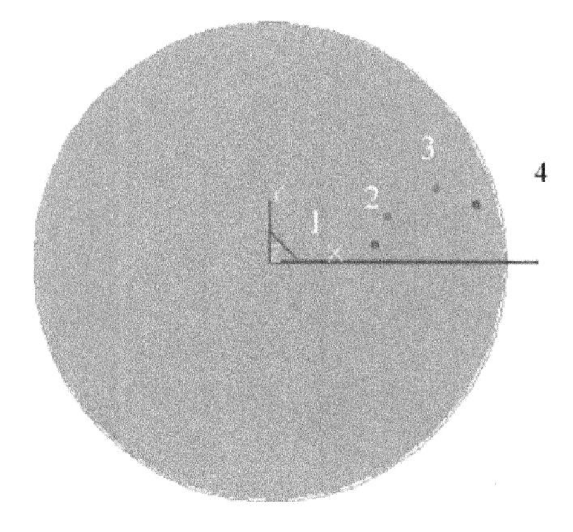

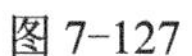

图 7-127

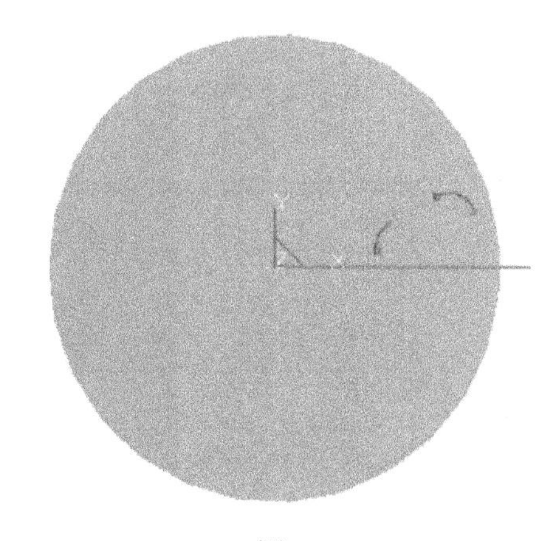

图 7-128

（8）单击“直线”图标，选择“两点线”，“非正交”，连接2，3 点，结果如图 7-129 所示。

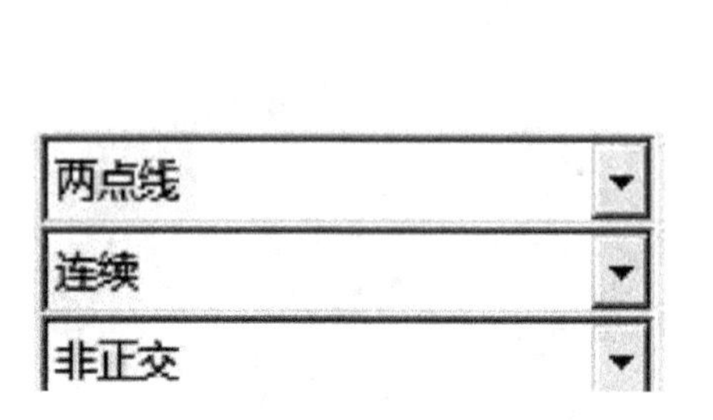

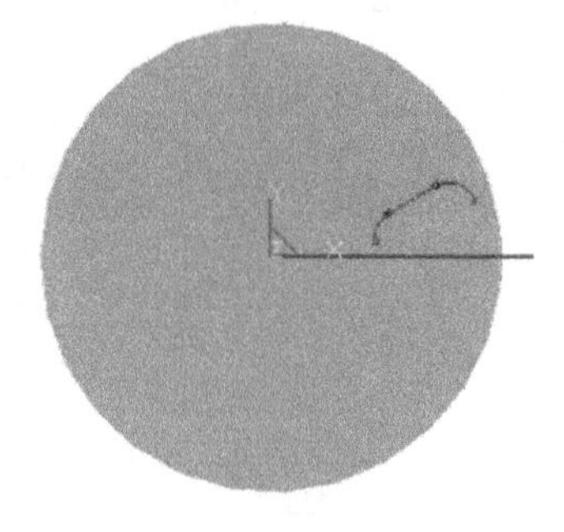

图 7-129

（9）单击“平面镜像”图标，对称轴为辅助水平线，镜像 1，2，3，4 点间的线段，结果如图 7-130 所示。

（10）单击“圆弧”图标，选择“两点_半径”，分别选择两点后输入半径 20 和 40，结果如图 7-131 所示。

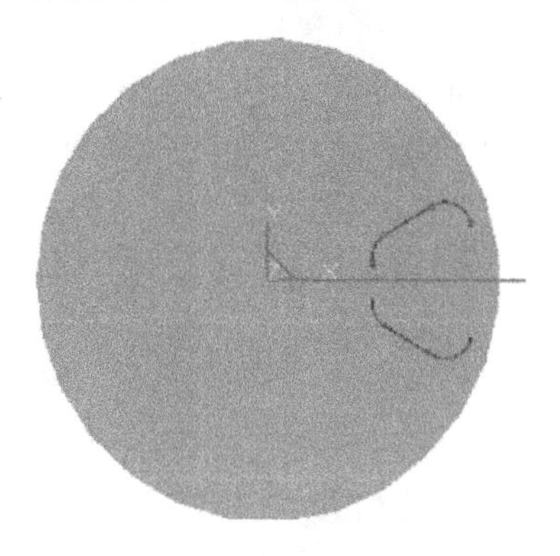

图 7-130

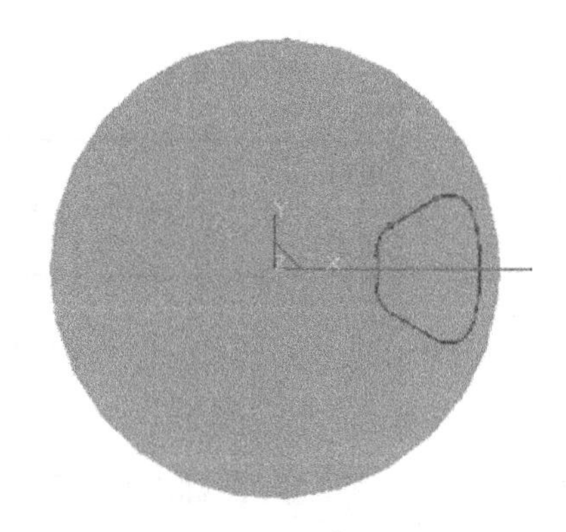

图 7-131

（11）单击“阵列”图标，选择“圆形”、“均布”，以原点为中心，绘制其余 5 个同样的图形，如图 7-132 所示。

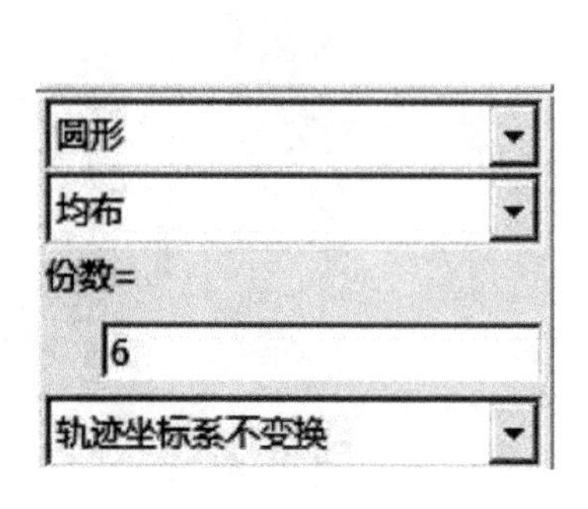

图 7-132

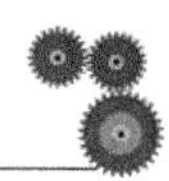

（12）单击“删除”图标，删除多余辅助线，结果如图 7-133 所示。

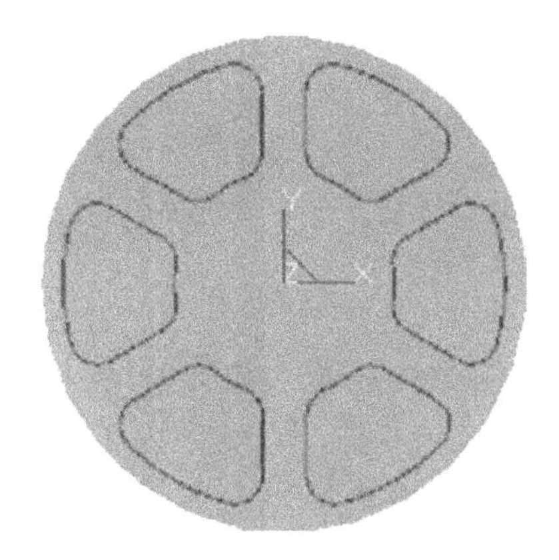

图 7-133

（13）按 F2 键退出草图编辑状态，单击“拉伸除料”图标，深度输入 6，单击“确定”按钮，实体如图 7-134 所示。

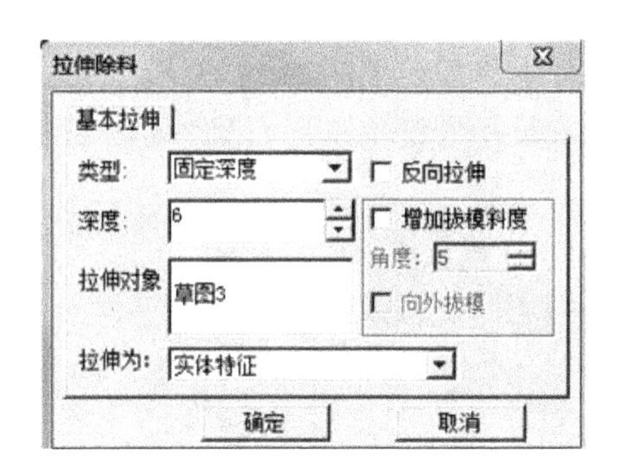

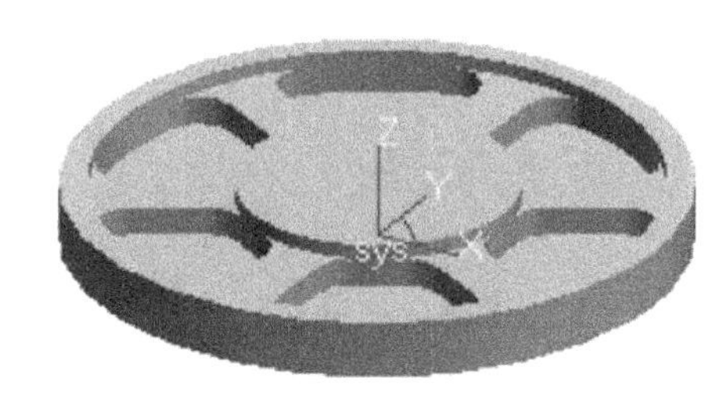

图 7-134

（14）以实体上表面为基准面创建草图，单击“整圆”图标，以原点为中心，绘制半径 15 的圆，如图 7-135 所示。

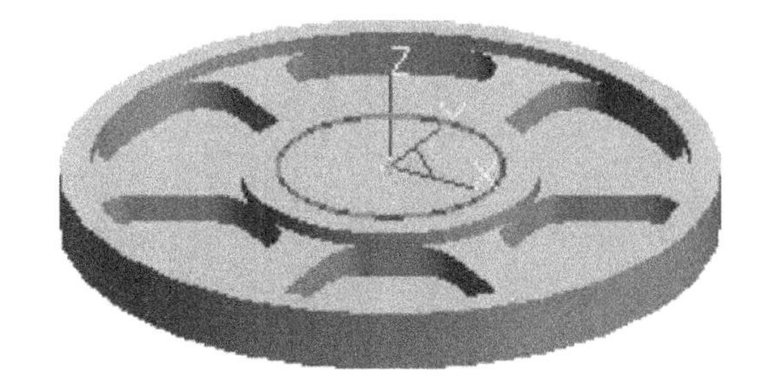

图 7-135

（15）按 F2 键退出草图绘制状态，单击“拉伸除料”图标，选择“固定深度”，深度输入 5，单击“确定”按钮，正面造型如图 7-136 所示。

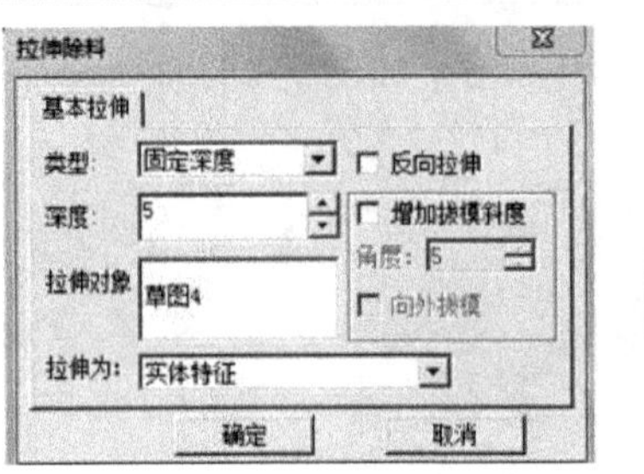

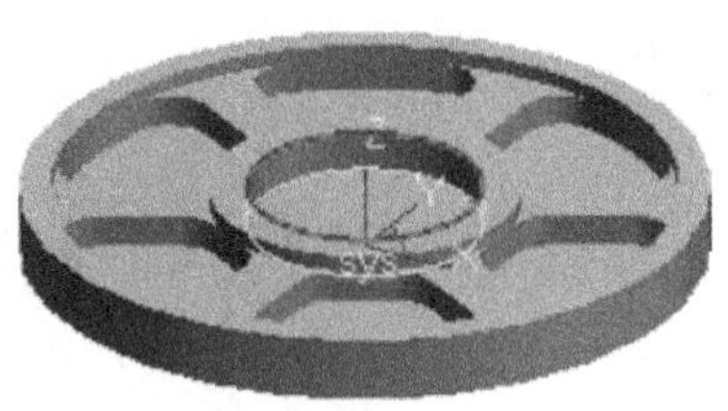

图 7-136

（16）按鼠标中键将实体旋转至合适位置，如图 7-137 所示。

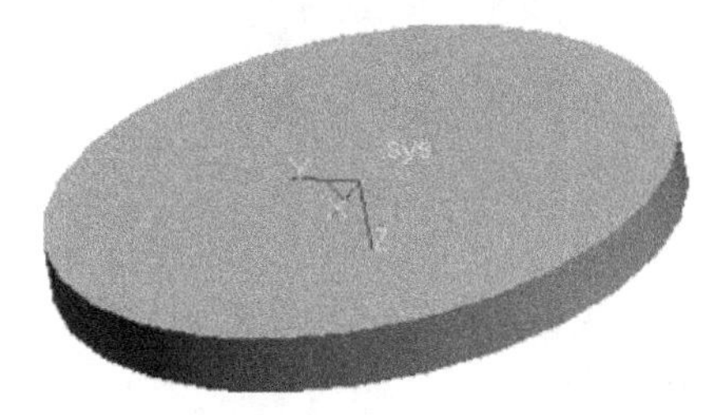

图 7-137

（17）以底面为基准面创建草图，单击“正多边形”图标，选择“中心”、“内接”，绘制 6 边形，以原点为中心，输入半径 44，单击右键确认，如图 7-138 所示。

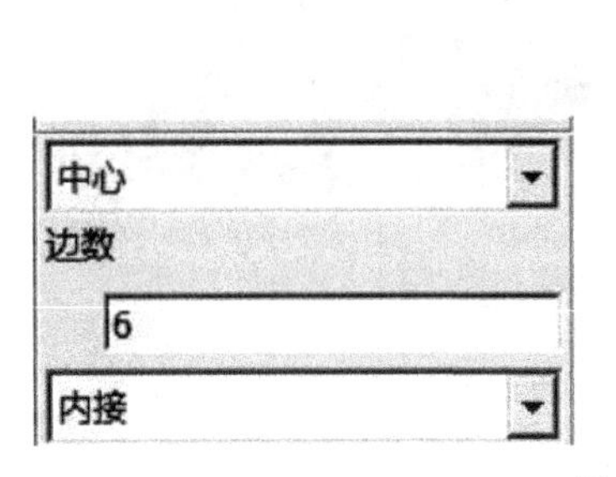

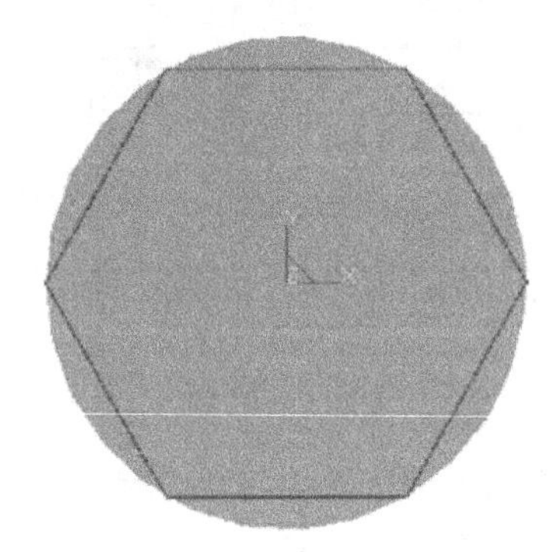

图 7-138

（18）按 F2 键退出草图绘制状态，单击“拉伸增料”图标，选择“固定深度”，深度输入 10，单击“确定”按钮，如图 7-139 所示。

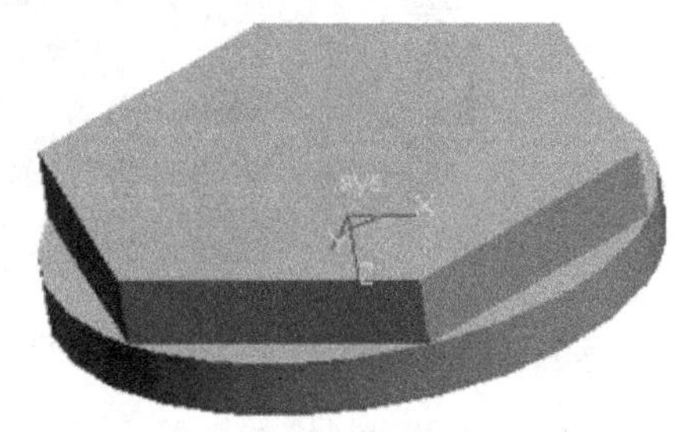

图 7-139

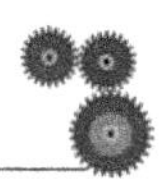

（19）以六边形上表面为基准面创建草图，单击“椭圆”图标，绘制长轴 50，短轴 30 的椭圆，以原点为中心点，单击右键确认，如图 7-140 所示。

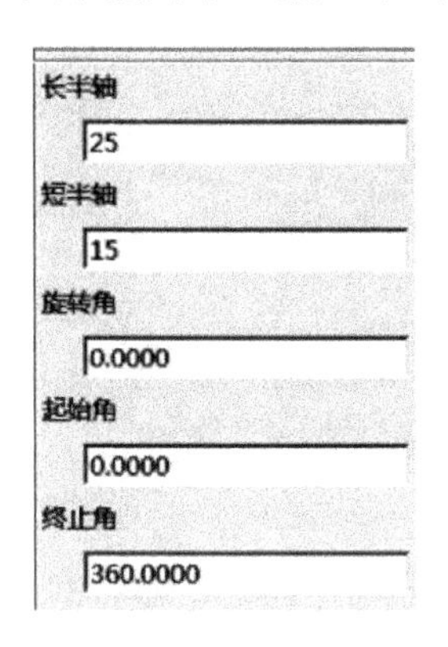

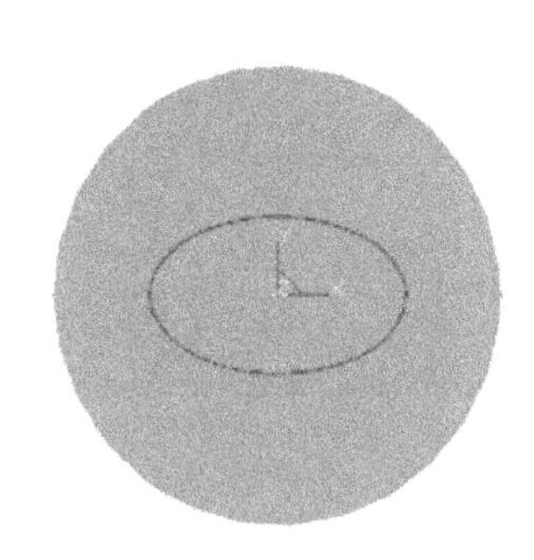

图 7-140

（20）改变长短轴相同方法做另一个椭圆，如图 7-141 所示。

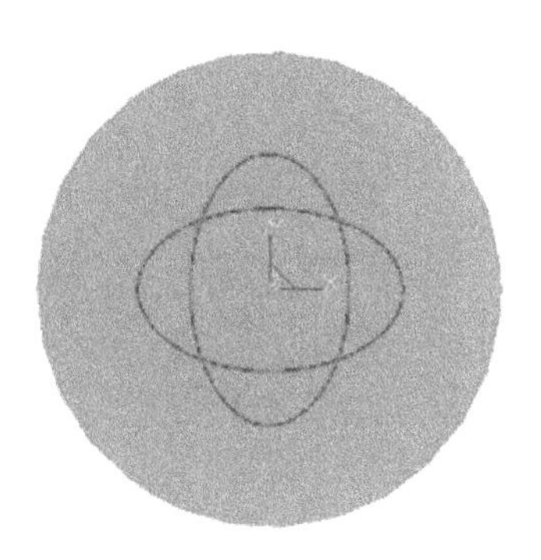

图 7-141

（21）单击“曲线裁剪”图标，选择中间的四段相交的椭圆弧，单击右键确认，结果如图 7-142 所示。

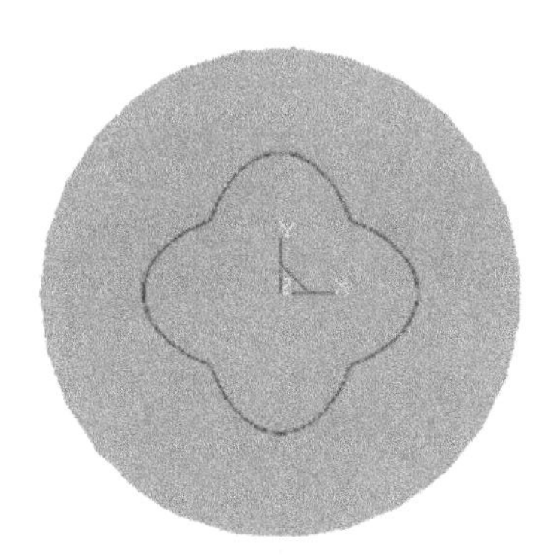

图 7-142

（22）按 F2 键退出草图绘制状态，单击“拉伸除料”图标，选择“固定深度”，深度输入 4，单击“确定”按钮，如图 7-143 所示。

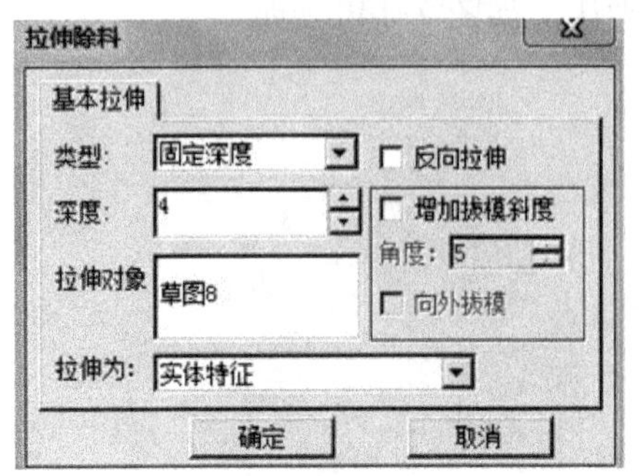

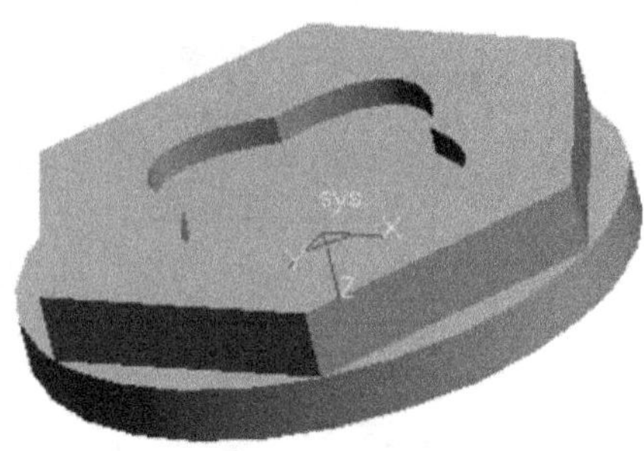

图 7-143

（23）以六方凸台上表面为基准面创建草图，单击“整圆”图标，以原点为中心画 ϕ20 的圆，如图 7-144 所示。

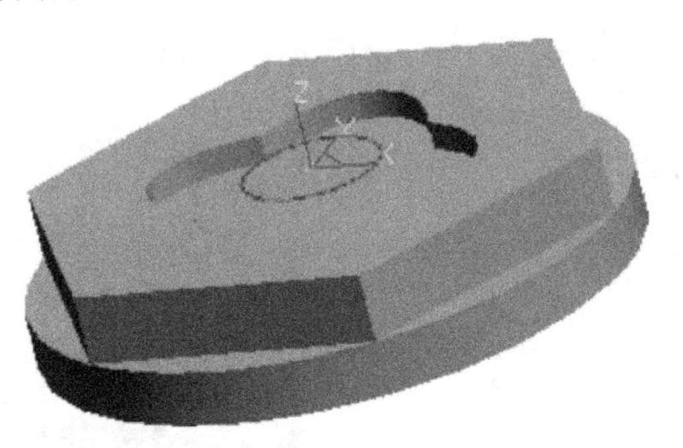

图 7-144

（24）按 F2 键退出草图绘制状态，单击“拉伸除料”图标，选择“固定深度”方式，深度输入 13，单击“确定”按钮，整个实体造型最终如图 7-145 所示。

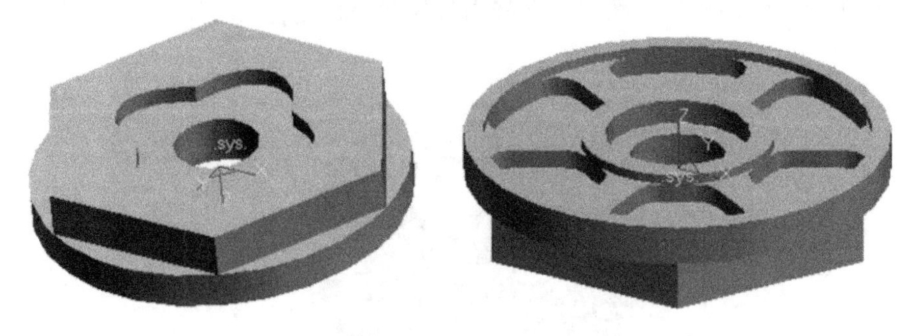

图 7-145

2. 零件反面加工

（1）加工刀具设置、后置设置、毛坯设置、起始点设置同本项目任务一。

（2）单击“相关线”图标，选择“实体边界”，将所需的实体边界析出，如图 7-146 所示。

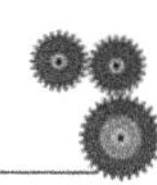

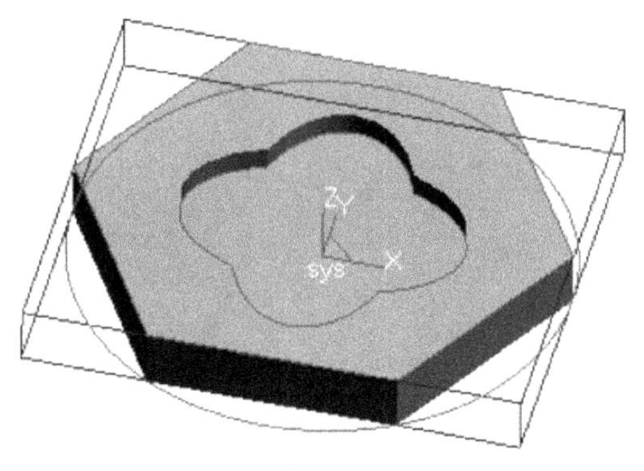

图 7-146

提示：考虑到零件是双面的，将正反面分开加工，也可通过改变坐标系的方法。

（3）单击“平面轮廓精加工”图标，加工参数及接近返回设置如图 7-147 所示。

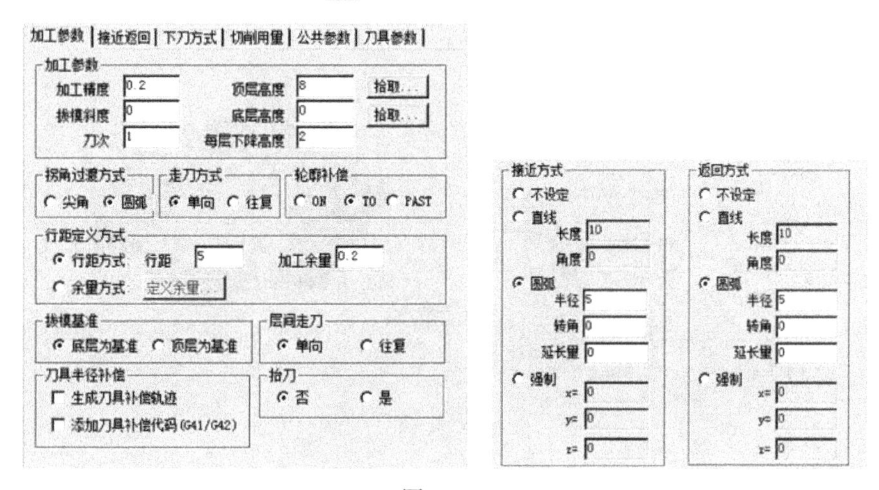

图 7-147

（4）选择 D20 的平刀，其余参数默认，选择正六边形的边，顺时针方向，单击右键确定，生成刀具轨迹如图 7-148 所示。

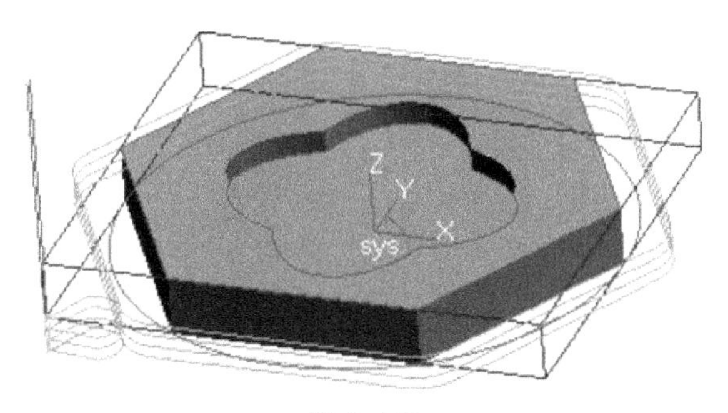

图 7-148

（5）将生成的轨迹复制并粘贴，修改加工参数，生成精加工轨迹，如图 7-149 所示。

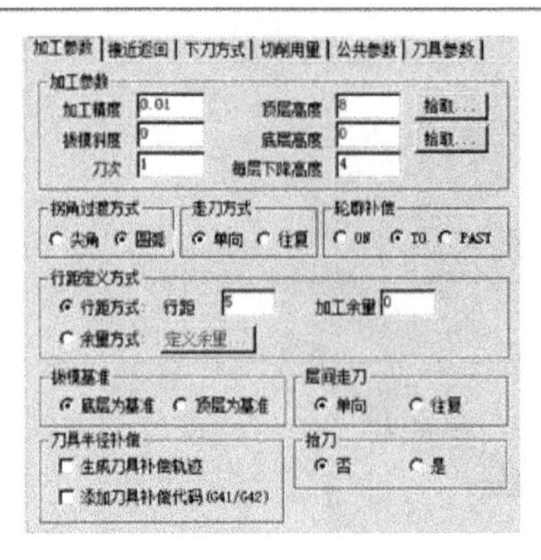

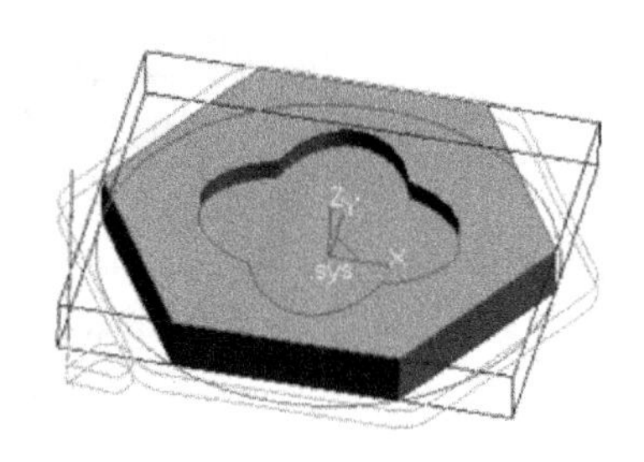

图 7-149

（6）单击“平面区域粗加工”图标，选取 D10 的平刀，设置参数以及生成的加工轨迹如图 7-150 所示。

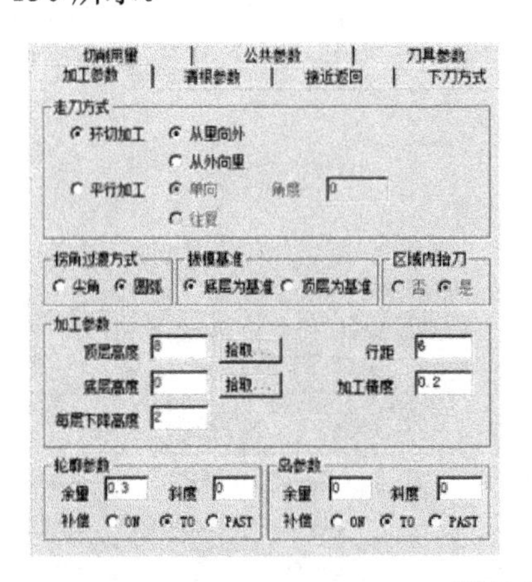

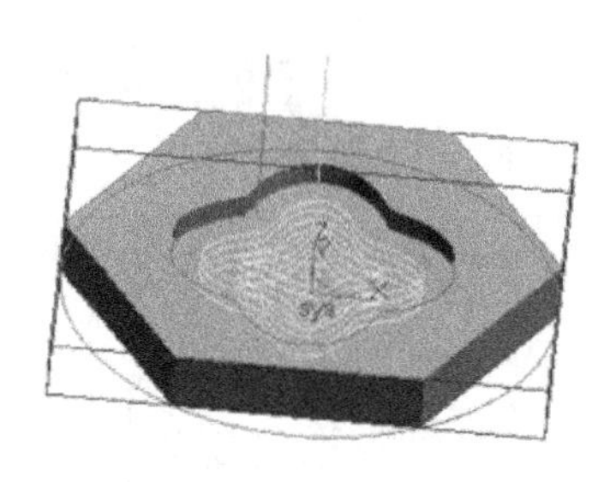

图 7-150

（7）单击“平面轮廓精加工”图标，加工参数及接近返回设置如图 7-151 所示。

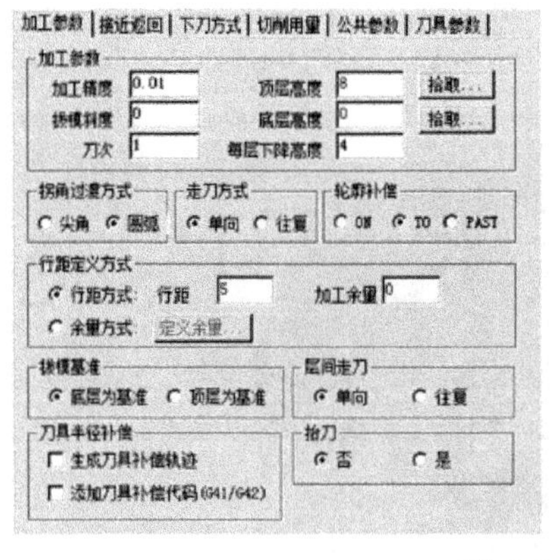

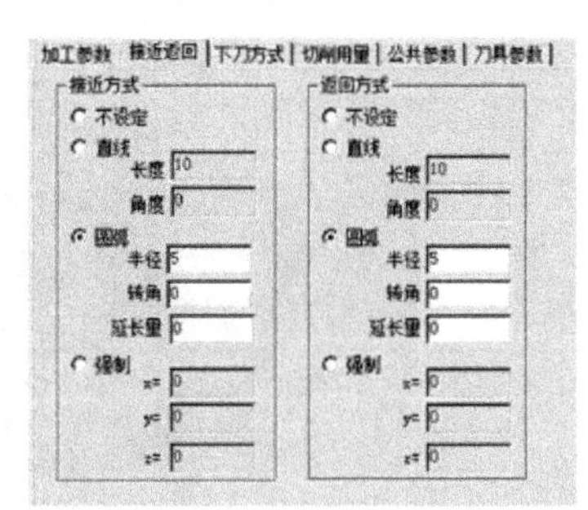

图 7-151

（8）单击“确定”按钮，选取内部凹槽边缘，逆时针方向，朝内部，生成精加工的轨迹如图 7-152 所示。

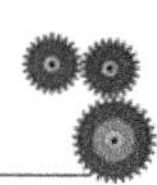

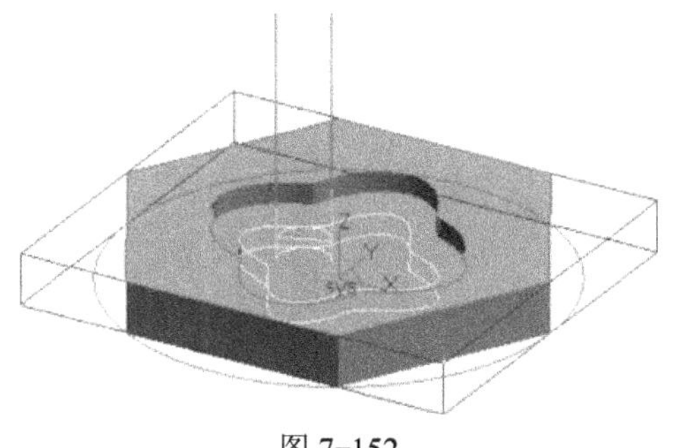

图 7-152

（9）选取四条轨迹，单击加工中实体仿真图标，单击“播放”按钮，最终显示如图 7-153 所示。

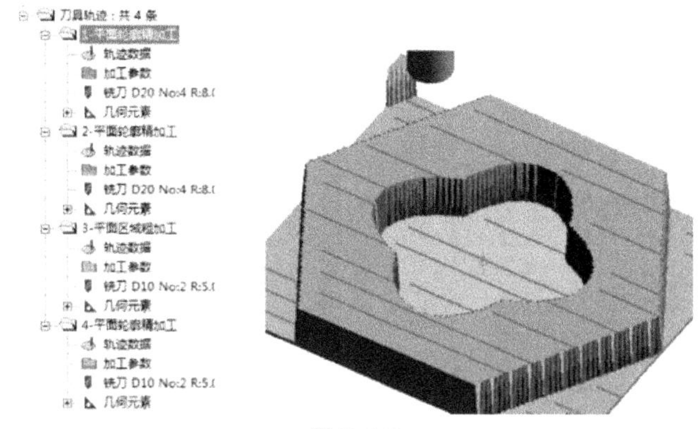

图 7-153

提示：边缘的角落没有清除，考虑到毛坯是精铸，在实际加工中不存在这种问题。

3．零件正面加工

（1）加工刀具设置、后置设置、毛坯设置、起始点设置同本项目任务一。

（2）单击“相关线”图标，选择“实体边界”，将所需的实体边界析出。

（3）单击“平面区域粗加工”图标，选取 D10 的平刀，加工参数及清根参数设置如图 7-154 所示。

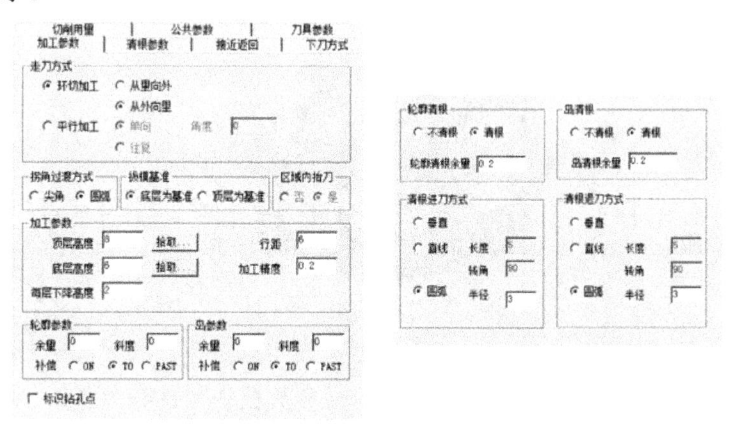

图 7-154

提示：根据零件精度的要求，直接使用了清根代替了精加工，避免了加工的复杂。

（4）单击“确定”按钮，选择外圆轮廓以及内圆岛屿，单击右键确定，生成刀具轨迹如图 7-155 所示。

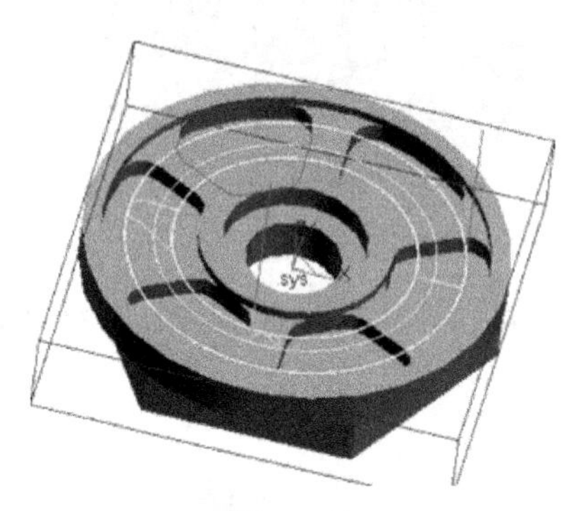

图 7-155

（5）单击“平面轮廓精加工”图标，加工参数及接近返回设置如图 7-156 所示。

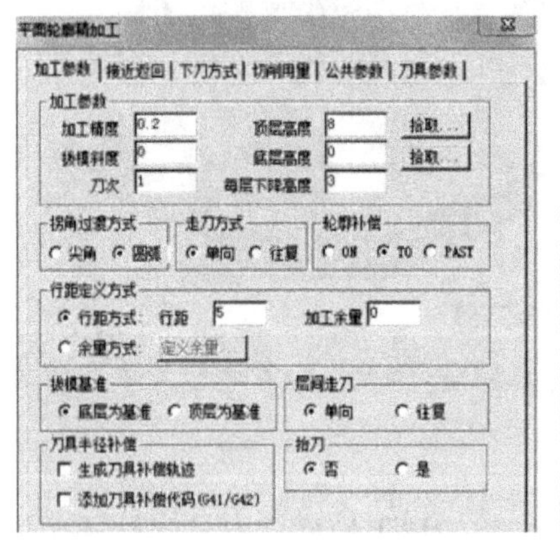

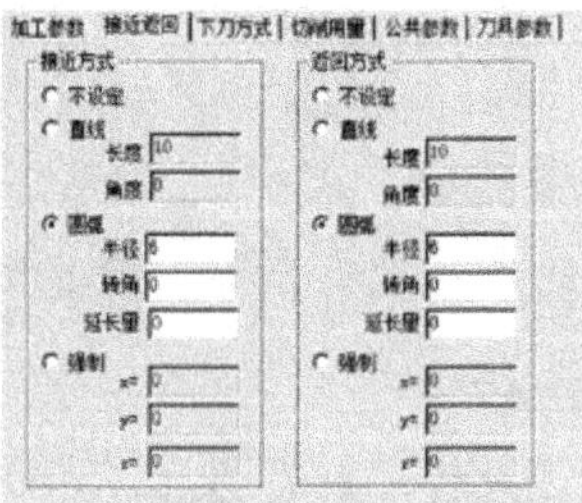

图 7-156

（6）选择 D20 的平刀，其余参数默认，选择外大圆，方向朝外，单击右键确认，生成轨迹如图 7-157 所示。

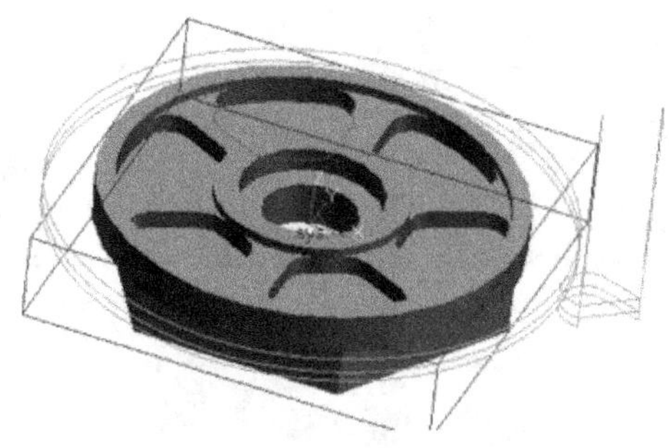

图 7-157

（7）单击“平面轮廓精加工”图标，其余参数默认，选择内圆弧，逆时针朝里方向，单击右键确定，加工参数设置及生成轨迹如图 7-158 所示。

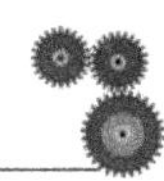

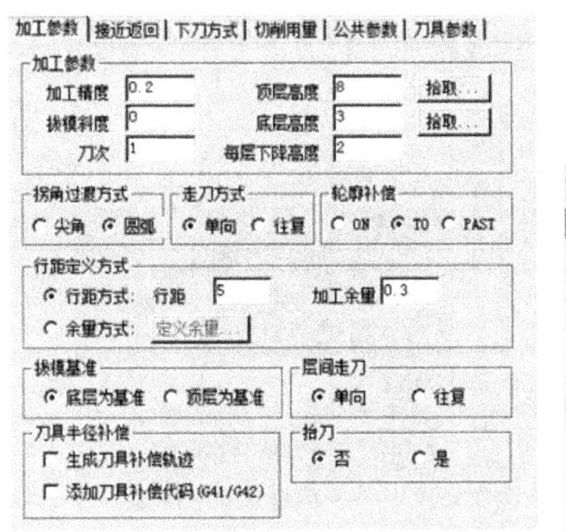

图 7-158

（8）复制刚生成的轨迹并粘贴，并修改加工参数及接近返回的设置，加入圆弧半径 *R*5，生成精加工刀具轨迹如图 7-159 所示。

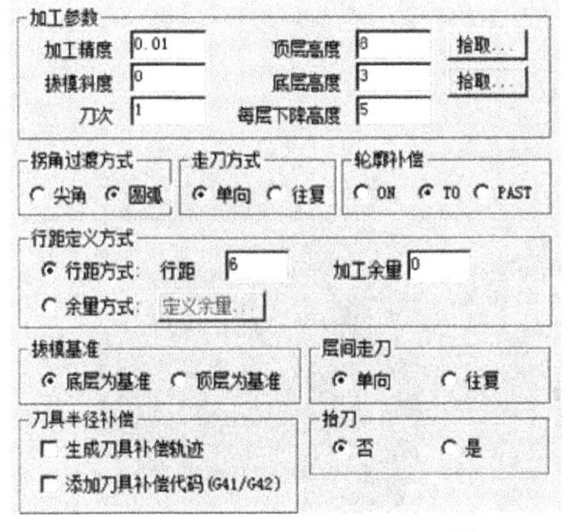

图 7-159

（9）单击“平面轮廓精加工”图标，“接近返回”中加入圆弧半径 *R*3，选择 D10 的平刀，其余参数默认，选择内圆，逆时针朝里方向，单击右键确定，加工参数设置及生成轨迹如图 7-160 所示。

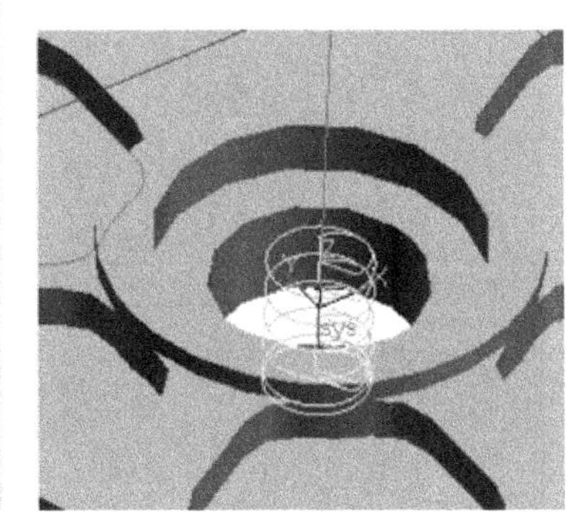

图 7-160

（10）复制上述轨迹并修改加工参数，生成精加工轨迹，如图 7-161 所示。

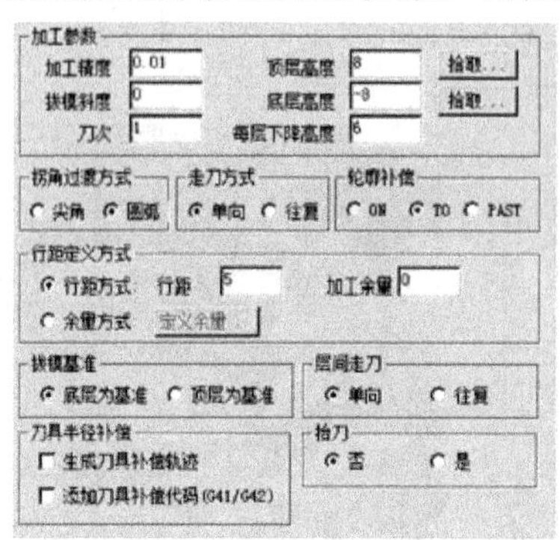

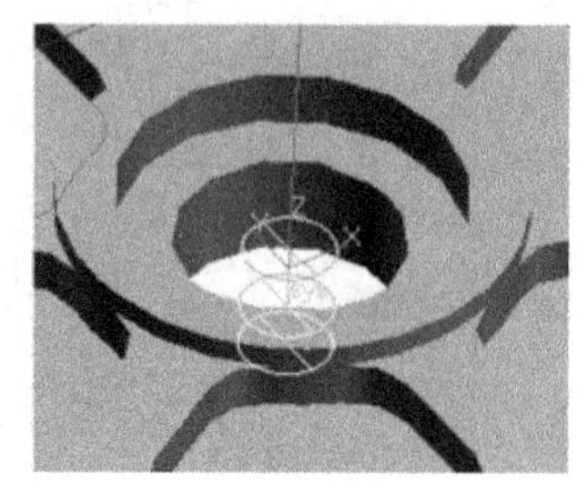

图 7-161

（11）单击“平面区域粗加工”图标，选取 D8 的平刀，单击“确定”按钮，选取内轮廓，逆时针方向朝里，单击右键确定，加工参数设置及生成粗加工轨迹如图 7-162 所示。

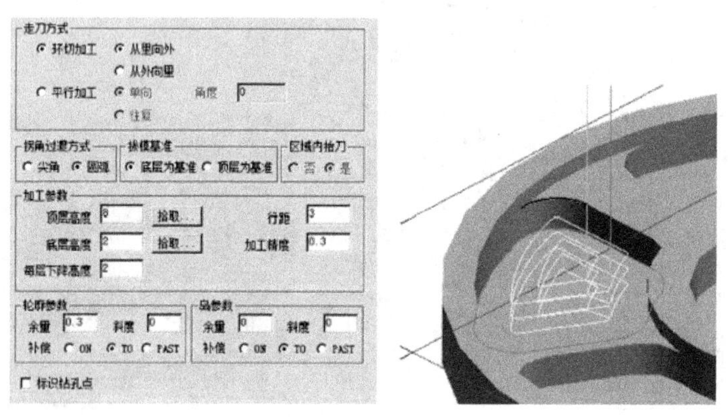

图 7-162

（12）单击“平面轮廓精加工”图标，“接近返回”中加入圆弧半径 $R2$，选择 D8 的平刀，其余参数默认，选择内凹槽边缘，逆时针朝里方向，单击右键确定，加工参数及生成轨迹如图 7-163 所示。

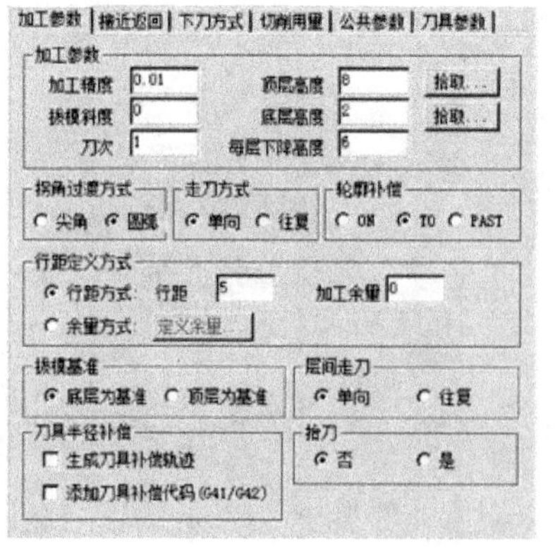

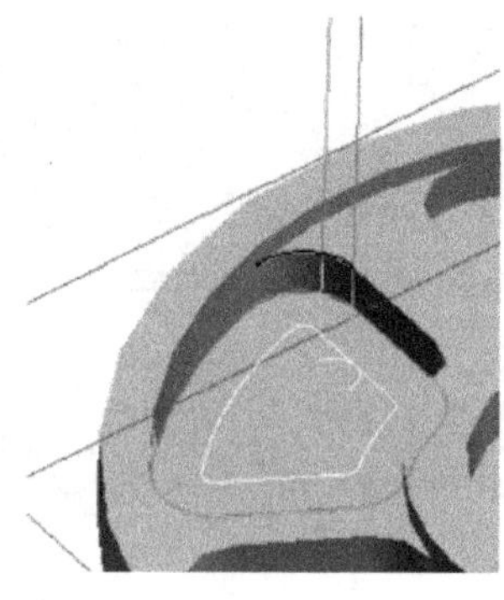

图 7-163

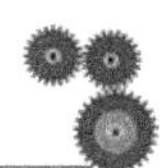

（13）将其余轨迹隐藏，仅保留平面区域粗加工以及平面轮廓粗加工轨迹，如图 7-164 所示。

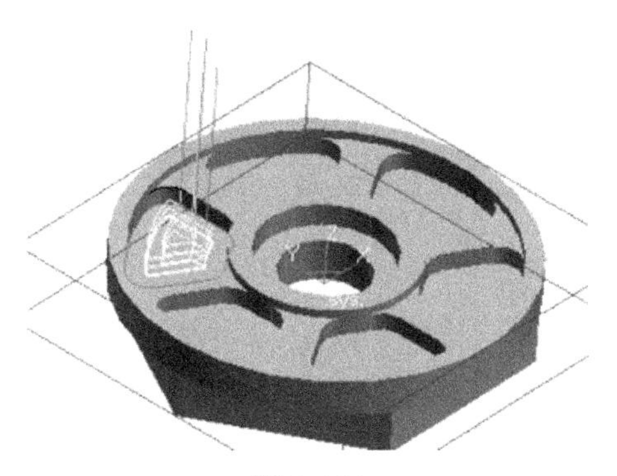

图 7-164

（14）单击“阵列”图标，选择“圆形”、”均布”，分数输入 6，框选显示的两个轨迹，单击右键确定，以原点为中心，生成轨迹阵列如图 7-165 所示。

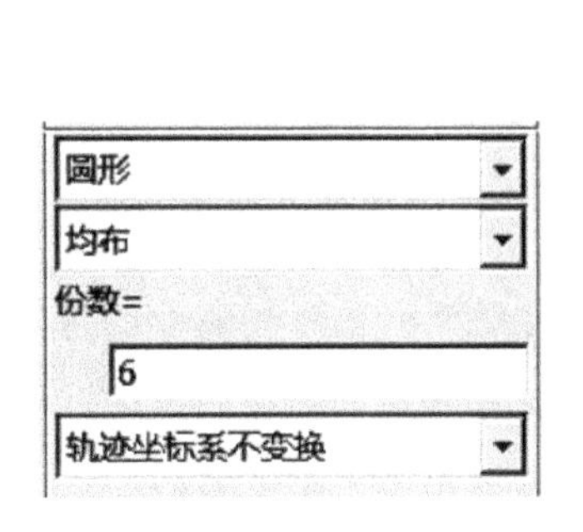

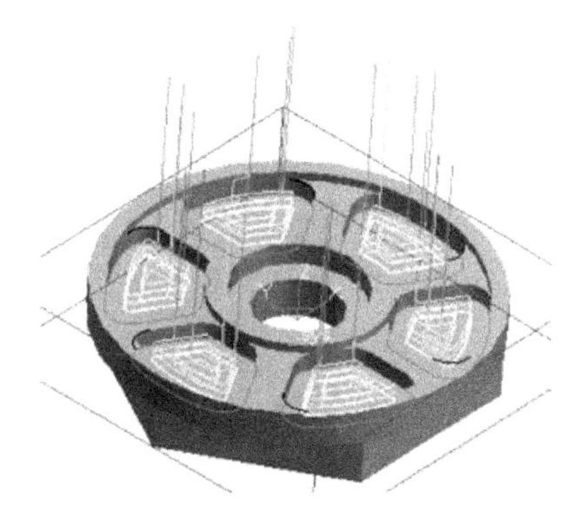

图 7-165

（15）选取全部轨迹，单击加工中实体仿真图标，单击“播放”按钮，最终实体模拟切削效果如图 7-166 所示。

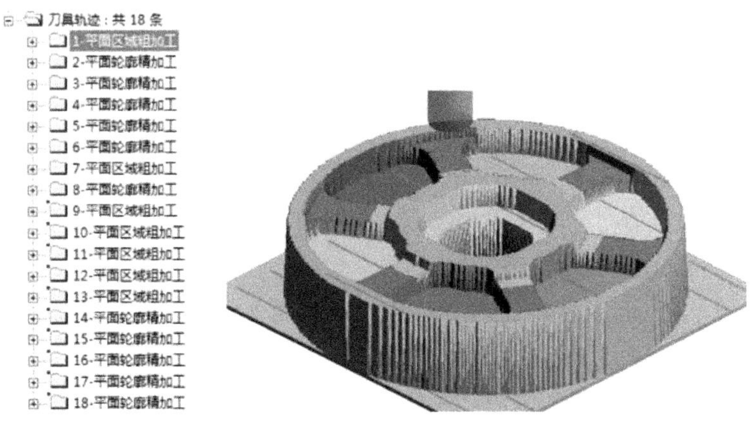

图 7-166

（16）关闭仿真界面，选择“加工”→“后置处理”→“生成 G 代码”命令，输入文件名，单击“保存”图标，拾取加工轨迹，单击右键确认，稍等片刻生成程序，如图 7-167 所示。

图 7-167

（17）选择“加工”→“工艺清单”命令，输入文件名，选取全部刀具轨迹，单击右键确认，单击“生成清单”按钮即可生成工艺清单，如图 7-168 所示。

项目	关键字	结果	备注
加工策略顺序号	CAXAMEFUNCNO	1	
加工策略名称	CAXAMEFUNCNAME	平面区域粗加工	
标签文本	CAXAMEFUNCBOOKMARK		
加工策略说明	CAXAMEFUNCCOMMENT		
加工策略参数	CAXAMEFUNCPARA	走刀方式:环切/n,从外到里 拐角过渡方式:圆弧 拔模基准:底层为基准 顶层高度:8. 底层高度:6. 每层下降高度:2. 行距:6. 轮廓余量:0. 轮廓斜度:0. 轮廓补偿: TO 岛余量:0. 岛斜度:0. 岛补偿: TO 标识钻孔点:否 轮廓清根:是,清根余量:0.2 岛清根:是,清根余量:0.2	HTML代码

图 7-168

想一想

（1）双面零件加工装夹应该考虑哪些因素？

（2）当零件需要切除余量较多时，夹具方面该如何考虑？

（3）加工不同金属材料时，加工参数该如何设置？

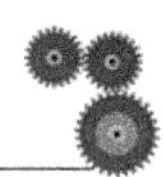

（4）当使用不同刀具材料时，加工参数该如何设置？

练一练

（1）完成如图 7-169 所示零件的造型及加工，并生成加工程序及工艺清单。

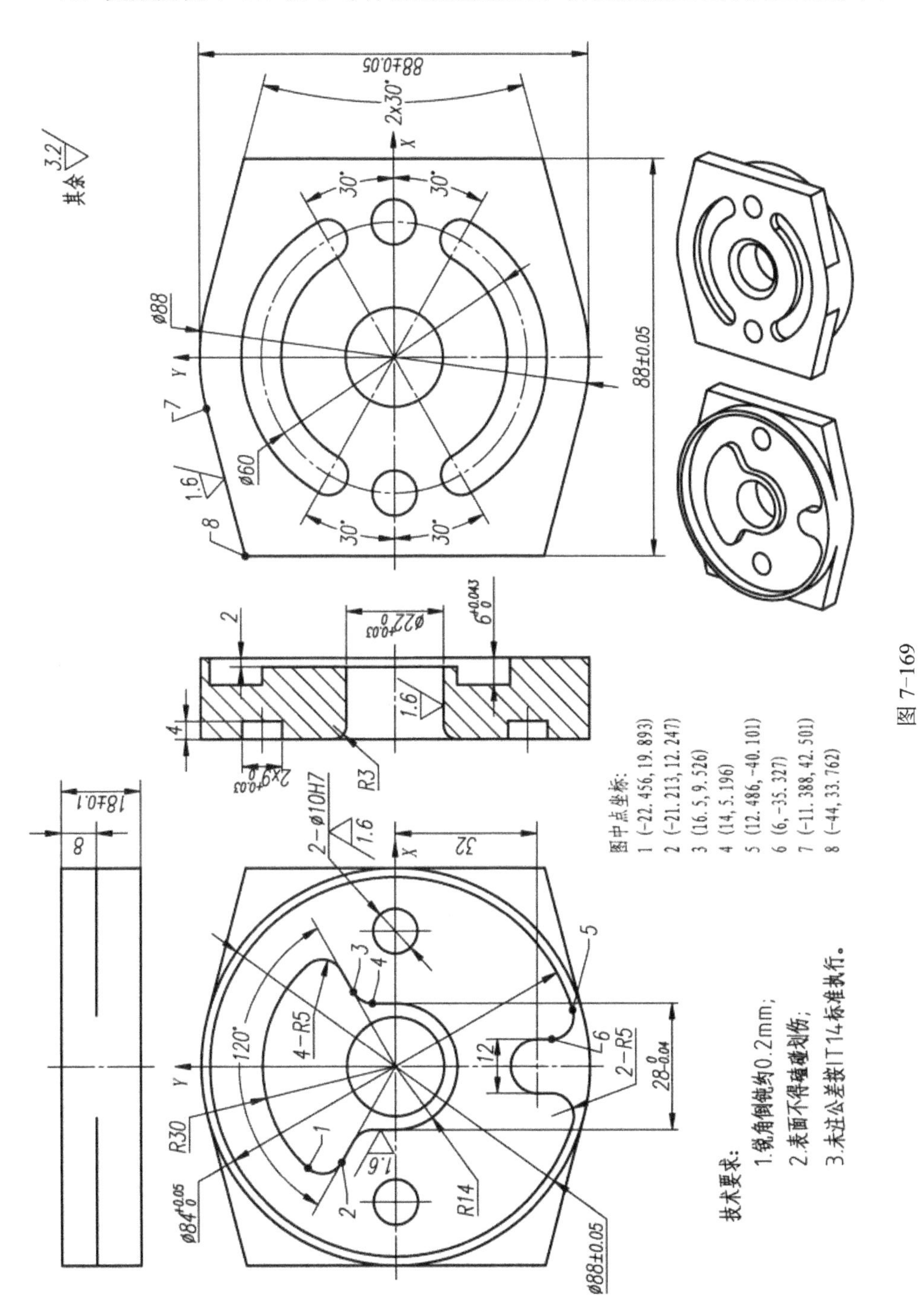

图 7-169

（2）完成如图 7-170 所示零件的造型及加工，并生成加工程序及工艺清单。

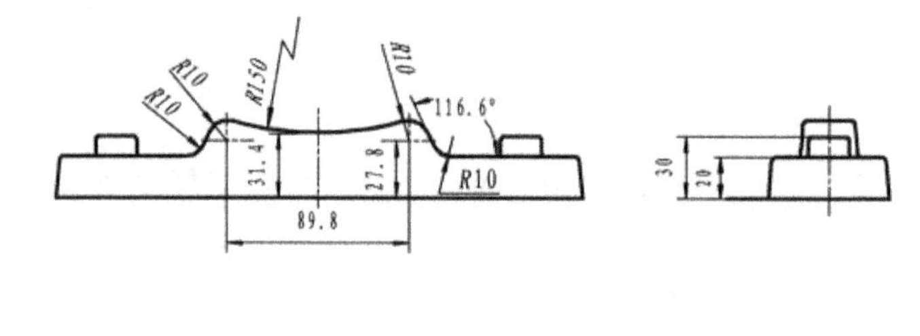

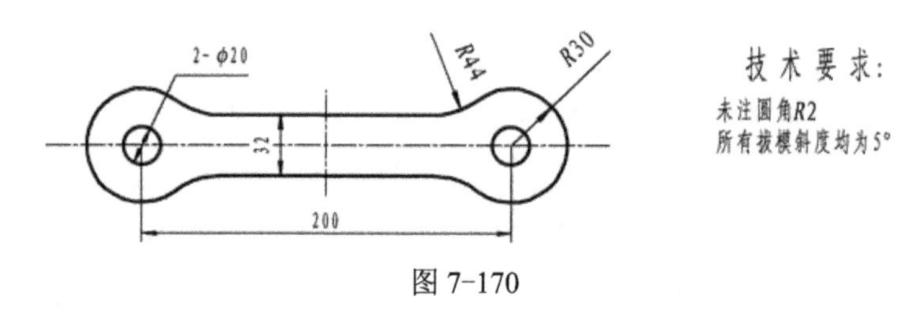

图 7-170

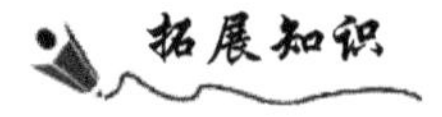

刀具的发展史

刀具的发展在人类进步的历史上占有重要的地位。中国早在公元前 28—公元前 20 世纪，就已出现黄铜锥和紫铜的锥、钻、刀等铜质刀具。战国后期(公元前三世纪)，由于掌握了渗碳技术，制成了铜质刀具。当时的钻头和锯，与现代的扁钻和锯已有些相似之处。

然而，刀具的快速发展是在 18 世纪后期，伴随蒸汽机等机器的发展而来的。1783 年，法国人勒内首先制出铣刀。1792 年，英国的莫兹利制出丝锥和板牙。有关麻花钻的发明最早的文献记载是在 1822 年，但直到 1864 年才作为商品生产。

那时的刀具是用整体高碳工具钢制造的，许用的切削速度约为 5m/min。1868 年，英国的穆舍特制成含钨的合金工具钢。1898 年，美国的泰勒和怀特发明高速工具钢。1923 年，德国的施勒特尔发明硬质合金。在采用合金工具钢时，刀具的切削速度提高到约 8m/min，采用高速钢时，又提高两倍以上；到采用硬质合金时，又比用高速钢提高两倍以上，切削加工出的工件表面质量和尺寸精度也大大提高。

由于高速钢和硬质合金的价格比较昂贵，刀具出现焊接和机械夹固式结构。1949～1950 年间，美国开始在车刀上采用可转位刀片，不久即应用在铣刀和其他刀具上。1938 年，德国德古萨公司取得关于陶瓷刀具的专利。1972 年，美国通用电气公司生产了聚晶人造金刚石和聚晶立方氮化硼刀片。这些非金属刀具材料可使刀具以更高的速度切削。

1969 年，瑞典山特维克钢厂取得用化学气相沉积法，生产碳化钛涂层硬质合金刀片的专利。1972 年，美国的邦沙和拉古兰发展了物理气相沉积法，在硬质合金或高速钢刀具表面涂覆碳化钛或氮化钛硬质层。表面涂层方法把基体材料的高强度和韧性，与表层的高硬度和耐磨性结合起来，从而使这种复合材料具有更好的切削性能。

制造刀具的材料必须具有很高的高温硬度和耐磨性，必要的抗弯强度、冲击韧性和

化学惰性，良好的工艺性（切削加工、锻造和热处理等），并不易变形。

通常当材料硬度高时，耐磨性也高；抗弯强度高时，冲击韧性也高。但材料硬度越高，其抗弯强度和冲击韧性就越低。高速钢因具有很高的抗弯强度和冲击韧性，以及良好的可加工性，现代仍是应用最广的刀具材料，其次是硬质合金。

聚晶立方氮化硼适用于切削高硬度淬硬钢和硬铸铁等；聚晶金刚石适用于切削不含铁的金属，以及合金、塑料和玻璃钢等；碳素工具钢和合金工具钢现在只用做锉刀、板牙和丝锥等工具。

硬质合金可转位刀片现在都已用化学气相沉积涂覆碳化钛、氮化钛、氧化铝硬层或复合硬层。正在发展的物理气相沉积法不仅可用于硬质合金刀具，也可用于高速钢刀具，如钻头、滚刀、丝锥和铣刀等。硬质涂层作为阻碍化学扩散和热传导的障壁，使刀具在切削时的磨损速度减慢，涂层刀片的寿命与不涂层的相比大约提高1～3倍以上。

由于在高温、高压、高速下，和在腐蚀性流体介质中工作的零件，其应用的难加工材料越来越多，切削加工的自动化水平和对加工精度的要求越来越高。为了适应这种情况，刀具的发展方向将是发展和应用新的刀具材料；进一步发展刀具的气相沉积涂层技术，在高韧性高强度的基体上沉积更高硬度的涂层，更好地解决刀具材料硬度与强度间的矛盾；进一步发展可转位刀具的结构；提高刀具的制造精度，减小产品质量的差别，并使刀具的使用实现最佳化。

刀具材料大致分如下几类：高速钢、硬质合金、金属陶瓷、陶瓷、聚晶立方氮化硼以及聚晶金刚石。

在当代，高效率、高精度、高可靠性、高寿命仍然是刀具开发追求的主题。航空航天行业为代表的机械加工中难加工材料的广泛应用，针对难加工材料的新技术也成为新的热点；随着常规材料加工的刀具技术日趋成熟，刀具研发特点更加注重经济性。

一些最前沿的刀具产品介绍如下：

瑞典Sandvik Coromant（山特维克可乐满）公司针对复合材料的加工特点，开发出适合高树脂或高纤维等复合材料加工的CoroMilloR钻头系列（见图7-171），能满足严格的孔公差及表面粗糙度的要求。

SECO（山高）公司推出JabroTMJC800复合材料铣刀系列（见图7-172），在刀具结构上最大限度地消除了纤维断裂和脱层，改善了边缘的表面粗糙度。同时其涂覆的DURA 金刚石涂层，具有极低的表面粗糙度和极高的基体黏着性，有出色的抗热耐磨性能，是复合材料加工的理想刀具。

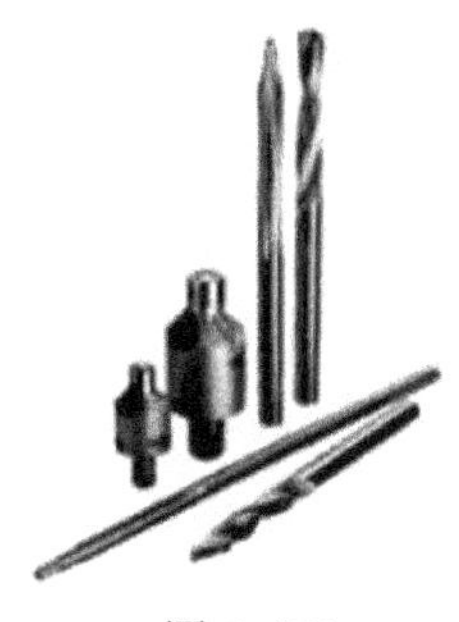

图7-171

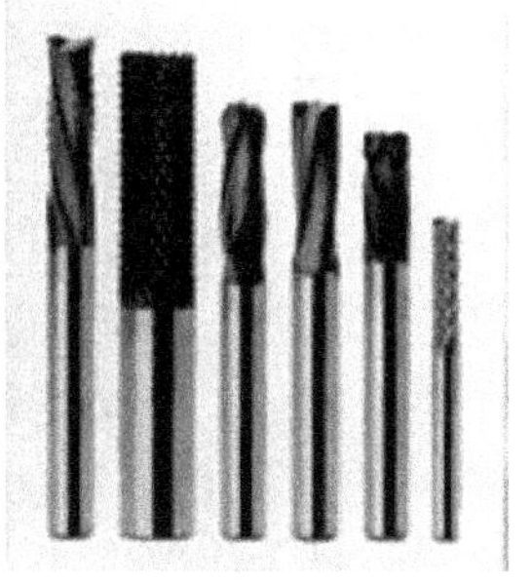

图7-172

在高温合金、钛合金的加工方面，SECO 公司率先研制出了适合加工高温合金的超硬刀具——牌号为 JHP780 的整体硬质合金立铣刀（见图 7-173）；瑞典 Sandvik Coromant（山特维克可乐满）公司研制出的 CoromilloR690 钛铣削用新型螺旋铣刀（见图 7-174）；日本 MITSUBISHI（三菱）公司研制出的钛合金铣削新品 VFX 系列螺旋铣刀（见图 7-175），粗加工钛合金的最大排屑速度可达 400cm^3 /min。

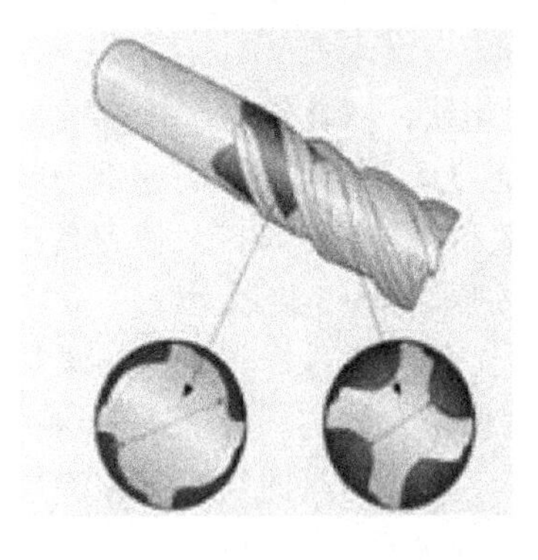
图 7-173

图 7-174

图 7-175

株洲钻石切削刀具股份有限公司推出了拥有 16 刃的钻石 FMA07“飓风”系列面铣刀（见图 7-176）可用于粗、精加工的切削，经济性极佳；WALTER 公司的模块式整体硬质合金刀具系统 ConeFitTM（见图 7-177），更是集合了整体硬质合金粗加工、精加工、三维轮廓和型面加工等多种功能；车刀方面，MITSUBISHI 的 GY 系列新型槽加工车削刀具，采用横向、前面、上面三个方向的 TRI-LOCK 锁紧机构（见图 7-178），可以实现各种加工方式，实现了刀具的最大集约。

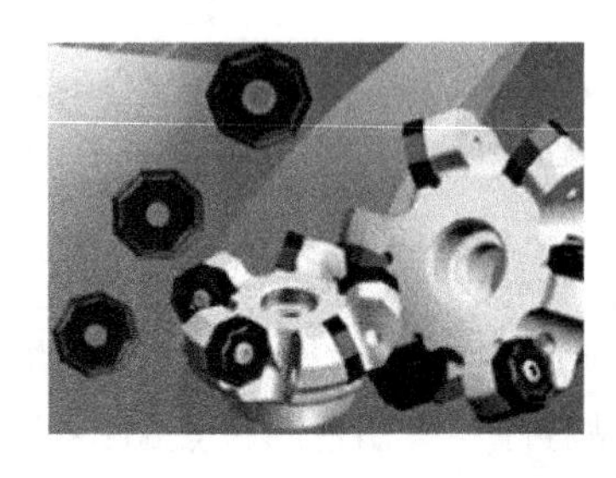
图 7-176

图 7-177

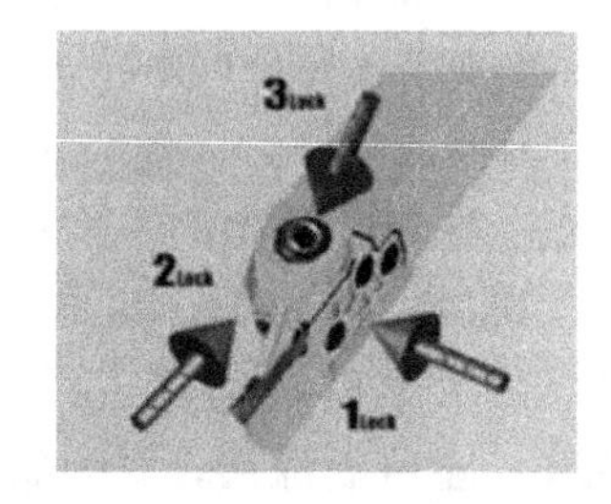
图 7-178

美国 Kennametal 公司推出了最新的接口装置 KM4X（见图 7-179）。该结构能够提供最大的刚性，这种高过盈量+高夹紧力的联结方式保证了从低到高的主轴转速下系统的稳定性；德国 Schunk（雄克）公司研制出的一款新一代 TENDO E compact 多功能液压刀柄（见图 7-180），可以满足传统 ER 弹簧夹头刀柄、热缩刀柄所无法达到的大切削量加工，也可用于铰、钻、倒角、攻丝等多种工艺加工。

ISCAR 公司的 HELIDO 双面螺旋刃系列铣刀（见图 7-181），楔形定位槽设计使得刀片固定更为可靠，最大切深可达 10mm，效率提高 200%以上；在一款飞机框架零件的加

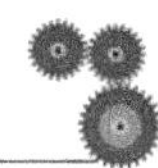

工中，ISCAR 提出的“交钥匙工程”方案（见图 7-182），展示了其在航空零件加工、非标刀具设计与制造方面的不俗实力。

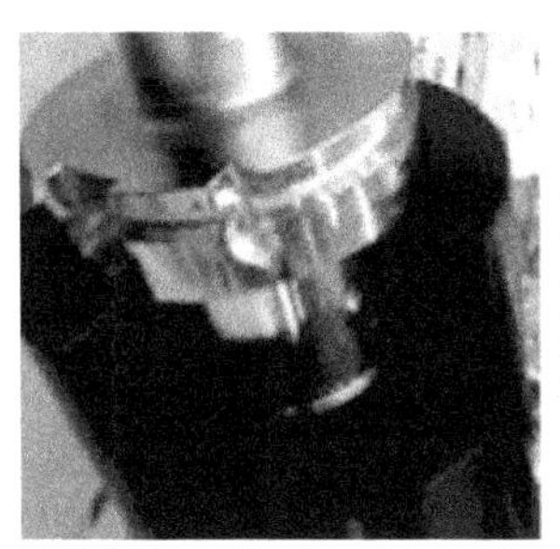

图 7-179

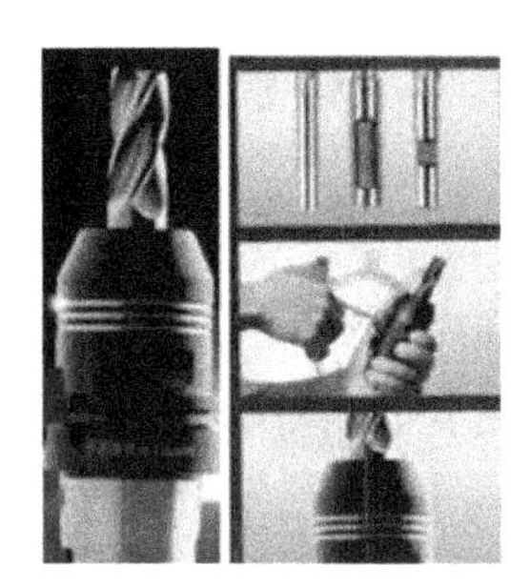

图 7-180

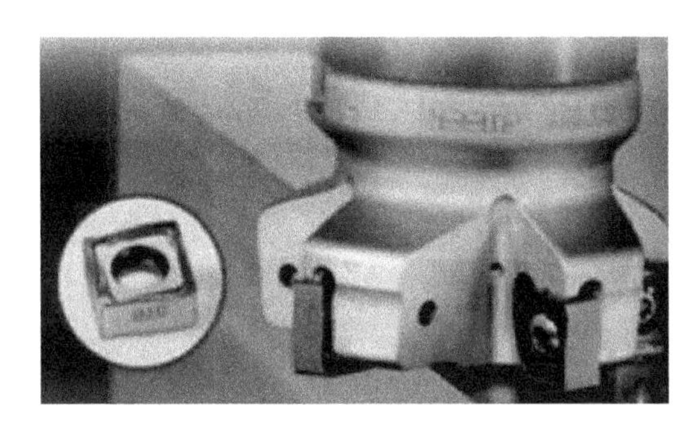

图 7-181

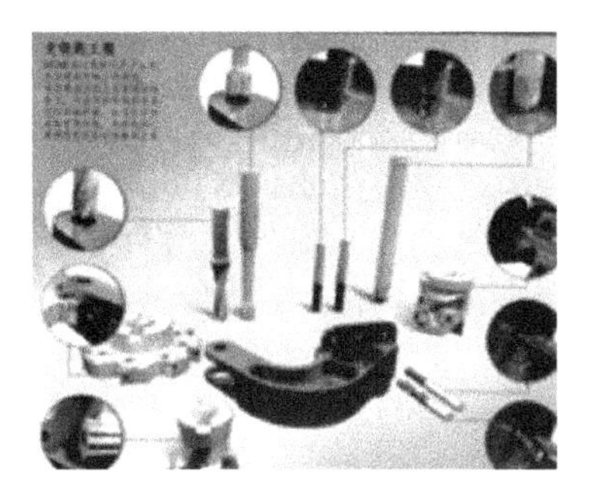

图 7-182

项目八　典型的数控加工产品实例

学习目标

（1）具备典型产品草图的绘制、曲面的构建及实体的建模的能力。

（2）熟练地掌握典型零件的设计、分模、布尔运算及坐标系的变换。

（3）熟悉各类三轴粗精加工的方法，并且能够熟练地运用。

（4）掌握四轴（*A* 及 *B* 旋转轴）加工前的准备工作。

（5）熟练掌握“四轴平切面加工”和“四轴曲线加工”方法。

（6）具备三轴及四轴的轨迹仿真及加工后置处理设置的能力。

（7）熟练掌握线框仿真及实体切削仿真的方法。

（8）掌握生成程序及工艺清单的方法。

任务一　连杆的造型及加工

连杆的二维尺寸及立体图如图 8-1 所示。

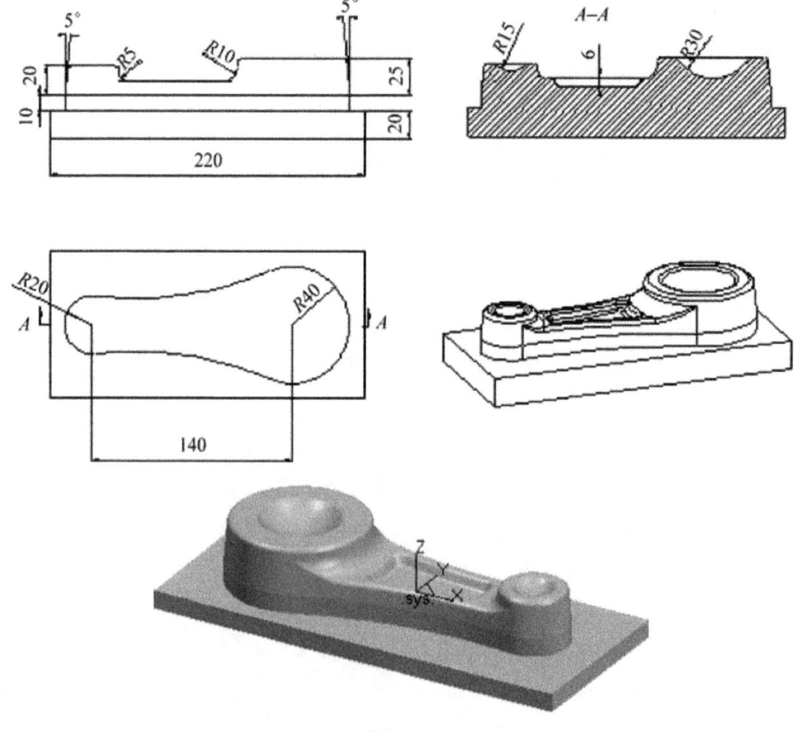

图 8-1

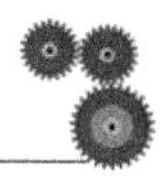

（1）实体造型分析：根据连杆的外形可分析出连杆主要包括底部的托板、基本拉伸体、两个凸台、凸台上的凹坑和基本拉伸体上表面的凹坑。底部的托板、基本拉伸体和两个凸台通过拉伸草图来得到；凸台上的凹坑使用旋转除料生成；基本拉伸体上表面的凹坑先使用等距实体边界线得到草图轮廓，然后使用带有拔模斜度的拉伸除料来生成。

（2）加工思路分析：连杆的整体形状较为陡峭，整体加工选择“等高粗加工”，精加工采用“等高精加工”及“补加工”，最后对底部平面区域进行平面区域精加工。

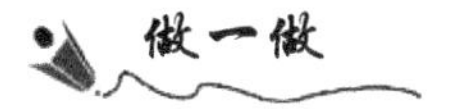

1. 连杆的造型

（1）右击 *XY* 平面创建草图，单击“整圆”图标，选择“圆心_半径”方式，按回车键，在弹出的对话框中先后输入圆心（70，0），半径 20 并确认，然后单击右键结束该圆的绘制；同样方法输入圆心（-70，0）、半径 40 绘制另一圆，并连续单击右键两次退出圆的绘制，结果如图 8-2 所示。

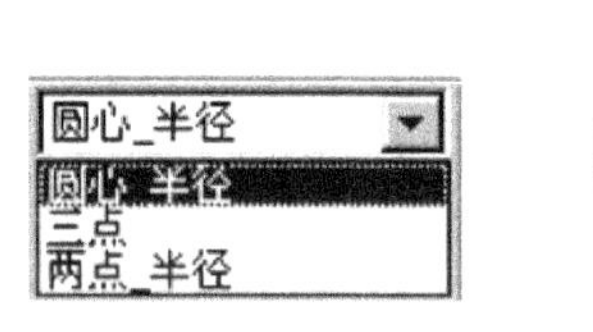

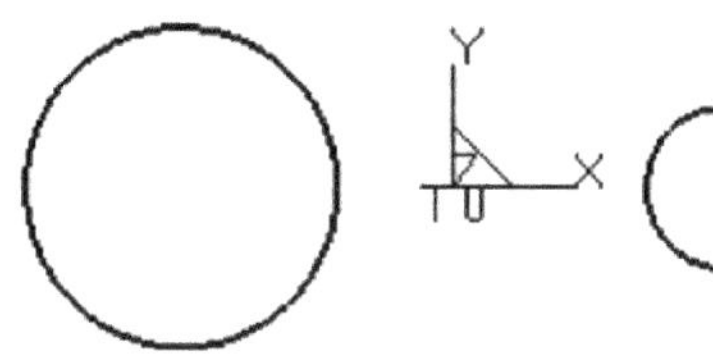

图 8-2

（2）单击曲线生成工具栏上的“圆弧”图标，以“两点_半径”方式作圆弧，然后按空格键，在弹出的点工具菜单中选择“切点”，拾取两圆上方的任意位置，按 Enter 键，输入半径 250 并确认完成第一条相切线；接着拾取两圆下方的任意位置，同样输入半径 250，结果如图 8-3 所示。

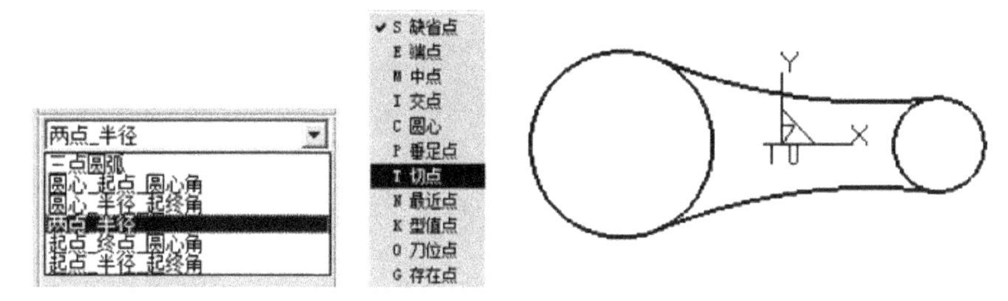

图 8-3

（3）单击线面编辑工具栏上的“曲线裁剪”图标，默认参数设置，拾取需要裁剪的圆弧上的线段，结果如图 8-4 所示。

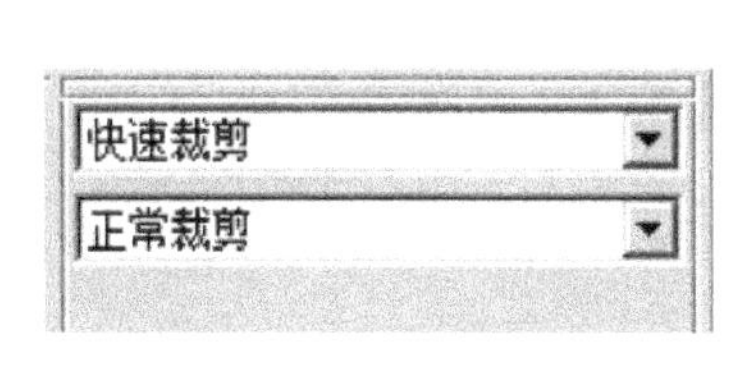

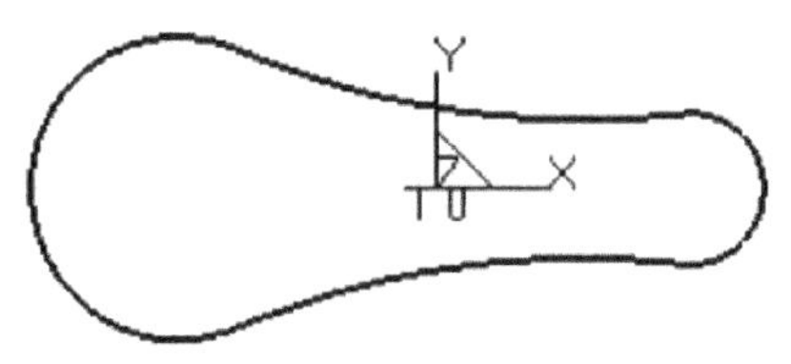

图 8-4

（4）单击“绘制草图”图标，退出草图绘制状态；按 F8 键轴测图观察，结果如图 8-5 所示。

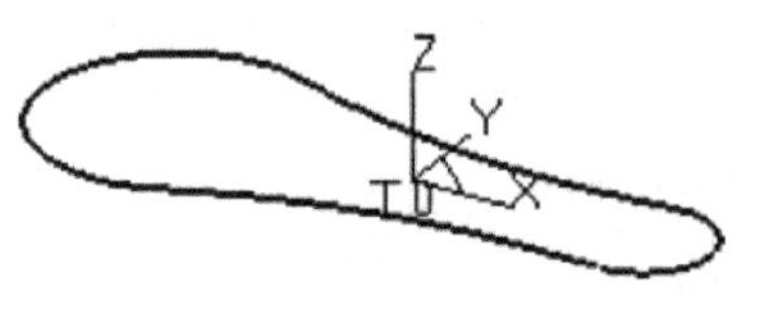

图 8-5

（5）单击特征工具栏上的“拉伸增料”图标，在对话框中输入深度 10，选中“增加拔模斜度”复选框，输入拔模角度 5°，单击“确定”按钮；单击设置菜单中“材质设置”，选中“黄铜”后确定，如图 8-6 所示。

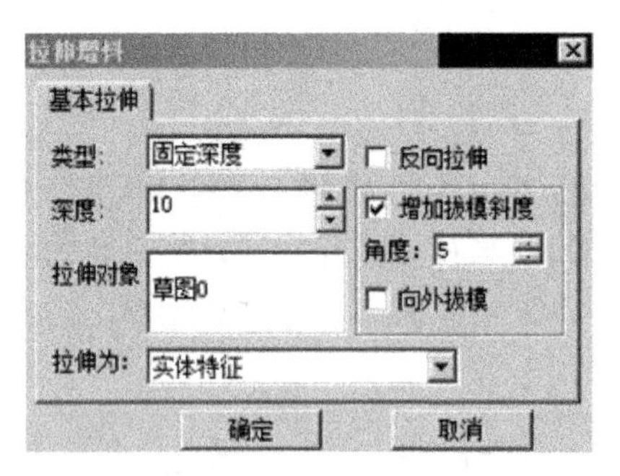

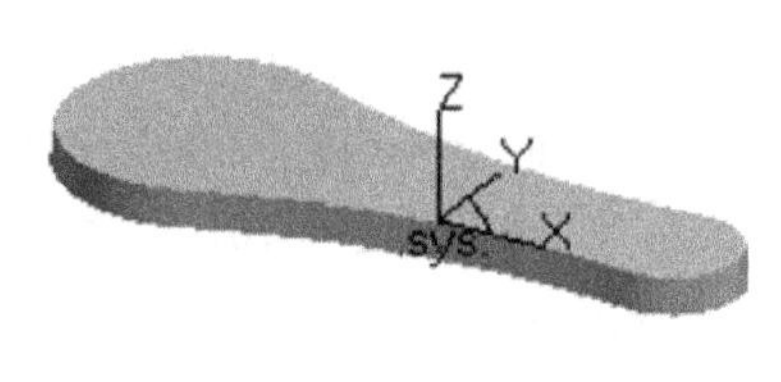

图 8-6

（6）单击基本拉伸体的上表面，选择该上表面为绘图基准面，然后右击创建草图，进入草图绘制状态；单击“整圆”图标，按空格键选择“圆心”命令，单击上表面小圆的边，拾取到小圆的圆心，再次按空格键选择“端点”命令，单击上表面小圆的边，拾取到小圆的端点，单击右键完成草图的绘制，如图 8-7 所示。

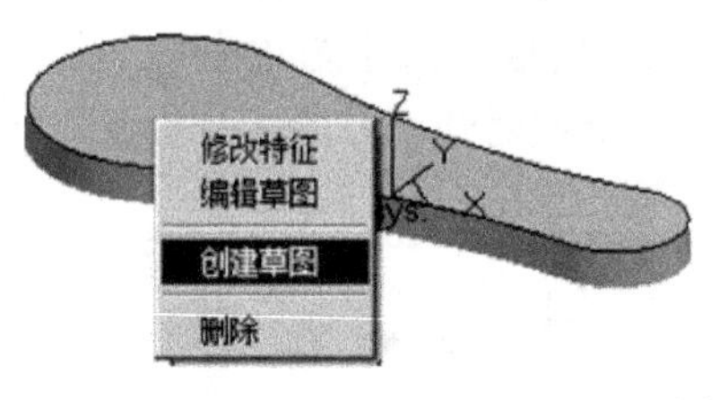

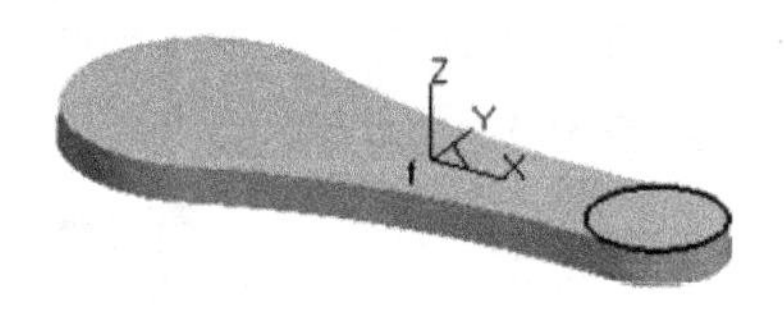

图 8-7

（7）单击“绘制草图”图标，退出草图状态；然后单击特征栏“拉伸增料”图标， 在对话框中输入深度 10，选中“增加拔模斜度”复选框，输入拔模角度 5°，单击“确定”图标，结果如图 8-8 所示。

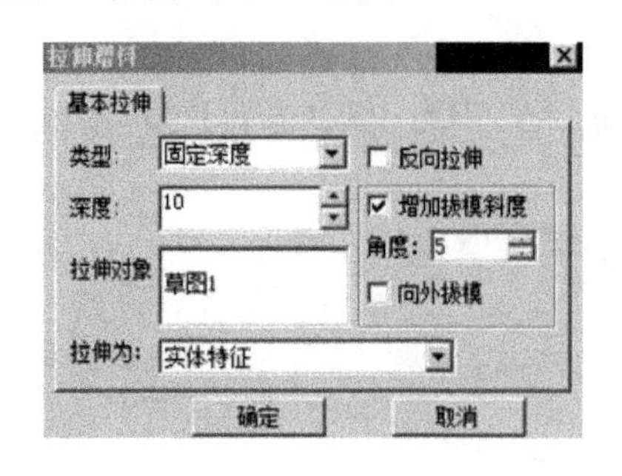

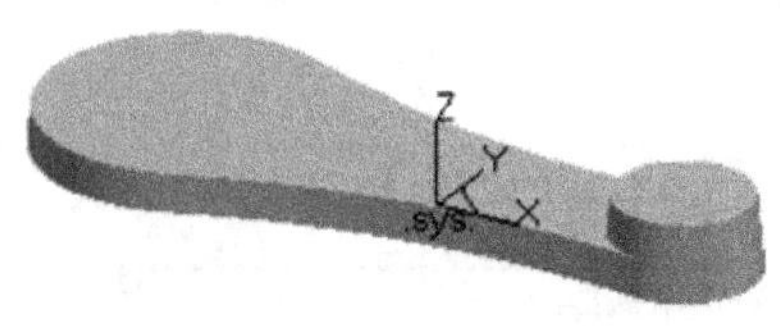

图 8-8

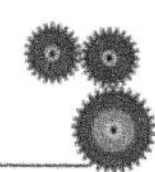

（8）以上表面为基准面创建草图，拾取上表面大圆的圆心和端点，完成大凸台草图的绘制；与拉伸小凸台相同步骤，输入深度 15，拔模角度 5°，生成大凸台，结果如图 8-9 所示。

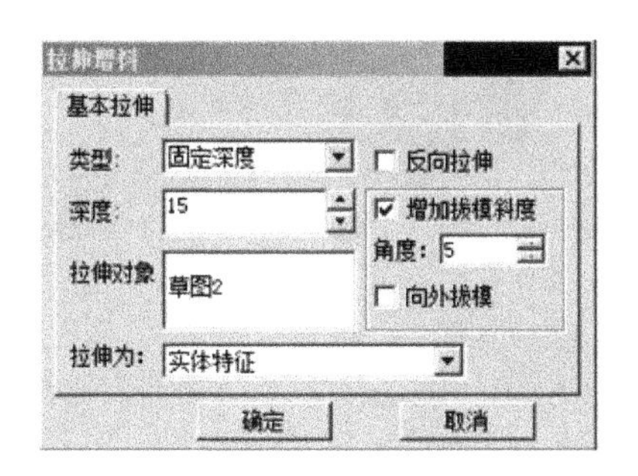

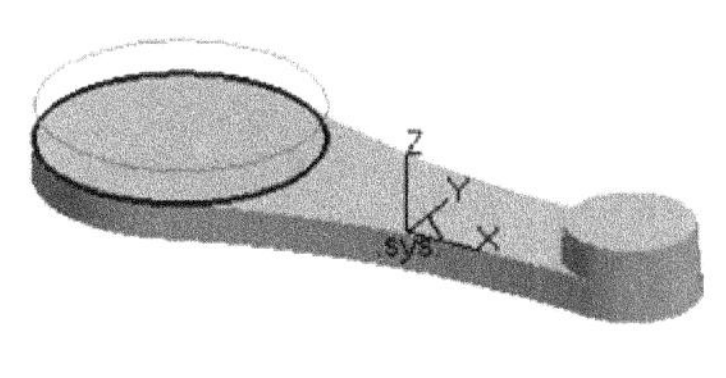

图 8-9

（9）单击零件特征树的平面 *XOZ*，选择平面 *XOZ* 为绘图基准面，然后单击“绘制草图”图标，进入草图绘制状态；单击“直线”图标，按空格键选择“端点”命令，拾取小凸台上表面圆的端点为直线的第 1 点，按空格键选择“中点”命令，拾取小凸台上表面圆的中点为直线的第 2 点，如图 8-10 所示。

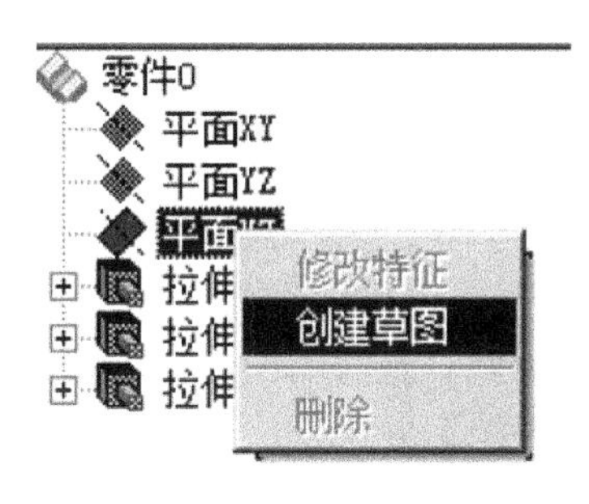

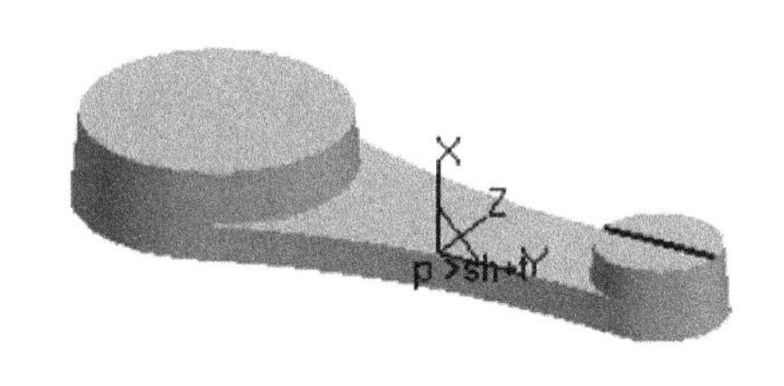

图 8-10

（10）单击曲线生成工具栏的“等距”图标，输入距离 10，拾取直线 1，选择等距方向为向上，将其向上等距 10，得到直线 2，如图 8-11 所示。

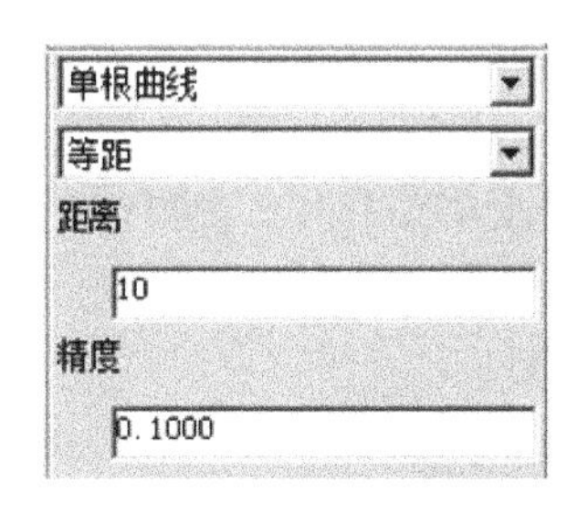

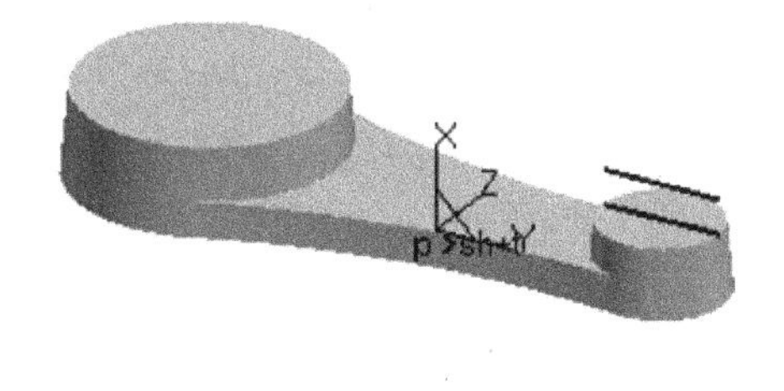

图 8-11

（11）单击“整圆”图标，选择“圆心_半径”方式，按空格键选择“中点”命令，单击直线 2，拾取其中点为圆心，按 Enter 键输入半径 15，单击右键结束圆的绘制，如图 8-12 所示。

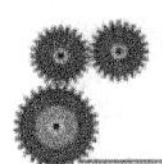
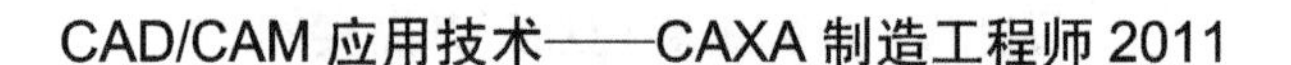

（12）拾取直线 1，单击右键在弹出的快捷菜单中选择“删除”命令，将直线 1 删除；单击“曲线裁剪”图标，裁剪掉直线 2 的两端和圆的上半部分，如图 8-13 所示。

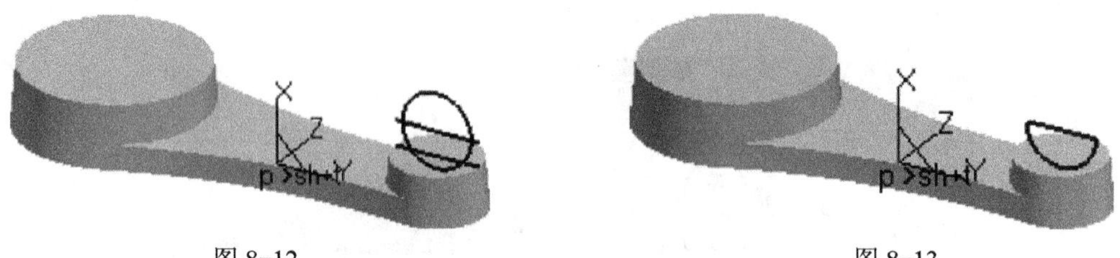

图 8-12　　　　图 8-13

（13）单击“绘制草图”图标，退出草图状态；单击“直线”图标，按空格键选择“端点”命令，拾取半圆直径的两端，绘制与半圆直径完全重合的空间直线，如图 8-14 所示。

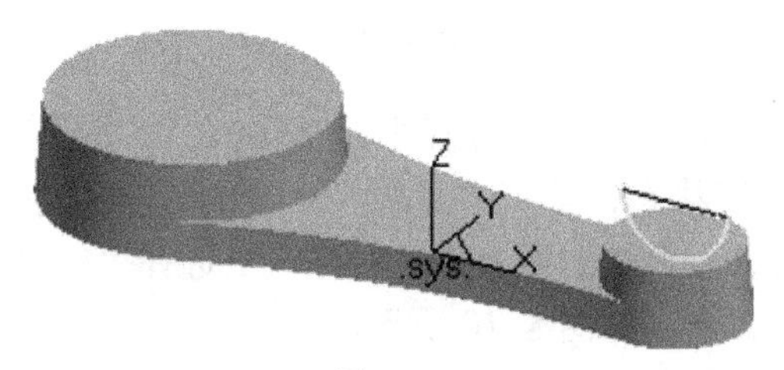

图 8-14

（14）单击特征工具栏的“旋转除料”图标，拾取半圆草图和作为旋转轴的空间直线，并单击“确定”按钮，然后删除空间直线，结果如图 8-15 所示。

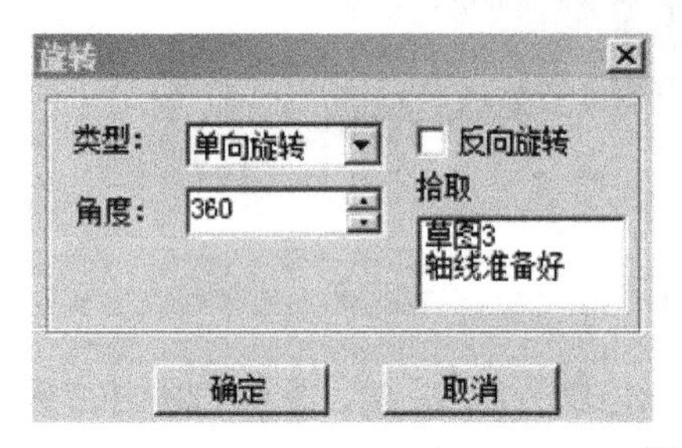

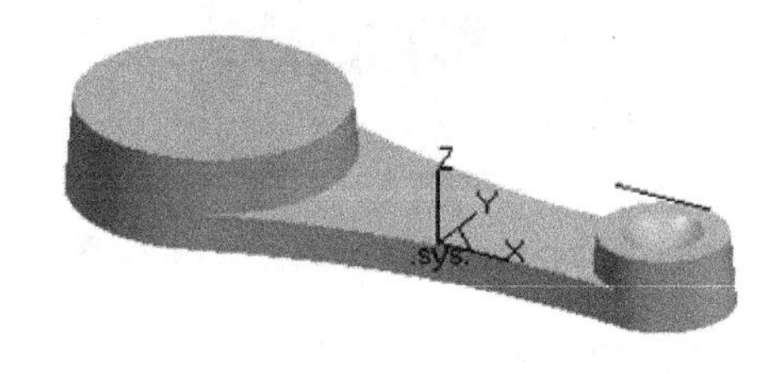

图 8-15

（15）同样绘制大凸台上旋转除料的半圆和空间直线。具体参数：直线等距的距离为 20，圆的半径为 30。退出草图后在空间生成一直线，如图 8-16 所示。

（16）单击“旋转除料”图标，拾取大凸台上半圆草图和作为旋转轴的空间直线并单击“确定”按钮，然后删除空间直线，如图 8-17 所示。

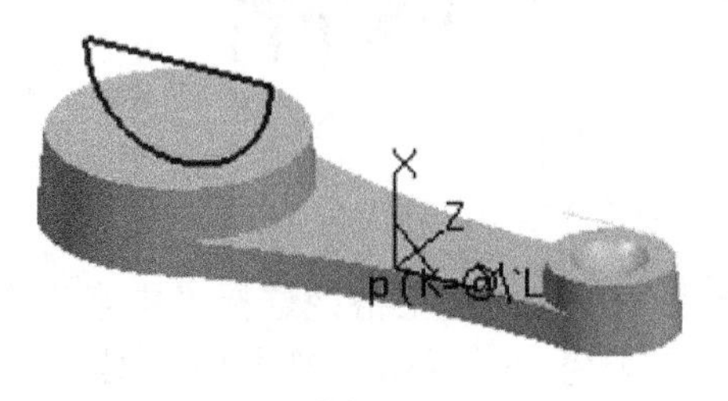

图 8-16

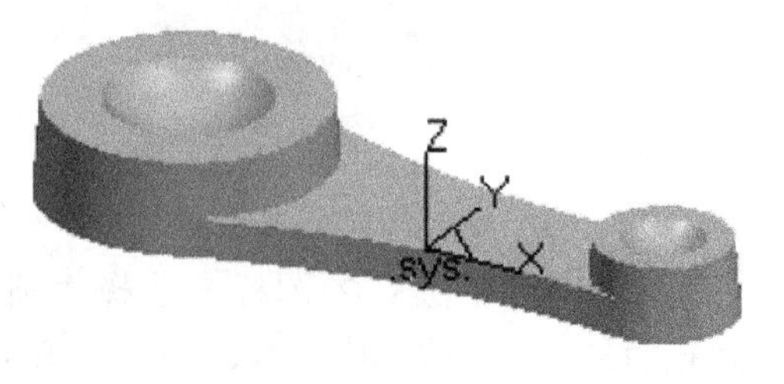

图 8-17

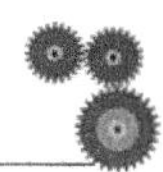

（17）单击基本拉伸体的上表面，选择拉伸体上表面为绘图基准面，然后单击“绘制草图”图标，进入草图状态；单击曲线生成工具栏的“相关线”图标，在下拉列表中选择“实体边界”，按鼠标中键适当的旋转，拾取所示的四条边界线，如图 8-18 所示。

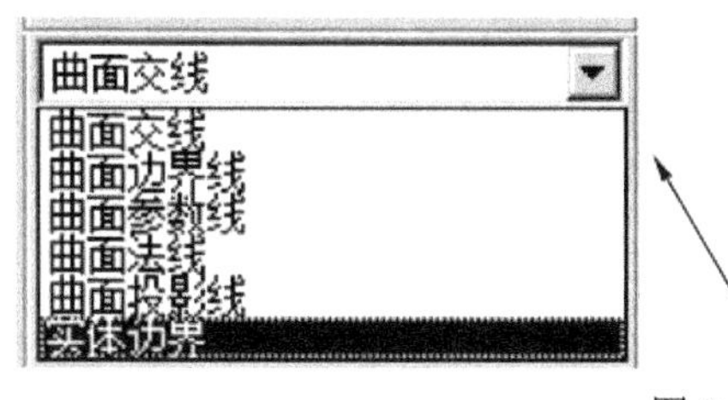

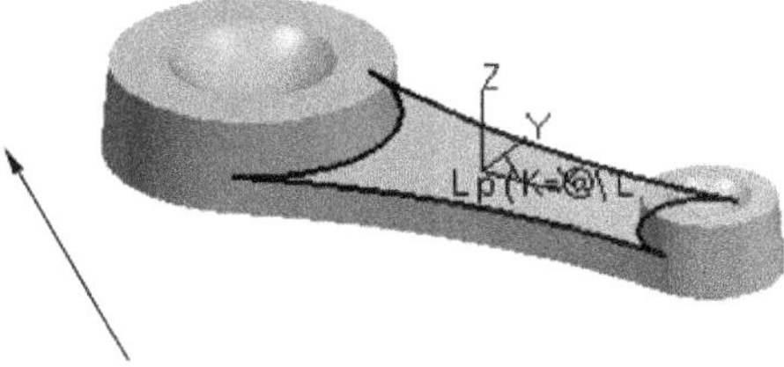

图 8-18

（18）单击“等距”图标，以等距距离 10 和 6 分别绘制刚生成的边界线的等距线，按 F5 键观察，如图 8-19 所示。

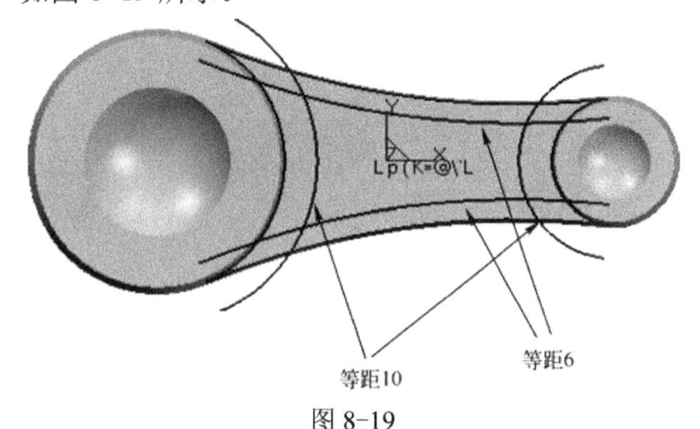

图 8-19

（19）单击线面编辑工具栏的“曲线过渡”图标，输入半径 6，对等距生成的曲线作过渡，如图 8-20 所示。

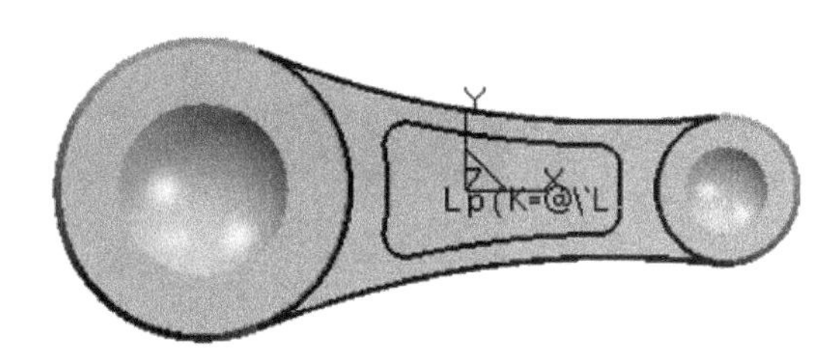

图 8-20

（20）按 F8 键空间观察，单击线面编辑工具栏的“删除”图标，拾取四条边界线，然后单击右键将各边界线删除，结果如图 8-21 所示。

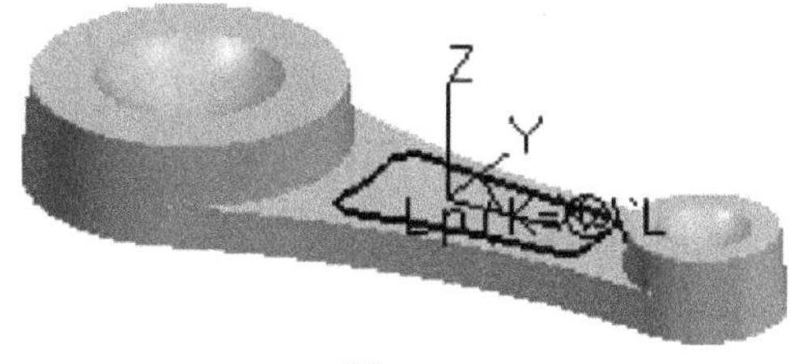

图 8-21

（21）单击“绘制草图”图标，退出草图状态；单击特征工具栏的“拉伸除料”图标，在对话框中设置深度为 6，角度为 30°，结果如图 8-22 所示。

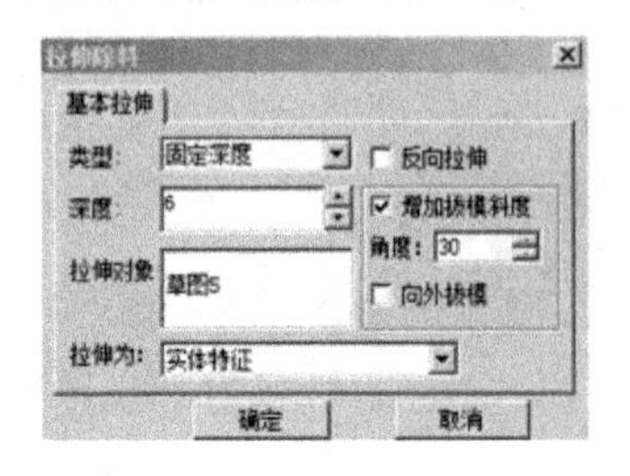

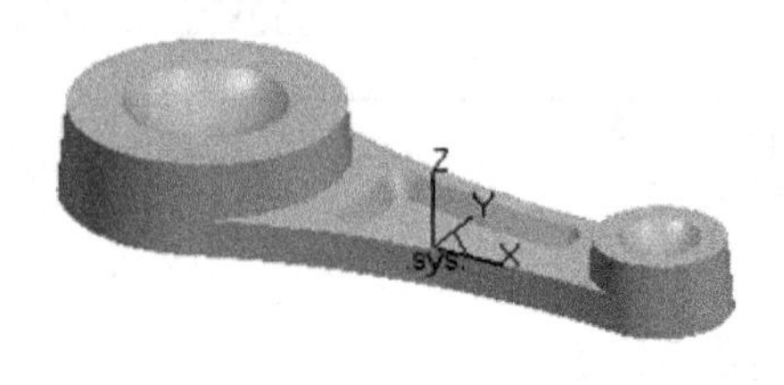

图 8-22

（22）单击特征工具栏的“过渡”图标，在对话框中输入半径为 10，拾取大凸台和基本拉伸体的交线，并单击“确定”按钮，结果如图 8-23 所示。

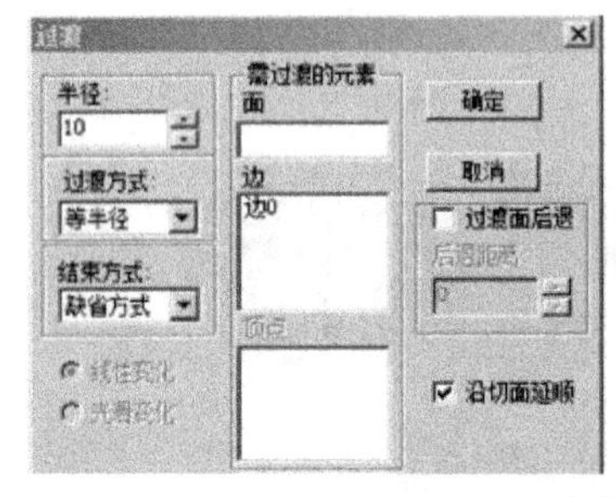

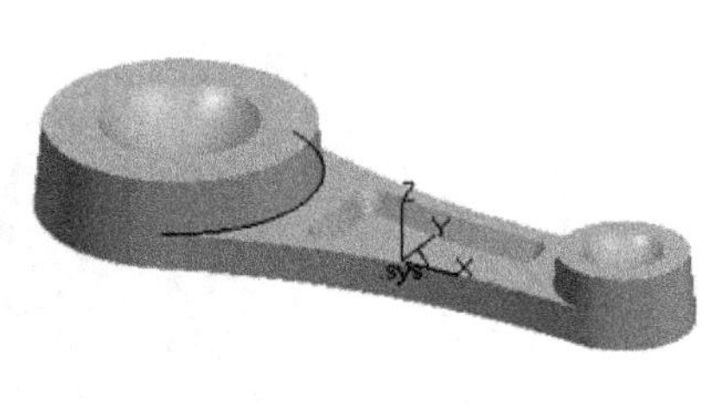

图 8-23

（23）单击“过渡”图标，在对话框中输入半径为 5，拾取小凸台和基本拉伸体的交线并单击“确定”按钮，如图 8-24 所示。

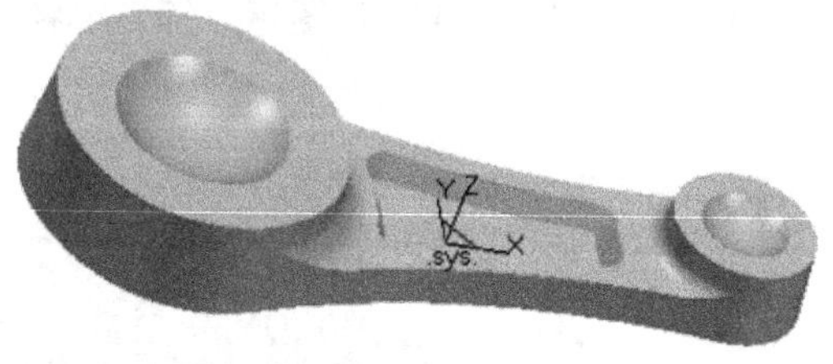

图 8-24

（24）单击“过渡”图标，在对话框中输入半径为 3，拾取上表面的所有棱边并单击“确定”按钮，结果如图 8-25 所示。

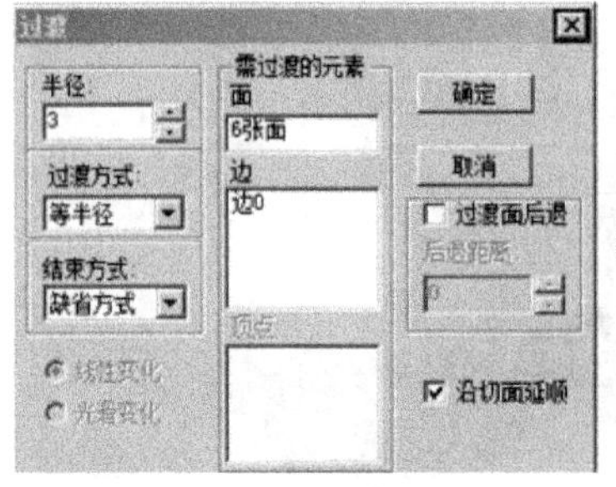

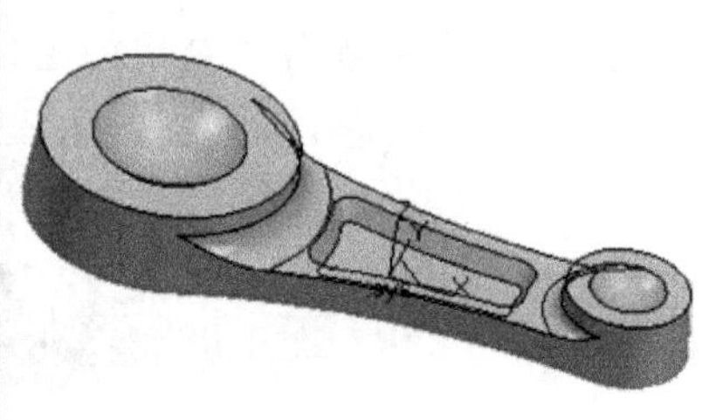

图 8-25

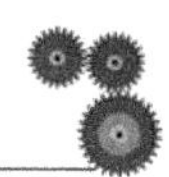

（25）单击基本拉伸体的下表面，选择该拉伸体下表面为绘图基准面，然后单击“绘制草图”图标，进入草图状态；单击曲线生成工具栏上的“曲线投影”图标，拾取拉伸体下表面的所有边将其投影得到草图，如图 8-26 所示。

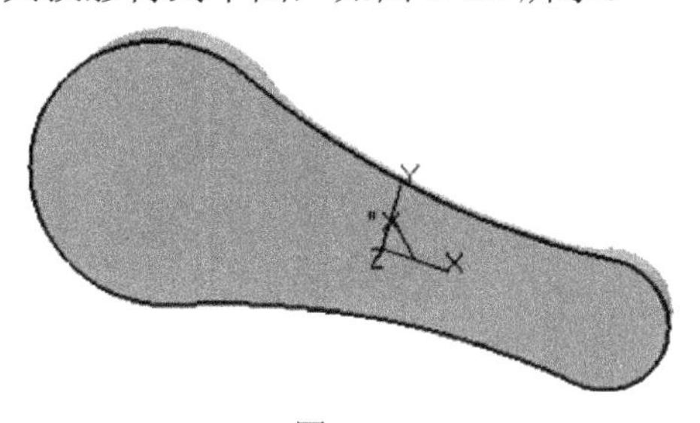

图 8-26

（26）单击“绘制草图”图标，退出草图状态；单击“拉伸增料”图标，在对话框中输入深度 10，取消“增加拔模斜度”复选框，并单击“确定”按钮，结果如图 8-27 所示。

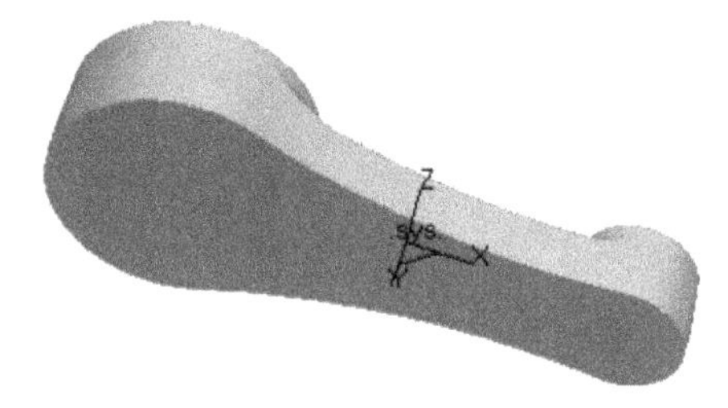

图 8-27

（27）单击基本拉伸体的下表面和绘制草图图标，进入以拉伸体下表面为基准面的草图状态；按 F5 键切换显示平面为 *XY* 面，然后“直线”图标，选择“正交”方式，绘制如图 8-28 所示图形。

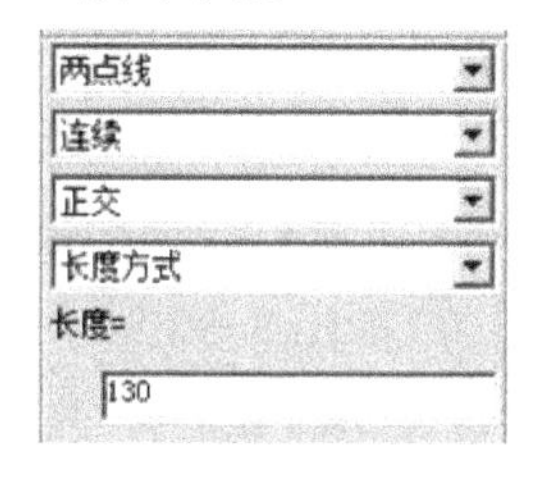

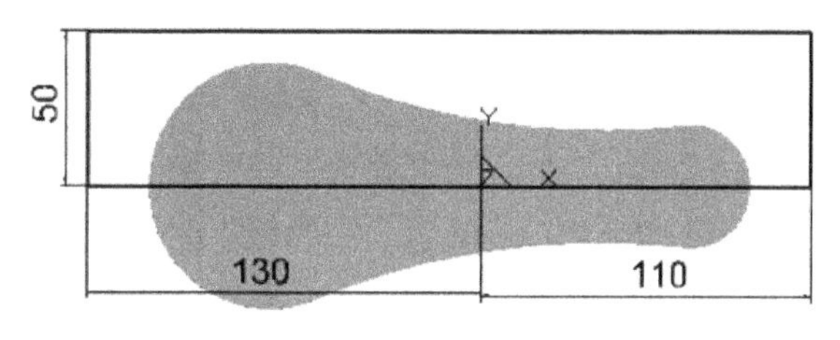

图 8-28

（28）单击“平面镜像”图标，选择两端点为轴线将三根线镜像；单击中间的两直线将其删除；单击“检查草图是否闭合”图标，显示不存在开口环，如图 8-29 所示。

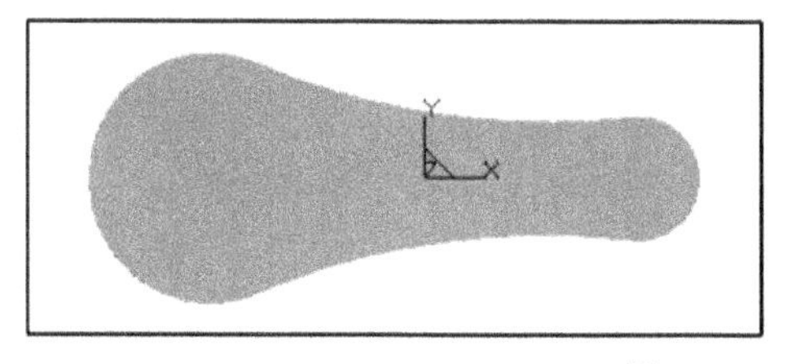

图 8-29

（29）单击“绘制草图”图标，退出草图状态；单击“拉伸增料”图标，在对话框中输入深度 10，单击“确定”按钮，按 F8 键，轴测图观察如图 8-30 所示。

图 8-30

2．连杆的加工

（1）在加工管理栏中双击“毛坯”，单击“参照模型”按钮，然后单击“参照模型”及“锁定”图标，最后单击“确定”按钮，如图 8-31 所示。

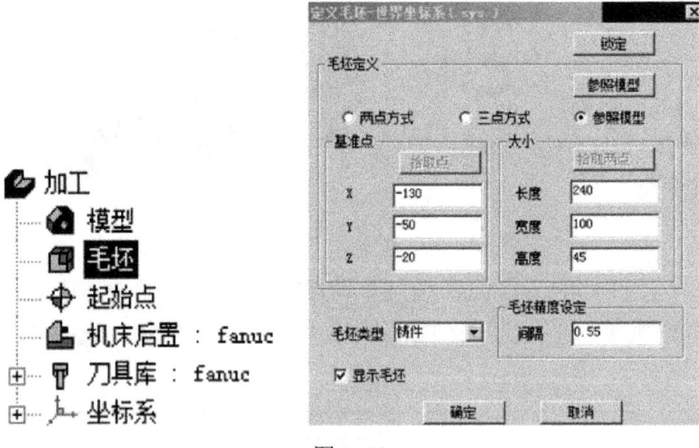

图 8-31

（2）其余参数默认，单击“相关线”图标，选择“实体边界”方式，单击在加工中所需的实体边界，单击右键确定，将实体的边界在空间析出，如图 8-32 所示。

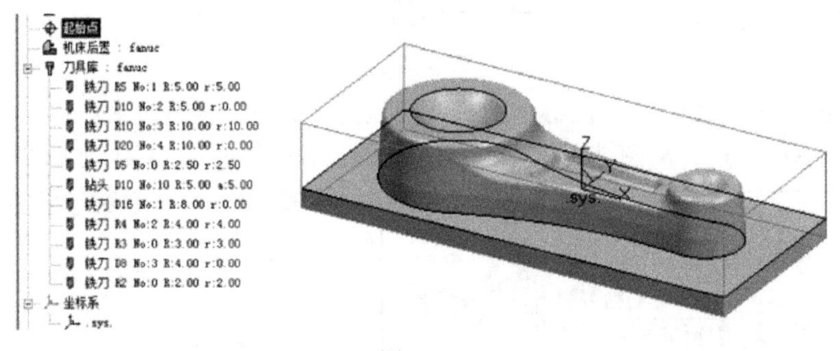

图 8-32

（3）单击“直线”图标，选择“两点线”、“连续”、“正交”、“长度方式”，输入长度 9，在析出的边线延伸一直线；单击点工具菜单中“查询坐标”命令，选择直线的端点，*X* 方向为−130，*Y* 方向为−59，如图 8-33 所示。

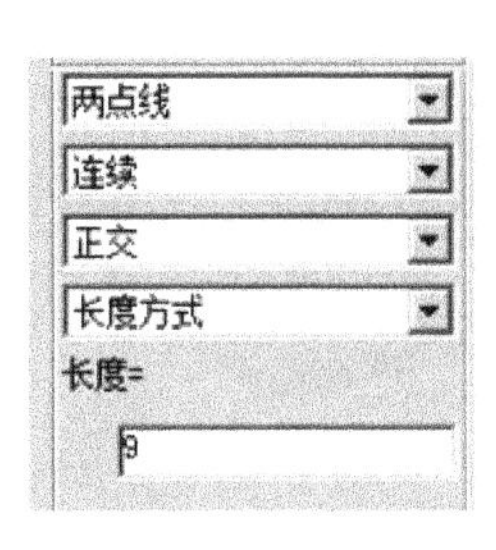

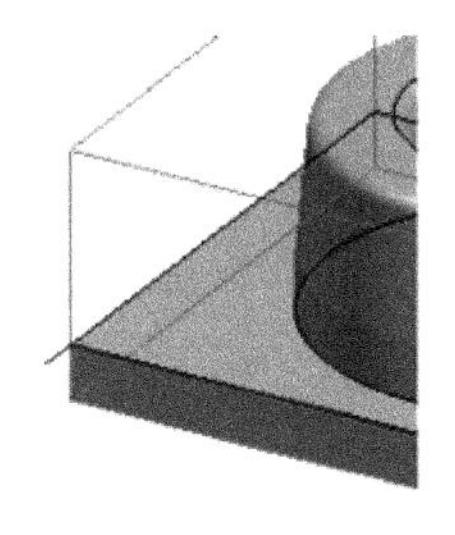

查询坐标	
观察坐标系	.sys.
X 坐标	-130.0000
Y 坐标	-59.0000
Z 坐标	-10.0000

图 8-33

（4）单击加工栏中的“等高粗加工”图标，加工的方向为顺铣，层高为 1，行距为 12，环切的方式，加工余量为 0.3；在下刀方式中设定安全高度为 10，皆为相对的方式，切入方式倾斜线距离 0.7，倾斜角度 5°，如图 8-34 所示。

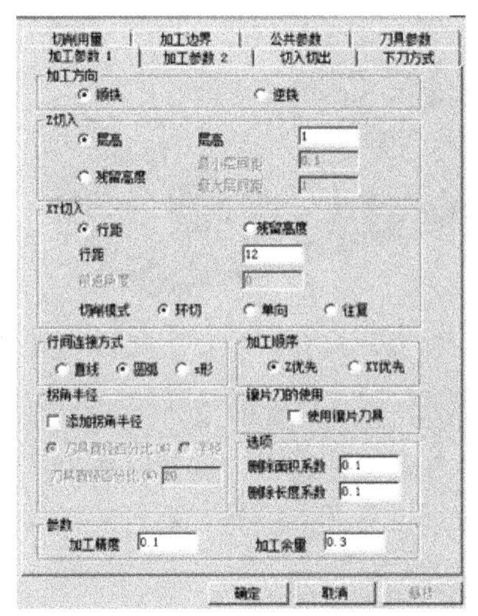

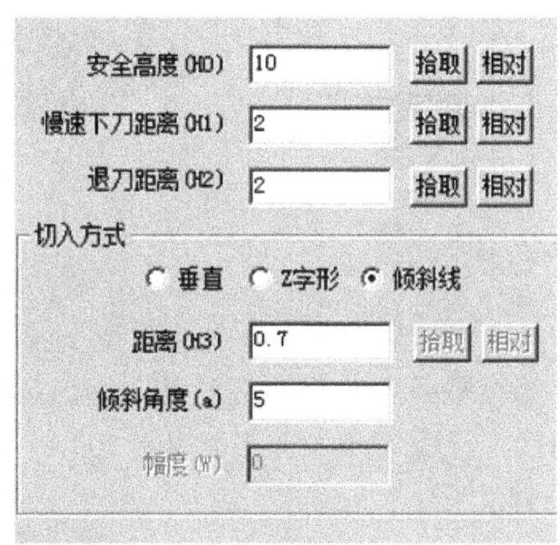

图 8-34

（5）切削用量栏中设定主轴转速 2500r/min，下刀速度 100mm/min，切削速度 560mm/min；加工边界最大为 25，最小为−10，如图 8-35 所示。

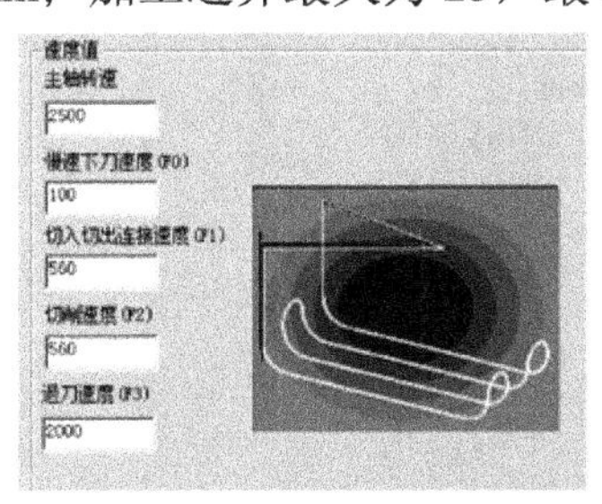

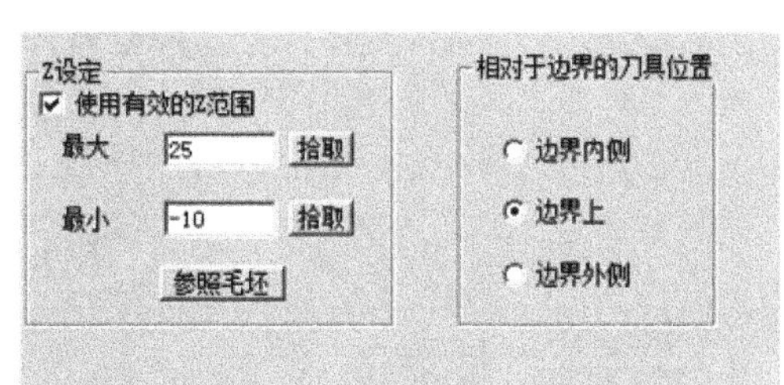

图 8-35

（6）选取直径 $\phi16$ 的平刀，单击“确定”按钮；加工对象选取整个实体，提示选择加工范围时，单击刚析出的边线并选择朝上箭头，单击右键确定，如图 8-36 所示。

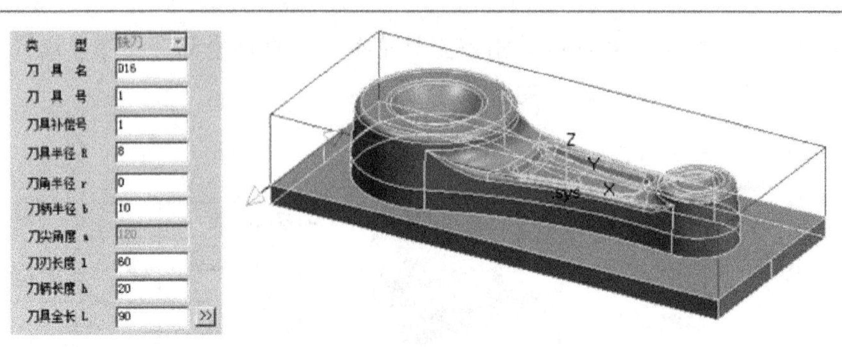

图 8-36

（7）稍等片刻，软件内部进行运算，生成刀路轨迹，为了便于下面生成轨迹的显示，右击轨迹将其隐藏，如图 8-37 所示。

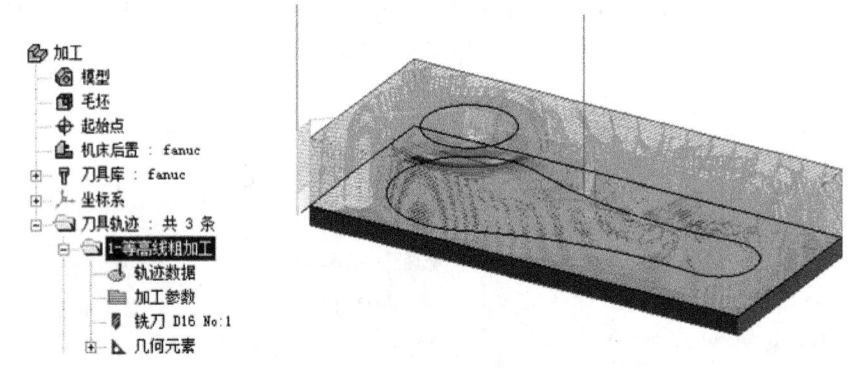

图 8-37

（8）单击点工具菜单中“查询坐标”，选择底边的边线，查询 Z 的方向的值为10；单击加工栏中的“平面区域粗加工”图标，环绕方式由外向里，圆弧过渡方式，顶层及底层设置为10，行距为 9，加工精度为 0.01，余量皆为 0，准备对连杆的底面进行精加工，如图 8-38 所示。

查询坐标	
观察坐标系	.sys.
X 坐标	-130.0000
Y 坐标	-50.0000
Z 坐标	-10.0000

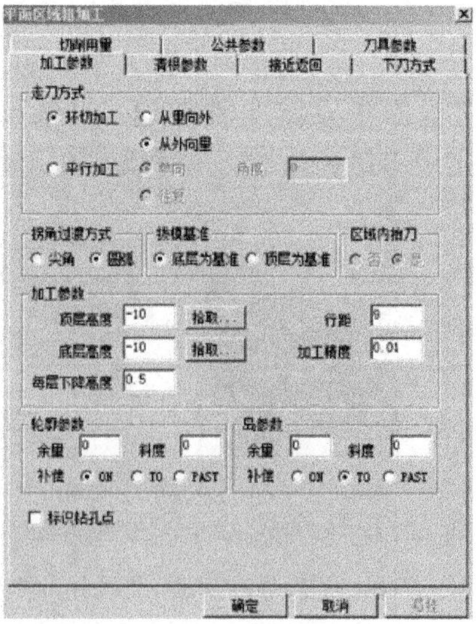

图 8-38

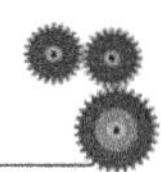

（9）在清根参数中，轮廓清根选择“不清根”，岛清根余量设定为 0.2，进退刀皆为“垂直”方式；在接近返回方式参数设置中，接近方式为强制 X̃130，X̃59，Z0，返回方式默认，如图 8-39 所示。

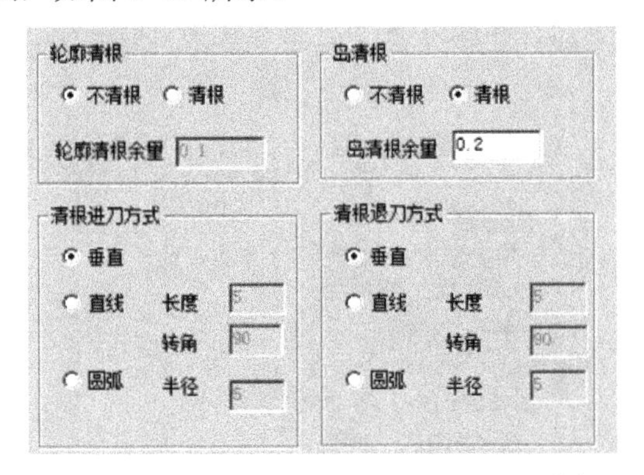

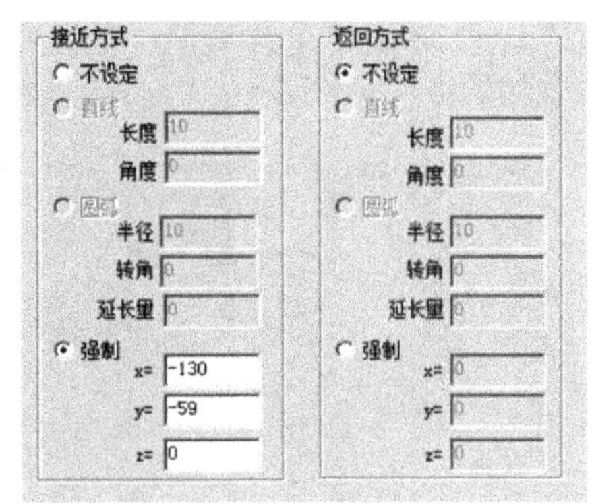

图 8-39

（10）下刀方式，安全高度为 10，其余两个皆为 2，全部为相对方式，切入方式为垂直；刀具选择直径的 ϕ16 平刀，切削参数同上，其余参数默认，如图 8-40 所示。

安全高度(H0) 10 拾取 相对
慢速下刀距离(H1) 2 拾取 相对
退刀距离(H2) 2 拾取 相对

切入方式
垂直
螺旋 半径 10 近似节距 1
倾斜 长度 10 近似节距 1 角度 5
渐切 长度 10

下刀点的位置
斜线的端点或螺旋线的切点
斜线的中点或螺旋线的圆心

类　型	铣刀
刀 具 名	D16
刀 具 号	1
刀具补偿号	1
刀具半径 R	8
刀角半径 r	0
刀柄半径 b	6
刀尖角度 a	120
刀刃长度 l	60
刀柄长度 h	20
刀具全长 L	90

图 8-40

（11）单击“确定”按钮，选择析出边线并单击朝上箭头，提示拾取岛屿，选择析出内轮廓线单击朝上箭头，单击右键确认，生成底平面精加工轨迹，如图 8-41 所示。

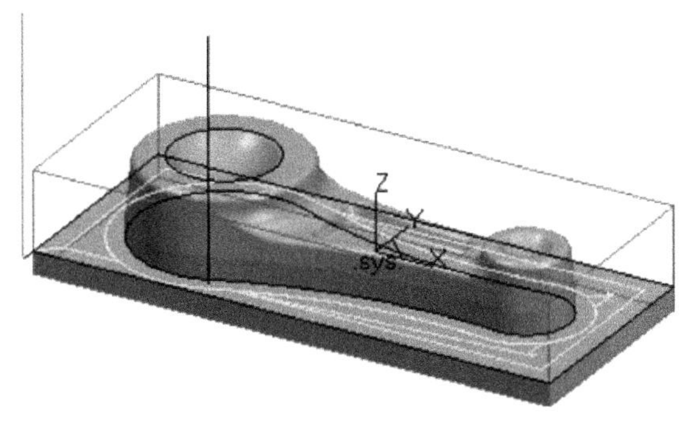

图 8-41

（12）单击生成的轨迹，右击将其隐藏；单击“等高线精加工”图标，“加工参数1”选项卡中，层高为 1，加工精度为 0.01，加工余量为 0；“加工参数 2”选项卡中，勾选“执行平坦部识别”复选框，路径生成方式为等高线加工后加工平坦部，勾选“不进行加工边界上的平坦加工”复选框，平坦部加工的行距为 0.5，走刀方式为环切的方式，具体设置如图 8-42 所示。

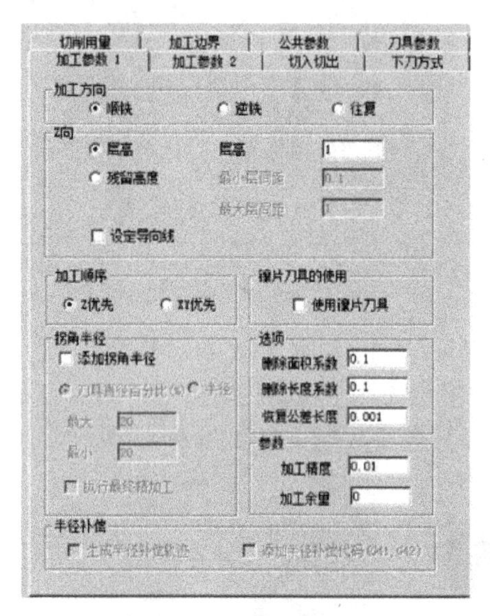

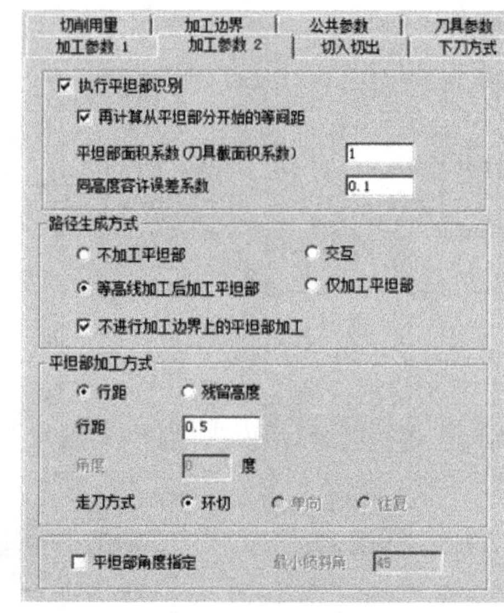

图 8-42

（13）切入切出方式中，方式设定为 *XY* 方向，*XY* 向不设定；下刀方式中，安全高度设置为 10，慢速下刀及退刀距离皆设为 2，都是相对方式，切入方式为垂直，如图 8-43 所示。

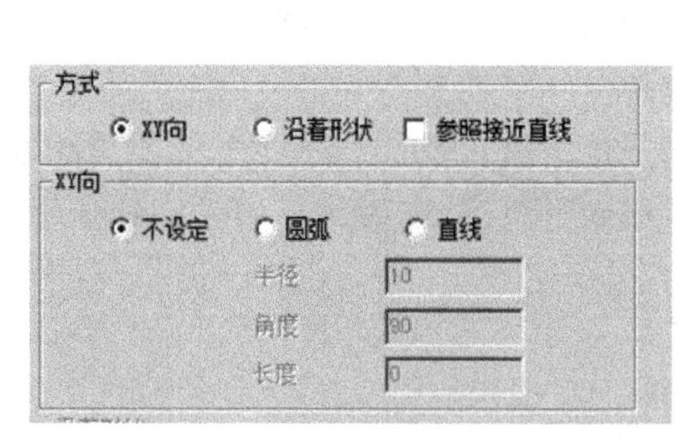

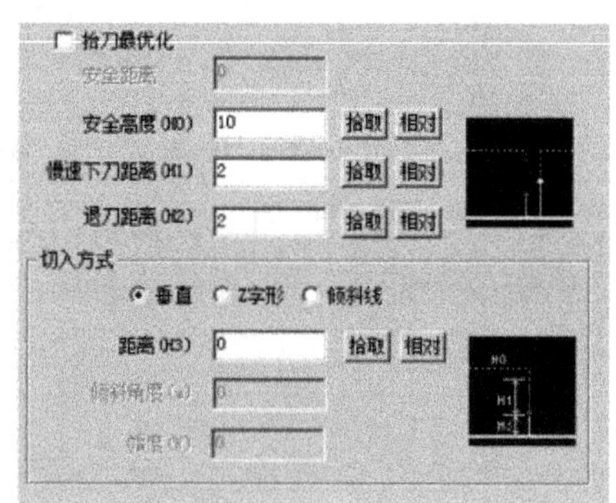

图 8-43

（14）在刀具参数中，增加并选择 *R*5 的球刀；公共参数中，加工坐标系为默认坐标系，如图 8-44 所示。

（15）加工边界参数中，最大设为 25，最小设为-10，并且在边界上；主轴转速 4000r/min，切削速度 600mm/min，如图 8-45 所示。

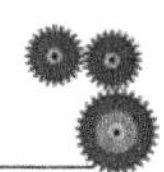

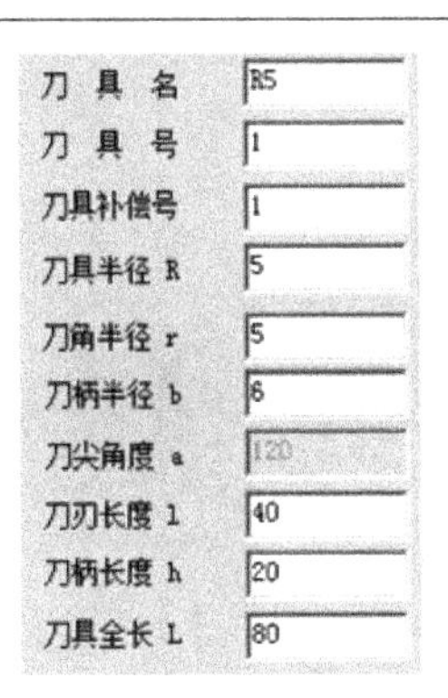

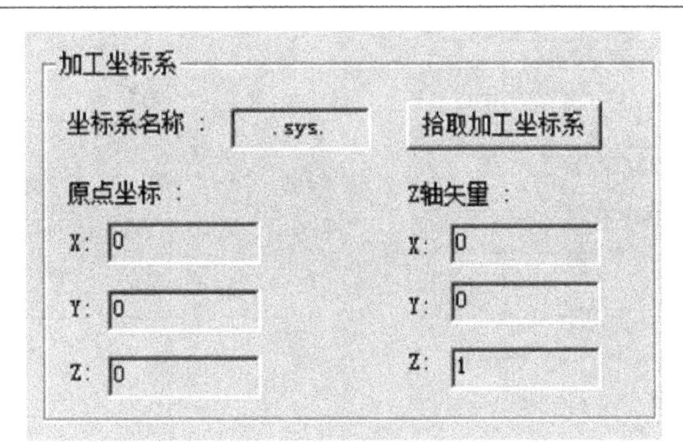

图 8-44

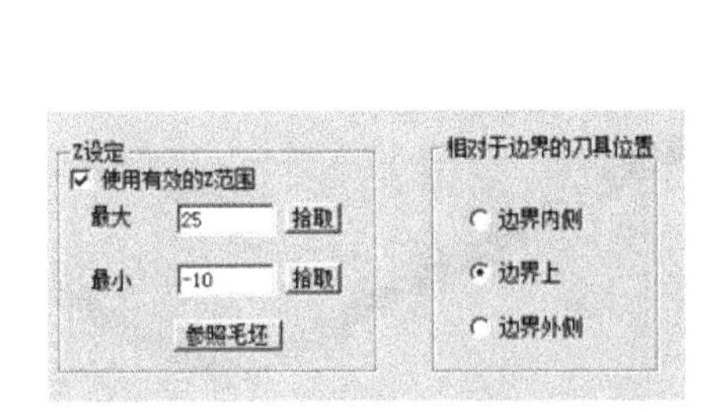

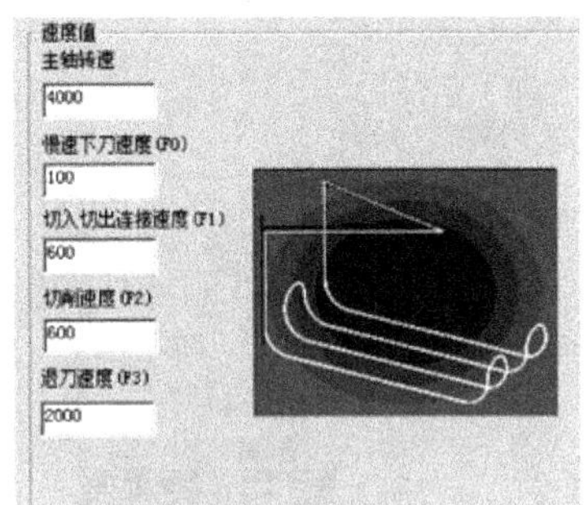

图 8-45

（16）单击“确定”按钮，单击整个实体，单击右键确定，提示拾取加工边界，选取析出底平面的边线，单击朝上箭头，单击右键确定，提示正在计算轨迹，稍等片刻，生成精加工轨迹如图 8-46 所示。

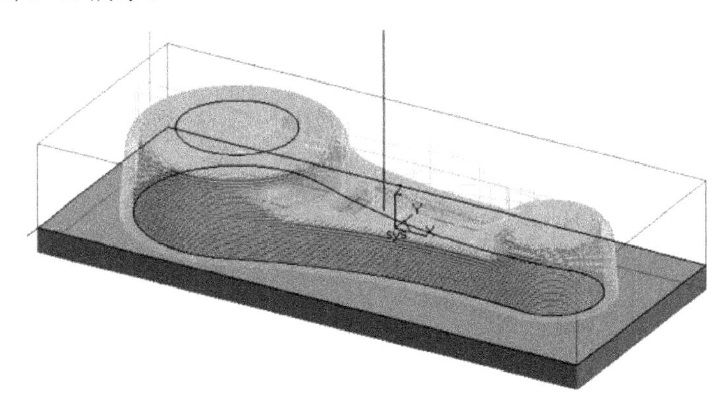

图 8-46

（17）单击“线框仿真”按钮，依次对三个轨迹进行线框仿真，选取轨迹单击右键确定，如图 8-47 所示。

（18）右击 3 个轨迹选择“全部显示”命令；选中 3 个轨迹，单击加工菜单中“实体仿真”按钮，进入了实体仿真界面，如图 8-48 所示。

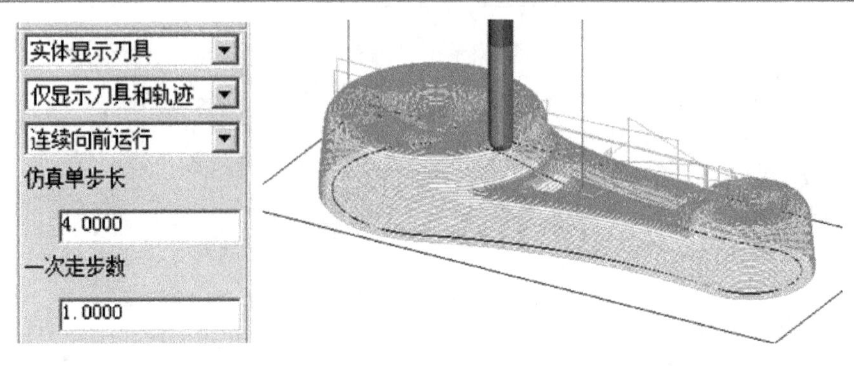

图 8-47

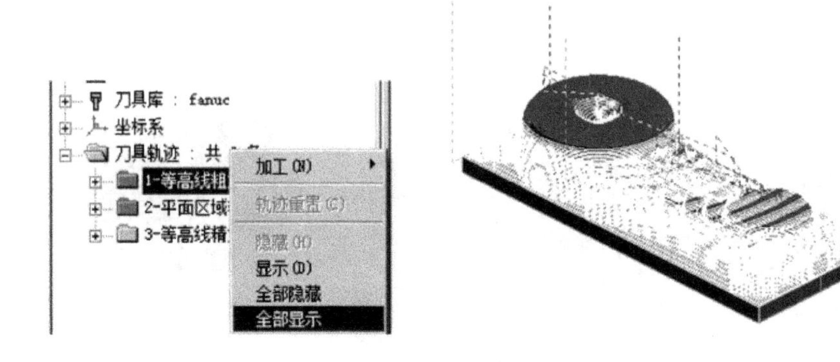

图 8-48

（19）单击“轨迹仿真”图标，单击“播放”图标，进行实体仿真切削，如图 8-49 所示。

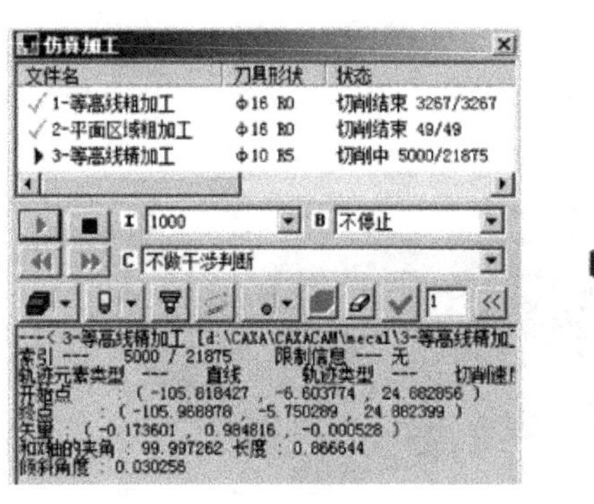

图 8-49

（20）观察实体切削仿真最终切削的效果发现此处过切，说明程序设定中有问题，如图 8-50 所示。

（21）关闭仿真界面，退回设计界面，将前两个轨迹隐藏，详细观察第 3 个轨迹，并且按住鼠标中键放大刚过切的位置，详细观察，发现安全高度距离不够，如

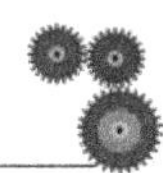

图 8-51 所示。

图 8-50

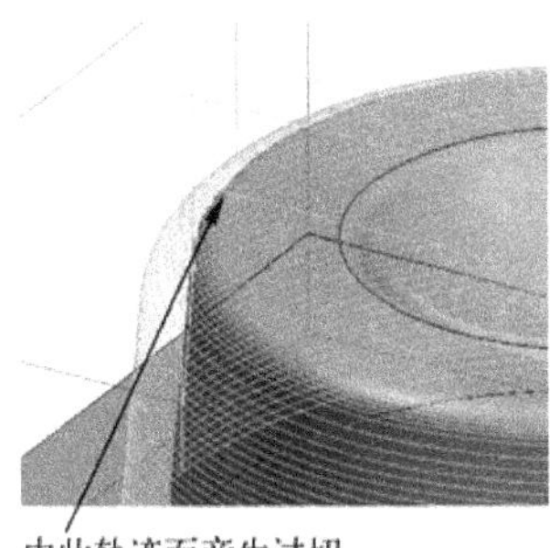

图 8-51

（22）双击加工参数，将安全高度参数值改为 20，生成新的轨迹，可以看出退刀 *Z* 方向的高度已经在轨迹之上，如图 8-52 所示。

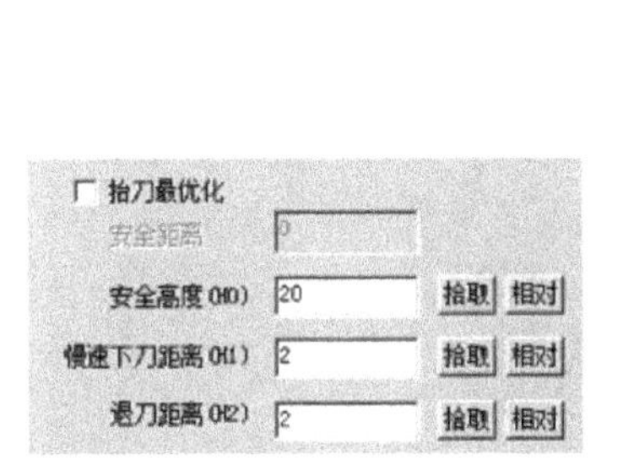

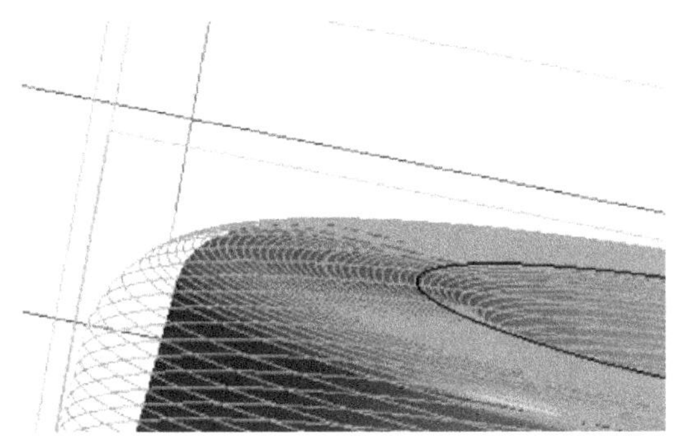

图 8-52

（23）再次地进行实体切削仿真，观察最终切削模拟效果，实体过切消除，如图 8-53 所示。

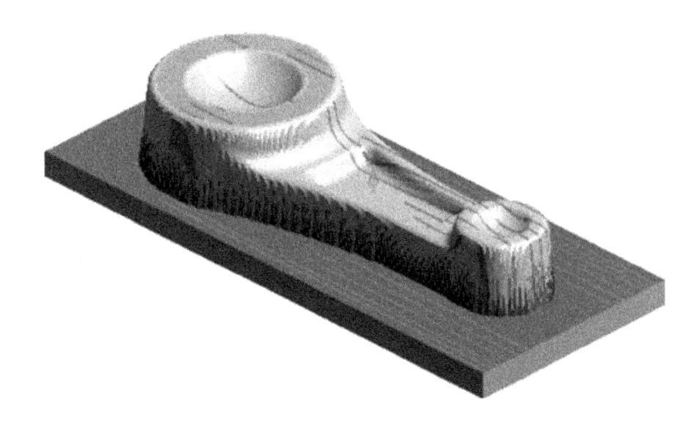

图 8-53

（24）单击“后置处理”按钮，“机床后置”选择默认的“FANUC”后置，单击“确定”按钮；再次单击“加工后置”按钮，单击“生成 G 代码”按钮，选取加工的轨迹，输入程序名，单击右键确定，生成程序如图 8-54 所示。

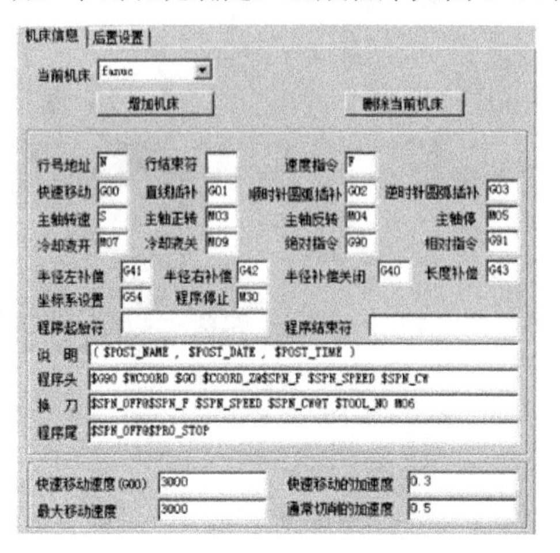


```
1 - 记事本
文件(F) 编辑(E) 格式(O) 查看(V) 帮助
(1,2011.7.9,10:1:13.837)
N10G90G54G00Z100.000
N12S3000M03
N14X-130.000Y-59.000Z100.000
N16Z-8.000
N18G01Z-10.000F100
N20Y-50.000F560
N22Y0.000
N24Y50.000
N26X110.000
N28Y-0.000
N30Y-50.000
N32X-130.000
N34X-121.000Y-41.000
N36Y0.000
N38Y41.000
N40X-95.342
```

图 8-54

（25）单击加工中编程助手，打开生成的程序，单击加工仿真图标进行路径仿真，在确认无误后可以设置通信的参数，传送到所需的机床进行加工，如图 8-55 所示。

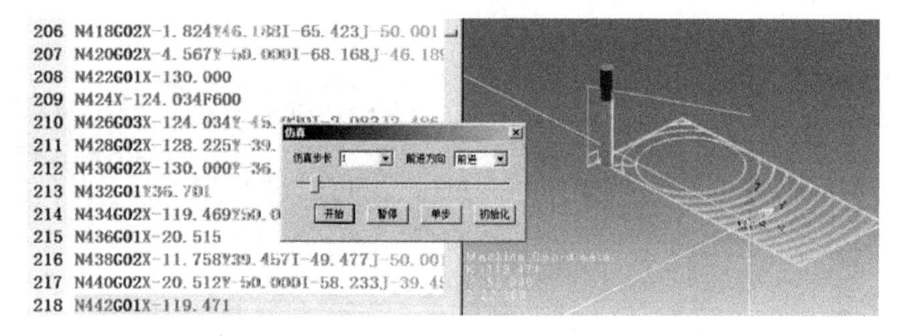

图 8-55

（26）单击加工中生成工艺清单，输入零件名称、图纸编号及设计人员等；单击“拾取轨迹”按钮，选取 3 个轨迹，单击右键确定；单击使用模板 3，如图 8-56 所示。

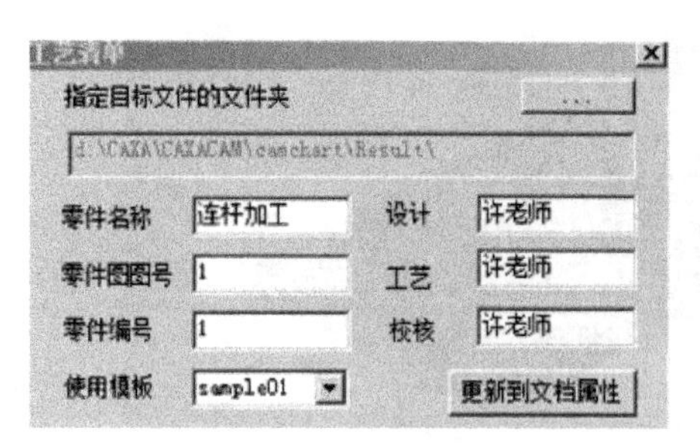

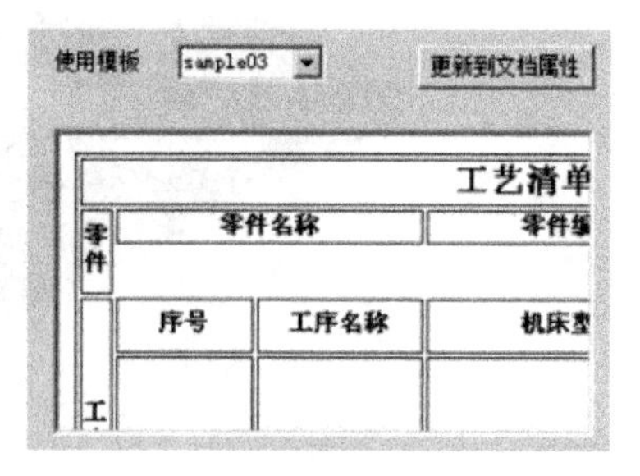

图 8-56

（27）单击生成清单，单击“FUNCTION.HTML 链接”按钮，出现“功能参数设置”图表，具体如图 8-57 所示。

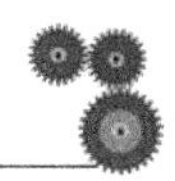

工艺清单　　　　日期

零件名称		零件编号	零件图图号	毛坯种类
连杆加工		1	1	铸件
序号	工序名称	机床型号	刀具号	刀具参数
1	等高线粗加工	fanuc	1	刀具直径:16. 刀角半径:0. 刀尖角度:120. 刀刃长度:60. 刀柄长度:20. 刀柄直径:10. 刀具全长:90.
2	平面区域粗加工	fanuc	1	刀具直径:16. 刀角半径:0. 刀尖角度:120. 刀刃长度:60. 刀柄长度:20. 刀柄直径:6. 刀具全长:90.
3	等高线精加工	fanuc	1	刀具直径:10. 刀角半径:5. 刀尖角度:120. 刀刃长度:40. 刀柄长度:20. 刀柄直径:6. 刀具全长:80.
加工参数文件		G代码文件	设计	工艺制定
function.html			许老师	许老师

功能参数

项目	结果
加工策略顺序号	1
加工策略名称	等高线粗加工
标签文本	
加工策略说明	
加工策略参数	加工方向:顺铣 角度0. 加工顺序:Z向优先 删除面积系数:0.1 删除长度系数:0.1 行间连接方式:圆弧 添加拐角半径:否 执行平坦区域识别:否
XY向切入类型(行距/残留)	行距
XY向行距	12.
XY向残留高度	-
Z向切入类型(层高/残留)	层高
Z向层高	1.
Z向残留高度	-
主轴转速	2500
慢速下刀速度	100.
切入切出连接速度	600.
切削速度	2000
退刀速度	2000
安全高度	10.
安全高度模式	相对

图 8-57

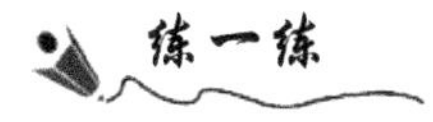

按图 8-58 所示的旋转模型图的尺寸进行造型及编制 CAM 加工程序。已知毛坯零件尺寸为 ϕ83mm×35，材质为 LY12 时效，要求合理安排加工工艺路线和建立加工坐标系，编制完整的 CAM 加工程序和工艺清单，后置处理格式按 FANUC-0i 格式。

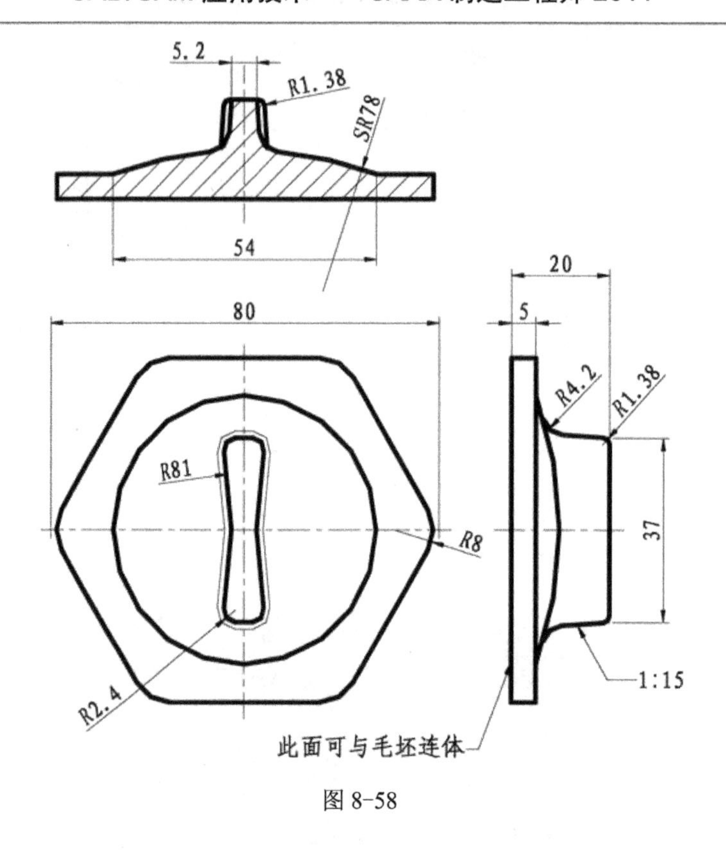

图 8-58

想一想

（1）连杆的加工中应注意哪些问题？在加工时工件坐标系 G54 应如何设定？

（2）连杆的精加工是否有其他的加工方式？若有，相比本项目任务一介绍的方式有何优点及缺点？

（3）在本项目任务一讲解中，实体切削起了怎样的作用？

（4）线框仿真与实体切削仿真相比较有何优点？

（5）编程助手有何作用？

（6）工艺清单的生成对加工有何帮助？它包含哪些方面的内容？

任务二　旋钮的造型分模及加工

读一读

旋钮的二维图以及立体图如图 8-59 所示。

旋钮的整个分模的线架图及实体图如图 8-60 所示。

旋钮的分模（凹模）尺寸图及三维图如图 8-61 所示。

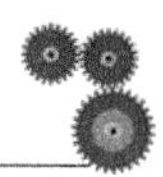

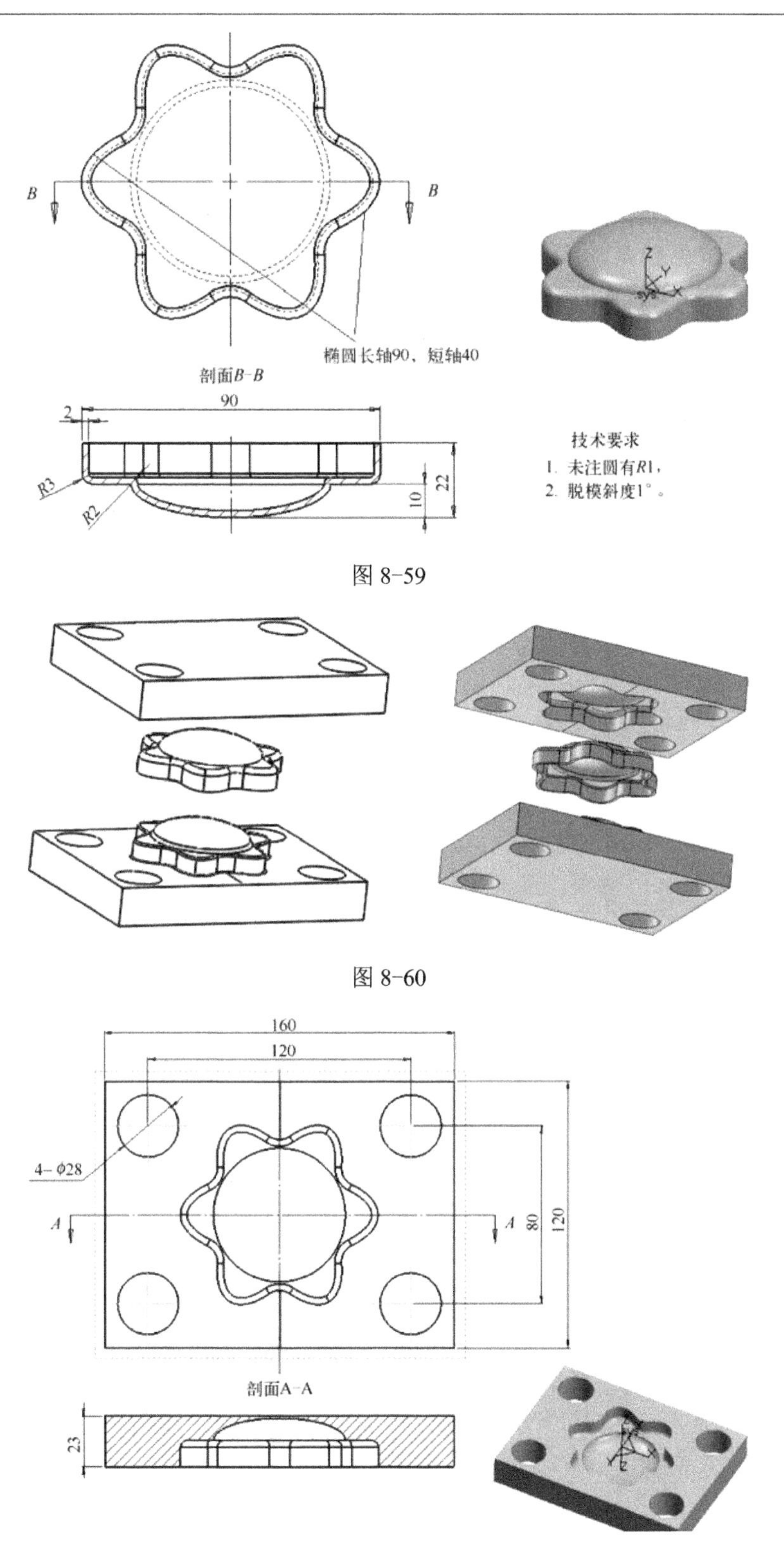

图 8-59

图 8-60

图 8-61

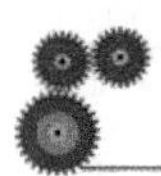

旋钮的造型分析：由图 8-59～图 8-61 可知，可首先选择基准面创建草图，在草图中绘制椭圆，然后进行圆周阵列，倒圆角后修剪从而完成草图，对草图进行拉伸；选择另一基准面作草图后进行旋转增料；再进行倒圆角过渡特征；抽壳后再次过渡特征从而最终完成实体造型。

旋钮的模具分析：由图 8-60 可知，该模具由“凸模”及“凹模”构成，由于注塑模存在热胀冷缩，根据模具的有关知识，首先对旋钮的实体零件缩放 0.3%，然后运用 CAXA 制造工程师中模具功能的“分模”功能及“布尔运算”功能从而完成分模。

旋钮凹模的加工分析：由图 8-61 可知，在分模的基础上，首先对凹模的必要的实体边界线析出，实体表平面可进行区域式粗加工（如果毛坯经过磨削可省略），对毛坯的周边进行粗加工及精加工，对孔及型腔的粗精加工，从而最终完成凹模的加工。

1．旋钮的建模

（1）在零件特征栏中右击平面 *XY* 创建草图，单击“椭圆”图标，长半轴输入 45，短半轴输入 20，单击原点作为中心点，单击右键确认，如图 8-62 所示。

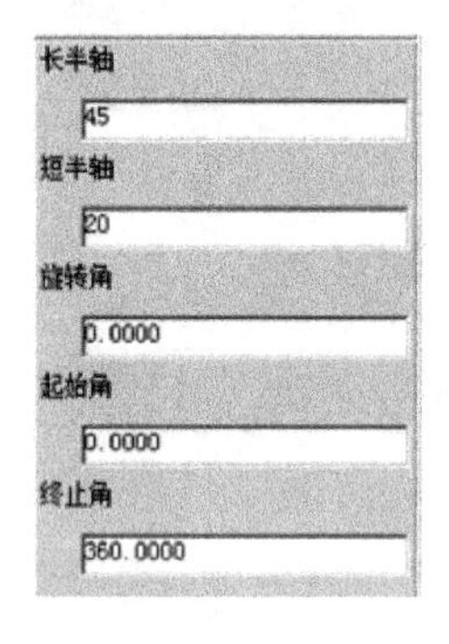

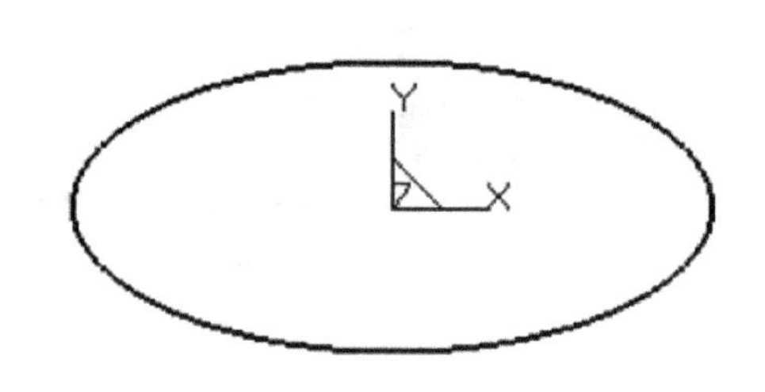

图 8-62

（2）单击“阵列”图标，选择“圆形”、“均布”方式，份数输入 3，选取椭圆，单击右键确认，单击原点作为中心点，如图 8-63 所示。

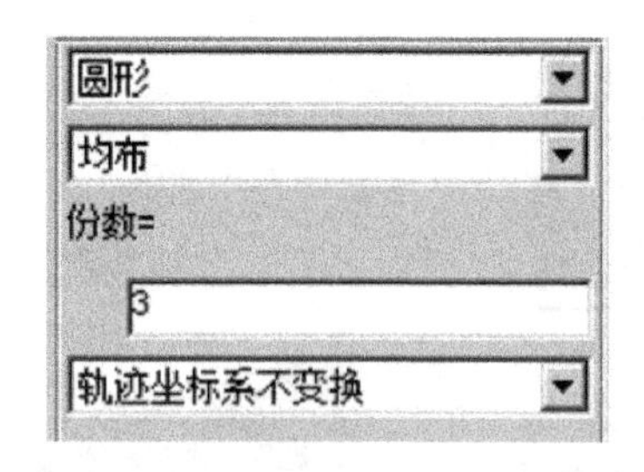

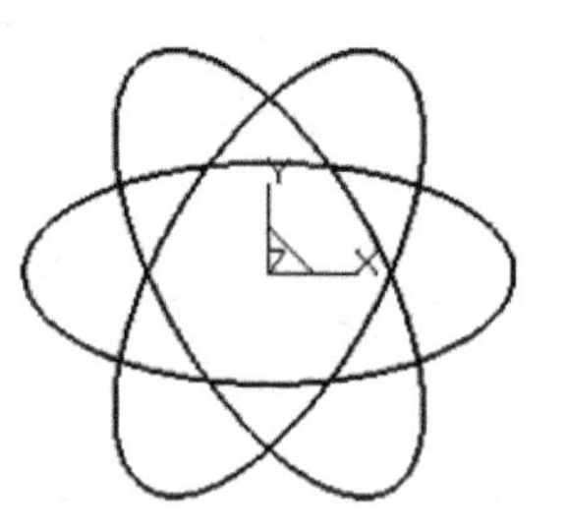

图 8-63

（3）单击“曲线过渡”图标，输入圆弧过渡半径 8，依次单击相邻的两椭圆，如图 8-64 所示。

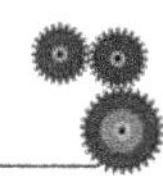

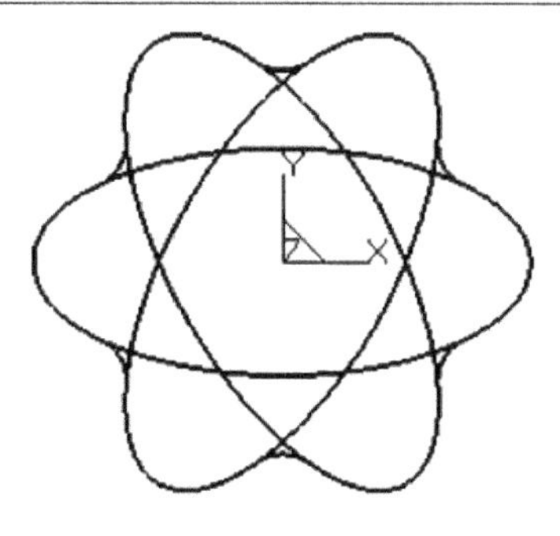

图 8-64

（4）单击“曲线裁剪”图标以及“删除”图标，对图形进行裁剪，若裁剪不掉的可以删除，如图 8-65 所示。

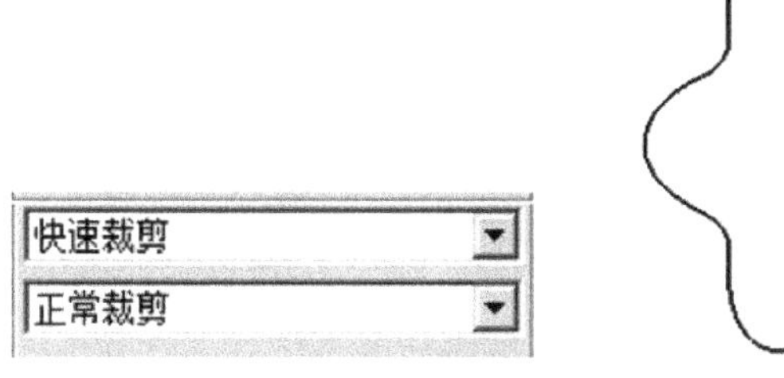

图 8-65

（5）单击“检查草图是否闭合”图标，显示不存在开口环，按 F2 键退出草图，如图 8-66 所示。

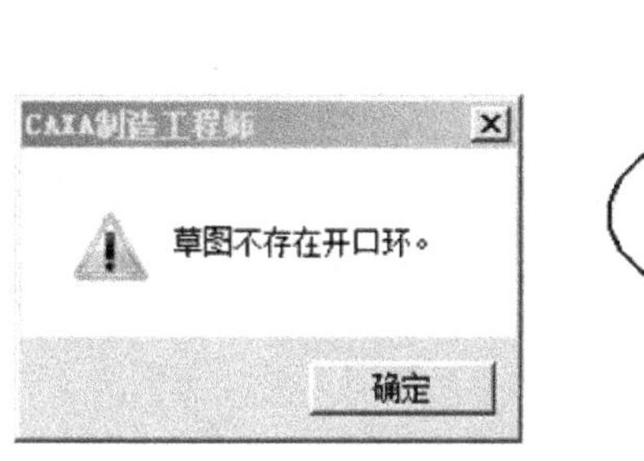

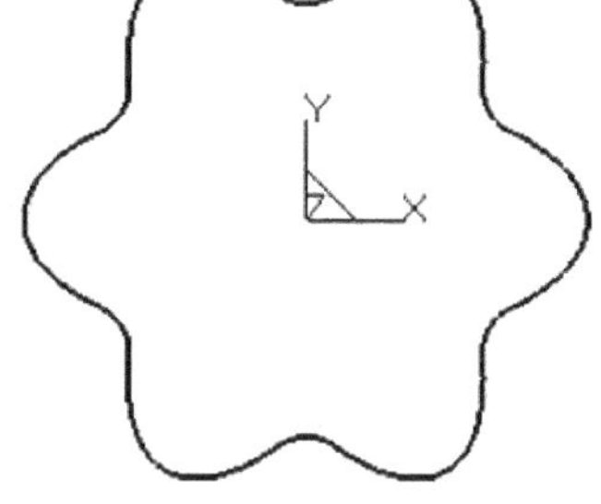

图 8-66

（6）单击特征栏中的“拉伸增料”图标，选取草图，选择“固定深度”方式，输入深度 12，单击“确定”按钮，按 F8 键空间轴测观察，如图 8-67 所示。

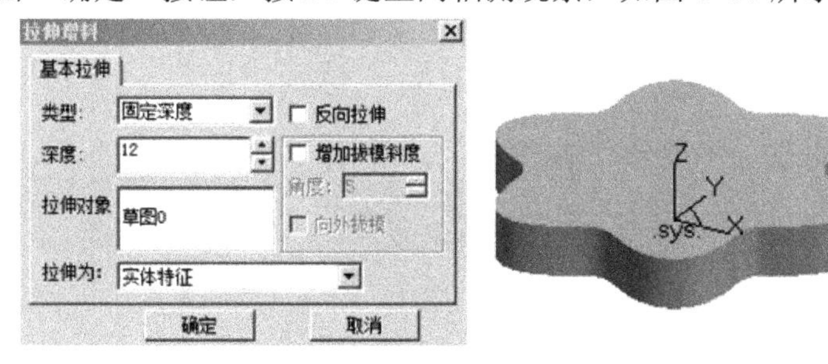

图 8-67

（7）按 F7 键，从 *XZ* 平面观察零件，右击平面 XZ 创建草图，单击“直线”图标，选择“两点线”、“正交”、“点方式”，单击原点，方向朝右绘制一适当的直线，如图 8-68 所示。

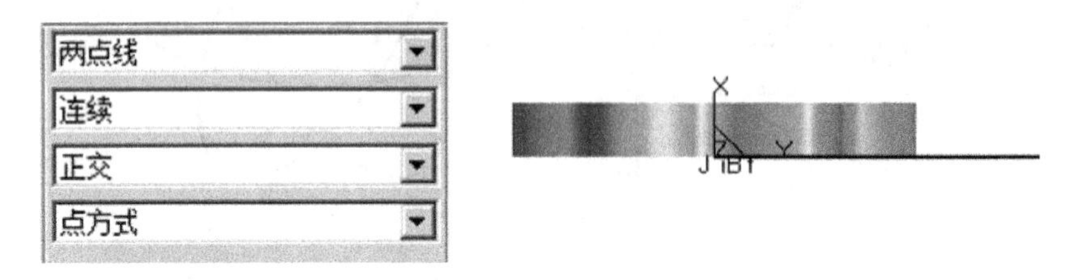

图 8-68

（8）单击等距线图标，选择“单根”、“等距”方式，输入距离 12，选取直线，选择朝上方向，如图 8-69 所示。

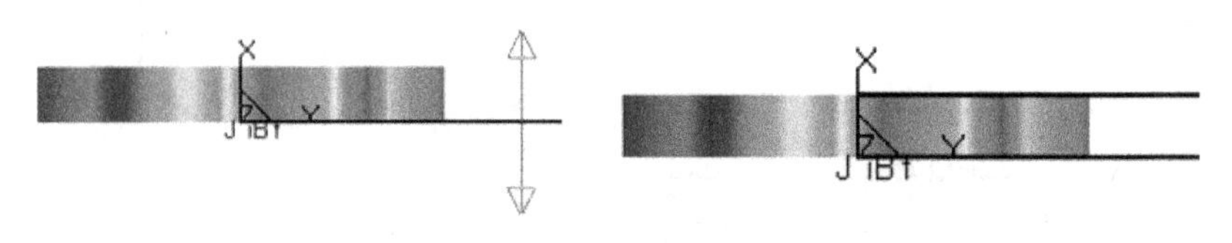

图 8-69

（9）单击“椭圆”图标，长半轴输入 10，短半轴输入 30，起始角为 0°，终止角为 90°，单击原点为中心点，如图 8-70 所示。

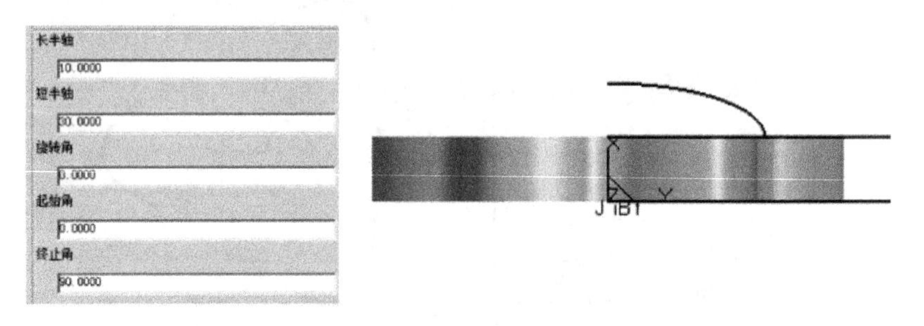

图 8-70

（10）单击“直线”图标，选择“两点线”、“连续”、“正交”、“点方式”，连接直线的端点与椭圆弧的端点，如图 8-71 所示。

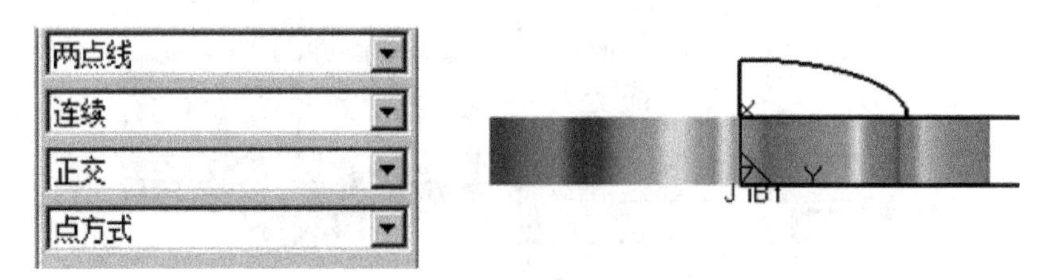

图 8-71

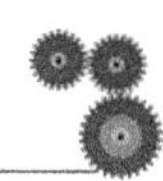

（11）单击“曲线裁剪”图标，对延伸的直线进行裁剪，单击“删除”图标，选择底边直线，单击右键确认删除，如图 8-72 所示。

（12）单击“检查草图是否闭合”图标，显示不存在开口环，按 F2 键退出草图，如图 8-73 所示。

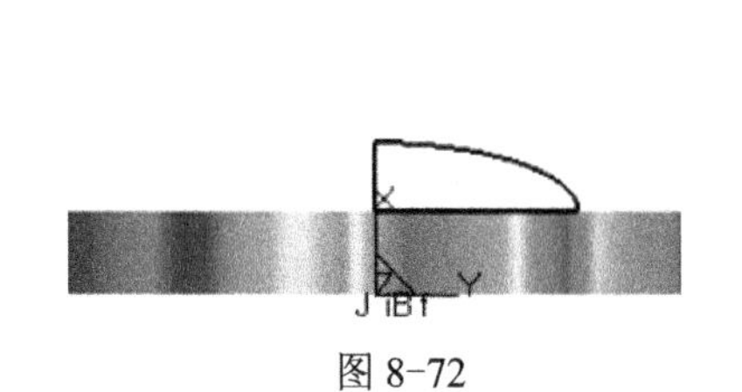

图 8-72

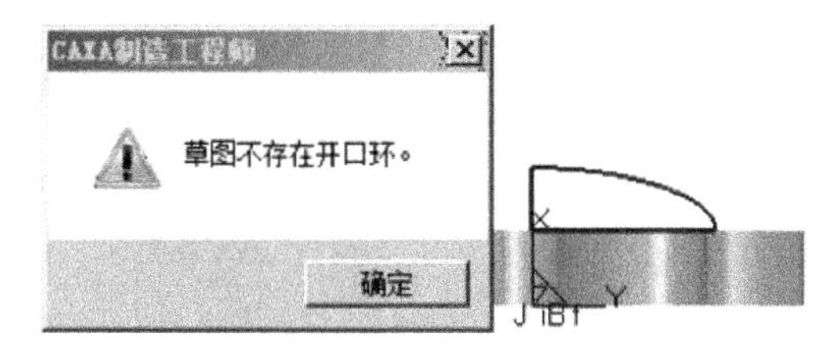

图 8-73

（13）单击“直线”图标，选择“两点线”、“正交”、“点方式”，单击原点朝上，适当位置再次单击，在空间绘制一直线，如图 8-74 所示。

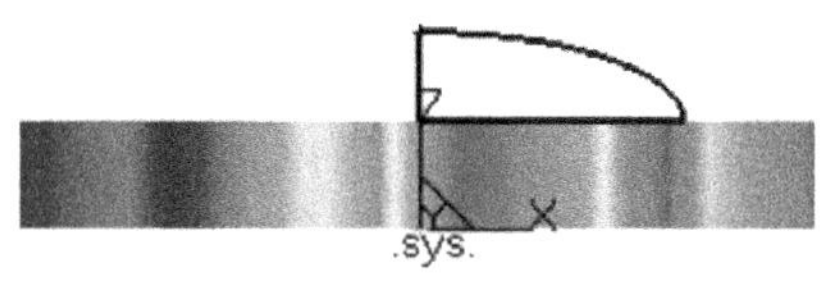

图 8-74

（14）单击特征栏中的“旋转增料”图标，单击草图及空间的直线作旋转轴，单击“确定”按钮；按 F8 键空间观察，如图 8-75 所示。

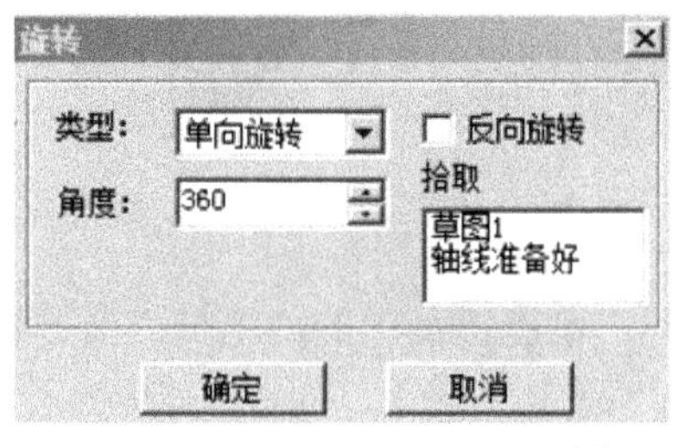

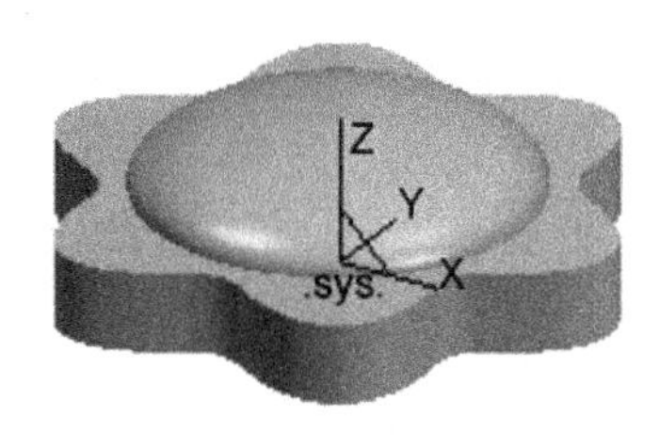

图 8-75

（15）单击特征栏中的“过渡”图标，输入半径 3，等半径的方式，单击上表面边缘线一根（它会自动的延伸整个边界线），单击“确定”按钮，如图 8-76 所示。

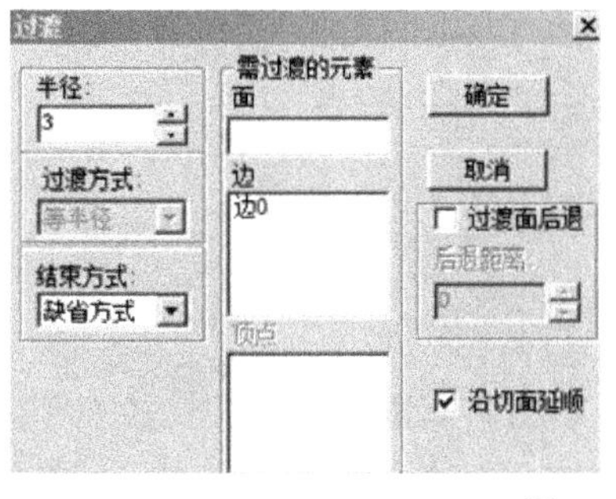

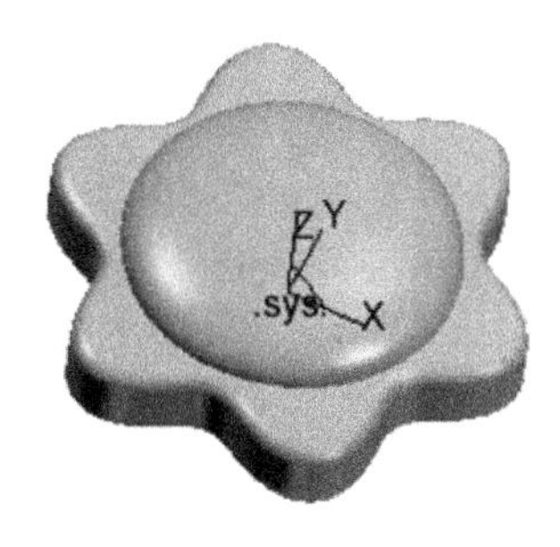

图 8-76

（16）单击特征栏中“抽壳”图标，输入厚度 2，单击旋钮的底面作为需抽去的面，单击“确定”按钮，如图 8-77 所示。

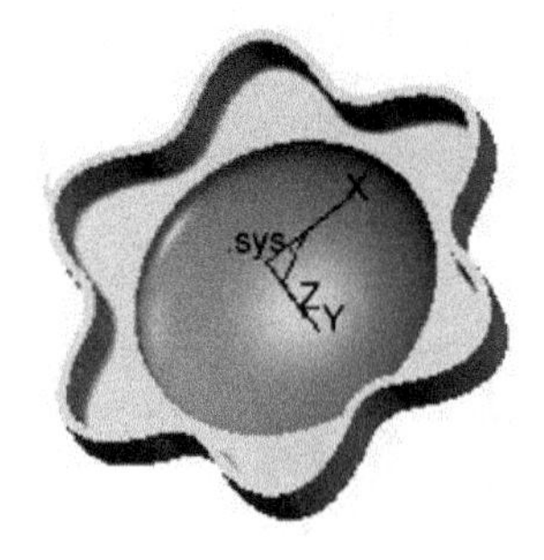

图 8-77

（17）单击特征栏中的“过渡”图标，输入半径 2 等半径的方式，单击内圆边线，单击“确定”按钮，将内圆表面实体过渡，如图 8-78 所示。

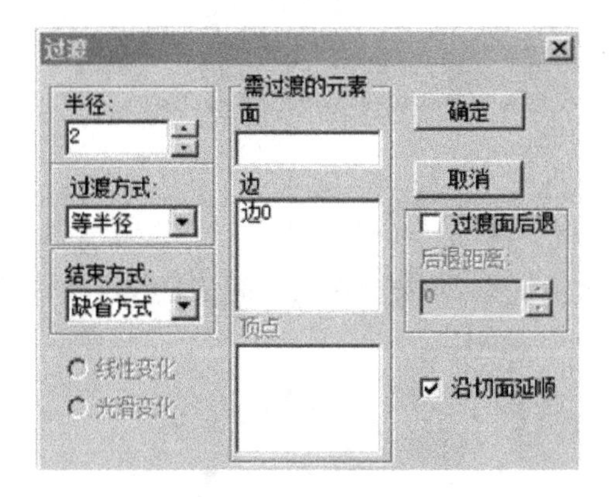

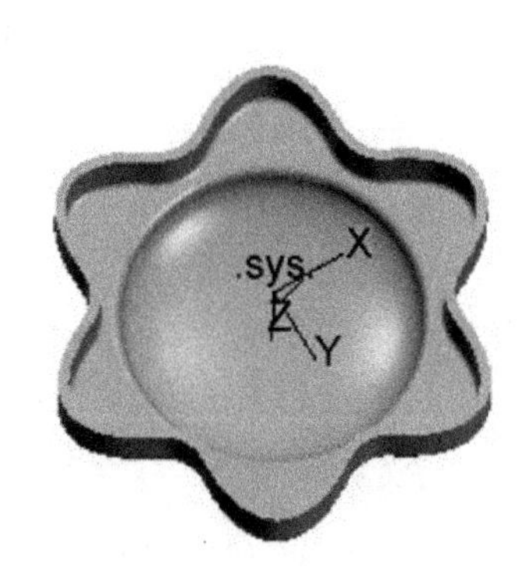

图 8-78

（18）考虑注塑模收缩率，将其放大 0.3%，单击特征中的“缩放”图标，选择给定数据点，输入原点，收缩率输入 0.3%，单击“确定”按钮，如图 8-79 所示。

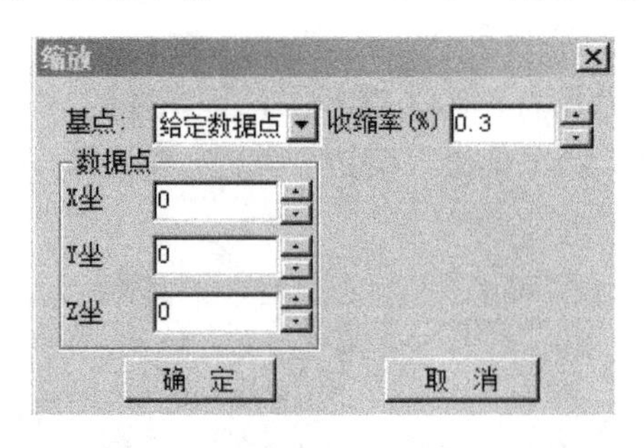

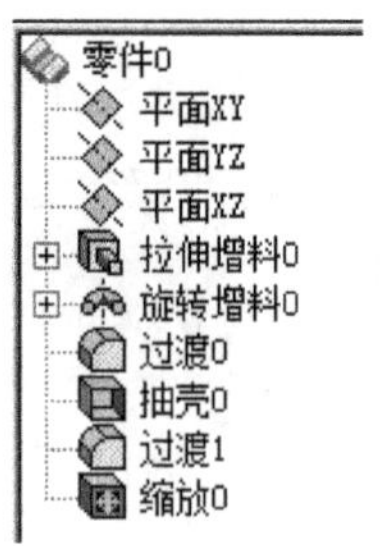

图 8-79

（19）按 F8 键空间轴测观察，选择直线右击将其隐藏；单击“文件”菜单中“另存为”命令，保存类型选择“*.X_T”实体格式，文件名输入“旋钮”，单击“保存”按

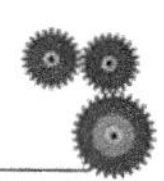

钮，如图 8-80 所示。

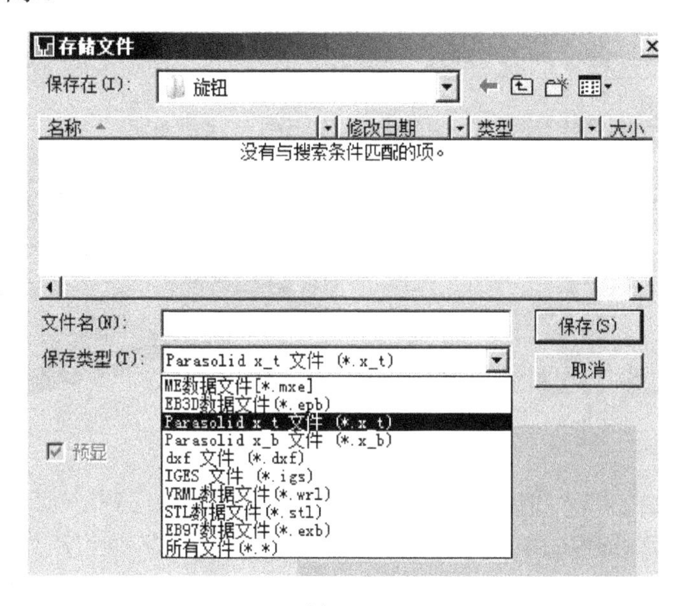

图 8-80

2. 旋钮的分模

（1）右击平面 *XY* 创建草图，单击草图工具栏的“矩形”□图标，选择“中心长宽”方式，长度输入 160，宽度输入 120，单击原点作为中心点，如图 8-81 所示。

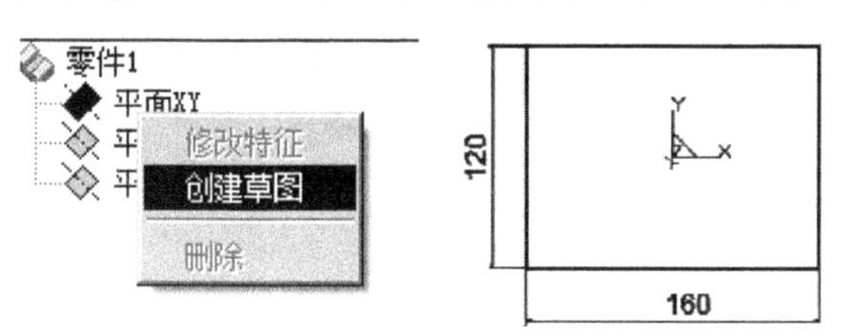

图 8-81

（2）单击特征栏中的“拉伸增料”图标，类型选择“双向拉伸”，深度输入 46，选择草图，单击“确定”按钮；按 F8 键空间轴测图观察，如图 8-82 所示。

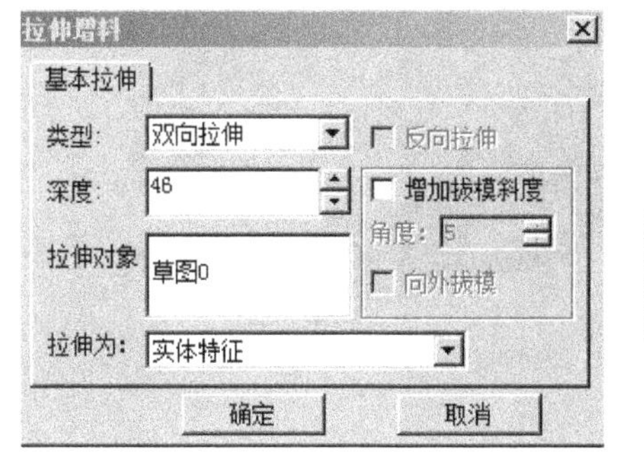

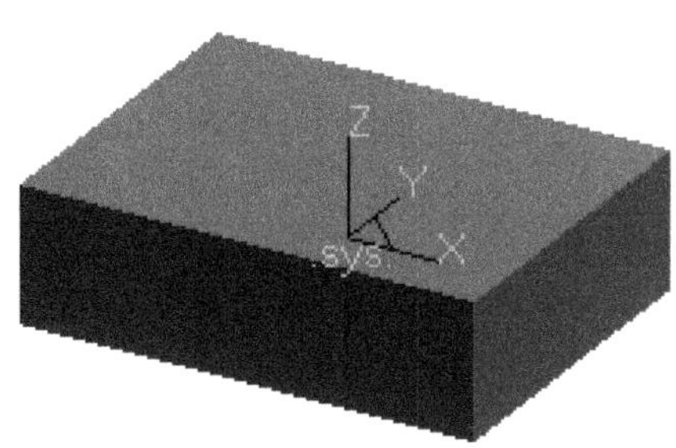

图 8-82

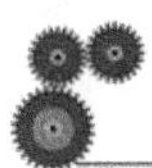

（3）单击特征栏中的“打孔”图标，选择零件上表面，类型为“直孔方式”，单击表面，按回车键，在对话框中输入孔位置坐标（60,40）；单击“下一步”按钮，输入直径28，勾选“通孔”复选框，单击“完成”按钮，完成打孔，如图 8-83 所示。

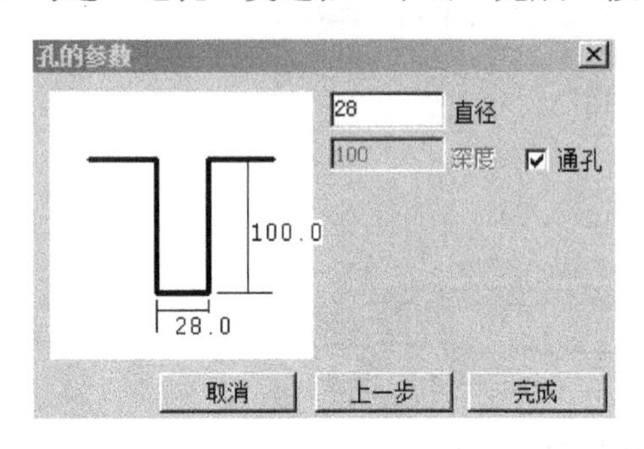

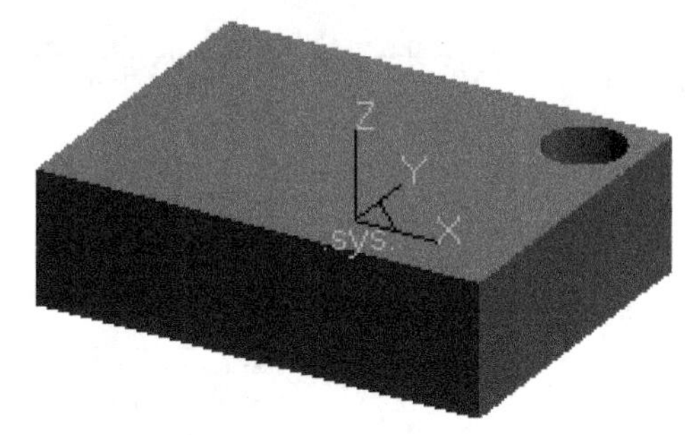

图 8-83

（4）单击特征栏中的“线性阵列”图标，阵列对象选择打孔特征，距离输入 80，数目输入 2，基准轴选择边线，勾选“反转方向”复选框，阵列模式为“组合阵列”方式，如图 8-84 所示。

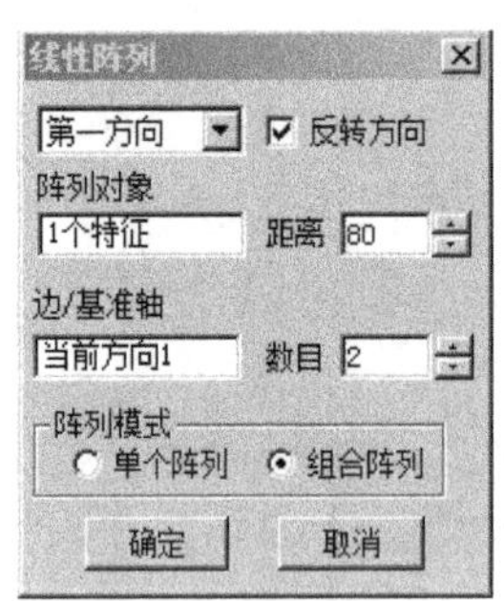

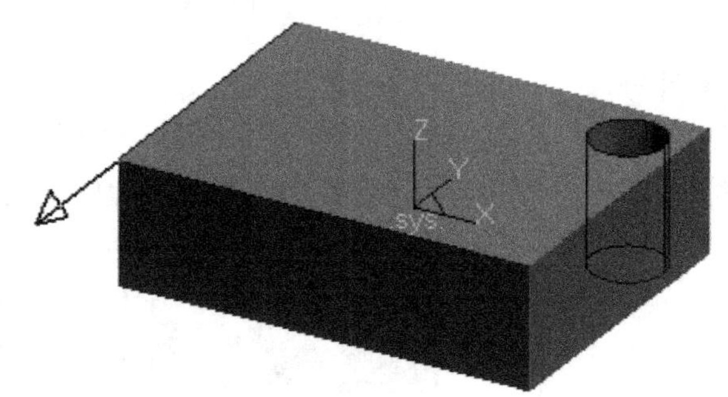

图 8-84

（5）在“第一方向”下拉列表中选择“第二方向”，阵列对象选择“一个特征”，距离输入 120，数目输入 2，基准轴选择边线，阵列模式为“组合阵列”方式，如图 8-85 所示。

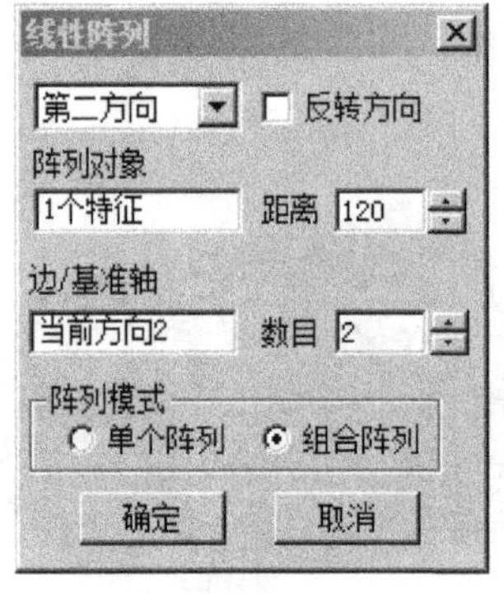

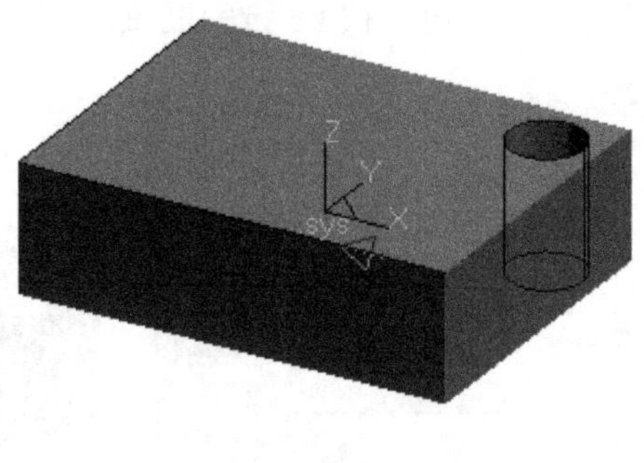

图 8-85

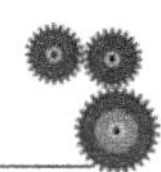

（6）单击“确定”按钮，完成孔特征的线性阵列，文件另存为“旋钮 1.MXE”，如图 8-86 所示。

图 8-86

（7）单击特征栏中“布尔运算”图标，打开刚生成的“旋钮.X_T”文件，如图 8-87 所示。

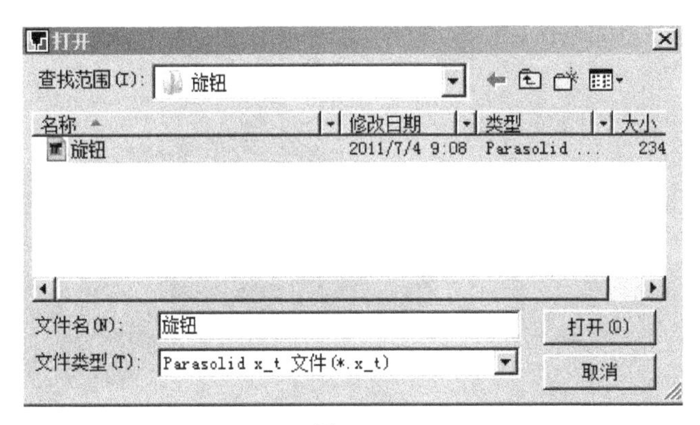

图 8-87

（8）出现对话框，选中“当前零件-输入零件”，定位点选择原点并单击右键确认，选中“给定旋转角度”，单击“确定”按钮；单击“线架显示”图标，如图 8-88 所示。

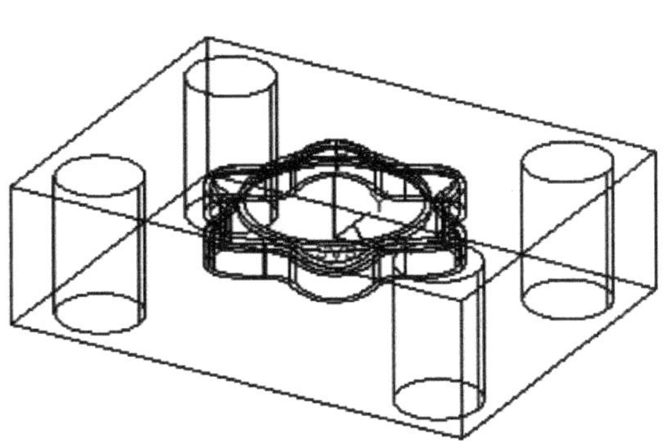

图 8-88

（9）单击零件的侧面，右击创建草图，单击“直线”图标，选择“两点线”、“正交”、“点方式”，绘制的直线比实体边界稍大，如图 8-89 所示。

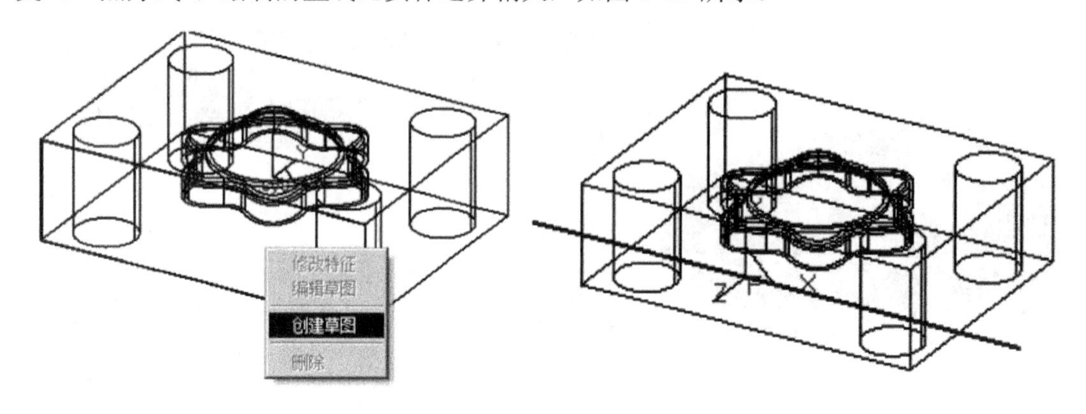

图 8-89

（10）单击特征栏中的“分模”图标，草图分模，选择刚做好的草图 2，选择方向，单击文件另存为“凸模.MXE”，如图 8-90 所示。

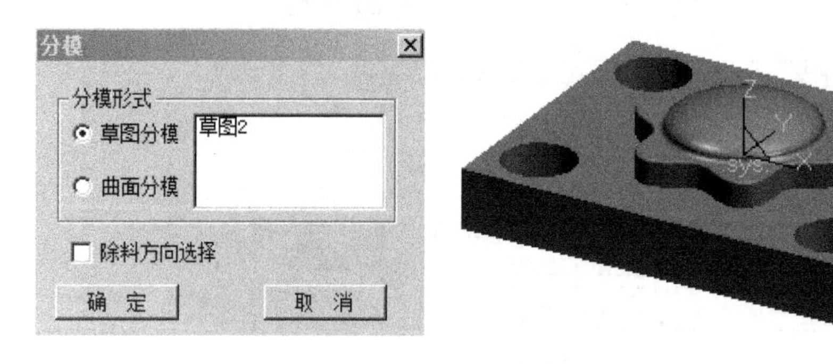

图 8-90

（11）单击特征栏中的分模，右击选择“修改特征”命令，勾选“方向选择”复选框，单击“确定”按钮，显示生成了 2 个实体，单击“下一个”按钮，单击“确定”按钮，如图 8-91 所示。

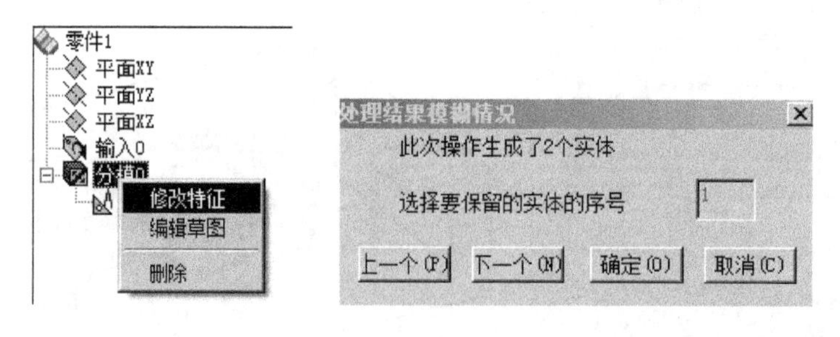

图 8-91

（12）按鼠标中键旋转到适当位置，单击文件另存为“凹模.MXE”，如图 8-92 所示。

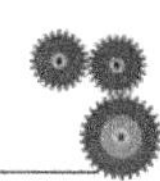

图 8-92

3．旋钮凹模的加工

（1）打开凹模.mxe 文件，按中键旋转到适当位置，单击“直线”图标，选择“两点线”、“连续”、“正交点”方式，在 X 轴的正方向以及 Y 轴的负方向作两直线，为了破除边界条件，将两根直线朝上平移 0.001，单击“平移”图标，选择两根直线单击右键确认，如图 8-93 所示。

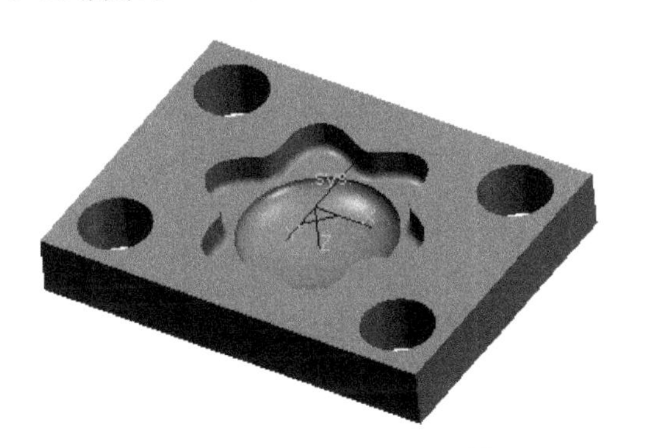

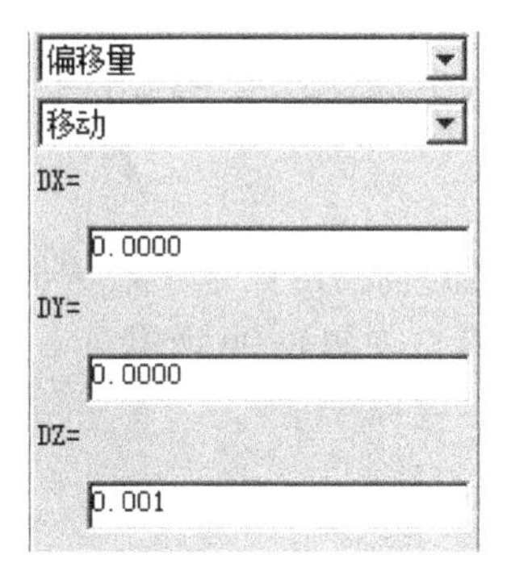

图 8-93

（2）单击“工具”菜单的“坐标系”中“创建坐标系”命令，选择“3 点”方式，按空格键选择端点，单击靠近交点处的直线，“X 正方向”选择 X 正方向直线上的一点，“Y 轴正方向”选择 Y 负直线方向上的一点，在“弹出的对话框”中输入凹模坐标系，按 F8 键空间观察，通过操作建立新的坐标系将坐标系修改 Z 正方向朝上，同时最高为零点，便于和加工工件中坐标系的 G54 中设定的点一致，如图 8-94 所示。

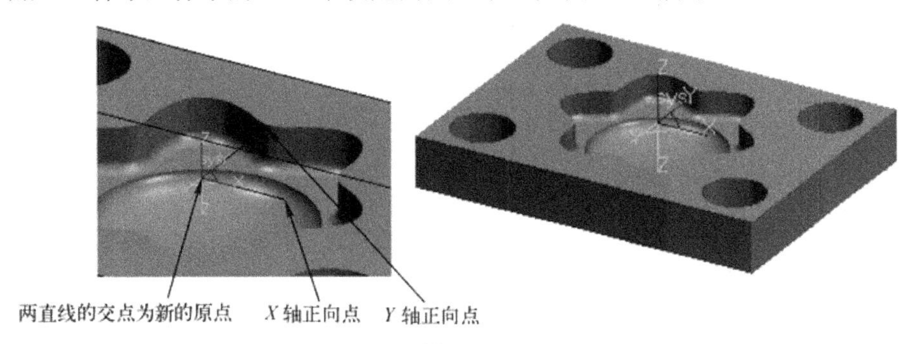

图 8-94

（3）双击加工管理栏中的模型，在“模型参数”对话框中输入几何精度 0.01，单击“确定”按钮；双击毛坯，选中参照模型，并单击“参照模型”按钮，单击“锁定”，间隔精度设定为为 0.1，单击“确定”按钮，如图 8-95 所示。

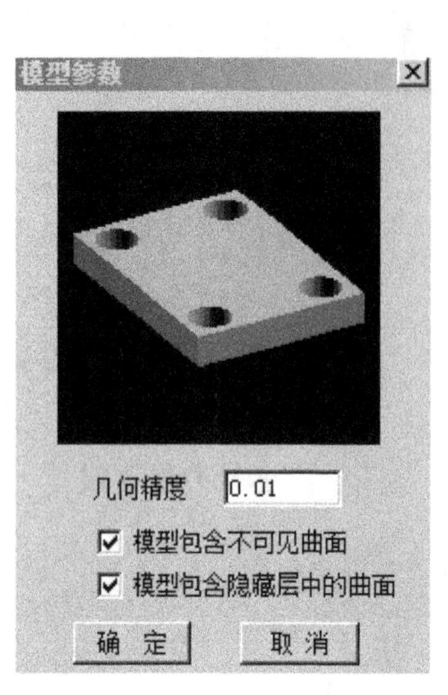

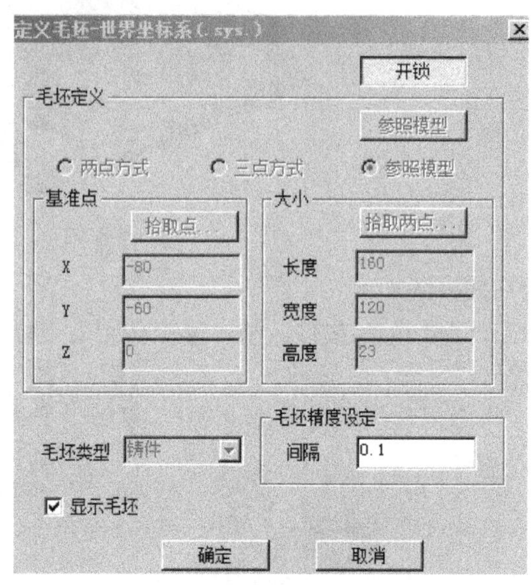

图 8-95

（4）双击起始点设定，*Z* 方向输入 50，单击“确定”按钮；机床设置采用默认的 FANUC 设置，如图 8-96 所示。

图 8-96

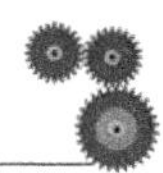

（5）双击刀具库，设定一些常见的平刀、端刀及球刀，并且激活凹模坐标系，如图 8-97 所示。

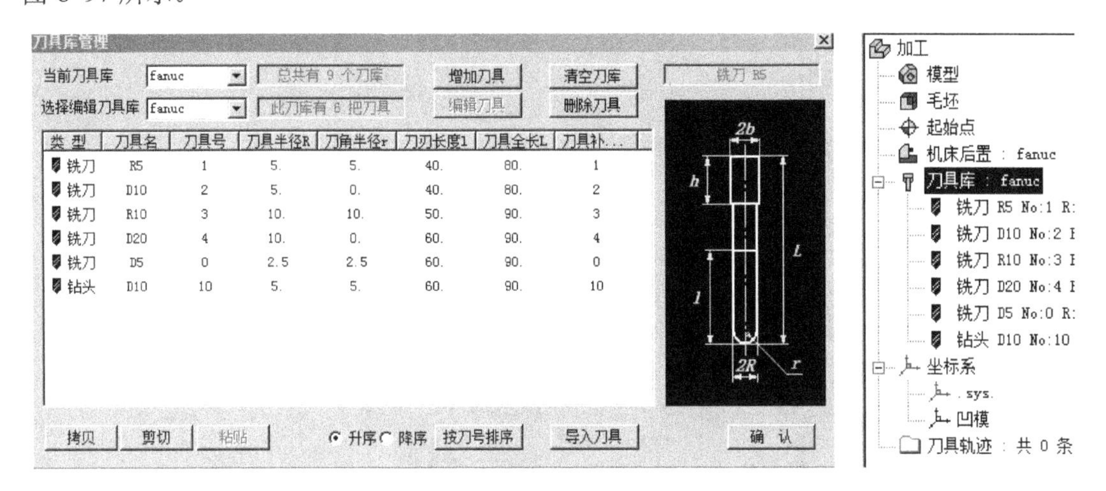

图 8-97

（6）单击“相关线”图标，在弹出的下拉菜单中选中“实体边界”，选择实体的四周边界线，单击右键确认，将实体边界线析出到空间，如图 8-98 所示。

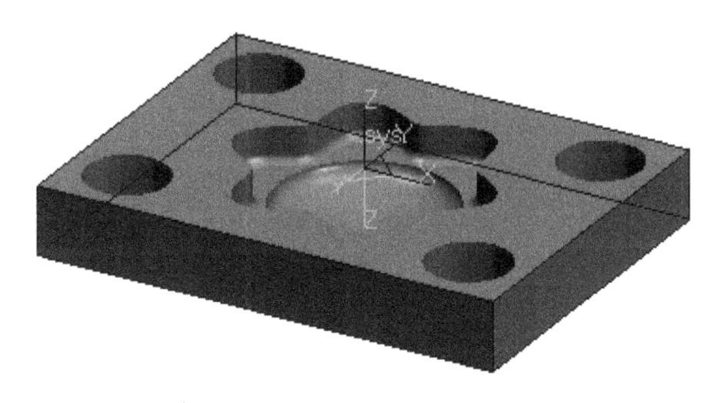

图 8-98

（7）单击“直线”╱图标，选择“两点线”、“连续”、“正交”、“长度方式”，输入长度 9，单击实体左下角朝反方向作一段直线；单击点工具菜单中“查询坐标”命令，单击刚绘制的直线的端点，右键确认，查询坐标 X 的值为 -80，Y 的值为 -69，如图 8-99 所示。

两点线
连续
正交
长度方式
长度=
9

查询坐标	
观察坐标系	凹模
X 坐标	-80.0000
Y 坐标	-69.0000
Z 坐标	0.0010

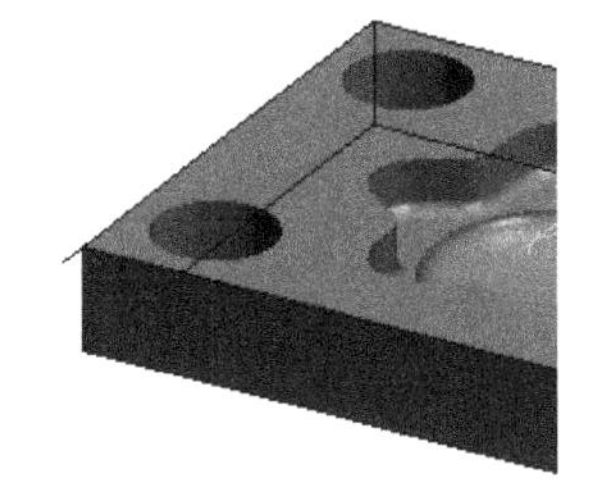

图 8-99

（8）单击加工栏中“平面区域粗加工”图标，走刀方式为环绕加工由外向里，顶层高度为 0.5，底层高度为 0，每层下降 0.5，余量为 0，轮廓为 ON 方式，行距为 9；清根参数中选择“不清根”；接近返回参数中，设定强制点为图 8-99 查询的点，返回方式为不设定，如图 8-100 所示。

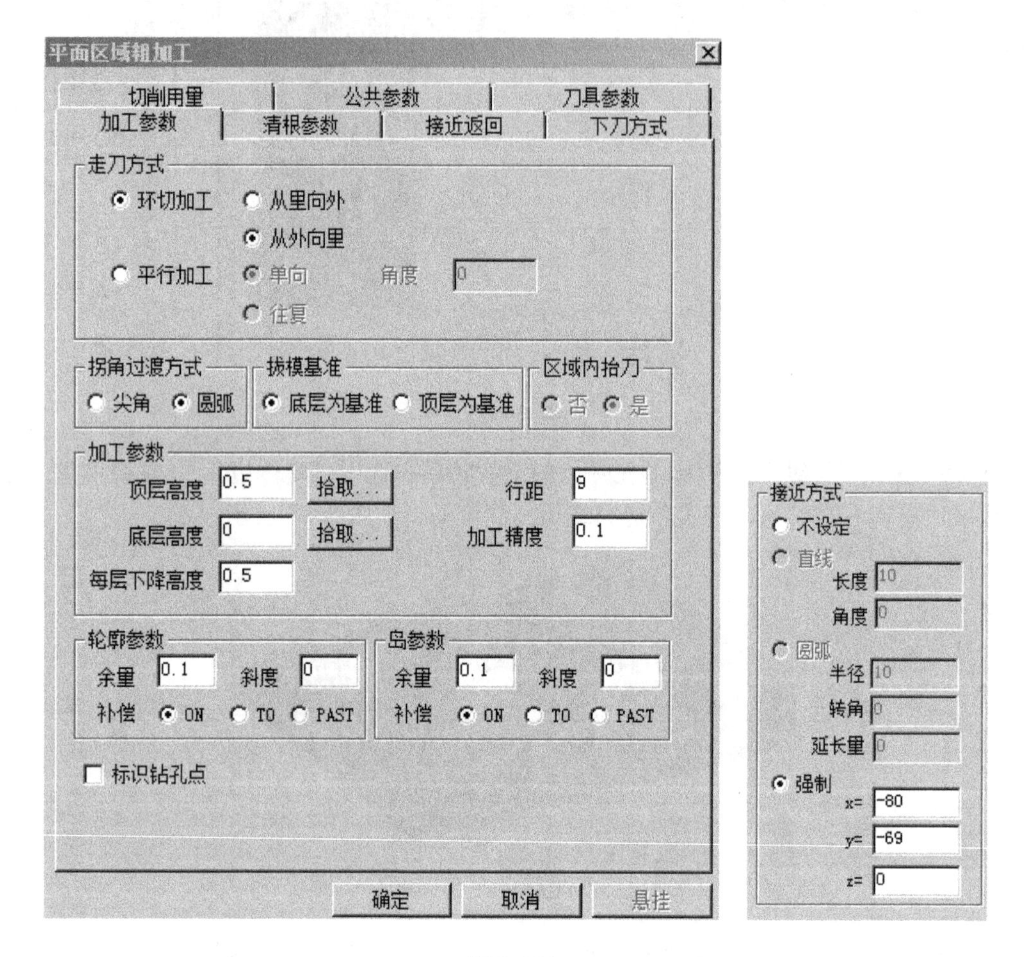

图 8-100

（9）下刀方式中采用安全高度 10，慢速下刀距离为 2，退刀距离为 2，切入方式为垂直；刀具参数中，单击“增加刀具”按钮，名字为 D16，半径为 8，刀角半径为 0，选择 D16 的平刀，单击“确定”按钮，如图 8-101 所示。

（10）公共参数中采用默认设置，选取凹模坐标系；切削用量参数中，采用硬质合金刀的切削参数，转速为 3000r/min，切削速度为 560mm/min，如图 8-102 所示。

（11）所有的参数设置好后，单击“确定”按钮，提示拾取轮廓，单击上析出的上表面四根线，提示拾取岛屿，由于没有岛屿直接单击右键确认，生成轨迹如图 8-103 所示。至此毛坯表面加工完成，若毛坯表面已经磨削这步可以省略。

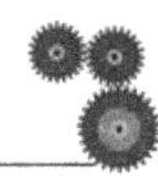

安全高度(H0) 10 拾取 绝对
慢速下刀距离(H1) 2 拾取 相对
退刀距离(H2) 2 拾取 相对

切入方式
垂直
螺旋 半径 10 近似节距 1
倾斜 长度 10 近似节距 1 角度 0
渐切 长度 10

下刀点的位置
斜线的端点或螺旋线的切点
斜线的中点或螺旋线的圆心

刀具参数 | 刀夹具参数

类型	铣刀
刀具名	D16
刀具号	1
刀具补偿号	1
刀具半径 R	8
刀角半径 r	0
刀柄半径 b	16
刀尖角度 a	120
刀刃长度 l	60
刀柄长度 h	20
刀具全长 L	90

图 8-101

加工参数 | 清根参数 | 接近返回 | 下刀方式
切削用量 | 公共参数 | 刀具参数

加工坐标系
坐标系名称：凹模 拾取加工坐标系
原点坐标：X: 0 Y: 0 Z: 0.001
Z轴矢量：X: 0 Y: 0 Z: -1

起始点
使用起始点
起始点坐标：X: 0 Y: 0 拾取起始点
起始高度：Z: 50

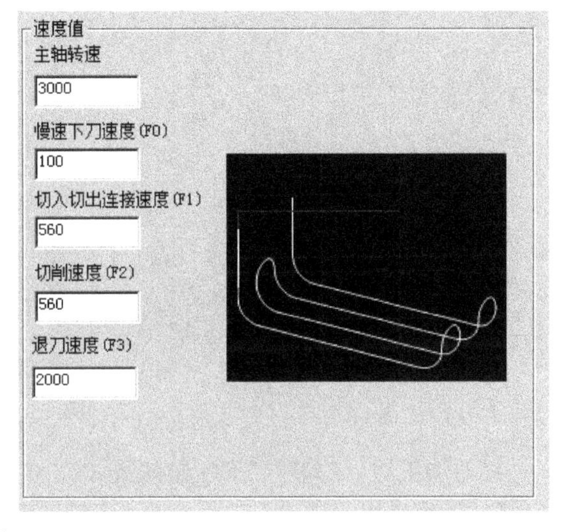

图 8-102

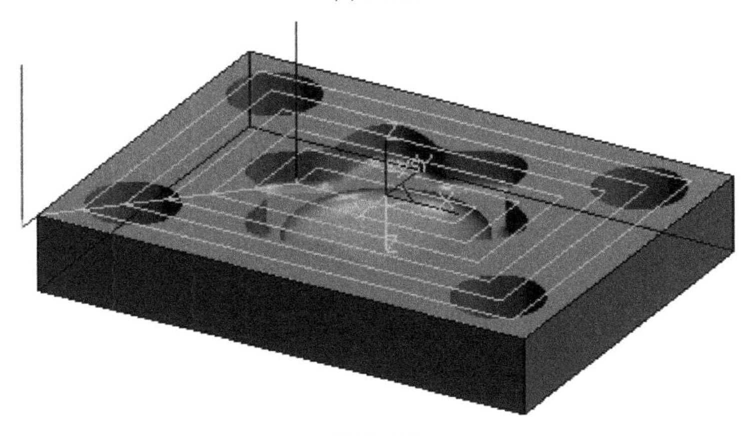

图 8-103

（12）单击“轮廓线精加工”图标，准备对毛坯周围轮廓进行粗加工，偏移方向为左偏移，行距为 5，层高设定为 2，*XY* 余量为 0.3，*Z* 余量为 0；切入切出中，*XY* 方向采用圆弧方式，半径为 8，角度为 90°，如图 8-104 所示。

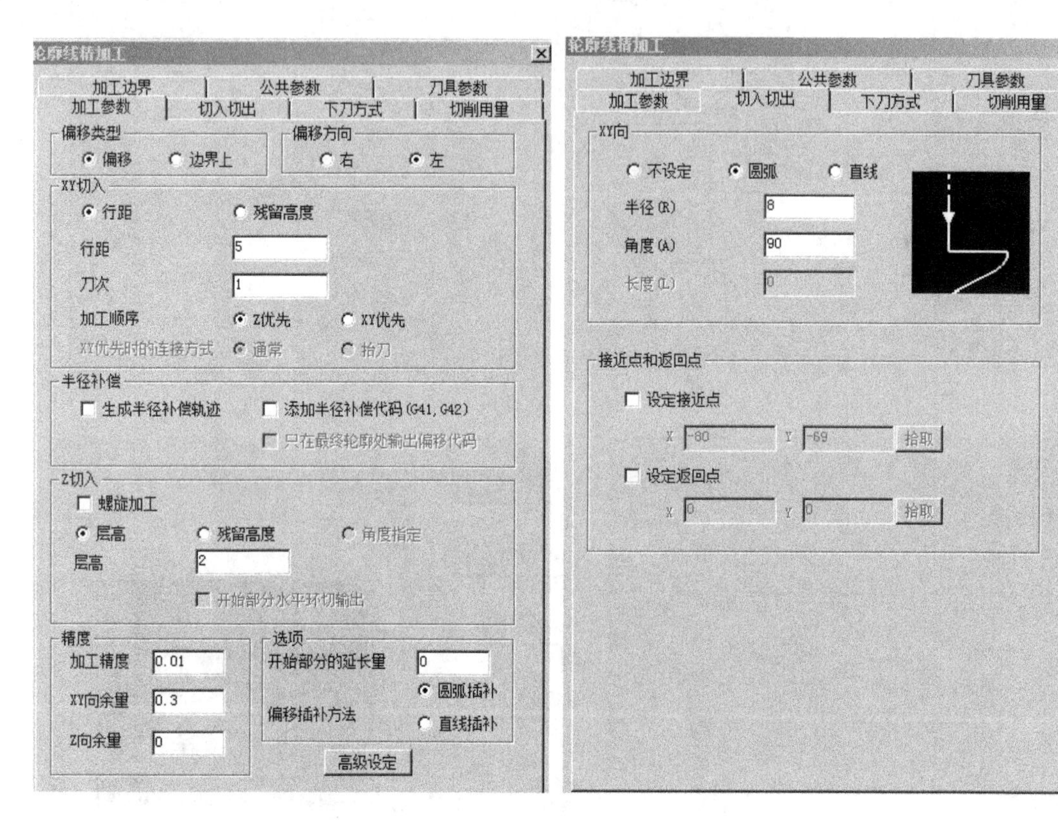

图 8-104

（13）加工边界的参数 *Z* 设定的最大为 0，最小为－23，其余设置参数和以上加工设置一样；然后单击“确定”按钮，提示拾取轮廓，选取上表面析出的线，单击箭头选取方向，单击右键确定，生成周边粗加工轨迹如图 8-105 所示，若毛坯四周表面已经磨削此步同样可以省略。

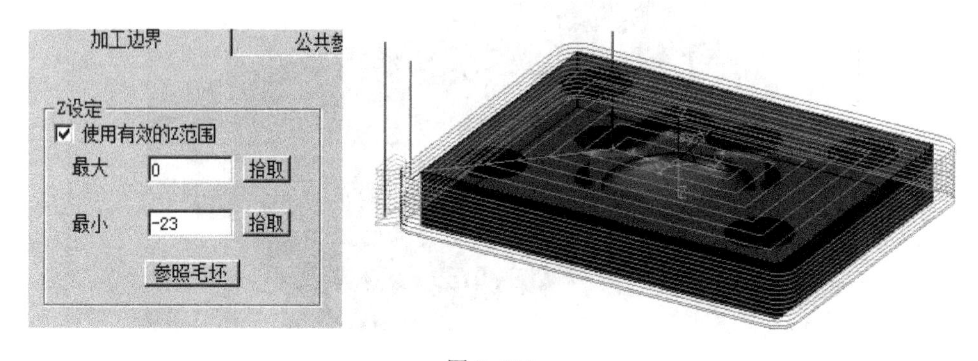

图 8-105

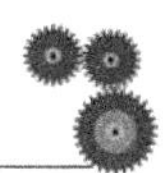

（14）右击生成的两轨迹选择“隐藏”命令将其隐藏；单击“相关线”图标，实体边界，单击四个圆孔的边界，单击右键确定；再次单击“轮廓线精加工”图标，准备对直径ϕ28 的孔粗加工，*Z* 方向切入采用螺旋加工，层高设为 0.7，加工精度为 0.01，*XY* 方向余量为 0.3，*Z* 方向的余量为 0；加工的边界，设定 *Z* 的范围为最大 0，最小为−25，其余切削参数同上，单击“确定”按钮，拾取ϕ28 的四个圆，逆时针方向选择圆，由于没有岛屿继续单击右键确定，如图 8-106 所示。

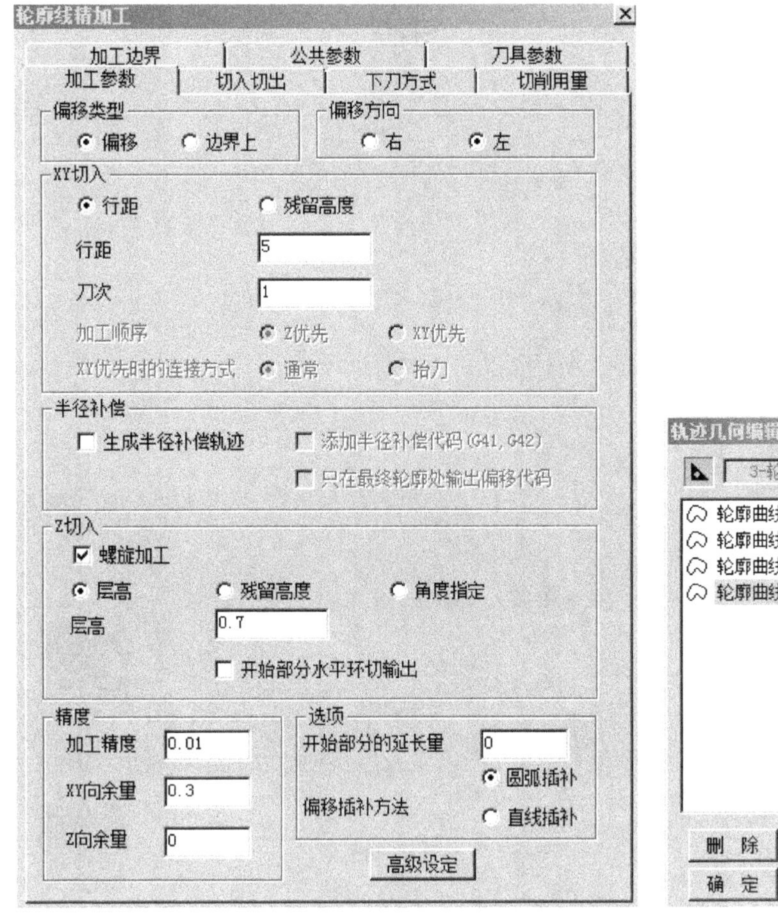

图 8-106

（15）生成四个圆孔的粗加工的轨迹，如图 8-107 所示，在实际加工的过程中应用钻头预先钻孔，方便铣刀加工。

（16）右击钻孔轨迹选择“隐藏”命令将其隐藏；单击“相关线”图标，实体边界，型腔周围边界，单击右键确定；单击“等高线粗加工”图标，*Z* 方向层高为 0.5，*XY* 切入行距为 9，余量为 0.3，环绕切削方式，行与行连接的方式为圆弧；下刀方式为倾斜线方式，距离为 0.7，角度为 5°；加工参数 2 中，区域切削类型为抬刀切削混合，稀疏化不设定，其余参数为默认设置，如图 8-108 所示。

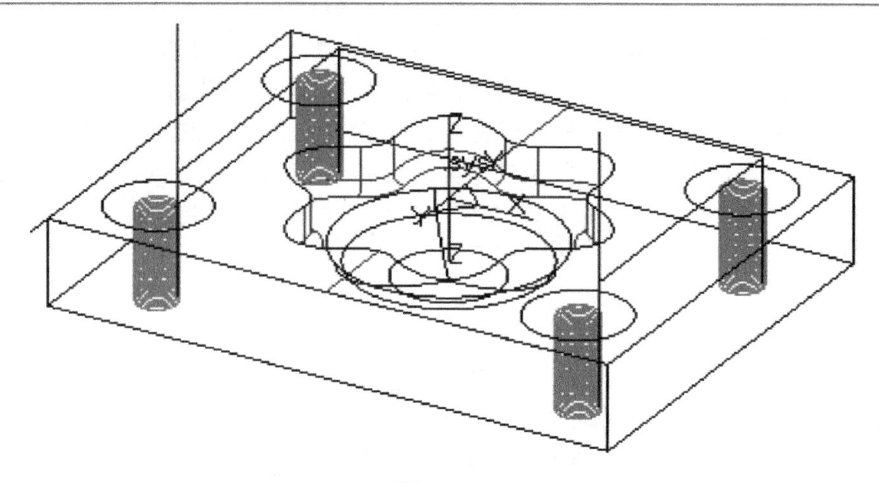

图 8-107

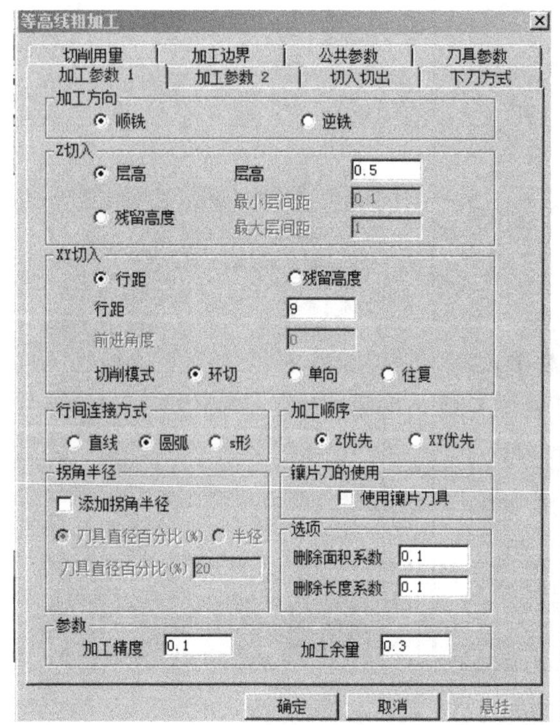

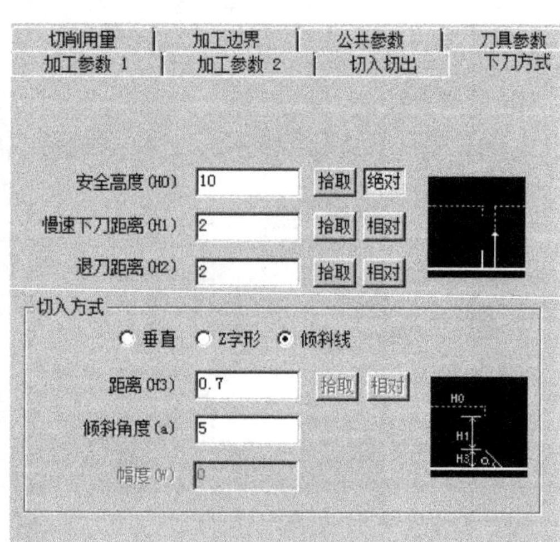

图 8-108

（17）单击“确定”按钮，单击鼠标左键拾取加工对象为实体模型，单击右键确认。单击鼠标左键拾取型腔的边界为加工的边界，确定逆时针方向为加工的方向，单击右键确认，系统进行刀路运算，结果如图 8-109 所示。

（18）在加工管理栏中右击“4-等高粗加工轨迹”将其隐藏，右击“2-轮廓线精加工”选择“显示”命令，再次右击选择“拷贝”命令，然后选择“粘贴”命令，生成“5-轮廓线线精加工”轨迹，具体如图 8-110 所示。

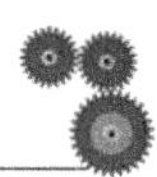

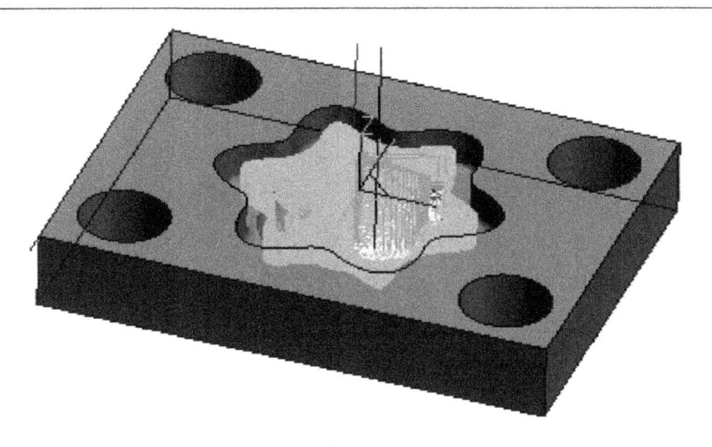

图 8-109

图 8-110

（19）双击“5-轮廓线精加工”中的加工参数，将行距改为 0.1，刀次为 2，*Z* 层高为 10，*XY* 余量为 0，单击“确定”按钮，生成实体轮廓精加工轨迹如图 8-111 所示。

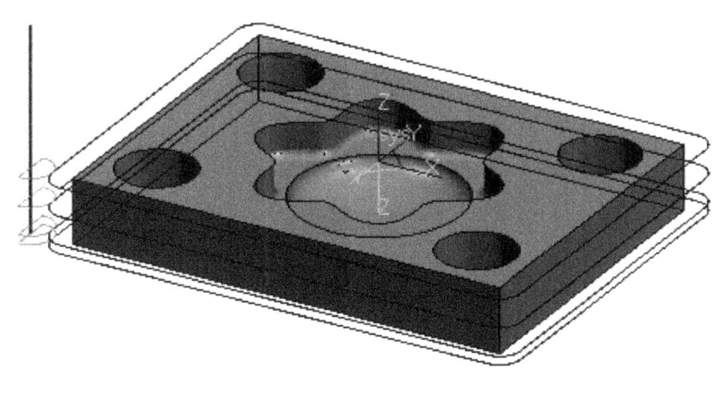

图 8-111

（20）同样的过程复制 3-轮廓线精加工轨迹后粘贴，双击加工参数，将行距改为 0.1，刀次为 2，*Z* 层高为 10，*XY* 余量为 0，生成的轨迹如图 8-112 所示。

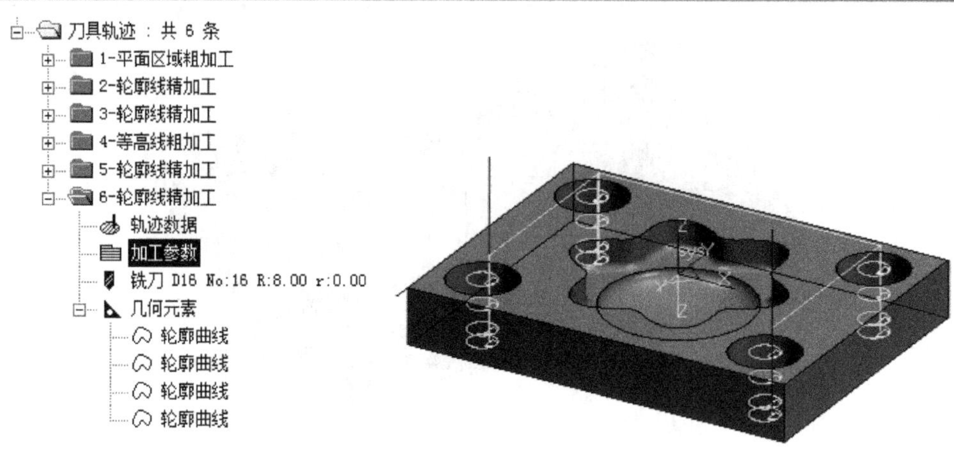

图 8-112

（21）由于型腔粗加工过后内部凹凸不平，需要对其进行半精加工，以为精加工做准备。单击“扫描线精加工”图标，参数设置如图 8-113 所示。

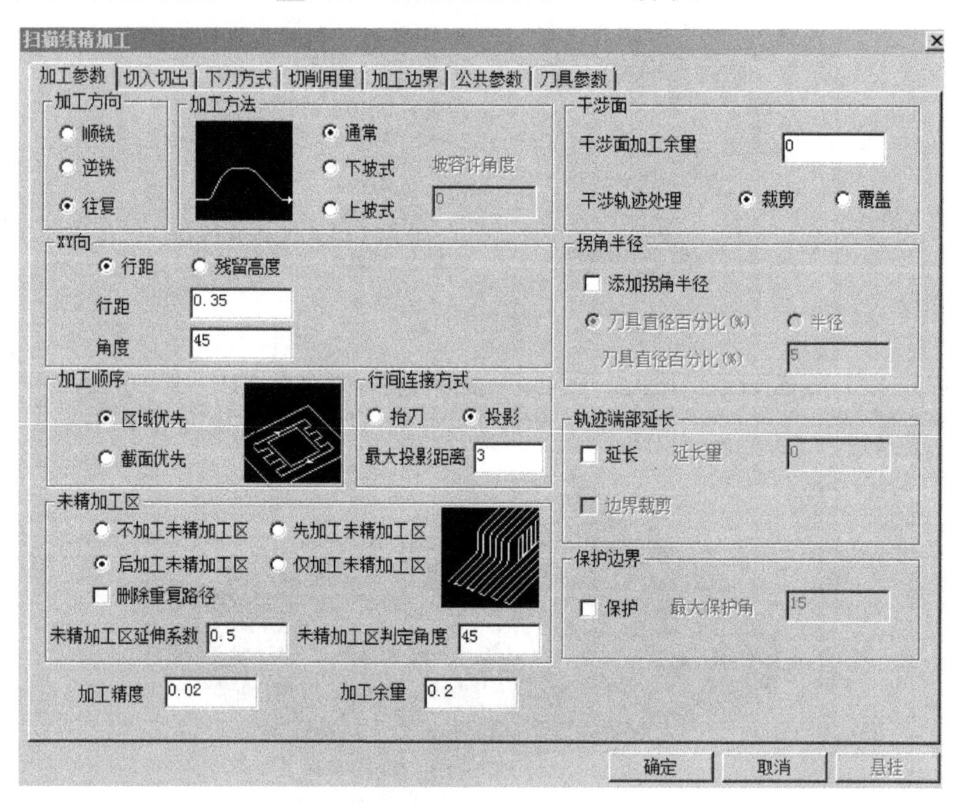

图 8-113

（22）其余参数默认，选择 $R4$ 的球刀，单击“确定”按钮图标，单击鼠标左键拾取加工对象为实体，单击右键确认；再次单击右键确认无须干涉面，拾取型腔边界为加工边界，单击左键指定链搜索方向，单击“确定”按钮，生成轨迹如图 8-114 所示。

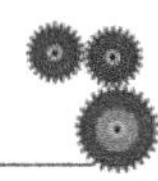

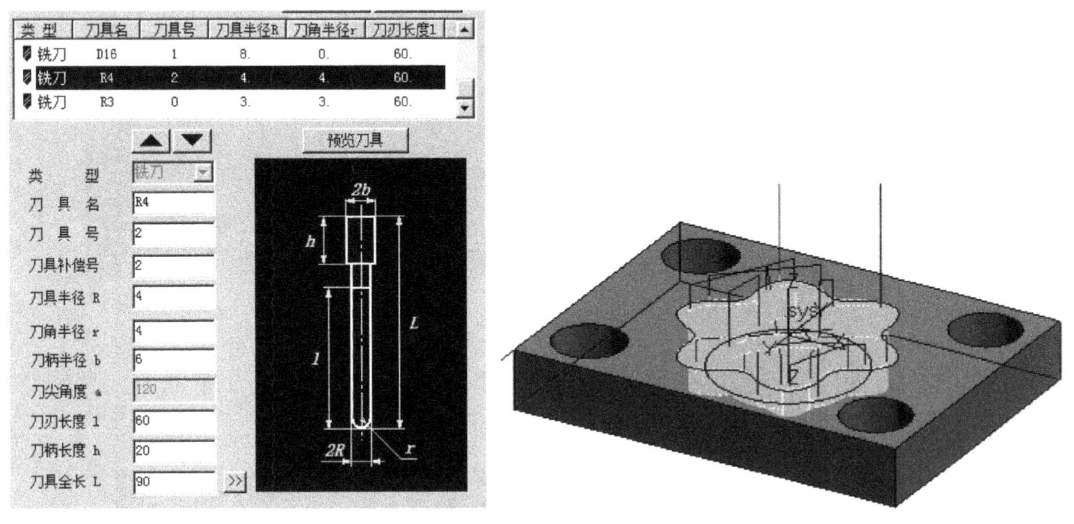

图 8-114

（23）单击“参数线精加工”图标，切入方式选择长度 3，行距定义方式残留高度为 0.01，加工精度为 0.01，加工余量为 0，准备对底面进行精加工；刀具参数中，增加刀具为 $R3$ 的球刀，如图 8-115 所示。

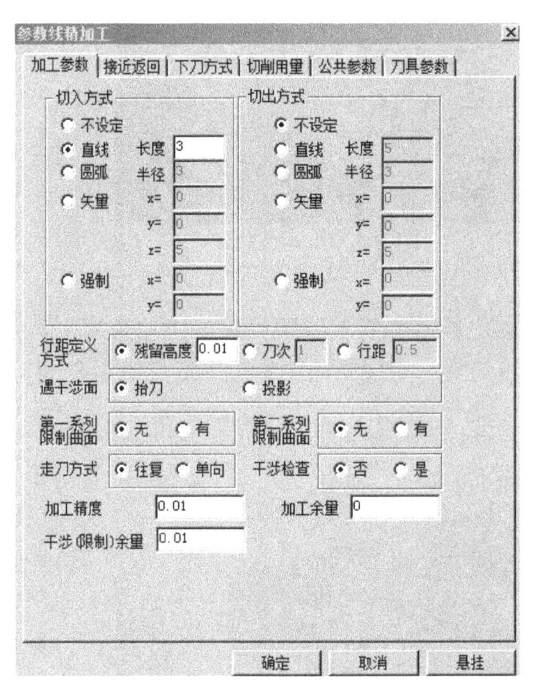

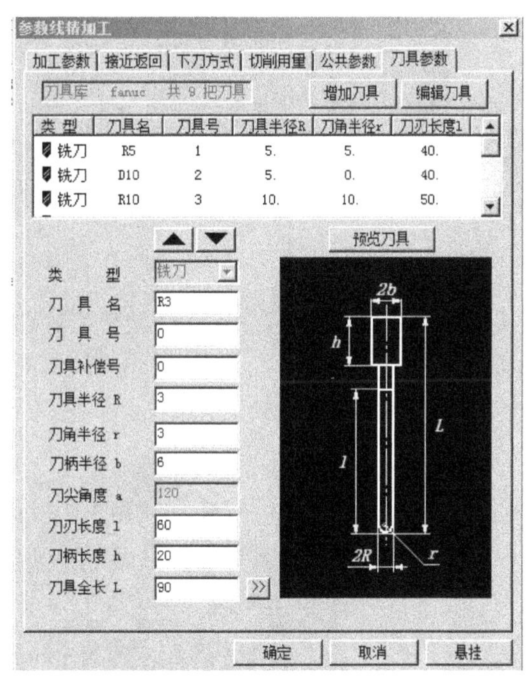

图 8-115

（24）单击“确定”按钮图标，提示选择加工对象，单击底面并单击右键确定；提示拾取进刀点，单击底部的点，并单击右键确定；提示出现是否切换加工方向，单击左键改变方向，单击右键确认，如图 8-116 所示。

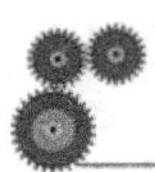

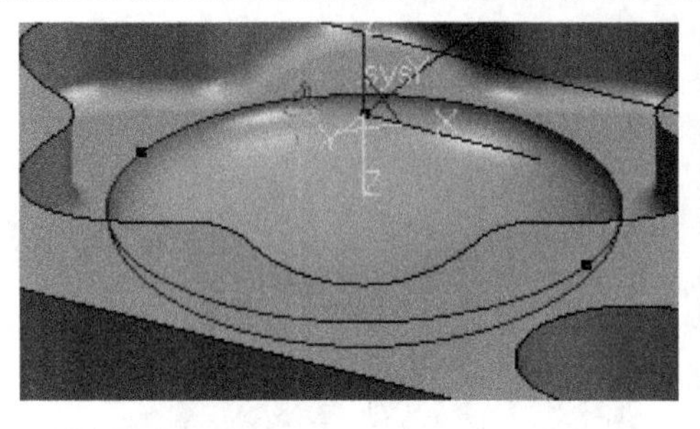

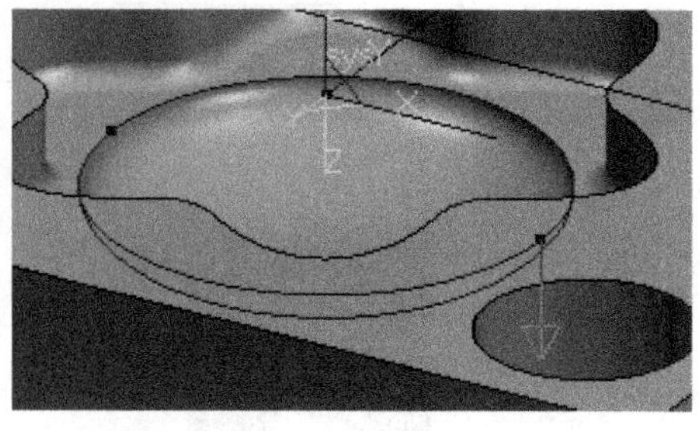

图 8-116

（25）单击右键确认不需改变曲面方向，再次单击右键表示不需干涉曲面，稍等片刻，生成如放射状底面精加工的轨迹。如图 8-117 所示。

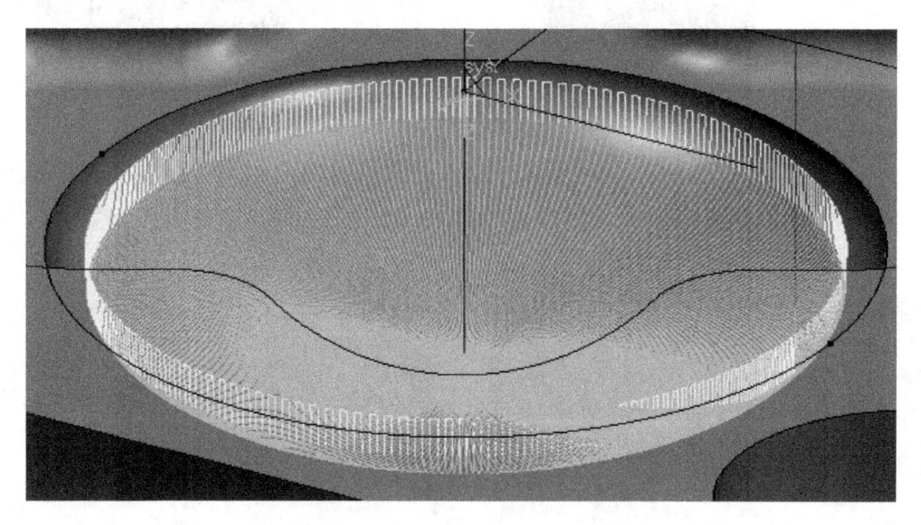

图 8-117

（26）在加工管理栏中右击“放射状底面精加工轨迹”将其隐藏。单击“相关线”图标，选择“实体边界”方式，单击型腔平面周围边界，将边缘的轮廓线析出，如图 8-118 所示。

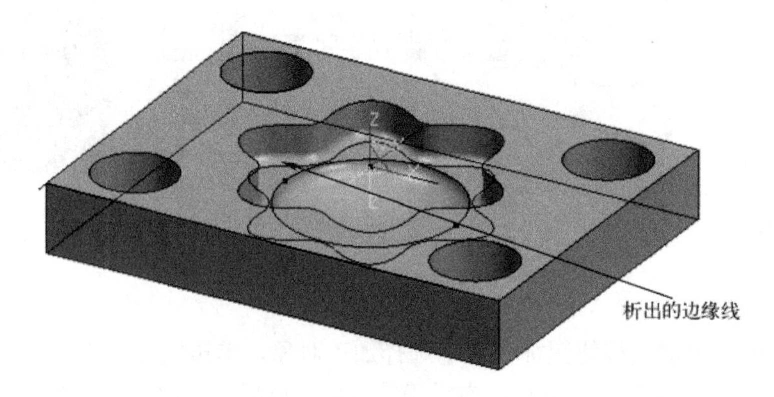

图 8-118

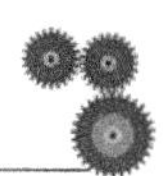

（27）单击“工具”菜单中“查询坐标系”命令，单击刚析出的曲线上的任一点，单击右键确认，显示 Z 坐标为－12.035；单击“轮廓线精加工”图标，Z 设定的范围最大最小皆为－12.035，如图 8-119 所示。

查询坐标	
观察坐标系	凹模
X 坐标	-31.6200
Y 坐标	-11.0098
Z 坐标	-12.0350

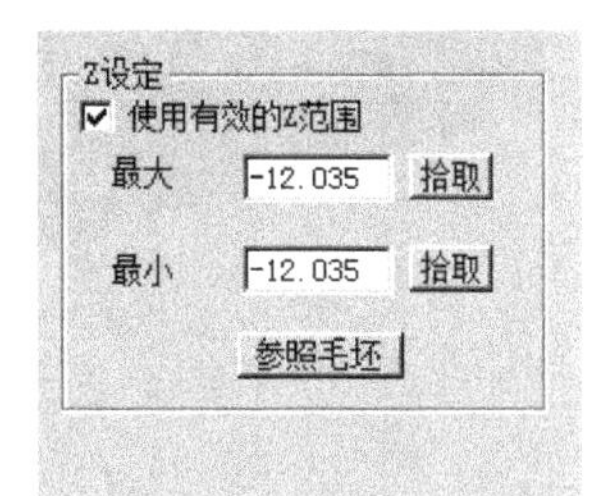

图 8-119

（28）加工参数中，*XY* 切入行距为 4。刀次为 2，余量皆为 0；切入切中，XY 向半径 4，角度为 90°；在刀具管理栏中，增加ϕ8 平刀并选择，如图 8-120 所示。

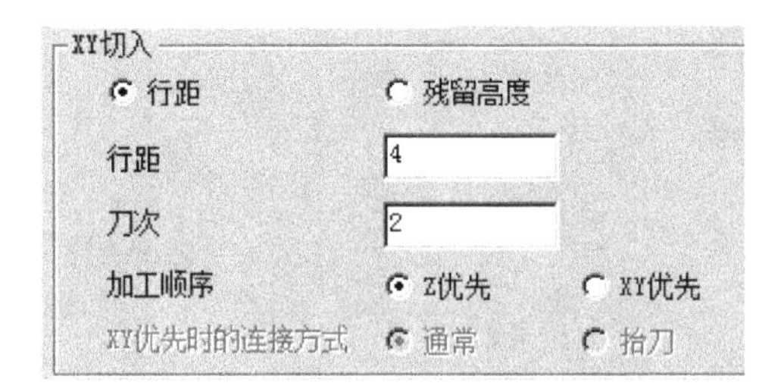

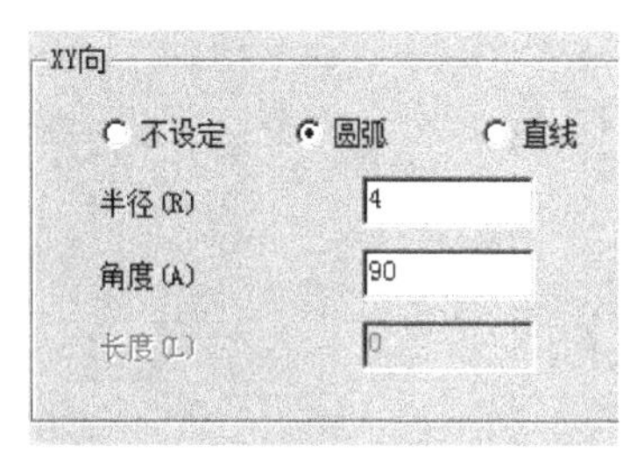

图 8-120

（29）单击“确定”按钮，提示拾取轮廓，选择刚析出的线，逆时针方向，单击右键确认，生成型腔平面精加工轨迹，如图 8-121 所示。

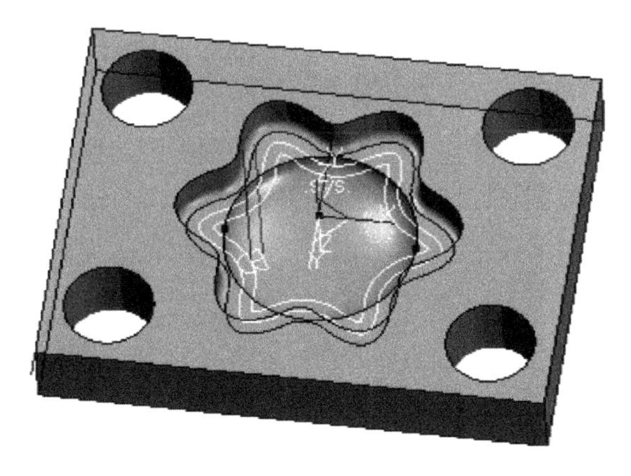

图 8-121

（30）在加工管理栏中右击“型腔平面精加工”轨迹将其隐藏，单击“相关线”图标，实体边界，单击型腔侧面周围边界，将边缘的轮廓线析出，同时查询其 *Z* 方向的坐标为－9.026，如图 8-122 所示。

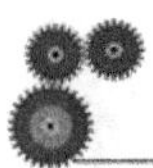

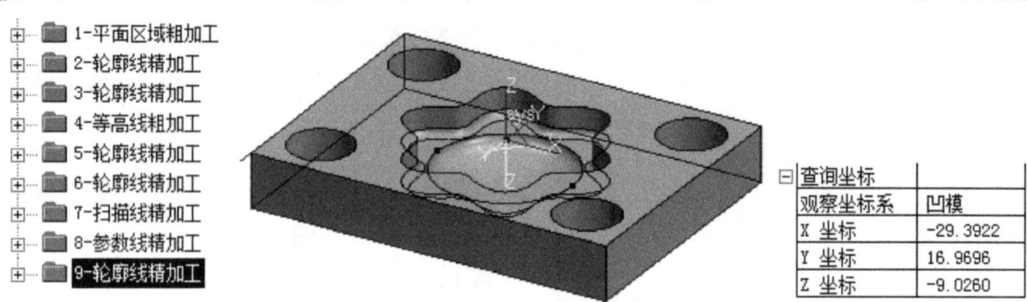

图 8-122

（31）单击“平面轮廓精加工”图标，实体边界，加工参数中，加工精度为 0.01，刀次为 2，高度皆为−9.026，行距为 0.2，加工余量为 0；接近返回方式皆为半径为 4，转角为 45°，如图 8-123 所示。

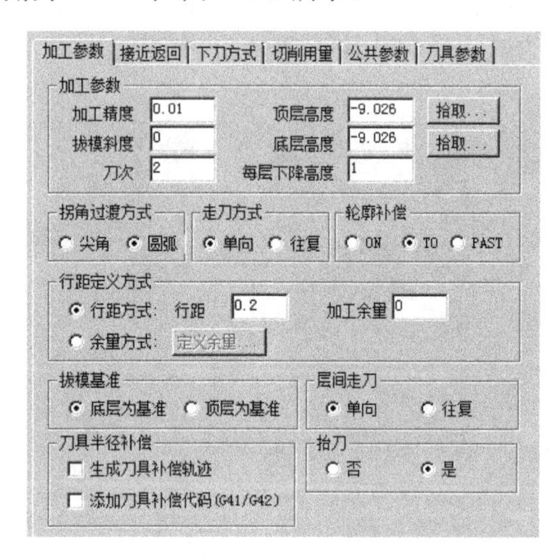

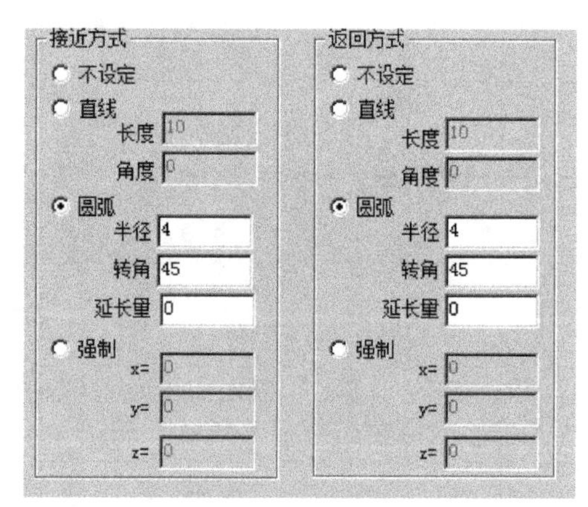

图 8-123

（32）选择$\phi 8$ 的平刀，单击“确定”按钮；选取刚析出的型腔侧面边线，逆时针方向并单击右键确定，箭头方向朝型腔内侧，进退刀点直接单击右键确定，生成侧面精加工轨迹，如图 8-124 所示。

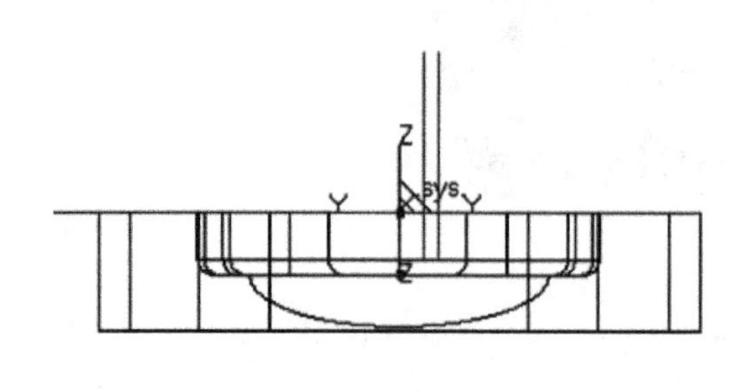

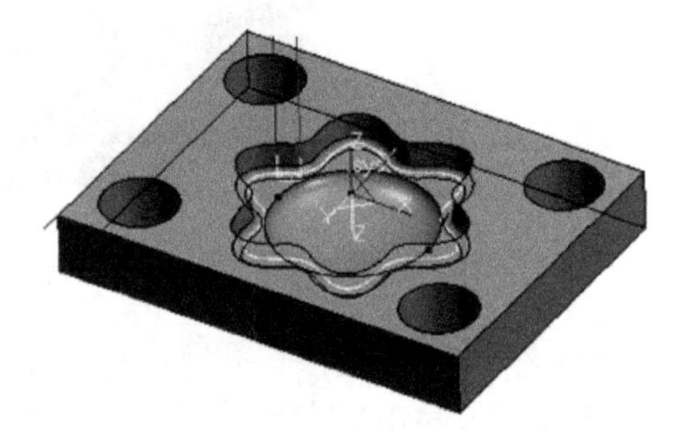

图 8-124

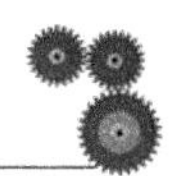

（33）在加工管理栏中右击刚生成的“侧面精加工轨迹”将其隐藏。单击“实体表面”图标，选取实体边缘 R 角所在的面，单击右键确定，将 R 角面析出；单击“设置”中拾取过滤器，仅勾选“空间曲面”，如图 8-125 所示。

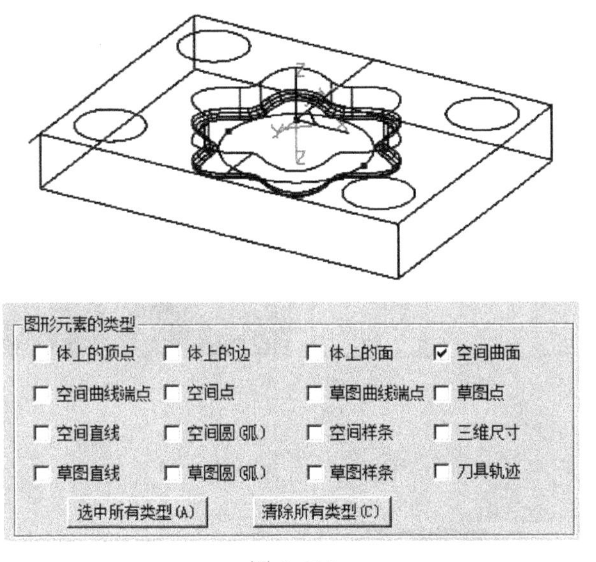

图 8-125

（34）单击“参数线精加工”图标，行距设为 0.2，加工余量为 0；刀具参数中，增加 $R2$ 的球刀，如图 8-126 所示。

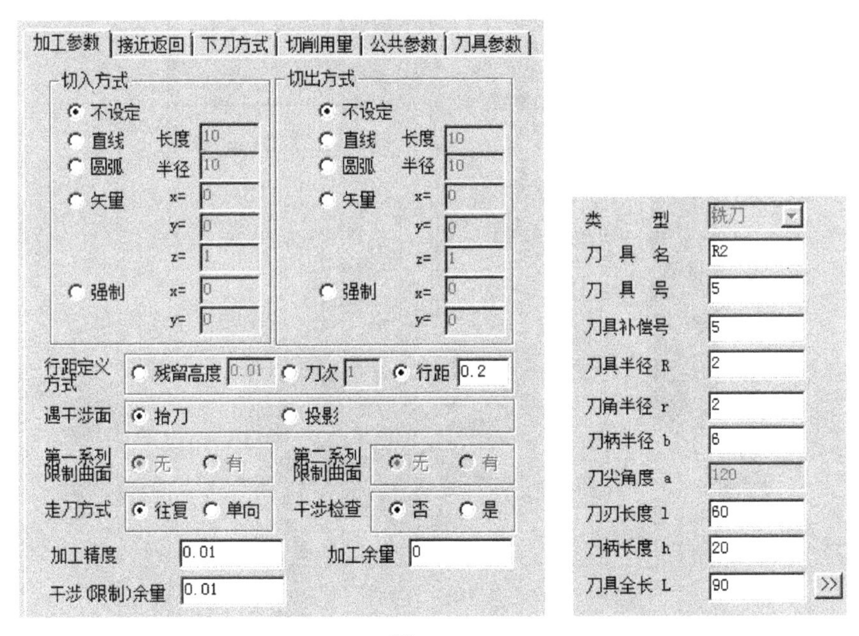

图 8-126

（35）单击“确定”按钮，单个拾取曲面，曲面的方向，单击右键确认；再次修改拾取设置为所有类型，单击上表面为进刀点，加工的方向为相切的方向，单击右键再次确

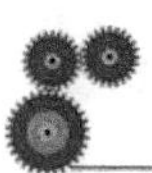
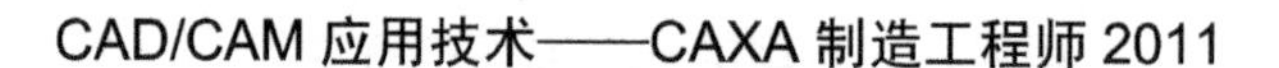

定。至此，*R* 角面精加工的轨迹生成，如图 8-127 所示。

（36）生成所有的轨迹总计 11 个轨迹，单击“加工”菜单中的“线框仿真”命令，结果如图 8-128 所示。

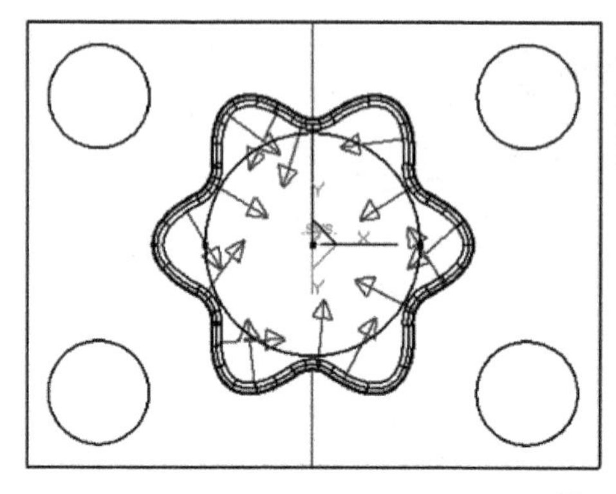
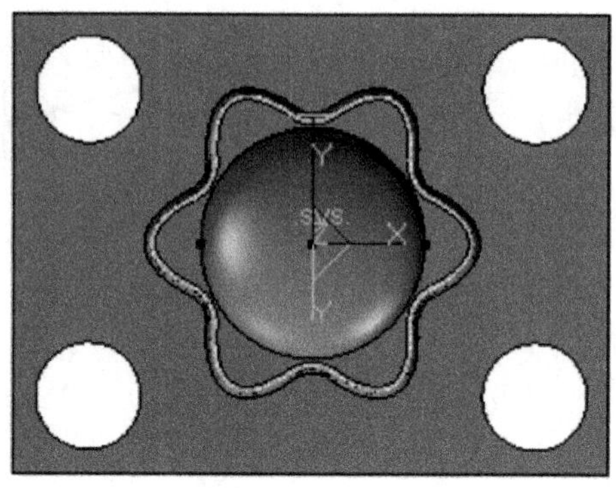

图 8-127

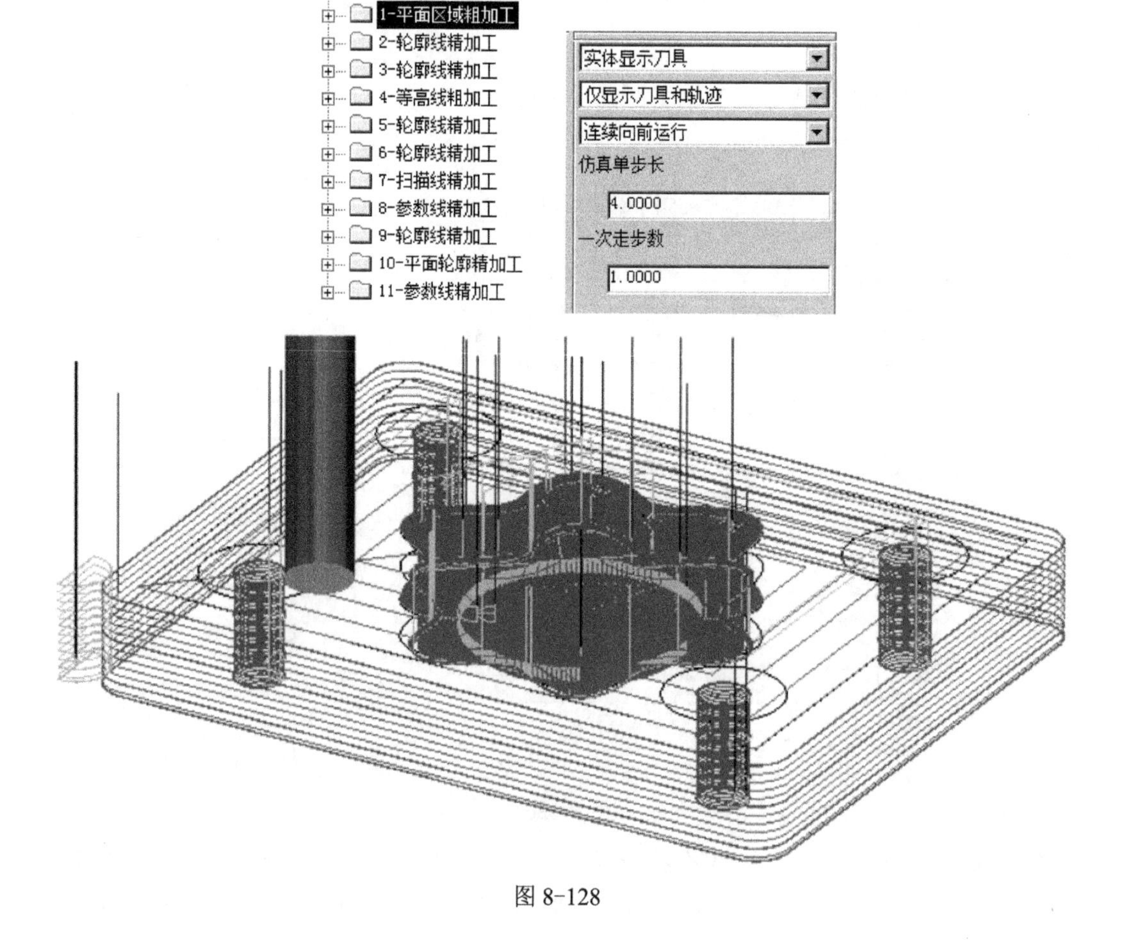

图 8-128

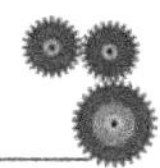

（37）单击“加工”→“实体仿真”命令，选取 11 个轨迹，单击右键确认，单击“加工”菜单中“线框仿真”命令，结果如图 8-129 所示。

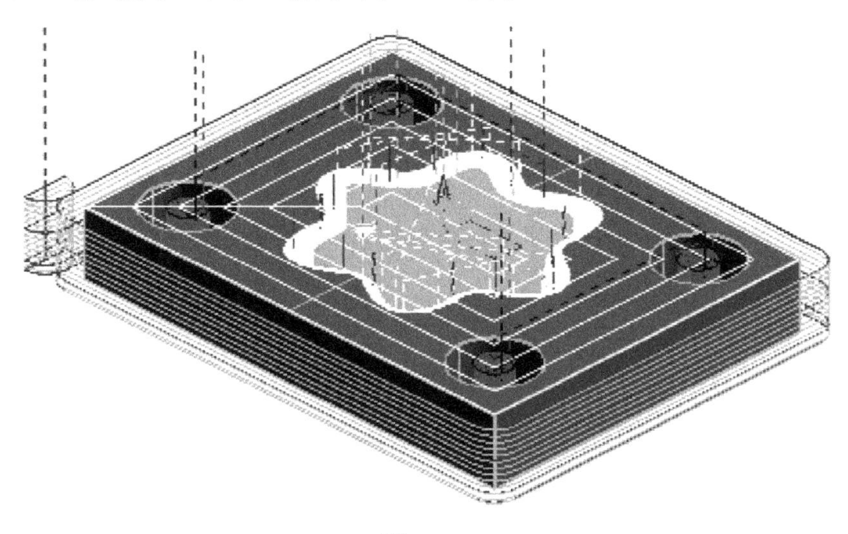

图 8-129

（38）单击工具栏“仿真”图标，选取 11 个轨迹，单击右键确认，单击“线框仿真”命令，结果如图 8-130 所示。

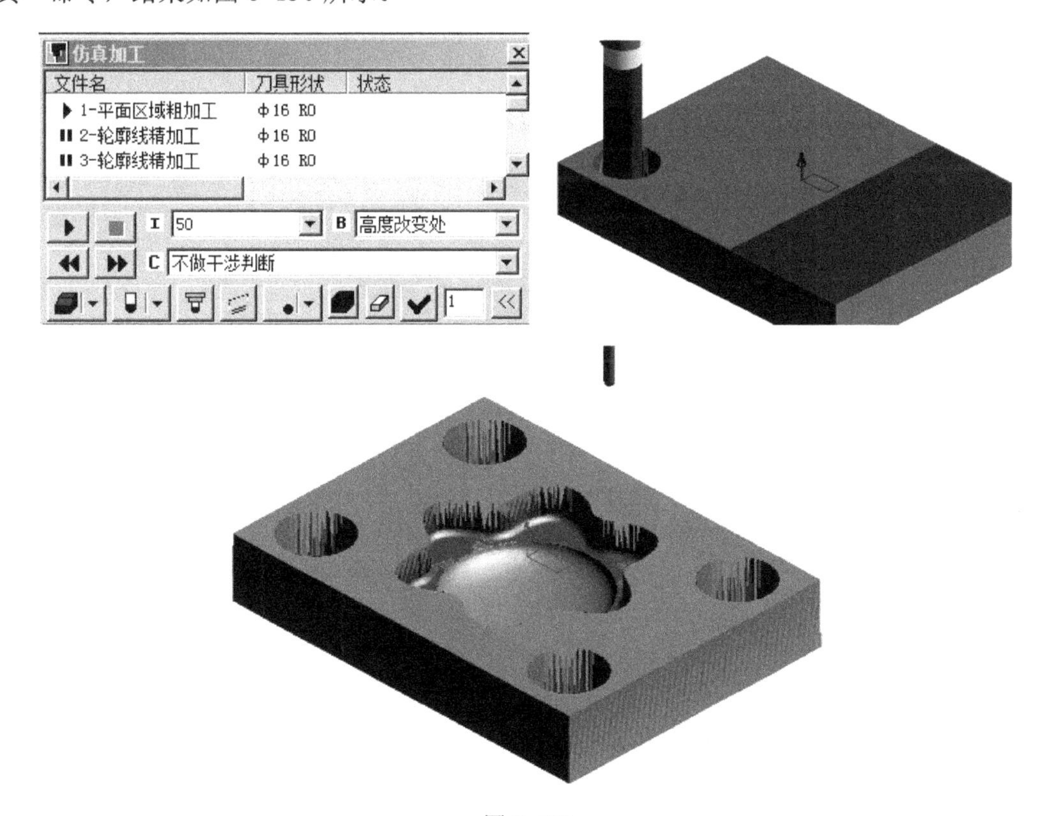

图 8-130

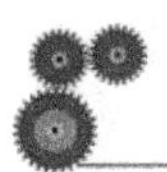
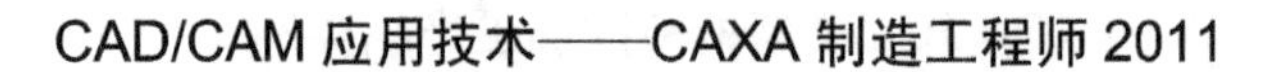

（39）单击“加工”菜单中“后置处理”命令，采用默认的 FANUC 系统格式，生成 G 代码，输入文件名，选择刚生成的轨迹，单击右键确定，生成的 G 代码如图 8-131 所示。

（40）单击“加工”菜单中“编程助手”命令，打开刚生成的程序，进行对应程序的模拟仿真，并可以传送到所需的机床，如图 8-132 所示。

（41）单击“加工”菜单中“生成工艺清单”命令，输入零件名称、设计人员等，单击“生成清单”按钮，结果如图 8-133 所示。

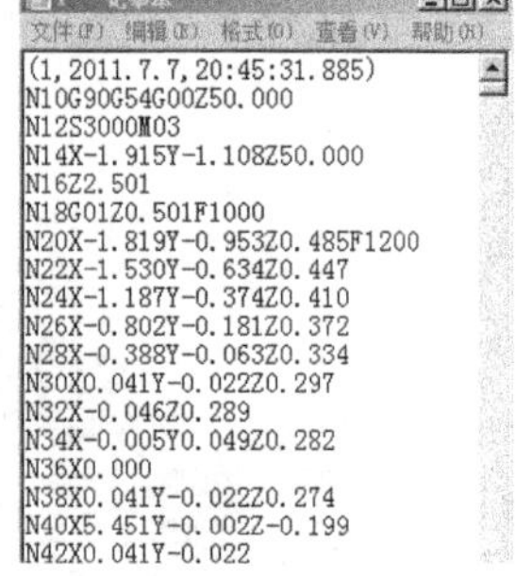

图 8-131

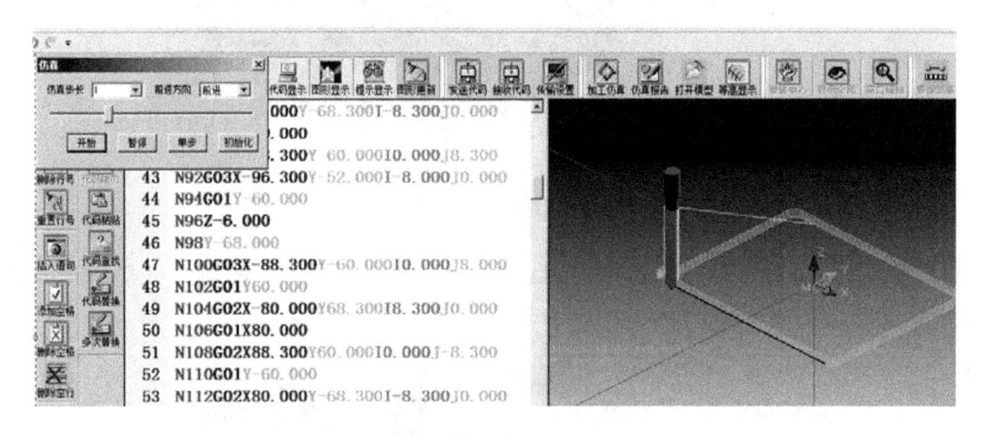

图 8-132

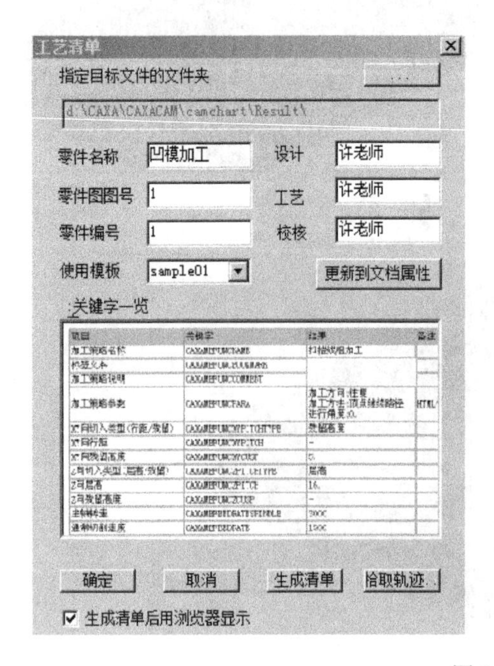

工艺清单输出结果

- general.html
- function.html
- tool.html
- path.html
- ncdata.html

图 8-133

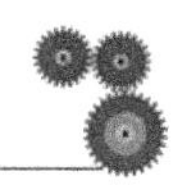

项目	关键字	结果	备注
零件名称	CAXAMEDETAILPARTNAME	凹模加工	
零件图图号	CAXAMEDETAILPARTID	1	
零件编号	CAXAMEDETAILDRAWINGID	1	
生成日期	CAXAMEDETAILDATE	2011.7.7	
设计人员	CAXAMEDETAILDESIGNER	许老师	
工艺人员	CAXAMEDETAILPROCESSMAN	许老师	
校核人员	CAXAMEDETAILCHECKMAN	许老师	
机床名称	CAXAMEMACHINENAME	fanuc	
全局刀具起始点X	CAXAMEMACHHOMEPOSX	0.	
全局刀具起始点Y	CAXAMEMACHHOMEPOSY	0.	
全局刀具起始点Z	CAXAMEMACHHOMEPOSZ	50.	
全局刀具起始点	CAXAMEMACHHOMEPOS	(0.,0.,50.)	
模型示意图	CAXAMEMODELIMG		HTML代码

图 8-133（续）

练一练

（1）用制造工程师软件对旋钮凸模进行粗精加工，要求合理安排和设置加工的工艺路线、加工参数及切削的参数，后置按 FANUC-0i 格式，编制完整的 CAM 加工程序及工艺清单，如图 8-134 所示。

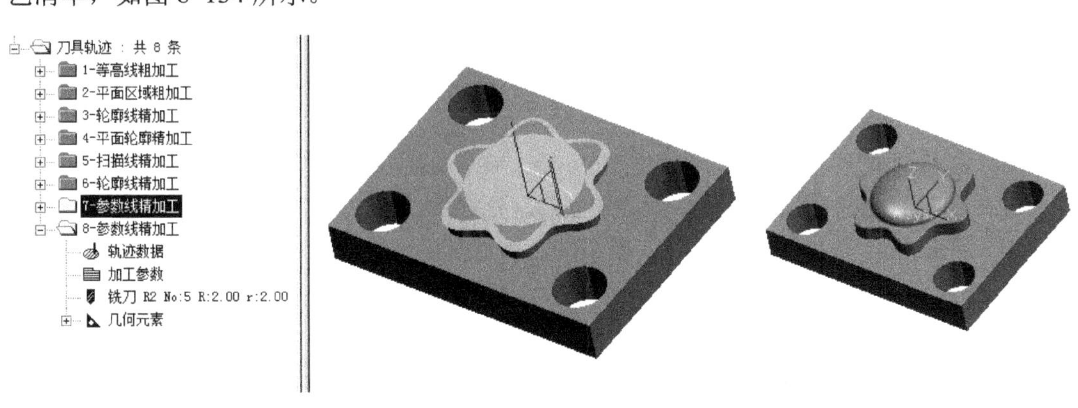

图 8-134

（2）已知毛坯零件尺寸为 120×50×50，材质为 45 钢调质。要求进行造型及分模，合理安排加工工艺路线和建立加工坐标系及编制完整的 CAM 加工程序和工艺清单，后置处理格式按 FAUNC-0i 格式，如图 8-135 所示。

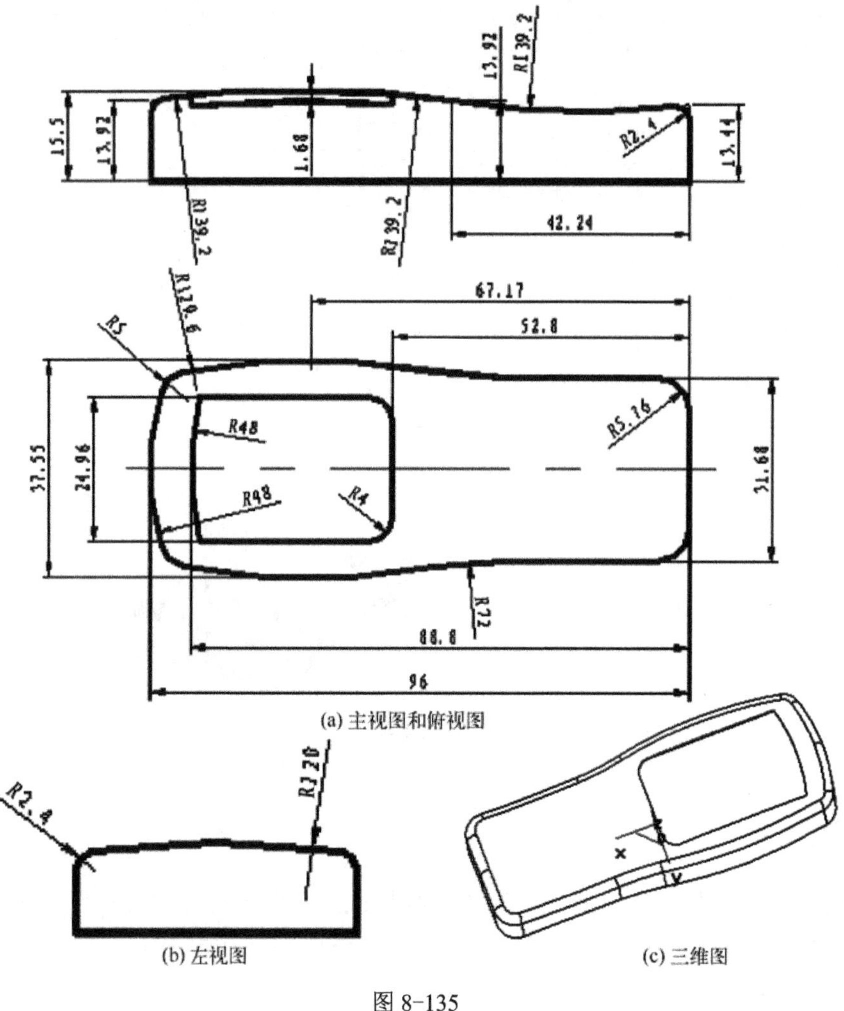

(a) 主视图和俯视图

(b) 左视图

(c) 三维图

图 8-135

想一想

（1）旋钮的造型中应注意哪些问题？为什么完成草图后需要检查草图是否闭合？

（2）旋钮的分模过程中使用草图及曲面的区别分别是什么？

（3）在旋钮凹模加工的过程中，粗精加工的作用分别是什么？底部凹槽的半精加工的作用是什么？

任务三 圆柱凸轮的造型及四轴加工

读一读

圆柱余弦凸轮的二维图以及立体图如图 8-136 所示。

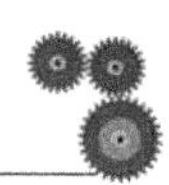

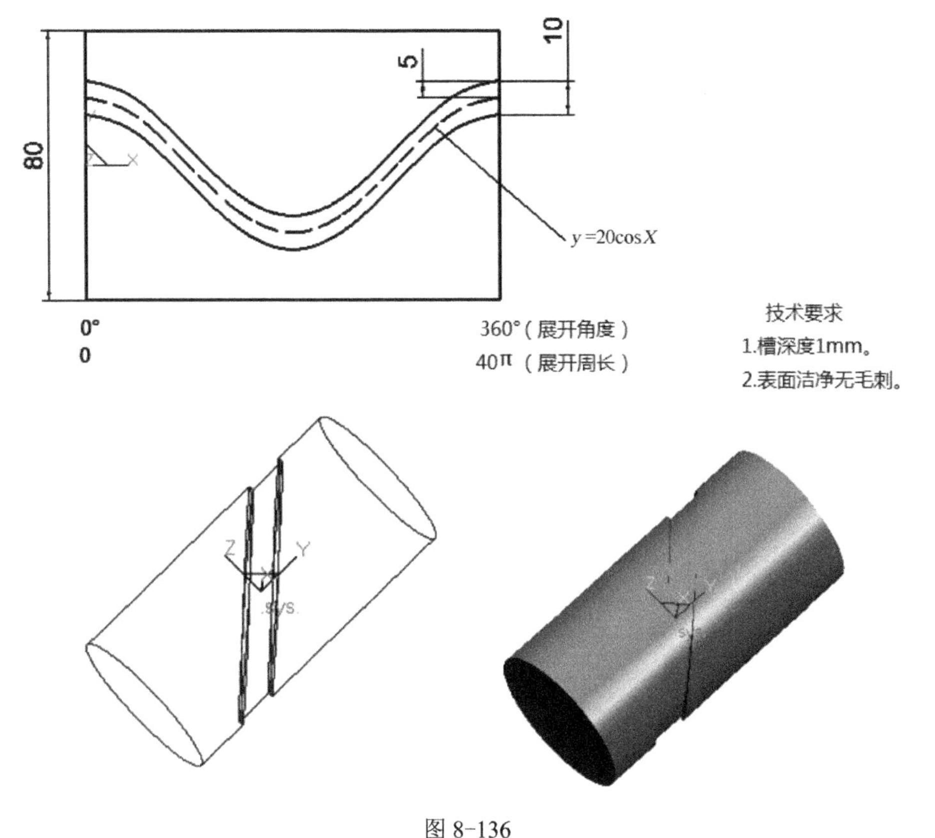

图 8-136

圆柱凸轮的造型分析：由图 8-136 可知凸轮的直径为 40，作草图双向拉伸增料；通过数学分析可利用公式曲线同时考虑消除边界特性，可先作半径为 21 的空间凸轮线，后将其在 *Y* 方向上下平移，构建直纹面，最后通过直纹面的曲面加厚除料 2 来实现其造型。

圆柱凸轮的加工分析：该旋转轴为 *Y* 轴，即为 *B* 轴旋转，它的圆柱面可通过四轴平切面来实现（如表面已经车削可以省略），中间的凹槽加工可以通过四轴柱面曲线加工同时将其左右各偏置 1 来实现。

做一做

1. 凸轮的造型

（1）按 F5 键，单击“公式曲线”f(x)图标，直角坐标系，精度控制为 0.01，角度方式范围为 0°～360°，输入曲线方程 X（t）=21*cos（t），Y(t)= 21*sin（t），Z(t)=21*sin（t）单击“确定”按钮，然后选择原点为中心点确定，按 F8 键空间观察，如图 8-137 所示。

（2）单击“平移”图标，选择“偏移量”、“拷贝”方式，*Y* 方向输入 5，选择曲线在 *Y* 正方向偏移为 5，单击右键确定；同理，在 *Y* 负方向同样偏移距离 5，如图 8-138 所示。

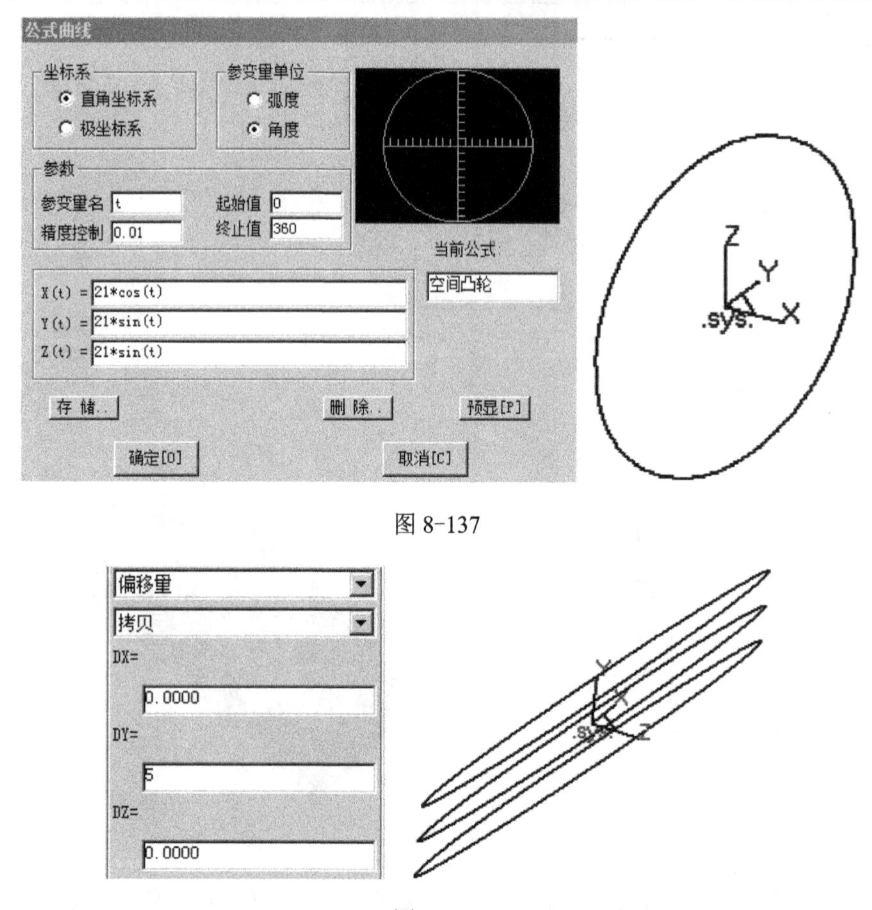

图 8-137

图 8-138

（3）单击“直纹面”图标，选择“曲线+曲线”模式，选中上下两个曲线，单击右键确认；右键三根曲线将其隐藏，如图 8-139 所示。

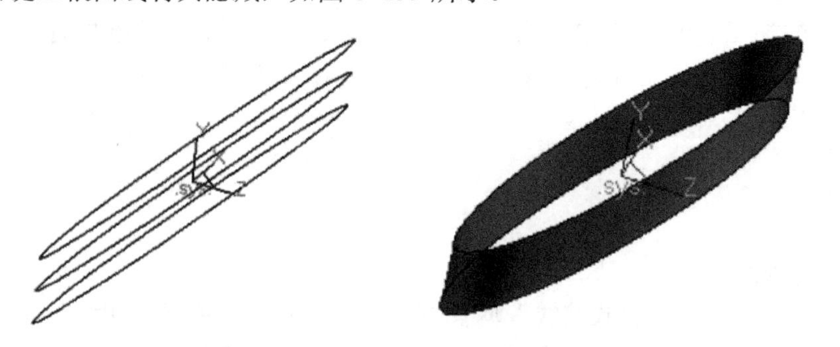

图 8-139

（4）右击平面 *XZ* 创建草图，单击“整圆”图标，选择“圆心_半径”的方式，单击原点为圆心，输入半径 20，单击右键确定，如图 8-140 所示。

（5）按 F2 键退出草图；单击“拉伸增料”图标，选择“双向拉伸”方式，输入深度 80，单击“确定”按钮，如图 8-141 所示。

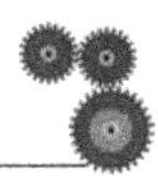

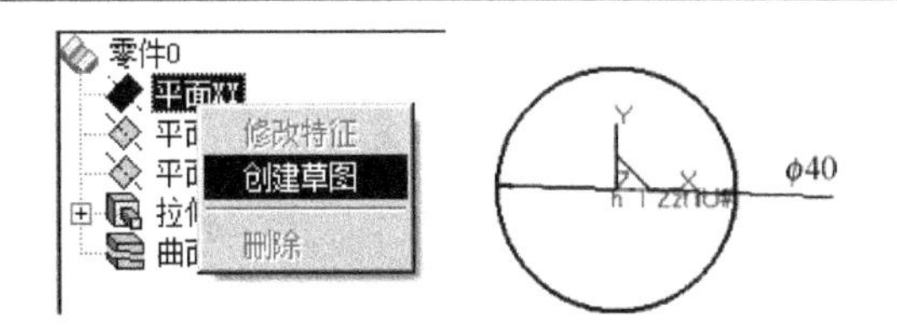

图 8-140

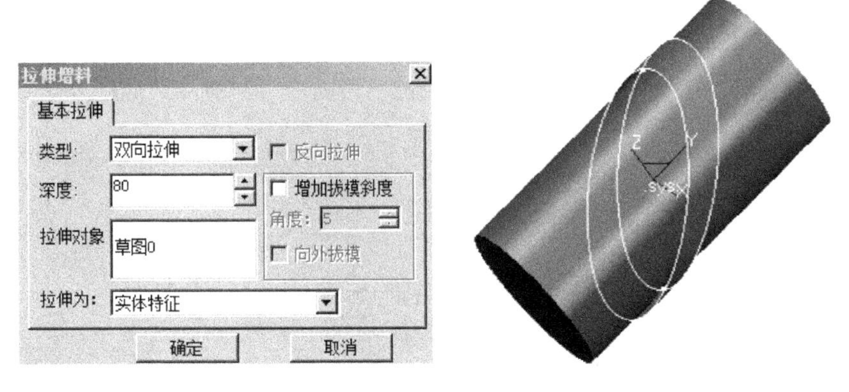

图 8-141

（6）单击“曲面加厚除料”图标，输入厚度 2，选中“加厚方向 2”，单击生成的曲面，单击“确定”按钮，如图 8-142 所示。

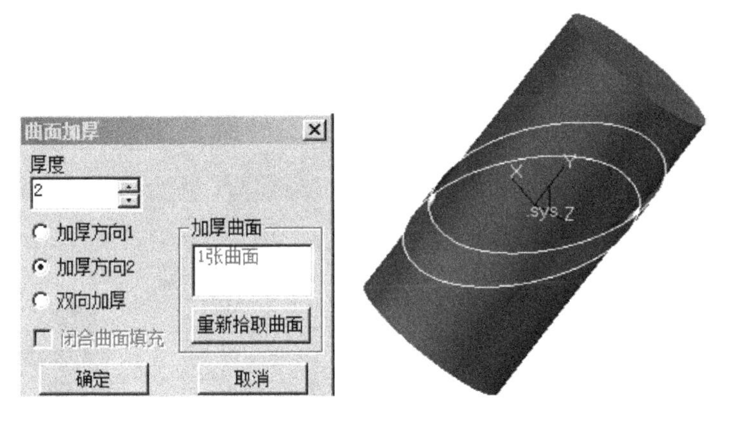

图 8-142

（7）单击“编辑”菜单中的“隐藏”命令，框选整个界面，单击右键确定，结果如图 8-143 所示。

2．凸轮的加工

（1）单击“相关线”图标，选择“实体边界”方式，单击圆柱体的上、下两个实体边，将其边缘线析出，结果如图 8-144 所示。

（2）单击“直纹面”图标，依次的拾取刚析出的两条圆边线，即可生成直纹面，结果如图 8-145 所示。

图 8-143

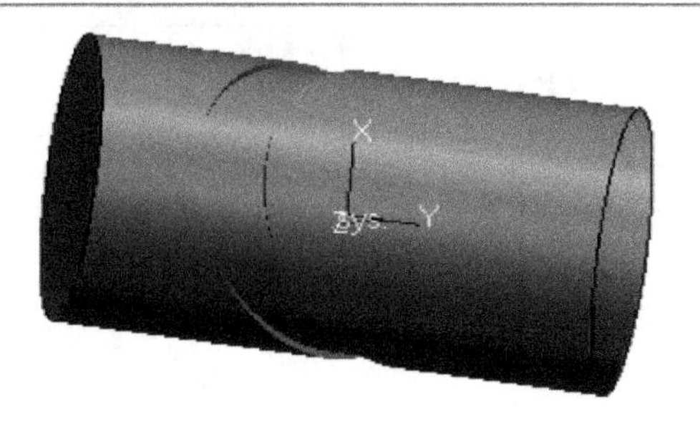

图 8-144

（3）选择“加工”→“多轴加工”→“四轴平切面加工”命令，如图 8-146 所示。

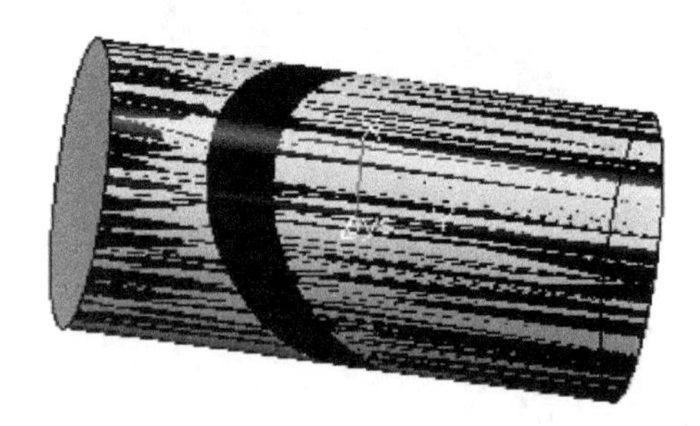

图 8-145

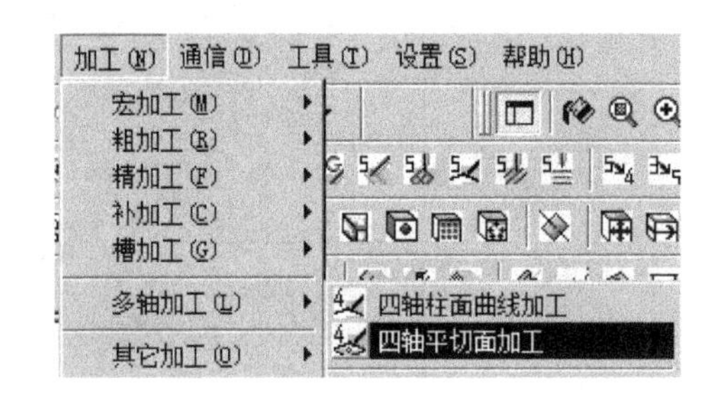

图 8-146

（4）在弹出的对话框的“四轴平切面加工”选项卡中选中“Y 轴”，环切加工，行距为 0.5，往复方式，勾选“优化”复选框，最小刀轴转角为 0.5°，最小步长为 0.3，余量为 0；“刀具参数”选项卡中，选择 *R*5 的球刀，如图 8-147 所示。

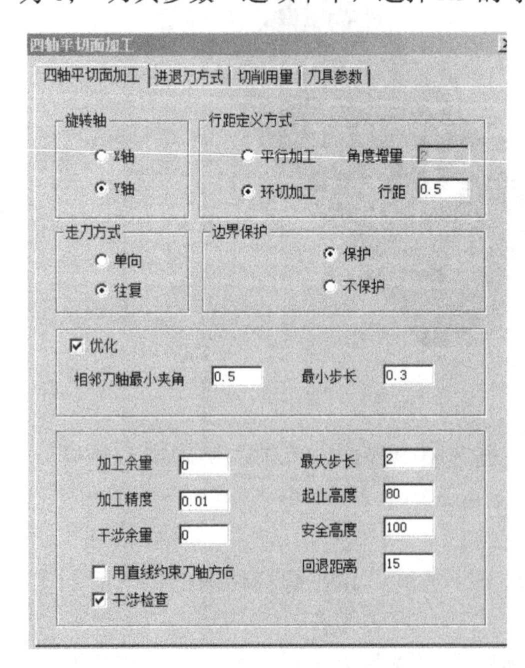

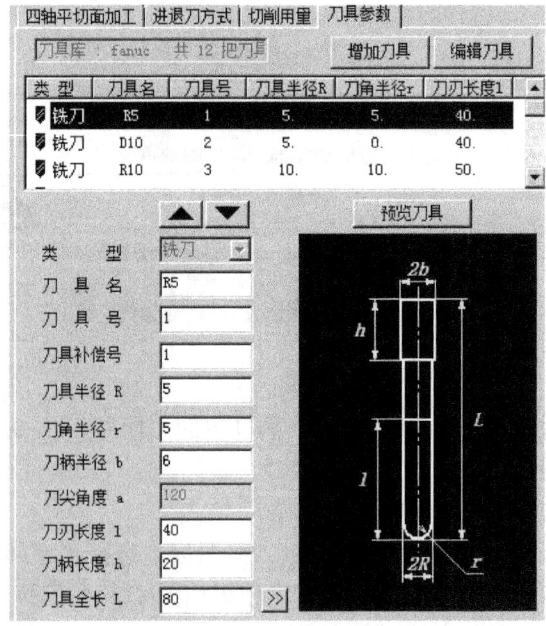

图 8-147

（5）单击“确定”按钮；单击直纹面曲面，单击右键；选择圆柱最右端的一点作为拾取进刀点，选择向上的箭头作为加工侧，选择向里的箭头作为走刀的方向；单击右键生成轨迹，如图 8-148 所示。

（6）单击“编辑”菜单中的隐藏命令，框选整个界面，单击右键确定，将轨迹及曲面及空间的直线隐藏，以便后面的轨迹生成，如图 8-149 所示。

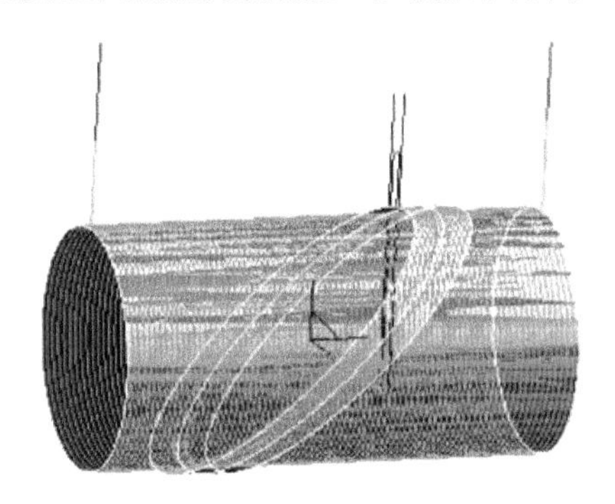

图 8-148

图 8-149

（7）单击“编辑”菜单中的“可见”命令，选择起始隐藏的曲线，单击右键确定，将空间线再次显示出来，如图 8-150 所示。

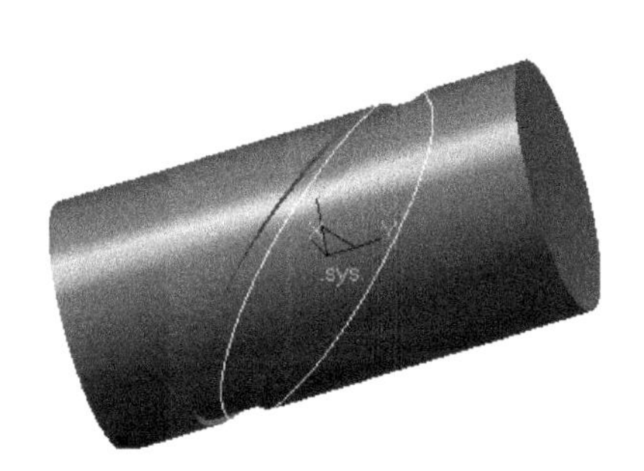

图 8-150

（8）单击加工栏的“四轴柱面曲线加工”图标，旋转轴同样选择 Y 轴，加工精度为 0.01，顺时针方向，单向，左右偏移各 1，刀次为 1，加工深度为 2，进刀量为 1；选择直径ϕ8 平刀，如图 8-151 所示。

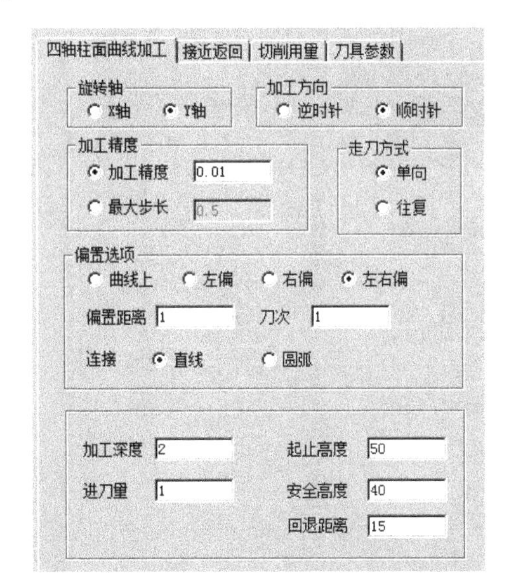

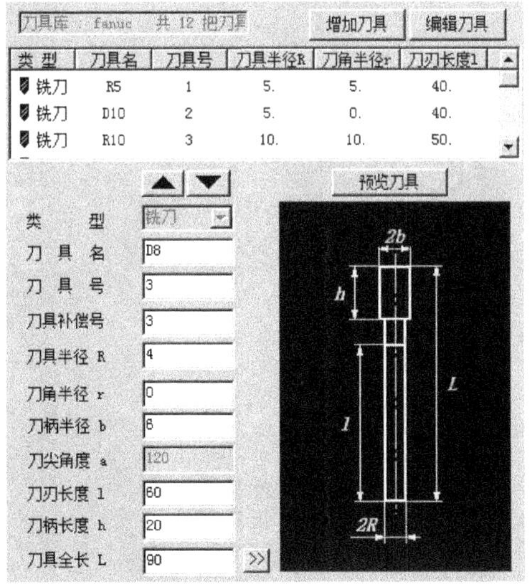

图 8-151

(9) 切削用量根据刀具的材料而定，接近返回默认不设定方式；单击曲线并且单击其中的一个方向，同时单击朝外的箭头作为加工的侧边，单击右键，生成的加工轨迹如图 8-152 所示。

提示：第一刀切削不到毛坯，可观察一下轨迹是否正确，第二刀正式切削。

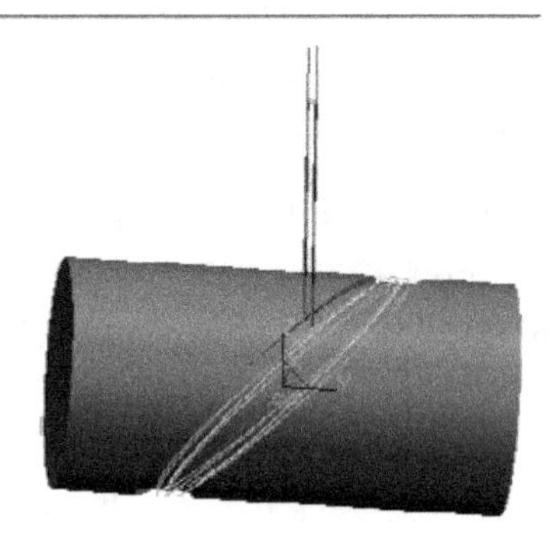

图 8-152

(10) 选择“加工”→“线框仿真”命令，如图 8-153 所示，在绘图区中单击所需仿真的刀具轨迹。

(11) 设置参数，单击右键确定，仿真效果如图 8-154 所示。

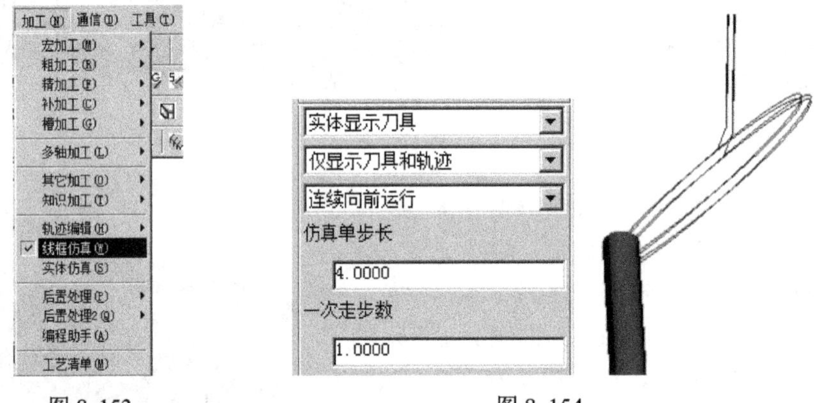

图 8-153　　图 8-154

(12) 选择“加工”→“后置处理 2”→“后置设置”命令，在弹出的“选择后置配置文件”对话框中选择“fanuc_4x_B”系统，如图 8-155 所示。

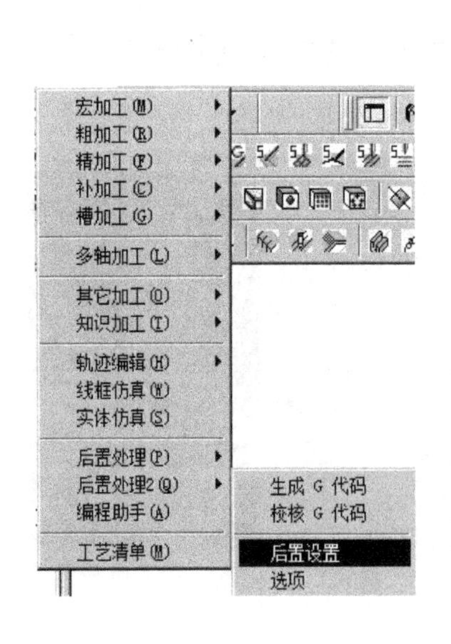

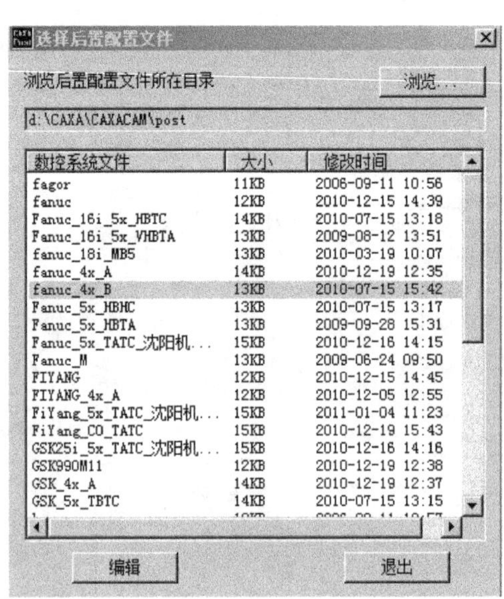

图 8-155

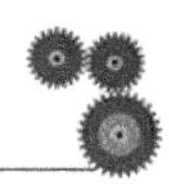

（13）单击“确定”按钮，在绘图区中单击所需生成代码的轨迹，单击右键确定，生成的代码如图 8-156 所示

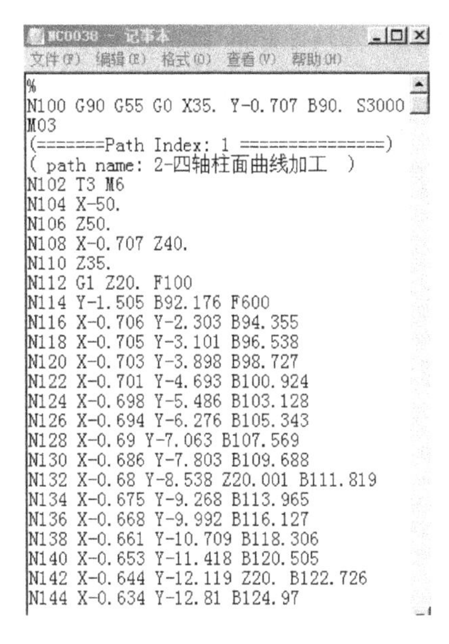

NC0038 - 记事本

文件(F) 编辑(E) 格式(O) 查看(V) 帮助(H)

```
%
N100 G90 G55 G0 X35. Y-0.707 B90. S3000
M03
(=======Path Index: 1 ==============)
( path name: 2-四轴柱面曲线加工 )
N102 T3 M6
N104 X-50.
N106 Z50.
N108 X-0.707 Z40.
N110 Z35.
N112 G1 Z20. F100
N114 Y-1.505 B92.176 F600
N116 X-0.706 Y-2.303 B94.355
N118 X-0.705 Y-3.101 B96.538
N120 X-0.703 Y-3.898 B98.727
N122 X-0.701 Y-4.693 B100.924
N124 X-0.698 Y-5.486 B103.128
N126 X-0.694 Y-6.276 B105.343
N128 X-0.69 Y-7.063 B107.569
N130 X-0.686 Y-7.803 B109.688
N132 X-0.68 Y-8.538 Z20.001 B111.819
N134 X-0.675 Y-9.268 B113.965
N136 X-0.668 Y-9.992 B116.127
N138 X-0.661 Y-10.709 B118.306
N140 X-0.653 Y-11.418 B120.505
N142 X-0.644 Y-12.119 Z20. B122.726
N144 X-0.634 Y-12.81 B124.97
```

图 8-156

练一练

建立如图 8-157 所示的零件模型，利用四轴的加工功能加工该零件。

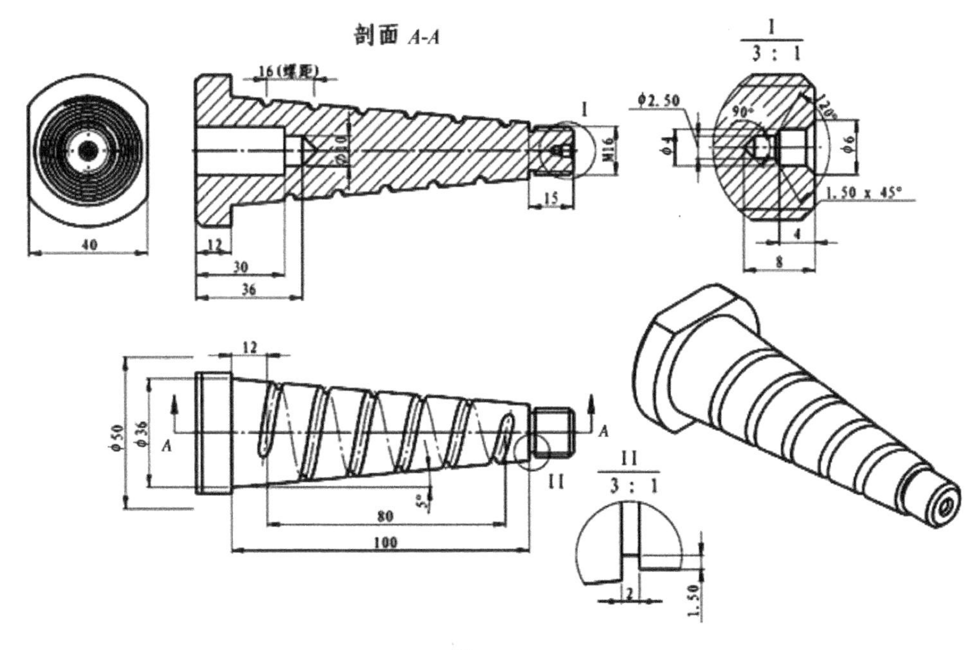

图 8-157

想一想

（1）除了本任务介绍的方法，圆柱凸轮的造型是否有其他的方法来实现？

（2）若不考虑边界条件，是否能够实现曲面加厚除料？如果能够实现，应该考虑哪些因素？

（3）四轴平切面加工应注意哪些问题？在选择曲面时应如何选择？

（4）四轴柱面曲线加工应注意哪些问题？如何析出关键的空间曲线？

任务四　定位卡轴的造型及加工

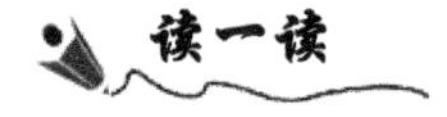

读一读

定位卡轴的二维图以及立体图如图 8-158 所示。

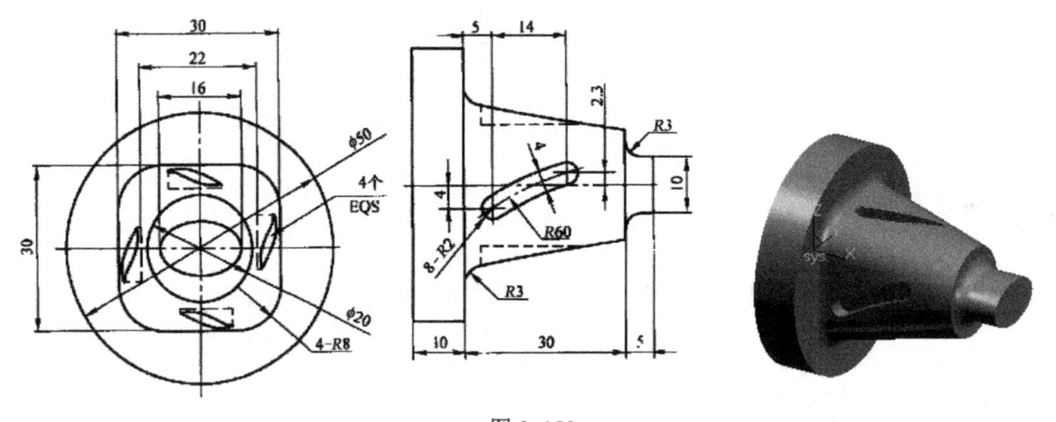

图 8-158

要求：对异形面及椭圆柱面进行精加工；对四个卡槽进行粗精加工。

定位卡轴造型分析：定位卡轴的关键造型为中间异形面的造型，有关异形面的造型有两种方法，其一直接使用实体放样特征造型。如图 8-159 所示，虽已经选择起始点对应，但生成的实体还是不够光顺，面有扭曲的现象，这是由于 CAXA 制造工程师软件的实体放样功能不是很强大所致。通过曲面的方式完成异形面的造型，虽面较多，但整体较为光顺，通过曲

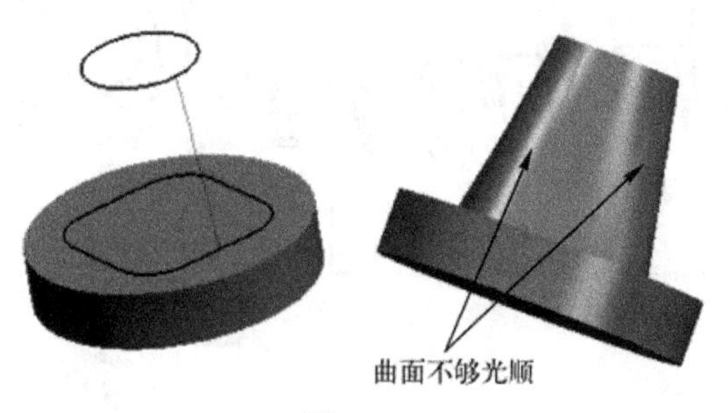

图 8-159

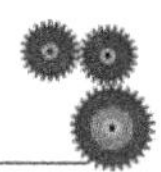

面裁剪除料的方法得到了实体；然后在底面建立草图后拉伸增料，在顶面同样构建草图拉伸增料；最后在辅助基准面中创建草图后拉伸除料并且利用圆周阵列特征完成最终造型。

定位卡轴加工分析：由造型分析可知旋转轴为 *X* 轴，即 *A* 轴，对于两个异形面的加工可以使用四轴平切面加工的方法；由于加工中使用 *R*3 球刀，其两处的过渡皆为 *R*3，故两个倒圆角面不需要加工；对于卡槽的加工，首先将其中心线析出，并在 *Z* 方向作偏置，使用四轴柱面曲线加工，最后对加工的轨迹进行圆周阵列，从而最终完成卡槽的加工。

1. 定位卡轴的造型

（1）按 F6 键，在 *YZ* 平面作图，单击“矩形”图标，选择“中心_长_宽”的方式，设定矩形的长为 30、宽 30，单击原点确定；单击“曲线过渡”图标，输入半径 8，依次地单击两邻边，将四周倒圆角，如图 8-160 所示。

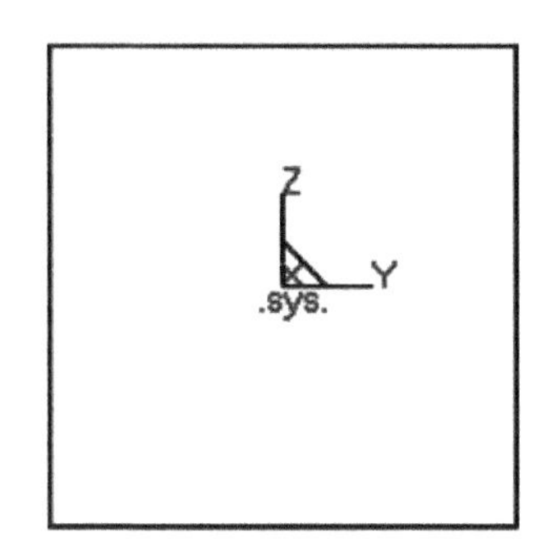

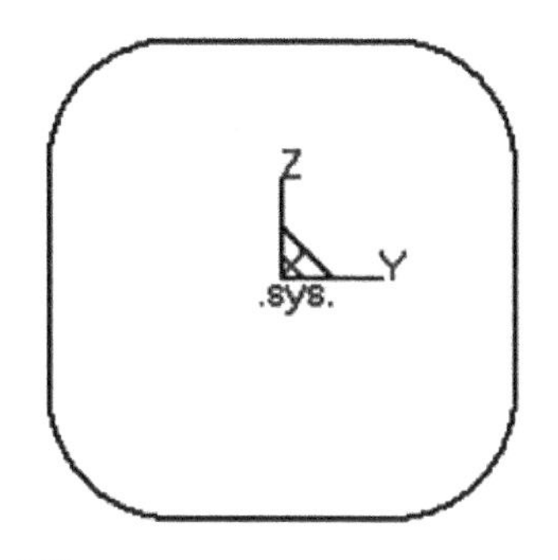

图 8-160

（2）单击“整圆”图标，选择“圆心_半径”的方式，圆心选择原点，半径输入 10，单击右键确定；单击“直线”图标，选择“两点线”、“连续”、“正交点”方式，水平及垂直方向作两条适当位置线，如图 8-161 所示。

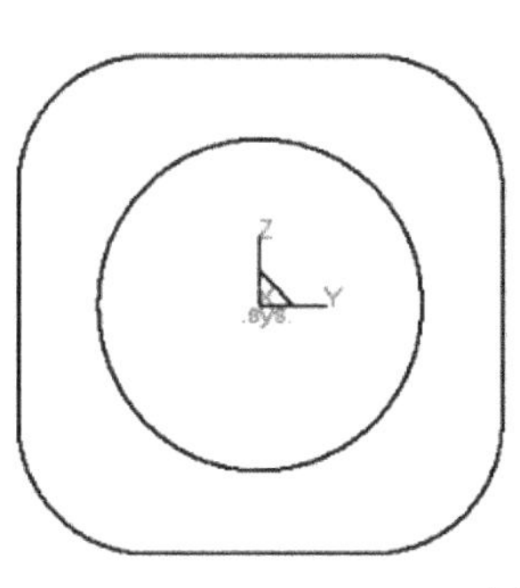
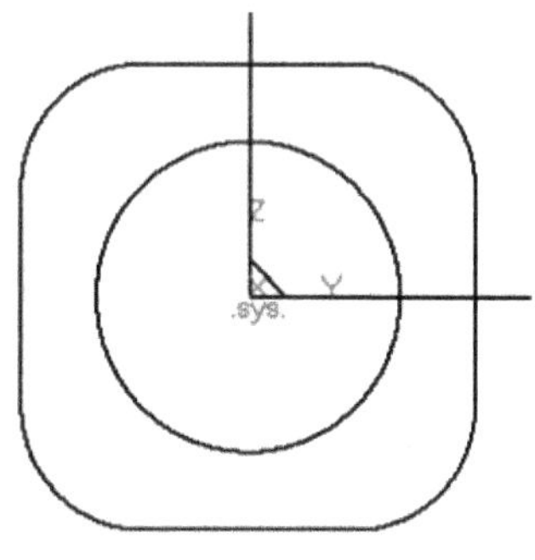

图 8-161

（3）单击“曲线裁剪”图标，将边缘的曲线裁剪；单击“删除”图标，将多余边缘线、水平及垂直线删除，如图 8-162 所示。

（4）单击“曲线组合”图标，选择“删除原曲线”方式，选中右直线，单击朝上的箭头，按空格键选择“链拾取”，单击右键确定，结果如图 8-163 所示。

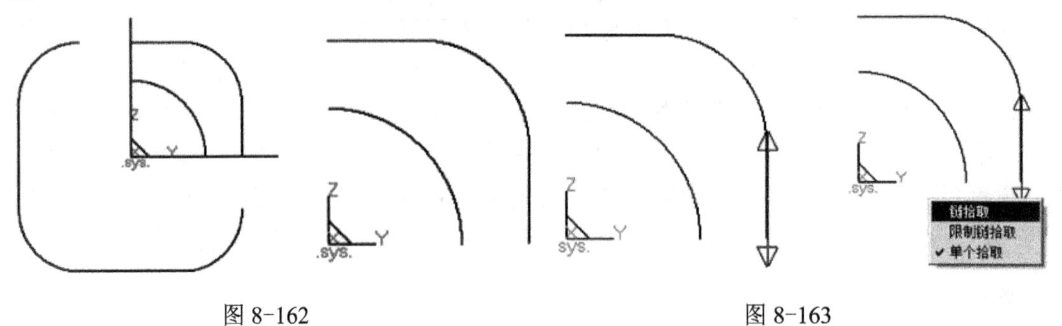

图 8-162　　　　图 8-163

（5）单击刚组合的曲线，可以看出已经形成了一条完整的曲线，如图 8-164 所示。

（6）单击“平移”图标，选择“偏移量”、“移动”，DX 方向输入 10，选中组合曲线单击右键确定；DX 方向输入 40，选中圆弧单击右键确定；按 F8 键轴测图观察，如图 8-165 所示。

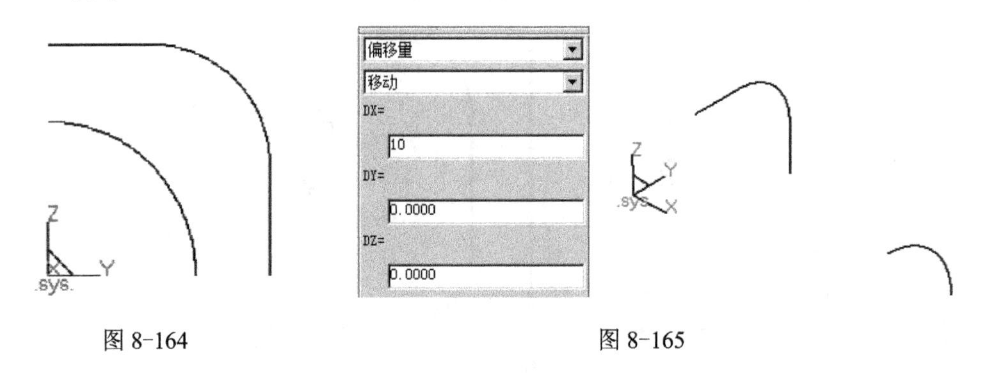

图 8-164　　　　图 8-165

（7）按 F9 键两次切换作图平面为 *XY* 平面，单击“直线”图标，按回车键，输入坐标（10,0）及（40,0），如图 8-166 所示。

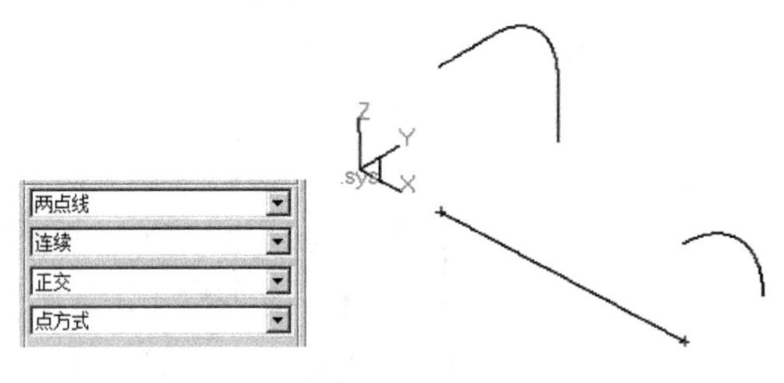

图 8-166

（8）单击“直纹面”图标，选择“曲线+曲线”模式，单击组合曲线及圆弧（在选取时注意边和边的对应，否则会引起面的扭曲），右击生成的直纹面选择颜色修改，在“弹出的对话框”中将直纹面的颜色修改为红色，如图 8-167 所示。

（9）单击“直纹面”图标，选择“曲线+点”模式，分别选取直线的端点及圆弧，生成了直纹面；单击直线另一端点及组合曲线形成另一直纹面；为了显示得清晰，修改两面为黄颜色，结果如图 8-168 所示。

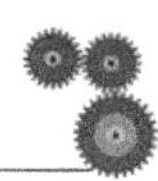

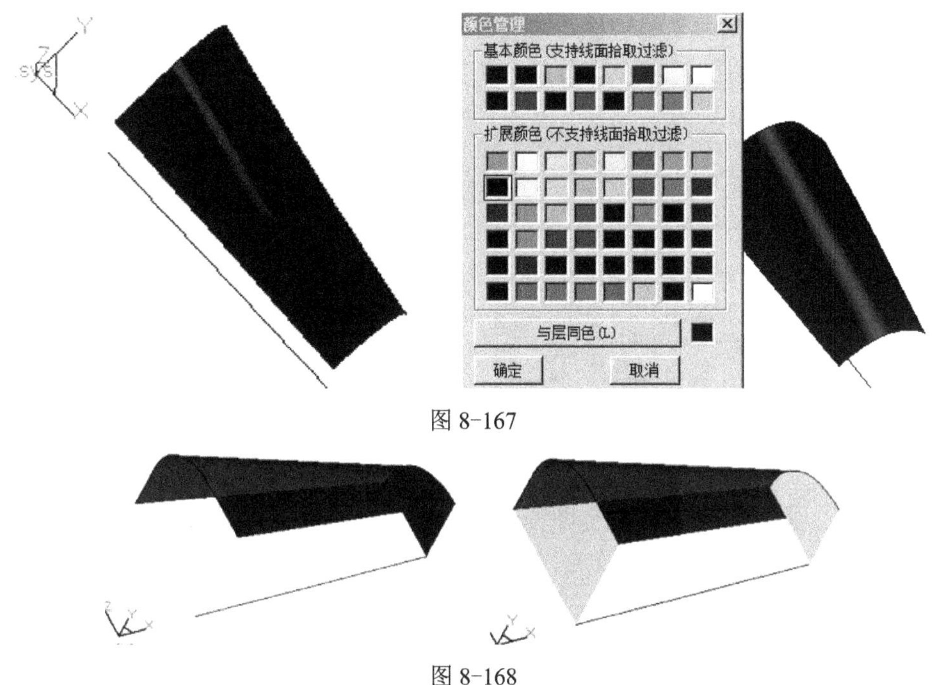

图 8-167

图 8-168

（10）按 F9 键将作图平面恢复成 *YZ* 平面，单击“阵列”图标，选择“圆形”、“均布”方式，份数输入 4，选中 3 个直纹面，单击右键确定；单击原点作为中心点，单击右键确认，如图 8-169 所示。

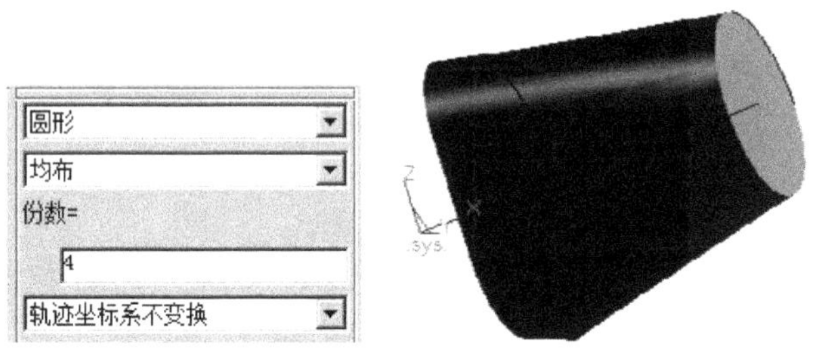

图 8-169

（11）右击“平面 *YZ*”选择“创建草图”命令，单击“整圆”图标，选择“圆心_半径”的方式，圆心选择在原点，半径输入 20；按 F2 键退出草图，如图 8-170 所示。

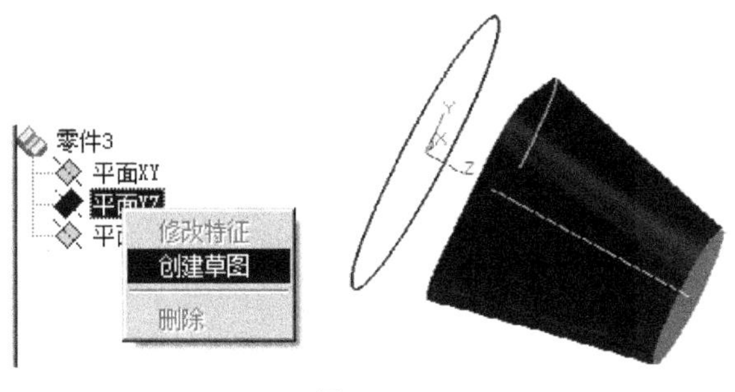

图 8-170

（12）单击“拉伸增料”图标，选择“固定深度”类型，深度输入 50，选中草图，单击“确定”按钮生成圆柱体，如图 8-171 所示。

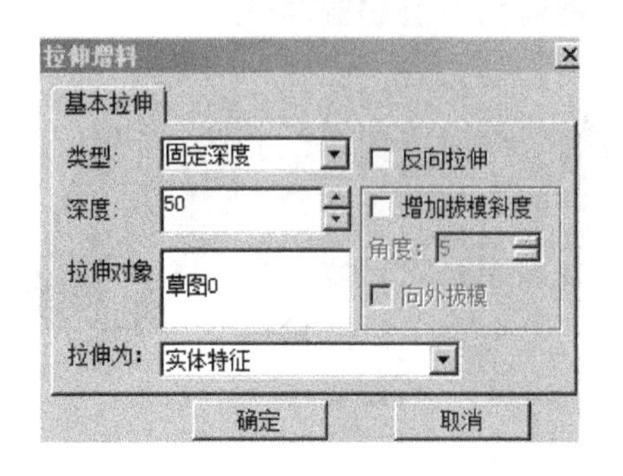

图 8-171

（13）单击“曲面裁剪除料”图标，框选整个绘图界面，总计 12 张曲面，勾选“除料方向选择”复选框，单击“确定”按钮，如图 8-172 所示。

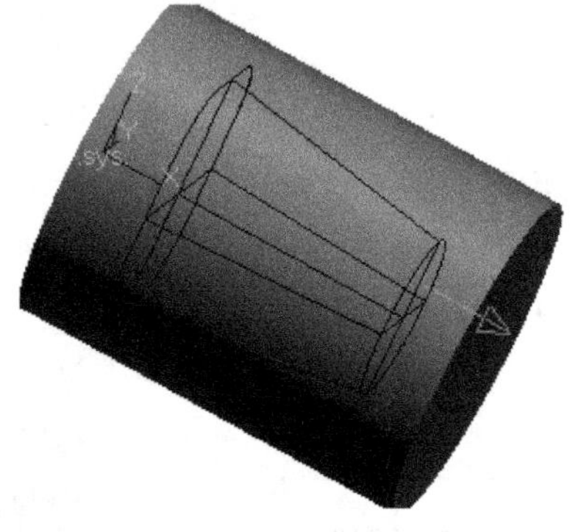

图 8-172

（14）曲面裁剪除料后生成的实体如图 8-173 所示；单击“编辑”→“隐藏”命令，框选整个绘图区，单击右键确定。

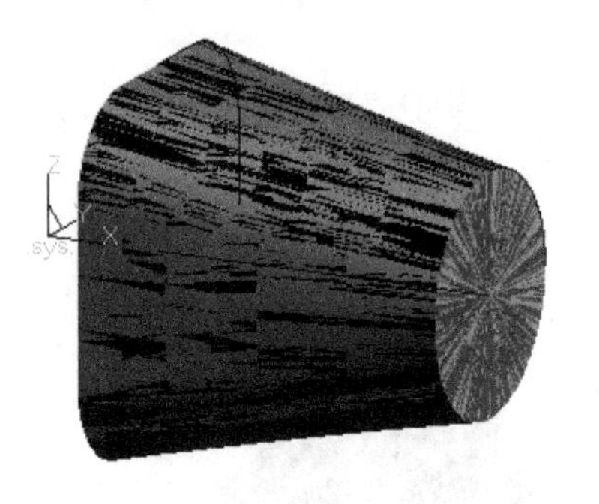

图 8-173

（15）按鼠标中键将实体旋转到适当的位置，选择底面创建草图；单击“整圆”图标，选择“圆心_半径”方式，圆心选择在原点，半径输入 25，如图 8-174 所示。

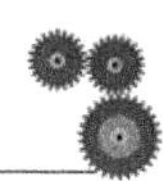

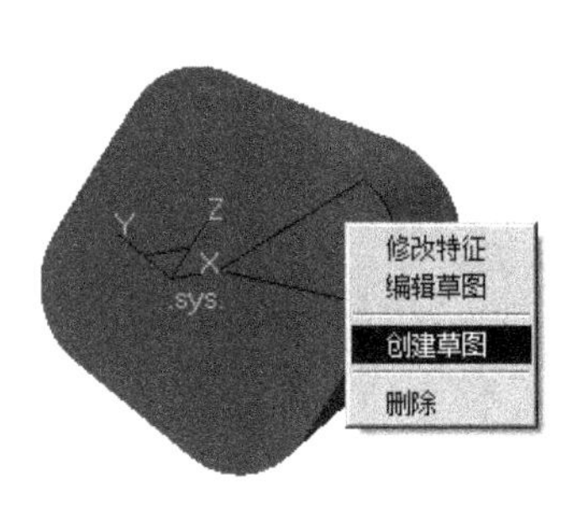

图 8-174

（16）单击“拉伸增料”图标，选择“固定深度”类型，深度输入 10，选中草图，单击“确定”按钮，生成实体，如图 8-175 所示。

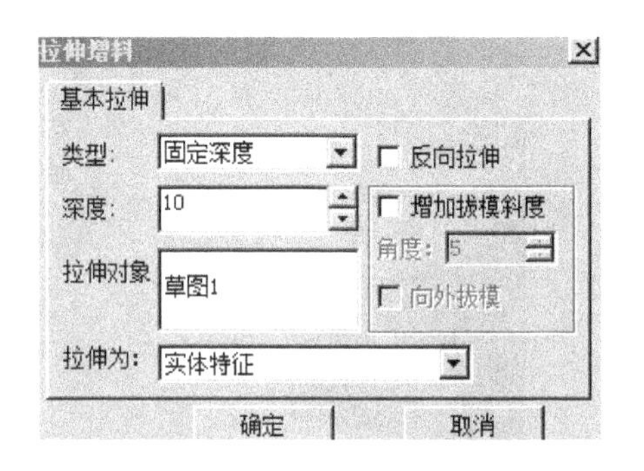

图 8-175

（17）单击“过渡”图标，输入半径 3，选择整个边缘线，单击“确定”按钮，结果如图 8-176 所示。

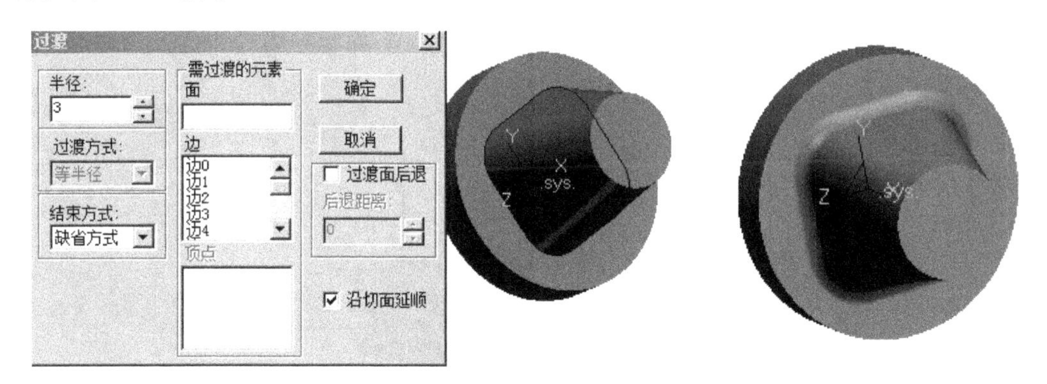

图 8-176

（18）单击“构造基准面”图标，选择平面 XY，输入距离 11，单击“确定”按钮，生成了辅助基准面平面 4，如图 8-177 所示。

（19）右击“平面 4”，在弹出的菜单中选择“创建草图”命令，单击“直线”图标，选择“正交”、“点方式”，在适当位置作两根直线；单击“等距线”图标，依次将垂直线朝右等距 10、5、14，将水平线朝上等距 2.3、朝下等距 4，如图 8-178 所示。

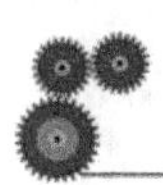

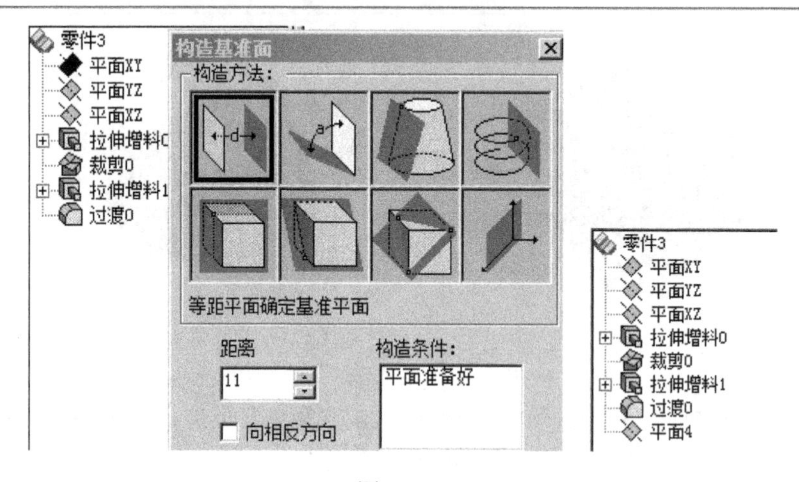

图 8-177

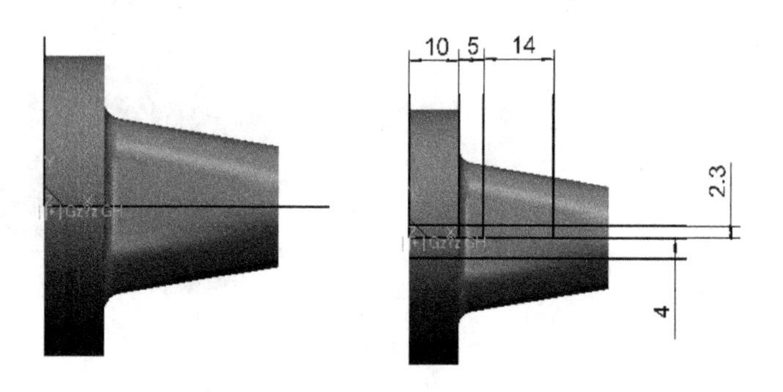

图 8-178

（20）单击“曲线拉伸” 图标，单击中间直线适当朝下拉伸并与下水平线有交点；单击“整圆” 图标，选择“圆心_半径”，依次选择两圆心作半径为 2 的圆，单击右键确定，如图 8-179 所示。

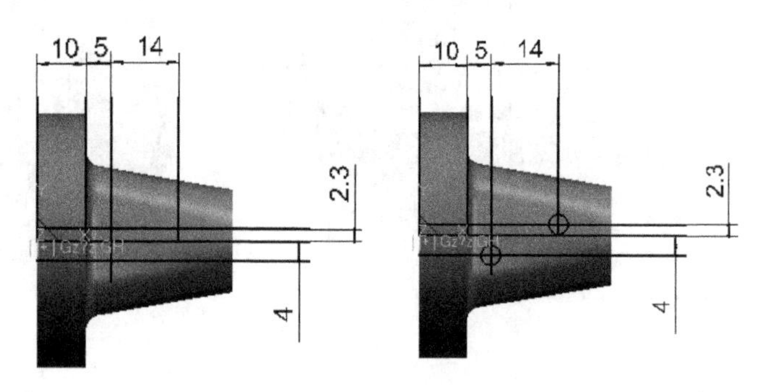

图 8-179

（21）单击“删除” 图标，选中所有的直线并单击右键将其删除；单击“圆弧” 图标，选择“两点”、“半径”方式作圆弧，按空格键选择圆心，分别单击两个圆，输入半径 60，如图 8-180 所示。

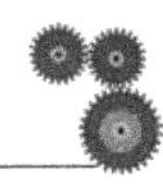

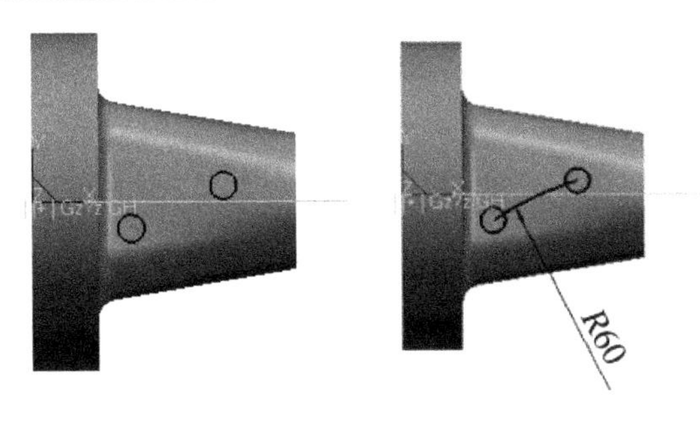

图 8-180

（22）单击“等距”图标，选取中间的圆弧分别朝上及朝下等距 2，如图 8-181 所示。

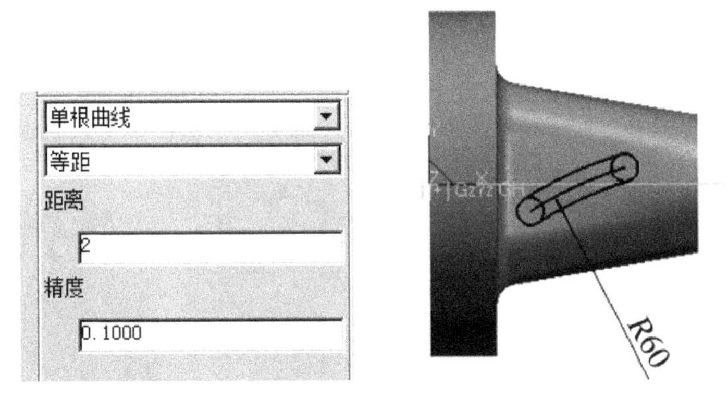

图 8-181

（23）单击“删除”图标，选择中间的圆弧并单击右键将其删除；单击曲线裁剪图标，将多余的部分裁剪；单击“检查草图环是否闭合”图标，显示不存在开口环，如图 8-182 所示。

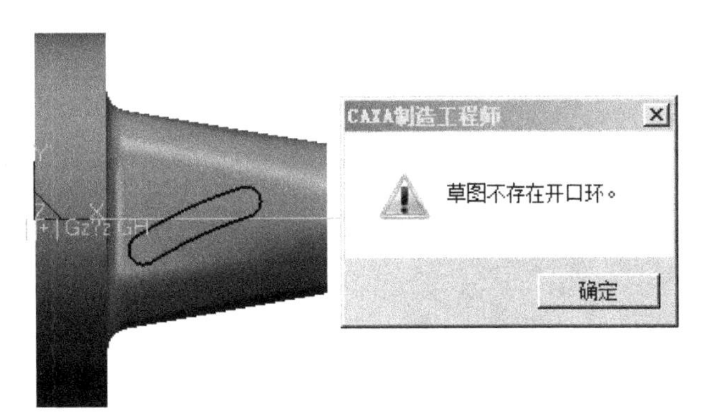

图 8-182

（24）按 F2 键退出草图；单击特征栏中的“拉伸除料”图标，输入深度 10，勾选“反向拉伸”复选框，单击“确定”按钮，如图 8-183 所示。

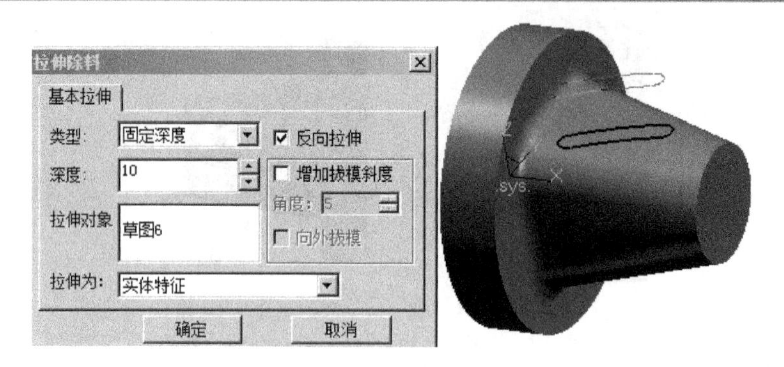

图 8-183

（25）按 F9 键切换作图平面为平面 *XY*，单击“直线”图标，在水平方向适当位置作直线；再按 F9 键切换作图平面为平面 *YZ* 平面，单击特征栏中的“环形阵列”图标，选择“拉伸除料”特征，单击空间直线作为旋转轴，输入数目 4，角度输入 90°，单击“确定”按钮，如图 8-184 所示。

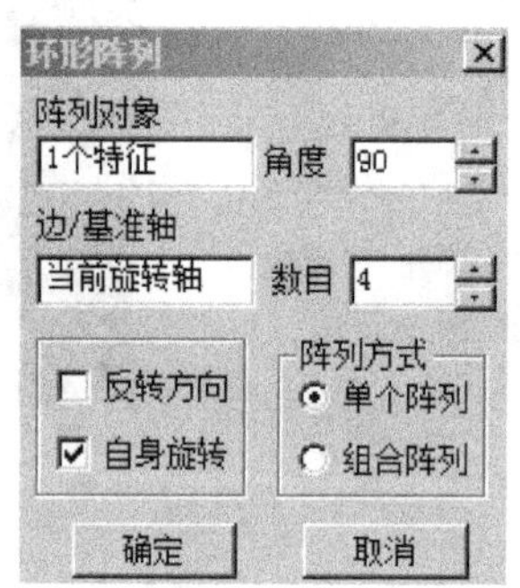

图 8-184

（26）按鼠标中键旋转实体到适当位置，选择零件前表面右击在弹出菜单中选择“创建草图”命令；单击“椭圆”图标，长半轴输入 8，短半轴输入 5，单击原点作为中心点；单击“拉伸增料”图标，输入深度 10，单击“确定”按钮，如图 8-185 所示。

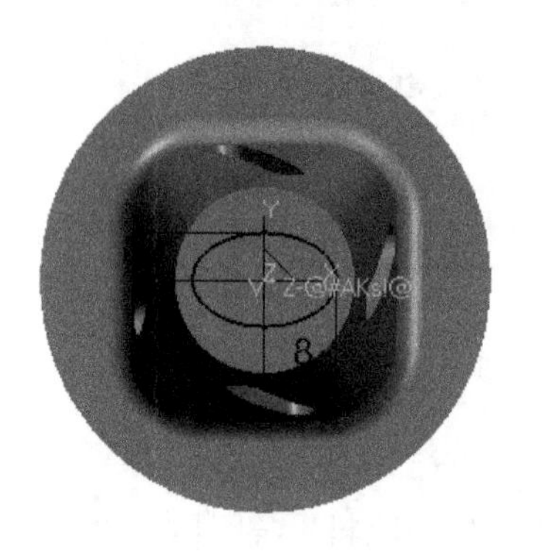

图 8-185

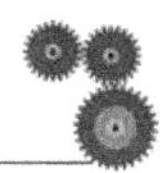

（27）单击特征栏中的“过渡”图标，输入半径 3，选择椭圆底边的边缘线，单击“确定”按钮，将其边缘倒圆角；右击直线在弹出的菜单中选择“隐藏”命令将其隐藏；将零件保存为“卡轴.MXE”文件，如图 8-186 所示。

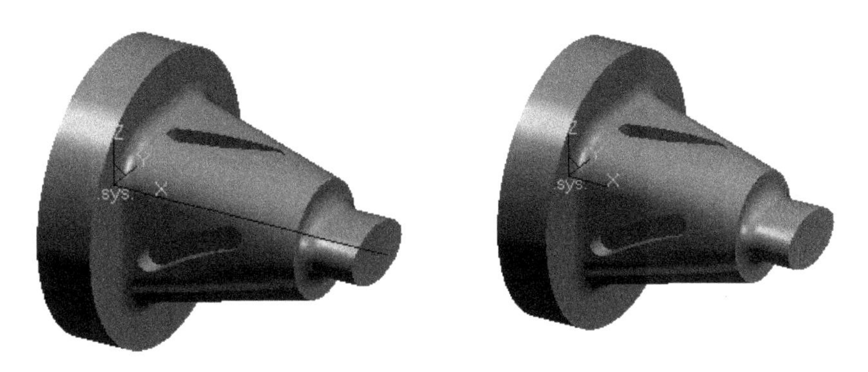

图 8-186

2．定位卡轴的加工

（1）打开卡轴.mxe 文件，将其另存为“卡轴加工 1.mxe”文件，如图 8-187 所示。

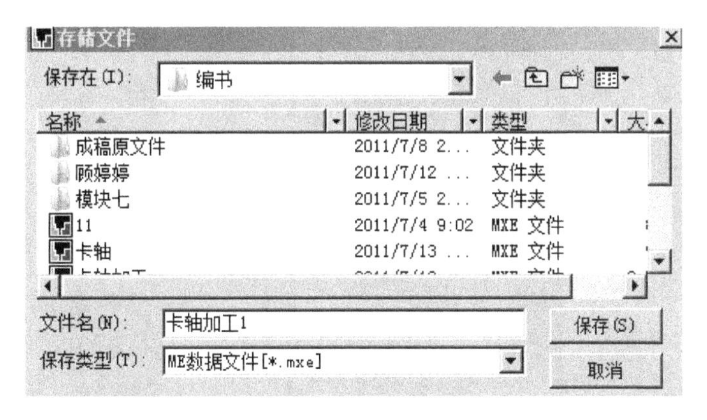

图 8-187

（2）在零件特征栏中选中“拉伸除料”特征右击在弹出的菜单中选择“删除”命令将其删除，将其草图及辅助平面也同样地删除，如图 8-188 所示。

图 8-188

（3）单击曲面工具栏中的“实体表面”图标，单击椭圆表面并单击右键确认，将其椭圆柱面析出；同理将异形面析出，如图 8-189 所示。

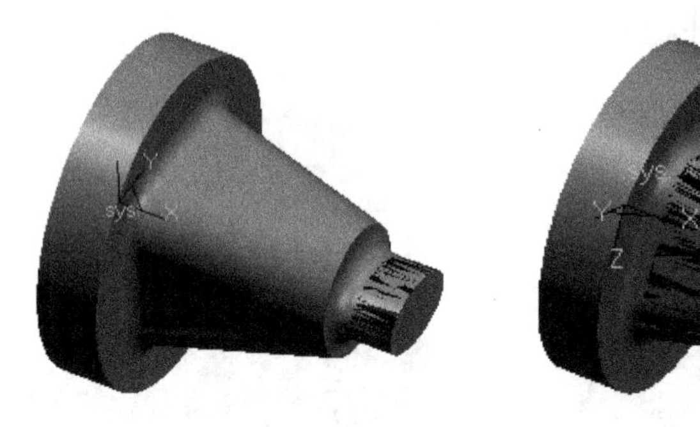

图 8-189

（4）单击加工工具栏中的“四轴平切面加工”图标，旋转轴为 *X* 轴，走刀方式为往复，环绕加工方式行距 0.5，加工余量 0，加工精度 0.01，边界保护方式；进退刀方式垂直方式，切削用量根据刀具而定；选择 *R*3 的球刀，具体设置如图 8-190 所示。

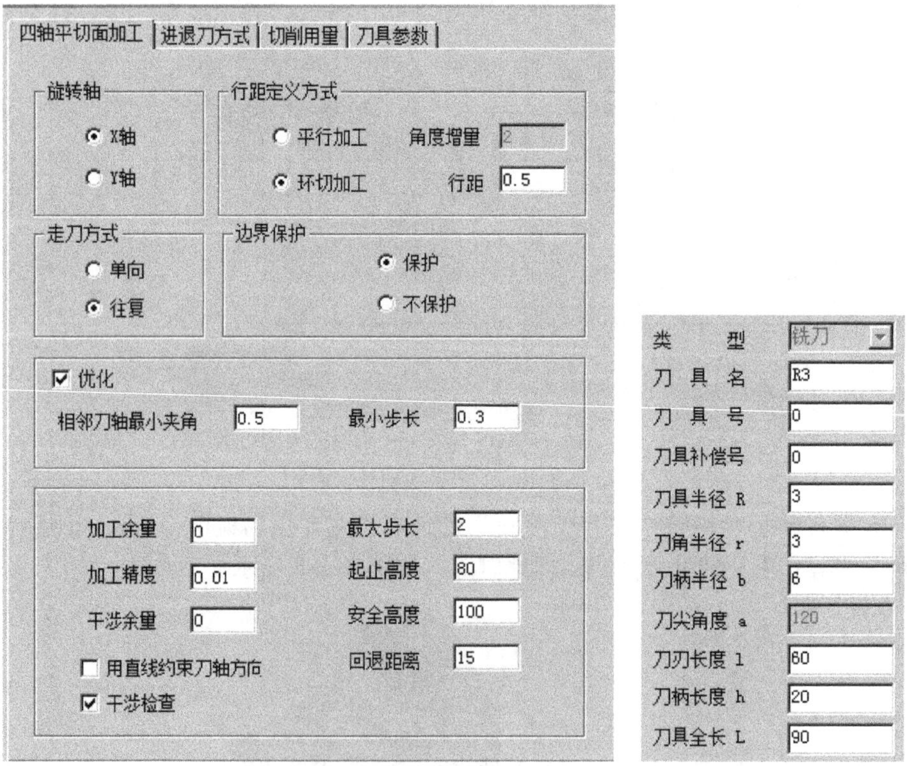

图 8-190

（5）单击“确定”按钮，按 F8 键轴测观察，选择椭圆柱面为加工对象，单击右键，单击下方空白处为进刀方向，单击外侧箭头，选择走刀方向，为了显示清楚，右击椭圆柱面，在弹出的菜单中选择“隐藏”的命令将其隐藏，生成轨迹如图 8-191 所示。

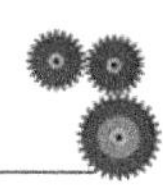

图 8-191

（6）同理，单击之前析出的异形面，生成轨迹如图 8-192 所示。

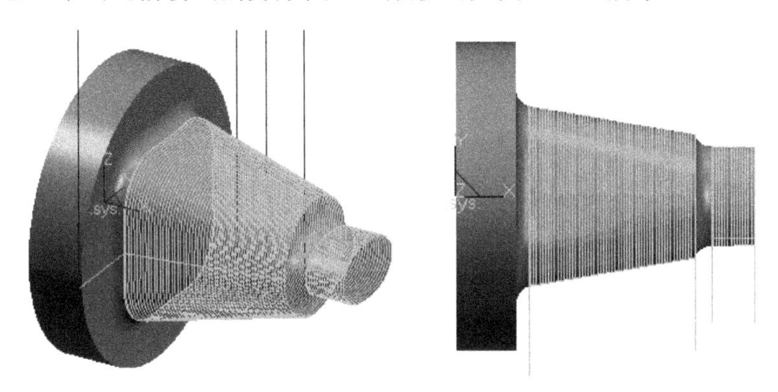

图 8-192

（7）单击“加工”→“线框仿真”命令，设置参数，选取刀具轨迹，单击右键确定，模拟仿真如图 8-193 所示。

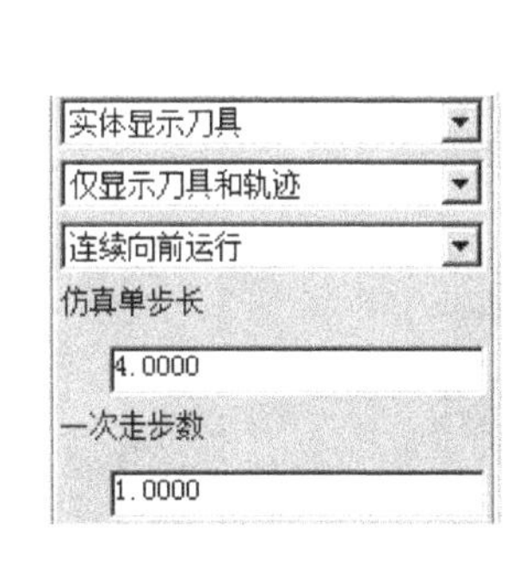

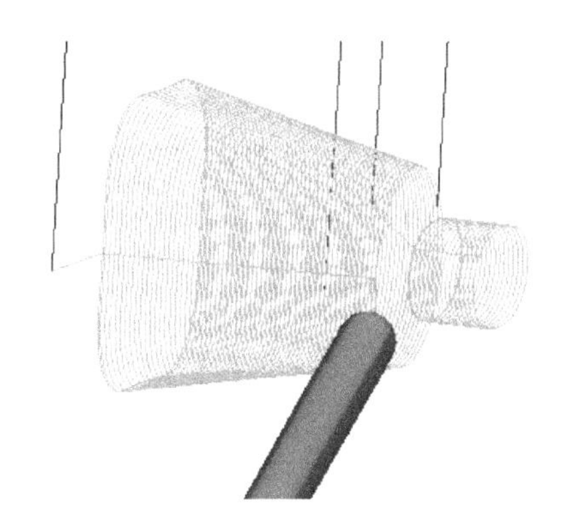

图 8-193

（8）单击“加工”→“后置处理 2”→“生成 G 代码”命令，选择 Fanuc_4x_A 后置处理，单击“确定”按钮，选择刀具轨迹并单击右键确定，稍等片刻，生成的程序如图 8-194 所示。

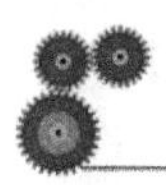

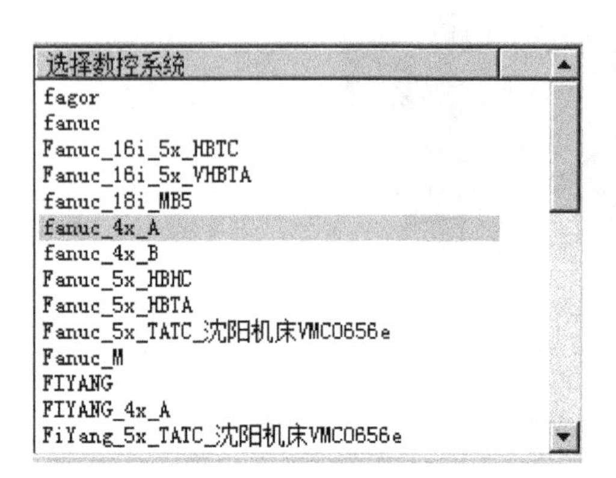

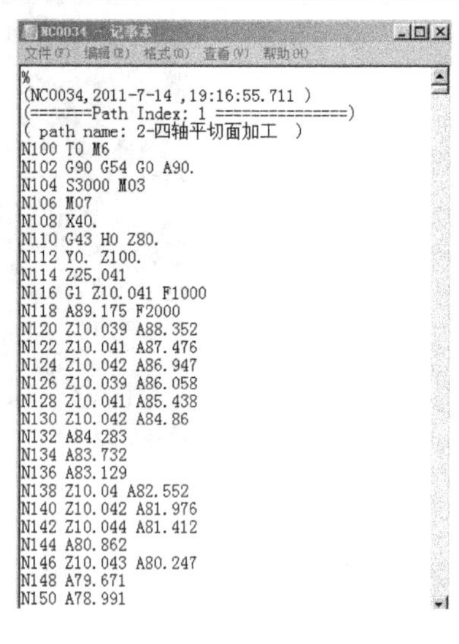

```
%
(NC0034,2011-7-14 ,19:16:55.711 )
(=======Path Index: 1 ===============)
( path name: 2-四轴平切面加工 )
N100 T0 M6
N102 G90 G54 G0 A90.
N104 S3000 M03
N106 M07
N108 X40.
N110 G43 H0 Z80.
N112 Y0. Z100.
N114 Z25.041
N116 G1 Z10.041 F1000
N118 A89.175 F2000
N120 Z10.039 A88.352
N122 Z10.041 A87.476
N124 Z10.042 A86.947
N126 Z10.039 A86.058
N128 Z10.041 A85.438
N130 Z10.042 A84.86
N132 A84.283
N134 A83.732
N136 A83.129
N138 Z10.04 A82.552
N140 Z10.042 A81.976
N142 Z10.044 A81.412
N144 A80.862
N146 Z10.043 A80.247
N148 A79.671
N150 A78.991
```

图 8-194

（9）单击“保存文件”图标，将文件保存；再次打开卡轴.mxe 文件，将其另存为“卡轴加工 2.mxe”文件，单击“相关线”图标，选择“实体边界”方式，将凹槽底平面边界的圆弧析出；按 F9 键切换作图平面 *XY*，单击“圆弧”图标，选择“两点半径”的方式，按空格键选择圆心，单击两圆弧，输入半径 60，如图 8-195 所示。

图 8-195

（10）单击“平移”图标，选择“偏移量”、“拷贝”方式，*Z* 方向输入 5，将半径 60 的圆弧朝 *Z* 正方向复制 5 的距离，结果如图 8-196 所示。

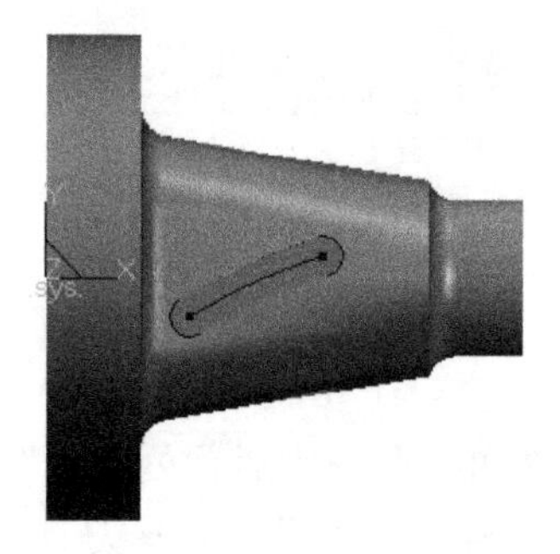

图 8-196

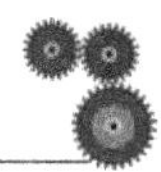

（11）单击“四轴柱面曲线加工”图标，*X* 轴方向旋转，加工精度为 0.01，单向走刀方式，加工深度为 4，进刀量为 1；“接近返回”的参数默认，切削用量由刀具而定；刀具选择直径ϕ4 的平刀，具体设置如图 8-197 所示。

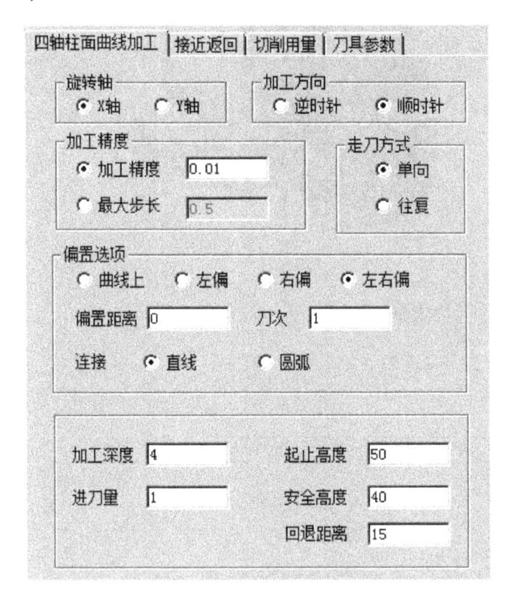

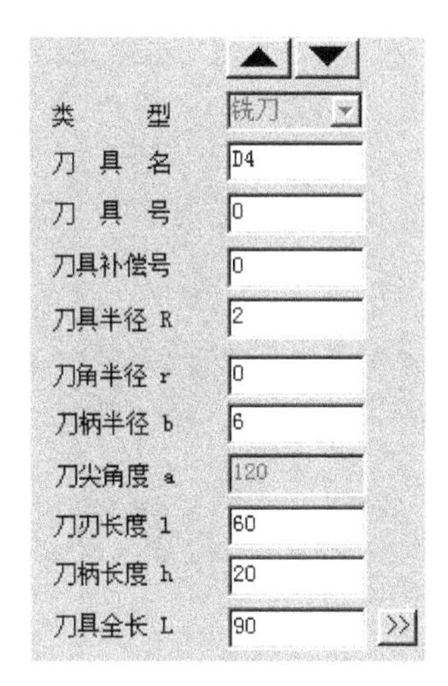

图 8-197

（12）单击刚偏移后的圆弧并单击箭头选择加工的方向，加工的方向选择外侧，单击右键确认，生成的轨迹如图 8-198 所示。

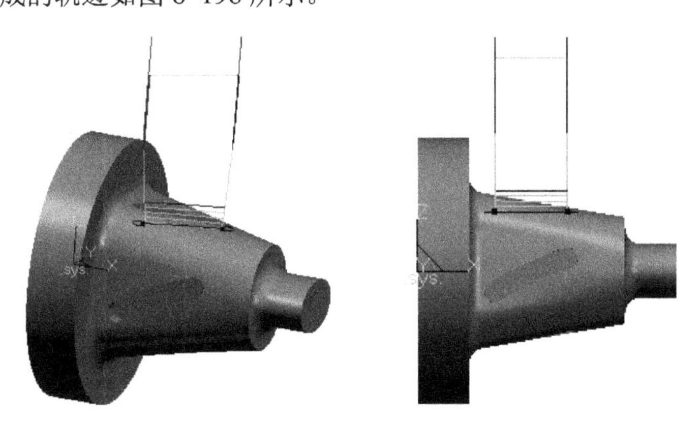

图 8-198

（13）按 F9 键切换作图平面为 *YZ* 平面，单击“阵列”图标，圆形均布份数输入 4，选取轨迹，单击右键确认，选择原点为中心点，如图 8-199 所示。

（14）选择“加工”→“后置处理 2”→“生成 G 代码”命令，选择 Fanuc_4x_A 系统，单击“确定”按钮，如图 8-200 所示。

（15）选取刀具轨迹，单击右键确定，生成程序；同时也可选择“加工”→“工艺清单”命令，生成整个工艺清单，如图 8-201 所示。

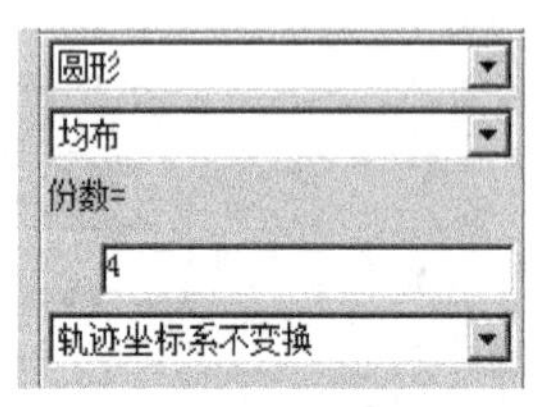

图 8-199

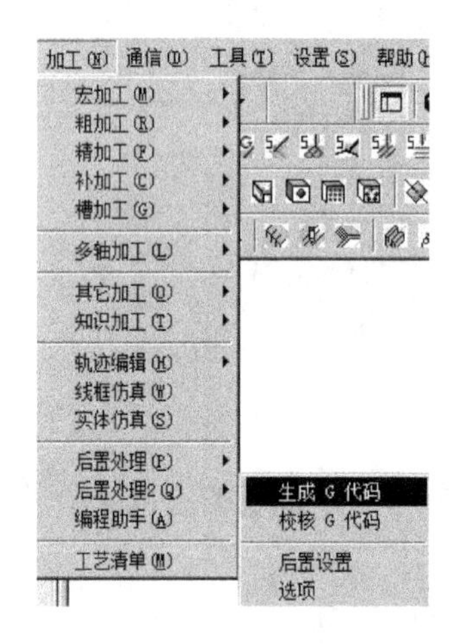

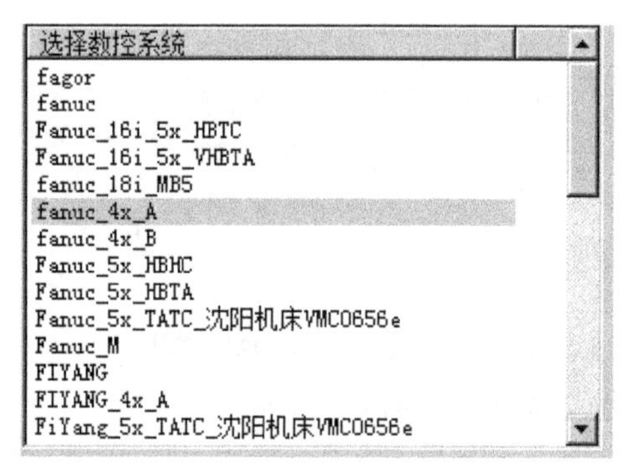

图 8-200

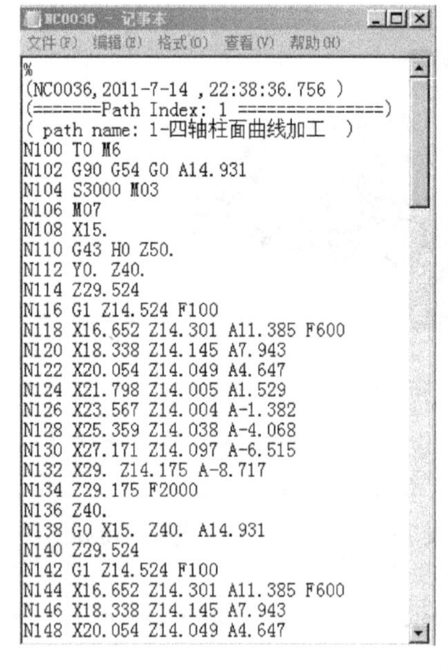

```
%
(NC0036,2011-7-14 ,22:38:36.756 )
(=======Path Index: 1 ===============)
( path name: 1-四轴柱面曲线加工  )
N100 T0 M6
N102 G90 G54 G0 A14.931
N104 S3000 M03
N106 M07
N108 X15.
N110 G43 H0 Z50.
N112 Y0. Z40.
N114 Z29.524
N116 G1 Z14.524 F100
N118 X16.652 Z14.301 A11.385 F600
N120 X18.338 Z14.145 A7.943
N122 X20.054 Z14.049 A4.647
N124 X21.798 Z14.005 A1.529
N126 X23.567 Z14.004 A-1.382
N128 X25.359 Z14.038 A-4.068
N130 X27.171 Z14.097 A-6.515
N132 X29. Z14.175 A-8.717
N134 Z29.175 F2000
N136 Z40.
N138 G0 X15. Z40. A14.931
N140 Z29.524
N142 G1 Z14.524 F100
N144 X16.652 Z14.301 A11.385 F600
N146 X18.338 Z14.145 A7.943
N148 X20.054 Z14.049 A4.647
```

工艺清单输出结果

- general.html
- function.html
- tool.html
- path.html
- ncdata.html

图 8-201

练一练

（1）建立如图 8-202 所示零件模型，采用四轴加工并生成后置为 FANUC 格式的加工程序。

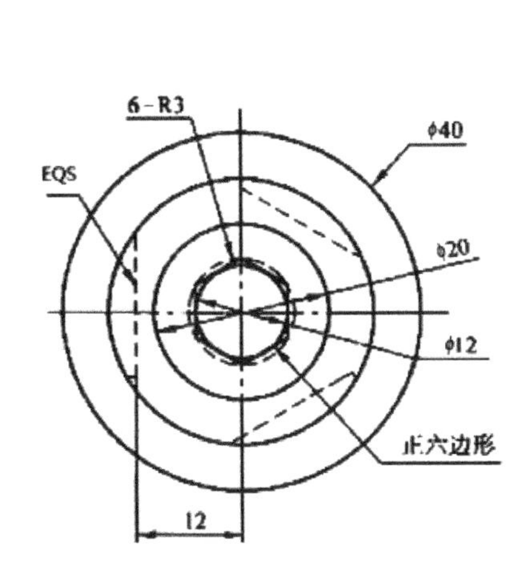

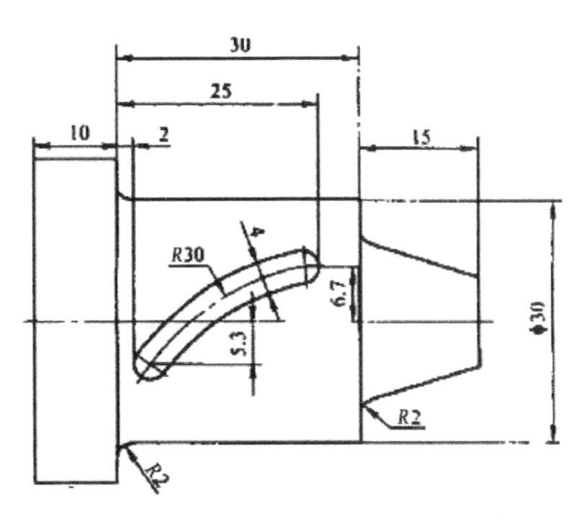

图 8-202

要求：对异形面及椭圆柱面进行精加工；对四个卡槽进行粗精加工。

（2）建立如图 8-203 所示的叶轮曲面模型，底面为旋转面，叶片为直纹面；并且尝试使用五轴加工模块中的叶轮粗加工、叶轮精加工、叶片精加工对其进行加工，并生成后置为 FANUC 格式的数控加工程序。

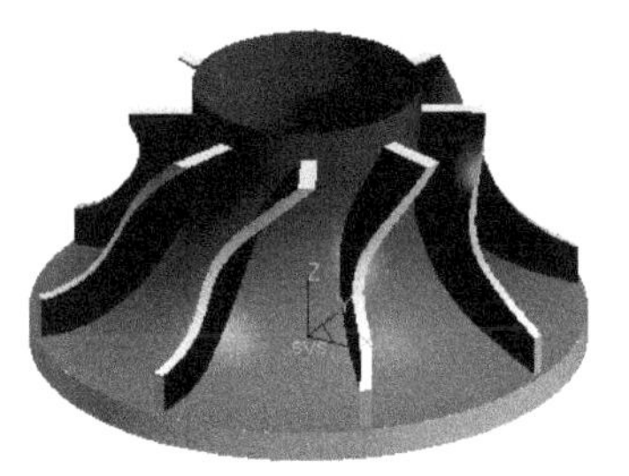

（a）叶轮的曲面造型

(b) 叶轮五轴粗加工

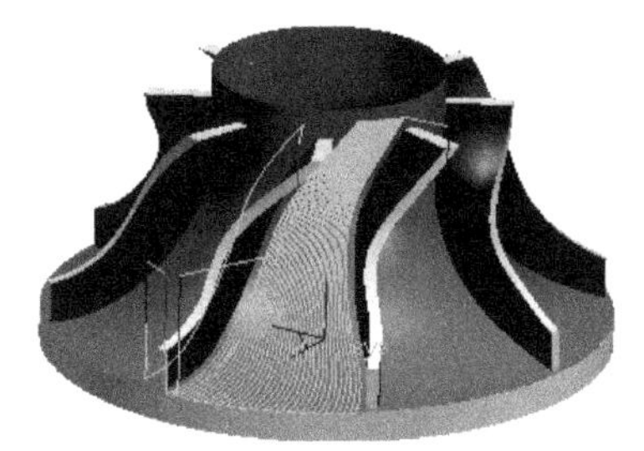

（c）叶轮五轴精加工

（d）叶片五轴精加工

图 8-203

想一想

（1）如何避免在造型时实体表面的不光顺现象？

（2）生成完整的零件四轴加工程序的流程是什么？

（3）在操作中是否可以通过生成的曲面而非实体来生成加工程序？

（4）若在造型时坐标系的方向没有确定，在加工之前该如何补操作？

（5）实体仿真是否可以进行四轴程序的模拟切削？

（6）四轴的后置处理应注意哪些问题？

拓展知识

切削技术的现状和发展

机械加工的发展趋势是高效率、高精度、高柔性和绿色化，切削加工的发展方向是高速切削加工，在发达国家，它正成为切削加工的主流。50 年来，切削技术的极大进步说明了这一点：现在切削速度高达 8000m/min，材料切除率达 150～1500cm^3/min，超硬刀具材料硬度达 3000～8000HV，强度达 1000MPa，加工精度从 10μm 到 0.1μm。干（准）切削日益广泛应用。随着切削速度提高，切削力降低大致 25～30%；切削温度增加逐步缓慢；加工表面粗糙度降低 1～2 级；生产效率提高，生产成本降低。

高速切削技术不只是一项先进技术，它的发展和推广应用将带动整个制造业的进步和效益的提高。在国外，20 世纪 30 年代，德国 Salomon 博士提出高速切削理念以来，经半个世纪的探索和研究，随数控机床和刀具技术的进步，20 世纪 80 年代末和 90 年代初开始应用并快速发展，逐渐应用于航空航天、汽车、模具制造业等领域，用于加工铝、镁合金、钢、铸铁及其合金、超级合金及碳纤维增强塑料等复合材料，其中加工铸铁和铝合金最为普遍。不同材料高速铣削的速度范围如图 8-204 所示。

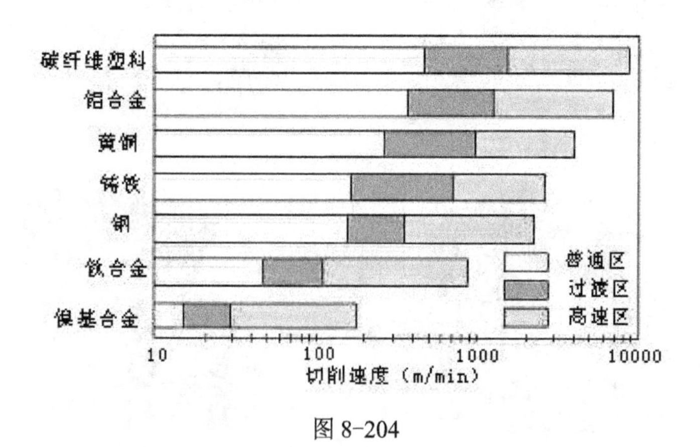

图 8-204

高速切削技术在我国起步较晚，20 世纪 80 年代中期开始研究陶瓷刀具高速切削淬硬

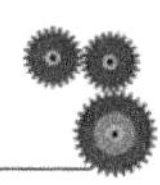

钢并在生产中应用，其后引起对高速切削加工的普遍关注。目前主要还是以高速钢、硬质合金刀具为主，硬质合金刀具切削速度≤100～200m/min，高速钢刀具的切削速度在40m/min以内。汽车、模具、航空和工程机械制造等行业进口了一大批数控机床和加工中心，国内也生产了一批数控机床，随着高速切削的深入研究，这些行业有的已逐步应用高速切削加工技术，并取得很好的经济效益。

一、高速切削加工理论基础

1．切屑形成特征

不同材料在不同状态下有着不同的切屑形态，我们选取硬度皆为325HB的AISI4340钢（40CrNiMoA），其在不同切削速度下切削形态（使用高速相机拍摄的图片）如图8-205所示。

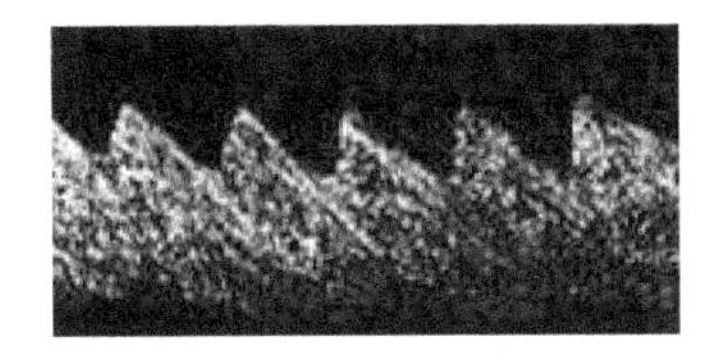

（a）125.5m/min 锯齿状

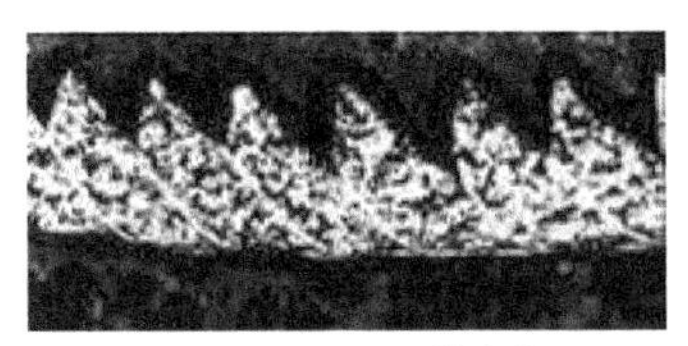

（b）250m/min 锯齿状

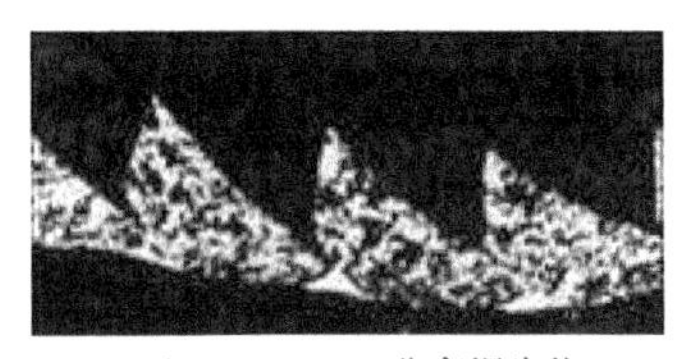

（c）2600m/min 分离锯齿状

图 8-205

工件材料及其性能和切削条件对切屑形态起主要作用，其中工件材料及其性能有决定性的影响。一般，低硬度和高热物理性能 $K\rho C$（导热性 K、密度ρ和比热容 C 的乘积）的工件材料如铝合金、低碳钢和未淬硬的钢与合金钢等，在很大切削速度范围内容易形成连续带状切屑。

硬度较高和低热物理特性 $K\rho C$ 的工件材料，如热处理的钢与合金钢、钛合金和超级合金，在很宽的切削速度范围均形成锯齿状切屑，随切削速度的提高，锯齿化程度增高，直至形成分离的单元切屑。

2．切削力学

在高速切削范围内，随着切削速度提高，摩擦系数减小，剪切角φ增大，切削力降低，如图8-206所示。

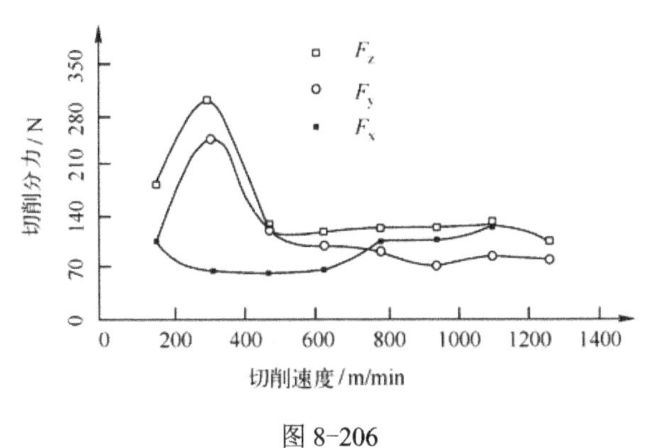

图 8-206

3．切削热和切削温度

切削时的热量主要来自剪切变形功、刀—屑和刀—工件摩擦功。干切时，切削热主要由切屑、工件和刀具传出去，周围介质传出小于 1%。

由切削速度对切削温度的影响试验可见，随着切削速度的提高，开始切削温度升高很快，但达到一定速度后，切削温度的升高逐渐缓慢，甚至很少升高，如图 8-207 所示。

4．表面粗糙度

随着切削速度的增加，加工表面粗糙度有所减少。实验用的 ACE-V500 加工中心最高转数为 10000r/min，其一段和二阶固有频率分别为 50Hz（3000r/min）和 113Hz（6780r/min），如图 8-208 所示。

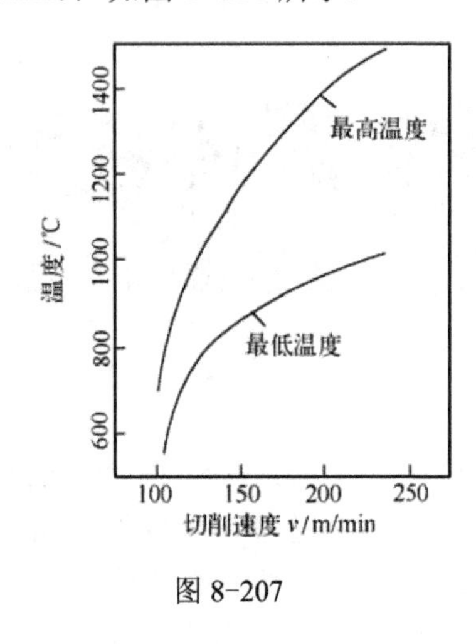

图 8-207

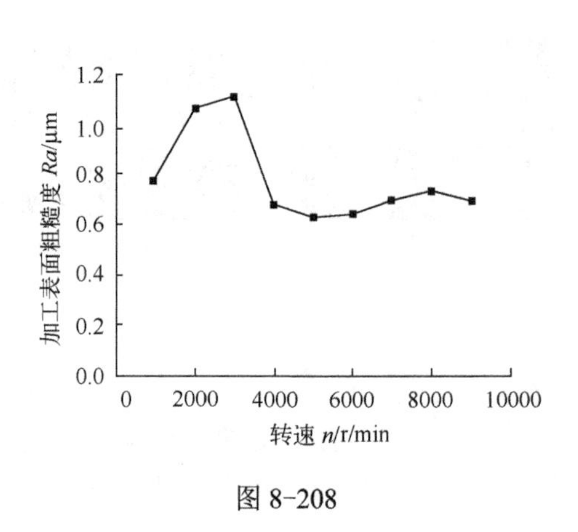

图 8-208

二、高速切削刀具材料与应用

1．高速切削刀具材料

高速切削刀具材料如下：

高速切削刀具材料如下：

① 金刚石、天然金刚石、聚晶金刚石（PCD）、人工合成单晶金刚石、金刚石涂层、立方氮化硼（PCBN）。

② 陶瓷刀具：有氧化铝（Al_2O_3）基和氮化硅（Si_3N_4）基两大类。

③ TiC(N)基硬质合金（金属陶瓷）。

④ 涂层刀具：优异的高速钢、WC 基、TiC(N)基硬质合金和陶瓷。刀具表面一般为复合涂层。

- 硬涂层：CVD 的 TiCN+Al_2O_3+TiN；TiCN+Al_2O_3；TiCN+ Al_2O_3+HfN，TiN+ Al_2O_3 和 TiCN、TiB_2 等；PVD 的 TiAlN/TiN、TiAlN 等。
- 软涂层：硫簇化合物（MoS_2，WS_2）涂层的高速钢刀具。

⑤ 超细晶粒硬质合金：细晶粒（0.2～0.5μm）的 WC 基硬质合金，添加 TaC、NbC 等。

⑥ 粉末冶金高速钢（PM HSS）和高性能高速钢 HSS-E。

2．高速切削刀具材料的合理应用

高速切削时对不同工件材料要选用与其合理匹配的刀具材料和适应的加工方式等切

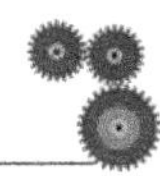

削条件，才能获得最佳的切削效果，没有万能的刀具材料。

刀具材料间的性能比较如下。

硬度大小：金刚石 PCD>立方氮化硼 PCBN> Al2O3 基> Si3N4 基>TiC(N)基硬质合金>WC 基超细晶粒硬质合金>高速钢 HSS。

抗弯强度大小：HSS>WC 基>TiC(N)基>Si_3N_4基> Al_2O_3 基>PCD>PCBN。

断裂韧性大小：HSS>WC 基>TiC(N)基>PCBN>PCD> Si3N4 基>Al_2O_3基。

耐热性：PCD，700～800℃；PCBN，1400～1500℃；陶瓷，1100～1200℃；TiC(N)基，900～1100℃；超细晶粒硬质合金 WC 基，800～900℃；HSS600～700℃。

加工铝合金：金刚石最适于高速切削，但复杂刀具可用整体超细晶粒硬质合金及其涂层刀具高速加工结构铝及其合金。

加工钢和铸铁及其合金：Al_2O_3 基陶瓷刀具适于软、硬高速切削；PCBN 适于 45～65HRC 以上高硬钢的高速切削；Si_3N_4和 PCBN 更适于铸铁及其合金的高速切削，但不宜于切削以铁素体为主的钢铁；WC 基超细硬质合金及其 TiCN、TiAlN、TiN 涂层刀具和TiC(N)基硬质合金刀具，特别是整体复杂刀具可加工钢和铸铁。

加工超级合金：增韧补强的氧化铝基和 Si_3N_4 基陶瓷刀具（如 SiC 晶须增韧）以及Sialon 陶瓷刀具适于加工这类合金。PCBN 刀具可以 100～200m/min 的切削速度加工。复杂刀具可用超细晶粒硬质合金及其涂层刀具。

加工钛合金：一般可用 WC 基超细晶粒硬质合金和金刚石刀具。采用润滑性能良好的切削液，可获得较好的结果。

三、高速切削加工的刀柄系统

刀柄与主轴接触，不同刀柄系统，高速加工时，离心力有很大影响，如图 8-209 所示。

BT 主轴/刀柄联结，主轴转速达到某一极限值（n=15000r/min，F=15kN）时，主轴/刀柄联结处大端的分离导致刀柄在切削力的作用下以刀柄为支承发生摆动，极大地降低了刀柄在主轴锥孔内的定位精度和重复定位精度，无法保证联结的可靠性。

BT40 联结的最佳转速范围为 0～12000r/min，12000～15000r/min 仍可使用，15000r/min 以上，由于精度降低无法使用。HSK-63A 刀柄系统最佳转速范围为 0～30000r/min，超过这个范围精度降低。

（a）在 5000r/min 时刀片甩出的面铣刀

（b）在 36700r/min 时爆碎的面铣刀

图 8-209

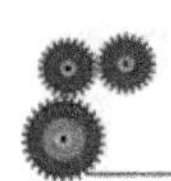

四、高速切削加工的安全技术

1．高速旋转刀具的平衡

高速切削旋转刀具系统必须平衡，但应根据其使用速度范围予以平衡，以达到最佳经济条件。一般在 6000r/min 以上必须平衡，以保证安全。

2．可转位刀具安全性

分析结果表明：从安全性方面看，对可转位面铣刀刀具，旋转离心力造成刀片夹紧、螺钉的破坏和刀体的变形有最主要的影响，立装铣刀优于平装铣刀。

3．整体硬质合金（$<0.5\mu m$）立铣刀的安全性

对于小直径整体式硬质合金铣刀而言，旋转离心力对刀具的变形、应力分布影响很小，完全可以忽略不计。其应力水平的高低是由切削力决定的。

五、高速切削加工技术展望

高效率、高精度、高柔性和绿色化是机械加工领域的发展趋势。高速切削加工技术必将沿着安全、清洁生产和降低制造成本的方向继续发展，而成为 21 世纪切削技术的主流。

切削速度目标：铣加工铝及其合金 10000m/min；铣加工铸铁 5000m/min；铣加工普通钢 2500m/min；钻削铝及其合金 30000r/min，钻削铸铁 20000r/min，钻削普通钢 10000r/min；进给速度目标 20～50m/min，进给量 1.0～1.5mm/齿。

铝及其合金等有色金属和碳纤维增强塑料等非金属材料的切削速度主要受限于机床主轴最高转速和功率。在高速加工机床领域，具有小质量、大功率的高速电主轴、高加速度的快速直线电机和高速精密数控系统，以及配套的高速轴承及其润滑技术、刀库技术和自动换刀装置及监控技术等正在迅速发展，可望达到更高的加工水平。

铸铁、钢及其合金、钛及钛合金、高温耐热合金等超级合金以及金属基复合材料的高速切削加工目标主要受刀具寿命困扰，发展新型高温力学性能（硬度、强度与断裂韧性）和高抗热震性能更高的高可靠性的刀具材料对进一步发展高速切削技术具有决定性的意义。

现有高速切削刀具材料 PCD、CBN、陶瓷刀具、金属陶瓷、涂层刀具和超细硬质合金刀具等仍将起主导作用，并将得到新的发展。进一步发展新型高温力学性能和高抗热震性能的高可靠性的刀具材料（包括自润滑刀具材料），特别是为加工超级合金和高性能新型工程材料和高速干切削的刀具材料是发展的重点。

金刚石刀具领域，人工合成单晶金刚石和金刚石厚膜涂层刀具具有更好的优越性，随着技术日益成熟和成本降低，可望成为高速切削有色金属和非金属材料比较理想的刀具材料。

陶瓷刀具有独特优越性，可望通过多种强韧化机理（如微一纳、纳一纳等）大幅度提高其性能，它将成为高速切削钢、铁材料的最有前途的刀具材料之一。

涂层刀具在高速切削加工技术领域具有巨大潜力，通过深入研究涂层技术和涂层物质，如高强度的硬质合金粉末表面涂层、CBN 涂层，纳米涂层等进一步提高其性能，可望成为高速切削加工最具有诱人吸引力的刀具材料。

在发展高速切削加工技术领域，开发高效复合切削技术和高性能切削技术及其多功

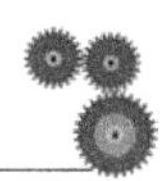

能与专用刀具，是提高切削效率和加工质量十分有效的方法之一，如图 8-210 所示，它是高效切削加工技术的重要发展方向。

（a）侧铣和面铣复合加工刀具

（b）钻镗复合的多功能刀具

（c）叶根轮专用槽铣刀

图 8-210

高速切削加工技术是一项全新的、正在发展之中的先进实用技术，在工业发达国家已得到广泛的应用，取得巨大的经济和社会效益。在我国高速切削加工技术的开发和应用还处于初步阶段，还有大量研究、开发工作需要进行。但国内已进口了大批高速加工设备，也开发了多种高速机床和加工中心，还有许多可供应高速切削刀具系统的工具企业，只要充分认识高速切削加工技术的优越性和诱人的巨大经济效益的潜力，完全有可能迅速把我国高速切削加工技术的应用推进到一个新水平。

参 考 文 献

[1] 张方阳．CAXA 造型与加工项目教程．武汉：华中科技大学出版社，2011
[2] 高晓东．CAD/CAM 软件应用技术基础-CAXA 数控车 2008．北京：人民邮电出版社，2011
[3] 彭志强，杜文杰，高秀艳，胡建生．CAXA 制造工程师实用教程．北京：化学工业出版社，2010
[4] 罗军，杨国安．CAXA 制造工程师项目教程．北京：机械工业出版社，2010
[5] 王卫兵．CAXA 线切割应用案例教程．北京：机械工业出版社，2008

反侵权盗版声明

举报电话：（010）88254396；（010）88258888

传　　真：（010）88254397

E-mail：dbqq@phei.com.cn

通信地址：北京市海淀区万寿路 173 信箱

电子工业出版社总编办公室

邮　　编：100036